Springer

Berlin
Heidelberg
New York
Barcelona
Budapest
Hongkong
London
Mailand
Paris
Santa Clara
Singapur
Tokio

W. Baumann, A. Muth

Batterien

Daten und Fakten zum Umweltschutz

Mit 58 Abbildungen und 58 Tabellen

Springer

Dr.-Ing. Werner Baumann

Institut für Umweltforschung (INFU)
Universität Dortmund
D - 44221 Dortmund

Dr. rer. nat. Anneliese Muth

Institut für Umweltforschung (INFU)
Universität Dortmund
D - 44221 Dortmund

ISBN-13: 978-3-642-64442-9   e-ISBN-13: 978-3-642-60521-5
DOI: 10.1007/978-3-642-60521-5

Die Deutsche Bibliothek - CIP-Einheitsaufnahme
Baumann, Werner: Batterien: Daten und Fakten zum Umweltschutz /
Werner Baumann / Anneliese Muth. -
Berlin; Heidelberg; New York; Barcelona; Budapest; Hong Kong; London; Mailand; Paris;
Santa Clara; Singapur; Tokio: Springer 1996
    ISBN 3-540-61594-6
NE: Muth, Anneliese

Einbandgestaltung: K. Brüning Konzept, Berlin
Satz: Reproduktionsfertige Vorlagen der Autoren
SPIN: 10503092   52/3020 - 5 4 3 2 1 0 - Gedruckt auf säurefreiem Papier

Im Jahre 1991 erhielt das **Institut für Umweltforschung (INFU) der Universität Dortmund** vom **Umweltbundesamt (UBA)** den Auftrag, eine Untersuchung zum Abfallverhalten neuartiger Batterien durchzuführen. Das Vorhaben mit dem Förderkennzeichen 103 10 610 war Bestandteil des Umweltforschungsplans des **Bundesministeriums für Umwelt, Naturschutz und Reaktorsicherheit (BMU)**.
Die Ergebnisse dieses Forschungsvorhabens wurden aktualisiert und überarbeitet und stellen die Basis dieser Veröffentlichung dar. Die Autoren möchten sich an dieser Stelle für die Unterstützung bedanken.

Inhaltsverzeichnis

Abkürzungsverzeichnis

ARGE BAT	Arbeitsgemeinschaft Gerätebatterien beim Fachverband Batterien
BMU	Bundesministerium für Umwelt, Naturschutz und Reaktorsicherheit
CJC	Clean Japan Center
EPBA	European Portable Battery Association
INFU	Institut für Umweltforschung
ISO	International Organisation for Standardisation
MAK	Maximale Arbeitsplatzkonzentration
MRT	Mercury Recovery Technology
NQR	Nordische Quecksilberrückgewinnungs GmbH
PCB	Polychlorierte Biphenyle
SAT	Sondermüll Abfallrecycling Transport GmbH
TA	Technische Anleitung
UBA	Umweltbundesamt
WGK	Wassergefährdungsklasse
ZVEI	Zentralverband Elektrotechnik- und Elektronikindustrie e.V.

Abbildungsverzeichnis

Tabellenverzeichnis

Vorwort

Wenn der Stoffmond unterm Wiegendach "Schlaf' Kindlein, schlaf'" gesummt hat, bis dem Nachwuchs die Lider schwer geworden sind, wenn das Kind später mit blinkenden und hupenden Miniaturautos oder verständnisvollen Zwiegesprächen mit der Elektronikpuppe die Mutter nervt, wenn Game Boys erste zwischenmenschliche Beziehungen zerstören, der Personal Computer jahrelang verhindert, daß Teens und Twens an die frische Luft kommen, wenn sie schließlich wissen wollen, was die Uhr geschlagen hat, der Herzschrittmacher den Takt angibt und immer dann Ruhe herrscht, wenn das Hörgerät abgeschaltet ist, wird deutlich, wie anders unser Leben ohne Batterien aussehen würde.

In diesem Buch sind alle heute „gängigen" sogenannten Gerätebatterietypen übersichtlich mit Inhaltsstoffen, Marktdaten, Entwicklungstrends und mit ihren Umweltproblemen dargestellt. Zu 22 Primärbatteriearten (nicht aufladbar) und 15 Sekundärbatterietypen (aufladbar) werden Informationen zur Leistung und zu ihren bevorzugten Einsatzbereichen gegeben. Erprobte, realisierte und projektierte Recyclingverfahren werden ebenso beurteilt wie die verschiedenen Entsorgungswege.
Eine EG-Richtlinie von 1991 zur Batterieproblematik setzte Maßstäbe, an denen bisher zahlreiche bundesdeutsche Entwürfe für Batterieverordnungen zerbrochen sind. Die Fortschritte der letzten Jahre gehen im wesentlichen auf technische Entwicklungen bei Batterieherstellern zurück. So haben sich die europäischen Batterieproduzenten verpflichtet, Quecksilberoxid-Knopfzellen bis 1997 vom Markt zu nehmen, wodurch die vieldiskutierte „Quecksilberproblematik" aus Batterien bedeutungslos wird.
Was bis heute fehlt, sind insbesondere klare Vorgaben für die Entsorgung oder Verwertung gebrauchter Batterien. Das seit Jahren anhaltende Hin und Her zwischen der Rückgabe aller Batterien und der Aufforderung, nur sogenannte schadstoffhaltige Batterien zu sammeln, hat nur zur Verunsicherung der Bürger beigetragen. Als sich Hersteller und Handel Mitte 1995 endlich zur freiwilligen Rücknahme aller Batterien durchgerungen hatten, war dies so unglücklich mit dem Aufbau von Recyclingunternehmen verbunden, daß das Kartellamt die Geburt eines Monopols befürchtete.
Als 1996 die ersten in Kaufhäusern aufgestellten Batteriesammelboxen mit hohen Fehlmengen - also mit überwiegend schadstoffarmen Batterien - von Recyclingunternehmen zurückgewiesen wurden, sah sich der Handel als Zwischenlager unbekannter Dauer für zurückgegebene Batterien mißbraucht und fordert seitdem lautstark die Rücknahme aller Batterien, unabhängig von ihrem Schadstoffgehalt.
Das ständige Hin und Her zwischen äußeren Zwängen und tiefschürfenden Bedenken verhindert seit Jahren verbrauchernahe Entscheidungen. Wenn das Schnitzwerk für wesentlich bedeutendere Abfallströme nur halb so lange besprochen wird, wie das für Altbatterien, wird im kommenden Jahrzehnt wenig Neues zu vermelden sein.
Daß richtungsweisende Lösungen möglich sind, zeigt das Beispiel der Schweiz, wo ausnahmslos alle Batterien zurückzugeben sind und jede verkaufte Batterie mit einem Aufschlag fürs Recycling versehen ist. Auch wenn die Rücklaufquoten noch zu wünschen übrig lassen, war die Umsetzung im Alpenland sicherlich durch einige glückliche Umstände begünstigt, beispielsweise durch größeren Druck seitens des Gesetzgebers und durch zwei Recyclingunternehmen, die die entsprechenden Technologien anbieten.
In der Bundesrepublik werden bisher mit allen Mitteln unumgängliche ökologische Zusatzkosten auf den Batteriepreis verhindert. Daß damit z.B. Arbeitsplätze geschaffen werden können, wie das Beispiel Schweiz zeigt, dürfte wenigstens für politische Entscheidungsträger von Bedeutung sein.
Der Verbraucher wird - so oder so - für die Batterieentsorgung zahlen müssen. Bestehende und neue Abfallgesetze verbieten die Deponierung und Verbrennung von Batterien mit dem Hausmüll. Auch das was da an zusätzlichem Finanzaufwand auf ihn zukommt,

dürfte dem Bürger kaum Anlaß zur Beunruhigung geben. Es handelt sich hierbei - je nach Schadstoffgehalt- um Beträge zwischen 3 und 20 Pfennigen pro Batterie. Bei Preisen bis zu 25,- DM für Akkus liegt das weit unter jedem Inflationsausgleich.

Die Autoren möchten sich bei allen bedanken, die an diesem Buch mitgearbeitet haben, insbesondere bei M. Bartholome, C. Kahl, U. Marx, A. Nickel, D. Pollkläsner, B. Rönick, T. Rothardt und D. Vaupel.

1   Allgemeines

Die Batterieindustrie beschäftigt etwa 12.000 Menschen und erzielt einen Umsatz von fast zwei Milliarden DM. In Abbildung 1.1 sind die Standorte der wichtigsten Batteriehersteller aufgeführt.

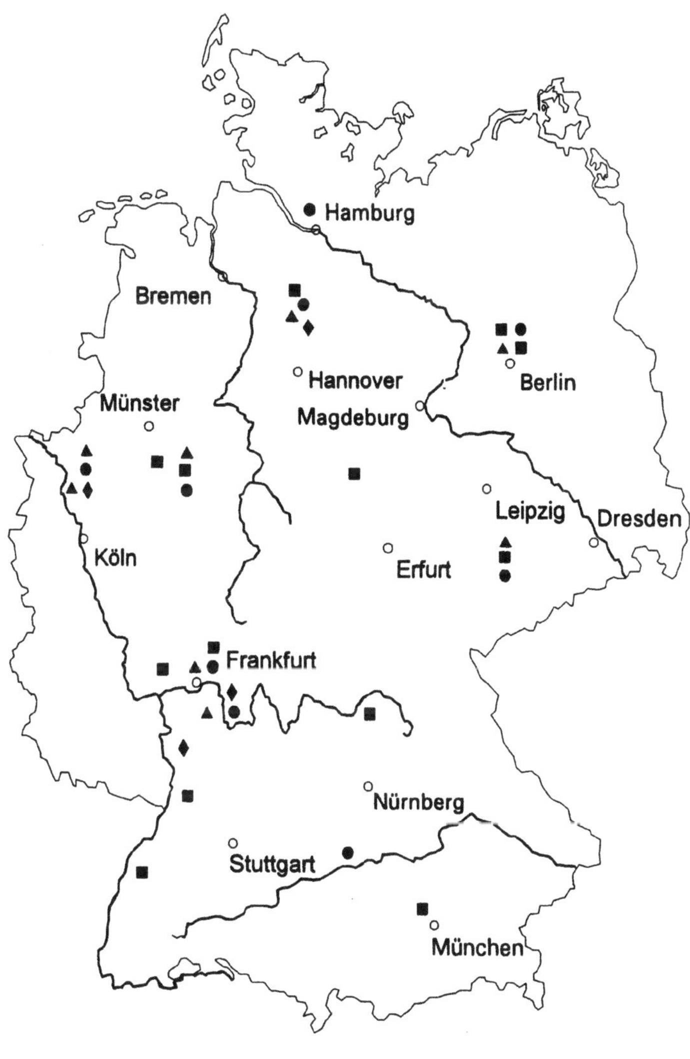

Abbildung 1.1: Standorte der wichtigsten Batteriehersteller

4

Das vorliegende Buch berücksichtigt im wesentlichen das Marktsegment der sogenannten Gerätebatterien, also z.B. Knopfzellen und Rundzellen, wie sie in jedem Haushalt
genutzt werden. Die Abbildungen 1.2 und 1.3 verdeutlichen, um welche Batteriearten
und -mengen es sich hierbei handelt.

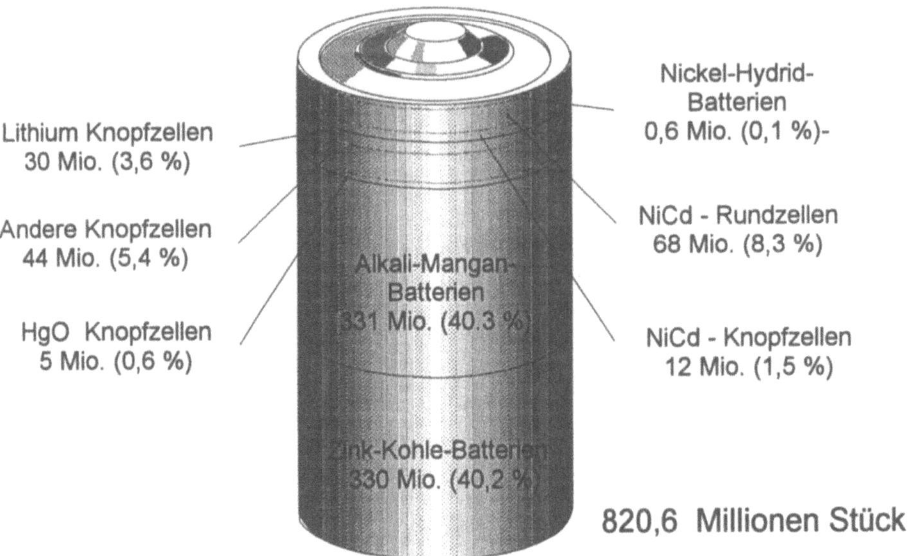

Abbildung 1.2: Anzahl der Batterien für 1995 (geschätzt ZVEI)

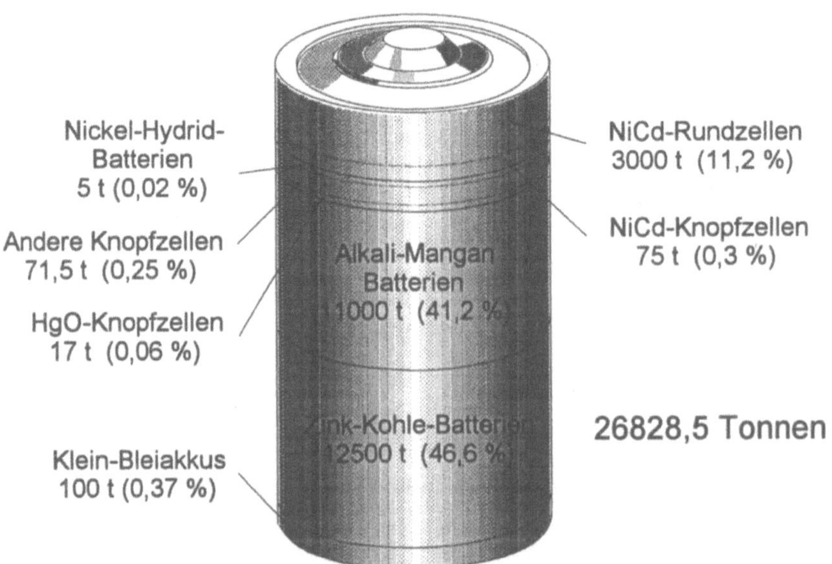

Abbildung 1.3: Batterietonnage für 1995 (geschätzt ZVEI)

2 Gesetzliche Grundlagen

Im folgenden werden die für die Behandlung von Altbatterien relevanten kurz dargestellt. Diese sind:

- Gesetz über die Vermeidung und Entsorgung von Abfällen (Abfallgesetz)
- Abfallbestimmungs-Verordnung
- Reststoffbestimmungs-Verordnung
- Abfall- und Reststoffüberwachungs-Verordnung
- Technische Anleitung Abfall (TA Abfall, Teil 1)
- Richtlinie des Rates der Europäischen Gemeinschaften über gefährliche Stoffe enthaltende Batterien und Akkumulatoren (91/157/EWG)
- Richtlinie 93/86/EWG der Kommission zur Anpassung der Richtlinie 91/157/EWG des Rates über gefährliche Stoffe enthaltende Batterien und Akkumulatoren an den technischen Fortschritt
- Vereinbarung über die Entsorgung von Altbatterien
- Vorschriften über den Umgang mit wassergefährdenden Stoffen
- Verordnung über Verbrennungsanlagen für Abfälle und ähnliche brennbare Stoffe - 17. BImSchV
- Technische Anleitung Luft (TA Luft)

Gesetz über die Vermeidung und Entsorgung von Abfällen (Abfallgesetz)

Die derzeit geltende Fassung datiert vom 13. August 1993. Im Gesetz zur Vermeidung und Entsorgung von Abfällen werden die Prioritäten bei der Abfallbehandlung neu festgelegt: Es enthält sowohl ein Abfallvermeidungsgebot als auch ein Abfallverwertungsgebot. Die Abfallvermeidung hat Vorrang vor der Abfallverwertung, und diese hat Vorrang vor der Abfallbeseitigung. Abfallverwertung, d.h. Gewinnung von Stoffen und Energie aus Abfällen, sollte dann erfolgen, wenn sie technisch möglich ist, zumutbar ist und ein Markt dafür besteht oder geschaffen wird. Die Entsorgungspflichtigen müssen dabei alle ihnen zur Verfügung stehenden Möglichkeiten überprüfen. Durch Rechtsverordnung kann bestimmt werden, welche Erzeugnisse oder Abfälle gekennzeichnet, getrennt entsorgt oder zurückgenommen werden müssen.

Abfallbestimmungs-Verordnung

Diese Verordnung legt fest, welche Abfallarten besonders geeignet sind, die Umwelt zu gefährden und daher als Sonderabfälle zu behandeln sind. Wesentlicher Bestandteil der Verordnung ist die Anlage, in der die Spalten Abfallschlüssel, Abfallart einschließlich Eigenschaften und Inhaltsstoffen und Herkunft aufgeführt sind. Die Verordnung gilt nicht für Abfallerzeuger, bei denen pro Jahr nicht mehr als 500 kg der in der Anlage genannten Abfälle anfallen. In diesem Fall greift die Verordnung erst dann, wenn der Abfallerzeuger die Abfälle einem Entsorgungsunternehmen übergeben hat. Die Verordnung ist zuletzt am 27. Dezember 1993 geändert worden.

Reststoffbestimmungs-Verordnung

Diese Verordnung hat im Prinzip den gleichen Aufbau wie die Abfallbestimmungs-Verordnung. Mit dem Begriff "Reststoffe" sind die Stoffe gemeint, die bei Energieumwandlung, Herstellung, Bearbeitung oder Verarbeitung von Substanzen anfallen, ohne daß dies primärer Zweck des Anlagenbetriebs ist, und die nicht Abfall sind. Mit der Reststoffbestimmungs-Verordnung soll verhindert werden, daß betriebliche Reststoffe über die Deklaration als Wertstoff der Überwachung entzogen werden. Sie ist zuletzt am 27. Dezember 1993 geändert worden.

Abfall- und Reststoffüberwachungs-Verordnung

Ziel der Verordnung ist die Überwachung der geordneten Entsorgung durch die Behörden. Die zuständige Behörde kann vom Besitzer solcher Abfälle, die nicht mit dem Hausmüll entsorgt werden können, Nachweise über deren Art, Menge und Entsorgung und die Führung von Nachweisbüchern sowie das Einbehalten und die Aufbewahrung von Belegen verlangen. Betreiber von Anlagen, in denen Sonderabfälle anfallen, Betreiber von Anlagen, in denen Sonderabfälle entsorgt werden und Betriebe, die Sonderabfälle einsammeln oder befördern sind auch ohne besonderes Verlangen verpflichtet, Nachweisbücher zu führen. Zur Vorabkontrolle dient ein Entsorgungsnachweis, mit dessen Hilfe schon vor Beginn der Entsorgung die Zuverlässigkeit des Entsorgungsweges geprüft wird. Die Abfall- und Reststoffüberwachungs-Verordnung gilt seit dem 3. April 1990.

Abfall-Nr.	Bezeichnung	Herkunft	Entsorgung
35323	Nickel-Cadmium-Akkumulatoren	Verbraucher	UTD 1, SAD 2
35324	quecksilberhaltige Batterien	Verbraucher	UTD 1, SAD 2
35325	Trockenbatterien	Verbraucher	SAD 1, UTD 2
51304	Braunstein, Manganoxide	Inhaltsstoff	SAD 1
51301	Zinkoxid, Zinkhydroxid	Inhaltsstoff	SAD 1
51509	Ammoniumchlorid	Inhaltsstoff	UTD 1, SAD 2
52101	Akkumulatorsäuren	Inhaltsstoff	CPB 1
31316	Feste Pyrolyserückstände	Recycling	SAD 1, UTD 1, Monodeponie
31626	Schlamm aus NE-Metallurgie	Recycling	SAD 1, Monodeponie
35309	Zinkhaltige Abfälle	Recycling	SAD 1
35501	Zinkschlamm	Recycling	SAD 1
57801	Shredderrückstände	Recycling	Massenabfall, SAV 1, HMD 2, SAD 2, Monodeponie
57802	Filterrückstände aus Shredder	Recycling	SAD 1, HMD 2
59705	Anorganische Destillationsrückstände	Recycling	UTD 1, SAD 2, Monodeponie
59907	Elektrolysezellenschrott	Recycling	SAD 1
51113	Sonstige Metallhydroxidschlämme	Recycling	CPB 1, SAD 1

CPB   - Chemisch/physikalische, biologische Behandlungsanlage
SAV   - Sonderabfallverbrennungsanlage
UTD   - Untertagedeponie
SAD   - Sonderabfalldeponie
HMD   - Hausmülldeponie
1   - Entsorgung im Regelfall
2   - Entsorgung kommt unter bestimmten, begründeten Voraussetzungen in Frage

Tabelle 2.1: *Abfallstoffe aus Batterien oder aus dem Batterierecycling*

Technische Anleitung Abfall (TA Abfall, Teil 1)

Von dieser Anleitung werden abfallartenabhängige Entsorgungswege festgelegt. Neben der Zuordnung der Abfälle zu den verschiedenen Entsorgungswegen werden Anforderungen an Abfälle und an Abfallentsorgungsanlagen gestellt. Im Anhang befinden sich Planfeststellungs- und Genehmigungsunterlagen, Probenahme- und Analyseverfahren und als wichtigster Bestandteil ein Katalog der besonders überwachungsbedürftigen Abfälle (Sonderabfälle). In diesem findet man u.a. Vorschriften für die Behandlung von Nickel-Cadmium-Akkumulatoren, quecksilberhaltigen Batterien und Trockenbatterien. Daneben sind einige spezielle Inhaltsstoffe von Batterien sowie Reststoffe aus Batterie-Recyclingprozessen aufgeführt (siehe Tabelle 2.1). Die TA Abfall, Teil 1 erläutert die Verwertung weitergehend. Die geltende Fassung datiert vom 1. April 1991.

Richtlinie des Rates der Europäischen Gemeinschaften über gefährliche Stoffe enthaltende Batterien und Akkumulatoren (91/157/EEC).

Die EG-Richtlinie datiert vom 18. März 1991 und bezweckt die Angleichung der Rechtsvorschriften der EG-Mitgliedsstaaten über die Verwertung und die Beseitigung von Altbatterien und Altakkumulatoren, die gefährliche Stoffe enthalten. Sie bezieht sich auf Batterien und Akkumulatoren, die nach dem 18. September 1992 in den Verkehr gebracht worden sind und

- pro Zelle mehr als 25 mg Quecksilber enthalten, außer Alkali-Mangan-Batterien,
- mehr als 0,025 Gew% Cadmium enthalten,
- mehr als 0,4 Gew% Blei enthalten,
- Alkali-Mangan-Batterien, die mehr als 0,025 Gew% Quecksilber enthalten.

Zur Sicherstellung der Verwertung (Abfallverwertung oder Reststoffverwertung) oder sonstigen Entsorgung der Altbatterien und Altakkumulatoren sollen diese gekennzeichnet werden (siehe Abbildung 2.1), wobei die Kennzeichnung Angaben zur getrennten Einsammlung, gegebenenfalls zur Wiederverwertung und zum Schwermetallgehalt enthalten soll. Die Mitgliedstaaten müssen dafür Sorge tragen, daß das getrennte Einsammeln der Batterien wirksam organisiert wird. Dabei ist auch die Einführung eines Pfandsystems oder anderer wirtschaftlicher Maßnahmen zulässig.

Abbildung 2.1: Kennzeichnung schadstoffhaltiger Batterien

Daneben sollten die Mitgliedstaaten bis zum 17. September 1992 Programme aufstellen, mit denen die folgenden Ziele erreicht werden sollten:

- Verringerung des toxischen Schwermetallgehalts von Batterien und Akkumulatoren
- Förderung des Angebots an Batterien, die umweltfreundlichere Stoffe oder geringere Mengen an gefährlichen Stoffen enthalten
- Schrittweise Verringerung der Zahl der oben aufgezählten Batterien im Hausmüll
- Förderung der Forschung an umweltverträglicheren Batteriesystemen
- Gesonderte Beseitigung der oben aufgezählten Altbatterien und Altakkumulatoren
- Umfassende Information der Verbraucher

Seit dem 1. Januar 1993 ist in den Mitgliedstaaten das Inverkehrbringen von Alkali-Mangan-Batterien mit einem Quecksilbergehalt von über 0,05 Gew% verboten, wenn die Batterien für eine längere Nutzung unter extremen Bedingungen vorgesehen sind, und aller anderen Alkali-Mangan-Batterien mit Quecksilbergehalt von mehr als 0,025 Gew%. Alkali-Mangan-Knopfzellen bzw. aus Knopfzellen zusammengesetzte Batterien sind von diesem Verbot ausgenommen.
Falls Batterien fest in Geräten eingebaut sind, müssen die Geräte entsprechend gekennzeichnet sein. Seit dem 1. Januar 1994 dürfen Batterien bis auf wenige Ausnahmen nur noch dann fest in Geräten eingebaut sein, wenn sie nach dem Ende ihrer Lebensdauer mühelos vom Verbraucher entfernt werden können.

Richtlinie 93/86/EWG der Kommission zur Anpassung der Richtlinie 91/157/EWG des Rates über gefährliche Stoffe enthaltende Batterien und Akkumulatoren an den technischen Fortschritt

Die EG-Richtlinie datiert vom 4. Oktober 1993 und befaßt sich mit einer zusätzlichen Kennzeichnung für die in der EG-Richtlinie 91/157/EWG bezeichneten schadstoffhaltigen Batterien, die gesondert eingesammelt werden sollen. Die zusätzliche Kennzeichnung besteht aus einer durchgestrichenen Mülltonne auf Rädern und ist in der Abbildung 2.2 zu sehen.

Abbildung 2.2: Zusätzliche Kennzeichnung für schadstoffhaltige Batterien

Vereinbarung über die Entsorgung von Altbatterien

Die Vereinbarung wurde im Jahre 1988 auf freiwilliger Basis zwischen dem Fachverband Batterien des ZVEI und der Hauptgemeinschaft des Deutschen Einzelhandels geschlossen. Darin verpflichten sich die Batteriehersteller, schadstoffarme und schadstofffreie Batterien bevorzugt herzustellen und zu entwickeln, Ersatzsysteme für schadstoffhaltige Batterien, insbesondere Quecksilberoxidbatterien, zu entwickeln und den Quecksilbergehalt von Alkali-Mangan-Batterien bis Ende 1990 auf 0,15 % und auf unter 0,10 % im Jahre 1993 zu senken.

Wartungsfreie verschlossene Kleinakkumulatoren, gasdichte Nickel-Cadmium-Akkumulatoren, Starterbatterien, quecksilberhaltige Primärknopfzellen und Alkali-Mangan-Batterien mit 0,1 % oder mehr Quecksilber sollen mit dem ISO-Recyclingsymbol gekennzeichnet werden.

Der Einzelhandel verpflichtet sich, kennzeichnungspflichtige Batterien in allen Geschäften, in denen Neubatterien verkauft werden, zurückzunehmen. Hersteller und Einzelhandel tragen Sorge dafür, daß die Verbraucher über die Kennzeichnung und die Einsammlung der Batterien informiert werden. Die Hersteller nehmen die gekennzeichneten Altbatterien vom Einzelhandel zurück. Sie schaffen die Voraussetzungen für die Wiederverwertung der in den Altbatterien enthaltenen gefährlichen Stoffe.

Der Bundesumweltminister wird jährlich über den Stand der Umsetzung der Vereinbarung informiert. Diese gilt so lange, bis eine entsprechende nationale Vorschrift erlassen wird.

Vorschriften über den Umgang mit wassergefährdenden Stoffen

In diesen Vorschriften sind die Forderungen zum Lagern, Abfüllen und Umschlagen wassergefährdender Stoffe festgelegt. Welche Substanzen in welchem Maße als wassergefährdend einzustufen sind, regelt ein z.Z. etwa 700 Stoffe umfassender Katalog. Die Wassergefährdungsklassen reichen von WGK 0, d.h. nicht wassergefährdend, bis WGK 3, d.h. stark wassergefährdend. Im Bereich Batterien sind diese Vorschriften vor allem im Zusammenhang mit der Deponierung von Batterien bzw. Reststoffen aus Recyclinganlagen interessant. Zur Wassergefährdungsklasse 3 gehören z.B. Quecksilber, Quecksilberverbindungen und Cadmiumverbindungen.

Verordnung über Verbrennungsanlagen für Abfälle und ähnliche brennbare Stoffe - 17. BImSchV

Die 17. BImSchV ist am 1. Dezember 1990 in Kraft getreten. Sie befaßt sich mit der Verbrennung von Abfällen in neuen Müllverbrennungsanlagen und legt Anforderungen an die Errichtung, die Beschaffenheit und den Betrieb von Müllverbrennungsanlagen fest, wie z.B. Emissionsgrenzwerte und Ableitbedingungen für Abgase. Daneben enthält sie Vorschriften für die Messung und Überwachung des Betriebes sowie Übergangsregelungen für Altanlagen: Altanlagen müssen die Anforderungen dieser Verordnung spätestens seit dem 1. März 1994 erfüllen. Einige Emissionsgrenzwerte nach § 5 der 17. BImSchV sind in der Tabelle 2.2 aufgeführt.

Schadstoff	Emissionsgrenzwerte [mg/Nm^3, 11 % O$_2$]
Cadmium und Cadmiumverbindungen Thallium und Thalliumverbidungen	Summe: 0,02
Quecksilber und Quecksilberverbindungen	Summe: 0,05
Antimon, Arsen, Blei, Chrom, Kobalt, Kupfer, Mangan, Nickel, Vanadium, Zinn und ihre Verbindungen	Summe: 0,5

Tabelle 2.2:   *Emissionsgrenzwerte nach der 17. BImSchV (Auszüge)*

Technische Anleitung Luft (TA Luft)

Die TA Luft ist für die Verbrennung von Batterien in alten Müllverbrennungsanlagen von Belang. Die aktuelle Fassung datiert vom 27.2.1986. Sie legt unter anderem die Emissionsgrenzwerte für besondere Staubinhaltsstoffe fest.

3 Batterietypen

3.1 Grundlagen und Begriffe

In einer Batterie wird chemische Energie in elektrische Energie umgewandelt. Das Grundprinzip ist bei fast allen Batterien das gleiche: Ein Metall, das den Minuspol bildet, steht einem Metalloxid, das den Pluspol bildet, gegenüber. Im Gegensatz zum sonstigen Sprachgebrauch ist in einer Batterie der Minuspol die Anode und der Pluspol die Kathode. Zwischen den beiden befindet sich eine elektrisch leitende Flüssigkeit, der Elektrolyt. Um Kurzschlüsse zu vermeiden, sind Anode und Kathode durch einen Separator, z.B. aus Kunststoff oder Papier, voneinander getrennt [539]. Bei den verschiedenen Arten von Anoden, Kathoden und Elektrolyten gibt es einige Besonderheiten, die an späterer Stelle näher beschrieben werden sollen.

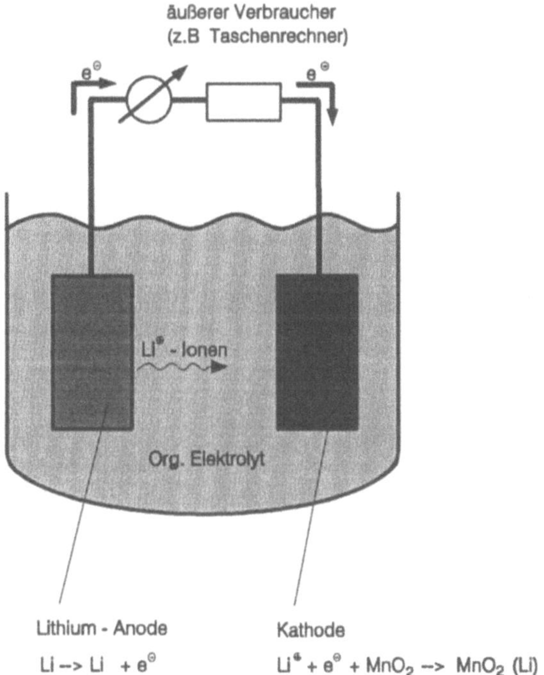

Abbildung 3.1   Funktionsprinzip von Batterien (Beispiel Lithium-Mangandioxid)

Wenn Plus- und Minuspol einer Batterie über einen äußeren Kontakt miteinander in Verbindung gebracht werden, was über einen angeschlossenen elektrischen Verbraucher wie z.B. eine Taschenlampe geschehen kann, reagieren in ihr das Metall und das Metalloxid miteinander. Es läuft eine sogenannte Redoxreaktion ab, d.h. das Metall wird oxidiert und das Metalloxid wird reduziert. Charakteristisch für eine Batterie ist, daß die Redoxreaktion in zwei räumlich getrennten Teilschritten, der Anodenreaktion und der Kathodenreaktion, erfolgt. Dabei wird elektrische Ladung von einem Stoff auf den anderen übertragen: Innerhalb der Batterie über den Elektrolyten in Form von Ionen und zum Ladungsausgleich über den äußeren Verbraucher in Form von Elektronen, welche als elektrischer Strom abgegriffen werden können [539]. Wichtig ist: Diese Redoxreaktion, die Entladereaktion, läuft freiwillig ab.

In einer Primärbatterie ist die Entladereaktion irreversibel, d.h. die Batterie kann nur einmal entladen werden und ist dann verbraucht. In einer Sekundärbatterie, auch Akkumulator genannt, ist die Entladereaktion umkehrbar: Durch Anlegen eines Stromes, natürlich mit der richtigen Polung, reagieren die aktiven Massen in einem entladenen Akkumulator wieder zurück zu den Ausgangsstoffen, worauf der Akkumulator wieder entladen werden kann. Dieser Prozeß kann zwar nicht beliebig oft, aber doch je nach Batterietyp bis zu 3.000 Mal wiederholt werden.

Im folgenden sollen einige der wichtigsten Begriffe, die im Zusammenhang mit Batterien immer wieder auftauchen, erläutert werden.

Akkumulator

Wiederaufladbare Batterie, auch Sekundärbatterie genannt

Aktive Masse

Die aktiven Massen in einer Batterie sind die Stoffe, die bei der Zellreaktion umgesetzt werden. Negative aktive Massen sind Substanzen, die elektrochemisch oxidierbar sind, wie z.B. Metalle. Häufig verwendet werden Zink, Blei, Cadmium oder Lithium, es können aber auch nichtmetallische Stoffe wie z.B. Kohlenwasserstoffe als negative aktive Massen eingesetzt werden. Als positive aktive Massen sind elektrochemisch reduzierbare Substanzen wie Metalloxide, Nichtmetalloxide, Sauerstoff, Halogene wie z.B. Chlor oder halogenhaltige Stoffe wie Jodide und Fluoride geeignet [486].

Amalgam

Amalgame sind quecksilberhaltige Metallegierungen. In einigen Batterien werden Zinkanoden amalgamiert, da Quecksilber eine hohe Wasserstoffüberspannung hat, so daß Wasserstoffentwicklung vermieden werden kann.

Anode

Die Anode einer elektrochemischen Stromquelle oder Batterie ist die Elektrode, an der die Oxidation abläuft. Während der Entladung der Zelle ist die Anode der negative Pol. In der Tabelle 3.1 sind einige Anodenmaterialien und -reaktanden aufgeführt [487].

fest	flüssig	gasförmig
Blei Cadmium Eisen Lithium Metallhydride Zink	Natrium	Wasserstoff

Tabelle 3.1:   Anodenmaterialien

Anodenreaktion

Die Anodenreaktion ist eine Oxidation: Die negative aktive Masse gibt Elektronen an den äußeren Ableiter ab und wird dabei oxidiert. Die aktive Masse einer Anode kann fest, schmelzflüssig oder gasförmig sein. Die wichtigsten Anodenmaterialien sind in der Tabelle 3.1 aufgeführt.

Batterie

Eine Batterie ist eine aus mehreren parallel oder in Reihe geschalteten oder elektrisch nicht miteinander verbundenen Zellen bestehende Einheit [480].

Batterieart

Dieser Begriff bezieht sich auf die Äußere Form der Batterie, d.h. auf die Unterscheidung zwischen Knopfzelle, Rundzelle und prismatischer Zelle.

Batterietyp

Der Begriff "Batterietyp" bezieht sich auf die verschiedenen in Batterien enthaltenen chemischen Systeme, d.h. auf die Unterscheidung z.B. zwischen Zink-Kohle-Batterie und Zink-Silberoxid-Batterie.

Batterieformate

Größe, Durchmesser und Höhe von Batterien sind größtenteils genormt. Die Tabelle 3.2 gibt die wichtigsten wieder [480]:

Name	IEC-Nr.	US-Standard.	Durchmesser/mm	Höhe/mm
Rundzellen				
Mikro	R 03	AAA	10	44
Lady	R 1	N	11	30
halbe Mignon	R 3	-	13,5	24
Mignon	R 6	AA	13,5	50
Gnom	R 8	A	16	50
Duplex	R 10	(BR)	20	37
Normal	R 12	B	20	59
Baby	R 14	C	24	49
Mono	R 20	D	32	60
Zwilling	R 22	E	32	75
Super	R 25	F	32	91
Knopfzellen				
	R 9	-	16,0	6,0
	R 41	-	7,9	3,5
	R 42	-	11,6	3,6
	R 43	-	11,6	4,0
	R 44	-	11,6	5,4
	R 48	-	8,0	3,5

Tabelle 3.2:   **Batterieformate**

Einlagerungselektrode

Eine Einlagerungselektrode kann Atome oder Ionen einer anderen Substanz in ihr eigenes Atom- oder Ionengitter aufnehmen. Ein Beispiel ist die Mangandioxidkathode in der Zink-Kohle-Batterie: Sie ist in der Lage, Wasserstoff einzulagern, wobei das Mangan formal von der Oxidationsstufe $+IV$ auf die Oxidationsstufe $+III$ reduziert wird.

Elektrode

Bestandteil einer Batterie, bestehend aus aktiver Masse, Stromableiter, Leit- und Bindezusätzen und manchmal auch noch Stützgittern.

Elektrolyt

Der Elektrolyt übernimmt den inneren ionischen Ladungstransport in einer Batterie [487]. Wäßrige Elektrolyten bestehen aus in Wasser gelösten Säuren, Laugen oder Salzen. Beispiele sind Schwefelsäure, Kalilauge und Ammoniumchloridlösung. Daneben gibt es nichtwäßrige, aprotische Elektrolyten, wie sie in Lithiumbatterien verwendet werden. Sie bestehen aus organischen Lösungsmitteln wie Acetonitril, Propylencarbonat oder 1,2-Dimethoxyethan, in denen Salze wie Lithiumperchlorat oder Lithiumhexafluoroarsenat gelöst sind. Die wichtigsten Elektrolyte sind in der Tabelle 3.3 aufgeführt.

wäßrige Elektrolyte (Lösemittel: Wasser)	nichtwäßrige Elektrolyte (anorganisch)	nichtwäßrige Elektrolyte (organisch)
Ammoniumchlorid Kaliumhydroxid Natriumhydroxid Schwefelsäure Zinkchlorid	*Lösemittel* Schwefeldioxid Sulfurylchlorid Thionylchlorid *Leitsalze* Lithiumbromid Lithiumaluminiumchlorid	*Lösemittel* Acetonitril Butyrolacton Dimethoxyethan Propylencarbonat Tetrahydrofuran *Leitsalze* Lithiumperchlorat Lithiumhexafluoroarsenat Lithiumtetrafluoroborat Lithiumhexafluorophosphat Lithiumtrifluormethansulfonat

Tabelle 3.3: ***Elektrolytsubstanzen***

Energiedichte

Die Energiedichte einer Batterie gehört zu ihren Kenndaten. Sie bezeichnet die Energie, die eine Batterie pro Gewichtseinheit (Wh kg^{-1}) oder pro Volumeneinheit (Wh l^{-1}) abgeben kann. Man unterscheidet theoretische und praktische Energiedichte, wobei die theoretische Energiedichte eine reine Rechengröße aus thermodynamischen Gleichgewichtsdaten ist. Die praktische Energiedichte beträgt meist nur 20 bis 30 % der theoretischen Energiedichte und hängt ab vom Entladestrom, von der Entladeschlußspannung und von der Temperatur [487,540].

Festelektrolyt

Ein Festelektrolyt leitet wie die oben beschriebenen Elektrolyten Ionen - nur ist er keine Flüssigkeit, sondern ein Feststoff. Allerdings leiten die meisten Festelektrolyten nur eine ganz bestimmte Ionensorte. Manche Festelektrolyten sind schon bei Zimmertemperatur ionenleitend, wie z.B. Silberrubidiumjodid, das bei 27°C Silberionen leitet, manche leiten erst bei hohen Temperaturen, wie das natriumionenleitende ß-Aluminiumoxid, das in der Natrium-Schwefel-Batterie verwendet wird. In einigen Lithiumbatterien werden organische Polymere, beispielsweise Polyethylenoxid, als Festelektrolyte verwendet.

Flüssigelektrode

Ein Beispiel für eine Flüssigelektrode ist die Thionylchlorid-Kathode in der Lithium-Thionylchlorid-Batterie. Die aktive Masse besteht aus dem flüssigen Thionylchlorid. In dieses taucht ein Stromkollektor mit einer Kohlenstoffoberfläche ein, an der die Elektrodenreaktion katalysiert wird.

Gasdichte Batterie

Bei gasdichten Batterien, z.B. gasdichten Nickel-Cadmium-Akkumulatoren, macht man sich zunutze, daß gasförmiger Sauerstoff an ungeladenen Resten von Cadmiumelektroden chemisch oder elektrochemisch verzehrt wird. Die negative Elektrode wird überdimensioniert, so daß bei Tiefentladung nur Sauerstoff entstehen kann, da die positive Elektrode zuerst verbraucht wird. Dieser wandert zur negativen Elektrode, wo er entweder mit Cadmium und Wasser zu Cadmiumhydroxid reagiert, das anschließend in Cadmiumionen und Hydroxidionen dissoziiert, oder sofort elektrochemisch mit Wasser zu Hydroxidionen reagiert. Auf diese Weise wird der Gasdruck in der Zelle nicht zu groß und sie kann gasdicht betrieben werden, was den Vorteil hat, daß sie lageunabhängig, also als Gerätebatterie, eingesetzt werden kann [480].

Gasdiffusionselektrode

An Gasdiffusionselektroden werden Gase elektrochemisch umgesetzt, z.B. in der Zink-Luftsauerstoff-Zelle. Die eine Seite einer Gasdiffusionselektrode steht mit dem Gas, die andere mit dem Elektrolyten in Kontakt. Die Elektrode muß eine große innere Oberfläche haben, also porös sein. Reaktionsort ist die Dreiphasengrenze fest-flüssig-gasförmig. Es gibt hydrophile und hydrophobe Gasdiffusionselektroden [487].

Gerätebatterie

Gerätebatterien dienen zur Stromversorgung tragbarer Geräte. Ob eine Batterie eine Gerätebatterie ist, hängt daher vor allem von ihrem Gewicht ab: Im allgemeinen schwankt die Gewichtsobergrenze zwischen einigen hundert Gramm und zwei Kilogramm.

Hochtemperaturbatterie

Batterie, die nur bei hohen Temperaturen (mehrere hundert Grad) funktioniert. Beispiele sind die Natrium-Schwefel-Batterie oder die Natrium-Nickelchlorid-Batterie.

Kapazität einer Batterie Batteriekapazität

Die Kapazität einer Batterie ist die Menge der entnehmbaren Ladung in Ah. Sie hängt u.a. vom Entladestrom und von der Temperatur, vor allem aber von der Menge der in einer Zelle enthaltenen aktiven Masse ab [480,487].

Kathode

Die Kathode einer Batterie ist die Elektrode, an der die Reduktion abläuft. Während der Entladung der Zelle ist die Kathode der positive Pol [487]. Die aktive Masse der Kathode kann fest, flüssig oder gasförmig sein. In Tabelle 3.4 sind die wichtigsten Kathodenmaterialien aufgeführt:

Kathodenreaktion

Die Kathodenreaktion ist eine Reduktion: Die positive aktive Masse nimmt Elektronen vom äußeren Ableiter auf und wird dabei reduziert. In der Tabelle 3.4 sind einige Kathodenmaterialien und -reaktanden aufgeführt [487].

fest	flüssig	gasförmig
Bleidioxid	Schwefel	Luftsauerstoff
Bleijodid	Schwefeldioxid	
Chromoxid	Sulfurylchlorid	
Eisensulfid	Thionylchlorid	
Jod		
Kupferoxid		
Kupferoxiphosphat		
Kupfersulfid		
Mangandioxid		
Nickeloxidhydroxid		
Polykohlenstoffmonofluorid		
Polypyrrol		
Quecksilberoxid		
Silberchromat		
Silberoxid		
Titandisulfid		
Vanadiumpentoxid		
Wismuttrioxid		

Tabelle 3.4: **Kathodenmaterialien**

Knopfzelle

Knopfzellen sind kleine Batterien, deren Höhe kleiner ist als ihr Durchmesser. Sie werden z.B. in Armbanduhren, Taschenrechnern und Hörgeräten verwendet. In gleich aussehenden Knopfzellen können unterschiedliche chemische Systeme sein.

Korrosion

Die Korrosion ist eine Metallauflösung unter gleichzeitiger Gasentwicklung. So reicht z.B. in einer Zink-Kohle-Batterie die Wasserstoffüberspannung an Zink nicht ganz aus, um eine Auflösung des Zinks unter gleichzeitiger Wasserstoffentwicklung zu verhindern [486]. Gegenmaßnahmen sind die Verwendung von besonders reinem Zink, Amalgamierung oder Zusatz von Tensiden.

Leistungsdichte

Praktisch entnehmbare Leistung einer Batterie (Produkt aus Strom und Spannung) bezogen auf die Masse einer Zelle.

Leitmittel

Leitmittel sind Zusätze zu den aktiven Massen, die die Leitfähigkeit der Elektroden erhöhen sollen. Verwendet werden vor allem Ruß und Grafit, manchmal auch Nickelflitter oder Bleipulver.

Lösungselektrode

Elektrode, deren aktive Masse sich im Laufe der Entladung auflöst. Ein Beispiel hierfür ist die Zinkanode in der Zink-Kohle-Batterie oder in der Alkali-Mangan-Batterie.

Nennspannung

Die Angabe der Nennspannung auf einer Batterie dient als Hinweis auf den Spannungswert dieser Batterie, sie ist ein normierter Betrag der Entladespannung [487]. Die tatsächliche Spannung, die eine Batterie hat, entspricht nur in seltenen Fällen genau der Nennspannung, d.h. sie liegt meistens am Anfang einer Entladung etwas über und am Ende der Entladung unter der Nennspannung.

Primärelement

Ein Primärelement ist eine Batterie, die nur einmal entladen werden kann und dann verbraucht ist. Da die Zellreaktion nicht umkehrbar ist, kann die Zelle nicht wieder aufgeladen werden. Die bekanntesten Vertreter der Primärzellen sind die Zink-Kohle-Batterie und die Alkali-Mangan-Batterie.

Rundzelle

Rundzellen sind zylindrische Batterien, deren Höhe größer ist als ihr Durchmesser. Die bekanntesten Formate sind Mono, Baby und Mignon.

Sekundärelement

Ein Sekundärelement wird auch Akkumulator genannt. Es ist eine Batterie, deren Zellreaktion umkehrbar ist, die also nach dem Entladen wieder aufgeladen werden kann. Die bekanntesten Vertreter der Akkumulatoren sind die Bleiakkumulatoren (Starterbatterien) und die Nickel-Cadmium-Akkumulatoren.

Separator

Separatoren haben die Aufgabe, Anode und Kathode in einer Batterie, die sich auf keinen Fall berühren dürfen, voneinander zu trennen. Gleichzeitig müssen sie für die durch den Elektrolyten transportierten Ionen durchlässig sein. Sie bestehen z.B. aus mechanisch stabilem Papier oder aus Kunststoff-Vlies.

Traktionsbatterie

Eine Traktionsbatterie ist eine Antriebsbatterie für Elektrofahrzeuge, z.B. Gabelstapler oder Elektroautos.

Trockenbatterie

Trockenbatterien heißen so, weil in ihnen der Elektrolyt nicht flüssig vorliegt, sondern in irgendeiner Form fixiert ist. Der Elektrolyt wird z.B. mit einem Quellmittel wie Cellulose oder Mehl angedickt, so daß er als Gel vorliegt, er ist im porösen Separator der Batterie aufgesaugt oder manchmal auch beides.

Wickelzelle

Eine Wickelzelle ist eine Rundzelle, in der Anode, Kathode und Separator spiralförmig umeinander aufgewickelt sind.

Zelle

Eine elektrochemische Zelle enthält eine Anode, eine Kathode sowie den Elektrolyten und sonstige Inhaltsstoffe. Eine Zelle ist die kleinste Einheit in einer Batterie, d.h. mehrere Zellen können zu einer größeren Batterie zusammengeschaltet werden.

Zellreaktion

Die Zellreaktion ist die Summe aus Anodenreaktion und Kathodenreaktion, also die Gesamtreaktion, die in der elektrochemischen Zelle abläuft.

Zyklenzahl

Die Zyklenzahl gibt an, wie oft ein Akkumulator geladen und entladen werden kann.

3.2 Primärbatterien

3.2.1 Die Zink-Kohle-Batterie

Aufbau

Die Zink-Kohle-Batterie gehört zu den Trockenbatterien. Es gibt sie als Leclanché-Batterie und als Zinkchlorid-Batterie. Diese unterscheiden sich prinzipiell nur durch ihre Elektrolyten. Sie werden als Rundzellen oder als prismatische Zellen gebaut.
Die negative Elektrode, eine Lösungsanode, ist aus Zink und enthielt früher Anteile von 0,05 bis 0,5 % Blei und 0,01 bis 0,05 % Cadmium. Diese Zusätze bedingen eine bessere Formbarkeit des Zinks. Die Zinkelektrode kann zum Schutz vor Korrosion auch noch amalgamiert sein. Seit einigen Jahren sind die Zink-Kohle-Batterien allerdings meist quecksilberfrei, und der Cadmiumanteil entspricht dem natürlich vorkommenden Cadmiumanteil im Zink. Bei den Rundzellen ist die Zinkelektrode becherförmig. Sie bildet bei einigen Zink-Kohle-Batterien zugleich das Zellengefäß, das dann nur noch mit einer Papphülse umgeben ist. Auslaufsichere Zellen sind mit einem Stahlmantel umhüllt (leak proof).
Der Elektrolyt einer Leclanché-Batterie besteht aus wäßriger Ammoniumchloridlösung mit etwas Zinkchlorid. Der Elektrolyt einer Zinkchloridzelle ist aus Zinkchloridlösung oder aus einem Gemisch von Zinkchlorid- und Ammoniumchloridlösung. Die Elektrolytlösungen werden entweder durch Zusatz von Quellstoffen, z.B. Weizenmehl oder Bitumen, angedickt oder von saugfähigem Papier oder Kunststoff aufgesaugt [455]. Da der Elektrolyt beim Entladeprozeß dünnflüssig werden kann, etwa durch das Freiwerden von aus dem im Braunstein eingelagerten Wasser, wird heute meistens eine wäßrige Lösung von Ammoniumchlorid und Zinkchlorid oder nur Zinkchlorid verwendet. Das Zinkchlorid kann große Mengen Wasser in Form von Kristallwasser an sich binden und trägt so zur Auslaufsicherheit der Zelle bei [480].
Die positive Elektrode (beim Entladen die Kathode) wird von einem porösen Mangandioxidpreßling gebildet (Braunstein mit einem Mangandioxidgehalt von etwa 90 %). Das Mangandioxid wird zur Erhöhung der elektrischen Leitfähigkeit mit Grafit oder Acetylenruß durchsetzt. In der Mitte des Preßlings befindet sich ein Kohlestift zum Abführen des elektrischen Stromes. Dieser wird aus einer Mischung aus Kohlepulver, Koks und Grafit mit Öl, Teer, Pech oder Bitumen hergestellt [344]. Der "Deckel" dieser Batterie ist also der positive und das Gehäuse der negative Pol. Diese beiden sind durch eine Isolierung aus Kunststoff voneinander getrennt [480].
In der Abbildung 3.2 ist der Aufbau einer Zink-Kohle-Rundzelle und einer prismatischen Zink-Kohle-Batterie zu sehen [539]. Die Inhaltsstoffe von Zink-Kohle-Rundzellen und prismatischen Zink-Kohle-Batterien sind in den Tabellen 3.5 und 3.6 aufgeführt.

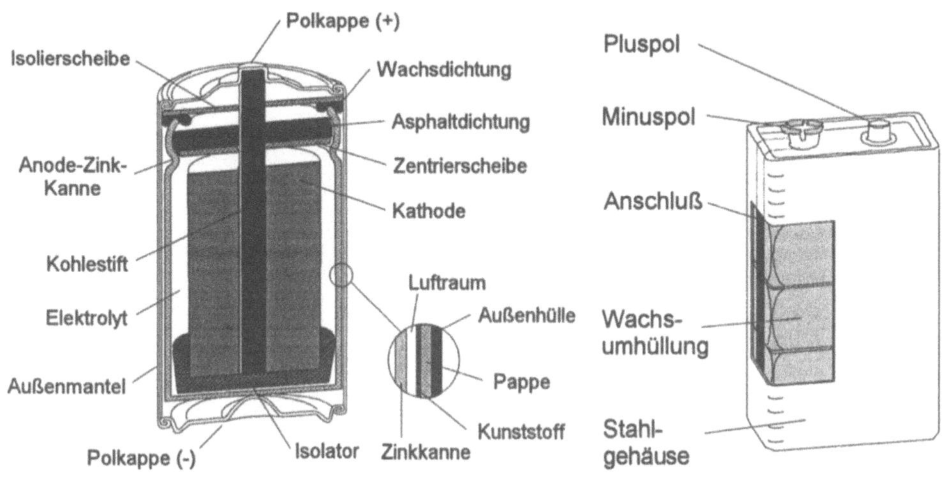

Abbildung 3.2: *Aufbau von Zink-Kohle-Batterien (Rundzelle und prismatische Batterie)*

Zink-Kohle-Batterie Rundzelle primär	Menge 1995[*]: 12.500 t	
Inhaltsstoff	**Anteil in %**	**Menge 1995 in t**
Zink		
- metallisch	16,4 - 28,6	2.050 - 3.575
- Zinkoxid	0,3 - 0,4	37,5 - 50
Quecksilber	0	0
Mangandioxid	22 - 30	2.750 - 3.750
andere Materialien		
- Kohlenstoff	7 - 9	875 - 1.125
- Zinn	0,05 - 0,07	6,3 - 8,8
- Additive	0 - 0,1	0 - 12,5
Gehäuse, Separator		
- Eisen	14 -21	1.750 - 2.625
- Kunststoffe, Papier, Bitumen	4 - 10	500 - 1.250
Elektrolyt		
- wäßr. Ammoniumchlorid- oder Zinkchloridlösung	14 - 23	1.750 - 2.875

[*] Verkaufsmenge, Quelle: UBA

Tabelle 3.5: *Inhaltsstoffe von Zink-Kohle-Rundzellen*

Zink-Kohle-Batterie Prismatische Zelle primär	
Inhaltsstoff	**Anteil in %**
Zink	
- metallisch	17,3 - 19,3
- Zinkoxid	0,3 - 0,4
Quecksilber	0
Mangandioxid	33 - 34
andere Materialien	
- Kohlenstoff	10,6
Gehäuse, Separator	
- Eisen	1 - 2
- Kupfer	0,2
- Kunststoffe, Papier, Bitumen	12 - 13
Elektrolyt	
- wäßr. Ammoniumchloridlösung	23

Tabelle 3.6: *Inhaltsstoffe von prismatischen Zink-Kohle-Batterien*

Zellreaktion

Die in der Zink-Kohle-Batterie an Anode und Kathode ablaufenden elektrochemischen Vorgänge hängen vom Entladezustand und von der Entladestromdichte ab. Für frische Zellen mit Ammoniumchloridelektrolyt gelten bei nicht zu hohen Entladestromstärken die folgenden, stark vereinfachten Gleichungen [487]:

Anode: $Zn + 2\,NH_4Cl + 2\,OH^- \rightarrow Zn(NH_3)_2Cl_2 + 2\,H_2O + 2e^-$

Kathode: $2\,MnO_2 + 2\,H_2O + 2e^- \rightarrow 2\,MnOOH + 2\,OH^-$

Mangandioxid ist eine Einlagerungsverbindung für Wasserstoff. Demzufolge wird also bei Stromentnahme Wasserstoff in das MnO_2 eingebaut, wobei Mangandioxid formal zu MnOOH reduziert wird. Die an der Anode gebildeten Zink-Ionen reagieren mit dem Elektrolyten zu $Zn(NH_3)_2Cl_2$. Aus den Teilreaktionen ergibt sich die folgende Brutto-Zellreaktion [487]:

$$2\,MnO_2 + Zn + 2\,NH_4Cl \rightarrow 2\,MnOOH + Zn(NH_3)_2Cl_2$$

Wie oben erwähnt, wird diese Zellreaktion den tatsächlich ablaufenden Vorgängen kaum gerecht. So laufen am Anfang der Entladung andere Reaktionen ab als an deren Ende. Bei einer vollständig geladenen Zelle ist der Elektrolyt schwach sauer und hat einen pH-Wert von 4,5, bei dem die Reaktion an der Kathode folgendermaßen abläuft [487]:

Kathode: $2\,MnO_2 + 2\,H^+ + 2e^- \rightarrow 2\,MnOOH$

Da hierbei H^+-Ionen verbraucht werden, steigt der pH-Wert sehr schnell an, wonach die oben aufgeführte Kathodenreaktion als überwiegend zutreffend angenommen wird.

Die Zusammensetzung der Kathode ändert sich während der Entladung ebenfalls ständig. Am Beginn der Entladung liegt eine Verbindung vor, die annähend die Zusammensetzung MnO_2 hat und sich während des Entladevorgangs nach dem Durchlaufen einer Reihe von Mischkristallen in eine Verbindung der Zusammensetzung $MnOOH$ umwandelt. Ein Teil dieser Phasenumwandlungen ist irreversibel, weswegen die Zink-Kohle-Batterie nicht als Sekundärelement betrieben werden kann.

Bei fortschreitender Entladung tritt im Elektrolyten eine Verarmung an Ammoniumchlorid auf, was zu der folgenden Zellreaktion führt [487]:

$$2\,MnO_2 + Zn + 2\,H_2O \rightarrow 2\,MnOOH + Zn(OH)_2$$

Es können je nach Entladestromstärke auch noch andere Reaktionen ablaufen, bei denen als Produkte basisches Zinkchlorid der Zusammensetzung $ZnCl_2 \cdot 4Zn(OH)_2 \cdot 4H_2O$, Hetärolith $ZnO \cdot Mn_2O_3$, Tetramminzinkchlorid $Zn(NH_3)_4Cl_2$ oder Hausmannit Mn_3O_4 entstehen können [487].

Bei Zellen mit Zinkchloridelektrolyt sehen die Reaktionen an den Elektroden folgendermaßen aus:

Anode: $4\,Zn + H_2O + 8\,OH^- + ZnCl_2 \rightarrow ZnCl_2 \cdot 4Zn(OH)_2 \cdot 4H_2O + 8e^-$

Kathode: $8\,MnO_2 + 8\,H_2O + 8e^- \rightarrow 8\,MnOOH + 8\,OH^-$

Die sich daraus ergebende Gesamtzellreaktion lautet:

$$8\,MnO_2 + 4\,Zn + ZnCl_2 + 9\,H_2O \rightarrow 8\,MnOOH + ZnCl_2 \cdot 4Zn(OH)_2 \cdot 4H_2O$$

Da bei der Zellreaktion Wasser aus dem Elektrolyten verbraucht wird, ist eine entladene Zinkchloridzelle beinahe trocken.

Technische Daten und Anwendung

Die Nennspannung der Zink-Kohle-Batterien ist auf 1,5 V festgesetzt. Die unbelastete Spannung, d.h. die Spannung in einer frischen Batterie, liegt zwischen 1,6 und 1,7 V. Da sich beim Entladen, wie oben erwähnt, einerseits der pH-Wert des Elektrolyten und andererseits die Zusammensetzung der Kathode ständig ändert, fällt die Zellspannung während des Entladens mehr oder weniger gleichmäßig bis auf 0,9 V ab. Die mittlere Entladespannung beträgt 1,0 bis 1,2 V. Die theoretische Energiedichte liegt bei etwa 245 Wh kg^{-1}, die Grenzenergiedichte für Langzeitentladung bei 80 Wh kg^{-1} und die praktische Energiedichte zwischen 40 und 70 Wh kg^{-1}. Batterien mit Zinkchloridelektrolyt können höhere Entladestromstärken als Batterien mit Ammoniumchloridelektrolyt abgeben [480,486,487].

Die Zink-Kohle-Batterien sind die am meisten verkauften Primärbatterien. Sie werden in allen denkbaren Formaten von kleinen Rundzellen bis zu großen prismatischen Batterien hergestellt. Die am häufigsten benutzten Größen sind Mono, Baby und Mignon, daneben auch noch Lady und Micro. Für höhere Nennspannungen als 1,5 V werden mehrere Zellen in einer Batterie in Reihe geschaltet, wie z.B. in der prismatischen 9 V-Blockbatterie. Hauptanwendungen sind kleinere, tragbare elektrische Geräte, bei denen der Energiepreis keine Rolle spielt. Dazu gehören **Transistorradios**, Cassettenrecorder, **Taschenlampen**, **Rasierapparate**, Wohnraumuhren, **Spielzeuge**, Meßgeräte, **Rechner**, Fernbedienungen, Videospiele und vieles andere.

3.2.2 Die Alkali-Mangan-Batterie (Zn-MnO$_2$, alk.)

Aufbau

Die Alkali-Mangan-Batterie gibt es als Rundzelle, als prismatische Zelle und als Knopfzelle. Sie ist eine Weiterentwicklung der Zink-Kohle-Batterie. Wie dort werden Zink und Mangandioxid als aktive Massen eingesetzt, allerdings besteht der Elektrolyt nun aus Kalilauge. Die Elektrodenanordnung in den Rundzellen wird gegenüber der Zink-Kohle-Rundzelle umgekehrt zum sogenannten "inside-out-design".
Die negative Elektrode befindet sich nun in der Mitte der Zelle. Sie war früher meistens amalgamiert, aber es gibt seit 1991 quecksilberfreie Alkali-Mangan-Zellen, in denen die Anode durch Tenside vor Wasserstoffkorrosion geschützt ist [480,487]. Andere Methoden, die Wasserstoffentwicklung zu verhindern, sehen den Zusatz von Fluortensiden oder die Verwendung besonders reinen Zinks vor [544]. In Knopfzellen werden allerdings auch weiterhin amalgamierte Anoden eingesetzt. Die Anode der Rundzellen besteht aus mit Elektrolyt getränktem Zinkpulver oder Zinkflitter. Sie ist mit einem Beutel aus Kunststoff-Vlies umgeben, der als Separator dient und die Aufgabe hat, eine Zinkpenetration zur Kathode zu verhindern und den Elektrolyten aufzunehmen. Als Separatormaterialien werden Cellulose-, Reyon-, PVC-, Nylon- Polyvinylalkohol- oder Polypropylenfasern verwendet [157,480]. In der Mitte der Zinkelektrode befindet sich ein Stromableiter aus Messing. Bei manchen Ausführungsformen enthält dieser ein Reservoir an freiem Elektrolyt zur Aufrechterhaltung des Elektrolythaushalts bei der Entladung. Der Stromableiter der Anode ist mit dem Boden des Zellengehäuses verbunden.
Der Elektrolyt besteht aus Kalilauge mit etwa 40 Gew% Kaliumhydroxid, in der noch ca. 6 Gew% Zinkoxid gelöst werden. Die Dichte des Elektrolyten beträgt etwa 1.5 g cm^{-3}, der pH- Wert ist 14,4. Zur Verbesserung der Lagerfähigkeit werden oft noch andere Hydroxide zugesetzt, z.B. Lithiumhydroxid oder Calciumhydroxid. Der Elektrolyt wird mit Methylcellulose, Carboxymethylcellulose oder einem ähnlichen Quellmittel angedickt.
Die positive Elektrode aus hochwertigem synthetischen Braunstein ist außen mantelförmig angeordnet. Dadurch ist ein besserer Massetransport als in einer zentralen, massiven Elektrode gewährleistet. Die Kathodenmasse, die aus Mangandioxid, Grafit oder Ruß, Kalilauge und gegebenenfalls Bindemittel besteht, wird mit hohem Druck gegen die Wand des Metallbechers (Stahl) gepreßt, um eine gute Leitfähigkeit zu gewährleisten [480,487,495].
In der Abbildung 3.3 ist der Aufbau einer Alkali-Mangan-Rundzelle und einer Alkali-Mangan-Knopfzelle zu sehen [487]. In den Tabellen 3.7, 3.8 und 3.9 sind die Inhaltsstoffe von Alkali-Mangan-Knopfzellen, Alkali-Mangan-Rundzellen und prismatischen Alkali-Mangan-Batterien aufgeführt.

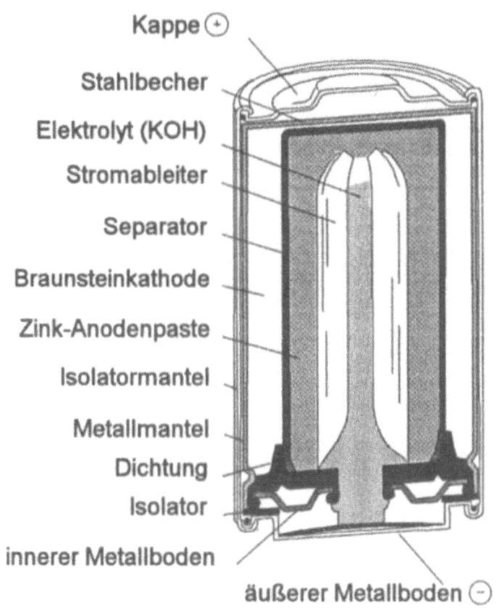

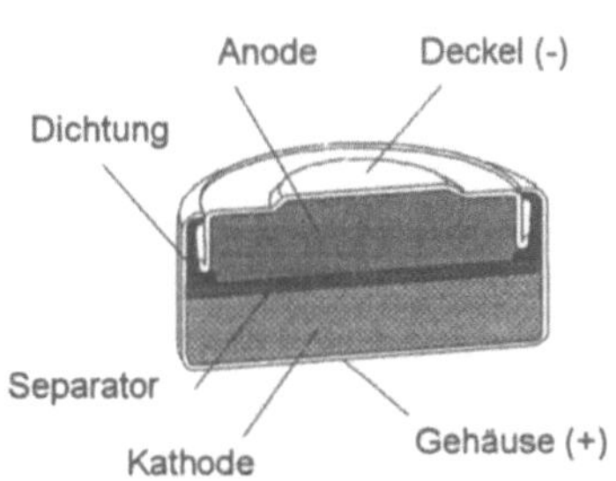

Abbildung 3.3: Aufbau von Alkali-Mangan-Batterien (Rundzelle und Knopfzelle)

Alkali-Mangan-Batterie Knopfzelle primär	Menge 1995: 22,5 t	
Inhaltsstoff	**Anteil in %**	**Menge 1995 in t**
Zink		
- metallisch	9,9	2,2
- Zinkoxid	0,1	0,02
Quecksilber	0,6 - 0.8	0,14 - 1,18
Mangandioxid	27	6,1
andere Materialien		
- Kohlenstoff	1 - 3	0,2 - 0,7
Gehäuse, Separator		
- Eisen	43	9,7
- Kupfer	3	0,7
- Nickel	0,7	0,16
- Kunststoffe, Papier, Bitumen	3	0,7
Elektrolyt		
- Kalilauge	8 - 10	1,8 - 2,3

Tabelle 3.7: Inhaltsstoffe von Alkali-Mangan-Knopfzellen

Alkali-Mangan-Batterie Rundzelle primär	Menge 1995: 11.000 t	
Inhaltsstoff	**Anteil in %**	**Menge 1995 in t**
Zink		
- metallisch	14,5 - 17,5	1.595 - 1.925
- Zinkoxid	0,3 - 0,6	33 - 66
Quecksilber	0	0
Mangandioxid	33 - 38	3.630 - 4.180
andere Materialien		
- Kohlenstoff	4 - 5	440 - 550
Gehäuse, Separator		
- Eisen	15 - 26	1.650 - 2.860
- Kupfer	1 - 3	110 - 330
- Kunststoffe, Papier, Bitumen	4 - 6	440 - 660
Elektrolyt		
- Kalilauge	13 - 16	1.430 - 1.760

Tabelle 3.8:   Inhaltsstoffe von Alkali-Mangan-Rundzellen

Alkali-Mangan-Batterie Prismatische Zelle primär	
Inhaltsstoff	**Anteil in %**
Zink	
- metallisch	5,4 - 10,3
- Zinkoxid	0 - 0,4
Quecksilber	0
Mangandioxid	17 - 22
andere Materialien	
- Kohlenstoff	0 - 3
Gehäuse, Separator	
- Eisen	40 - 59
- Kupfer	2,8
- Nickel	0,6
- Kunststoffe, Papier, Bitumen	9 - 11
Elektrolyt	
- Kalilauge	5 - 11

Tabelle 3.9:   Inhaltsstoffe von prismatischen Alkali-Mangan-Batterien

Zellreaktion

Ähnlich wie bei der Zink-Kohle-Batterie sind auch bei der Alkali-Mangan-Batterie die elektrochemischen Vorgänge sehr kompliziert. Sie lassen sich in grob vereinfachter Form durch die folgenden Reaktionsgleichungen darstellen [486]:

Anode: $Zn + 2\,OH^- \rightarrow Zn(OH)_2 + 2e^-$

Kathode: $MnO_2 + 2\,H_2O + 2e^- \rightarrow Mn(OH)_2 + 2\,OH^-$

Als Brutto-Zellreaktion ergibt sich dann:

$$MnO_2 + Zn + 2\,H_2O \rightarrow Mn(OH)_2 + Zn(OH)_2$$

Dabei erfolgt zunächst wie bei der Zink-Kohle-Batterie eine Einlagerung von Wasserstoff ins Mangandioxid bis zur formalen Stöchiometrie MnOOH. In stark alkalischer Lösung erfolgt die Auflösung des festen MnOOH unter Bildung von Mn^{3+}-Ionen, die ihrerseits zu Mn^{2+}-Ionen reduziert werden können, so daß es zur Bildung von $Mn(OH)_2$ kommt. Die in der Anodenreaktion gebildete Zinkhydroxidzwischenschicht löst sich in alkalischer Lösung auf unter Zinkatbildung [487]:

$$Zn(OH)_2 + 2\,OH^- \rightarrow Zn(OH)_4{}^{2-}$$

Wenn der Elektrolyt mit Zinkat abgesättigt ist, fällt aus der Lösung Zinkoxid aus [486]:

$$Zn(OH)_2 \rightarrow ZnO + H_2O$$

In stark alkalischem Elektrolyten korrodiert Zink nach der folgenden Reaktionsgleichung:

$$Zn + 2\,H_2O + 2\,OH^- \rightarrow Zn(OH)_4{}^{2-} + H_2$$

Um diese Korrosion zu unterdrücken, wird das Zink in den Knopfzellen zur Erhöhung der Wasserstoffüberspannung amalgamiert. Blei, Indium sowie einige organische Inhibitoren wirken ebenfalls korrosionshemmend, jedoch nicht so gut wie Quecksilber [487].

Technische Daten und Anwendung

Die Nennspannung der Alkali-Mangan-Batterie beträgt 1,5 V. Die unbelastete Spannung liegt mit 1,6 V etwas höher. Auch bei dieser Batterie sinkt die Entladespannung während des Entladevorgangs ab, und zwar um etwa 0,35 V. Die mittlere Entladespannung hat einen Wert zwischen 1,1 und 1,3 V. Die theoretische Energiedichte beträgt 450 Wh kg^{-1}, die Grenzenergiedichte bei Langzeitentladung 100 Wh kg^{-1} und die praktische Energiedichte zwischen 90 und 100 Wh kg^{-1} [480,486,487]. Es werden Batterien mit Kapazitäten zwischen 100 mAh und 10 Ah hergestellt. Die am häufigsten gebrauchten Größen sind Baby, Mignon und Micro, außerdem Mono und Lady sowie die 9 V-Blockbatterie.
Die Alkali-Mangan-Batterie ist gegenüber der Zink-Kohle-Batterie bezogen auf die verfügbare Energiemenge etwas teurer. Die Energiedichte ist aber je nach Entladestromstärke zwei- bis dreimal so hoch. Daneben weist die Batterie auf Grund der besseren elektrischen Leitfähigkeit des Elektrolyten KOH eine höhere Belastbarkeit auf, d.h. die Entladestromstärke ist bei gleichem Spannungsabfall höher. Daraus ergibt sich, daß die Anwendung von Alkali-Mangan-Batterien vorteilhaft ist, wo eine kontinuierliche hohe

Belastbarkeit erforderlich ist. Solche Anwendungen sind z.B. **Blitzgeräte**, Cassettenrecorder, Walkmen, Watchmen, **Photokameras**, Großuhren und Walkie-Talkies. Die Verkaufsmengen der Alkali-Mangan-Batterien steigen kontinuierlich an, etwa von 4500 t im Jahre 1985 auf 7200 t im Jahre 1991.

3.2.3 Die Zink-Quecksilberoxid-Batterie (Zn-HgO)

Aufbau

Die Zink-Quecksilberoxid-Batterie ist nach einem der Haupthersteller auch als "Mallory-Batterie" bekannt und wird meistens als Knopfzelle oder als Rundzelle gebaut.
Die negative Elektrode besteht aus gepreßtem oder gesinterten Zinkpulver oder aus gewellter Zinkfolie. Das Zink ist zur Vermeidung der Korrosion amalgamiert.
Als Elektrolyt dient mit Zinkoxid gesättigte wäßrige Kalilauge oder Natronlauge. Der KOH- bzw. NaOH-Anteil beträgt 35 bis 40 %, und der Zinkoxidanteil liegt bei etwa 5 %. Zur Erhöhung der Auslaufsicherheit wird der Elektrolyt in den Rundzellen mit Cellulose oder einem ähnlichem Stoff angedickt. In den Knopfzellen wird er von einem Cellulose- oder Kunststoff-Vlies aufgesaugt.
Als positive Elektrode wird eine hart gepreßte Mischung aus feingemahlenem Quecksilberoxid und Grafit verwendet. Der Quecksilberoxidanteil beträgt 92 % und der Grafitanteil 8 %. Der Quecksilberoxidanteil bezogen auf die ganze Zelle liegt bei 40 bis 45 %.
Bei einer Abart der Zink-Quecksilberoxid-Batterie enthält die Kathode neben dem Quecksilberoxid und dem Grafit auch noch Mangandioxid. Der Quecksilberoxidanteil in diesen Zellen liegt zum Teil niedriger als in den herkömmlichen: Er reicht von 25 bis 40 %.
Das Separatorsystem zwischen den Elektroden muß auch für feinste feste Partikel und Quecksilbertröpfchen undurchlässig sein. Daneben muß es die Bildung von Zinkbrücken sicher verhindern. Es besteht aus mehreren Lagen von Pergament, dichtem Papier oder Kunststoff-Vlies.
Das Zellengehäuse ist aus Stahl, wobei der Zellendeckel den negativen und das Gehäuse den positiven Pol bildet.
In der Abbildung 3.4 ist der Aufbau einer Zink-Quecksilberoxid-Batterie zu sehen. Die Inhaltsstoffe sind in der Tabelle 3.10 aufgeführt [372,480,487,499].

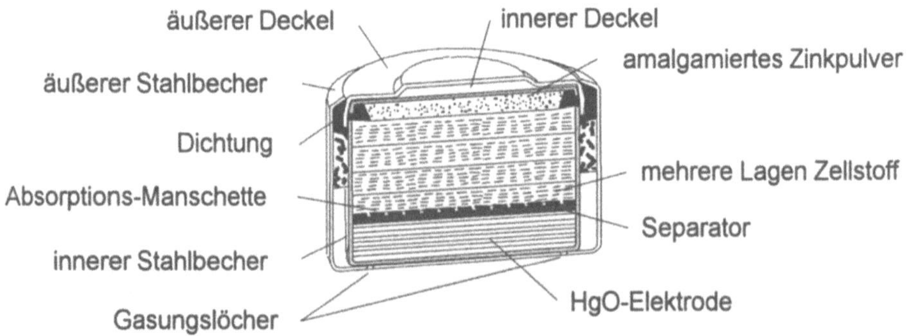

Abbildung 3.4: Aufbau einer Zink-Quecksilberoxid-Knopfzelle

Zink-Quecksilberoxid-Batterie Knopfzelle primär	Menge 1995: 17,0 t	
Inhaltsstoff	**Anteil in %**	**Menge 1995 in t**
Zink		
- metallisch	7,7 - 13,2	1,3 - 2,2
- Zinkoxid	0,14 - 0,9	0,02 - 0,15
Quecksilber	21 - 44	3,6 - 7,5
Mangandioxid	0 - 2,5	0 - 0,4
andere Materialien		
- Kohlenstoff	1 - 3	0,17 - 0,5
Gehäuse, Separator		
- Eisen	30 - 52	5,1 - 8,8
- Kupfer	2 - 3	0,34 - 0,5
- Nickel	0,5 - 2	0,09 - 0,34
- Kunststoffe, Papier, Bitumen	3 - 9	0,5 - 1,5
Elektrolyt		
- Kalilauge oder Natronlauge	4 - 6	0,7 - 1,0

Tabelle 3.10:   *Inhaltsstoffe von Zink-Quecksilberoxid-Knopfzellen*

Zellreaktion

Bei der Entladung einer Zink-Quecksilberoxid-Batterie finden die folgenden Teilreaktionen statt [486]:

Anode: $Zn + 2\,OH^- \rightarrow Zn(OH)_2 + 2e^-$

Kathode: $HgO + H_2O + 2e^- \rightarrow Hg + 2\,OH^-$

Bei Stromentnahme wird das Zink unter Bildung einer Zinkhydroxidschicht oxidiert, und das Quecksilberoxid wird zu elementarem Quecksilber reduziert. Aus den Teilreaktionen ergibt sich die folgende Bruttoreaktion:

$$HgO + Zn + H_2O \rightarrow Hg + Zn(OH)_2$$

Wie bei der Alkali-Mangan-Batterie reagiert auch hier das Zinkhydroxid unter Auflösung weiter zu Zinkat, wonach dann wieder Zinkoxid ausfällt. Die Gesamtreaktion lautet also folgendermaßen [487]:

$$Zn + HgO \rightarrow ZnO + Hg$$

Technische Daten und Anwendung

Die Nennspannung der Zink-Quecksilberoxid-Batterie ist auf 1,35 V festgesetzt, die der Zink-Quecksilberoxid-Batterie mit Mangandioxid auf 1,4 V. Die mittlere Entladespannung liegt zwischen 1,1 und 1,3 V. Die theoretische Energiedichte beträgt 241 Wh kg^{-1}, die

Grenzenergiedichte bei Langzeitentladung 110 Wh kg^{-1} und die praktische Energiedichte 80 bis 120 Wh kg^{-1} [486,487]. Es werden Batterien mit Kapazitäten zwischen 50 und 800 mAh hergestellt. Am häufigsten werden die Knopfzellen MR 44, außerdem die Knopfzelle MR 9 und die Rundzelle 4N 42 verkauft.

Zink-Quecksilberoxid-Batterien haben eine relativ konstante Entladespannung. Daneben haben sie für konventionelle Batterien eine hohe volumenspezifische Energiedichte und eine niedrige Selbstentladung. Sie werden im zivilen Bereich größtenteils (80 %) in **Hörgeräten**, außerdem in Personenrufanlagen, Belichtungsmessern, Fotoapparaten, Uhren und für Spezialanwendungen (z.B. Meßgeräte) verwendet. Im militärischen Bereich dienen sie als Energieträger für Steuersysteme von Torpedos und Raketen.

Wegen ihres hohen Quecksilbergehaltes sind ihre Verkaufszahlen rückläufig. Von der Batterieindustrie ist geplant, die Produktion der Zink-Quecksilberoxid-Batterien ab 1999 europaweit einzustellen [480,486].

3.2.4 · Die Zink-Silberoxid-Batterie (Zn-Ag$_2$O)

Das System Zink-Silberoxid wird sowohl in Primärelementen als auch in Sekundärelementen eingesetzt. An dieser Stelle soll zunächst nur auf die Primärelemente eingegangen werden.

Aufbau

Die negative Elektrode der Zink-Silberoxid-Primärbatterie besteht wie bei der Zink-Quecksilberoxid-Batterie aus gepreßtem oder gesintertem amalgamierten Zinkpulver oder aus gewellter amalgamierter Zinkfolie.

Als Elektrolyt dient mit Zinkoxid gesättigte wäßrige Kalilauge oder Natronlauge, die je nach Bauart mit Cellulose oder ähnlichem angedickt oder von einem Cellulose- oder Kunststoff-Vlies aufgesaugt wird.

Die positive Elektrode besteht aus Silber(I)oxid Ag$_2$O mit Zusätzen von Silber(II)oxid Ag$_2$O$_2$ und Mangandioxid. Da das Silberoxid eine gute Leitfähigkeit aufweist, kann auf Zugabe eines Leitmaterials wie Grafit verzichtet werden [192,371].

Als Separator dient ionenpermeables, mechanisch stabiles Papier [480,487].

Das Zellengehäuse ist aus Stahl, mit dem Deckel als Minus- und dem Gehäuse als Pluspol.

Obwohl die Zink-Silberoxid-Primärbatterie den gleichen elektrochemischen Aufbau hat wie die Sekundärbatterie, läßt sie sich nicht wieder aufladen. Dafür ist die Porosität der Elektroden zu klein, Gasaustritt ist nicht möglich und der Separator kann die Bildung von Zinkdendriten nicht verhindern. Würde man die Zelle so konstruieren, daß sie wiederaufladbar wäre, ginge der Energieinhalt auf zwei Drittel zurück [480].

In der Abbildung 3.5 ist ein Querschnitt durch eine Zink-Silberoxid-Knopfzelle zu sehen, die Inhaltsstoffe sind der Tabelle 3.11 zu entnehmen.

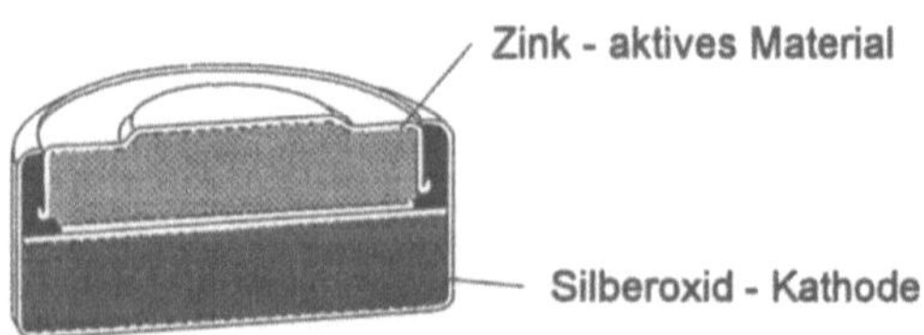

Abbildung 3.5: Aufbau einer Zink-Silberoxid-Knopfzelle

Zink-Silberoxid-Batterie Knopfzelle primär	Menge 1995: 22,0 t	
Inhaltsstoff	Anteil in %	Menge 1995 in t
Zink		
- metallisch	5,2 - 9,3	1,1 - 2,0
- Zinkoxid	0,05 - 0,6	0,01 - 0,13
Quecksilber	0,4 - 0,6	0,09 - 0,13
Silberoxid	12,5 - 33	2,8 - 7,3
Mangandioxid	1,5 - 13	0,3 - 2,9
andere Materialien		
- Kohlenstoff	1 - 2	0,2 - 0,4
Gehäuse, Separator		
- Eisen	38 - 48	8,4 - 10,6
- Kupfer	3 - 4	0,7 - 0,9
- Nickel	0,5 - 2	0,1 - 0,4
- Kunststoffe, Papier, Bitumen	3 - 8	0,7 - 1,8
Elektrolyt		
- Kalilauge oder Natronlauge	4 - 8	0,9 - 1,8

Tabelle 3.11: *Inhaltsstoffe von Zink-Silberoxid-Knopfzellen*

Zellreaktion

Bei der Entladung der Zink-Silberoxid-Batterie finden die folgenden Reaktionen statt [480,486,487]:

Anode: $Zn + 2\,OH^- \rightarrow Zn(OH)_2 + 2e^-$

Kathode: $Ag_2O + H_2O + 2e^- \rightarrow 2\,Ag + 2\,OH^-$

Das Zink wird wieder unter Bildung einer Zinkhydroxidschicht oxidiert und das Silberoxid zu Silber reduziert. Daraus ergibt sich die folgende Bruttoreaktionsgleichung:

$$Zn + Ag_2O + H_2O \rightarrow Zn(OH)_2 + 2\,Ag$$

Berücksichtigt man die oben beschriebene Reaktion des Zinkhydroxids zu Zinkat und Zinkoxid, so erhält man [487]:

$$Zn + Ag_2O \rightarrow ZnO + 2\,Ag$$

Technische Daten und Anwendung

Die Nennspannung der Zink-Silberoxid-Batterie ist mit 1,55 V etwas höher als die der Zink-Quecksilberoxid-Batterie. Die unbelastete Spannung liegt zwischen 1,7 und 1,8 V, und die mittlere Spannung beträgt etwa 1,3 bis 1,5 V. Die Entladekennlinie zeigt ein

ausgeprägtes Plateauverhalten, d.h. die Spannung bleibt während der Entladung nahezu konstant. Die Batterie hat eine theoretische Energiedichte von 478 Wh kg^{-1} und eine praktische Energiedichte von 120 bis 190 Wh kg^{-1} [486,487].
Auf dem Markt findet man Knopfzellen mit Kapazitäten von 15 bis 200 mAh. Sie werden im zivilen Bereich für Herzschrittmacher, **Armbanduhren**, Taschenrechner, Belichtungsmesser, Meßgeräte und Hörgeräte eingesetzt. Im militärischen Bereich dienen sie zur Stromversorgung der Steuersysteme von Raketen und Torpedos. Spezialanfertigungen mit Kapazitäten bis zu 200 Ah werden in der Raumfahrt verwendet.

3.2.5 Die Zink-Luftsauerstoff-Batterie (Zn-O$_2$)

Die Zink-Luftsauerstoff-Batterie gehört zu den sogenannten "luftatmenden Elementen". So bezeichnet man Batterien, in denen Luftsauerstoff, der z.B. durch kleine Öffnungen im Batteriegehäuse ins Batterieinnere gelangt, als positive aktive Masse eingesetzt wird. Ihr großer Vorteil liegt in der unbegrenzten und kostenlosen Verfügbarkeit des Sauerstoffs.
Man unterscheidet Zink-Luft-Batterien mit nahezu neutralem Elektrolyten und Zink-Luft-Batterien mit alkalischem Elektrolyten. Die ersteren werden als große prismatische Batterien gebaut, die letzteren als Knopfzellen. Zink-Luftsauerstoff-Batterien mit neutralen Elektrolyten werden vor allem für die Stromversorgung von elektrischen Weidezäunen, Baustellenbeleuchtungen, Signalanlagen und ähnlichem eingesetzt. Diese Batterien sind prismatisch aufgebaut; ihre Gewichte können bis zu mehreren Kilogramm betragen. Neuere Konstruktionen findet man in tragbaren Funkgeräten und für Sauerstoffflaschen in der Meerestechnik. An dieser Stelle soll nur auf die Knopfzellen eingegangen werden.

Aufbau

Die negative Elektrode der Zink-Luftsauerstoff-Batterie ist ähnlich aufgebaut wie die in der Alkali-Mangan-Batterie. Sie besteht aus mit Elektrolyt getränktem, amalgamiertem Zinkpulver.
Als Elektrolyt können Kalilauge oder Natronlauge verwendet werden.
Die positive Elektrode, eine Gasdiffusionselektrode, besteht aus einem Material, das eine große Oberfläche hat, elektronenleitend ist und katalytisch aktivierend für die kathodische Sauerstoffreduktion wirkt. In der neutralen Zink-Luftsauerstoff-Batterie verwendet man Aktivkohle, die mit Ruß oder Grafit, Ammoniumchlorid und Elektrolyt um einen zentralen Kohlestift als Stromableiter verpreßt wird. Als positive Elektrode in der alkalischen Zink-Luftsauerstoff-Batterie dient eine Gasdiffusionselektrode aus einem Aktivkohlematerial. Dieses wird mit basischen Oberflächenoxiden aktiviert oder mit Silber- oder Mischoxidkatalysatoren katalysiert und dann mit Bindemitteln oder Hydrophobierungsmitteln wie beispielsweise Teflon zu hochporösen, dünnen Diffusionselektroden gepreßt oder gesintert. Zur Erhöhung der mechanischen Stabilität und der elektrischen Leitfähigkeit wird die Elektrode oft noch mit einem Metallnetz versehen. Die alkalische Zink-Luftsauerstoff-Batterie ist mit höheren Strömen belastbar als die mit neutralem Elektrolyten [118,330,445,480,487].
Unter Sauerstoffzutritt carbonatisiert der Elektrolyt der alkalischen Zink-Luftsauerstoff-Batterie, d.h. der Elektrolyt reagiert mit dem Luftsauerstoff unter Bildung von Carbonaten, die die Poren der Elektroden verstopfen und die Leitfähigkeit des Elektrolyten herabsetzen. Dadurch wird die "offene" Arbeitsdauer der alkalischen Zink-Luftsauerstoff-Batterie auf sechs bis zehn Wochen begrenzt. Um die Zellen lagern zu können, werden die Lufteintrittsöffnungen mit einer Kunststoffolie verschlossen, die bei Inbetriebnahme entfernt werden muß. Danach entladen sich die Zellen, so daß sie vor allem für kontinuierlichen Betrieb in Frage kommen.

Neuere Zellen sind durch geänderte Elektrolytzusammensetzung, andere Methoden zur Hydrophobierung und den Einbau von halbdurchlässigen Membranen gegen die Carbonatisierung geschützt [308].

In der Abbildung 3.6 ist ein Querschnitt durch eine Zink-Luft-Knopfzelle zu sehen. Die Inhaltsstoffe sind der Tabelle 3.12 zu entnehmen [478].

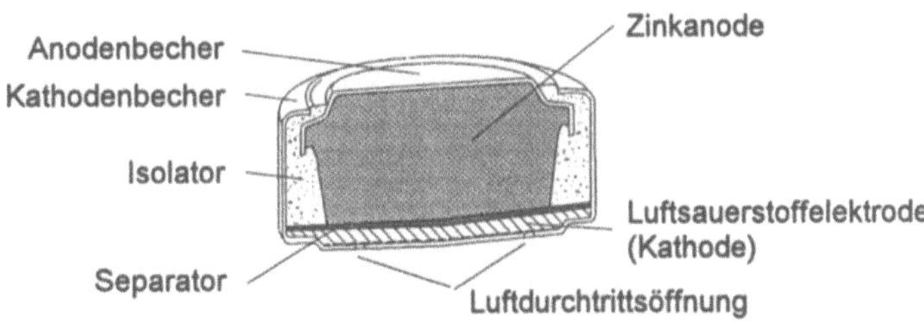

Abbildung 3.6: *Aufbau einer alkalischen Zink-Luftsauerstoff-Knopfzelle*

Zink-Luft-Batterie Knopfzelle primär	Menge 1995: 27,0 t	
Inhaltsstoff	**Anteil in %**	**Menge 1995**
Zink		
- metallisch	23,4 - 29,6	6,3 - 8,0
- Zinkoxid	0,05 - 0,2	0,01 - 0,05
Quecksilber	0,8 - 1	0,2 - 0,27
Mangandioxid	0,3	0,08
andere Materialien		
- Aktivkohle	1 - 2	0,27 - 0,5
Gehäuse, Separator		
- Eisen	42 - 48	11,3 - 13,0
- Kupfer	4	1,1
- Nickel	2	0,5
- Kunststoffe, Papier, Bitumen	7 - 8	1,9 - 2,2
Elektrolyt		
- Kalilauge	8 - 10	2,2 - 2,7

Tabelle 3.12: *Inhaltsstoffe von Zink-Luft-Knopfzellen*

Zellreaktion

Zink-Luftsauerstoff-Batterien mit alkalischem Elektrolyten entladen sich nach den folgenden Reaktionsgleichungen [486]:

Anode: $2\,Zn + 4\,OH^- \rightarrow 2\,Zn(OH)_2 + 4e^-$

Kathode: $O_2 + 2\,H_2O + 4e^- \rightarrow 4\,OH^-$

Die daraus resultierende Zellreaktion lautet:

$$2\,Zn + O_2 + H_2O \rightarrow Zn(OH)_2$$

Technische Daten und Anwendung

Die Zink-Luftsauerstoff-Batterien haben eine Nennspannung von 1,5 V, allerdings muß man bei der Auslegung von niedrigeren Werten ausgehen. Die unbelastete Spannung beträgt 1,35 V und die mittlere Entladespannung etwa 1,1 V. Die Spannung bleibt relativ konstant. Da der Luftsauerstoff nicht in die Gewichtsbilanz der Zelle eingeht, hat sie mit 960 Wh kg^{-1} eine hohe theoretische Energiedichte. Die praktische Energiedichte liegt zwischen 180 und 250 Wh kg^{-1} [486,487].
Die Zink-Luftsauerstoff-Batterien mit alkalischem Elektrolyten werden vor allem als Knopfzellen gebaut. Man verwendet sie als Ersatz für Zink-Quecksilberoxid-Batterien in **Hörgeräten** [480].

3.2.6   Die Lithium-Schwefeldioxid-Batterie (Li-SO$_2$)

Lithium ist als Anodenmaterial besonders gut geeignet, da es ein Normalpotential von -3,045 V und eine Atommasse von 6,939 g mol^{-1} hat, was zu einer hohen theoretischen Kapazität führt. Zusammen mit einer geeigneten positiven Elektrode können Zellspannungen von mehr als 4 V erreicht werden [486]. Da Lithium in protonenhaltigen Lösemitteln nicht beständig ist, kommen als Elektrolyten nur aprotische organische und anorganische Substanzen in Frage. Man unterscheidet Lithiumbatterien mit gelösten Kathoden, Lithiumbatterien mit Festkörperkathoden und Lithiumbatterien mit festen Elektrolyten. Zu den ersteren gehören die Lithium-Schwefeldioxid-Batterien.

Aufbau

Als Anode in der Lithium-Schwefeldioxid-Batterie dient elementares Lithium. Da es ähnlich weich und verformbar ist wie Blei, läßt es sich leicht walzen und extrudieren. Es wird daher in Form von dünnen Folien und Bändern eingesetzt.
Der Elektrolyt besteht aus einem Gemisch von Acetonitril und Schwefeldioxid, manchmal auch noch Propylencarbonat, in dem Lithiumbromid als Leitsalz gelöst ist. Anstelle von Lithiumbromid kann auch Lithiumhexafluoroarsenat verwendet werden [503].
Das Schwefeldioxid ist auch als positive aktive Masse an der Zellreaktion beteiligt. Die positive Elektrode, an der das Schwefeldioxid die Kathodenreaktion eingeht, besteht aus einer Folie aus poröser Kohle oder einem Ruß-Teflon-Gemisch, die auf ein Metall-Strecknetz aufgebracht ist.
Der Separator zwischen Anode und Kathode ist aus einem mikroporösen Polypropylenmaterial. Der Elektrodensatz in einer Lithium-Schwefeldioxid-Rundzelle besteht aus einem spiralförmig gewickelten Kern aus Lithium-Anode, Polypropylenseparator und kathodischem Kohlenstoffableiter.
Da das Schwefeldioxid bei Raumtemperatur und Normaldruck gasförmig ist, wird die Batterie bei etwa 4 bar betrieben. Das Edelstahlgehäuse ist so ausgelegt, daß es bis ca. 28 bar Überdruck aushält, was dem Dampfdruck von Schwefeldioxid bei etwa 110 °C entspricht. Bei höheren Drücken spricht ein Sicherheitsventil, als Sollbruchstelle ausgelegt, an [504].
In der Abbildung 3.7 ist eine Lithium-Schwefeldioxid-Rundzelle zu sehen [505]. Die Inhaltsstoffe sind in der Tabelle 3.13 aufgeführt.

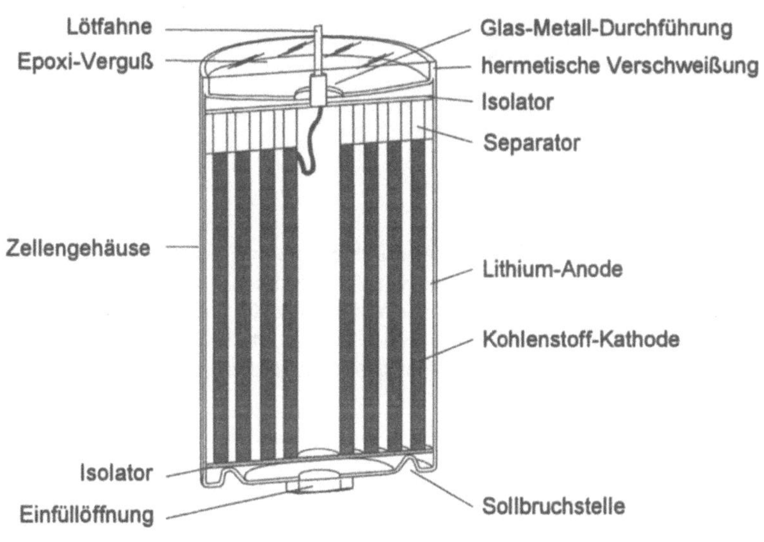

Abbildung 3.7: **Aufbau einer Lithium-Schwefeldioxid-Batterie (Rundzelle in Wickelzellenbauweise) [505]**

Lithium-Schwefeldioxid-Batterie Rundzelle primär	
Inhaltsstoff	**Anteil in %**
Lithium	
Schwefeldioxid	
andere Materialien	
- Kohlenstoff	
- Teflon	
Gehäuse	
- Edelstahl	
Separator	
- Polypropylen	
Elektrolyt	
- Acetonitril	
- Schwefeldioxid	
- Lithiumbromid	

Tabelle 3.13: **Inhaltsstoffe von Lithium-Schwefeldioxid-Rundzellen**

Zellreaktion

Die Entladereaktionen lassen sich nach [504] durch das folgende System von Reaktionsgleichungen darstellen:

Anode: $2\,Li \rightarrow 2\,Li^+ + 2e^-$

Kathode: $2\,SO_2 + 2e^- \rightarrow S_2O_4^{2-}$

Das bedeutet, daß auf der Anodenseite Lithium unter Elektronenabgabe in Lösung geht, während auf der Kathodenseite aus zwei Schwefeldioxidmolekülen und zwei Elektronen das Dithionitanion entsteht. Nach einer anderen Quelle ist der genaue Ablauf der anodischen und der kathodischen Teilreaktion allerdings noch nicht aufgeklärt [486]. Die folgende Gesamtreaktion scheint dagegen gesichert zu sein [486,487,504]:

$$2\,Li + 2\,SO_2 \rightarrow Li_2S_2O_4$$

Das Reaktionsprodukt Lithiumdithionit löst sich zu einem kleinen Teil im Elektrolyten, zu einem größeren Teil fällt es als farblose, wachsartige Masse an und in den Poren des kathodischen Ableiters aus. Da das flüssige Schwefeldioxid in direktem Kontakt mit dem Lithium steht, sollte man erwarten, daß beide spontan miteinander reagieren. Dadurch würde sich die Zelle sehr schnell selbst entladen. Das Lithium überzieht sich aber in flüssigem Schwefeldioxid mit einer sehr dichten und wirksamen Passivschicht aus Lithiumdithionit und verwandten Schwefelverbindungen, die eine weitere Reaktion des Lithiums mit dem Schwefeldioxid verhindert. Da die Passivschicht sehr dünn ist, geht nur ein sehr kleiner Teil der aktiven Masse verloren. Das weitere Wachstum der Passivschicht verläuft zunehmend langsamer, so daß die Lagerfähigkeit der Lithium-Schwefeldioxid-Batterie zehn Jahre beträgt [504].

Technische Daten und Anwendung

Die Nennspannung der Lithium-Schwefeldioxid-Batterie beträgt 3.0 V. Die Spannung bleibt während der Entladung nahezu konstant. Die theoretische Energiedichte liegt bei 1095 Wh kg^{-1}, die Grenzenergiedichte für Langzeitentladung bei etwa 300 Wh kg^{-1} und die praktische Energiedichte bei etwa 250 Wh kg^{-1} [486,504]. Die Batterie kann, da sie einen nichtwäßrigen Elektrolyten hat, in einem Temperaturbereich von -50 bis +70°C betrieben werden.
Lithium-Schwefeldioxid-Batterien werden vor allem als Rundzellen, z.B. Monozellen, und als Knopfzellen hergestellt. Im zivilen Bereich werden sie z.B. bei Meßgeräten, in der Film- und Videotechnik, bei Funkgeräten und bei Warenautomaten angewendet. Ihr wichtigstes Anwendungsgebiet liegt aber im **militärischen Bereich**, für den spezielle Batterieformate und seit kurzem auch die sogenannten "reserve cells" (Erläuterung siehe Lithium-Vanadiumpentoxid-Batterie) hergestellt werden [504,507].

3.2.7   Die Lithium-Thionylchlorid-Batterie (Li-SOCl$_2$)

Die Lithium-Thionylchlorid-Batterie gehört wie die Lithium-Schwefeldioxid-Batterie zu den Lithiumbatterien mit gelösten Kathoden.

Aufbau

Es gibt mehrere Bauarten von Lithium-Thionylchlorid-Batterien: Normalausführungen und Hochleistungsausführungen.

In der normalen Zellenausführung besteht die Anode aus einem Zylinder aus Lithiumblech, der fest mit dem Gehäuse aus Edelstahl verpreßt ist. Als Alternative zum Lithium wird Calcium erprobt, das einen höheren Schmelzpunkt hat als Lithium und damit sicherer erscheint.

Der Elektrolyt besteht aus flüssigem Thionylchlorid als alleinigem Lösungsmittel, in dem Lithiumaluminiumchlorid als Leitsalz gelöst ist. Als Additive sind dem Elektrolyten manchmal noch Lithiumborate, Lithiumoxide, Lithiumchlorid, Bromchlorid, Eisenphthalocyanin, Lithiumaluminiumoxidchlorid ($LiAl_2Cl_6O$) oder ein PVC-Copolymer zugesetzt, welche die Ausbildung der auch hier entstehenden Passivschichten aus Lithiumchlorid einschränken und die elektrische Leitfähigkeit erhöhen sollen [505,507,550].

Die Kathode besteht aus einem in das Thionylchlorid eintauchenden Stromkollektor mit Kohlenstoffoberfläche, an der die Kathodenreaktionen ablaufen [335].

Zwischen Anode und Kathode befindet sich ein Separator aus Teflon oder Polypropylen.

Für Hochleistungsanwendungen, also für Entladungen mit hohen Strömen, braucht man Elektroden mit besonders großer Oberfläche. Dies erreicht man beispielsweise durch eine Schichtung von dünnen, scheibchenförmigen Elektroden, wodurch die Elektrodenoberfläche gegenüber der normalen Zellenausführung um ein Mehrfaches erhöht wird [505].

Das Gehäuse besteht aus hermetisch verschweißtem Edelstahl mit Glasdurchführungen. Um die Explosion der Zelle bei Überhitzung zu verhindern, wird in das Gehäuse z.B. eine Sollbruchstelle eingebaut [265,505].

In der Abbildung 3.8 sind die Normalausführung und die Hochleistungsausführung einer Lithium-Thionylchloridbatterie zu sehen. Die Inhaltsstoffe sind in der Tabelle 3.14 aufgeführt.

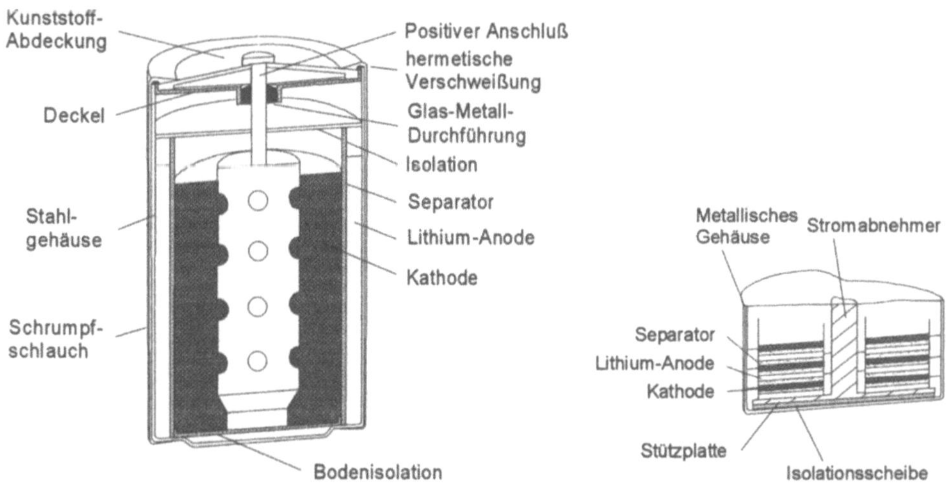

Abbildung 3.8: Aufbau von Lithium-Thionylchlorid-Batterien (Normalausführung und Hochleistungsausführung [505])

Lithium-Thionylchlorid-Batterie Rundzelle primär	
Inhaltsstoff	**Anteil in %**
Lithium	
Thionylchlorid	
andere Materialien	
- Kohlenstoff	
Gehäuse	
- Edelstahl	
- Glas	
Separator	
- Polypropylen	
- Teflon	
Elektrolyt	
- Thionylchlorid	
- Lithiumaluminiumchlorid	
- Additive	

Tabelle 3.14:   Inhaltsstoffe von Lithium-Thionylchlorid-Rundzellen

Zellreaktion

Bei der Entladung der Lithium-Thionylchlorid-Zelle laufen zahlreiche Reaktionen nebeneinander ab, deren Potentiale zwischen 3,5 und 3,7 V liegen. Sie sollen im weiteren kurz wiedergegeben werden [505]:

$$6\,Li + 4\,SOCl_2 \rightarrow 6\,LiCl + S_2Cl_2 + 2\,SO_2$$

$$10\,Li + 6\,SOCl_2 \rightarrow 8\,LiCl + 2\,S_2Cl_2 + Li_2S_2O_6$$

$$7\,Li + 4\,SOCl_2 \rightarrow 5\,LiCl + 3/2\,S_2Cl_2 + Li_2SO_4$$

$$6\,Li + 3\,SOCl_2 \rightarrow 4\,LiCl + S_2Cl_2 + Li_2SO_3$$

$$8\,Li + 4\,SOCl_2 \rightarrow 6\,LiCl + S_2Cl_2 + Li_2S_2O_4$$

$$7\,Li + 3\,SOCl_2 \rightarrow 5\,LiCl + 1/2\,S_2Cl_2 + Li_2S_2O_3$$

An anderer Stelle [486] wird die folgende Entladereaktion angegeben:

$$4\,Li + 2\,SOCl_2 \rightarrow 4\,LiCl + SO_2 + S$$

Bei der Entladung der Lithium-Thionylchlorid-Batterie entsteht neben einer Vielzahl anderer Verbindungen auch Schwefeldioxid. Da dieses sich aber vollständig im Elektrolyten löst, arbeitet die Zelle im Gegensatz zur Lithium-Schwefeldioxid-Batterie unter Atmosphärendruck. Der entehende Schwefel darf nicht in direkten Kontakt mit dem Lithium kommen, da sonst die Gefahr einer Verpuffung besteht. Aus der Vielzahl der Oxide, Chloride und Sulfide, die entstehen können, wird ersichtlich, daß man durch eine Wiederaufladung nicht wieder zum Lithium und zum Thionylchlorid zurückkommen kann, d.h. es gibt kein wiederaufladbares Lithium-Thionylchlorid-System [505].

Technische Daten und Anwendung

Die Leerlaufspannung der Lithium-Thionylchlorid-Zelle beträgt 3,68 V und die Nennspannung 3.5 V. Die Spannung der Zelle bleibt während der Entladung nahezu konstant. Nach längeren Lagerzeiten kann aber bei Inbetriebnahme der Zelle durch eine zu dichte Passivschicht ein Spannungseinbruch (voltage delay) auftreten. Die Spannung stabilisiert sich aber unter Last sehr schnell; die Stabilisierung kann aber auch durch einen Hochstrom-Entladeimpuls oder eine mechanische Erschütterung beschleunigt werden [505]. Die theoretische Energiedichte beträgt 1470 Wh kg^{-1}, die Grenzenergiedichte bei Langzeitentladung etwa 500 Wh kg^{-1} und die tatsächliche Energiedichte, allerdings bei größeren Zelltypen, 480 Wh kg^{-1}. Die Batterien können bei Temperaturen zwischen -40 und +75°C, Sonderanfertigungen auch bis +90°C oder sogar bis +150°C, betrieben werden [505,507]. Lithium-Thionylchlorid-Batterien werden als Knopfzellen, als Rundzellen und als prismatische Zellen mit Kapazitäten von 0,2 Ah bis 15.000 Ah, neuerdings auch als "reserve cell", hergestellt [506,507]. Sie werden hauptsächlich für **militärische Zwecke**, außerdem noch zur Speicherversorgung in Telefonanlagen oder in der Datenverarbeitung angewendet [507].

3.2.8 Die Lithium-Sulfurylchlorid-Batterie Li-SO$_2$Cl$_2$)

Auch die Lithium-Sulfurylchlorid-Batterie gehört zu den Batterien mit gelösten Kathoden. Sie ist noch nicht so weit entwickelt wie die Lithium-Schwefeldioxid-Batterie und die Lithium-Thionylchlorid-Batterie und hat daher auch noch nicht deren Bedeutung. Da sie mit 3,9 V die höchste bisher erreichbare Zellspannung überhaupt hat, steht sie im Mittelpunkt der Entwicklungsinteressen [507].

Aufbau

Die Anode der Lithium-Sulfurylchlorid-Batterie ist natürlich wieder aus Lithium. Der Elektrolyt besteht aus Sulfurylchlorid als Lösungsmittel, in dem als Leitsalz Lithiumaluminiumchlorid enthalten ist. Zur Erhöhung der Leitfähigkeit und zur Unterdrückung des schon oben erwähnten "voltage delay" sind dem Elektrolyten Bromchlorid, Lithiumchlorid und Lithiumoxid zugesetzt. Im Elektrolyten gelöstes Chlorgas wirkt sich ebenfalls günstig auf den "voltage delay" aus. Allerdings erhöht sich durch die Unterdrückung der Passivschicht die Selbstentladung der Zelle [507,550]. Das Sulfurylchlorid fungiert gleichzeitig als positive aktive Masse. Es wird kontaktiert durch eine in das flüssige Sulfurylchlorid eintauchende Kohleelektrode, an deren Oberfläche die Kathodenreaktion abläuft. Das Gehäuse besteht aus einem hermetisch verschweißten, vernickelten Edelstahlbehälter mit Glasdurchführung. Die Zelle arbeitet unter Normaldruck [507]. Die Inhaltsstoffe der Lithium-Sulfurylchlorid-Batterie sind der Tabelle 3.15 zu entnehmen.

Lithium-Sulfurylchlorid-Batterie primär	
Inhaltsstoff	**Anteil in %**
Lithium	
Sulfurylchlorid	
andere Materialien	
- Kohlenstoff	
Gehäuse	
- Edelstahl	
- Nickel	
- Glas	
Elektrolyt	
- Sulfurylchlorid	
- Lithiumaluminiumchlorid	
- Additive	

Tabelle 3.15: Inhaltsstoffe von Lithium-Sulfurylchlorid-Batterien

Zellreaktion

Als Zellreaktion für die Entladung der Lithium-Sulfurylchlorid-Batterie wird die folgende Reaktion vorgeschlagen [503]:

$$2\,Li + SO_2Cl_2 \rightarrow 2\,LiCl + SO_2$$

Die Entladeprodukte sind also Lithiumchlorid und Schwefeldioxid, wobei das Schwefeldioxid vollständig im Sulfurylchlorid gelöst ist, so daß kein Überdruck entsteht. Ein Vorteil der Lithium-Sulfurylchlorid-Batterie besteht darin, daß kein Schwefel entsteht und damit die Gefahr einer Verpuffung nicht gegeben ist.

Technische Daten und Anwendung

Die Lithium-Sulfurylchlorid-Batterie hat auch bei kleinen Zellen eine sehr hohe Energiedichte von 500 Wh kg^{-1}. Die Zellspannung ist, wie oben erwähnt, mit 3,9 V sehr hoch. Die Zelle arbeitet sowohl bei -20 als auch bei +75°C [507].
Die Batterie wird nicht serienmäßig hergestellt, da noch einige, z.T. schon genannte Probleme zu bewältigen sind: Die Additive zur Unterdrückung des "voltage delay" bedingen eine relativ hohe Selbstentladungsrate. Das Sulfurylchlorid ruft beim Lithium eine starke Anodenkorrosion hervor, so daß Calcium als Anodenmaterial anstelle von Lithium erprobt wird [507].

3.2.9 Die Lithium-Mangandioxid-Batterie (Li-MnO$_2$)

Die Lithium-Mangandioxid-Batterie gehört zu den Lithiumbatterien mit Festkörperkathode.

Aufbau

Lithium-Mangandioxid-Batterien gibt es als Flachzellen, Knopfzellen und zylindrische Wickelzellen.

Das Anodenmaterial ist Lithiumfolie, die in den Knopfzellen fest mit dem Gehäuse verpreßt wird.

Der Elektrolyt besteht aus den organischen Lösungsmitteln Propylencarbonat und 1,2-Dimethoxyethan und dem Leitsalz Lithiumperchlorat. Er liegt aufgesaugt im Separator vor. Dieser besteht z.B. aus Polypropylen, Polyethylen oder Polyester [228,367]. Der Wassergehalt des Elektrolyten darf nicht mehr als 50 ppm betragen [503].

Die Kathode besteht aus synthetischem Mangandioxid, das einer speziellen Vorbehandlung unterzogen worden ist. Daneben enthält sie Ruß als Leitmittel und Polytetrafluorethylen (PTFE, Teflon) als Bindemittel [307,315,377].

Als Gehäusematerial wird vernickelter Stahl oder Edelstahl verwendet. Das Gehäuse wird nicht hermetisch verschweißt, sondern nur verbördelt [507].

Der Aufbau von Lithium-Mangandioxid-Knopfzellen und -Rundzellen ist in der Abbildung 3.9 zu sehen [507,559]. Die Inhaltsstoffe sind in den Tabellen 3.16, 3.17 und 3.18 aufgeführt.

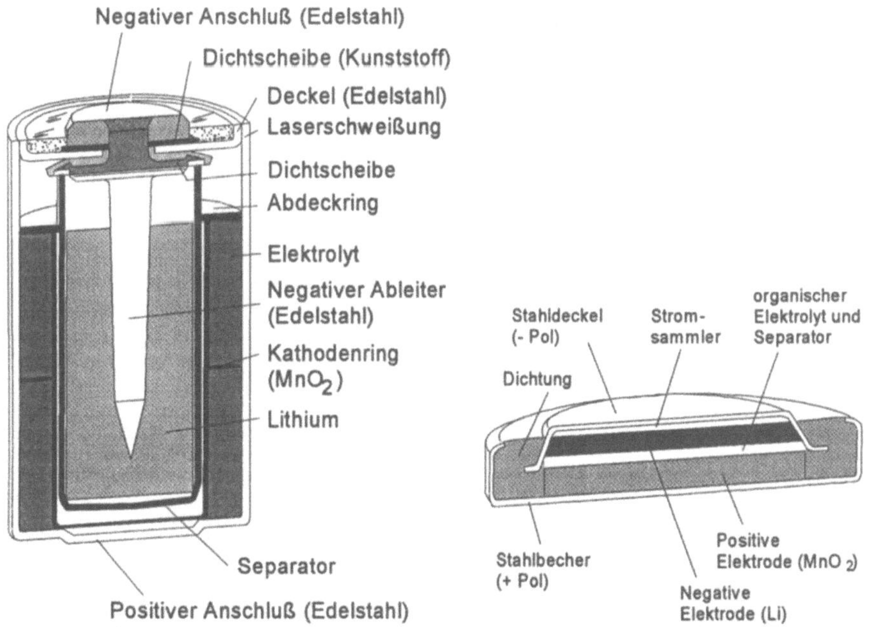

Abbildung 3.9: *Aufbau von Lithium-Mangandioxid-Batterien (Knopfzellen und Rundzellen)*

Lithium-Mangandioxid-Batterie Knopfzelle primär	Menge 1995: 60,0 t	
Inhaltsstoff	**Anteil in %**	**Menge 1995 in t**
Lithium	2,0	1,2
Mangandioxid	29,2	17,5
andere Materialien		
- Kohlenstoff	0,9	0,5
Gehäuse		
- Edelstahl	57,0	34,2
- Kunststoffe	3,4	2,0
Separator		
Elektrolyt		
- Propylencarbonat	4,4	2,6
- 1,2-Dimethoxyethan	2,8	1,7
- Lithiumperchlorat	0,3	0,2

Tabelle 3.16: **Inhaltsstoffe einer Lithium-Mangandioxid-Knopfzelle**

Lithium-Mangandioxid-Batterie Knopfzelle primär	
Inhaltsstoff	**Anteil in %**
Eisen	40
Kupfer	0,03
Nickel	2,5
Zink	0,015
Braunstein	25,8
Natrium	0,15
Lithium	3,3
Arsen	0,07

Tabelle 3.17: **Inhaltsstoffe von Lithium-Mangandioxid-Knopfzellen (eigene Analyse)**

Zellreaktion

Die Zellreaktion bei der Entladung der Lithium-Mangandioxid-Batterie entspricht einer Einlagerung von Lithium ins Mangandioxidgitter, wobei formal vierwertiges Mangan zu dreiwertigem Mangan reduziert wird [503]:

Anode: $Li \rightarrow Li^+ + e^-$

Kathode: $Li^+ + e^- + MnO_2 \rightarrow LiMnO_2$

Gesamtreaktion: $Li + MnO_2 \rightarrow LiMnO_2$

Lithium-Mangandioxid-Batterie Rundzelle primär	
Inhaltsstoff	**Anteil in %**
Lithium	2 - 3
Mangandioxid	27 - 37
andere Materialien	
- Kohlenstoff	2 - 4
Gehäuse, Separator	
- Eisen	37 - 46
- Nickel	2 - 6
- Kunststoffe, Papier, Bitumen	3 - 5
Elektrolyt	
- organisches Lösemittel mit Lithiumsalz	12 - 15

Tabelle 3.18: Inhaltsstoffe von Lithium-Mangandioxid-Rundzellen

Technische Daten und Anwendung

Die Zellspannung der Lithium-Mangandioxid-Batterie liegt zwischen 2,7 und 2,8 V. Die Energiedichte beträgt 200 Wh kg^{-1}. Der Temperaturbereich, in dem sie üblicherweise betrieben wird, ist auf -20 bis +55°C begrenzt. Der Innenwiderstand ist, typisch für Zellen mit Festkörperkathoden, relativ hoch, so daß man bei Beginn und während der Entladung einen verhältnismäßig hohen Spannungsabfall beobachten kann [507].
Wie oben erwähnt, werden Lithium-Mangandioxid-Batterien als Flachzellen, Knopfzellen und Rundzellen (Wickelzellen) gebaut. Sie stellen mit über 90 % den größten Anteil der für private Zwecke genutzten Lithiumbatterien. Die Knopfzellen werden z.B. als **Uhrenbatterie**, für Taschenrechner, elektronisches Spielzeug und für **Fotoapparate** verwendet. Die Rundzellen werden ebenfalls in **Fotoapparaten** eingesetzt, außerdem für Videokameras, Navigationsinstrumente, Funkgeräte und für Speicherstützungs-Anwendungen in zahlreichen Großgeräten.

3.2.10 Die Lithium-Vanadiumpentoxid-Batterie (Li-V$_2$O$_5$)

Die Lithium-Vanadiumpentoxid-Batterie gehört zu den Lithiumbatterien mit Festkörperkathode.

Aufbau

Die Anode besteht aus Lithiumfolie, die mit einem Stromkollektor aus rostfreiem Stahl verpreßt ist.
Die Lithium-Vanadiumpentoxid-Batterie wird fast ausschließlich als "reserve cell" gebaut, d.h. der Elektrolyt befindet sich in einer Glasampulle innerhalb der Zelle. Zur Inbetriebnahme der Zelle muß sie mechanisch zerstört werden, was z.B. durch Stoß von außen erfolgen kann. Der organische Elektrolyt enthält als Lösungsmittel Propylencarbonat und Methylformiat oder 1,2-Dimethoxyethan und als Leitsalz Lithiumhexafluoroarse-

nat und Lithiumtetrafluoroborat. Andere Möglichkeiten sind Lithiumperchlorat oder Lithiumtetrafluoroborat in Propylencarbonat und Tetrahydrofuran [503,507].
Die Kathode besteht aus Vanadiumpentoxid, das mit etwa 10 % Grafit als Leitmittel und mit Teflon als Bindemittel vermischt ist. Zwischen Anode und Kathode befindet sich ein Separator aus Polypropylen, der nach Inbetriebnahme der Zelle mit der Elektrolytlösung getränkt ist [503,507].
Die Zelle ist von einem Gehäuse aus hermetisch verschweißtem Edelstahl mit Glasdurchführungen umgeben [507].
Die Abbildung 3.10 zeigt einen Querschnitt durch eine Lithium-Vanadiumpentoxid-Batterie [505]. Die Inhaltsstoffe sind der Tabelle 3.19 zu entnehmen.

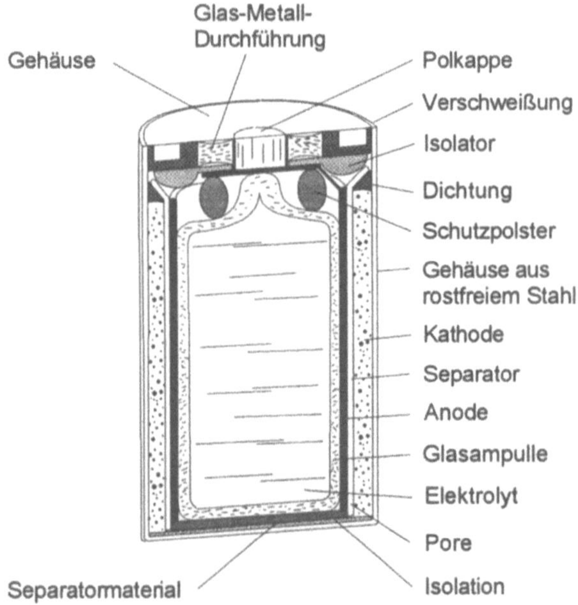

Abbildung 3.10: Aufbau einer Lithium-Vanadiumpentoxid-Batterie (reserve cell)

Zellreaktion

Die Zellreaktion für die Entladung einer Lithium-Vanadiumpentoxid-Batterie ist noch nicht genau aufgeklärt. Die folgende Reaktion [503]

$$4\,Li + V_2O_5 \rightarrow 2\,Li_2O + V_2O_3$$

würde eine Zellspannung von etwa 2,1 V bedingen, während die tatsächliche Zellspannung zu Beginn der Entladung bei 3,4 V liegt. Auf der Basis von Röntgenstrukturanalysen ist die Einlagerung von Lithium ins Vanadiumpentoxid nach der folgenden Gleichung ermittelt worden [503]:

$$Li + V_2O_5 \rightarrow LiV_2O_5$$

An anderer Stelle wird die Bildung von $Li_2V_2O_5$ anstelle des LiV_2O_5 vorgeschlagen [487].

Lithium-Vanadiumpentoxid-Batterie Rundzelle primär	
Inhaltsstoff	**Anteil in %**
Lithium	
Vanadiumpentoxid	
andere Materialien	
- Kohlenstoff	
- Teflon	
Gehäuse	
- Edelstahl	
- Glas	
Separator	
- Polypropylen	
Elektrolyt	
- Propylencarbonat	
- Methylformiat oder Tetrahydrofuran	
- Lithiumsalz	

Tabelle 3.19:   Inhaltsstoffe von Lithium-Vanadiumpentoxid-Rundzellen

Technische Daten und Anwendung

Die Entladung von Lithium-Vanadiumpentoxid-Batterien erfolgt in zwei Stufen. Das erste Plateau liegt bei 3,4 V. Bei fortgeschrittener Entladung sinkt die Spannung auf ein weiteres Plateau bei 2,3 V ab. Die Energiedichte liegt bei etwa 200 Wh kg^{-1}. Die Zelle kann in einen Temperaturbereich zwischen -40 und +60°C betrieben werden [507]. Lithium-Vanadiumpentoxid-Batterien werden als "reserve cells" mit Kapazitäten zwischen 100 mAh und 30 Ah hergestellt. Durch die Aufbewahrung des Elektrolyten in einer Glasampulle, also getrennt von Anode und Kathode, ist die Lagerfähigkeit fast unbegrenzt. Die Batterie wird ausschließlich **militärisch** genutzt und hauptsächlich zur Stromversorgung von Erd- und Seeminen und in Granaten angewendet [507].

3.2.11   Die Lithium-Chromoxid-Batterie (Li-CrO$_x$)

Die Lithium-Chromoxid-Batterie gehört zu den Lithiumbatterien mit flüssigem, organischem Elektrolyten und Festkörperkathode.

Aufbau

Im Gegensatz zu den meisten anderen Lithiumbatterie besteht die Anode in der Lithium-Chromoxid-Batterie nicht aus Lithiumfolie, sondern aus einem zylindrischen Lithiumblock, der in der Mitte der ebenfalls zylindrischen Zelle angeordnet ist. In den Lithiumblock ist zur Kontaktierung ein Edelstahlnagel eingeschlagen. Dieser wird mittels einer Epoxiddichtung durch das Edelstahlgehäuse herausgeführt.

Als Elektrolyt verwendet man Lithiumperchlorat in Propylencarbonat und 1,2-Dimethoxyethan.
Die Kathode wird von Chromoxidringen gebildet, die außen um die zylindrische Anode liegen. Sie sind von der Anode durch einen Separator getrennt. Das Kathodenmaterial ist eine Mischung aus den Chromoxiden Cr_2O_5 und Cr_3O_8. Der Kathode ist Grafit als Leitmittel zugesetzt [507].
In der Abbildung 3.11 ist ein Schnitt durch eine Lithium-Chromoxid-Rundzelle zu sehen. Die Zusammensetzung ist der Tabelle 3.20 zu entnehmen.

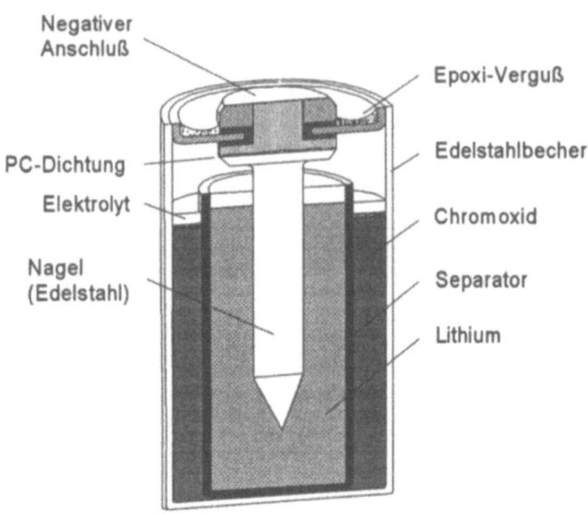

Abbildung 3.11: Aufbau einer Lithium-Chromoxid-Batterie (Rundzelle)

Lithium-Chromoxid-Batterie Rundzelle primär	
Inhaltsstoff	**Anteil in %**
Lithium	3 - 4
Chromoxid	28 - 30
andere Materialien	
- Kohlenstoff	2,5
Gehäuse, Separator	
- Eisen	41 - 45
- Nickel	2 - 4
- Kunststoffe, Papier, Bitumen	4 - 5
Elektrolyt	
- Propylencarbonat	8 - 10
- 1,2-Dimethoxyethan	3 - 5
- Lithiumperchlorat	0,9 - 1,3

Tabelle 3.20:   Inhaltsstoffe von Lithium-Chromoxid-Rundzellen

Technische Daten und Anwendung

Die Zellspannung des Systems Lithium-Chromoxid beträgt 3,6 V und liegt damit sehr hoch. Die Batterie hat eine Energiedichte von ca. 270 Wh kg^{-1} und kann bei Temperaturen zwischen -30 und +75°C betrieben werden, allerdings nur für kleine Belastungen. Lithium-Chromoxid-Batterien wurden als kleine zylindrische Zellen gebaut, aber wegen ihres Chromgehaltes werden sie nicht mehr hergestellt. Sie weisen bei Entladungen über 5.600 Ohm eine Kapazität von 1,1 Ah auf, bei Entladungen über 330 Ohm aber nur noch 650 mAh. Man verwendete sie für die Datensicherung, d.h. sie wurden nur in Störfällen kurzfristig mit kleiner Last betrieben, so daß ihre Betriebsdauer mehrere Jahre betrug [507].

3.2.12 Die Lithium-Silberchromat-Batterie (Li-Ag$_2$CrO$_4$)

Die Lithium-Silberchromat-Batterie gehört zu den Batterien mit flüssigem, organischem Elektrolyt und Festkörperkathode.

Aufbau

Lithium-Silberchromat-Batterien werden als Knopfzellen gebaut. Die Anode besteht aus Lithiumfolie.
Als Elektrolyt wird in Propylencarbonat gelöstes Lithiumperchlorat verwendet. Der Wassergehalt der Elektrolytlösung darf 100 ppm nicht übersteigen.
Die Kathode ist aus Silberchromat und Kohlenstoff mit Teflon als Bindemittel gepreßt. Für Anwendungen mit niedrigen Belastungen kann auf das Leitmittel Kohlenstoff aber verzichtet werden, da bei der Zellreaktion metallisches Silber entsteht. Die Inhaltsstoffe sind in der Tabelle 3.21 aufgeführt.

Lithium-Silberchromat-Batterie Knopfzelle primär	
Inhaltsstoff	**Anteil in %**
Lithium	
Silberchromat	
andere Materialien	
- Kohlenstoff	
- Teflon	
Gehäuse	
- Edelstahl	
Separator	
Elektrolyt	
- Propylencarbonat	
- Lithiumperchlorat	

Tabelle 3.21: Inhaltsstoffe von Lithium-Silberchromat-Knopfzellen

Zellreaktion

Die Entladung der Lithium-Silberchromat-Batterie läuft in zwei Stufen mit zwei verschiedenen Zellspannungen ab. Am Anfang der Entladung findet die folgende Reaktion statt [487]:

$$2\,Li + Ag_2CrO_4 \rightarrow Li_2CrO_4 + 2\,Ag$$

Diese Reaktionsgleichung gilt für den größten Teil der Entladung. Kurz vor deren Ende setzt die nachstehende Reaktion ein [487]:

$$10\,Li + 2\,Ag_2CrO_4 \rightarrow 5\,Li_2O + Cr_2O_3 + 4\,Ag$$

Technische Daten und Anwendung

Bei der Entladung der Lithium-Silberchromat-Batterie treten, wie oben erwähnt, zwei Spannungsstufen auf. Das erste Plateau besteht über den größten Teil der Entladung und liegt bei 3,2 V. Die Einsatzspannung beträgt allerdings nur 2,75 V. Im letzten Drittel der Entladung sinkt die Spannung dann auf etwa 2,5 V ab. Die Energiedichte liegt bei 275 Wh kg^{-1}. Die Batterie kann zwischen -10 und +55°C betrieben werden.
Die Lithium-Silberchromat-Batterie gilt als besonders betriebssicher und wird daher vor allem für Herzschrittmacher eingesetzt. Für diese Anwendung ist auch der für eine Lithiumbatterie relativ begrenzte Temperaturbereich kein Hindernis [507].

3.2.13 Die Lithium-Poly-Kohlenstoffmonofluorid-Batterie (Li-[CF$_x$]$_n$)

Die Lithium-Kohlenstofffluorid-Batterie gehört zu den Batterien mit flüssigem, organischem Elektrolyten und Festkörperkathode.

Aufbau

Die Lithium-Kohlenstoffmonofluorid-Batterien werden als Rundzellen, runde Flachzellen und als stäbchenförmige Batterien hergestellt. Die Rundzellen sind als Wickelzellen aufgebaut.
Die Anode der Wickelzellen besteht aus Lithiumfolie.
Als Elektrolyt wird eine Lösung von Lithiumtetrafluoroborat in einer Mischung aus Butyrolacton und Tetrahydrofuran verwendet. Früher benutzte man auch Elektrolyten aus Lithiumhexafluoroarsenat in 1,2-Dimethoxyethan oder Propylencarbonat.
Die Kathode enthält als aktive Masse Polykohlenstoffmonofluorid. Dieses wird mit einem Silikonkleber, der als Bindemittel und zur Verfestigung dient, auf einen Nickelkollektor aufgebracht. Der Kathode wird außerdem noch ein leitfähiges Material, z.B. Ruß, manchmal auch Mangandioxid, beigemischt. In den Wickelzellen wird die Kathode mit der Lithiumanode und dem Separator aus Polypropylen zusammengewickelt.
Die Zellen werden je nach Bauart in Gehäuse aus vernickeltem Stahl, Edelstahl oder Aluminium eingebaut. Die Rundzellen sind noch durch einen zusätzlichen Kunststoffmantel geschützt. Die Gehäuse sind nicht verschweißt, sondern mit einer Preßdichtung versehen [357,507].
In der Abbildung 3.12 sind eine Rundzelle und eine Knopfzelle des Systems Lithium-Kohlenstoffmonofluorid zu sehen [559]. Die Inhaltsstoffe der Rundzelle sind in der Tabelle 3.22 aufgelistet.

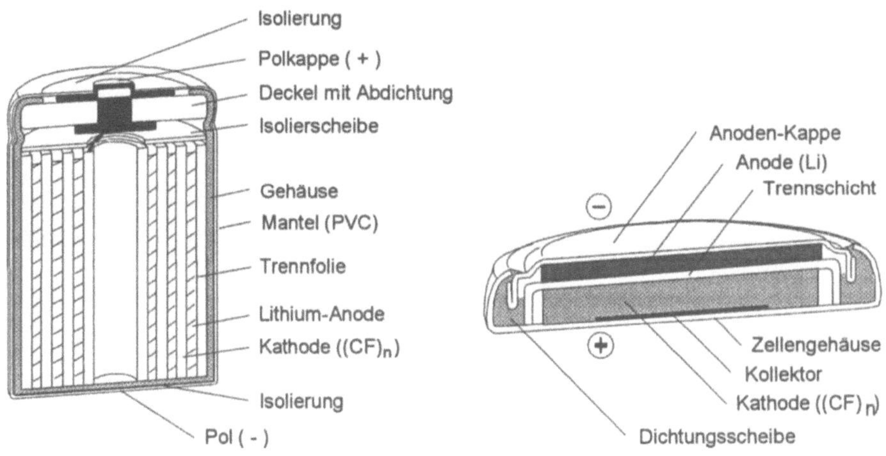

Abbildung 3.12: Aufbau von Lithium-Kohlenstoffmonofluorid-Batterien (Rundzellen und Knopfzellen)

Lithium-Polykohlenstoffmonofluorid-Batterie Knopfzelle primär	
Inhaltsstoff	**Anteil in %**
Lithium	
Polykohlenstoffmonofluorid	
andere Materialien	
- Ruß	
- Silikonkleber	
- Nickel	
Gehäuse	
- Edelstahl	
- Kunststoff	
Separator	
- Polypropylen	
Elektrolyt	
- Butyrolacton	
- Tetrahydrofuran	
- Lithiumtetrafluoroborat	

Tabelle 3.22:   Inhaltsstoffe von Lithium-Polykohlenstoffmonofluorid-Rundzellen

Zellreaktion

Bei der Entladung der Lithium-Kohlenstoffmonofluorid-Batterie reagiert das Lithium mit dem Fluor aus dem Kohlenstoffmonofluorid nach [487]:

$$nx\,Li + (CF_x)_n \rightarrow nx\,LiF + n\,C$$

Technische Daten und Anwendung

Die Lithium-Kohlenstoffmonofluorid-Batterie hat eine Zellspannung von 2,8 bis 3,3 V. Dieser Wert ist abhängig von der Art und Herstellung des verwendeten Kathodenmaterials. Die Energiedichte beträgt je nach Betriebstemperatur zwischen 150 und 300 Wh kg^{-1} [503]. Die Zelle arbeitet bei Temperaturen zwischen -40 und +60°C. Eine Babyzelle dieses Systems hat eine Kapazität von 5 Ah [507].
Die erste Lithium-Kohlenstoffmonofluorid-Batterie auf dem Markt war eine stäbchenförmige, zylindrische Batterie mit einer Leuchtdiode und einem Angelhaken. Heute liegt ihr Haupteinsatzgebiet bei elektronischen Uhren, Taschenrechnern, Kameras und bei der Sicherung von Datenspeichern [507], außerdem bei industriellen Anwendungen wie **Wärmezählern.**

3.2.14 Die Lithium-Eisensulfid-Batterie (Li-FeS)

Die Lithium-Eisensulfid-Batterie gehört zu den Lithiumbatterien mit organischem, flüssigem Elektrolyten und Festkörperkathode.

Aufbau

Die Lithium-Eisensulfidbatterie wird als Knopfzelle hergestellt.
Die Anode ist aus Lithiumfolie.
Der Elektrolyt besteht aus einer Mischung aus Propylencarbonat und 1,2-Dimethoxyethan, in der Lithiumperchlorat als Leitsalz gelöst ist. Der Wassergehalt darf nicht mehr als 30 ppm betragen.
Das Kathodenmaterial wird hergestellt, indem Schwefel und Eisen im Verhältnis 1:1 gemischt und auf 800°C erhitzt werden. Das entstehende Eisensulfid wird mit Teflon und Grafit zur Kathodenform gepreßt.
Der Separator ist aus Polypropylenvlies und das Gehäuse aus vernickeltem Stahl [503,507].
Die Inhaltsstoffe sind der Tabelle 3.23 zu entnehmen.

Zellreaktion

Bei der Entladung läuft die folgende Reaktion ab [503]:

$$FeS + 2\,Li \rightarrow Fe + Li_2S$$

Die Entladeprodukte konnten durch Röntgenstrukturanalyse nachgewiesen werden [503]. Die aus den thermodynamischen Daten der Reaktion berechnete Zellspannung stimmt gut mit der gemessenen überein.

Technische Daten und Anwendung

Lithium-Eisensulfid-Zellen haben eine Arbeitsspannung von 1,5 V und können daher im Gegensatz zu den bisher beschriebenen Lithiumzellen konventionelle Systeme mit Zinkanoden direkt ersetzen. Ihre Energiedichte beträgt etwa 140 Wh kg^{-1}, und die Kapazität liegt bei 100 mAh. Das Tieftemperaturverhalten ist wegen des organischen Elektrolyten weitaus besser als das der konventionellen Batterien.

Die Lithium-Eisensulfid-Batterie ist bezüglich Innenwiderstand, Zellspannung und Temperaturverhalten gegenüber der im folgenden Abschnitt beschriebenen Lithium-Eisendisulfid-Batterie schlechter und hat daher an Interesse verloren.

Lithium-Eisensulfid-Batterie Knopfzelle primär	
Inhaltsstoff	**Anteil in %**
Lithium	
Eisensulfid	
andere Materialien	
- Kohlenstoff (Grafit)	
- Teflon	
Gehäuse	
- Eisen	
- Nickel	
Separator	
- Polypropylen	
Elektrolyt	
- Propylencarbonat	
- 1,2-Dimethoxyethan	
- Lithiumperchlorat	

Tabelle 3.23:   Inhaltsstoffe von Lithium-Eisensulfid-Knopfzellen

3.2.15   Die Lithium-Eisendisulfid-Batterie(Li-FeS_2)

Die Lithium-Eisendisulfid-Batterie hat einen flüssigen, organischen Elektrolyten und eine Festkörperkathode.

Aufbau

Die Lithium-Eisendisulfid-Batterie wird als Knopfzelle und als Mignonzelle hergestellt, die Mignonzelle in Wickelzellenbauweise.
Die Anode besteht in beiden Fällen aus Lithiumfolie.
Der Elektrolyt enthält als Lösungsmittel Propylencarbonat und 1,2-Dimethoxyethan und als Leitsalz Lithiumperchlorat.
Das Kathodenmaterial wird durch Erhitzen einer Mischung von Eisen und Schwefel im Verhältnis 1:2 auf 800°C hergestellt und mit Grafit und Teflon in die Kathodenform gepreßt.
Das Gehäuse ist aus vernickeltem Stahl [507].
Die Zusammensetzung ist der Tabelle 3.24 zu entnehmen.

Lithium-Eisendisulfid-Batterie Knopfzelle und Rundzelle primär	
Inhaltsstoff	**Anteil in %**
Lithium	
Eisendisulfid	
andere Materialien	
- Kohlenstoff (Grafit)	
- Teflon	
Gehäuse	
- Eisen	
- Nickel	
Separator	
- Polypropylen	
Elektrolyt	
- Propylencarbonat	
- 1,2-Dimethoxyethan	
- Lithiumperchlorat	

Tabelle 3.24:   Inhaltsstoffe von Lithium-Eisendisulfid-Batterien

Technische Daten und Anwendung

Die Lithium-Eisendisulfid-Batterien haben eine Nennspannung von 1,5 V, stellen also auch einen direkten Ersatz für konventionelle Batteriesysteme dar. Die Energiedichte ist mit 130 Wh kg^{-1} zwar etwas kleiner als die von Zink-Silberoxid-Batterien, dafür hat die Lithium-Eisendisulfid-Batterie ein wesentlich besseres Tieftemperaturverhalten, eine bessere Lagerfähigkeit und ist billiger in der Herstellung.
Die Lithium-Eisendisulfid-Batterie wird, wie oben erwähnt, als Knopfzelle und als Mignonzelle auf dem Markt angeboten. Sie soll als Ersatz für Zink-Quecksilberoxid-Batterien eingesetzt werden. Ob sie sich durchsetzen wird, bleibt abzuwarten.

3.2.16   Die Lithium-Kupferoxid-Batterie (Li-CuO)

Die Lithium-Kupferoxid-Batterie hat einen flüssigen, organischen Elektrolyten und eine Festkörperkathode.

Aufbau

Die Lithium-Kupferoxid-Batterie wird als Rundzelle und als Knopfzelle hergestellt.
Die Anode ist aus Lithium.
Als Elektrolyt wird 1,3-Dioxolan (Glykolmethylenether) mit Lithiumperchlorat als Leitsalz verwendet.
Die Kathode besteht aus Kupferoxid mit Grafit und einem Bindemittel. Die Kathodenbestandteile werden zu einer Zylinderform miteinander verpreßt. Aus Gründen der Spannungskonstanz können der Kathode Kupfer-Eisensulfid oder Eisensulfid zugefügt werden [550].

Die Zelle befindet sich in einem vernickelten Stahlgehäuse mit Bördelverschluß [99,487,507].
In der Abbildung 3.13 sind eine Lithium-Kupferoxid-Rundzelle und eine Lithium-Kupferoxid-Knopfzelle zu sehen [507,559]. Die Inhaltsstoffe der Rundzelle sind der Tabelle 3.25 zu entnehmen.

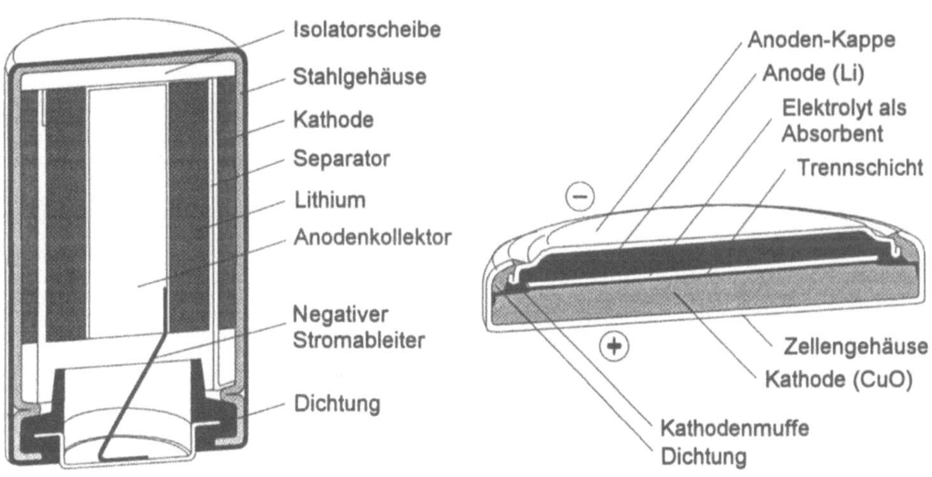

Abbildung 3.13: Aufbau von Lithium-Kupferoxid-Batterien (Rundzelle und Knopfzelle)

Lithium-Kupferoxid-Batterie Rundzelle primär	
Inhaltsstoff	Anteil in %
Lithium	
Kupferoxid	
andere Materialien	
- Kohlenstoff (Grafit)	
- Bindemittel	
Gehäuse	
- Eisen	
- Nickel	
Separator	
Elektrolyt	
- 1,3-Dioxolan	
- Lithiumperchlorat	

Tabelle 3.25:   Inhaltsstoffe von Lithium-Kupferoxid-Rundzellen

Zellreaktion

Bei der Entladung der Lithium-Kupferoxid-Batterie läuft die folgende Reaktion ab [487,503]:

$$2\,Li + CuO \rightarrow Li_2O + Cu$$

Technische Daten und Anwendung

Die Ruhespannung der Lithium-Kupferoxid-Batterie beträgt zwar 2,35 V, fällt aber bei Belastung rasch auf die Arbeitsspannung von 1,5 V ab. Diese Batterie kann also ebenfalls konventionelle Batterien direkt ersetzen, allerdings ist wegen der hohen Ruhespannung Vorsicht geboten, wenn mehrere Zellen in einem Gerät in Reihe eingesetzt werden. Die Batterie arbeitet bei Temperaturen von -40 bis +70°C. Die Kapazitäten der verschiedenen Rundzellen reichen von 0,4 bis 20 Ah, die der Knopfzellen 60 mAh. Die Lagerfähigkeit beträgt zehn Jahre. Die Anwendungen umfassen elektronische Uhren, Rechner, elektronische Thermometer sowie sonstige kompakte, schnurlose Geräte mit niedrigem Energieverbrauch [507,559].

3.2.17 Die Lithium-Kupfersulfid-Batterie (Li-CuS)

Die Lithium-Kupfersulfid-Batterie gehört zu den Batterien mit flüssigem organischem Elektrolyten und Festkörperkathode.

Aufbau

Die Anode besteht aus Lithium.
Als Elektrolyt wird eine Mischung aus Tetrahydrofuran und 1,2-Dimethoxyethan mit Lithiumperchlorat als Leitsalz verwendet. Eine andere Möglichkeit stellen Mischungen von 1,2-Dimethoxyethan mit 1,3-Dioxolan als Lösungsmittel dar.
Das Kathodenmaterial Kupfersulfid ist ein guter elektronischer Leiter, weswegen die Zugabe eines Leitmittels nicht nötig ist. Das Kupfersulfid wird mit einem Teflon-Bindemittel gemischt und mit einem nickelplattierten Stahlblechkollektor verpreßt.
Als Separator dient ein Polypropylenvlies.
Das Gehäuse besteht entweder aus nickelplattiertem Stahlblech oder aus Edelstahl. Es ist nicht hermetisch verschweißt, sondern nur durch eine Bördelung abgedichtet [503,507].
Die Inhaltsstoffe der Lithium-Kupfersulfid-Batterie sind in der Tabelle 3.26 aufgeführt.

Zellreaktion

Die Entladung der Lithium-Kupfersulfid-Batterie erfolgt in zwei Schritten. Im ersten wird Kupfer(II)sulfid zu Kupfer(I)sulfid reduziert, und im zweiten Schritt findet die Reduktion von Kupfer(I)sulfid zu elementarem Kupfer statt [503].

Technische Daten und Anwendung

Entsprechend den beiden Entladungsschritten zeigt die Entladekennlinie der Lithium-Kupfersulfid-Batterie zwei Plateaus bei 2,12 und 1,75 V. Das Temperaturverhalten ist nicht so gut wie das anderer Lithiumbatterien. So weist die Batterie bei -29°C nur noch 4% der Kapazität auf, die sie bei +21°C hat. Sie wird als Herzschrittmacherbatterie und in einem vierzelligen Verbund als Transistorbatterie gebaut, verliert aber zunehmend an Bedeutung [503,507].

Lithium-Kupfersulfid-Batterie primär	
Inhaltsstoff	**Anteil in %**
Lithium	
Kupfersulfid	
andere Materialien	
- Teflon	
- Stahlblech	
Gehäuse	
- Edelstahl	
Separator	
- Polypropylen	
Elektrolyt	
- Tetrahydrofuran	
- 1,2-Dimethoxyethan	
- Lithiumperchlorat	

Tabelle 3.26: ***Inhaltsstoffe von Lithium-Kupfersulfid-Batterien***

3.2.18 Die Lithium-Kupferoxiphosphat-Batterie ($Li\text{-}Cu_4O[PO_4]_2$)

Die Lithium-Kupferoxiphosphat-Batterie ist ausgehend von dem System Lithium-Kupferoxid entwickelt worden. Sie hat einen flüssigen organischen Elektrolyten und eine Festkörperkathode.

Aufbau

Die Lithium-Kupferoxiphosphat-Batterie wird als Rundzelle gebaut.
Anodenmaterial ist Lithium.
Als Elektrolyt wird 1,3-Dioxolan mit Lithiumperchlorat als Leitsalz verwendet. Für Hochtemperaturanwendungen über 150°C wird ein Elektrolyt mit einem Siedepunkt von weit über 200°C benutzt.
Als Kathodenmaterial dient Kupferoxiphosphat.
Die Gehäuse der Zellen sind hermetisch verschweißt und mit Glasdurchführungen versehen [507].
Die Inhaltsstoffe der Lithium-Kupferoxiphosphat-Batterie sind in der Tabelle 3.27 aufgelistet.

Technische Daten und Anwendung

Die Nennspannung der Lithium-Kupferoxiphosphat-Batterie beträgt 2,4 V. Es gibt Rundzellen im Kapazitätsbereich von 1,9 bis 5 Ah. Normalausführungen arbeiten bei Temperaturen zwischen -40 bis +70°C, Sonderausführungen mit speziellen Elektrolyten bis 175°C.
Dieses System scheint besonders für Hochtemperaturanwendungen wie z.B. die Ölbohrung geeignet zu sein [507].

Lithium-Kupferoxiphosphat-Batterie Rundzelle primär	
Inhaltsstoff	**Anteil in %**
Lithium	
Kupferoxiphosphat	
andere Materialien	
Gehäuse	
- Edelstahl	
- Glas	
Separator	
Elektrolyt	
- 1,3-Dioxolan	
- Lithiumperchlorat	

Tabelle 3.27:   Inhaltsstoffe von Lithium-Kupferoxiphosphat-Rundzellen

3.2.19   Die Lithium-Wismuttrioxid-Batterie (Li-Bi$_2$O$_3$)

Die Lithium-Wismuttrioxid-Batterie gehört zu den Lithiumsystemen mit flüssigem organischem Elektrolyten und Festkörperkathode. Sie wird vorzugsweise als Knopfzelle gebaut.

Aufbau

Die Anode ist aus Lithium.
Der Elektrolyt besteht aus 1,3-Dioxolan als Lösungsmittel und Lithiumperchlorat als Leitsalz oder aus Propylencarbonat und 1,2-Dimethoxyethan mit Lithiumperchlorat.
Das Wismuttrioxid wird mit einem Teflon-Binder zur Kathode verpreßt [507].
In der Abbildung 3.14 ist ein Querschnitt durch eine Lithium-Wismuttrioxid-Knopfzelle zu sehen [507]. Die Inhaltsstoffe sind in der Tabelle 3.28 aufgeführt.

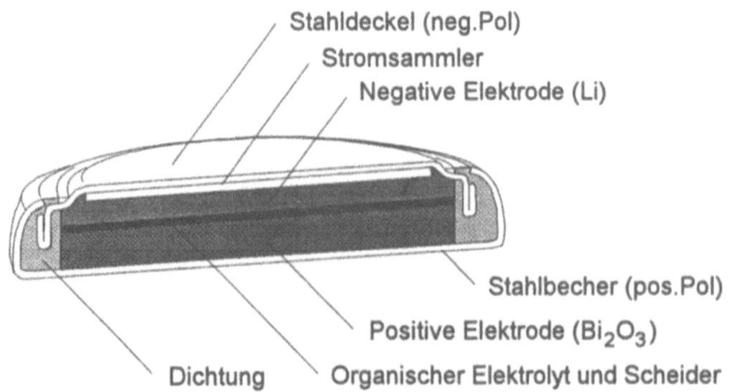

Abbildung 3.14: Aufbau einer Lithium-Wismuttrioxid-Knopfzelle

Lithium-Wismuttrioxid-Batterie Knopfzelle primär	
Inhaltsstoff	**Anteil in %**
Lithium	
Wismuttrioxid	
andere Materialien	
- Teflon	
Gehäuse	
- Edelstahl	
Separator	
Elektrolyt	
- 1,3-Dioxolan	
- Lithiumperchlorat	

Tabelle 3.28: *Inhaltsstoffe von Lithium-Wismuttrioxid-Knopfzellen*

Zellreaktion

Die Entladung einer Lithium-Wismuttrioxid-Batterie läuft nach den folgenden Gleichungen ab [556]:

Anode: $6\,Li \rightarrow 6\,Li^+ + 6e^-$

Kathode: $Bi_2O_3 + 6\,Li^+ + 6e^- \rightarrow 2\,Bi + 3\,Li_2O$

Daraus ergibt sich die Bruttozellreaktion:

$$Bi_2O_3 + 6\,Li \rightarrow 2\,Bi + 3\,Li_2O$$

Es entstehen also metallisches Wismut und Lithiumoxid.

Technische Daten und Anwendung

Die Lithium-Wismuttrioxid-Batterie hat eine Arbeitsspannung zwischen 1,5 und 1,7 V und eine Energiedichte von 90 Wh kg^{-1}. Sie wird als Knopfzelle mit 35 und 45 mAh für die Uhrenindustrie hergestellt und stellt einen Ersatz für konventionelle Silberoxid- und Quecksilberoxidsysteme dar. Sie arbeitet in einem Temperaturbereich von -20 bis +60°C, kurzfristig auch von -40 bis +80°C.
Der Spannungsverlauf ist ungewöhnlich: Bei einer Entladung über 22.000 Ohm bricht die Spannung sofort von 2,1 auf 1,7 V zusammen und sinkt dann langsam auf 1,35 V ab. Erst bei einigen 100.000 Ohm, wie in der **Uhrenanwendung**, ist der Spannungsverlauf gleichmäßiger. Die Batterie kann eine Uhr etwa vier Jahre betreiben [507].

3.2.20 Die Lithium-Bleiwismutat-Batterie (Li-Bi$_2$Pb$_2$O$_3$)

Diese Batterie gehört ebenfalls zu den Lithiumbatterien mit flüssigem organischem Elektrolyten und Festkörperkathode.

Aufbau

Die Anode ist aus Lithium.

Der Elektrolyt besteht aus 1,3-Dioxolan mit Lithiumperchlorat als Leitzusatz.

Das Bleiwismutat wird mit Bleipuder und einem Bindemittel aus Teflon zur Kathodenform zusammengepreßt [507].

Die Inhaltsstoffe sind in der Tabelle 3.29 aufgelistet.

Lithium-Bleiwismutat-Batterie Knopfzelle primär	
Inhaltsstoff	**Anteil in %**
Lithium	
Bleiwismutat	
andere Materialien	
- Bleipuder	
- Teflon	
Gehäuse	
- Edelstahl	
Separator	
Elektrolyt	
- 1,3-Dioxolan	
- Lithiumperchlorat	

Tabelle 3.29: Inhaltsstoffe von Lithium-Bleiwismutat-Knopfzellen

Technische Daten und Anwendung

Die Lithium-Bleiwismutat-Batterie hat eine Arbeitsspannung von 1,5 V, kann also auch als direkter Ersatz für Zink-Silberoxid- und Zink-Quecksilberoxid-Batterien verwendet werden. Es gibt Knopfzellen mit Kapazitäten von 18 bis 185 mAh, deren Energiedichte 150 Wh kg^{-1} beträgt. Sie können im Temperaturbereich von -10 bis +45°C betrieben werden [507].

3.2.21   Die Lithium-Jodid-Batterie (Li-I$_2$)

Die Lithium-Jodid-Batterie gehört zu den Lithiumbatterien mit festem Elektrolyten und Festkörperkathode.

Aufbau

Die Anode ist aus Lithium.

Als Elektrolyt wird ein Lithiumionen leitender Feststoff, wie z.B. Lithiumjodid, verwendet.

Als Kathode dient eine Mischung aus Jod mit einem 5 bis 10%igen Anteil an Polyvinylpyridin.

Die Zelle wird in ein hermetisch verschlossenes Edelstahlgehäuse mit Glas- oder Keramikdurchführungen eingebaut [507].

Der Aufbau einer Lithium-Jodid-Knopfzelle ist in der Abbildung 3.15 zu sehen [540]. Die Inhaltsstoffe sind in der Tabelle 3.30 aufgelistet.

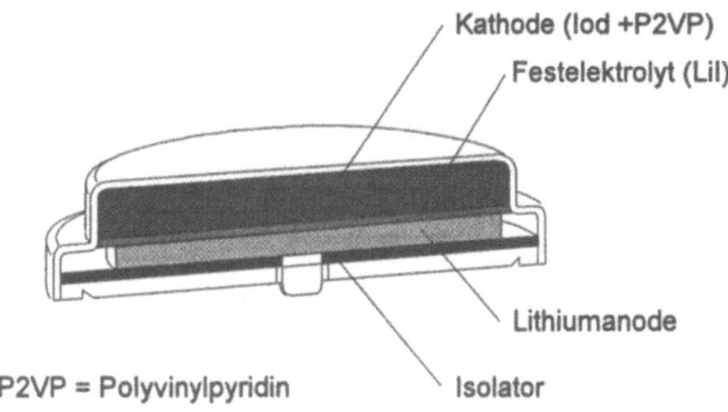

Abbildung 3.15: Aufbau einer Lithium-Jodid-Batterie (Knopfzelle) [540]

Lithium-Jodid-Batterie Knopfzelle primär	
Inhaltsstoff	**Anteil in %**
Lithium	
Jod	
andere Materialien	
- Polyvinylpyridin	
Gehäuse	
- Edelstahl	
- Glas	
- Keramik	
Elektrolyt	
- Lithiumjodid	

Tabelle 3.30:   Inhaltsstoffe von Lithium-Jodid-Knopfzellen

Zellreaktion

Die Entladung einer Lithium-Jodid-Batterie erfolgt gemäß der nachstehenden Reaktionsgleichung:

$$2\,Li + I_2 \rightarrow 2\,LiI$$

Dabei diffundieren Lithiumionen durch den festen Lithiumjodidelektrolyten an die Jodkathode und reagieren dort zu Lithiumjodid.

Technische Daten und Anwendung

Die Arbeitsspannung der Lithium-Jodid-Batterie liegt bei etwa 2,8 V. Da der Festelektrolyt eine relativ geringe elektrische Leitfähigkeit aufweist, kann die Batterie nur mit Entladeströmen in der Größenordnung einiger Mikroampère betrieben werden. Ihre Energiedichte wird z.B. mit 275 Wh l^{-1} angegeben [540].

Lithium-Jodid-Batterien eignen sich besonders als **Uhrenbatterien**. Deren Lebensdauer wird von der Herstellerfirma mit 20 Jahren angegeben. Daneben werden sie als Implantbatterien zur Stromversorgung von **Herzschrittmachern** eingesetzt. Da die Spannung bei der Entladung nahezu konstant bleibt, wird in die Lithiumanode ein Stück Aluminium eingepreßt, was gegen Ende der Entladung zu einem Spannungsprung führt, der anzeigt, daß die Batterie ausgewechselt werden muß [540].

3.2.22 Die Lithium-Bleijodid-Batterie (Li-PbI$_2$)

Die Lithium-Bleijodid-Batterie gehört wie die Lithium-Jodid-Batterie zu den Lithiumbatterien mit Festkörperkathode und Festelektrolyt.

Aufbau

Die Anode besteht auch hier aus Lithium.
Als Elektrolyt dient ein lithiumionenleitender Feststoff, in diesem Fall ein Gemisch aus Lithiumjodid, Aluminiumoxid und Lithiumhydroxid.
Die Kathode ist aus einem Gemisch aus Bleijodid, Bleisulfid und Blei zusammengesetzt.
Die Zelle befindet sich in einem hermetisch abgeschlossenen Edelstahlgehäuse mit Glasdurchführungen.
Die Inhaltsstoffe der Lithium-Bleijodid-Batterie sind in der Tabelle 3.31 aufgelistet.

Lithium-Bleijodid-Batterie Knopfzelle primär	
Inhaltsstoff	**Anteil in %**
Lithium	
Bleijodid	
andere Materialien	
- Bleisulfid	
- Blei	
Gehäuse	
- Edelstahl	
- Glas	
Elektrolyt	
- Lithiumjodid	
- Aluminiumoxid	
- Lithiumhydroxid	

Tabelle 3.31:   Inhaltsstoffe von Lithium-Bleijodid-Knopfzellen

Technische Daten und Anwendungen

Haupteinsatzgebiet der Lithium-Bleijodid-Batterie ist die Verwendung in **Herzschrittmachern**. Sie wird daher als Knopfzelle gebaut [540].

3.3   Sekundärbatterien

3.3.1   Der Bleiakkumulator

Bleiakkumulatoren gibt es in vielen verschiedenen Größen und Bauformen für zahlreiche Anwendungen: Die wahrscheinlich bekannteste ist die Starterbatterie für Kraftfahrzeuge. Als Gerätebatterie gibt es den Bleiakkumulator im Monozellenformat oder als prismatische Batterie (verschlossener, wartungsfreier Bleiakkumulator). Eine ausführliche Beschreibung aller bekannten Typen würde den Rahmen dieser Arbeit sprengen, daher sollen Aufbauprinzipien und Funktionsprinzipien nur kurz anhand der beiden o.g. Ausführungen beschrieben werden.

Aufbau

Die Elektroden in einem Bleiakkumulator als Starterbatterie sind Platten, die in alternierender Reihenfolge angeordnet sind.
Die negative aktive Masse des Bleiakkumulators besteht aus Blei. Dieses liegt als Bleischwamm vor, um eine möglichst große Elektrodenoberfläche, an der die Elektrodenreaktionen ablaufen können, zu gewährleisten und damit größere Strombelastungen zu ermöglichen. Der Bleischwamm ist mit dem Elektrolyten durchtränkt und befindet sich in einem Elektrodengerüst aus einer Hartbleilegierung. Die heute üblichen Elektrodengerüste unterscheiden sich stark in Zusammensetzung und Bauweise. Es gibt sie z.B. als Gitterplatten, Röhrchenplatten oder Stabplatten. Sie enthalten meistens Antimon, oft auch noch Arsen, Kupfer oder Zinn. Sie dienen gleichzeitig zur sicheren und dauerhaften Aufnahme der aktiven Masse und zur Stromableitung. Um die Porosität der Elektrode über die Lebensdauer der Batterie zu sichern, werden ihr als sogenannte Spreizmittel Ligninsulfonsäuren oder Ligninsulfate zugesetzt. Zur Verhinderung von Kristallisationsüberspannungen dient ein kleiner Zusatz von Bariumsulfat.
Der Elektrolyt ist wäßrige Schwefelsäure. Da diese an der Entladereaktion beteiligt ist, muß sie streng genommen mit zu den aktiven Massen gerechnet werden. Die Säuredichte ist ein Maß für den Ladezustand eines Bleiakkumulators. Geladene Akkumulatoren haben Säuredichten zwischen 1,2 und 1,32 kg l^{-1}. Die Säuredichte sollte 1,33 kg l^{-1} bei 20 °C nicht überschreiten, um Nebenreaktionen wie Selbstentladung der negativen Elektrode oder Korrosion des Gitters der positiven Elektrode zu vermeiden.
Die positive aktive Masse besteht aus Bleidioxid. Dieses ist ebenfalls porös, mit dem Elektrolyten durchtränkt und befindet sich in einem Elektrodengitter. Die natürliche Porosität des Bleidioxids ist groß genug, um auf Spreizmittel verzichten zu können.
Für die Herstellung der aktiven Massen wird eine Paste aus Blei, Bleioxid PbO und Bleisulfat mit etwa 50 % Wasseranteil in Elektrodengitter eingestrichen. Die Paste entsteht durch Reaktion von Bleistaub (PbO und Pb) mit verdünnter Schwefelsäure. Durch einen nachfolgenden Trocknungsvorgang wird die erforderliche Porosität erzielt. Danach werden die Platten gegeneinander in Säure geladen, wobei sich Bleischwamm bzw. Bleidioxid bildet (Formierung).
Die Elektrodenplatten sind durch Separatoren voneinander getrennt. Auch bei diesen gibt es viele verschiedene Typen. Sie können z.B. aus porösem Kautschuk, gesintertem Kunststoff, imprägniertem Papier, Kunststoff-Filz oder Kunststoff-Kieselsäure-Mischungen bestehen.
Die Gehäuse bestehen meistens aus Polypropylen. Die stromführenden Teile sind aus Bleilegierungen [486,508]. In den Tabellen 3.32, 3.33 und 3.34 sind die Inhaltsstoffe von Blei-Antriebsbatterien und Blei-Starterbatterien aufgelistet.

Bleiakkumulator Starterbatterie, gefüllt, offen Prismatische Batterie sekundär	Menge 1990: 164.300 t	
Inhaltsstoff	**Anteil in %**	**Menge 1990 in t**
Blei		
- Gitterblei	27 - 33	44.361 - 54.219
- aktives Material (Feinblei metallisch, oxidisch, sulfidisch)	27 - 33	44.361 - 54.219
Gehäuse		
- Kunststoffe (ca. 100 % Polypropylen)	7,8 - 22,5	12.815 - 36.968
Separator		
- Kunststoffe (PP, PE, PVC, Cellulose u.a.)	0,15 - 0,92	246 - 1.512
Elektrolyt		
- Schwefelsäure	21 - 25	34.503 - 41.075

Tabelle 3.32:   Inhaltsstoffe einer Blei-Starterbatterie (gefüllt)

Bleiakkumulator Starterbatterie, entleert, offen Prismatische Batterie sekundär	
Inhaltsstoff	**Anteil in %**
Blei	
- Gitterblei	30 - 35
- aktives Material (Feinblei metallisch, oxidisch, sulfidisch)	30 - 35
Gehäuse	
- Kunststoffe (ca. 100 % Polypropylen)	9,8 - 24,5
Separator	
- Kunststoffe (PP, PE, PVC, Cellulose u.a.)	0,2 - 1,0
Elektrolyt	
- Schwefelsäure	16 - 18

Tabelle 3.33:   Inhaltsstoffe einer Blei-Starterbatterie (entleert)

Wartungsfreie, verschlossene Bleiakkumulatoren als Gerätebatterien sind beispielsweise gewickelte Rundzellen, es gibt sie aber auch in der schon von den Starterbatterien bekannten Plattenbauweise. Da die Selbstentladung einer Bleibatterie linear mit der Anzahl der Fremdatome im Bleigitter ansteigt, enthalten die Stützgitter in der wartungsfreien Bleibatterie nur noch etwa 0,08 % Calcium statt der sonst üblichen 5 % Antimon.

Bleiakkumulator Traktionsbatterie, offen Prismatische Batterie sekundär	Menge 1990: 34.700 t	
Inhaltsstoff	**Anteil in %**	**Menge 1990 in t**
Blei	51,2	17.766
andere Materialien		
- Antimon	1,8	625
Gehäuse		
- Stahl	13,2	4.580
- Kupfer	0,4	139
- Kunststoffe	8,1	2.811
Elektrolyt		
- Schwefelsäure	18,9	6.558
sonstiges		
- Sauerstoff (oxidischer Anteil von Blei und Antimon	6,4	2.221

Tabelle 3.34:   Inhaltsstoffe einer Blei-Traktionsbatterie

Der Elektrolyt, wäßrige Schwefelsäure, ist in der wartungsfreien Bleibatterie je nach Herstellerfirma entweder durch ein Kieselsäure-Gel mit thixotropen Eigenschaften festgelegt oder von einem hoch saugfähigen Scheider aufgenommen. Zur Verbesserung der Zyklenfestigkeit enthält der Elektrolyt als Additiv Phosphorsäure.
Die Masseträger in einer Wickelzelle bestehen aus gestanztem Feinblei mit einem Glasfaservlies. Die gasdichte Bleibatterie aus Abbildung 3.16 arbeitet unter einem Druck von 4,5 bar [540].

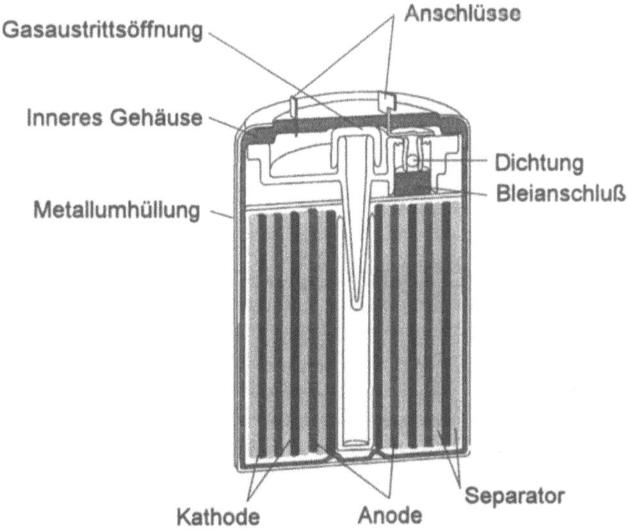

Abbildung 3.16 Beispiel für den Aufbau eines gasdichten Bleiakkumulators (Rundzelle)

Zellreaktion

Die Reaktionen, die bei der Entladung eines Bleiakkumulators an den Elektroden ablaufen, sollen hier nur stark vereinfacht wiedergegeben werden. Sie lauten [486]:

Anode: $Pb + (2\,H^+ + SO_4^{2-}) \leftrightarrow PbSO_4 + 2\,H^+ + 2e^-$

Kathode: $PbO_2 + (2\,H^+ + SO_4^{2-}) + 2\,H^+ + 2e^- \leftrightarrow PbSO_4 + 2\,H_2O$

Bei der Stromentnahme wird also Bleidioxid zu Bleisulfat reduziert und metallisches Blei zu Bleisulfat oxidiert. Insgesamt ergibt sich die folgende Bruttoreaktion:

$$Pb + PbO_2 + 2\,H_2SO_4 \leftrightarrow 2\,PbSO_4 + 2\,H_2O$$

Im Gegensatz zu den bisher beschriebenen Zellreaktionen der Primärelemente ist diese Reaktion nicht irreversibel, d.h. man kann diese Reaktion umkehren und damit die Batterie wieder aufladen.

Technische Daten und Anwendung

Die Nennspannung einer Zelle eines Bleiakkumulators beträgt 2,0 V, die Ruheklemmenspannung 2,06 V. Die Spannung bleibt während des gesamten Entladevorgangs ziemlich konstant. Meistens werden mehrere Zellen zu einer Batterie zusammengeschlossen, z.B. sechs Zellen zu einer 12 V-Batterie, wie man sie aus dem Kraftfahrzeug kennt. Die theoretische Energiedichte eines Bleiakkumulators liegt bei 160 Wh kg^{-1}. Praktisch werden Werte zwischen 25 und 40 Wh kg^{-1} erreicht. Die Zyklenzahl beträgt etwa 300, d.h. der Akkumulator kann 300 mal entladen und wieder aufgeladen werden. Er hat einen Energiewirkungsgrad von 70 bis 80 %, also können bis zu 80 % der Energie, die beim Laden aufgewendet werden muß, wieder entnommen werden.
Der Bleiakkumulator stellt das am häufigsten verwendete Sekundärsystem dar und wird in hoher Stückzahl in vielen verschiedenen Typen serienmäßig hergestellt. Neben der oben beschriebenen Starterbatterie und der wartungsfreien Batterie sind vor allem die Anwendungen als Traktionsbatterie z.B. in Gabelstaplern und als stationäre Batterie zur Notstromversorgung zu nennen [486,487].

3.3.2   Der Nickel-Cadmium-Akkumulator

Der Nickel-Cadmium-Akkumulator wird ebenso wie der Bleiakkumulator in zahlreichen Bauformen hergestellt.

Aufbau

Nickel-Cadmium-Akkumulatoren als Gerätebatterien sind gasdicht. Es gibt gasdichte Nickel-Cadmium-Akkumulatoren als Knopfzellen, als Rundzellen und als prismatische Batteriepacks, die aus mehreren Rundzellen oder Knopfzellen zusammengesetzt sind.
Die negative aktive Masse in einer geladenen Zelle ist Cadmium. Dieses liegt entweder als feinkristallines Cadmiumpulver (Masseelektrode) oder an ein hochporöses, metallisches Skelett bzw. an eine Folie gebunden vor (Sinterelektrode). Gasdichte Nickel-Cadmium-Akkumulatoren enthalten einen Cadmiumüberschuß als "negative Ladereserve", um eine Wasserstoffentwicklung bei Überladung zu vermeiden. Ausgangsstoff für das Anodenmaterial ist Cadmiumoxid. Zur Erhöhung der Porosität wird der Anode Oxalsäure zugesetzt [487].
Als Elektrolyt wird wäßrige Kalilauge verwendet. Diese ist im Gegensatz zum Bleiakkumulator nicht an der Zellreaktion beteiligt, d.h. die Laugendichte ist kein Maß für den

Ladezustand. Der Elektrolyt enthält außerdem Lithiumhydroxid zur Erhöhung der Lebensdauer [487].

Die positive aktive Masse ist Nickeloxidhydroxid, das ebenfalls in einer Masse- oder einer Sinterelektrode fixiert ist. Es enthält i.a. Leitzusätze wie Nickelflitter oder Grafit und zur Erhöhung der Lebensdauer Kobaltsulfat [487].

Die Elektroden sind durch ein Separatorsystem voneinander getrennt.

Bei der Herstellung werden die aktiven Massen in Form von Cadmiumhydroxid und Nikkelhydroxid in die Zellen eingebracht und dann gegeneinander geladen, wobei Cadmium und Nickeloxidhydroxid entstehen.

In den Knopfzellen werden übereinandergestapelte Preßlinge (Masseelektroden) und in den Rundzellen, die als Wickelzellen gebaut werden, Sinterelektroden verwendet [291,486,540]. Masse- und Sinterzellen unterscheiden sich in ihrer Zusammensetzung und in ihrem Ladeverhalten. Der Trend geht heute mehr zu Sinterzellen.

In der Abbildung 3.17 sind eine Nickel-Cadmium-Knopfzelle und eine Nickel-Cadmium-Rundzelle dargestellt [540,564]. Die Inhaltsstoffe sind den Tabellen 3.35, 3.36 und 3.37 zu entnehmen.

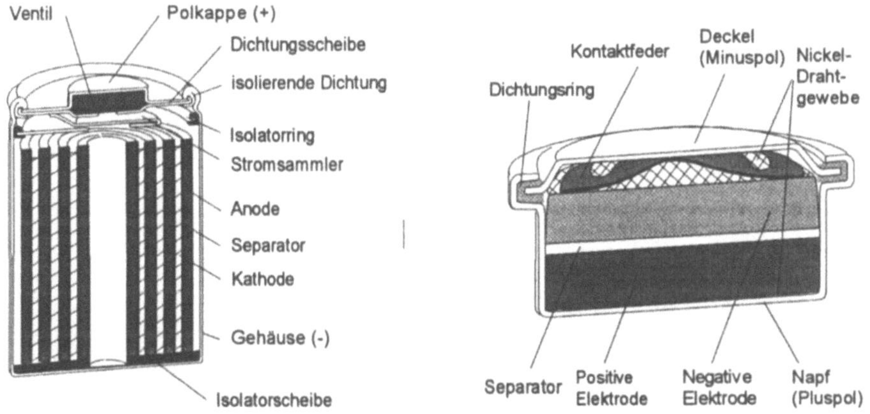

Abbildung 3.17 Aufbau von Nickel-Cadmium-Akkumulatoren (Rundzelle und Knopfzelle)

Nickel-Cadmium-Akkumulator Knopfzelle gasdicht sekundär	Menge 1995: 75 t	
Inhaltsstoff	Anteil in %	Menge 1995 in t
Cadmium	18 - 22	13,5 - 16,5
Nickel	20	15
Gehäuse, Separator		
- Eisen	45	33,8
- Kunststoffe, Papier, Bitumen		
Elektrolyt		
- Kalilauge	18 - 22	13,5 - 16,5
sonstiges		

Tabelle 3.35: Inhaltsstoffe von Nickel-Cadmium-Knopfzellen

Nickel-Cadmium-Akkumulator Rundzelle gasdicht sekundär	Menge 1995: 3.000 t	
Inhaltsstoff	Anteil in %	Menge 1995 in t
Cadmium	18 - 22	540 - 660
Nickel	20	600
Gehäuse, Separator		
- Eisen	45	1.350
- Kunststoffe, Papier, Bitumen		
Elektrolyt		
- Kalilauge	18 - 22	540 - 660
sonstiges		

Tabelle 3.36: **Inhaltsstoffe von Nickel-Cadmium-Rundzellen**

Nickel-Cadmium-Akkumulator Rundzelle gasdicht sekundär	
Inhaltsstoff	Anteil in %
Eisen	33,8
Kupfer	0,007
Nickel	17,9
Zink	0,85
Mangan	0,10
Kalium	3,47
Natrium	0,04
Blei	0,008
Cadmium	17,9

Tabelle 3.37: **Inhaltsstoffe einer Nickel-Cadmium-Rundzelle (Mignon, eigene Analyse)**

Große, offene Nickel-Cadmium-Akkumulatoren sind wie offene Bleiakkumulatoren aus Platten aufgebaut. Man unterscheidet hier die zu den Masseelektroden gehörigen Taschen- oder Röhrchenplatten, in denen die aktiven Massen (Cadmium, Nickeloxid-hydroxid) in Taschen oder Röhrchen aus perforiertem Stahlblech eingeschlossen sind, und Sinterelektroden, in denen die aktiven Massen in den Poren eines Elektrodengerüstes aus porösem Sinternickel fixiert sind. Sie werden durch Tränken des Nickelgerüstes mit Nickelnitrat- oder Cadmiumnitratlösung und anschließender Fällung mit Alkalilauge und Formierung in die Porenstruktur eingebracht [486]. Tabelle 3.38 gibt die Zusammensetzung eines offenen Nickel-Cadmium-Akkumulators an:

Nickel-Cadmium-Akkumulator Prismatische Batterie offen sekundär	
Inhaltsstoff	**Anteil in %**
Cadmium	18 - 22
Nickel	20
Eisen	20 - 45
Elektrolyt	
- Kalilauge	18 - 20

Tabelle 3.38: ***Inhaltsstoffe eines offenen Nickel-Cadmium-Akkumulators***

Zellreaktion

Die beim Entladen eines Nickel-Cadmium-Akkumulators auftretenden Reaktionen sollen hier nur stark vereinfacht wiedergegeben werden. An den Elektroden finden die folgenden Einzelreaktionen statt [486]:

Anode: $Cd + 2\,OH^- \leftrightarrow Cd(OH)_2 + 2e^-$

Kathode: $2\,NiOOH + 2\,H_2O + 2e^- \leftrightarrow 2\,Ni(OH)_2 + 2\,OH^-$

Insgesamt wird also bei Stromentnahme metallisches Cadmium zu zweiwertigem Cadmium oxidiert und dreiwertiges Nickel zu zweiwertigem Nickel reduziert.

$$Cd + 2\,NiOOH + 2\,H_2O \leftrightarrow 2\,Ni(OH)_2 + Cd(OH)_2$$

Auch diese Zellreaktionen sind reversibel. Wenn die Reaktionen in die umgekehrte Richtung ablaufen, wird der Akkumulator wieder aufgeladen.

Technische Daten und Anwendung

Nickel-Cadmium-Akkumulatoren haben eine Ruheklemmenspannung von etwa 1,3 V und eine Nennspannung von 1,2 V. Ihre Energiedichte beträgt 35 Wh kg^{-1} bei fünfstündiger und 32 Wh kg^{-1} bei einstündiger Entladung. Sie können je nach Betriebsbedingungen und Bauart 300 bis 1500 Zyklen durchlaufen und haben einen Energiewirkungsgrad zwischen 70 und 80 %. Die Zyklenzahl hängt entscheidend von der Ladequalität ab. Ihre Lebensdauer kann bei pfleglicher Behandlung bis zu zehn Jahre betragen [540]. Zu beachten ist, daß die Nickel-Cadmium-Akkumulatoren stets vollständig entladen sind, bevor sie wieder aufgeladen werden, da sonst der sogenannte „Memory-Effekt" auftritt, der zu einer Verminderung der Kapazität des Akkus führt.
Es gibt Nickel-Cadmium-Akkumulatoren heute als Knopfzellen mit Masseelektroden mit Kapazitäten zwischen 10 mAh und 1 Ah und zylindrische Sinterzellen mit Kapazitäten zwischen 100 mAh und 7 Ah. Daneben gibt es prismatische Sinterzellen mit Kapazitäten 2,4 Ah bis 15 Ah. Der am häufigsten verkaufte Typ ist die Rundzelle der Größe Mignon, ferner die prismatischen „Powerpacks". Typische Einsatzmöglichkeiten sind Videokameras, Werkzeug, Spielzeug, Trockenrasierer, Funkgeräte, Zahnbürsten, Personenrufanlagen, Mobiltelefone und Blitzgeräte. Generell können Nickel-Cadmium-Akkumu-

latoren immer dann verwendet werden, wenn hohe Stromstärken bei gleichmäßiger Belastung erforderlich sind (Ausnahme: Blitzgeräte).
Offene Nickel-Cadmium-Akkumulatoren werden z.B. als Starterbatterie in der Luftfahrt eingesetzt, große ortsfeste Akkumulatoren dienen zur Notstromversorgung [486].

3.3.3 Der Nickel-Eisen-Akkumulator

Aufbau

In einem geladenen Nickel-Eisen-Akkumulator dienen als negative Elektroden Eisenpulver oder Eisenschwamm, die in einer perforierten Metalltasche fixiert sind (Masseelektroden). Sinterelektroden werden hier noch nicht verwendet. Dem Eisen kann zur Erhöhung der Lebensdauer Quecksilberoxid oder Cadmiumoxid zugesetzt sein. Ausgangsstoff für die Elektrodenmasse ist eine Mischung aus Eisen und Eisenoxid Fe_3O_4 [487].
Der Elektrolyt besteht wie im Nickel-Cadmium-Akkumulator aus wäßriger Kalilauge.
Die positive Elektrode besteht im geladenen Zustand aus Nickeloxidhydroxid mit Grafitpulver oder Nickelflitter als Leitzusätzen. Kobaltsulfat dient wieder zur Erhöhung der Lebensdauer. Die Elektrodenmasse befindet sich in perforierten Metalltaschen oder in Röhrchen [487].
Die Inhaltsstoffe sind in der Tabelle 3.39 aufgeführt.

Nickel-Eisen-Akkumulator sekundär	
Inhaltsstoff	**Anteil in %**
Eisen	
Nickeloxidhydroxid	
andere Materialien	
- Kohlenstoff (Grafit)	
- Nickel	
- Kobaltsulfat	
Gehäuse	
Separator	
Elektrolyt	
- Kalilauge	

Tabelle 3.39: Inhaltsstoffe von Nickel-Eisen-Akkumulatoren

Zellreaktion

Bei der Entladung eines Nickel-Eisen-Akkumulators laufen an den Elektroden die folgenden, stark vereinfacht dargestellten Reaktionen ab [486]:

Anode: $Fe + 2\,OH^- \leftrightarrow Fe(OH)_2 + 2e^-$

Kathode: $2\,NiOOH + 2\,H_2O + 2e^- \leftrightarrow 2\,Ni(OH)_2 + 2\,OH^-$

Insgesamt wird also Eisen zu Eisenhydroxid oxidiert und Nickeloxidhydroxid zu Nickelhydroxid reduziert. Dies führt zu der folgenden Gesamtreaktion:

$$Fe + 2\,NiOOH + 2\,H_2O \leftrightarrow 2\,Ni(OH)_2 + Fe(OH)_2$$

Bei der Ladung des Akkumulators läuft die Reaktion in umgekehrter Richtung ab.

Technische Daten und Anwendung

Der Nickel-Eisen-Akkumulator hat eine Ruhespannung von 1,2 V. Die theoretische Energiedichte beträgt 260 Wh kg^{-1}, die praktische Energiedichte 50 Wh kg^{-1} und die Zyklenzahl etwa 500 bei einem Energiewirkungsgrad von 50 % [532].
Der Nickel-Eisen-Akkumulator hat, obwohl zeitweilig als Alternative zum Nickel-Cadmium-Akkumulator betrachtet, wegen der starken Korrosion der Eisenelektrode und der damit verbundenen Gasung heute keine praktische Bedeutung mehr [533].

3.3.4 Der Nickel-Hydrid-Akkumulator

Bei Nickel-Wasserstoff-Akkumulatoren unterscheidet man Hochdruck-Batterien, bei denen der Wasserstoff in einem Druckbehälter gespeichert ist, und Niederdruck-Batterien, in denen der Wasserstoff an eine Metallegierung gebunden ist. Die Hochdruckbatterien werden für die Notstromversorgung in Satelliten angewendet und sind daher an dieser Stelle nicht von Interesse. Die Niederdruck-Batterien, die auch als Nickel-Metallhydrid-Akkus bezeichnet werden, sind seit einigen Jahren als Rundzellen auf dem Markt. Es gibt sie inzwischen außerdem als Knopfzellen, als prismatische Zellen, als Knopfzellenbatterien, d.h. Packs aus mehreren Knopfzellen, und als Packs aus Rundzellen. Sie werden als cadmiumfreier Ersatz für gasdichte Nickel-Cadmium-Akkumulatoren diskutiert.
Neben den genannten Nickel-Metallhydrid-Gerätebatterien gibt es auch große, prismatische Akkus, die als Traktionsbatterien eingesetzt werden und hier nicht weiter besprochen werden sollen.

Aufbau

Die Anode besteht aus einer Metallegierung, die Wasserstoff reversibel speichern kann. Voraussetzungen für das Anodenmaterial sind die Absorption von Wasserstoff bei Zimmertemperatur, schnelle Aufnahme und Abgabe von Wasserstoff und eine hohe Aufnahmekapazität für Wasserstoff. Dabei wurden von verschiedenen Herstellen unterschiedliche Materialien untersucht [101,551,182,555,199,566].
Heute sind zwei Typen von Wasserstoffspeicherlegierungen im Einsatz, AB$_5$ und AB$_2$. Zum ersteren, weiter verbreiteten Typ gehört z.B. mit Kobalt und Aluminium modifiziertes LaNi$_5$. Die Kosten dieser relativ teuren Legierung können durch den Ersatz des Lanthans mit sogenanntem „Mischmetall" (Mm), einer Legierung aus 50 bis 55 % Cer, 18 bis 28 % Lanthan, 12 bis 18 % Neodym, 4 bis 6 % Praseodym sowie geringen Mengen anderer Metalle, reduziert werden. In Nickel-Metallhydrid-Akkus wird lanthanreiches Mischmetall aus etwa 50 % Lanthan, 30 % Cer und 14 % Neodym sowie einigen anderen eingesetzt. Die typische Zusammensetzung einer heute gebräuchlichen AB$_5$-Wasserstoffspeicherlegierung ist MmNi$_{3,5}$Co$_{0,7}$Mn$_{0,4}$Al$_{0,3}$.
Wasserstoffspeicherlegierungen des Typs AB$_2$ enthalten hydridbildende Elemente, wie Zirkon oder Titan, und andere Metalle, beispielsweise Nickel, Kobalt, Vanadium, Mangan, Aluminium oder Chrom. Die Zusammensetzung einer solchen Legierung ist z.B. V$_{15}$Ti$_{15}$Zr$_{20}$Ni$_{28}$Cr$_5$Co$_5$Fe$_6$Mn$_6$ [572].
Neben der Wasserstoffspeicherlegierung enthält die Anode ein Bindemittel wie z.B. Carboxymethylcellulose, Teflon oder ähnliches.

Der Elektrolyt besteht aus wäßriger Kalilauge mit geringen Anteilen Lithiumhydroxid [572].

Kathodenmaterial ist Nickeloxidhydroxid mit Bindemittel und Leitmittel, z.B. Carboxymethylcellulose und Acetylenruß [287].

Das Gehäuse ist aus Edelstahl, die Isolierungen bestehen z.B. aus Kunstharzen oder PVC, und als Separatormaterial wird z.B. Polyamid oder Polypropylen verwendet [182,572].

Die Elektroden der Knopfzellen bestehen aus Pulverpreßlingen, während die Elektroden der Rundzellen aus Sinterfolien bestehen und spiralförmig aufgewickelt sind [566,572].

In der Abbildung 3.18 sind der Aufbau einer Nickel-Hydrid-Rundzelle, einer Knopfzelle, einer prismatischen Zelle und eines Packs aus Rundzellen zu sehen [566]. Die Inhaltsstoffe sind in der Tabelle 3.40 aufgeführt.

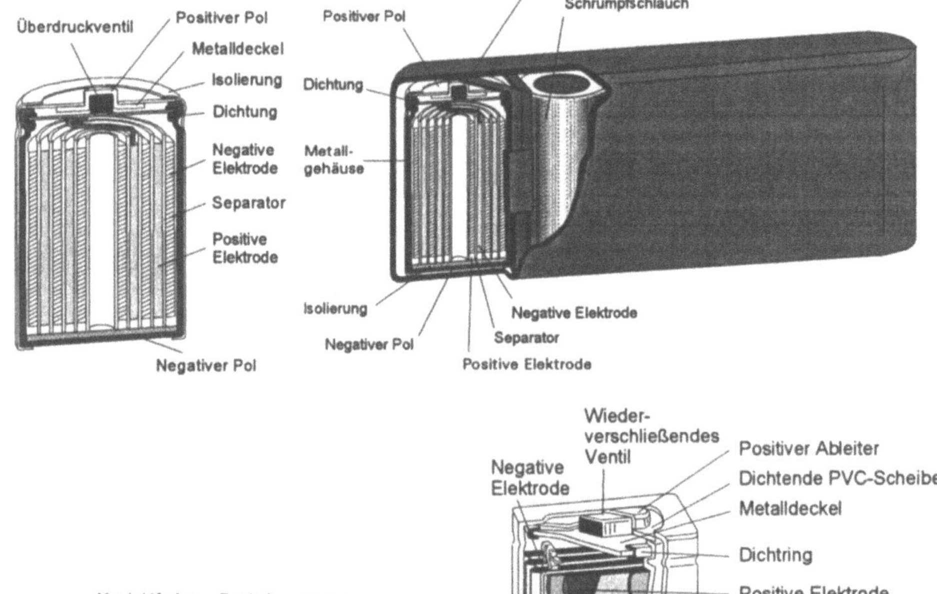

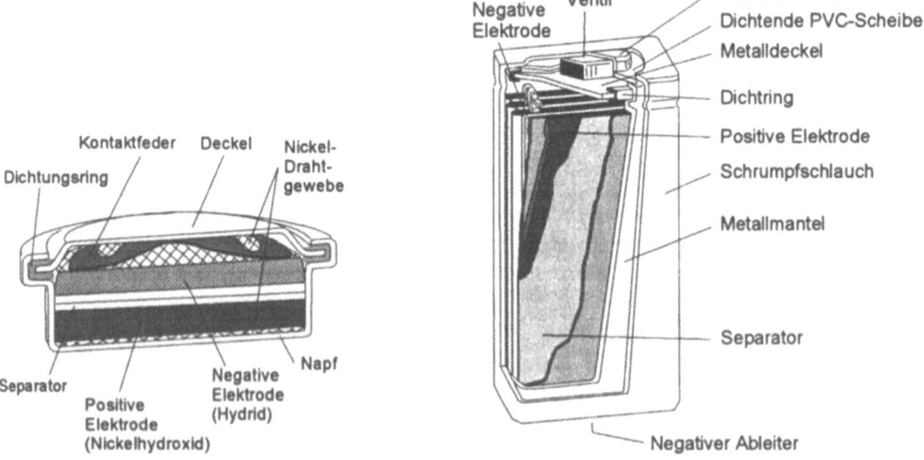

Abbildung 3.18: Aufbau von Nickel-Hydrid-Batterien

Inhaltsstoff	Anteile in Gew. %			
	Knopfzellemit AB_5-Legierung	Rundzelle mit AB_5-Legierung	Rundzelle mit AB_2-Legierung	prismatische Akkus mit AB_5-Legierung (Traktionsbatterie)
Nickel	29 - 39	36 - 42	37 - 39	38 - 40
Eisen	31 - 47	22 - 25	23 - 25	6 - 9
Kobalt	2 - 3	3 - 4	1 - 2	2 - 3
Lanthan, Cer, Neodym, Praseodym	6 - 8	8 - 10	-	7 - 8
Zirkon, Titan, Vanadium, Chrom	-	-	13 - 14	-
Wasserstoff und Sauerstoff aus Wasser und Oxiden	8 - 10	15 - 17	15 - 17	16 - 18
Kohlenstoff (Grafit)	2 - 3	0 - 1	-	0 - 1
Kunststoffe (Polypropylen, Polyamid etc.)	1 - 2	3 - 4	3 - 4	16 - 19
Kalium	1 - 2	1 - 2	1 - 2	2 - 3
sonstige	2 - 3	2 - 3	1 - 2	3 - 4

Tabelle 3.40: *Inhaltsstoffe von Nickel-Hydrid-Akkus [572]*

Zellreaktion

Bei der Entladung einer Nickel-Hydrid-Batterie gibt die Wasserstoffspeicheranode Wasserstoff ab, der mit dem Nickeloxidhydroxid der Kathode nach den folgenden Reaktionsgleichungen reagiert (M = Wasserstoffspeicherlegierung) [199]:

Anode: $MH + OH^- \leftrightarrow M + H_2O + e^-$

Kathode: $NiOOH + H_2O + e^- \leftrightarrow Ni(OH)_2 + OH^-$

$MH + NiOOH \leftrightarrow M + Ni(OH)_2$

Bei der Ladung der Batterie läuft die o.g. Reaktion in umgekehrter Richtung ab.

Technische Daten und Anwendung

Die Ruhespannung einer Nickel-Hydrid-Batterie liegt zwischen 1,3 und 1,4 V, die Nennspannung bei 1,2 V. Die Energiedichte beträgt 55 Wh kg^{-1} bzw. 180 Wh l^{-1}. Die Zyklenzahl liegt bei etwa 1.000 Zyklen, es können aber auch 2.000 erreicht werden. Die Kapazität der Knopfzellen beträgt zwischen 15 und 500 mAh, die der Rundzellen zwischen 1,3 und 3 Ah, ebenso wie die der kleinen prismatischen Batterien [555,566,572.
Der Nickel-Hydrid-Akkumulator ist als (umweltfreundlicheres) Ersatzsystem für den Nickel-Cadmium-Akkumulator gedacht. Die Anwendungsgebiete sind daher die gleichen, beispielsweise Videokameras, Werkzeug, Funkgeräte, Personenrufanlagen, Mobiltelefone und Blitzgeräte. Gegenüber den Nickel-Cadmium-Akkus haben sie neben der besseren Umweltverträglichkeit und einer höheren Energiedichte den Vorteil, daß bei ihnen kein Memory-Effekt auftritt. Die Verkaufsmenge in Deutschland betrug im Jahre 1995 für alle Nickel-Hydrid-Akkus zusammen etwa 5 t.

3.3.5 Der Zink-Silberoxid-Akkumulator

Aufbau

Den Zink-Silber-Akkumulator oder Leichtakkumulator gibt es in zahlreichen Ausführungen. Hier soll nur auf den gasdichten Akkumulator eingegangen werden. Sein Aufbau entspricht prinzipiell dem der analogen Primärzelle.
Die Anode besteht aus gepreßtem amalgamierten Zinkpulver oder aus gewellter amalgamierter Zinkfolie.
Als Elektrolyt dient 30 bis 40 %ige Kalilauge mit etwa 5 % Zinkoxid.
Die Kathode enthält Silber(I)oxid und Silber(II)oxid.
Um beim Laden des Akkumulators die Bildung von Zinkdendriten zu verhindern, werden dem Elektrolyten Zusätze von Pb^{2+}, Mg^{2+}, Ca^{2+} oder Kaliumfluorid beigefügt. Aus dem gleichen Grund können die Elektroden Cadmiumoxid enthalten.
Der Separator, der wegen der Dendritenbildung besonders stabil sein muß, um Kurzschlüsse zu verhindern, besteht meistens aus mehreren Schichten Cellulose, Papier und noch anderen Stoffen [486,487].
In der Abbildung 3.19 ist der Aufbau eines Zink-Silberoxid-Akkus dargestellt [480]. Die Inhaltsstoffe sind in der Tabelle 3.41 aufgeführt.

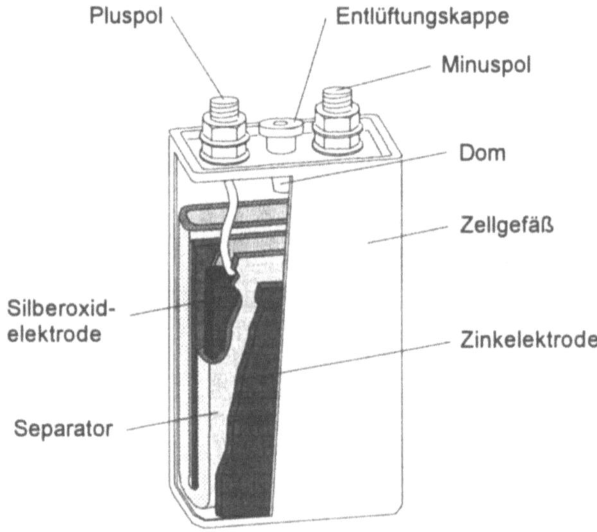

Abbildung 3.19: Aufbau eines Zink-Silberoxid-Akkumulators

Zellreaktion

Bei der Entladung eines Zink-Silberoxid-Akkumulators reagiert das Zink wie schon bei der Zink-Silberoxid-Primärbatterie beschrieben. Dabei entsteht je nach der Elektrolytkonzentration über die Zwischenstufe des löslichen Zinkates entweder Zinkoxid oder Zinkhydroxid [486,487]:

Anode: $2\,Zn + 4\,OH^- \leftrightarrow 2\,Zn(OH)_2 + 4e^-$

Die Kathodenreaktion erfolgt, da zwei Silberoxide vorkommen, in zwei Stufen [487]:

$$\text{Kathode:} \quad Ag_2O_2 + H_2O + 2e^- \leftrightarrow Ag_2O + 2\,OH^-$$

$$Ag_2O + H_2O + 2e^- \leftrightarrow 2\,Ag + 2\,OH^-$$

Daraus ergibt sich für die Entladung die folgende Gesamtreaktion, die bei der Ladung des Akkumulators in umgekehrter Richtung abläuft [486]:

$$Ag_2O_2 + 2\,H_2O + 2\,Zn \leftrightarrow 2\,Ag + 2\,Zn(OH)_2$$

Zink-Silberoxid Akkumulator Primatische Batterie sekundär	
Inhaltsstoff	**Anteil in %**
Zink	
Quecksilber	
Silberoxid	
Gehäuse	
Separator	
- Cellulose	
- Papier	
Elektrolyt	
- Kalilauge	
- Additive	

Tabelle 3.41:   *Inhaltsstoffe von Zink-Silberoxid-Akkumulatoren*

Technische Daten und Anwendung

Die Ruhespannung eines Zink-Silberoxid-Akkumulators liegt bei 1,85 V und die mittlere Entladespannung bei 1,45 V. Er hat eine theoretische Energiedichte von 478 Wh kg^{-1}. Die praktische Energiedichte beträgt zwischen 100 und 120 Wh kg^{-1} bei fünfstündiger Entladung und zwischen 80 und 100 Wh kg^{-1} bei einstündiger Entladung. Der Akkumulator kann etwa 100 Zyklen durchlaufen [486,533].
Der Zink-Silber-Akkumulator wird mit Kapazitäten zwischen 0,1 und 300 Ah pro Zelle hergestellt. Er ist im Vergleich zu anderen Akkumulatoren sehr teuer und hat wegen der Bildung der Zinkdendriten eine ziemlich kurze Lebensdauer [487]. Er wird deshalb nur für Spezialanwendungen wie Luftfahrt, Raumfahrt, Waffentechnik und in hochwertigen elektronischen Geräten eingesetzt [487,533].

3.3.6   Die Alkali-Mangan-Sekundärbatterie

Von einer Firma in Baden-Württemberg werden seit einiger Zeit wiederaufladbare Alkali-Mangan-Batterien (Accucell) sowie dazu passende Ladegeräte angeboten.

Aufbau

Die Alkali-Mangan-Sekundärbatterien werden als Mignonzelle, Babyzelle und Monozelle gebaut.

Die Anode liegt wie bei der Alkali-Mangan-Primärzelle innen. Sie besteht aus Zinkpuder, das in einem Carboxymethylcellulose-Gel suspendiert ist. Die Kontaktierung erfolgt mit einem Metallstab, der mit der am Zellenboden befindlichen Minus-Kontaktplatte verbunden ist.

Als Elektrolyt verwendet man Kalilauge. Der Separator, der sich zwischen Anode und Kathode befindet, ist viel dicker ausgebildet als bei der Primärzelle.

Die Kathode wird von einer Paste aus Mangandioxid und Grafit gebildet und liegt außen.

In der Tabelle 3.42 ist der Schwermetallgehalt einer sekundären Alkali-Mangan-Mignonzelle angegeben [571].

sekundäre Alkali-Mangan-Batterie Mignonzelle sekundär	
Inhaltsstoff	**Anteil in %**
Blei	0,025
Cadmium	0,0012
Kupfer	2,1
Nickel	0,041
Zink	41,7
Mangan	18,2
Quecksilber	0,0013
Arsen	0,063

Tabelle 3.42: *Schwermetallgehalt einer sekundären Alkali-Mangan-Batterie (Mignonzelle)*

Zellreaktion

Die Zellreaktion bei der Entladung entspricht im wesentlichen der der primären Alkali-Mangan-Batterie:

$$MnO_2 + Zn + 2\,H_2O \leftrightarrow Mn(OH)_2 + Zn(OH)_2$$

Beim Wiederaufladen der Zelle läuft diese Reaktion in umgekehrter Richtung ab. Zu beachten ist, daß die Aufladung nur dann funktioniert, wenn die Zelle vorher nicht zu tief entladen worden ist. Als Grenze werden etwa 0,9 V angesetzt. Unterhalb dieser Spannung finden irreversible Reaktionen statt, die eine Wiederaufladung unmöglich machen.

Bei der Ladereaktion können sich Zinkdendriten Bilden. Wenn diese den Separator durchdringen, kommt es zu einem Kurzschluß und die Zelle wird unbrauchbar. Durch gepulste Stromzufuhr beim Entladen kann die Dendritenbildung verhindert werden [571].

Technische Daten und Anwendung

Die Nennspannung einer sekundären Alkali-Mangan-Batterie liegt bei 1,5 V. Die Batterie kann bis zu 100 Zyklen durchlaufen, vorausgesetzt, eine Entladeschlußspannung von 0,9 V wird nicht unterschritten. Da im Gegensatz zum Nickel-Cadmium-Akkumulator

kein Memory-Effekt auftritt, empfiehlt es sich, die Akkus möglichst frühzeitig wiederaufzuladen [571].
Die oben beschriebene sekundäre Alkali-Mangan-Batterie wird mit Kapazitäten zwischen 1 und 6 Ah hergestellt. Sie kann z.B. in tragbaren Computern eingesetzt werden. Für Hochstrombelastungen ist sie ungeeignet [571].

In den USA werden von einem großen Batteriehersteller bereits täglich 1 Million wiederaufladbare Alkali-Mangan-Batterien eines anderen Typs hergestellt (RAM-Batterien). Ende 1996 soll die Produktion in England beginnen.

3.3.7 Die Lithium-Mangandioxid-Sekundärbatterie

Das System Lithium-Mangandioxid gibt es auch als Sekundärbatterie, allerdings nur für sehr kleine Ströme, wie sie z.B. in Memory Backups gebraucht werden.

Aufbau

Lithium-Mangandioxid-Akkumulatoren werden als dünne Flachzellen gebaut.
Die Anode besteht im Gegensatz zu den bisher beschriebenen Anoden in den Primärsystemen nicht aus reinem Lithium, das beim Wiederaufladen zur Dendritenbildung neigt, sondern aus einer Lithium-Aluminium-Legierung. Sie ist durch einen metallischen Stromkollektor mit dem Gehäusedeckel verbunden.
Als Elektrolyt dient eine 1-molare Lösung von Lithiumperchlorat in Propylencarbonat und 1,2-Dimethoxyethan. Er ist in einem Separator aus Polypropylen festgelegt.
Als Kathodenmaterial wird Mangandioxid verwendet. Es wurde einer besonderen Vorbehandlung unterzogen, um die Wiederaufladbarkeit zu gewährleisten.
Das Gehäuse besteht aus Edelstahl mit Polypropylenisolierungen zwischen Plus- und Minuspol [259,534].
In der Abbildung 3.20 ist der Aufbau einer wiederaufladbaren Lithium-Mangandioxid-Knopfzelle zu sehen [534]. Die Inhaltsstoffe sind in der Tabelle 3.43 aufgeführt.

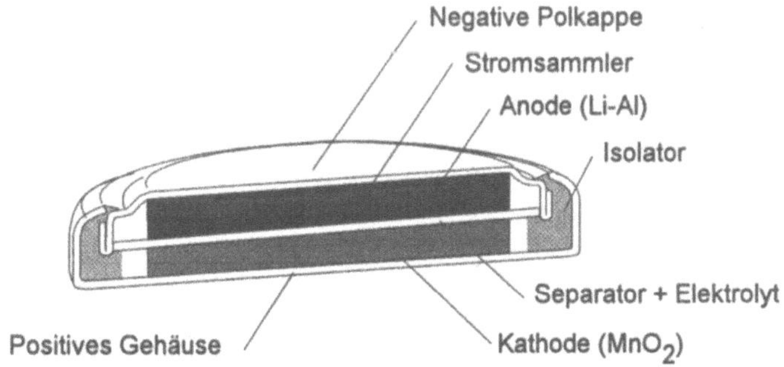

Abbildung 3.20: Aufbau einer Lithium-Mangandioxid-Sekundärzelle

Zellreaktion

Bei der Entladung einer Lithium-Mangandioxid-Sekundärzelle laufen an Anode und Kathode die folgenden Teilreaktionen ab [534]:

Anode: $(Li\text{-}Al) \leftrightarrow Al + Li^+ + e^-$

Kathode: $Mn^{IV}O_2 + Li^+ e^- \leftrightarrow Mn^{III}O_2 + (Li^+)$

Praktisch wird also Lithium ins Mangandioxidgitter eingebaut, wobei das Mangan formal reduziert wird. Die Gesamtreaktion lautet folgendermaßen:

$$Mn^{IV}O_2 + (Li\text{-}Al) \leftrightarrow Mn^{III}O_2 + (Li^+) + Al$$

Beim Laden der Sekundärzelle laufen die o.g. Reaktionen in umgekehrter Richtung ab.

Lithium-Mangandioxid Knopfzelle sekundär	
Inhaltsstoff	**Anteil in %**
Lithium-Aluminium-Legierung	
Mangandioxid	
Gehäuse	
- Edelstahl	
- Polypropylen	
Separator	
- Polypropylen	
Elektrolyt	
- Propylencarbonat	
- 1,2-Dimethoxyethan	
- Lithiumperchlorat	

Tabelle 3.43:   Inhaltsstoffe von Lithium-Mangandioxid-Sekundärknopfzellen

Technische Daten und Anwendung

Die Nennspannung einer Lithium-Mangandioxid-Sekundärzelle beträgt wie die der Primärzelle 3 V. Sie kann bei Temperaturen von -20 bis +60°C betrieben werden. Die Zyklenzahl beträgt je nach der Entladetiefe zwischen 500 und 3.000 Zyklen. Die Selbstentladerate liegt bei 5 % pro Jahr. Lithium-Mangandioxid-Sekundärzellen werden mit Kapazitäten von 12 bis 70 mAh hergestellt. Die Entladestromstärke beträgt maximal 0,5 mA für die kleinsten und 3 mA für die größten Zellen [534].
Hauptanwendungsgebiet dieser Zellen ist die Stromversorgung von Memory Backups.

3.3.8   Der Lithium-Ionen-Akkumulator

Der Lithium-Ionen-Akku, der auch als Lithium-Swing-Batterie bezeichnet wird, ist eine Weiterentwicklung der Lithium-Mangandioxid-Batterie. Der Lithium-Ionen-Akku ist als Knopfzelle auf dem Markt.

Aufbau

Die Anode des Lithium-Ionen-Akkus unterscheidet sich grundlegend von der der bereits auf dem Markt befindlichen Lithium-Mangandioxid-Sekundärbatterie. Diese besteht aus einer Lithium-Aluminium-Legierung, die zwar im Vergleich zu einer reinen Lithiumanode eine Verbesserung darstellt, aber bei großen Entladetiefen die Zyklenzahl stark verringert. In der Lithium-Swing-Batterie besteht die Anode daher aus zweidimensionalen Kohlenstoff-Strukturen, in die Lithiumionen reversibel ein- und ausgebaut werden können, d.h. das Lithium liegt nicht als Metall vor. Solche Kohlenstoffelektroden weisen eine hohe Zyklenstabilität auf.

Als Kathodenmaterialien können lithiierte Manganspinelle eingesetzt werden, die ebenso wie die Anode Lithiumionen reversibel einlagern bzw. wieder ausbauen können, so daß die Lithiumionen praktisch zwischen den Elektroden "swingen". Anstelle der Manganspinelle sind auch andere Metalloxide für diese Anwendung denkbar.

Es ist geplant, beide Elektroden als Dünnschichtelektroden zu bauen [555,573].

Der Elektrolyt ist zur Zeit noch flüssig. Später soll der Lithium-Ionen-Akku einen festen Polymerelektrolyten haben.

Technische Daten und Anwendungen

Die Energiedichte der Lithium-Swing-Batterie beträgt etwa 250 Wh l^{-1} bzw. 120 Wh kg^{-1} und die Spannung 3,5 V. Die Batterie soll über 1.000 Zyklen bei 100 %iger Entladung durchlaufen können.

Anwendungsbereiche sind z.B. Computer, Camcorder und Mobiltelefone. Daneben ist für größere Einheiten der Einsatz als Traktionsbatterie geplant. Die Markteinführung der Traktionsbatterie wird etwa für das Jahr 2000 erwartet [555,573].

3.3.9 Die Lithium-Vanadiumpentoxid-Sekundärbatterie

Lithium-Vanadiumpentoxid-Sekundärbatterien haben einen flüssigen Elektrolyten und eine Festkörperkathode.

Aufbau

Lithium-Vanadiumpentoxid-Sekundärzellen werden als Knopfzellen gebaut. Das Gehäuse ist aus Stahl.

Wie bei der sekundären Lithium-Mangandioxid-Zelle besteht auch hier die Anode aus einer Lithium-Aluminium-Legierung.

Als Elektrolyt dient ein organisches Lösemittel, in dem ein Lithiumsalz, beispielsweise Lithiumtetrafluoroborat, gelöst ist.

Das Kathodenmaterial ist Vanadiumpentoxid [559].

Der Aufbau einer sekundären Lithium-Vanadiumpentoxid-Knopfzelle ist in der Abbildung 3.21 zu sehen [559]. Die Inhaltsstoffe sind in der Tabelle 3.44 aufgelistet.

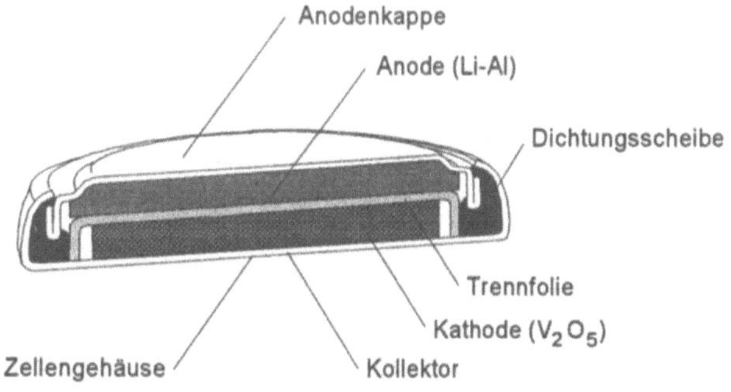

Abbildung 3.21: Aufbau einer sekundären Lithium-Vanadiumoxid-Knopfzelle

Lithium-Vanadiumpentoxid Knopfzelle sekundär	
Inhaltsstoff	**Anteil in %**
Lithium-Aluminium-Legierung	
Vanadiumpentoxid	
Gehäuse	
- Edelstahl	
Separator	
Elektrolyt	
- org. Lösemittel	
- Lithiumtetrafluoroborat	

Tabelle 3.44:   *Inhaltsstoffe von Lithium-Vanadiumpentoxid-Sekundärknopfzellen*

Technische Daten und Anwendung

Sekundäre Lithium-Vanadiumpentoxid-Zellen haben eine (praktische) Energiedichte von 25 bis 30 Wh kg^{-1}. Ihre Nennspannung beträgt 3 V und ihre Nennkapazität zwischen 7 und 100 mAh. Sie können über 1.000 Zyklen bei 10 %iger Entladetiefe durchlaufen. Ihre Betriebstemperatur liegt zwischen -20°C und +60°C.
Ihre Hauptanwendung ist die Speicherstützung von Bildübertragungsgeräten, Telefonen, elektronischen Schreibmaschinen, Videokameras, Mikrocomputern, Speicherkarten und Empfangsgeräten [559].

3.3.10   Die Lithium-Carbon-Sekundärbatterie

Die Lithium-Carbon-Sekundärbatterie hat eine feste Kathode und einen flüssigen Elektrolyten.

Aufbau

Die Lithium-Carbon-Batterie wird als Knopfzelle mit einem Stahlgehäuse gebaut.
Als Anodenmaterial wird eine lithiumhaltige Legierung verwendet, die bei der Entladung normal Lithiumionen an den Elektrolyten abgibt und bei der Wiederaufladung wieder die Struktur einer Legierung annimmt. Die Legierung enthält Wood'sches Metall (50 % Wismut, 25 % Blei, 12,5 % Cadmium, 12,5 % Zinn) [550].
Elektrolyt ist eine Lösung von Lithiumperchlorat in Propylencarbonat.
Das Kathodenmaterial enthält Aktivkohle und ein Polymer, dem Grafit und Polyvinylferrocen zugeordnet sind [540,559].
Der Aufbau der Knopfzelle ist in der Abbildung 3.22 zu sehen [559]. Die Inhaltsstoffe sind der Tabelle 3.45 zu entnehmen.

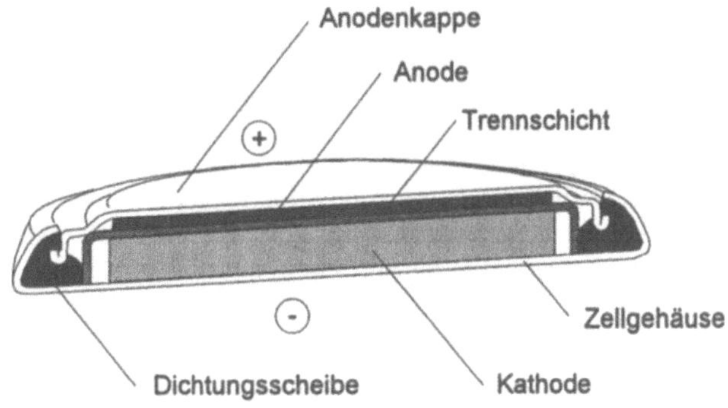

Abbildung 3.22: Aufbau einer sekundären Lithium-Carbon-Knopfzelle

Lithium-Carbon-Batterie Knopfzelle sekundär	
Inhaltsstoff	Anteil in %
Lithiumlegierung	
Kathode	
- Alktivkohle	
- Polymer (Grafit, Polyvinyl- ferrocen)	
Gehäuse	
- Edelstahl	
Separator	
Elektrolyt	
- Propylencarbonat	
- Lithiumperchlorat	

Tabelle 3.45:   Inhaltsstoffe von Lithium-Carbon-Knopfzellen

Technische Daten und Anwendung

Die Energiedichte liegt mit 1 bis 2 Wh kg^{-1} sehr niedrig. Die Nennspannung beträgt 3 V, die tatsächliche Spannung liegt etwas darunter und nimmt während der Entladung kontinuierlich ab. Es gibt Zellen mit Nennkapazitäten zwischen 0,3 und 2,5 mAh (Abfall der Spannung von 3 auf 2 V). Sie können laut Herstellerangabe 10.000 Zyklen durchlaufen und bei Temperaturen zwischen -20°C und +60°C arbeiten.
Anwendungsgebiete sind Solarbatterie-Uhren, Rechner, Sichtgeräte, Nachrichtenübertragungsgeräte und Spielzeug, außerdem Datensicherung und -speicherung [559].

3.3.11   Die Lithium-Molybdänsulfid-Sekundärbatterie

Auch diese Batterie hat eine feste Kathode und einen flüssigen Elektrolyten.

Aufbau

Lithium-Molybdänsulfid-Batterien gibt es als Rundzellen. Sie haben eine Lithiumanode.
Als Elektrolyt dient ein organisches, wasserfreies Lösungsmittel, in dem ein Lithiumsalz
gelöst ist.
Kathodenmaterial ist Molybdänsulfid.
Anode und Kathode sind zusammen mit einem Kunststoffseparator, in dem der Elektrolyt aufgesaugt ist, als Wickel zusammengesetzt. Das Gehäuse ist hermetisch verschweißt und aus Sicherheitsgründen mit einem Überdruckventil versehen [112,540].

Technische Daten und Anwendung

Die Enerdiedichte einer Lithium-Molybdänsulfid-Batterie im Babyzellenformat beträgt 90
Wh kg^{-1}. Die mittlere Spannung liegt bei 1,85 V. Die Nennkapazität einer Babyzelle wird
mit 2 Ah angegeben. Mit Experimentierzellen konnten 2.000 Lade- und Entladezyklen
durchlaufen werden, mit der o.g. Babyzelle allerdings nur 150. Der für die Batterie zulässige Temperaturbereich reicht von -15°C bis +75°C [540].
Die Anwendungsgebiete liegen hauptsächlich im militärischen Bereich. Deshalb liegen
über dieses Batteriesystem auch nur sehr wenig Informationen vor.

3.3.12   Die Lithium-Polypyrrol-Sekundärbatterie

Die Lithium-Polypyrrol-Sekundärbatterie befindet sich noch im Entwicklungsstadium. Sie
hat einen flüssigen Elektrolyten und eine Festkörperkathode. Diese besteht im Gegensatz zu den bisher beschriebenen Batterietypen nicht aus einer anorganischen Verbindung, sondern aus einem elektrisch leitfähigen, organischen Polymer, das reversibel
elektrochemisch oxidierbar ist, in diesem Fall also aus Polypyrrol. Dieses wird auf elektrochemischen Wege (anodische Polymerisation von Pyrrol) hergestellt, wobei das Polypyrrol als Film entsteht (geeignet für Rund- und Flachzellen) [286], oder das Pyrrol wird
auf chemischem Wege polymerisiert, wobei das Polypyrrol als Pulver anfällt (geeignet
für Knopfzellen) [296]. Als Gegenionen für das positiv geladene (= oxidierte) Polymer
bieten sich vor allem das Tetrafluoroboration und das Perchloration an, außerdem das
Phenylsulfonat, das Polyalkylensulfat, das Styrensulfonat oder das Polystyrensulfonat.
Kleine Anionen führen zu hohen spezifischen Kapazitäten, große zu guter mechanischer
Qualität des Polypyrrolfilms [560].

Aufbau

Es gibt zur Zeit zwei unterschiedliche Prototypen von Lithium-Polypyrrol-Batterien: eine
Rundzelle in Mignongröße und eine Flachzelle mit den Maßen 10 cm x 13 cm x 0,5 cm.
Die Anode besteht aus Lithiumfolie.
Der Elektrolyt besteht aus einem organischen Lösemittel (oder aus mehreren), vorzugs-
weise Propylencarbonat, in dem Lithiumperchlorat als Leitsalz gelöst ist.
Als Kathode wird ein Polypyrrolfilm verwendet.
In der Rundzelle wird ein Elektrodenband, bestehend aus zwei Polypyrrolfilmen, zwei
Separatorbahnen, einer Lithiumfolie und einer Folie aus einem anderen Metall, die die
Leitfähigkeit des Polypyrrols unterstützen soll, um einen Ableiternagel gewickelt. Der
Kopf dieses Ableiternagels bildet zugleich den Zellendeckel. Das Gehäuse der Rundzelle
besteht aus einem Stahlbecher, dessen Gewicht etwa 50 % des Gesamtgewichtes der
Batterie ausmacht.
In der Flachzelle sind die positive und die negative Elektrode rechtwinklig zueinander
gefaltet. Die positive Elektrode besteht aus einer Metallfolie, die auf beiden Seiten mit
Polypyrrolfolie belegt ist. Die Lithiumelektrode ist auf beiden Seiten von Separatorbah-
nen umgeben. Das Gehäuse der Flachzelle besteht aus einer leichtgewichtigen, kunst-

stoffkaschierten Aluminiumfolie und trägt deshalb nur 10 % zum Gesamtgewicht der Zelle bei [560].

In der Abbildung 3.23 ist der Aufbau der beiden Prototypen zu sehen [560]. Die Inhaltsstoffe sind in der Tabelle 4.46 aufgeführt.

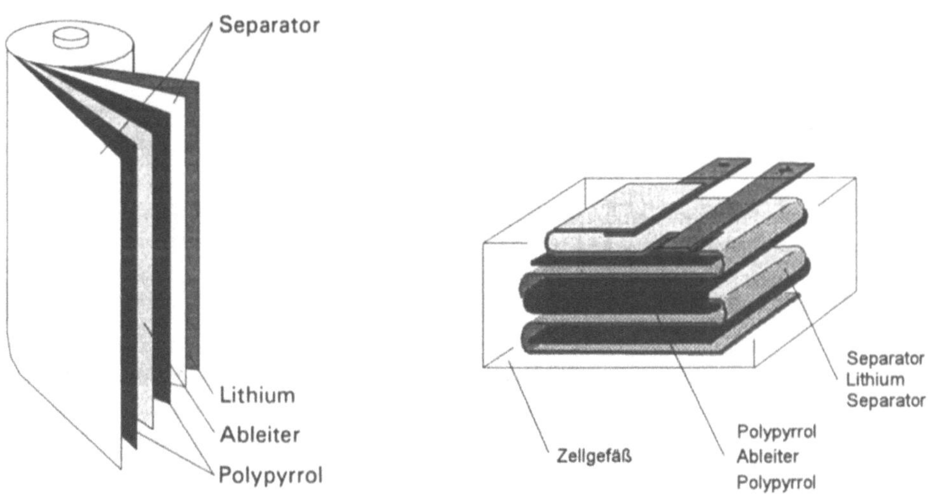

Abbildung 3.23: Aufbau von Lithium-Polypyrrol-Batterien (Rundzelle und Flachzelle)

Lithium-Polypyrrol Rundzelle, Flachzelle sekundär	
Inhaltsstoff	**Anteil in %**
Lithium	
Polypyrrol	
Gehäuse	
- Edelstahl (Rundzelle)	ca. 50
- Aluminium (Flachzelle)	ca. 10
Separator	
Elektrolyt	
- Propylencarbonat	
- Lithiumperchlorat	

Tabelle 3.46:   Inhaltsstoffe von Lithium-Polypyrrol-Batterien

Zellrektion

Bei der Entladung einer Lithium-Polypyrrol-Batterie gehen an der Lithiumanode Lithiumionen in Lösung:

Anode: $Li \leftrightarrow Li^+ + e^-$

Parallel dazu wird die Polypyrrol-Elektrode reduziert, d.h. sie verliert ihre positive Ladung, während gleichzeitig die in das Polypyrrol eingebauten Anionen in den Elektrolyten wandern. In der Reaktionsgleichung drückt sich dies folgendermaßen aus [100,225]:

Kathode: $(PPy^+, ClO_4^-) + e^- \leftrightarrow PPy + ClO_4^-$

Daraus ergibt sich die Bruttozellreaktion:

$$Li + (PPy^+, ClO_4^-) \leftrightarrow PPy + Li^+ + ClO_4^-$$

Das bedeutet, daß während der Entladung die Konzentration des gelösten Lithiumperchlorates im Elektrolyten zunimmt und während der Ladung abnimmt.

Technische Daten und Anwendung

Die mittlere Entladespannung der Batterie beträgt 3 V. Bei dieser Spannung liegt die theoretische, spezifische Energiedichte über 200 Lade- und Entladezyklen bei 90 Wh kg^{-1}. Die praktischen Energiedichten betragen, bedingt durch die unterschiedlichen Gehäuse, 15 Wh kg^{-1} für die Rundzelle und 30 Wh kg^{-1} für die Flachzelle [560].
Da die Batterie sich noch im Entwicklungsstadium befindet, ist zu ihren Anwendungen noch nicht viel zu sagen.

3.3.13 Sonstige Lithium-Sekundärsysteme

Außer den bisher beschriebenen Lithium-Sekundärsystemen wurden und werden zahlreiche andere Kathodenmaterialien erprobt, die zusammen mit einigen wichtigen Daten in der Tabelle 3.47 erfaßt sind [540]:

Kathodenmaterial	Summenformel	Spannung*/V	Energiedichte (theor.)/Wh kg^{-1}	Energiedichte (prakt.)/Wh kg^{-1}
Titandisulfid	TiS_2	2,1	480	158
Vanadiumselenid	VSe_2	2,0	248	82
Vanadiumsulfid (amorph)	V_2S_5	2,0	950	313
Eisenvanadiumsulfid	$Fe_{0,25}V_{0,75}S_2$	2,2	510	168
Chromvanadiumsulfid	$Cr_{0,75}V_{0,25}S_2$	2,6	375	124
Chromvanadiumsulfid	$Cr_{0,5}V_{0,5}S_2$	2,3	505	166
Natriumchromsulfid	$Na_{0,1}CrS_2$	2,3	518	171
Nickelphosphidsulfid	$NiPS_3$	1,8	375	124
Eisenphosphidsulfid	$FePS_3$	1,8	380	125
	$CuCO_2S_4$	1,5	253	84
Kupfersulfid	CuS	1,7	405	133

*   für kleine Ströme

Tabelle 3.47:   Sonstige Lithium-Sekundärsysteme

Kathodenmaterial	Summenformel	Spannung*/V	Energiedichte (theor.)/Wh kg^{-1}	Energiedichte (prakt.)/Wh kg^{-1}
Niobiumselenid	$NbSe_3$	1,8	410	135
Molybdänsulfid (amorph)	MoS_3	1,9	720	237
Molybdänsulfid	MoS_2	2,3		100
Chromoxid	Cr_3O_8	3,0	985	325
Vanadiumoxid	V_6O_{13} $(VO_{2,17})$	2,3	430	142
Vanadiumoxid	V_6O_{13} $(VO_{2,19})$	2,2	636	210
Lithiumkobaltoxid	$LiCoO_2$	4,0	1095	361
Molybdänoxid	MoO_3	2,4	550	181

* für kleine Ströme

Tabelle 3.47: **Sonstige Lithium-Sekundärsysteme (Fortsetzung)**

3.3.14 Der Natrium-Schwefel-Akkumulator

Der Natrium-Schwefel-Akkumulator wird als Antriebsbatterie für Elektrofahrzeuge diskutiert, da er im Vergleich zum Bleiakkumulator eine hohe Energiedichte aufweist. Er wird zur Zeit in kleinen Stückzahlen gebaut.

Im Gegensatz zu den bisher beschriebenen Batteriesystemen wird der Natrium-Schwefel-Akkumulator bei hohen Temperaturen, etwa 350°C, betrieben. Die aktiven Massen Natrium und Schwefel sind schmelzflüssig.

Aufbau

Wegen der hohen Betriebstemperatur und der Aggressivität der schmelzflüssigen Elektrodenmaterialien muß das Gehäuse des Natrium-Schwefel-Akkumulators besonders ausgelegt sein. Es wird meistens aus hochlegiertem Stahl, manchmal auch aus Aluminium angefertigt [469,487]. Für die Wärmeisolation wurde eine Vakuumisolation nach dem Prinzip der Thermosflasche entwickelt [542].

Die negative Elektrode, die aus Natrium besteht, befindet sich in einem einseitig geschlossenen Röhrchen aus ß-Aluminiumoxid. Als negativer Stromanschluß dient der über einen Metallstift, z.B. aus Molybdän, mit dem Natrium in Kontakt stehende metallische Gehäusedeckel.

Das ß-Aluminiumoxidrohr, in dem sich das Natrium befindet, dient als natriumionenleitender Festelektrolyt. Gleichzeitig trennt es Anode und Kathode voneinander. Es hat die Zusammensetzung $Na_2O\cdot(5...11)Al_2O_3$ und enthält Magnesiumoxid und Lithiumoxid als Stabilisatoren [487,541].

Positive aktive Masse ist Schwefel. Da dieser auch in geschmolzenem Zustand ein Nichtleiter ist, wird er von einem elektronenleitenden Kohlefilz aufgesaugt. Dieser bildet die Fortsetzung des als positiven Stromanschluß dienenden Metallgehäuses und sorgt mit seiner großen Oberfläche dafür, daß die elektrochemischen Prozesse genügend schnell ablaufen. Zur Verbesserung der Elektrodenkinetik setzt man dem Schwefel Tetracyanoethylen zu [541].

In einer Traktionsbatterie werden mehrere Natrium-Schwefel-Zellen zu einer Batterie zusammengeschaltet.

In der Abbildung 3.24 ist der Aufbau einer Natrium-Schwefel-Zelle zu sehen [486]. Die
Inhaltsstoffe sind der Tabelle 3.48 zu entnehmen.

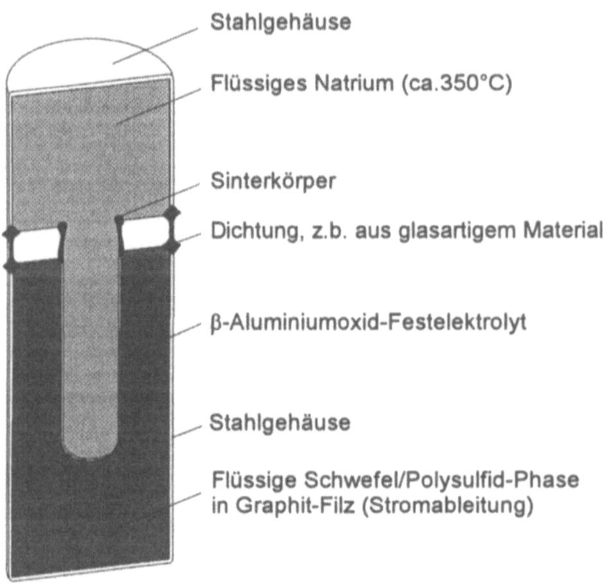

Abbildung 3.24: Aufbau einer Natrium-Schwefel-Zelle

Natrium-Schwefel Prismatische Batterie sekundär	
Inhaltsstoff	**Anteil in %**
Natrium	
Schwefel	
andere Materialien	
- Molybdän	
- Kohlenstoff	
- Tetracyanoethylen	
Gehäuse	
- Edelstahl	
Separator, Festelektrolyt	
- β-Aluminiumoxid	
- Magnesiumoxid	
- Lithiumoxid	

Tabelle 3.48:   Inhaltsstoffe von Natrium-Schwefel-Batterien

Zellreaktion

Bei der Entladung einer Natrium-Schwefel-Batterie laufen die folgenden Elektrodenreaktionen ab [486]:

Anode: $2\,Na \leftrightarrow 2\,Na^+ + 2e^-$

Kathode: $3\,S + 2\,Na^+ + 2e^- \leftrightarrow Na_2S_3$

Natriumionen wandern aus dem Anodenraum durch den Festelektrolyten in den Kathodenraum und reagieren dort mit dem Schwefel zu Natriumpolysulfid. Das bedeutet, daß während der Entladung das Volumen der Anode abnimmt und das Volumen der Kathode zunimmt, was bei der Auslegung der Zelle berücksichtigt werden muß. Als Gesamtzellreaktion ergibt sich:

$$2\,Na + 3\,S \leftrightarrow Na_2S_3$$

Technische Daten und Anwendung

Die Ruhespannung einer Natrium-Schwefel-Zelle beträgt 2,1 V und die Energiedichte 150 bis 200 Wh kg^{-1}. Die Betriebstemperatur liegt zwischen 300 und 350°C. Es können zwischen 500 und 1.000 Lade- und Entladezyklen durchlaufen werden [487]. Natrium-Schwefel-Akkumulatoren sollen außer als Antriebsbatterien für Elektrofahrzeuge auch als stationäre Batterien für den lokalen Lastausgleich im Stromversorgungsnetz verwendet werden [480].

3.3.15   Der Natrium-Nickelchlorid-Akkumulator

Der Natrium-Nickelchlorid-Akkumulator, der als Traktionsbatterie für Elektroautos eingesetzt werden soll, befindet sich noch im Erprobungsstadium. Wie die Natrium-Schwefel-Batterie wird er bei etwa 350°C betrieben.

Aufbau

Das Gehäuse aus Edelstahl ist hermetisch verschweißt und mit einer thermischen Isolierung versehen.
Die negative Elektrode einer Natrium-Nickelchlorid-Zelle besteht aus schmelzflüssigem Natrium.
In das flüssige Natrium taucht ein unten geschlossenes Rohr aus ß"-Aluminiumoxid. Es dient als fester Natriumionenleiter und als Separator. Innerhalb des Festelektrolytrohres befindet sich ein zweiter, schmelzflüssiger Elektrolyt: Natriumaluminiumchlorid. Beide Elektrolyten sind nicht an der Zellreaktion beteiligt, sondern dienen lediglich der Natriumionenleitung.
Die Kathode aus Nickelchlorid, bzw. im entladenen Zustand aus Kochsalz und Nickel, ist im Gegensatz zur Natrium-Schwefel-Batterie nicht flüssig, sondern fest. Aus diesem Grund wird auch ein zweiter, flüssiger Elektrolyt benötigt, der für das Ankoppeln der Festkörperkathode an die Elektrolytkeramik sorgen soll.
Der Zusammenbau der Zellen erfolgt im entladenen Zustand: In die vorbereitete Zelle wird als aktive Masse ein Gemisch aus Nickelpulver und Kochsalz eingefüllt und das flüssige Natriumaluminiumchlorid hinzugefügt. Das Anodenmaterial Natrium wird erst elektrochemisch während der ersten Ladung der Zelle gebildet. Das Hantieren mit flüssigem Natrium ist daher nicht erforderlich [106,193,276,283,299,514].
In Traktionsbatterien werden mehrere Zellen zu einer Batterie zusammengeschaltet.

In der Abbildung 3.25 ist der Aufbau einer Natrium-Nickelchlorid-Zelle dargestellt [514]. Die Inhaltsstoffe sind in der Tabelle 3.49 aufgelistet.

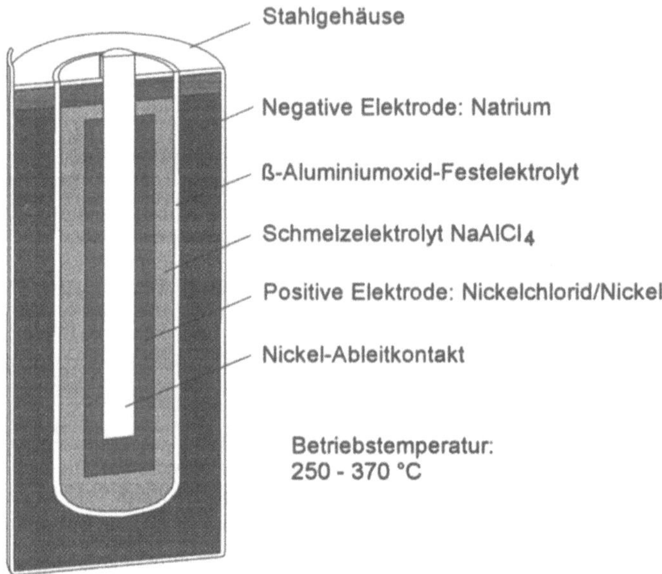

Abbildung 3.25: Aufbau einer Natrium-Nickelchlorid-Zelle

Natrium-Nickelchlorid Prismatische Batterie sekundär	
Inhaltsstoff	**Anteil in %**
Natrium	
Nickelchlorid	
Gehäuse	
- Edelstahl	
Separator, Festelektrolyt	
- β-Aluminiumoxid	
Flüsssigelektrolyt	
- Natriumaluminiumchlorid	

Tabelle 3.49: Inhaltsstoffe von Natrium-Nickelchlorid-Batterien

Zellreaktion

Die Entladereaktionen in einer Natrium-Nickelchlorid-Zelle sehen folgendermaßen aus [276]:

Anode: $2\,Na \leftrightarrow 2\,Na^+ + 2e^-$

Kathode: $NiCl_2 + 2\,Na^+ + 2e^- \leftrightarrow Ni + 2\,NaCl$

Daraus ergibt sich die folgende Gesamtzellreaktion:

$$2\,Na + NiCl_2 \leftrightarrow Ni + 2\,NaCl$$

Technische Daten und Anwendung

Bei der Arbeitstemperatur hat eine Natrium-Nickelchlorid-Zelle eine Ruhespannung von 2,59 V. Die Energiedichte liegt bei 89 Wh kg^{-1} bei fünfstündiger Entladung. Die Kapazität der zur Zeit erprobten Zellen beträgt 40 Ah. Einzelne Zellen können bis zu 2.500 Zyklen durchlaufen.
Natrium-Nickelchlorid-Batterien werden zur Zeit an vier Fahrzeugen des Typs Mercedes-Benz 190 erprobt. Die erreichte Höchstgeschwindigkeit ist 130 km/h, die Reichweite liegt zwischen 120 und 175 km.
Bei erfolgreich verlaufenden Tests soll die Natrium-Nickelchlorid-Batterie als Antriebsbatterie für Elektroautos, als Antriebsbatterie für Flurförderfahrzeuge und als stationäre Batterie in der Notstromversorgung eingesetzt werden. Möglicher Produktionsbeginn ist 1995 [514].
Die Lithium-Eisensulfid-Batterie gehört wie die Natrium-Schwefel-Batterie und die Natrium-Nickelchlorid-Batterie zu den Hochtemperaturbatterien.

3.3.16   Die Lithium-Eisensulfid-Sekundärbatterie

Aufbau

Lithium-Eisensulfid-Hochtemperaturbatterien gibt es als prismatische Zellen. Die Elektroden sind als Platten so angeordnet, daß zwei negative Elektroden und eine dazwischenliegende positive Elektrode eine Zelle bilden. Die Platten werden durch Verpressen der aktiven Masse mit Elektrolyt hergestellt.
Die Anode besteht aus einer Lithium-Aluminium-Legierung. Sie ist von einem feinmaschigen Eisengewebe umgeben.
Die Kathode aus Eisensulfid ist mit einer Ableiterplatte aus Eisenblech, an die der positive Polbolzen angeschweißt ist, versehen. Die Elektrode ist ganz von Separatoren aus Bornitrid- und Zirkondioxid-Gewebe umgeben.
Während Anode und Kathode bei der Betriebstemperatur der Zelle fest sind, ist der Elektrolyt schmelzflüssig. Er besteht aus einem Gemisch aus Lithiumchlorid und Kaliumchlorid.
Das Gehäuse besteht aus Edelstahl und ist von einer thermischen Isolierung umgeben [418,561].
Der Aufbau einer Lithium-Eisensulfid-Sekundärbatterie ist in der Abbildung 3.26 zu sehen [561]. Die Inhaltsstoffe sind in der Tabelle 3.50 aufgeführt.

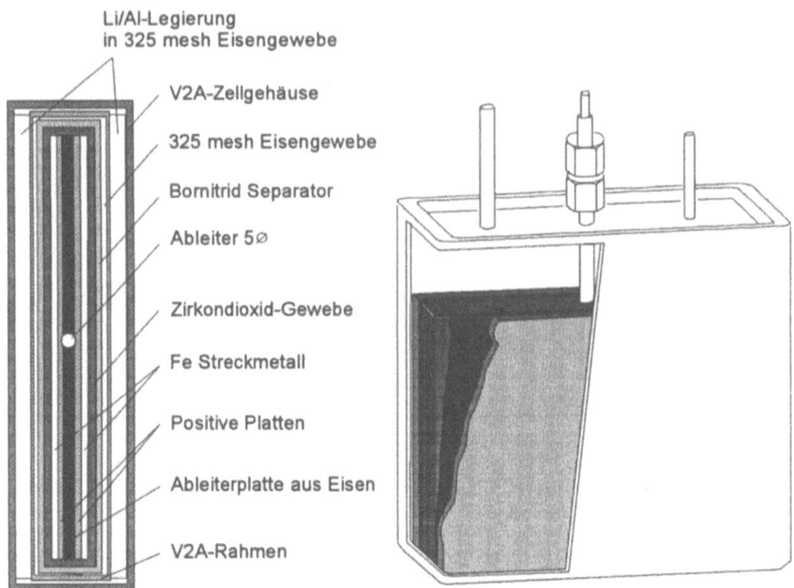

Abbildung 3.26: Aufbau einer Lithium-Eisensulfid-Hochtemperaturbatterie

Lithium-Eisensulfid Prismatische Batterie sekundär	
Inhaltsstoff	**Anteil in %**
Lithium-Aluminium-Legierung	
Eisensulfid	
andere Materialien	
- Eisennetz	
- Eisenblech	
Gehäuse	
- Edelstahl	
Separator	
- Zirkondioxid	
- Bornitrid	
Elektrolyt	
- Lithiumchlorid	
- Kaliumchlorid	

Tabelle 3.50: Inhaltsstoffe von Lithium-Eisensulfid-Hochtemperaturbatterien

Zellreaktion

Bei der Entladung einer Lithium-Eisensulfid-Batterie laufen an den Elektroden die folgenden, stark vereinfacht dargestellten Reaktionen ab [561]:

Anode: $2\ LiAl \leftrightarrow 2\ Li^+ + 2\ Al + 2e^-$

Kathode: $FeS + 2\ Li^+ + 2e^- \leftrightarrow Li_2S + Fe$

Daraus ergibt sich als Gesamtzellreaktion:

$$2\ LiAl + FeS \leftrightarrow Li_2S + Al + Fe$$

Technische Daten und Anwendung

Die Betriebstemperatur der Lithium-Eisensulfid-Batterie beträgt etwa 450°C. Die Zellspannung liegt bei dieser Temperatur bei etwa 1,6 V, die Energiedichte bei 100 Wh kg^{-1}. Die Batterie soll wie die anderen o.g. Hochtemperaturbatterien als Traktionsbatterie für Kraftfahrzeuge verwendet werden [561].

3.4   Wirtschaftliche Bedeutung

Nicht alle der in den Abschnitten 3.2 und 3.3 beschriebenen Primär- und Sekundärbatterien sind auch tatsächlich marktrelevant. Die Tabelle 3.51 gibt einen Überblick über die zur Zeit wirtschaftlich relevanten bzw. eingeschränkt relevanten Batterietypen.

	relevant	eingeschränkt relevant
Primärbatterien	Zink-Kohle	Lithium-Vanadiumpentoxid
	Alkali-Mangan	Lithium-Eisendisulfid
	Zink-Quecksilberoxid*	Lithium-Jodid
	Zink-Silberoxid	
	Zink-Luftsauerstoff	
	Lithium-Mangandioxid	
	Lithium-Polykohlenstoffmonofluorid	
Sekundärbatterien	Bleiakku	
	Nickel-Cadmium-Akku	
	Nickel-Metallhydrid-Akku	
	Lithium-Ionen-Akku**	

*   wird 1999 vom Markt genommen
**   wird zur Zeit in den Markt eingeführt

Tabelle 3.51:   *Wirtschaftlich relevante Batterietypen*

4 Vermeidung von Batterien

Die Vermeidung von Batterien beginnt bei der Vermeidung unsinniger Produkte. Ein „leuchtendes" Beispiel ist das „Power Rangers Laser Pop Sword", ein auf Knopfdruck leuchtender Schwert-Lolly, dessen Lebensdauer eine halbe Stunde kaum überdauern dürfte. Natürlich ist diese Einschätzung subjektiv - schließlich steckt dahinter ein US-Patent, eine Produktionsstätte mit Arbeitsplätzen in China, eine Vertriebsorganisation in Spanien und als Konsumenten Millionen kleiner Power-Rangers-Fans weltweit. Das Produkt findet seinen Markt und rechtfertigt damit seine Existenz.

Grundsätzlich sollte beim Kauf batteriebetriebener Geräte überlegt werden, ob man nicht mit batterielosen Alternativen ebensogut zurechtkommt, wie beispielsweise mit von Hand aufziehbaren Uhren oder mit aufziehbarem Spielzeug.

Der richtige Einsatzbereich

Es gibt natürlich zahlreiche sinnvolle Einsatzbereiche für Akkus und Primärbatterien, in denen auch die große Masse der Batterien verbraucht wird. Entscheidendes Maß für die Notwendigkeit, Batterien einzusetzen, ist die gewünschte Mobilität eines Produktes und dessen Bedienerfreundlichkeit beim netzunabhängigen (kabellosen) Betrieb.

Batterielose Geräte sind bei stationären Betriebsweisen erste Wahl. Auch hier gibt es Ausnahmen, wie z.B. Notstromaggregate oder Fernbedienungen für Phono- oder TV-Geräte, die sinnvollerweise zur Zweckbestimmung oder aus Handhabungsgründen mit Akkus oder Batterien betrieben werden.

Der Einsatz von Batterien und damit die Menge der später zu entsorgenden Sonderabfalls kann dann vermindert oder vermieden werden, wenn grundsätzlich dem Netzbetrieb Vorrang eingeräumt wird. Strom aus der Steckdose ist außerdem um ein Vielfaches billiger als Strom aus Batterien. Optimalen Komfort bieten hierbei Geräte, die alternativ beide Betriebsarten erlauben. Stenoretten im Büro betrieben gehören ans Netz angeschlossen, im Flugzeug, Zug oder Wald bieten Batterien gute Dienste.

Die richtige Batteriewahl

Eine wesentliche, weitere Vermeidungsmaßnahme ist die richtige Wahl des Batteriesystems für spezifische Einsatzzwecke. Nickel-Cadmium-Akkus in gewöhnlichen Taschenlampen sind fehl am Platz. Ferngesteuerte Spielzeugautos sollten nicht mit Primärzellen betrieben werden, oder der Preis für immer neue Batterien wird schnell den des Autos übersteigen. Welcher Betriebstyp für welchen Anwendungsfall geeignet ist, ist in Anhang II übersichtlich dargestellt.

Die richtige Handhabung von Batterien

Die Handhabung von Primärzellen ist einfach, auf grundsätzliches wird auf der Verpakkung hingewiesen (z.B. die richtige Polung, Temperatureinfluß). Bei Akkus ist die richtige Handhabung entscheidend für deren Lebensdauer. Werden z.B. teilentladene Nickel-Cadmium-Akkus „vorsorglich" wieder aufgeladen, entsteht leicht ein sogenannter Memory-Effekt, der die Betriebszeit des Akkus ganz erheblich einschränkt und ihn schließlich unbrauchbar macht. Akkus sollten also möglichst weit entladen und dann wieder voll aufgeladen werden. Tritt der Memory-Effekt eines Tages doch auf, bieten inzwischen sogenannte Akkuterien ihre Dienste an. Hier wird der Akku durch Tiefentladung „rekonditioniert". Diese Behandlung lohnt sich für teure Akku-Packs, die z.B. in Camcordern verwendet werden. Die „Auffrischung" kostet dann einen Bruchteil (etwa 25%) eines neuen Akkus. Die richtige Wahl des Ladegerätes verhindert ebenfalls das Auftreten des beschriebenen Effektes. Diese Ladegeräte sind mit einer Entladefunktion und einem Überladungsschutz ausgestattet und teurer als herkömmliche Ladegeräte. Wer häufig Akkus benutzt und aufladen muß, wird schnell eine wirtschaftlich lohnende Anschaffung mit solchen Komfort-Ladegeräten machen.

Den Memory-Effekt weisen Nickel-Metall-Hydrid-Akkus nicht auf. Obwohl hier noch keine Langzeiterfahrungen vorliegen, dürfte die Lebensdauer gegenüber Nickel-Cadmium -Akkus wesentlich länger sein. Ihr zur Zeit noch höherer Preis wird bei wachsendem Marktanteil mit dem traditioneller Akkus gleichziehen.

5 Verwertung von Batterien

Beim Recycling von Batterien sind zwei Aspekte wesentlich:

- die Sammlung verbrauchter Zellen
- die Aufarbeitung und Rückgewinnung von Rohstoffen

5.1 Sammlung und Sortierung von Batterien

5.1.1 Quecksilber in Batterien

Einige Vorgaben der EG-Richtlinie über schadstoffhaltige Batterien (siehe Kapitel 2) sind inzwischen europaweit realisiert, für andere liegen sehr weitreichende Angebote/Vorschläge der Hersteller vor.

So werden heute in Westeuropa nur noch quecksilberfreie Alkali-Mangan- und Zink-Kohle- Batterien hergestellt. Im Bereich der Knopfzellen hat die Industrie (EPBA, Januar 1996) den völligen Verzicht auf die Herstellung von Zink-Quecksilberoxid-Zellen angekündigt. Wird dies konsequent realisiert, wird die verwendete Quecksilbermenge soweit reduziert werden, daß die Quecksilberproblematik künftig eine nachrangige Rolle spielen wird. Quecksilber wird dann nur noch in Zink-Silberoxid-, Alkali-Mangan- und Zink-Luft-Knopfzellen enthalten sein und pauschal durch eine Knopfzellenaussiebung aus dem Batteriegemisch entfernt werden können. Abbildung 5.1 verdeutlicht diesen Sachverhalt.

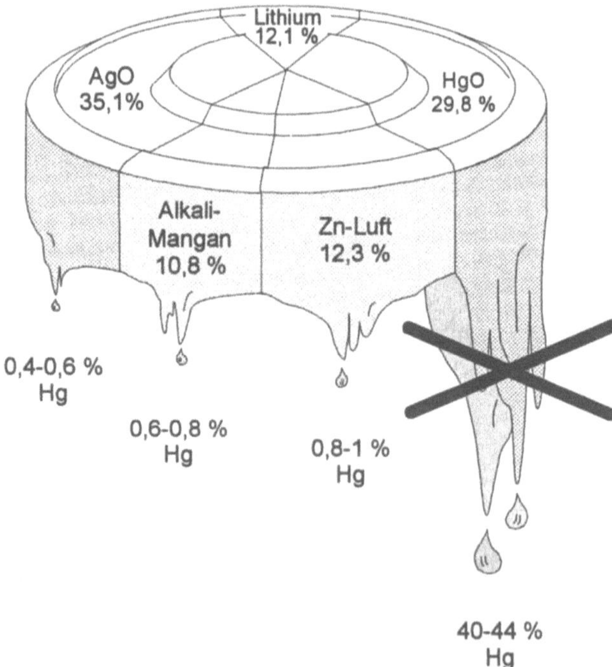

Abbildung 5.1: Reduzierung der Quecksilbermenge aus Batterien durch den Verzicht auf Zink-Quecksilberoxid-Batterien

5.1.2   Die Cadmiumproblematik

Nach Anwendungsbeschränkungen für den Einsatz von Cadmium in zahlreichen Produkten ging dessen Gesamtverbrauch in der Bundesrepublik zurück.
Durch einen wachsenden Markt für NiCd-Akkus stieg jedoch im gleichen Zeitraum der Verbrauch in der Batterieindustrie so stark an, daß diese Branche heute die größte Cadmiummenge verbraucht (siehe Abbildung 5.2).

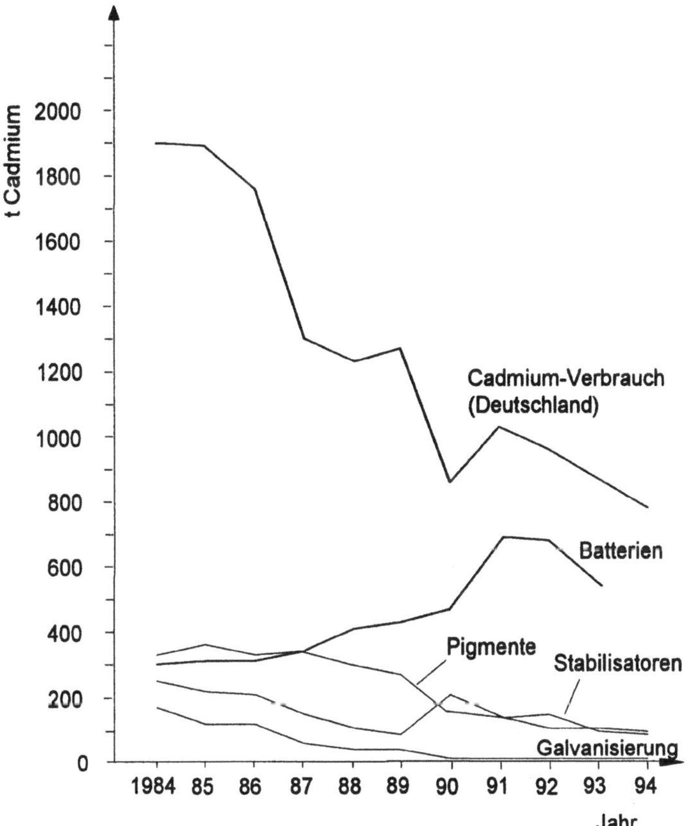

Abbildung 5.2:   Entwicklung des Cadmiumverbrauchs in Deutschland

Die zum Teil sprunghaften Wachstumsraten auf dem Akku-Markt, z.B. im Jahr 1991, sind in der Cadmium-Statistik bisher noch nicht erfaßt (siehe Abbildung 5.3).
Der Zuwachs im Jahr 1991 basiert ohne Zweifel im wesentlichen auf den Effekten der Wiedervereinigung und der Ausweitung des bundesdeutschen Batteriemarktes. Wer jedoch geglaubt hatte, daß die überraschend hohen Zuwächse von fast 100 % zwischen 1990 und 1991 Ausdruck eines gewissen Nachholbedarfs war, sah sich getäuscht, denn der Markt wächst bis heute kontinuierlich weiter. Ursache ist das veränderte Verbraucherverhalten bei der Nutzung kleinerer Geräte der Unterhaltungselektronik, wie Walkmen, tragbare CD-Player etc..

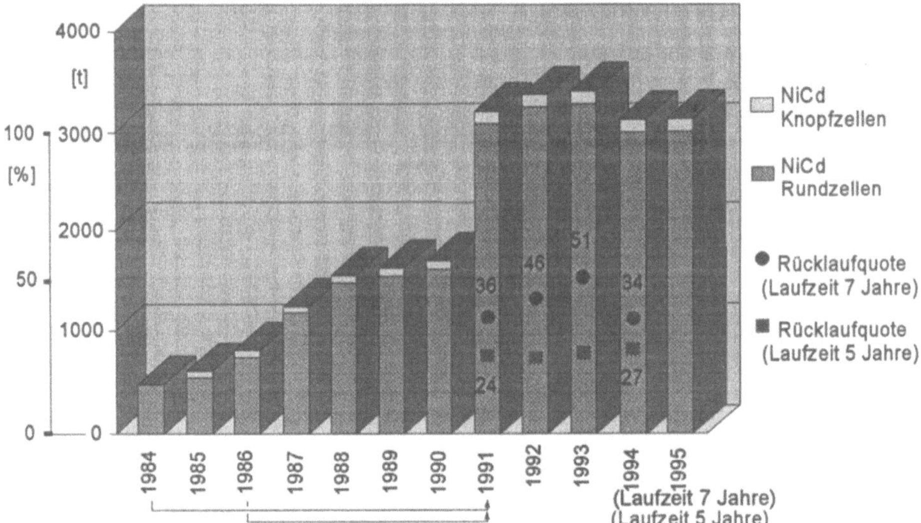

Abbildung 5.3: Verkaufsmengen für Nickel-Cadmium-Akkus

Bereits früher - in den Jahren 1986/87 - war ein starker Zuwachs zu verzeichnen. Dem erfreulichen marktwirtschaftlichen Erfolg steht ein negativer Effekt auf die Rücklaufquoten verbrauchter NiCd-Zellen sieben Jahre später, also 1994, gegenüber. Waren in den Jahre 1992/1993 noch ungewöhnlich hohe Rücklaufquoten von etwa 50 % erreicht worden, sank der Wert 1994 wieder auf 34 %. Für 1998 erwarten die Autoren bei sprunghaft gestiegenem Verkauf in 1991 eine maximal erreichbare Recyclingquote von 30 %. Da alle nicht ins Recycling gelangenden cadmiumhaltigen Zellen auf Deponien gelagert oder in Verbrennungsanlagen vernichtet werden, wächst der Anteil des entsorgten Cadmiums aus Batterien stark an. Hierbei wächst die Gefahr, daß immer höhere Cadmiummengen unkontrolliert auf Hausmülldeponien abgelagert werden (siehe Abbildung 5.4).

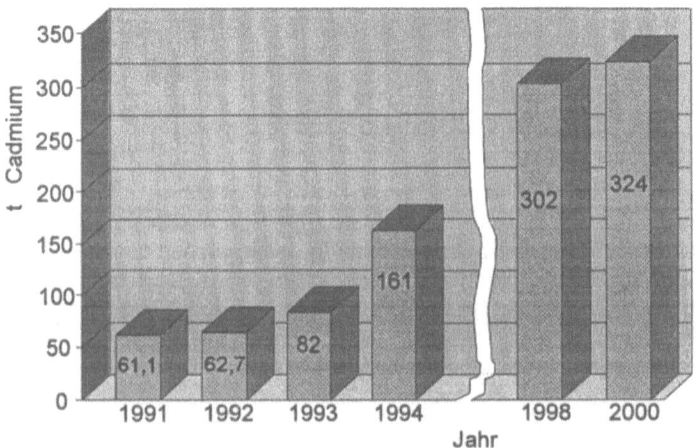

Abbildung 5.4: Menge des nicht verwerteten Cadmiums

5.1.3 Rückgabe von Batterien

Entwicklung und Prognose zeigen, wie wichtig eine Rückgabepflicht des Konsumenten für alle Batterien ist. Die Problematik ist zwar inzwischen vielen Bürgern bekannt, sie dürften jedoch überall mit dem Anspruch, nur sogenannte schadstoffhaltige Batterien zu sammeln, überfordert sein.

Daß dies so ist, zeigen alle Experimente zur Getrenntsammlung einschließlich des bundesdeutschen Ansatzes, Batterierückgabeboxen im Handel aufzustellen.

Wie schlecht das zur Zeit von der Arbeitsgemeinschaft Batterien (ARGE-BAT) initiierte Sammelsystem funktioniert, haben die Autoren durch Prüfung zurückgegebener Batterieboxen für NiCd-Akkus belegt.

Hierzu wurden bei NIREC (dem Sammelunternehmen für NiCd-Akkus) etwa 29 kg der dort angelieferten Batteriemasse genauer untersucht. Hierbei handelt es sich um willkürlich herausgegriffene Päckchen, die z.B. von den Firmen Karstadt, Schlecker, DM-Markt, EDEKA und einem auf Akkumulatoren spezialisierten Handwerksbetrieb stammten. Zu überprüfen war der in den Sammelboxen enthaltene Fremdanteil (andere Batterien als NiCd-Akkus). Die Ergebnisse der Untersuchung sind in der Tabelle 5.1 und Abbildung 5.5 zu sehen.

Batterietyp	ohne Handwerksbetrieb		mit Handwerksbetrieb	
	Menge in g	Anteil in %	Menge in g	Anteil in %
Nickel-Cadmium	130	0,6	5.440	18,8
Alkali-Mangan	9.170	39,0	9.220	31,8
Zink-Kohle	14.185	60,3	14.225	49,2
Zink-Silberoxid	20		20	
Zink-Quecksilberoxid	10		10	
Lithium	-		20	
Fremdstoffe	20		20	
Summe	**23.535**		**28.935**	

Tabelle 5.1: **Anteil an Nickel-Cadmium-Akkus in Postpäckchen**

Die von den Autoren vorgenommene Analyse ergab einen NiCd-Anteil von 18,8 %. Würde man das Paket des Handwerksbetriebes, der auf Akkus spezialisiert ist, unberücksichtigt lassen, lieferten die o.g. Kaufhäuser nur einen NiCd-Akku-Anteil von 0,6 %. Diese Beobachtungen decken sich absolut mit Angaben von NIREC, die von einem Fremdanteil von 80 bis 90 % in den Päckchen ausgehen.

Welche Erfolge mit einer generellen Batterierückgabepflicht zu erreichen sind, zeigen die relativ hohen Rückgabequoten von 60 % und vielleicht mehr aus der Schweiz. Aber auch dort ist man noch weit von den angestrebten 80 % Rücklauf entfernt und erwägt zur Zeit die Einführung eines Pfandsystems.

Neben der Rückgabepflicht wird künftig die Marktfähigkeit der recycelten Produkte entscheidend für eine langfristig akzeptierte Lösung sein. Die Durchsetzung im Recyclingmarkt wird dann gelingen, wenn Monopole verhindert werden und die Preisgestaltung nach marktwirtschaftlichen Prinzipien, also ohne Subventionen, erfolgt. Die Marktfähigkeit zurückgewonnener Stoffe hängt von ihrer Reinheit ab und diese ist von der Verfahrensführung und der Batteriesortierung abhängig.

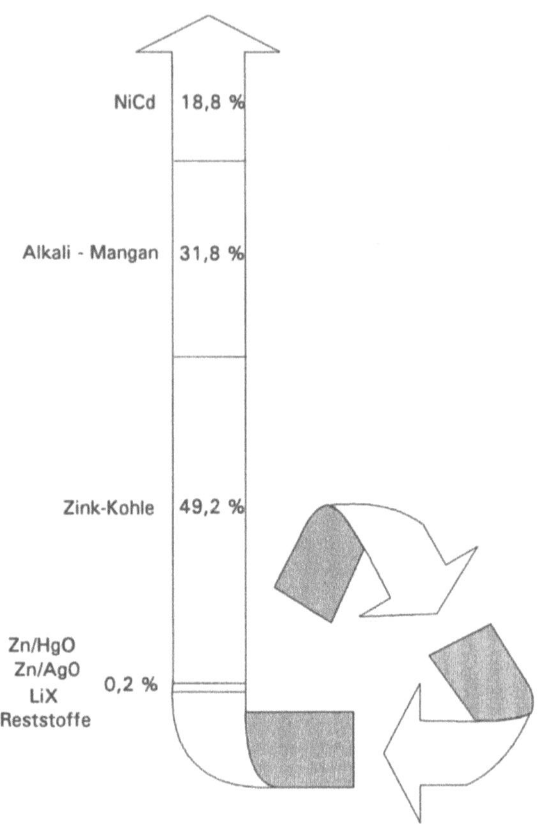

Abbildung 5.5: Anteil an Nickel-Cadmium-Akkus in Postpäckchen

5.1.4   Batteriesortierung

Zur Umsetzung der Batterieverordnung werden heute im wesentlichen zwei Wege gegangen:

- Die Sammlung und Behandlung von Batteriegemischen.
  Solche Verfahren werden nach Abtrennung der NiCd-Akkus von Recymet und Battrec in der Schweiz angewandt und sind z.B. von Berzelius mit der gleichen Technik in der Bundesrepublik geplant. In Konkurrenz hierzu will die Keramchemie eine Anlage nach dem Batenus-Verfahren realisieren.
- Die Sammlung und Behandlung von sortierten Batteriefraktionen.
  Die heute übliche Sortierung erfolgt entweder über das Titalyse-Trimag-Verfahren und/oder durch Handsortierung. Arbeitsplätze, bei denen mit Hand Akkus aussortiert werden, gehören zu den schlechtesten in der Batterieindustrie. Die Titalyse-Trimag-Sortierung hat den entscheidenden Fortschritt gebracht, daß mit guten Ergebnissen nach Batteriesorten getrennt wird. Wichtiger Nachteil - weil die Zuordnung von Aufbereitungskosten nicht möglich ist - ist die fehlende Erkennung des Batterieproduzenten.

Zur Batteriesortierung stehen mehrere Verfahren zur Auswahl, wobei die beiden letzteren (visuelle Erkennung, unsichtbare Barcodes) gleichzeitig eine sortenreine Trennung und eine exakte Kostenzuordnung ermöglichen.

Titalyse-Trimag-Verfahren

Das Titalyse-Verfahren zur Sortierung von Batteriegemischen ist halbautomatisch und arbeitet in zwei Stufen. In der ersten Stufe werden auf einem Förderband per Hand Bleibatterien, Nickel-Cadmium-Powerpacks und ähnliches aussortiert. Danach erfolgt auf vier Rütteltischen eine Aufteilung der Batterien nach den Größen Knopfzellen, Rundzellen bis Mignongröße, größere Rundzellen und prismatische Batterien. In der zweiten Stufe werden die Batterien nach Systemen getrennt. Dazu durchlaufen sie einzeln ein Magnetfeld, dessen Störung gemessen wird. Die Trennung erfolgt, z.B. bei der Mignonzellenfraktion, in Leclanché und Alkali-Mangan, Rundzellen kleiner als Mignon, Nickel-Cadmium und Zink-Quecksilberoxid. Das Verfahren ist in der Abbildung 5.6 dargestellt [549].

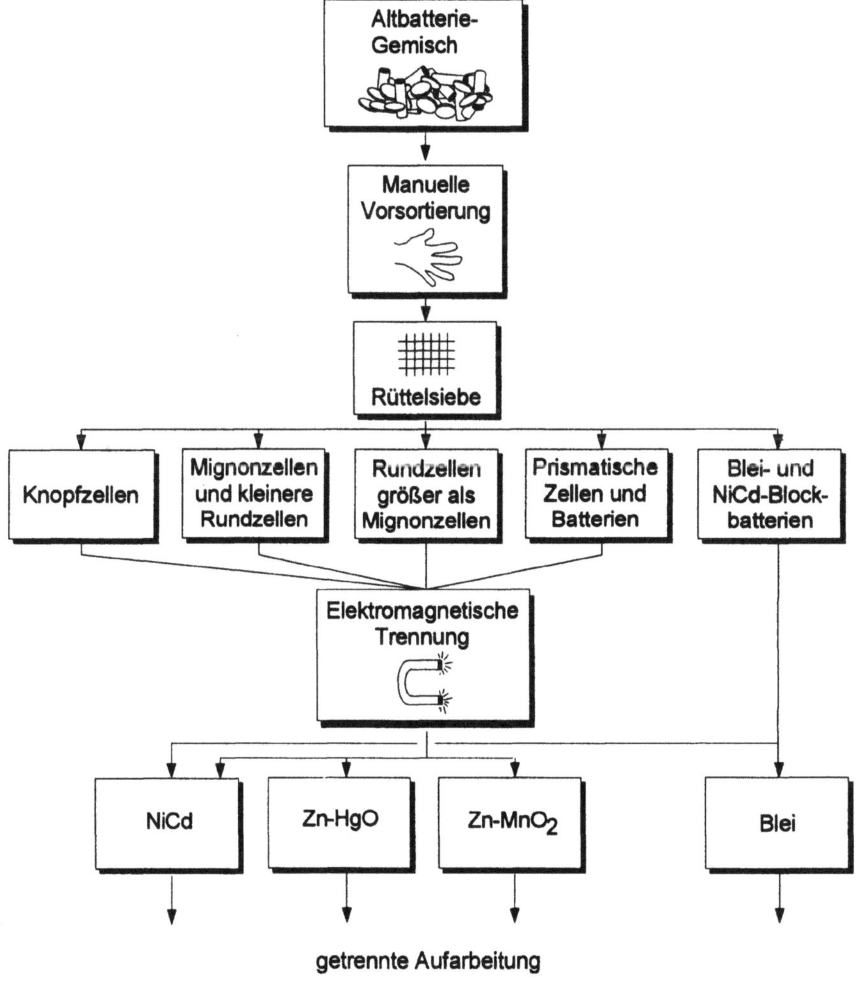

Abbildung 5.6: Sortierung von Batterien nach dem Titalyse-Trimag-Verfahren

Eine Anlage dieses Typs mit einer Kapazität von 2.000 Tonnen pro Jahr sollte bis Ende 1991 in der Schweiz in Betrieb gehen. Angaben über Kosten liegen nicht vor.

Sortierung mit visueller Erkennung der Batterieoberfläche

Bei der Sortierung mit visueller Erkennung der Batterieoberfläche handelt es sich um ein bildverarbeitendes Verfahren, das die Zuordnung jeder marktüblichen Batterie nach Art, Hersteller und weiterer gewünschten Faktoren erlaubt. Nachteile der Technik sind ihr hoher Preis und die Schmutzempfindlichkeit optischer Systeme. Da der Investitionsaufwand sehr hoch ist, werden nur große Anlagen mit sehr hohen Durchsätzen konkurrenzfähige Kostenstrukturen aufweisen. Eventuell vorhandene betriebswirtschaftliche Vorteile werden durch lange Transportwege zu den wenigen sehr großen Anlagen kompensiert.
Der Zwang, große Mengen durchzusetzen, bedingt lange Lagerzeiten. Diese fördern z.B. Korrosionseffekte im Batteriegemisch. Ergebnis ist ein wachsender Prozentsatz nicht identifizierbarer Batterien.

Sortierung mit unsichtbaren Barcodes

Unter Normallicht nicht sichtbare, um die ganze Batterie gelegte Barcodes, die im Sortierautomaten unter UV-Anregung gelesen werden, bieten ein kostengünstiges und robustes Erkennungssystem. Die Produktionsmehrkosten für die Batterien sind minimal. Entsprechende sichtbare Kennzeichnungen, z.B. als Einfach-Barcodes an einem Batterieende, würden die Werbefläche einer Zelle mindern und werden von den Herstellern nicht akzeptiert. Versuchsbatterien mit solchen Kennzeichnungen wurden u.a. bei PHILIPS in Kooperation mit VARTA produziert.
Die Autoren haben ein auf UV-Licht basierendes Erkennungssystem entwickelt. Die einfache Verfahrenstechnik erlaubt den kostengünstigen Bau kleiner Einheiten. Bei großen Kommunen oder Entsorgern aufgestellt, können mit ihnen die täglich oder wöchentlich gesammelten Batteriemassen automatisch sortiert werden. Solche kleinen Geräte der ersten Generation werden etwa 200.000,- DM kosten und bewältigen 300 bis 400 kg Batterien pro Tag. Kurze Zwischenlagerzeiten verhindern Korrosionseffekte, die die Batterien unleserlich machen würden. Die dezentrale Anlagenstruktur erlaubt kurze Transportwege für die großen Batteriemassen. Einzelne Fraktionen, z.B. NiCd-Zellen, werden zu speziellen Unternehmen weitergegeben und aufgearbeitet.
Im vorgenannten Sinne werden künftig verbrauchte Batterien zu sortenreinen Fraktionen zur Verwertung angeliefert, was weitreichende Folgen für den Recyclingmarkt haben dürfte. Potentielle Aufbereitungsverfahren werden ganz spezifisch auf einen oder wenige ähnliche Batterietypen angepaßt. Die zurückgewonnenen Rohstoffe werden extrem geringe Gehalte an unerwünschten Verunreinigungen enthalten und entsprechend bessere Marktpreise bei geringeren Aufbereitungskosten erzielen, als dies heute bei der Verarbeitung von Batteriegemischen möglich ist. Die getrennte Bearbeitung unterschiedlicher Batteriefraktionen erlaubt schnelles Reagieren auf neue in den Markt eingeführte Systeme. Ein aktuelles Beispiel hierfür sind NiMH-Akkus, die vor kurzem in den Massenmarkt als Substituenten für NiCd-Akkus eingeführt wurden. Versuche zum Aufbau einer geeigneten Recyclingtechnologie scheiterten bisher an der unterschiedlichen Zusammensetzung der Zellen verschiedener Hersteller. Die oben beschriebene Sortiertechnik bietet die Möglichkeit, auch herstellerspezifische oder produktlinienspezifische Fraktionen herzustellen, bei denen die Rückgewinnung der interessanten seltenen Erden besser gelingt. Ob dies dann wirtschaftlich sein wird, hängt im wesentlichen von der chinesischen Rohstoffpolitik ab, da die seltenen Erden für die Wasserstoffspeicherlegierung hauptsächlich aus China importiert werden.
Wesentlich wichtiger ist jedoch der erzielbare Kosteneffekt. Batteriesammelnde Kommunen oder Entsorger zahlen heute viel Geld für die Aufarbeitung von Batteriegemi-

schen, wobei aus der Hauptmasse wenig gewinnträchtige Zink- und Manganverbindungen zurückgewonnen werden.

Geht man von den Kostensätzen der Schweizer BESO aus, so sind etwa 5.000,- DM für das Recycling eines Batteriegemisches zu bezahlen. Dieser Wert wird zukünftig eher sinken als ansteigen. Für diese derzeitige „obere Kostengrenze" und eine jährliche Rücklaufquote von 50 % wäre in der Bundesrepublik ein Batterierecycling-Jahresbudget von rund 60 Mio. DM zu finanzieren. 85 Gew.% dieser Batteriemasse bestehen aus Alkali-Mangan- und Zink-Kohle Batterien, 13 % sind NiCd-Akkus. In der Abbildung 5.7 sind die zu recycelnden Batteriemengen bei einer Rücklaufquote von 50 % dargestellt.

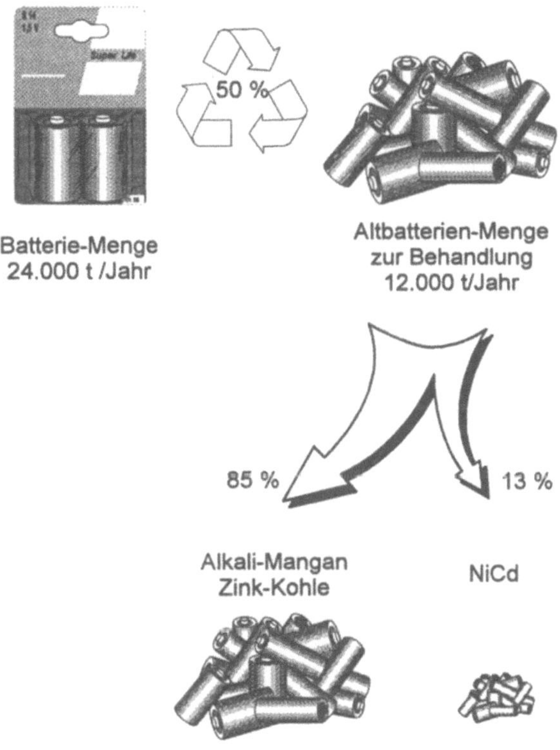

Abbildung 5.7: Zum Recycling anfallende Batteriemengen bei 50 % Rücklauf

Folgen der Batteriesortierung

Alkali-Mangan und Zink-Kohle-Zellen sind zwar Rohstoffquellen, der Druck zum Recycling wird heute jedoch primär vom Cadmium ausgeübt.

Der Gesetzgeber hat die Ablagerung von Batterien auf Hausmülldeponien untersagt - es sei denn, es handelt sich um vereinzelt im Gesamtmüll vorkommende gebrauchte Batterien. Wir definieren heute alle Batterien, die im Hausmüll enthalten sind als "vereinzelt". Werden die Batterien jedoch gesammelt, sind diese nicht mehr kostengünstig deponierbar, sondern müssen als Sonderabfall teuer endgelagert werden. Dieser Kosteneffekt hat das Handeln der Verantwortlichen in den letzten Jahren bestimmt.

Gelingt es künftig, praktisch cadmiumfreie Batteriefraktionen in erheblichem Umfang anzuliefern, werden die Preise für deren Recycling oder Entsorgung wesentlich geringer sein, als sie dies heute für die Gemische sind. Hier liegt der wesentliche Effekt einer guten Batteriesortierung. Wenn eine Kommune beispielsweise die Chance hat, künftig 85 % der eingesammelten Batteriemasse für 2.000,- DM einer Sondermüllentsorgung anzudienen (Gesamtsumme ca 20 Mio DM), und den Rest für 5.000,- DM wiederaufarbeiten zu lassen (Gesamtsumme ca 10 Mio DM), sparen die Bürger in der Bundesrepublik ziemlich genau 50 % der veranschlagten Summe, also 30 Mio. DM ein. Es versteht sich von selbst, daß aus ökologischer Sicht die Rückgewinnung von Mangan und Zink wünschenswert ist, was wahrscheinlich zu höheren Kosten für die Verwertung der „harmlosen" Batterien führen wird. Die leichter herzustellenden Recyclingprodukte mit geringerer Verschmutzung werden auf dem Rohstoffmarkt aber leichter absetzbar sein, als dies heute der Fall ist. Die zu erwartenden Kosten sind der Abbildung 5.8 zu entnehmen.

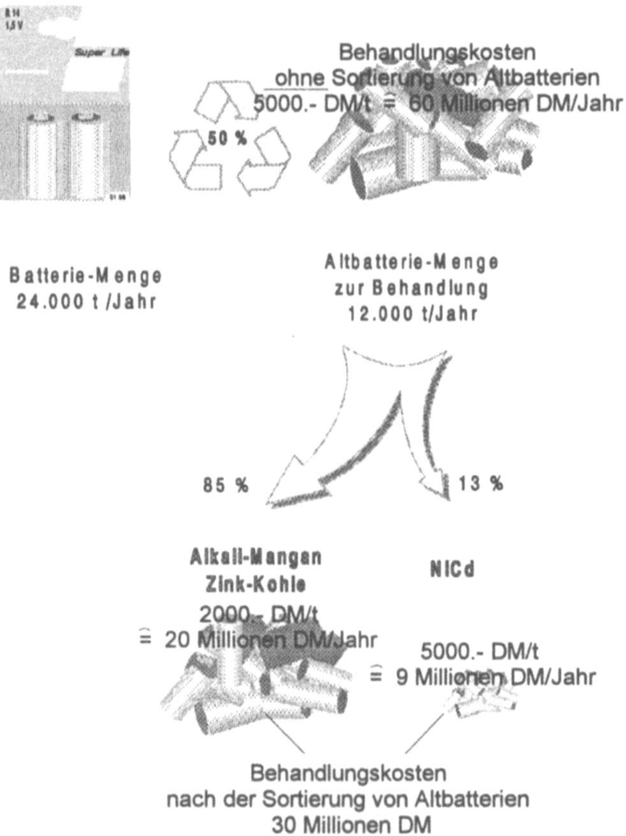

Abbildung 5.8: Kosten des Batterierecyclings bei 50 % Rücklauf

Die genannten 20 Mio. DM verteilen sich auf ca. 550 Mio Batterien, d.h. jede Zink-Kohle- und jede Alkali-Mangan-Batterie wird mit 4 Pfennig „Recyclingkosten" belastet. Eine entsprechende Verteilung der 10 Mio DM Behandlungskosten für cadmiumhaltige Zellen wird die Kosten jedes NiCd-Akkus um etwa 10 Pfennige erhöhen.
Diese Effekte sind - auch wenn man großzügig höhere Kosten ansetzt - mit einer Optimierung bei den Recyclingtechnologien nicht zu realisieren.

Es muß mit Übergangsfristen gearbeitet werden, bis z.B. das in alten Zellen noch vorhandene Quecksilber die Sammelgemische nicht mehr verunreinigt. Das Zusammenspiel von schadstoffmindernden Entwicklungen der Batterieindustrie, der Nutzung bewährter Recyclingverfahren, wie z.B. der SNAM, der NQR oder der Firmen Batrec und Recytec und der Entwicklung batteriespezifischer Rückgewinnungsverfahren, werden die Batterieindustrie flexibler machen, und vor allem werden sie den Druck der Öffentlichkeit auf die Branche mindern.

5.1.5   Fremdstoffe bei der Batteriesammlung

Eine realistische Beurteilung des Verschmutzungsgrades z.B. in einer rückgeführten Knopfzellenmasse ist auf der Basis eigener Untersuchungen und auf den Angaben des ZVEI zu den über die ARGE BAT zurückgeführten Postpäckchen möglich. In einer Knopfzellenmasse, die von den Stadtreinigungsbetrieben Bochum eingesammelt und zur Weitergabe vorsortiert worden war, wurden rund 1,5 % Fremdstoffe (Kondensatoren, Schrauben, Metallteile) gefunden. Dies zeigt, daß eine Vorsortierung durch professionelles Personal im Bereich der Knopfzellen sehr effektiv sein kann. Die über die ARGE BAT eingesammelten Postpäckchen enthalten 18 % Fremdbatterien (1992: 33 % / ZVEI-Hochrechnung). Bezieht man die Ergebnisse auf die gesamte zurückgegebene Knopfzellenmenge von 26,5 Tonnen, ergibt sich ein durchschnittlicher Verschmutzungsgrad von 5 bis 6 % (1991).
Ein wesentlich anderes Bild zeigt sich bei der Rückgabe von NiCd-Akkus (Rundzellen). Hier wurden bei Untersuchungen an Postpäckchen der ARGE BAT in den vergangenen Jahren immer etwa 55 % andere Batterien gefunden (1992: 43 % / ZVEI-Hochrechnung). Eigene Untersuchungen (siehe Kapitel 5.1.3) ergaben noch höhere Fremdanteile. Nachfragen bei professionellen Sammelunternehmen ergaben, daß dort nicht nach speziellen Rundzellen getrennt gesammelt wird. Dies dürfte hier auch kaum möglich sein, denn es müßte jede einzelne Rundzelle überprüft werden. Wenn also nicht unmittelbar im Geschäft eine Sortierung in die dafür vorgesehene ARGE BAT-Box erfolgt, unterbleibt die getrennte Erfassung der NiCd-Akkus. Die in den Postpäckchen vorhandenen "Fremdbatterieanteile" von ca 55 % stellen also einen unteren Wert dar, der für alle NiCd-Zellen nicht repräsentativ ist. Auf der Basis der Rundzellentonnage für Zink-Kohle, Alkali-Mangan und Nickel-Cadmium ergeben sich für NiCd-Akkus Marktanteile von 9 bis 10 %. Der "Verschmutzungsgrad" mit anderen Batterien dürfte beim Recycling von NiCd-Akkus also zwischen 55 und 90 % liegen.

5.1.6   Eingebaute Gerätebatterien

Rechtlicher Rahmen

In der Richtlinie des Rates der Europäischen Gemeinschaft vom 18.03.1991 wird in Artikel 5 festgelegt, daß Batterien und Akkumulatoren ab dem 01.01.1994 aus Geräten mühelos entfernbar sein müssen. Ausgenommen hiervon sind Geräte mit Batterien

-   für industrielle Zwecke
-   zur Datensicherung/-speicherung
-   für wissenschaftliche und berufliche Zwecke
-   für medizinische Zwecke
-   bei denen für den Benutzer dann eine Gefahr entstehen kann, wenn die Batterien durch nicht qualifiziertes Personal ausgewechselt werden.

Praxis

Die ersten vier Anwendungsbereiche sind sicherlich ohne Diskussion akzeptabel. Die Interpretation des fünften Bereiches kann jedoch sehr weit gefaßt werden. Schon heute zeichnet sich beispielsweise ab, welche Blüten diese Bestimmung im Bereich der Spielzeugindustrie treiben kann, beispielsweise bei knopfzellenbestückten Spielzeugautos. Solche Knopfzellen können für Kinder lebensgefährlich werden, wobei der Knopfzelleninhalt hier wenig Bedeutung hat. Dies führt zu einem Dilemma, aus dem sich die Produzenten auf sehr unterschiedliche Weise zu befreien versuchen. Der eine vernietet Chassis mit der Karosserie und bringt die Knopfzelle unter einem drehbaren Deckel unter, der andere verbindet die beiden Autoteile mit Miniaturkreuzschlitzschrauben. Ein dritter Produzent versieht seine Autos mit Aufklebern, die auf die Batterieproblematik und die richtige Entsorgung hinweisen. Leider kommt man an die Knopfzelle nur über das Öffnen einer Schraube mit unterbrochenem Schlitz heran. Diese ist zwar kindersicher, aber in der üblichen Heimwerkerausstattung fehlen solche Schraubenzieher (vgl. Abbildung 5.9).

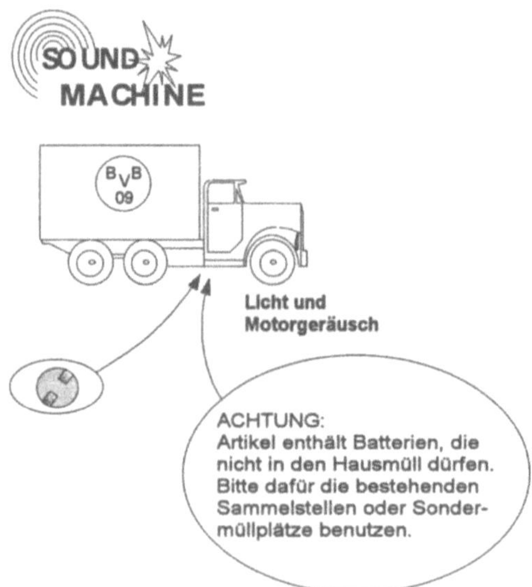

Abbildung 5.9: *Beispiel eines knopfzellenbestückten Spielzeugautos mit Schraubenkopf und Warnhinweis*

Die Rücklaufquote solcher Knopfzellen in Spielzeugautos der unteren Preisklasse dürfte die Promillegrenze kaum übersteigen. Welche Eltern - die Kinder sollen ja keine Eingriffsmöglichkeit haben - denken schon daran, aus einem Miniauto dann eine Batterie herauszunehmen, wenn das Geknatter eines Elektronikmotors oder das Leuchten der Lampen aufgehört hat und die Zelle längst keinen Strom mehr liefert?
Technische Lösungen können sicher noch verbessert werden, aber der Sinn des Artikels 5 in der Richtlinie des Rates wird auf solchen Wegen ausgehöhlt, denn de facto gibt es damit keinen Anwendungsbereich, in dem es ausgeschlossen wäre, festeingebaute Batterien zu verwenden. Der Referentenentwurf des BMU zur Batterieverordnung schreibt deshalb logisch die Rücknahmepflicht auch für in Geräten eingebaute Batterien vor. Eine Kennzeichnung (Batterierecyclingsymbol) auf dem Gerät ist zusätzlich anzubringen, und die Batterien müssen am Ende ihrer Lebensdauer mühelos entfernt werden

können. Ausnahmen wurden entsprechend den Vorschriften der EG-Richtlinie festgelegt (siehe oben).

Wenn wirkungsvoll gegen die wachsende Unsitte, Batterien in allen denkbaren - auch unsinnigen Funktionen - einzusetzen, vorgegangenen werden soll, muß der oben diskutierte Ausnahmepassus aus der EG-Richtlinie verschwinden, bzw. auf wichtige Geräte für wissenschaftliche oder berufliche Zwecke begrenzt werden. Es ist in diesem Zusammenhang unerheblich, ob die eingesetzte Knopfzelle nach der herrschenden Meinung gefährliche oder ungefährliche Stoffe enthält. Da allgemein anerkannt ist, daß eine "vernünftige" Rücklaufquote für problemstoffhaltige Knopfzellen nur dann erreichbar ist, wenn alle Knopfzellen gesammelt werden, muß die Demontage und Rückgabe dem Nutzer auch ermöglicht werden. Dies ist z.B. in knopfzellenbestückten Minispielzeugautos nicht der Fall.

Die Beispiele könnten hier beliebig erweitert werden. So sind die allseits beliebten Gameboys billiger Machart gar nicht darauf ausgelegt, daß man die enthaltene Knopfzelle auswechselt. Wenn der ewig retournierende Tennisspieler keinen Ball mehr übers Netz bringt, weil ihm der Saft ausgeht, landet das Gerät komplett im Müll. Das gleiche gilt natürlich auch für billige Uhren etc..

5.1.7 Batterierücklauf in anderen Industrieländern

Die Tabelle 5.2 zeigt die in anderen Industrieländern erreichten Rückgabequoten für Batterien sowie die jeweils vorgeschlagenen Maßnahmen zur Steigerung dieser Quoten.

	Jahr	Rücklaufquote	vorgeschlagene Maßnahmen zur Steigerung des Rücklaufs
Österreich	1988		- Vorabsteuer erhoben
allgemein		17 %	- Pfandsystem geplant
Wien		14 - 22 %	
Deutschland	1994		- Pfandsystem
Quecksilberoxid-Knopfzellen		35,7 %*	- Rücknahmeverpflichtung für alle
Silberoxid-Knopfzellen		80 %	Batterien
NiCd-Akkus (gasdicht)		34 %	- bessere Kennzeichnung schadstoff-
NiCd-Akkus (stationär)		100 %	haltiger Batterien
Blei-Industriebatterien		100 %	
Starterbatterien		80 - 100 %	
Schweiz	1994	50 - 60 %	- Rückgabepflicht für alle Batterien
Holland	1995	51 %	- Pfandsystem
Dänemark	1988		- Pfandsystem
allgemein		26 %	
Kopenhagen		20 - 25 %	
Rundzellen, prismat. Zellen		10 - 15 %	
Knopfzellen		70 - 90 %**	
Schweden	1995		Pfandsystem
allgemein		50 %	
Japan	1985		
Tokyo		19,2 %	
Rundzellen, prismat. Zellen		9 %	

*   INFU-Angabe
**   Die Autoren halten diese Angabe für unrealistisch

Tabelle 5.2:   *Rücklaufquoten für Batterien aus verschiedenen Ländern*

5.2 Recyclingverfahren

Als technische Verfahren wurden Recyclingverfahren für folgende Batterietypen realisiert:

- Batteriegemische
- Alkali-Mangan- und Zink-Kohle-Batterien (Braunsteinzellen)
- Quecksilberhaltige Batterien
- Nickel-Cadmium-Akkumulatoren

Bei allen Recyclingverfahren treten Emissionen auf, die bisher nur spärlich untersucht wurden. So wird beispielsweise PCB in bituminösem Füllmaterial von Batterien mit 11 ppb nachgewiesen [521]. Hinzu kommt ein PCB-Anteil aus PVC-Bestandteilen von Batterien. PCB reichert sich z.B. im Pyrolyseöl verschiedener Recyclinganlagen an. Nach RECYTEC-Angaben (Verfahrensbeschreibung siehe Kapitel 5.2.1) liegen die PCB-Werte dort bei 80 ppb [513]. Bei Temperaturen über 750 °C steigt die PCB-Produktion stark an und erreicht Werte im ppm-Bereich. Zum Vergleich: Nach der Altölverordnung liegt der Grenzwert für PCB im Altöl bei 20 ppm.

5.2.1 Batteriegemische

RECYTEC-Verfahren

Von der Firma RECYTEC wurde eine Anlage zum Recycling von Batteriegemischen entwickelt (siehe Abbildung 5.10). Da die Metalle bei diesem Verfahren elektrolytisch abgeschieden werden, ist es zwar relativ teuer, dafür liegen die Recyclingprodukte in sehr reiner Form vor, so daß sie gut vermarktet werden können.

Die erste thermische Behandlung wird bei etwa 650 °C durchgeführt und hat zum Zweck, die Batterien durch Erhöhung des Innendruckes zu öffnen. Gleichzeitig werden unter Luftausschluß (Stickstoffatmosphäre, reduzierende Bedingungen) Wasser, Quecksilber und organische Komponenten (Papier, Kunststoff, Bitumen, Farben) verflüchtigt. Eine Behandlungsstraße besteht aus einer Aufgabe-Vorrichtung, einer mit Stickstoff gespülten Schleuse, einem horizontalen zylindrischen, von außen beheizten Ofen mit axialdrehender Förder- und Misch-Schnecke und einem horizontalen Kühlrohr (Außenkühlung) mit axialdrehender Schnecke und Austrags-Schleuse. Die Kapazität beträgt 0,375 t/h pro Straße (total 0,75 t/h). Diese erste Behandlungsstufe ist mit einer Kondensationsanlage verbunden, in welcher die verdampfenden Gase kondensiert werden.

Die Kondensate werden entölt. Das Abwasser wird der Betriebsabwasserbehandlung zugeführt. Das Öl wird mit einem Kohlenwasserstoffgemisch verdünnt und anschließend durch Zentrifugieren vom Quecksilber befreit (< 20 ppm), um später verbrannt zu werden. Das gewonnene Quecksilber weist eine Reinheit von mehr als 95 % auf und dient als Sekundär-Rohstoff für die Quecksilber-Produktion. Die nicht kondensierbaren Gase der Kondensationsanlage werden entstaubt, über Aktivkohle geführt (Quecksilber-Nachbehandlung) und anschließend verbrannt. Die Staubfilter und die mit Quecksilber beladene Aktivkohle werden in der thermischen Behandlung entsorgt.

Nach dem thermischen Öffnen werden die Batterien zerkleinert und gesiebt. Der Schrott wird magnetisch und induktiv in Eisen-, Buntmetalle und Graphit-Schrott getrennt. Die Inertstoffe (vorwiegend Graphit) werden dem Zink-Mangan-Pulver zugegeben. Der Eisenschrott geht zum Schrotthandel, und die Bundtmetalle werden elektrochemisch getrennt.

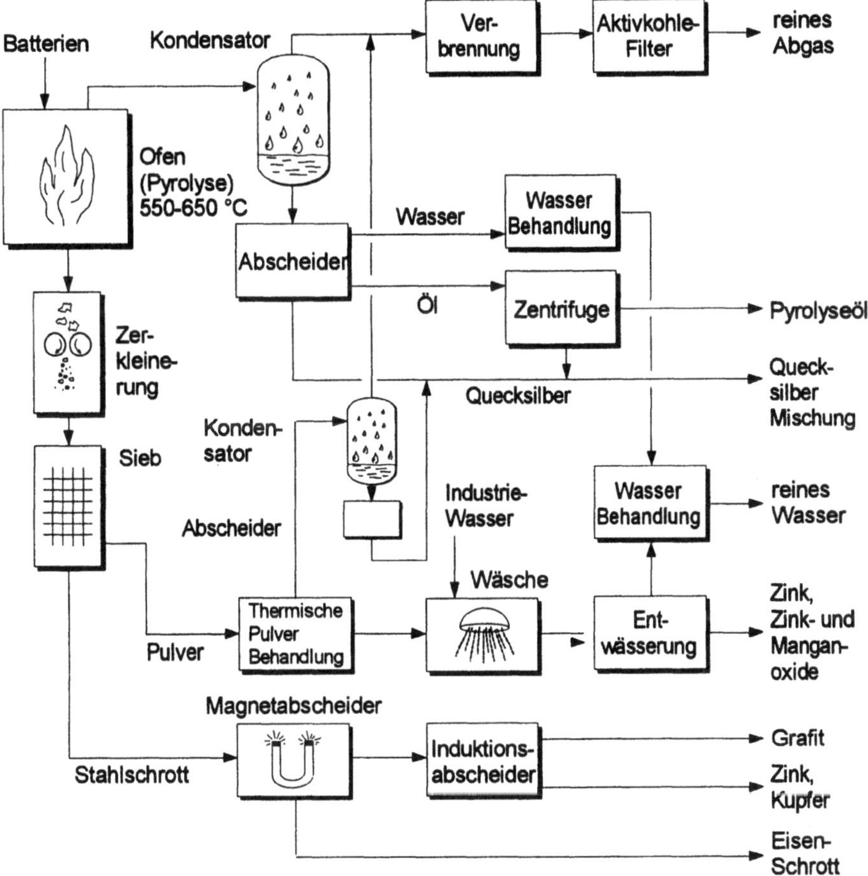

Abbildung 5.10: Verfahren zur Aufarbeitung von Batteriegemischen nach RECYTEC

Das Pulver (Zink-Mangan-Graphit) und der Schlamm aus der Schrottwäsche enthalten noch einige ppm an Quecksilber und werden deshalb einer thermischen Nachbehandlung zugefüht, um einen Restgehalt an Quecksilber von unter 10 ppm zu erreichen. Diese zweite thermische Behandlung ist ähnlich ausgestattet wie die erste.

Nach dieser zweiten Behandlungsstufe wird das Pulver durch Auswaschen mit Wasser von der Salzfracht befreit und nachträglich in einer Zentrifuge entwässert. Das Zink-Mangan-Gemisch wird als Sekundärrohstoff der Zink-Produktion eingesetzt. Das Waschwasser wird der Betriebsabwasserbehandlung zugeführt.

Falls das Buntmetallgemisch im Altmetallmarkt einen Absatz findet, können die Buntmetallgemsiche elektrochemisch in metallisches Kupfer, Zink und Nickel getrennt werden (anodische Auflösung). Diese Trennung erfolgt bei Raumtemperatur, mit einer Graphitanode und Chromstahlkathode. Die Elektrolytbäder müssen periodisch regeneriert werden. Dabei wird eine Fällung der Metalle mit einer organischen Säure durchgeführt. Danach werden die Elektrolytbäder in die Elektrolysebecken zurückgeführt. Die Metallschlämme des Regenerierungsvorganges werden der ersten thermischen Behandlung zugührt. Die elektrochemisch gewonnenen Metalle werden verkauft (Reinheit: > 99 %).

Kleine Mengen an Cadmium sind als Verunreinigungen im gewonnenen Zink zu finden. Das hier gewonnene Elektrolytzink wird der normalen kommerziell angewandten thermischen Zinkraffination großer Zinkproduzenten zugeführt, wobei separat hochreines Zink und Ccadmium gewonnen werden. Eine elektrochemische Trennung von Zink/Cadmium ist technisch möglich, aber für kleine Mengen unwirtschaftlich.

Eine Anlage dieses Typs für 4.000 bis 5.000 Tonnen Batterien pro Jahr wurde in Aclens bei Lausanne errichtet und ist seit 1994 in Betrieb. Der Energieverbrauch liegt bei 1,2 KW/kg Batterien.

Die Anlage wird mit einer Handsortierung betrieben, wobei in Blei-, NiCd- und Primärbatterien getrennt wird. Lithium- und NiMH-Zellen bleiben solange unberücksichtigt, bis der Anteil 5 % nicht übersteigt. Die Behandlungskosten werden mit ca. 6.000,- DM (1995) angegeben.

LURGI-Verfahren

Ein thermisches Verfahren zur Aufarbeitung von Batteriegemischen wurde von der Firma LURGI entwickelt. Ein Verfahrensfließbild ist in Abbildung 5.11 zu sehen. Es existiert nur eine Versuchsanlage, das Projekt wurde abgebrochen.

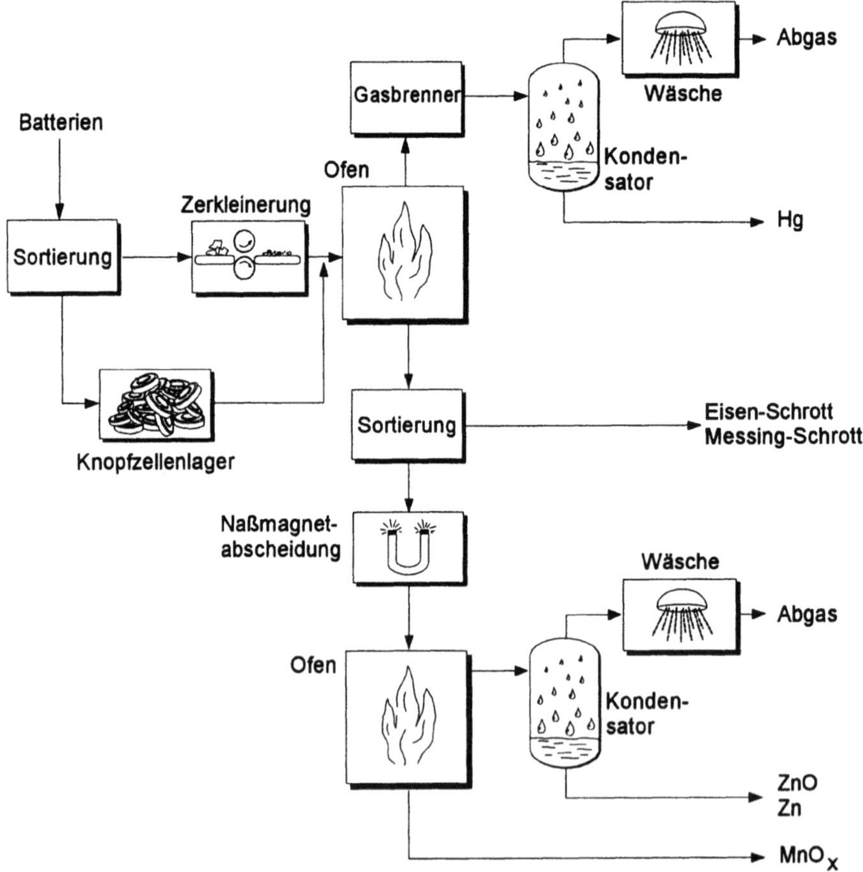

Abbildung 5.11: Verfahren zur Aufarbeitung von Batteriegemischen nach LURGI

BATENUS-Verfahren

Das BATENUS-Verfahren nutzt den hydrometallurgischen Weg zur Rückgewinnung von Wertstoffen aus Batteriegemischen.
Nach Aussortierung der Knopfzellen werden die Batterien bei Kühlung auf bis zu -100 °C mechanisch zerkleinert. Das entstehende Pulver wird in einer Säure gelöst. Hieraus wird ionisch vorliegendes Quecksilber über einen Ionenaustauscher entfernt. Zink wird über eine anschließende Flüssig-Flüssig-Extraktion ausgeschleust, Kupfer, Cadmium und Nickel werden über Festkörper-Ionenaustauscher extrahiert.
Der Prozeß ist in Abbildung 5.12 dargestellt. Eine Anlage mit einem Durchsatz von 800 bis 1.200 Jahrestonnen ist zur Zeit geplant.

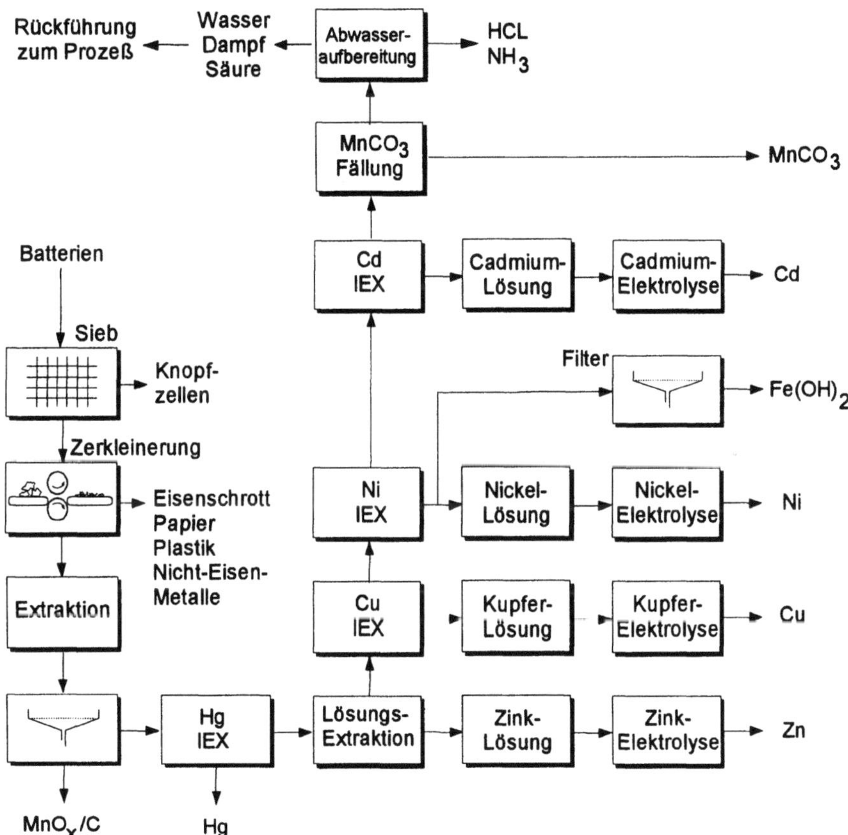

Abbildung 5.12: Verfahren zur Aufarbeitung von Batteriegemischen nach BATENUS

5.2.2   Braunsteinzellen

CJC-Verfahren

Eine Anlage mit einer Kapazität von 20 Tagestonnen wurde 1985 nach dem CJC-Verfahren in Betrieb genommen (siehe Abbildung 5.13). Die Anlage steht in Japan (Clean Japan Center) und hat 5 bis 6 Millionen DM gekostet.

Die Batterien werden zunächst mechanisch ihrer Form und Größe entsprechend sortiert. Aus den zylinderförmigen Batterien werden die Alkali-Mangan-Batterien später entsprechend ihrem unterschiedlichen Mangangehalt aussortiert. In der Zerlegungseinheit wird die äußere Stahlumhüllung der aussortierten zylinderförmigen Batterien entfernt.

Der Drehofen, ein Kalzinierungsofen, verarbeitet die vorbehandelten quecksilberhaltigen Materialien und erhitzt sie mit einem LPG-Brenner auf Temperaturen zwischen 600 °C und 800 °C, damit das Quecksilber und andere flüchtige Materialien verdunsten und möglichst thermische Spaltungsreaktionen einsetzen. Die Gase und Dämpfe werden zur Kondensation in eine Gasbehandlungsanlage geleitet.

Die verbleibenden Rückstände werden anschließend in den Sekundärdrehrohrofen geleitet, wo die endgültige Verdunstung und Abkühlung ohne Wärmezufuhr stattfindet.

In der Anlage wird grobes metallisches Quecksilber als Kondensat gewonnen. Die Gase und Dämpfe kommen aus dem Drehrohrofen in einen Staubabscheider oder einen E-Filter und erreichen dann die Kondensierungseinheit, in der sie auf Temperaturen unterhalb des Schmelzpunktes von Quecksilber abgekühlt werden.

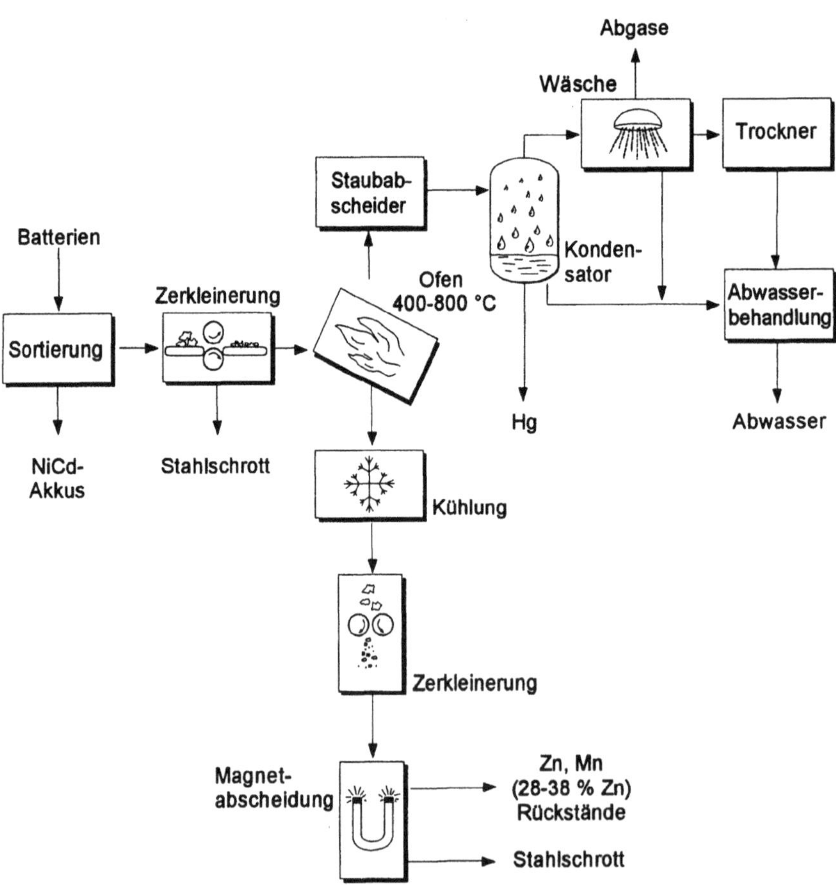

Abbildung 5.13: Verfahren zur Aufarbeitung von Braunsteinzellen nach CJC

Nach der Kondensierungseinheit wird das Gas der Gasreinigung, die aus einer Gaswäsche, einem nassen E-Filter und einer Harz-Absorptionseinheit besteht, zugeführt.

Aus den in der Kondensierungseinheit, der Gaswäsche, dem nassen E-Filter und der Entwässerung anfallenden Abwässern sowie dem überschüssigen zirkulierenden Wasser wird durch Fixierung das Quecksilber entfernt. Sodann wird das Abwasser verdampft, bis die Salze auskristallisieren.

Die Schlacke aus dem Sekundärdrehrohrofen wird zunächst abgekühlt und zerkleinert. Danach werden ihr durch einen Magnetscheider die Eisenmetalle entzogen. Der nicht eisenhaltige Anteil wird zunächst gewogen und dann als Zinkrohstoff verladen.

Pro Tonne Batterie fielen 700 g bis 1,05 kg Quecksilber (70 bis 98 % Hg), 400 bis 650 kg Zink und andere Schlacken (28 bis 38 % Zn) und 150 bis 200 kg Eisenschrott (90 bis 95 % Fe) an. Versuche, Zink und Mangan in verkäuflicher Form abzutrennen, sind bisher gescheitert. Auch für den zurückgewonnenen Eisenschrott konnten keine nennenswerten Verkaufspreise erzielt werden. Die Anlage ist seit 1987 stillgelegt.

SUMITOMO-Verfahren

In einer Anlage von SUMITOMO können bis zu 100 kg Batterien pro Stunde verarbeitet werden (siehe Abbildung 5.14).
Eine Anlage dieses Typs wird in der Schweiz von der Firma Batrec AG betrieben. In der Anlage werden Zink, Quecksilber und Ferromangan zurückgewonnen. Diese Materialien müssen vor einer Weiterverarbeitung noch weiter gereinigt werden.
Die Kapazität der Anlage liegt bei 3000 t/Jahr. Nach einer Pyrolyse werden die Metalle geschmolzen (Fe,Mn) oder verdampft (Zn). Letzteres wird in einem speziellen Kondensator niedergeschlagen. Das Pyrolysegas wird in der Abgasreinigung vom Quecksilber befreit und über einen Aktivkohlefilter gereinigt. Die Behandlungskosten liegen nach Angaben der Firma zwischen 3.600,- und 4.700,- DM/t.

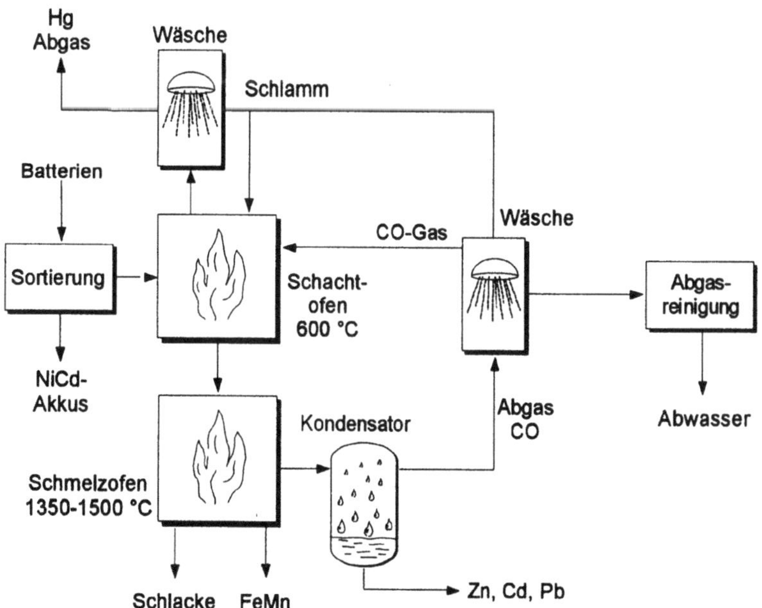

Abbildung 5.14: Verfahren zur Aufarbeitung von Braunsteinzellen nach SUMITOMO

5.2.3 Quecksilberhaltige Knopfzellen

MRT-Verfahren

Quecksilberoxidbatterien werden zusammen mit Zink-Silberoxid-Knopfzellen, Zink-Luft-Knopfzellen und Alkali-Mangan-Knopfzellen thermisch nach dem MRT-Verfahren behandelt. Nickel-Cadmium-Batterien müssen vor der Behandlung aussortiert werden, da sonst bei der Destillation Cadmium mitgerissen wird und das Quecksilber verunreinigt. Das Quecksilber wird 24 h bei 500 bis 600 °C durch eine pulsierende Stickstoffzufuhr ausgetrieben und aufgefangen. Kunststoffteile werden in einer Nachbrennkammer bei 950 °C und Sauerstoffzugabe verbrannt. Abbildung 5.15 stellt eine solche Anlage dar. In der in Deutschland betriebenen Anlage entfällt der dem Erhitzen vorgelagerte Zerkleinerungsprozeß, da die Dichtungsringe der Zellen bei den Betriebstemperaturen ohnehin pyrolysieren, wodurch sich die Zellen öffnen. Die Destillationsrückstände (Gehäuse, nichtflüchtige Stoffe) werden auf Sondermülldeponien gelagert. Die Deponiekosten betrugen 1992 400,- DM/t. Das rückgewonnene Quecksilber hat eine Reinheit von 98 % und wurde 1992 für 0,30 DM/kg verkauft.

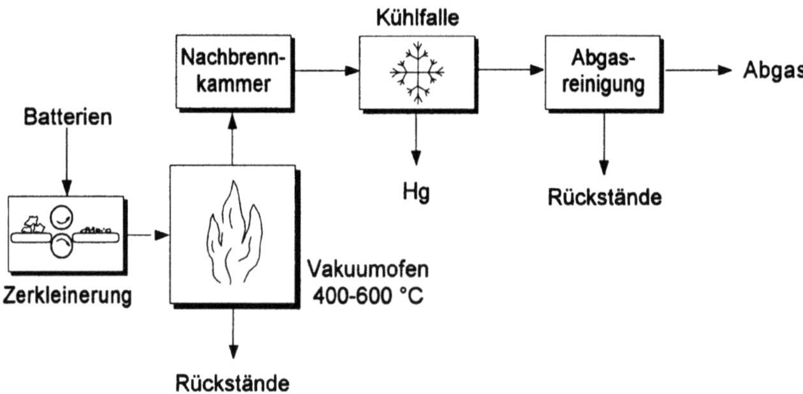

Abbildung 5.15: MRT-Verfahren zur Aufbereitung von quecksilberhaltigen Batterien

Verfahren von VÖEST ALPINE

Ein anderes Verfahren zur Aufarbeitung von Knopfzellen gibt es von der VÖEST ALPINE [535]. Hier können auch andere Gerätebatterien mit Ausnahme von Nickel-Cadmium-Akkus verarbeitet werden. Das Verfahren ist in Abbildung 5.16 dargestellt. Eine größere Anlage dieses Typs gibt es zur Zeit nicht.

Knopfzellen und Konsumbatterien werden in einem ersten Sortierschritt in der Anlage getrennt. Die Knopfzellen werden in einer thermischen Behandlung bei einer Temperatur von 650 °C unterworfen, bei der sie aufplatzen, das in ihnen enthaltene Quecksilber verdampft und anschließend in einem Kondensator niedergeschlagen wird. Der Gasstrom wird durch Jodaktivkohle geleitet, um Restmengen an Quecksilber zu entfernen.

Das so erhaltene Zwischenprodukt wird mittels Salpetersäure gelaugt und anschließend abfiltriert. Der Rückstand, die aus Edelstahl bestehenden Batteriegehäuse, werden zum Wiedereinschmelzen dem Schrottlager zugeführt. Das Filtrat wird mit Salzsäure versetzt und gelangt in einen Stapelbehälter. Von hier aus wird es im Kreislauf durch eine Festbettelektrolyse zur Entfernung von Quecksilberspuren gepumpt. Gleichzeitig wird Cadmium und Kupfer minimiert. Danach wird die so behandelte Flüssigkeit mit Calciumcarbonat versetzt, wobei Eisen und Chrom ausfallen.

Diese Schlämme werden abgetrennt und einer Wiederverwertung oder Deponierung zugeführt. Aus dem Filtrat werden durch eine zweite Fällstufe Zink und Nickel sowie die übrigen noch enthaltenen Schwermetalle abgeschieden und der Schlamm abfiltriert. Dieser mengenmäßig geringe Anteil wird einer Aufarbeitung zugeleitet. Das Filtrat wird im Anschluß an eine ständige Endkontrolle in den Vorfluter abgeleitet.

Die aussortierten Konsumbatterien werden in einer mechanischen Aufbereitungsstufe zerkleinert und anschließend einer Siebung und Magnetscheidung unterworfen. Dabei werden Fe-Schrott und nichtmagnetische Papier- und Kunststoffanteile entfernt. Die verbleibende Schwarzmasse (Zinkfilter, Manganoxide, Kohlenstoff) gelangt in thermische Behandlungsstufen, in welchen nacheinander Quecksilber und Zink als Metalle beziehungsweise Oxide über die Dampfphase abgetrennt werden.

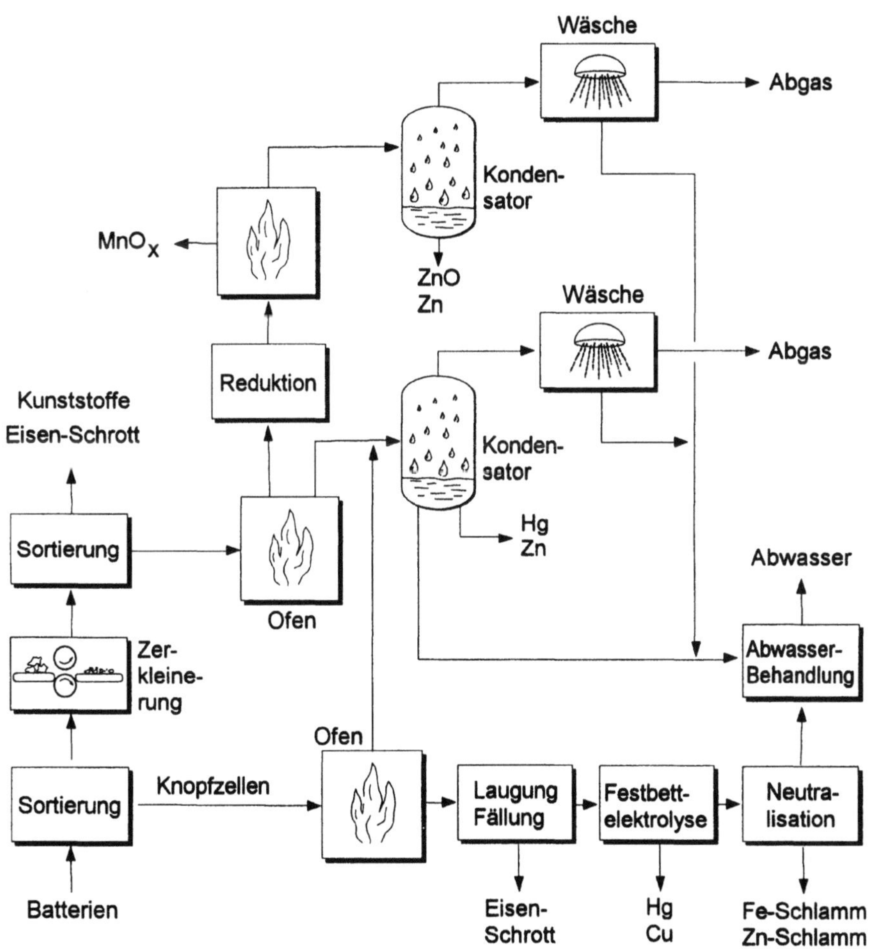

Abbildung 5.16: Aufarbeitung von Batterien nach VÖEST ALPINE

110

5.2.4 Nickel-Cadmium-Akkumulatoren

Verfahren von SNAM/SAVAM und NIFE

Für die Aufarbeitung von NiCd-Akkus bestehen Anlagen in Frankreich (SNAM/SAVAM) und in Schweden (NIFE), die nach dem gleichen Prinzip arbeiten (siehe Abbildung 5.17). Der Prozeß wird auch für die Aufarbeitung bundesdeutscher Nickel-Cadmium-Zellen eingesetzt, die zentral gesammelt und in Frankreich verarbeitet werden. Der Jahresdurchsatz der Anlage, die sich in Lyon befindet, beträgt 4.000 Tonnen pro Jahr, wobei 99,5 % des eingesetzten Cadmiums zurückgewonnen werden.

Zu Beginn des Verfahrens werden Fremdbatterien mit der Hand aussortiert. Die Akkumulatoren werden in einen Retortenofen eingebracht und bei 400 °C bis 500 °C unter leichtem Sauerstoffunterschuß aufgeheizt. Innerhalb dieser Pyrolysestufe wird das Kunststoffmaterial zersetzt und das entstehende Gichtgas anschließend bei 900 °C und Luftüberschuß verbrannt. In einem Naßwäscher wird das Abgas von Chloriden und Fluoriden befreit.

Im Anschluß an den Pyrolyseschritt wird die Temperatur im Ofen auf 850 °C erhöht oder die Masse in einen zweiten Ofen übergeführt und es erfolgt die Verdampfung des Cadmiums. Die Rückstände aus der Destillation enthalten bis zu 30 % Nickel und sind verkaufsfähig.

In der schwedischen SAAB-NIFE-Anlage können 1.000 t Akkus pro Jahr verarbeitet werden, das SNAM/SAVAM-Verfahren in Frankreich hat eine Kapazität von 4.000 bis 5.000 t pro Jahr.

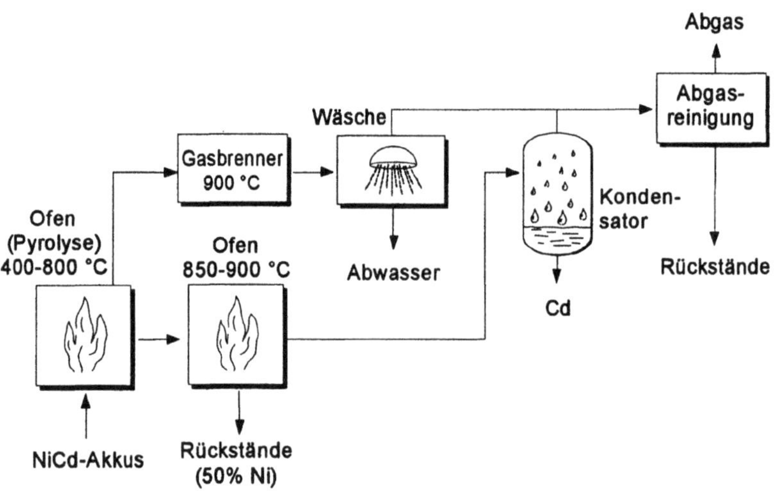

Abbildung 5.17: Verfahren zur Aufarbeitung von NiCd-Akkus nach SNAM/SAVAM/NIFE

INMETCO-Verfahren

In den USA betreibt die Firma Inmetco in Ellwood City, Pennsylvania, eine Verwertungsanlage für NiCd-Akkus. Die Anlage ähnelt der im vorhergehenden Abschnitt beschriebenen. Zunächst wird das Cadmium verdampft/sublimiert, organische Bestandteile entfernt und dann bei ca. 1.300 °C geschmolzen. Die Jahreskapazität der Anlage liegt bei ca. 5.000 t.

ACCUREC-Verfahren

Ein modifiziertes Verfahren mit günstigerer Energiebilanz hat die Firma ACCUREC vorgestellt. Die geschickten NiCd-Akkus werden zunächst mechanisch zerkleinert, getrocknet und dann einer induktiv beheizten Vakkumdestillation zugeführt. Bei einem Prozeßdruck von 1 mbar verdampft Cadmium im Vakuum bereits bei 400 °C statt bei 767 °C, wodurch Energie eingespart wird. Das Nickel ist mit 5 bis 400 ppm Cadmium verunreinigt, was wesentlich günstiger ist, als die 1.000 bis 9.000 ppm in dem traditionellen Verfahren. Das Verfahren befindet sich in der Erprobung, eine halb- oder großtechnische Anlage gibt es zur Zeit noch nicht.

TNO-Verfahren

Ein weiteres Verfahren wurde an der TNO in Holland entwickelt (siehe Abbildung 5.18). Hier ist eine Abtrennung anderer Zellen erforderlich. Im Gegensatz zu den bisher beschriebenen Verfahren erfolgt die Trennung der Komponenten nicht thermisch, sondern naßchemisch durch Auflösen von Cadmium, Nickel und einem Teil des Eisens in Salzsäure und anschließender Extraktion des Cadmiums mit Tributylphosphatlösung.

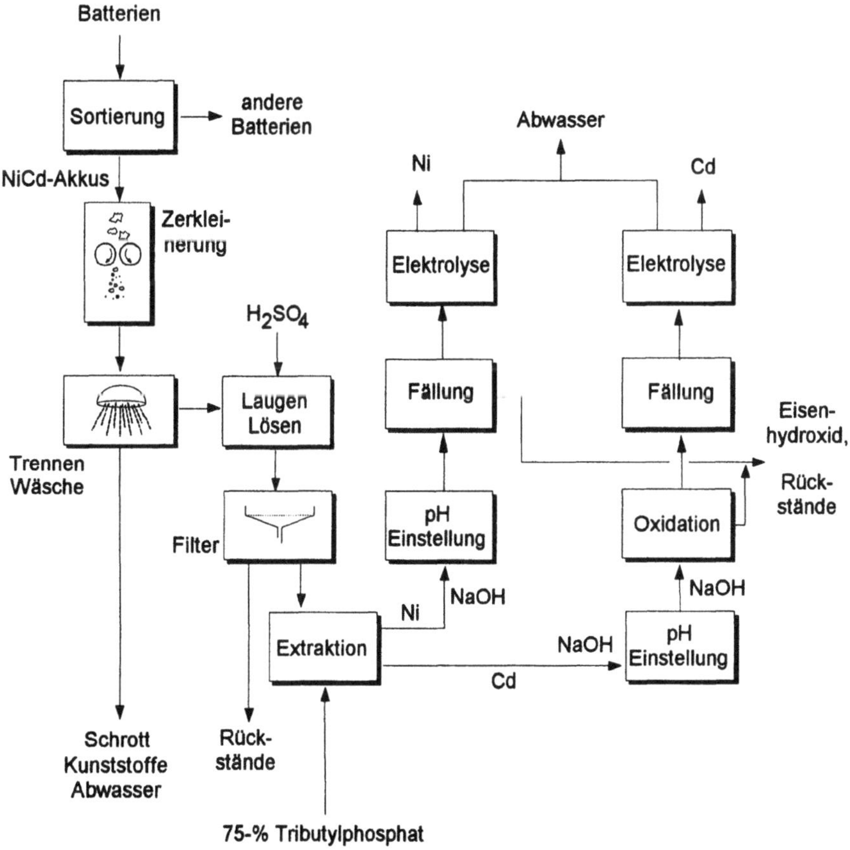

Abbildung 5.18: Verfahren zur Aufarbeitung von NiCd-Akkus nach TNO

5.2.5 Lithiumbatterien

Spezielle Verfahren zum Recycling von Lithiumbatterien sind zur Zeit noch nicht auf dem Markt. Die Firma RECYTEC nimmt Lithiumbatterien zu hohen Preisen an und arbeitet sie sie zusammen mit den anderen Batterien in der Recyclinganlage auf. Es wird dabei kein Lithium zurückgewonnen, sondern nur das Gehäusematerial, das 50 % oder mehr des gesamten Batteriegewichts ausmacht.

5.2.6 Kosten des Batterierecyclings

In Tabelle 5.3 sind die wichtigsten Kostendaten für die unterschiedlichen Recyclingverfahren zusammengestellt.

Verfahren	Kosten pro Tonne Batterien
Recytec	6.000,- SF
Batenus	2.500,- SF
Batrec	≈ 4.150,- SF
MRT	3.000,- DM
SNAM	6.000,- DM
TNO	6.000,- DM

Tabelle 5.3:   *Kosten von Batterierecyclingverfahren*

5.3 Weitere Verfahren zur Behandlung von Batterien

5.3.1 SAT-Verfahren zur Konditionierung von Batterien

Das SAT-Verfahren dient dazu, Batterien deponierfähig zu machen, d.h. sie vollständig zu desaktivieren und damit vor allem bei Lithiumbatterien eine Selbstentzündung zu unterbinden. Aufgrund der Selbstentzündlichkeit von Lithium unter Wassereinwirkung bzw. der Bildung explosiven Wasserstoffgases unter Wassereinwirkung kann eine Deponierung von Lithiumbatterien ohne Vorbehandlung nicht empfohlen werden. Deponiert werden können Lithiumbatterien, die vorher "konditioniert" worden sind.

Die angelieferten Altbatterien werden zuerst von Hand am Fließband sortiert. Nickel-Cadmium-Akkumulatoren, Bleiakkumulatoren und quecksilberhaltige Batterien werden abgetrennt und den entsprechenden Recyclingverfahren zugeführt. Die Restbatterien, vor allem Zink-Kohle-, Alkali-Mangan- und Lithiumbatterien, werden zerkleinert und anschließend mit Kalkmilch oder Wasser berieselt, wobei z.B. noch enthaltenes elementares Lithium abreagiert. Nach Trocknung werden die Reste auf einer Sondermülldeponie gelagert. Das Verfahren ist in der Abbildung 5.19 dargestellt.

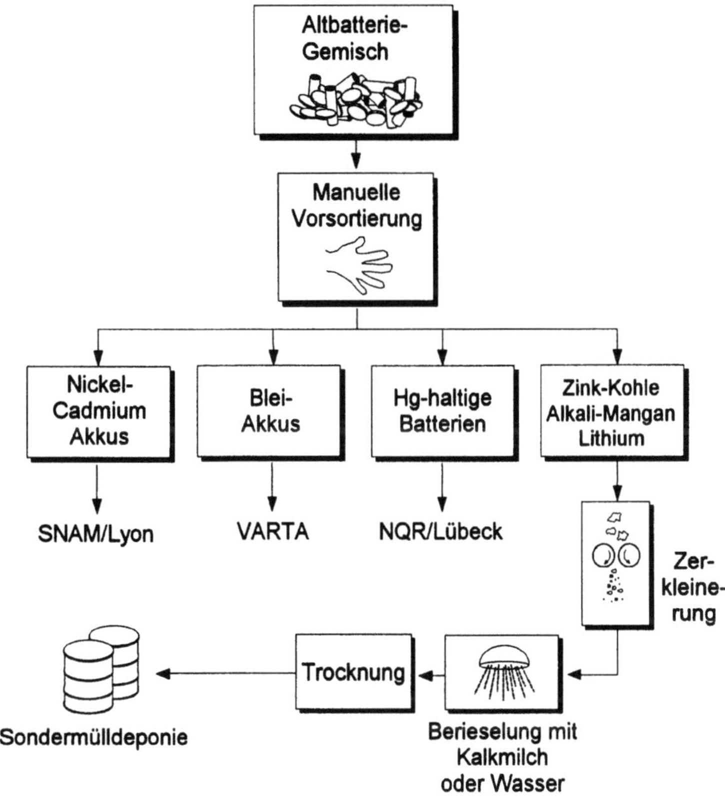

Abbildung 5.19: Konditionierung von Batterien nach dem SAT-Verfahren

Die Adressen der in Europa in Betrieb befindlichen Anlagen sind im Anhang V zu finden.

6 Entsorgung von Batterien

6.1 Entsorgungswege nach TA-Abfall

In der TA-Abfall sind für Nickel-Cadmium-Akkus, quecksilberhaltige Batterien und Trockenbatterien, d.h. Zink-Kohle-Batterien und Alkali-Mangan-Batterien, Entsorgungswege angegeben. Danach sollen Nickel-Cadmium-Akkus und quecksilberhaltige Batterien im Regelfall in Untertagedeponien deponiert werden. Daneben kommt als zweite Entsorgungsmöglichkeit auch noch die Deponierung auf einer Sonderabfalldeponie in Frage. Trockenbatterien sollen nach TA-Abfall im Regelfall auf Sonderabfalldeponien deponiert werden, und als zweite Entsorgungsmöglichkeit ist hier die Untertagedeponie angegeben. Die anderen Entsorgungswege, d.h. chemisch-physikalische Behandlung, Hausmüllverbrennung, Sonderabfallverbrennung und Hausmülldeponie, sind nach TA-Abfall **keine** Entsorgungswege für Batterien (siehe auch Tabelle 2.1).

Seit einigen Jahren werden in der einzigen Untertagedeponie in der Bundesrepublik Deutschland, der UTD Herfa-Neurode, keine Batterien mehr angenommen, da sie ausgasen können und es in den vergangenen Jahren einzelne Zwischenfälle, beispielsweise aufgeblähte Fässer, gegeben hat.

Als einzige Entsorgungsmöglichkeit für Batterien (vorzugsweise Trockenbatterien, da Nickel-Cadmium-Akkus und quecksilberhaltige Batterien ja eigentlich recycelt werden sollen) verbleibt daher die Deponierung auf einer Sonderabfalldeponie.

Für die Verbraucher bestehen zur Zeit die Möglichkeiten, die verbrauchten Batterien entweder in die vom ZVEI bereitgestellten Postpäckchen zu geben, oder sie bei kommunalen Sammelaktionen (Schadstoffmobil, Batterietonnen in öffentlichen Gebäuden, Recyclinghöfe) abzugeben. Von dort aus werden die Batterien entweder dem Recycling zugeführt oder ordnungsgemäß auf Sonderabfalldeponien abgelagert. Wer Batterien in den Hausmüll wirft, handelt gegen die zur Zeit bestehenden gesetzlichen Vorschriften.

6.2 Batterien im Hausmüll

Ein großer Teil der verbrauchten Batterien gelangt nach wie vor trotz Postpäckchen vom ZVEI und trotz kommunaler Sammelaktionen in den Hausmüll und von dort aus in Hausmülldeponien oder in Hausmüllverbrennungsanlagen.

Eine im Jahre 1994 in der Schweiz an der Hausmüllverbrennungsanlage Hagenholz durchgeführte Untersuchung zeigt, daß Batterien einen nicht unerheblichen Anteil zum Schadstoffeintrag in den Hausmüll beitragen, und daß, obwohl es in der Schweiz einen vorgezogenen Entsorgungsbeitrag und eine Rückgabepflicht gibt und die Recyclingquote für alle Batterien bei 55 % liegt.

Während der erwähnten Untersuchung wurde unter anderem auch eine Müllanalyse durchgeführt, die zeigte, daß der Anteil der zinkhaltigen Batterien etwa 0,04 % der gesamten Müllmenge betrug, und daß der Anteil der cadmiumhaltigen Batterien bei etwa 0,0057 % der Gesamtmüllmenge lag. Des weiteren belegte die Untersuchung, daß diese geringen Anteile an Batterien 10 % des Zinkeintrags, 85 % des Cadmiumeintrags und 67 % des Nickeleintrags verursachten. In der Tabelle 6.1 und in den Abbildungen 6.1, 6.2 und 6.3 sind die Ergebnisse der Untersuchung noch einmal dargestellt [574].

	Menge in t	Anteil in %
Gesamtmüll 1994	200.000	100
Menge zinkhaltige Batterien	88,5	0,04
Menge NiCd-Akkus	11,5	0,0057
Zinkeintrag gesamt	189,597	100
Cadmiumeintrag gesamt	2,437	100
Nickeleintrag gesamt	3,830	100
Zinkeintrag durch Batterien	18,21	10
Cadmiumeintrag durch Batterien	2,07	85
Nickeleintrag durch Batterien	2,56	67

Tabelle 6.1: *Beitrag von Batterien zum Schadstoffeintrag in den Hausmüll (MVA Hagenholz) [574]*

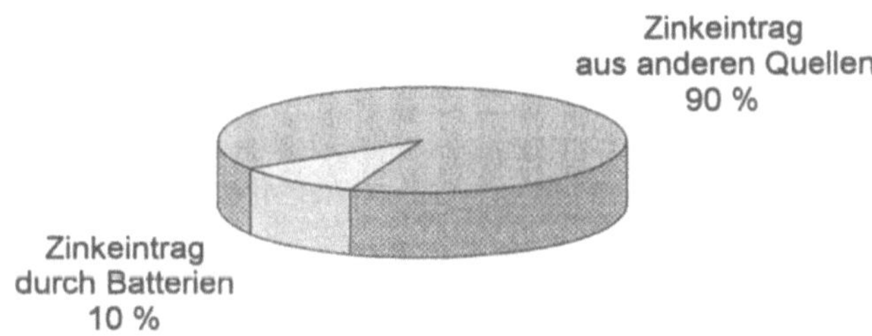

Abbildung 6.1: *Beitrag von Batterien zum Zinkeintrag in den Hausmüll (MVA Hagenholz) [574]*

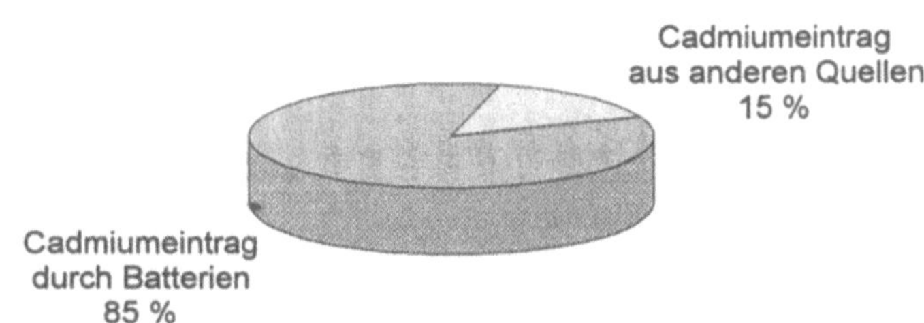

Abbildung 6.2: *Beitrag von Batterien zum Cadmiumeintrag in den Hausmüll (MVA Hagenholz) [574]*

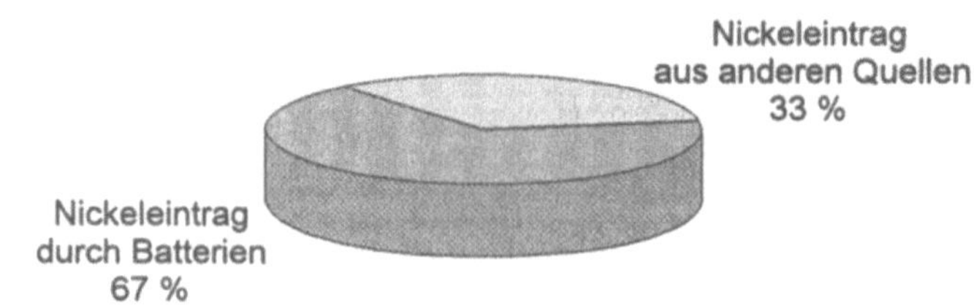

Abbildung 6.3: **Beitrag von Batterien zum Nickeleintrag in den Hausmüll (MVA Hagenholz) [574]**

6.3   Batterien in Hausmüllverbrennungsanlagen

Bei der Hausmüllverbrennung verteilen sich die Inhaltsstoffe der Verbrennungsprodukte auf die folgenden Pfade:

- Schlacke
- Elektrofilterstaub
- Rauchgas
- Schlamm aus der Behandlung des Abwassers aus der Rauchgaswäsche
- Abwasser

Im Falle der Verbrennung von Batterien sind besonders die Verteilungen der Batterieinhaltsstoffe Cadmium, Nickel und Zink auf die Verbrennungspfade von Interesse, da Batterien, wie in Kapitel 6.2 gezeigt, einen bedeutenden Anteil an der Belastung des Hausmülls mit diesen Stoffen leisten. Weitere zu betrachtende Stoffe sind Mangan und Quecksilber, wobei das letztere mit dem Produktionsstop der Zink-Quecksilberoxid-Knopfzellen im Jahre 1999 kaum noch Bedeutung haben wird.

Die Tabelle 6.2 und die Abbildungen 6.4 bis 6.8 zeigen die Verteilungen der oben genannten Batterieinhaltsstoffe auf die Emissionspfade bei der Hausmüllverbrennung [574].

Element	Emissionspfade				
	Schlacke	Elektrofilter-staub	Rauchgas	Schlamm*	Abwasser
Cadmium	7 %	89 %	0 %	4 %	0 %
Nickel	89 %	10 %	n.a.	1 %	0 %
Zink	37 %	60 %	2 %	3 %	0 %
Mangan	83 %	16 %	n.a.	1 %	0 %
Quecksilber	1 %	2 %	6 %	91 %	0 %

* Schlamm aus der Behandlung des Abwassers aus der Rauchgaswäsche

Tabelle 6.2: **Verteilung von Batterieinhaltsstoffen auf die Emisssionspfade bei der Hausmüllverbrennung [574]**

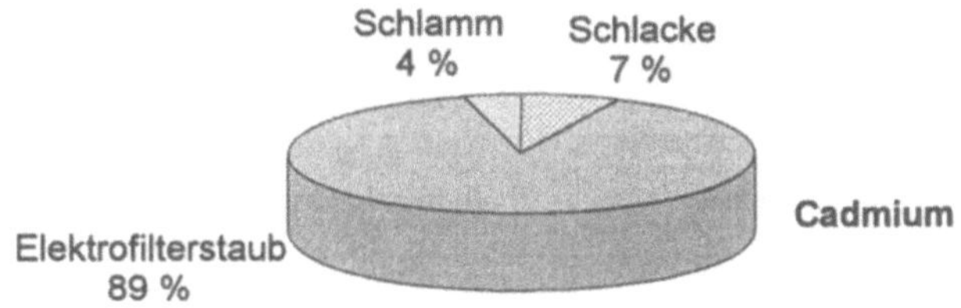

Abbildung 6.4: *Verteilung von Cadmium auf die Emissionspfade bei der Hausmüllver-*
brennung [574]

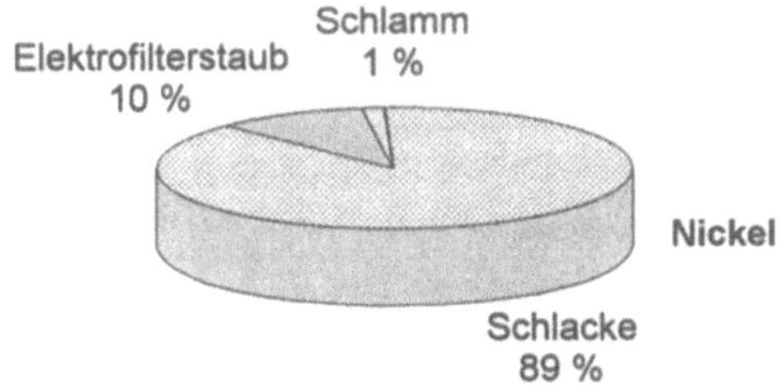

Abbildung 6.5: *Verteilung von Nickel auf die Emissionspfade bei der Hausmüllverbren-*
nung [574]

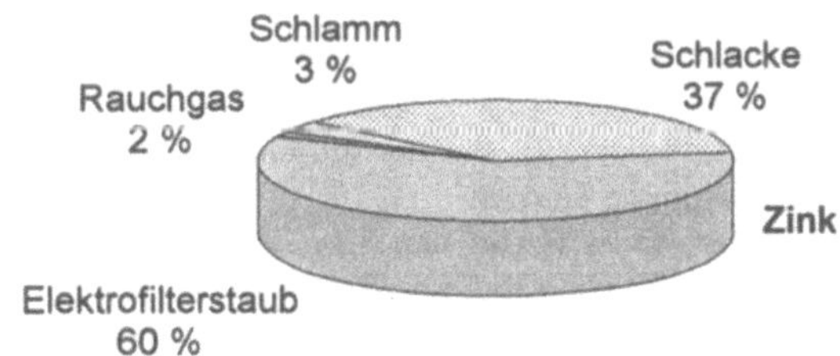

Abbildung 6.6: *Verteilung von Zink auf die Emissionspfade bei der Hausmüllverbren-*
nung [574]

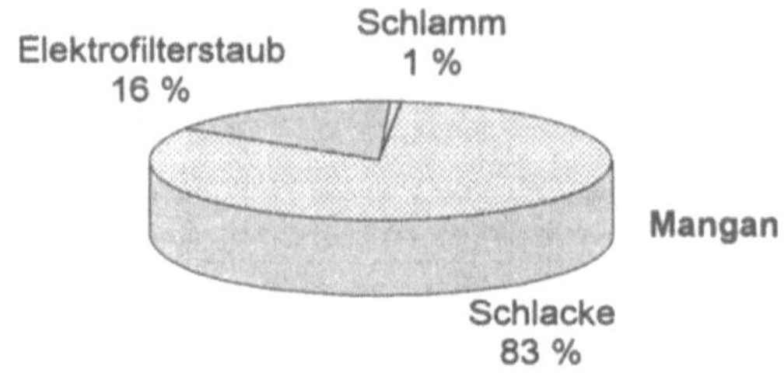

Abbildung 6.7: *Verteilung von Mangan auf die Emissionspfade bei der Hausmüllverbrennung [574]*

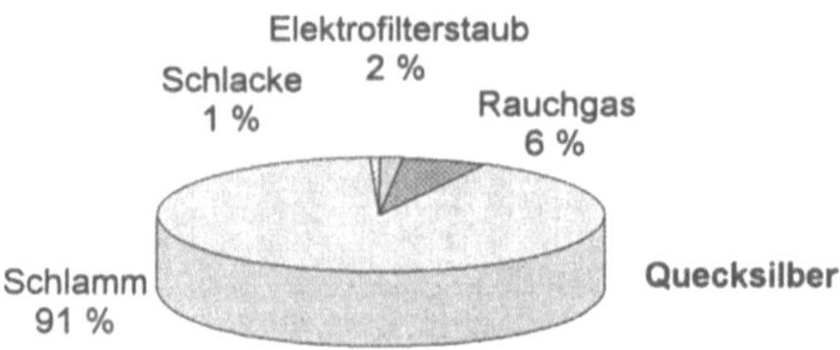

Abbildung 6.8: *Verteilung von Quecksilber auf die Emissionspfade bei der Hausmüllverbrennung [574]*

Die Verteilungen zeigen, daß Mangan und Nickel sich zum größten Teil in der Schlacke wiederfinden, während Cadmium im Elektrofilter abgeschieden wird. Zink reichert sich in der Schlacke und im Elektrofilter an, und Quecksilber geht fast vollständig ins Rauchgas über und kann schließlich im Schlamm aus der der Rauchgaswäsche nachgeschalteten Abwasserbehandlung wiedergefunden werden.

Cadmium wurde früher, vor dem Inkrafttreten der 17. BimSchV, mit den Filterstäuben weiträumig in der Umwelt verteilt, Quecksilber vor allem mit dem Rauchgas [575].

Ein Großteil der oben beschriebenen Schwermetallbelastungen kann vermieden werden, wenn verbrauchte Batterien konsequent nur noch als Sondermüll (Schadstoffmobil) entsorgt oder dem Recycling zugeführt werden würden.

6.4 Batterien auf Hausmülldeponien

Verschiedene Grabungen in Deponien haben gezeigt, daß Rund- und Knopfzellen im Deponiekörper durchkorrodieren und dabei ihren Inhalt freigeben. Dadurch besteht immer die Gefahr, daß die Schadstoffe, insbesondere die Schwermetalle, über die Deponiesikkerwässer oder das Deponiegas in die Umwelt gelangen und sich z.B. über die Nahrungsaufnahme in Lebewesen akkumulieren.

Cadmium kann z.B. aus ungeordneten oder undichten Deponien mit dem Deponiesikkerwasser ins Grundwasser oder ins Oberflächenwasser gelangen und dort erheblich zur Verschmutzung beitragen. Es ist bereits durch den früheren, sorglosen Umgang ein fester Bestandteil der Nahrungskette geworden. Es wird durch Phosphatdünger zur Aufnahme in Pflanzen mobilisiert. Belastet sind vor allem die Nieren älterer Schlachttiere, Krabben und Tintenfische [575,576].

Nickel kann ebenfalls mit dem Deponiesickerwasser ins Grundwasser gelangen. Da Nik-kelverbindungen im sauren pH-Bereich löslich sind, besteht die Gefahr der Mobilisierung besonders in den ersten Betriebsjahren einer Deponie, wenn die Deponie sich in der Phase der sauren Gärung befindet [563,576].

Quecksilber ist ähnlich wie Cadmium durch den früheren sorglosen Umgang bereits weiträumig in der Umwelt und in den Nahrungsketten verteilt. Besonders belastet sind Meeresfrüchte. Quecksilber hat sich über die Deponiesickerwässer in Form von anorga-nischen Quecksilberverbindungen in Gewässersedimenten angereichert. Eine Mobilisie-rung aus dem Sediment ist über die sogenannte Biomethylierung möglich. Dabei werden durch Bakterien flüchtige, organische Quecksilberverbindungen gebildet, die in die At-mosphäre entweichen können. Die Biomethylierung kann auch in Deponien beobachtet werden [575,576]. Bis 1993 wurden in der Bundesrepublik jährlich etwa 40 Tonnen HgO-Knopfzellen verkauft. Bei durchschnittlichen Rücklaufquoten von 40 bis 60 % (ZVEI-Angaben) gelangten jährlich etwa 20 Tonnen HgO-Knopfzellen auf Deponien oder in Müllverbrennungsanlagen. Dies bedeutet, daß allein über Knopfzellen in den voraus-gangenen zehn Jahren 80 Tonnen Quecksilber in Deponien eingelagert wurden. Hinzu kommen die wesentlich höheren Mengen aus Rundzellen, die bis 1987 teilweise sehr stark quecksilberbelastet waren. Welche Quecksilbermengen sich langfristig im „Bio-reaktor Deponie" befinden, und wieviel sich chemisch umsetzt oder physikalisch aus-getragen wird, weiß niemand.

Auch an dieser Stelle kann nur wiederholt werden, daß die einzige Möglichkeit zur Ver-minderung der Schadstoffbelastung durch Batterien darin besteht, daß Batterien aus dem Hausmüll herausgehalten werden.

Inhaltsstoffe, Anwendungen, technische Daten und Kennzeichnungen verschiedener Batterietypen

Batterietyp	Zink-Kohle, primär, Rundzelle
Anode	Zink
Elektrolyt	wäßrige Ammoniumchloridlösung, wäßrige Zinkchloridlösung
Kathode	Mangandioxid

IEC-Nr.	Nenn-spannung/V	Kapazität/Ah	Gewicht/g	Einsatzbereiche
R 1	1,5		7	Leuchten
R 03	1,5		8,5	Leuchten, Spielzeug
R 6	**1,5**		**21**	**Leuchten, Spielzeug, Radios, Rasierer, Rechner, Uhren**
R 14	1,5		46	Leuchten, Spielzeug, Radios, Recorder, Uhren, Rasierer
R 20	1,5		95	Leuchten, Recorder, Rasierer, Spielzeug, Radios, Uhren
R 40	1,5		818	Alarmanlagen
2 R 10	3,0		40	Leuchten, Spielzeug
3 R 12	4,5		110	Leuchten, Spielzeug, Radios

Inhaltsstoff	Anteil in Gew.%	Inhaltsstoff	Anteil in Gew.%
Zink		- Zinn	0,05 - 0,07
- metallisch	16,4 - 28,6	- Additive	0 - 0,1
- Zinkoxid	0,3 - 0,4	Gehäuse, Separator	
Quecksilber	0	- Eisen	14 - 21
Mangandioxid	22 - 30	- Kunststoffe, Papier, Bitumen	4 - 10
andere Materialien		Elektrolyt	
- Kohlenstoff	7 - 9	- wäßr. NH_4Cl, wäßr. $ZnCl_2$	14 - 23

Aufbau	Entladekennlinie

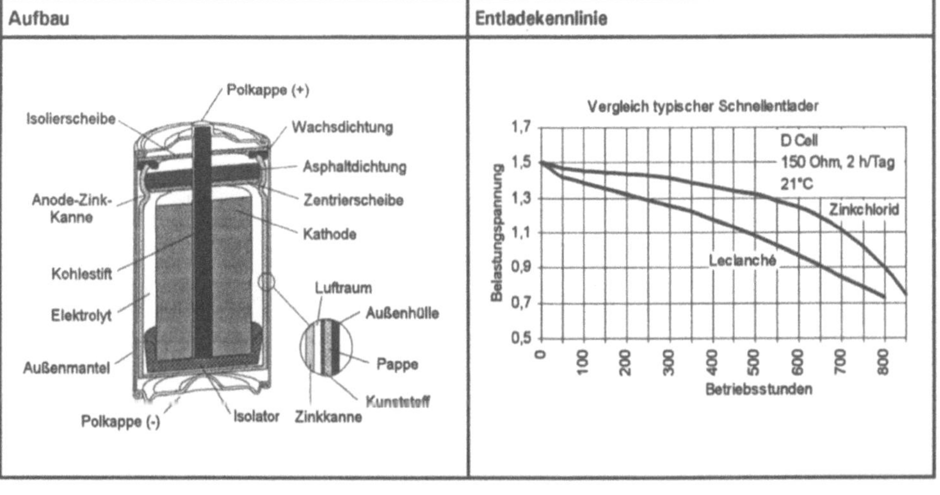

Marktentwicklung	**Tendenz**	**Kennzeichnung**

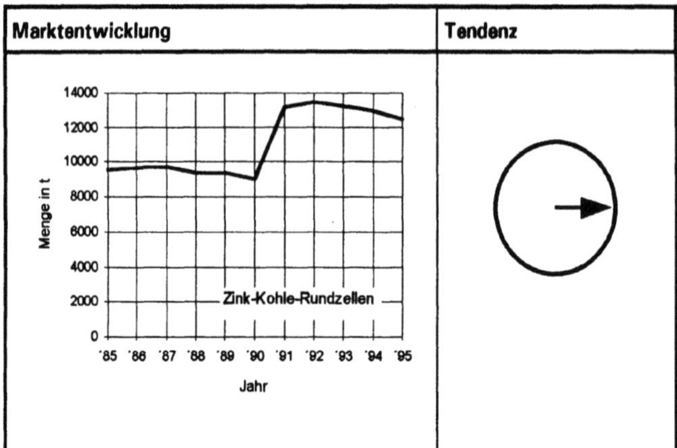

Batterietyp	Zink-Kohle, primär, prismatisch
Anode	Zink
Elektrolyt	wäßrige Ammoniumchloridlösung, wäßrige Zinkchloridlösung
Kathode	Mangandioxid

IEC-Nr.	Nenn-spannung/V	Kapazität/Ah	Gewicht/g	Einsatzbereiche
R 25-2	1,5		341	
R 25-4	1,5		653	Werkzeug
3 R 25	3,5		455	Radio, Werkzeug
4 R 25	6,0		611	Warnleuchten, Fernmeldegeräte
5 F 100	7,5		273	Radio
6 F 22	**9,0**		**35**	**Radio, Rechner, Diktiergeräte**
6 F 50-2	9,0		123	Radio, Werkzeug
6 F 22-9	9,0		377	Radio, Werkzeug
u.v.a.				

Inhaltsstoff	Anteil in Gew.%	Inhaltsstoff	Anteil in Gew.%
Zink		Gehäuse, Separator	
- metallisch	17,3 - 19,3	- Eisen	1 - 2
- Zinkoxid	0,3 - 0,4	- Kupfer	0,2
Quecksilber	0	- Kunststoffe, Papier, Bitumen	12 - 13
Mangandioxid	33 - 34	Elektrolyt	
andere Materialien		- wäßr. NH_4Cl	23
- Kohlenstoff	10,6		

Aufbau	Entladekennlinie

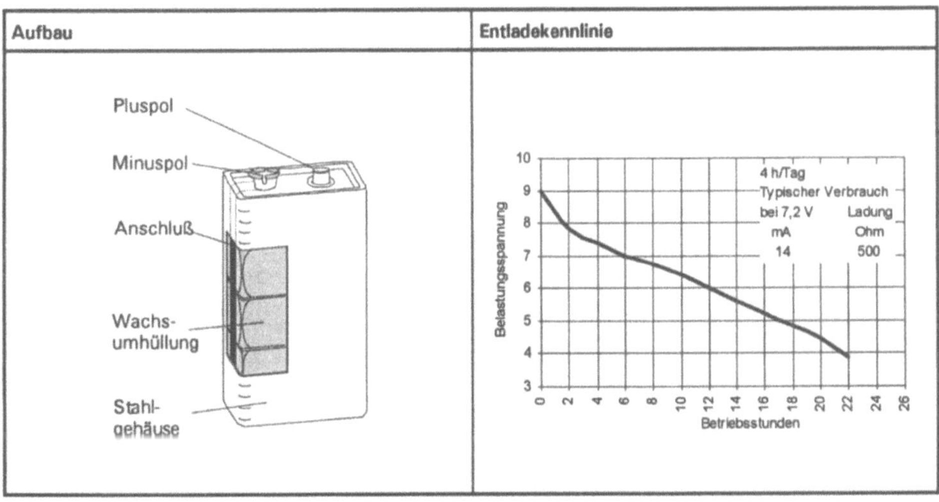

Batterietyp	Alkali-Mangan, primär, Knopfzelle
Anode	Zink
Elektrolyt	Kalilauge
Kathode	Mangandioxid

IEC-Nr.	Nenn-spannung/V	Kapazität/Ah	Gewicht/g	Einsatzbereiche
LR 41	1,5	0,3	0,6	Universal, Uhr
LR 43	1,5	0,09	1,4	Taschenrechner, Elektronik, Foto
LR 44	1,5	0,12	2,3	Taschenrechner, ElektronikFoto
LR 53	1,5	0,3	7,0	Foto
LR 54	1,5	0,065	1,1	Taschenrechner, Elektronik, Foto
LR 55	1,5	0,025	0,8	Elektronik
LR 9	1,5	0,18	3,3	Foto
10 LR 54*	15,0	0,45	14	Foto
15 LR 43*	22,5	0,7	39	Foto
2 LR 53	3,0		14,0	Foto
4 LR 44*	6,0	0,1	10,4	Foto

* Rundzellen, aus Knopfzellen gestapelt

Inhaltsstoff	Anteil in Gew.%	Inhaltsstoff	Anteil in Gew.%
Zink		Gehäuse, Separator	
- metallisch	7,1 - 9,9	- Eisen	42,9 - 52,4
- Zinkoxid	0,1 - 0,5	- Kupfer	2,9 - 4,2
Quecksilber	0,6 - 0,8	- Nickel	0,7 - 2,1
Mangandioxid	22,3 - 27,0	- Kunststoffe, Papier, Bitumen	2,9 - 4,5
andere Materialien		Elektrolyt	
- Kohlenstoff	1,2 - 5,7	- Wasser	4,5 - 6,6
- Additive	0 - 0,2	- KOH	2,4 - 3,5
		- NaOH	0,3

Aufbau	Entladekennlinie

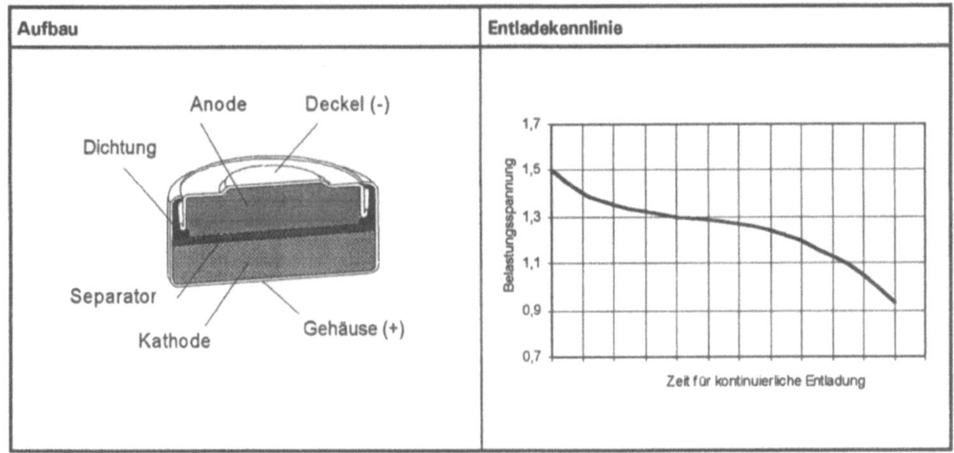

Marktentwicklung	Tendenz	Kennzeichnung

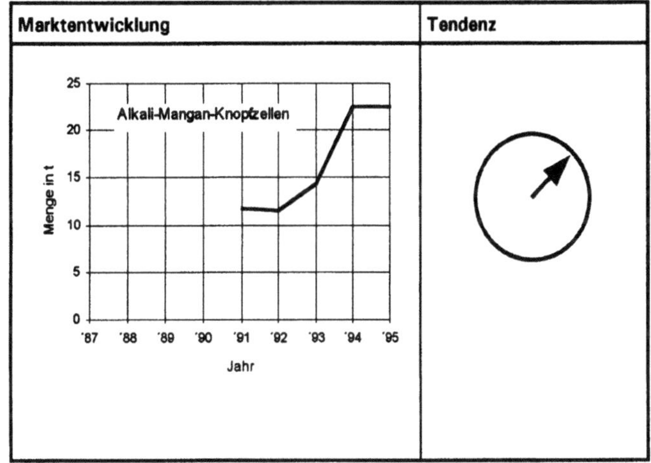

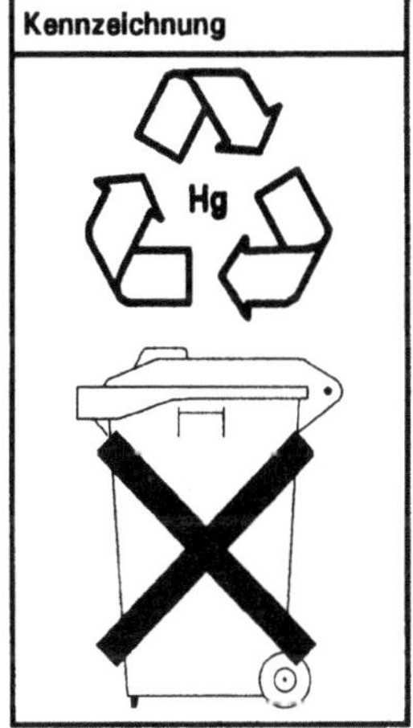

Batterietyp	Alkali-Mangan, primär, Rundzelle
Anode	Zink
Elektrolyt	Kalilauge
Kathode	Mangandioxid

IEC-Nr.	Nenn-spannung/V	Kapazität/Ah	Gewicht/g	Einsatzbereiche
LR 1	1,5	0,5	8,3	Personenrufanlagen, Foto
LR 03	1,5	1,175	11	Blitzgeräte, Foto
LR 6	**1,5**	**2,7**	**22**	**Filmkameras, Bltitzgeräte, Uhren, Diktiergeräte, Foto**
LR 14	1,5	7,75	67	Recorder, Uhren, Foto
LR 20	1,5	18,0	141	Tonbandgeräte, Foto
2 LR 50	3,0		22	Foto
3 LR 50	4,5		31	Foto

Inhaltsstoff	Anteil in Gew.%	Inhaltsstoff	Anteil in Gew.%
Zink		Gehäuse, Separator	
- metallisch	14,5 - 17,5	- Eisen	15 - 26
- Zinkoxid	0,3 - 0,6	- Kupfer	1 - 3
Quecksilber	0	- Kunststoffe, Papier, Bitumen	4 - 6
Mangandioxid	33 - 38	Elektrolyt	
andere Materialien		- wäßr. KOH	13 - 16
- Kohlenstoff	4 - 5		

Aufbau	Entladekennlinie

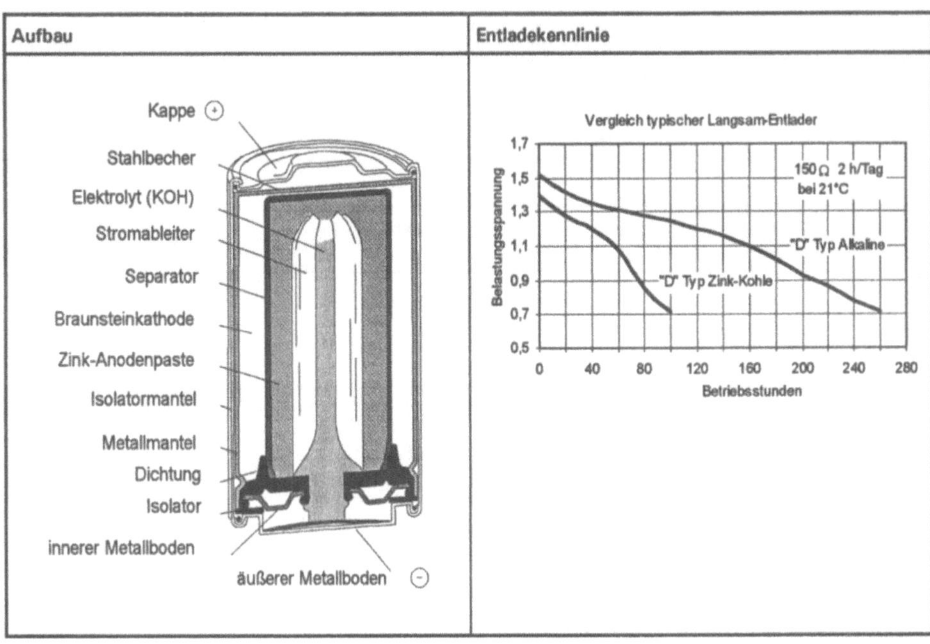

Marktentwicklung	Tendenz	Kennzeichnung

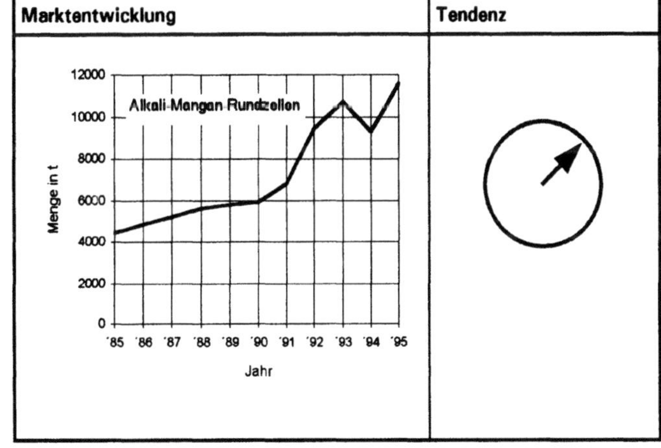

Batterietyp	Alkali-Mangan, primär, prismatisch
Anode	Zink
Elektrolyt	Kalilauge
Kathode	Mangandioxid

IEC-Nr.	Nenn-spannung/V	Kapazität/Ah	Gewicht/g	Einsatzbereiche
3 LR 20	4,5		368	
6 LR 61	9,0	0,55	45	Foto
3 LR 12	4,5	5,4	149	

Inhaltsstoff	Anteil in Gew.%	Inhaltsstoff	Anteil in Gew.%
Zink		Gehäuse, Separator	
- metallisch	5,4 - 10,3	- Eisen	40 - 59
- Zinkoxid	0 - 0,4	- Kupfer	2,8
Quecksilber	0	- Nickel	0,6
Mangandioxid	17 - 22	- Kunststoffe, Papier, Bitumen	9 - 11
andere Materialien		Elektrolyt	
- Kohlenstoff	0 - 3	- wäßr. KOH	5 - 11

Aufbau	Entladekennlinie
	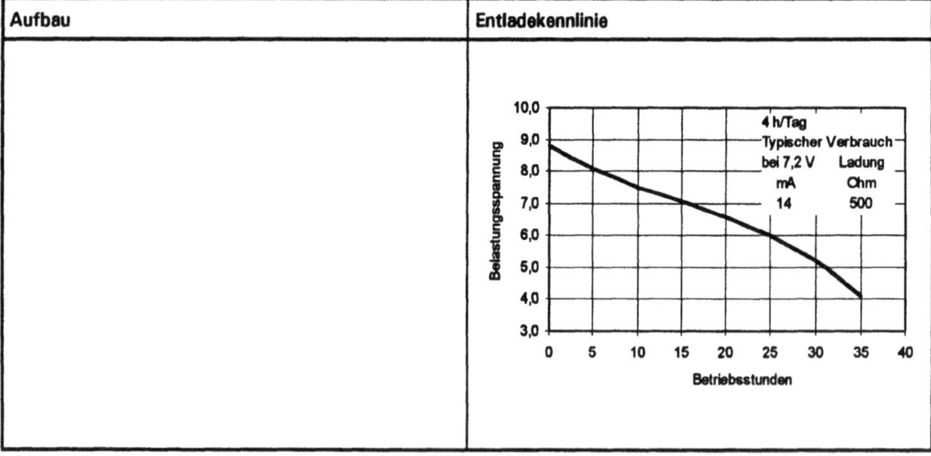

Batterietyp	Zink-Quecksilberoxid, primär, Knopfzelle
Anode	Zink
Elektrolyt	Kalilauge
Kathode	Quecksilberoxid, z.T. auch Mangandioxid

IEC-Nr.	Nenn-spannung/V	Kapazität/Ah	Gewicht/g	Einsatzbereiche
MR 41	1,35	0,05	0,8	Uhren
MR 42	1,35	0,11	1,63	Uhren, Belichtungsmesser
MR 43	1,35	0,15	2,0	Uhren
MR 44	**1,35**	**0,24**	**2,8**	**Uhren, Belichtungsmesser, Foto**
MR 48	1,35	0,09	1,25	Uhren
MR 50	1,35		14,3	Kameras
MR 52	1,35	0,5	8,0	Kameras
MR 08	1,35	0,065	1,4	Foto
MR 9	1,35	0,35	4,6	Belichtungsmesser, Foto
2 MR 9*	2,7		9,3	Kameras

* Rundzellen, aus Knopfzellen gestapelt

Inhaltsstoff	Anteil in Gew.%	Inhaltsstoff	Anteil in Gew.%
Zink		Gehäuse, Separator	
- metallisch	7,7 - 13,2	- Eisen	30 - 52
- Zinkoxid	0,14 - 0,9	- Kupfer	2 - 3
Quecksilber	40 - 44	- Nickel	0,5 - 2
Mangandioxid	0 - 2,5	- Kunststoffe, Papier, Bitumen	3 - 9
andere Materialien		Elektrolyt	
- Kohlenstoff	1 - 3	- wäßr. KOH oder NaOH	4 - 6

IEC-Nr.	Nenn-spannung/V	Kapazität/Ah	Gewicht/g	Einsatzbereiche
NR 41	1,4	0,04	0,78	Hörgeräte
NR 42	1,4	0,1	1,5	Hörgeräte
NR 43	1,4	0,15	1,8	Hörgeräte
NR 44	1,4	0,21	2,6	Hörgeräte
NR 48	**1,4**	**0,095**	**1,2**	**Hörgeräte**
NR 9	1,4	0,35	4,6	Hörgeräte
NR 50	1,4	1,0	12,2	
NR 52	1,4	0,5	7,9	Hörgeräte
4 NR 43*	5,6		10,6	Hörgeräte, Foto
4 NR 52*	5,6		36,3	Hörgeräte, Foto

* Rundzellen, aus Knopfzellen gestapelt

Inhaltsstoff	Anteil in Gew.%	Inhaltsstoff	Anteil in Gew.%
Zink		Gehäuse, Separator	
- metallisch	7 - 13	- Eisen	30 - 52
- Zinkoxid	0,1 - 1	- Kupfer	2 - 3
Quecksilber	22 - 40	- Nickel	0,5 - 2
Mangandioxid	2,5	- Kunststoffe, Papier, Bitumen	3 - 9
andere Materialien		Elektrolyt	
- Kohlenstoff	1 - 3	- wäßr. KOH oder NaOH	4 - 6

Aufbau

Entladekennlinie

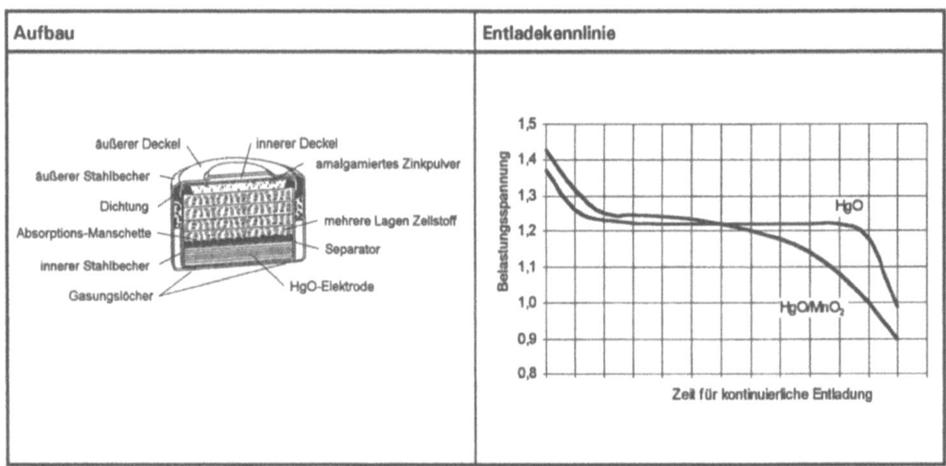

Marktentwicklung

Tendenz

Kennzeichnung

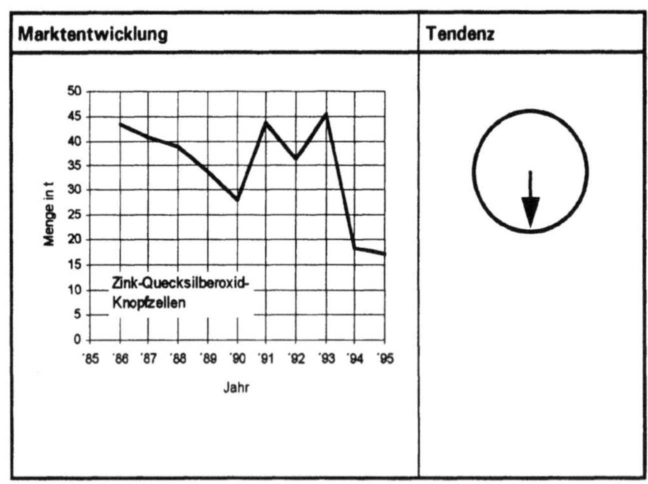

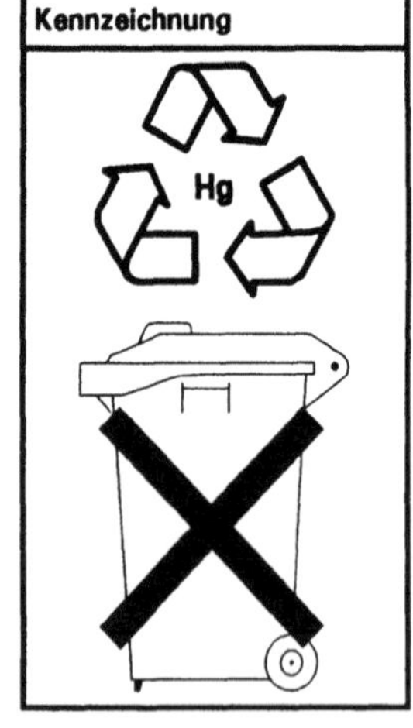

Batterietyp	Zink-Silberoxid, primär, Knopfzelle
Anode	Zink
Elektrolyt	Kalilauge
Kathode	Silberoxid

IEC-Nr.	Nenn-spannung/V	Kapazität/Ah	Gewicht/g	Einsatzbereiche
SR 41	1,5	0,038	0,69	Uhren
SR 42	1,5	0,1	3,6	Uhren
SR 43	1,5	0,115	1,78	Uhren, Foto
SR 44	**1,5**	**0,17**	**2,33**	**Rechner, Fotografie, Hörgeräte, Uhren**
SR 45	1,5	0,067	1,04	Uhren
SR 48	1,5	0,065	1,08	Uhren
SR 54	1,5	0,085	1,32	Uhren, Rechner
SR 55	1,5	0,045	0,9	Uhren
SR 57	1,5	0,042	0,75	Uhren
SR 58	1,5	0,020	0,4	Uhren
SR 59	1,5	0,03	0,5	Uhren
SR 60	1,5	0,02	0,33	Uhren
SR 62	1,5	0,008	0,18	Uhren
SR 63	1,5	0,014	0,23	Uhren
SR 64	1,5	0,016	0,25	Uhren
SR 65	1,5	0,013	0,25	Uhren
SR 66	1,5	0,023	0,39	Uhren
SR 67	1,5	0,02	0,4	Uhren
SR 68	1,5	0,023	0,5	Uhren
SR 69	1,5	0,032	0,61	Uhren
4 SR 44*	6,0	0,13	12,4	Belichtungsmesser, Foto

* Rundzelle, aus Knopfzellen gestapelt

Inhaltsstoff	Anteil in Gew.%	Inhaltsstoff	Anteil in Gew.%
Zink		Gehäuse, Separator	
- metallisch	5,2 - 9,3	- Eisen	38 - 48
- Zinkoxid	0,05 - 0,6	- Kupfer	3 - 4
Quecksilber	0,4 - 0,6	- Nickel	0,5 - 2
Silberoxid	12,5 - 33	- Kunststoffe, Papier, Bitumen	3 - 8
Mangandioxid	1,5 - 13	Elektrolyt	
andere Materialien		- wäßr. KOH oder NaOH	4 - 8
- Kohlenstoff	1 - 2		

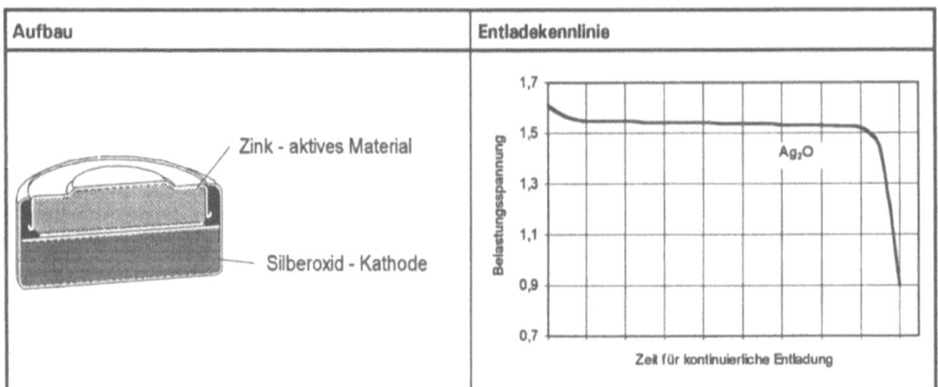
Aufbau
Entladekennlinie
Zink - aktives Material
Silberoxid - Kathode
Belastungsspannung
1,7
1,5
1,3
1,1
0,9
0,7
Ag₂O
Zeit für kontinuierliche Entladung

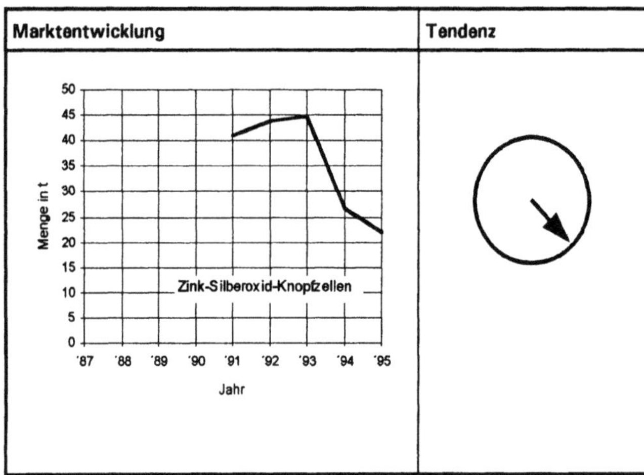
Marktentwicklung
Tendenz
Menge in t
50
45
40
35
30
25
20
15
10
5
0
Zink-Silberoxid-Knopfzellen
'87 '88 '89 '90 '91 '92 '93 '94 '95
Jahr

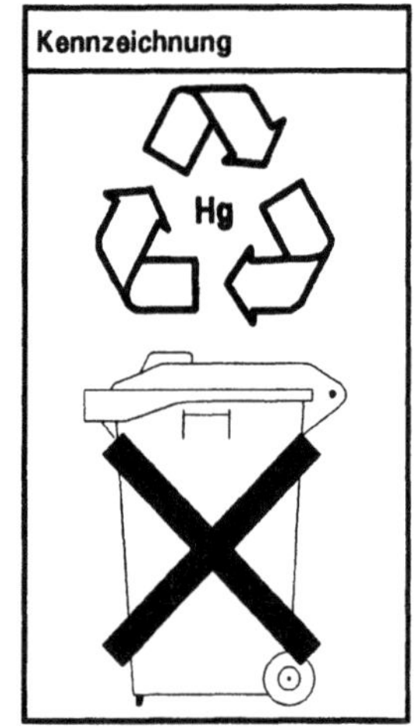
Kennzeichnung
Hg

Batterietyp	Zink-Luftsauerstoff, primär, Knopfzelle
Anode	Zink
Elektrolyt	Kalilauge
Kathode	Katalysator, Luftsauerstoff

IEC-Nr.	Nenn-spannung/V	Kapazität/Ah	Gewicht/g	Einsatzbereiche
PR 41	1,4	0,07	0,6	Hörgeräte
PR 48	1,4	0,17	0,9	Hörgeräte
PR 44	1,4	0,4	1,9	Hörgeräte
PR 70	1,4	0,05	0,3	Hörgeräte

Inhaltsstoff	Anteil in Gew.%	Inhaltsstoff	Anteil in Gew.%
Zink		Gehäuse, Separator	
- metallisch	23,4 - 29,6	- Eisen	42 - 48
- Zinkoxid	0,05 - 0,2	- Kupfer	4
Quecksilber	0,8 - 1	- Nickel	2
Mangandioxid	0,3	- Kunststoffe, Papier, Bitumen	7 - 8
andere Materialien		Elektrolyt	
- Aktivkohle	1 - 2	- wäßr. KOH	8 - 10

Aufbau	Entladekennlinie

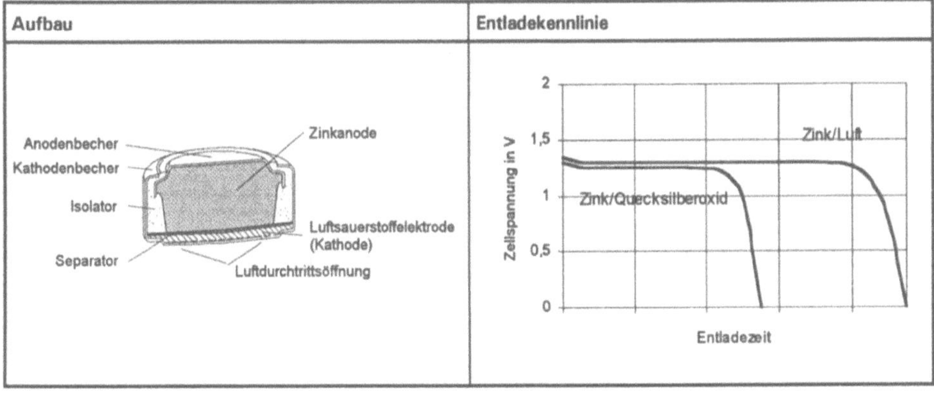

Marktentwicklung	Tendenz	Kennzeichnung

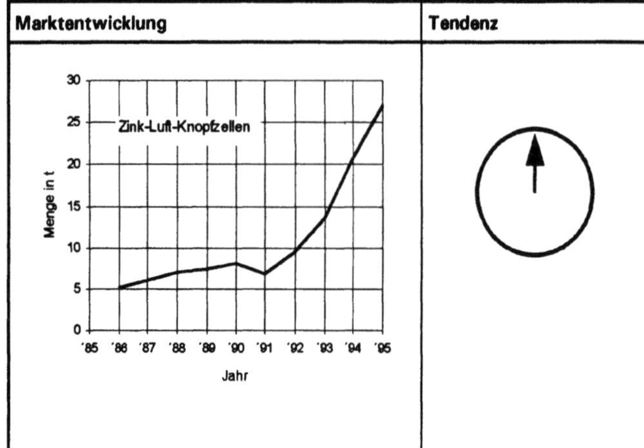

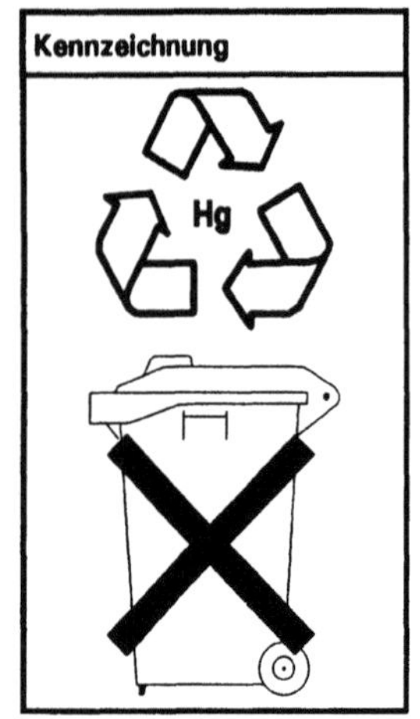

Batterietyp	Zink-Luftsauerstoff, primär, saurer Elektrolyt, prismatische Batterie oder Rundzelle
Anode	Zink
Elektrolyt	wäßrige Ammoniumchloridlösung
Kathode	Katalysator, Luftsauerstoff

IEC-Nr.	Nenn-spannung/V	Kapazität/Ah	Gewicht/kg	Einsatzbereiche
5 AR 40	7,0	90	2,75	Weidezaun
6 AS 6	8,4	130	3,85	Weidezaun
6 AS 4	8,4	54	2,0	Weidezaun
AS 4	1,4	48,5	0,35	Universal
AR 40	1,4	75	0,57	Universal

Inhaltsstoff	Anteil in Gew.%	Inhaltsstoff	Anteil in Gew.%
Zink		Gehäuse, Separator	
- metallisch		- Eisen	
- Zinkoxid		- Kupfer	
Mangandioxid		- Nickel	
andere Materialien		- Kunststoffe, Papier, Bitumen	
- Aktivkohle		Elektrolyt	
		- wäßr. NH_4Cl	

Batterietyp	Lithium-Schwefeldioxid, primär, Rundzelle
Anode	Lithium
Elektrolyt	Schwefeldioxid, Lithiumsalz
Kathode	Schwefeldioxid, Katalysator

Produkt-Nr. (IEC-Nr.)	Nenn-spannung/V	Kapazität/Ah	Gewicht/g	Einsatzbereiche
G 03	2,8	0,35	7	Datensicherung, Militär
G 32	2,8	0,7	14	Militär
G 06 (R 6)	2,8	1,0	14	Militär
G 52 (R 14)	2,8	3,0	46	Militär
G 20 (R 20)	2,8	7,0	85	Militär
G 58	2,8	9,5	105	Militär
G 62	2,8	27,5	290	Militär

Inhaltsstoff	Anteil in Gew.%	Inhaltsstoff	Anteil in Gew.%
Lithium	ca. 4	Separator	
Kathode	ca. 12	- Polypropylen	ca. 1
- Aluminium		Elektrolyt	
- Kohlenstoff (Ruß)		- Schwefeldioxid	ca. 23
- Teflon		- Acetonitril	ca. 8
Gehäuse		- Lithiumbromid	ca. 2
- Edelstahl	ca. 50		

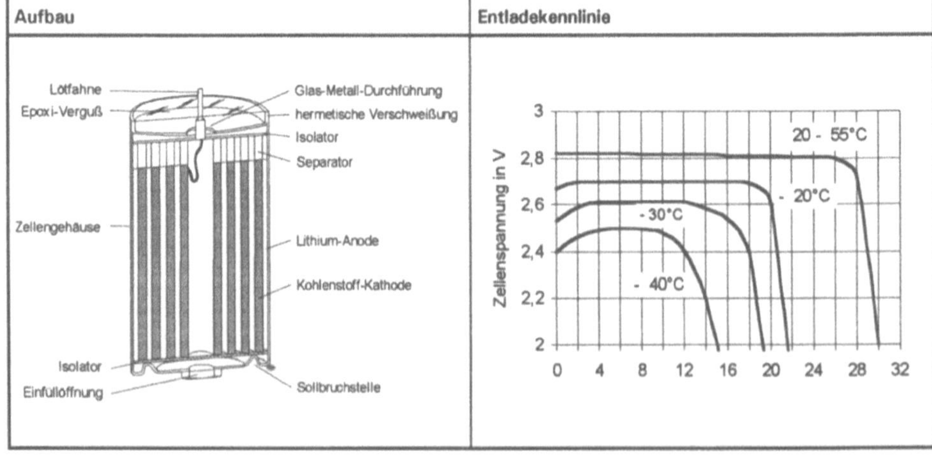

Batterietyp	Lithium-Thionylchlorid, primär, Rundzelle
Anode	Lithium
Elektrolyt	Thionylchlorid, Lithiumsalz
Kathode	Thionylchlorid, Katalysator

Produkt-Nr. (IEC-Nr.)	Nenn-spannung/V	Kapazität/ Ah	Gewicht/g	Einsatzbereiche
T 04	3,7	0,8	9	Militär
T 32	3,7	1,35	17	Militär
T 06 (R 6)	3,7	1,7	16	Militär
T 52 (R 14)	3,7	5,0	52	Militär
T 20 (R 20)	3,7	10,0	99	Militär

Inhaltsstoff	Anteil in Gew.%	Inhaltsstoff	Anteil in Gew.%
Lithium		Separator	
Kathode		- Polypropylen	
- Kohlenstoff		- Teflon	
Gehäuse		Elektrolyt	
- Edelstahl		- Thionylchlorid	
- Glas		- Lithiumaluminiumchlorid	
		- Additive	

Aufbau	Entladekennlinie

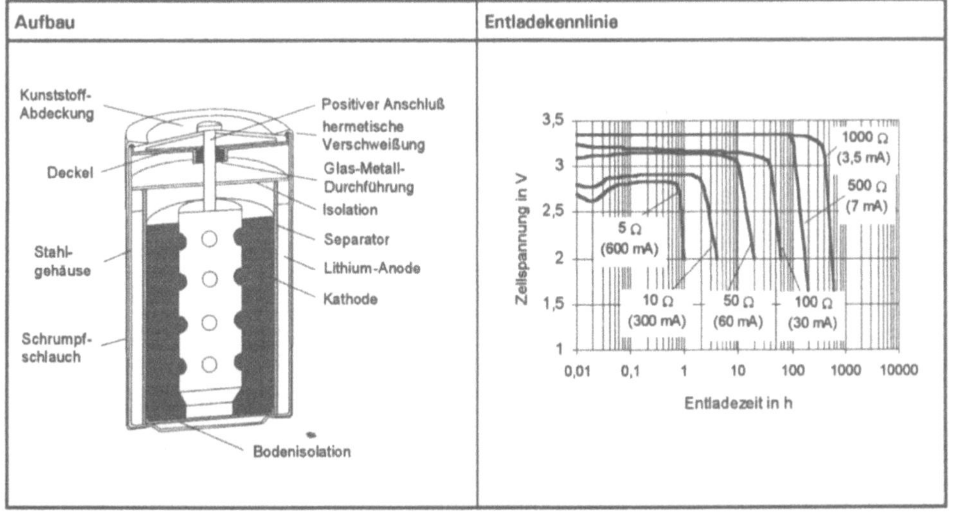

Batterietyp	Lithium-Mangandioxid, primär, Knopfzelle
Anode	Lithium
Elektrolyt	organisches Lösemittel, Lithiumsalz
Kathode	Mangandioxid

IEC-Nr., Produkt-Nr.	Nenn-spannung/V	Kapazität/Ah	Gewicht/g	Einsatzbereiche
CR 1025	3,0	0,032	0,7	
CR 1216	3,0	0,025	0,7	Elektronik, Foto
CR 1220	3,0	0,035	1,3	Kameras, Elektronik
CR 1616	3,0	0,05	1,2	Elektronik, Foto
CR 1620	3,0	0,05	1,2	Kameras, Elektronik
CR 1632	3,0	0,110	1,8	
CR 2012	3,0	0,055	1,4	
CR 2016	3,0	0,07	2,0	Kameras, Uhren, Elektronik
CR 2025	3,0	0,14	2,7	Kameras, Uhren, Elektronik
CR 2032	3,0	0,19	3,3	Kameras, Elektronik
CR 2320	3,0	0,125	3,0	Elektronik
CR 2330	3,0	0,25	4,0	
CR 2354	3,0	0,56	5,9	
CR 2430	3,0	0,27	4,0	Kameras, Elektronik
CR 2450	3,0	0,55	6,2	Elektronik
CR 2477	3,0	1,0	10,5	
CR 3032	3,0	0,5	7,1	

Inhaltsstoff*	Anteil in Gew.%	Inhaltsstoff*	Anteil in Gew.%
Lithium	2,0	- Kunststoffe	3,4
Mangandioxid	29,2	Separator	
andere Materialien		Elektrolyt	
- Kohlenstoff	0,9	- Propylencarbonat	4,4
Gehäuse		- 1,2-Dimethoxyethan	2,8
- Edelstahl	57,0	- Lithiumperchlorat	0,3

* Daten für CR 2032

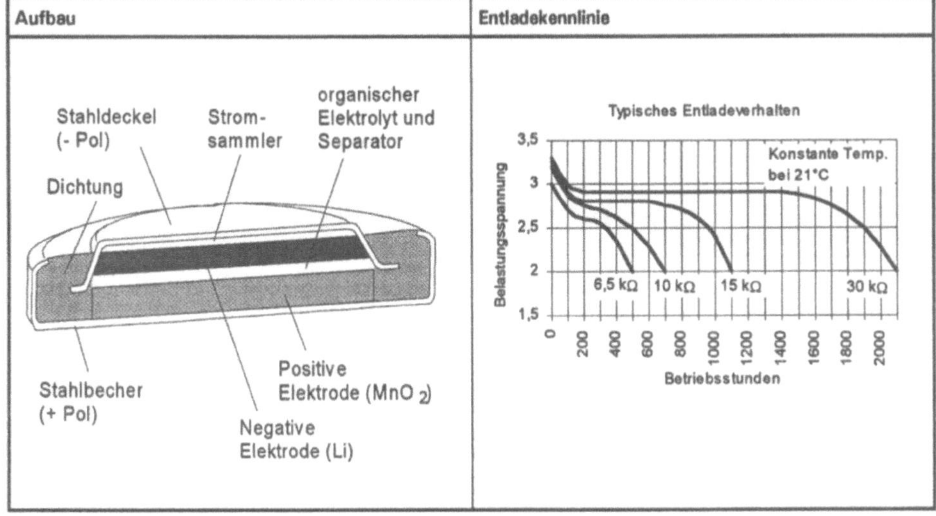

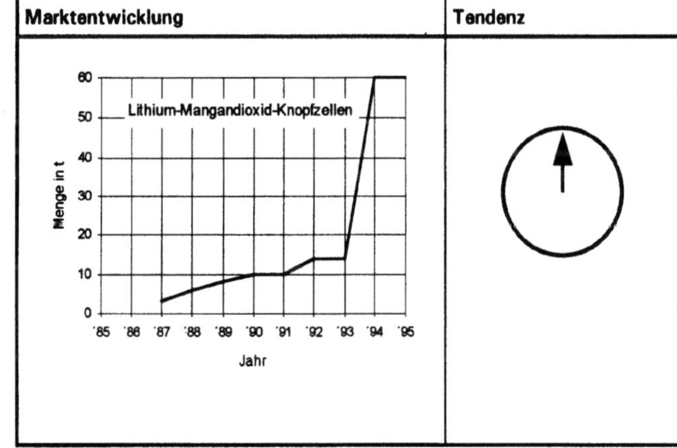

Kennzeichnung

Batterietyp	Lithium-Mangandioxid, primär, Rundzelle
Anode	Lithium
Elektrolyt	organisches Lösemittel, Lithiumsalz
Kathode	Mangandioxid

IEC-Nr. Produkt-Nr.	Nenn-spannung/V	Kapazität/Ah	Gewicht/g	Einsatzbereiche
CR-1/3 N	3,0	0,16	3,3	Elektronik
CR-2/3 A	3,0	1,3	17	
CR 12600	3,0	1,4	15	
CR 14250	3,0	0,85	9,5	
CR 15335	3,0	1,0	15	
CR 15400	3,0	1,3	17	
CR 17335	3,0	1,75	17	
CR 17450	3,0	2,5	22	
CR 23500	3,0	5,0	42	
2 CR-1/3 N	6,0	0,16	9,1	Elektronik
2 CR 5$_M$*	6,0	1,30	37	Kameras
CR P 2*	6,0	1,30	37	Kameras
CR 123 A	3,0	1,30	17	Foto
CR 11108	3,0	0,16	3	
2 CR 11108	6,0	0,16	9,4	

* Batteriepacks aus 2 Rundzellen

Inhaltsstoff	Anteil in Gew.%	Inhaltsstoff	Anteil in Gew.%
Lithium	2 - 3	- Eisen	37 - 46
Mangandioxid	27 - 37	- Nickel	2 - 6
andere Materialien		- Kunststoffe, Papier, Bitumen	3 - 5
- Kohlenstoff	2 - 4	Elektrolyt	
Gehäuse, Separator		- org. Lösemittel mit Lithiumsalz	12 - 15

Aufbau	Entladekennlinie

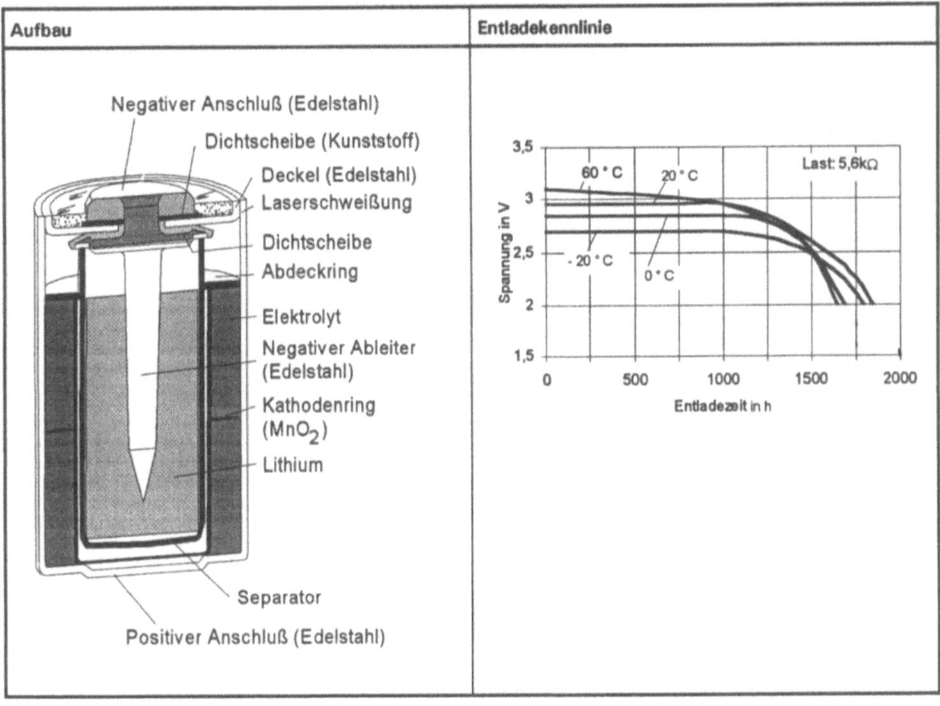

Batterietyp	Lithium-Vanadiumpentoxid, primär, Rundzelle
Anode	Lithium
Elektrolyt	organisches Lösemittel, Lithiumsalz
Kathode	Vanadiumpentoxid

IEC-Nr.	Nenn-spannung/V	Kapazität/Ah	Gewicht/g	Einsatzbereiche
				Militär

Inhaltsstoff	Anteil in Gew.%	Inhaltsstoff	Anteil in Gew.%
Lithium		- Glas	
Vanadiumpentoxid		Separator	
andere Materialien		- Polypropylen	
- Kohlenstoff		Elektrolyt	
- Teflon		- Propylencarbonat	
Gehäuse		- Methylformiat oder Tetrahydrofuran	
- Edelstahl		- Lithiumsalz	

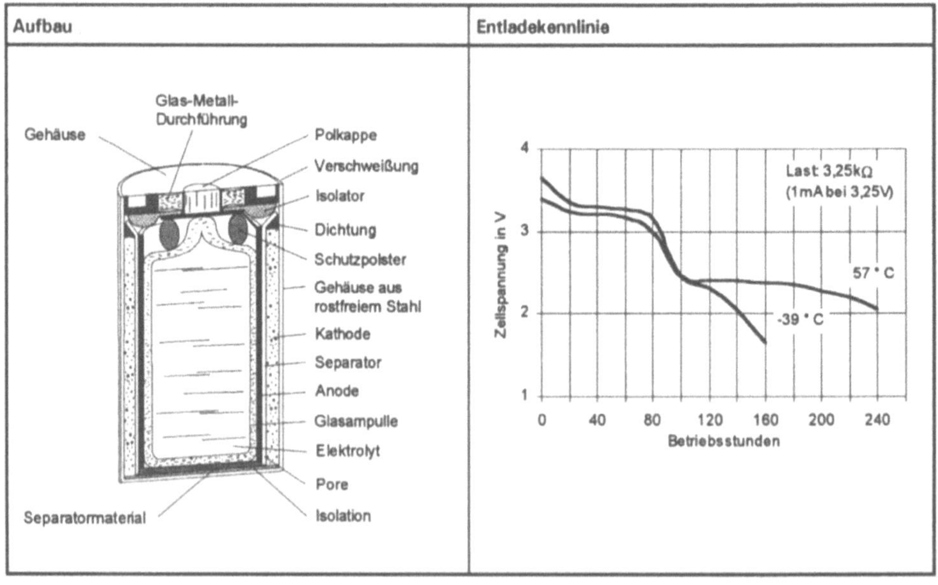

Batterietyp	Lithium-Chromoxid, primär, Rundzelle
Anode	Lithium
Elektrolyt	Propylencarbonat, 1,2-Dimethoxyethan, Lithiumperchlorat
Kathode	Chromoxid

Produkt-Nr.	Nenn-spannung/V	Kapazität/Ah	Gewicht/g	Einsatzbereiche
ER ½ AA	3,8	1,0	10	Datensicherung
ER AA	3,8	2,0	19,6	Datensicherung

Inhaltsstoff	Anteil in Gew.%	Inhaltsstoff	Anteil in Gew.%
Lithium	3 - 4	- Nickel	2 - 4
Chromoxid (CrO_x/Cr_3O_8)	28 - 30	- Kunststoffe, Papier, Bitumen	4 - 5
andere Materialien		Elektrolyt	
- Kohlenstoff	2,5	- Propylencarbonat	8 - 10
Gehäuse, Separator		- 1,2-Dimethoxyethan	3 - 5
- Eisen	41 - 45	- Lithiumperchlorat	0,9 - 1,3

Aufbau	Entladekennlinie

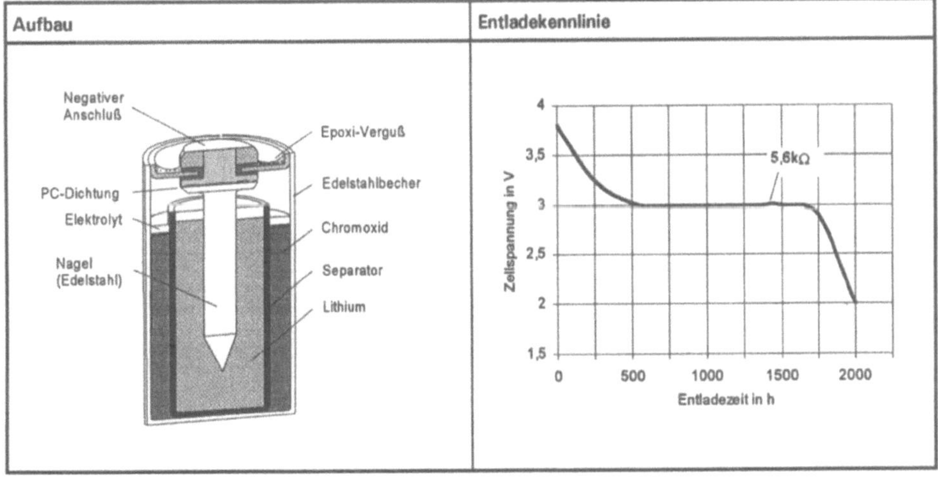

Batterietyp	Lithium-Polykohlenstoffmonofluorid, primär, Knopfzelle
Anode	Lithium
Elektrolyt	organisches Lösemittel, Lithiumsalz
Kathode	Polykohlenstoffmonofluorid

Produkt-Nr.	Nenn-spannung/V	Kapazität/Ah	Gewicht/g	Einsatzbereiche
BR 1216	3,0	0,025	0,6	Speicherstützung etc.
BR 1220	3,0	0,035	0,7	Speicherstützung etc.
BR 1225	3,0	0,038	0,9	Speicherstützung etc., Foto
BR 1616	3,0	0,048	1,0	Speicherstützung etc., Foto
BR 2016	3,0	0,075	1,5	Speicherstützung etc., Foto
BR 2020	3,0	0,10	2,0	Speicherstützung etc.
BR 2032	3,0	0,19	2,5	Speicherstützung etc.
BR 2320	3,0	0,11	2,5	Speicherstützung etc.
BR 2325	3,0	0,165	3,0	Speicherstützung etc., Foto
BR 2330	3,0	0,255	3,2	Speicherstützung etc.
BR 3032	3,0	0,5	5,0	Speicherstützung etc.

Inhaltsstoff	Anteil in Gew.%	Inhaltsstoff	Anteil in Gew.%
Lithium		- Kunststoffe	
Polykohlenstoffmonofluorid		Separator	
andere Materialien		- Polypropylen	
- Ruß		Elektrolyt	
- Silikonkleber		- Butyrolacton	
- Nickel		- Tetrahydrofuran	
Gehäuse		- Lithiumtetrafluoroborat	
- Edelstahl			

<table>
<tr><td>Aufbau</td><td>Entladekennlinie</td></tr>
</table>

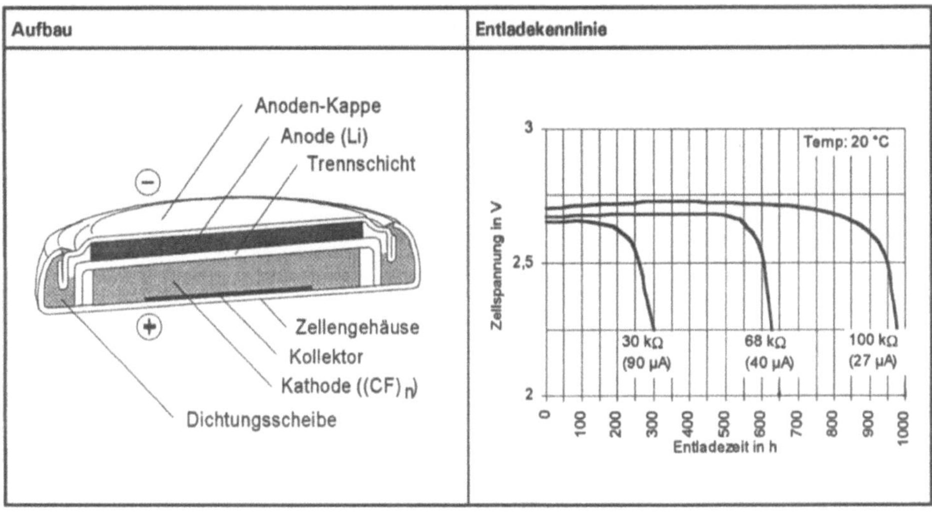

Batterietyp	Lithium-Polykohlenstoffmonofluorid, primär, Rundzelle
Anode	Lithium
Elektrolyt	organisches Lösemittel, Lithiumsalz
Kathode	Polykohlenstoffmonofluorid

Produkt-Nr.	Nennspan-nung/V	Kapazität/Ah	Gewicht/g	Einsatzbereiche
BR-2/3 AA	3,0	0,6	9,5	
BR-1/2 A	3,0	0,65	9,5	
BR-2/3 A	3,0	1,2	13,5	
BR-A	3,0	1,8	18	
BR-C	3,0	5,0	42	
BR-P2 *	6,0	1,2	31	
BR-E3C3BC (A) *	6,0	1,2	45	

* zusammengesetzt aus 2 Rundzellen

Inhaltsstoff	Anteil in Gew.%	Inhaltsstoff	Anteil in Gew.%
Lithium		- Kunststoffe	
Polykohlenstoffmonofluorid		Separator	
andere Materialien		- Polypropylen	
- Ruß		Elektrolyt	
- Silikonkleber		- Butyrolacton	
- Nickel		- Tetrahydrofuran	
Gehäuse		- Lithiumtetrafluoroborat	
- Edelstahl			

Aufbau	Entladekennlinie

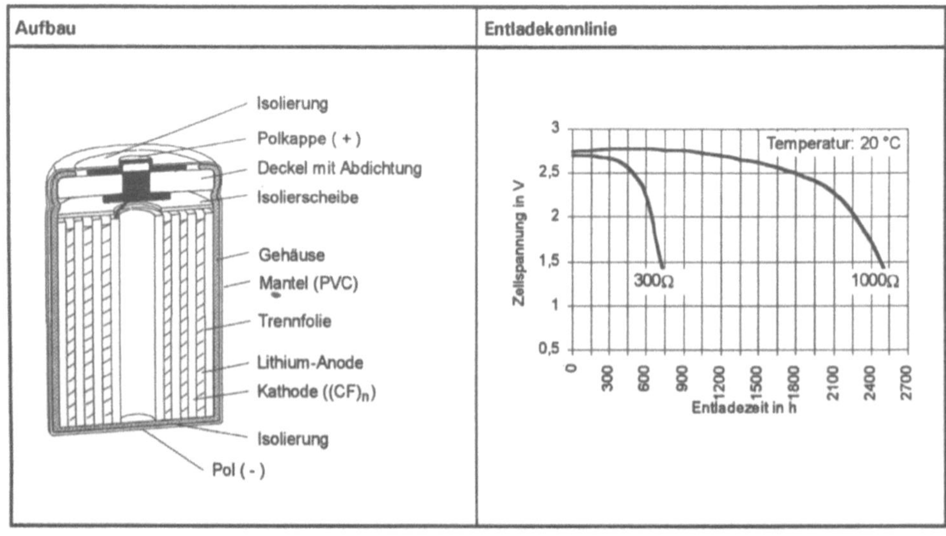

Batterietyp	Lithium-Eisendisulfid, primär, Rundzelle
Anode	Lithium
Elektrolyt	organisches Lösemittel, Lithiumsalz
Kathode	Eisendisulfid

Produkt-Nr.	Nenn-spannung/V	Kapazität/Ah	Gewicht/g	Einsatzbereiche
L 91 (AA)	1,5			

Inhaltsstoff	Anteil in Gew.%	Inhaltsstoff	Anteil in Gew.%
Lithium		- Nickel	
Eisendisulfid		Separator	
andere Materialien		Elektrolyt	
- Kohlenstoff (Grafit)		- Propylencarbonat	
- Teflon		- 1,2-Dimethoxyethan	
Gehäuse		- Lithiumperchlorat	
- Eisen			

Batterietyp	Lithium-Kupferoxid, primär, Knopfzelle
Anode	Lithium
Elektrolyt	organisches Lösemittel, Lithiumsalz
Kathode	Kupferoxid

Produkt-Nr.	Nenn-spannung/V	Kapazität/Ah	Gewicht/g	Einsatzbereiche
GR 927	1,55	0,06	0,6	Uhren, Rechner, Thermometer

Inhaltsstoff	Anteil in Gew.%	Inhaltsstoff	Anteil in Gew.%
Lithium		- Eisen	
Kupferoxid		- Nickel	
andere Materialien		Separator	
- Kohlenstoff (Grafit)		Elektrolyt	
- Bindemittel		- 1,3-Dioxolan	
Gehäuse		- Lithiumperchlorat	

Aufbau	Entladekennlinie

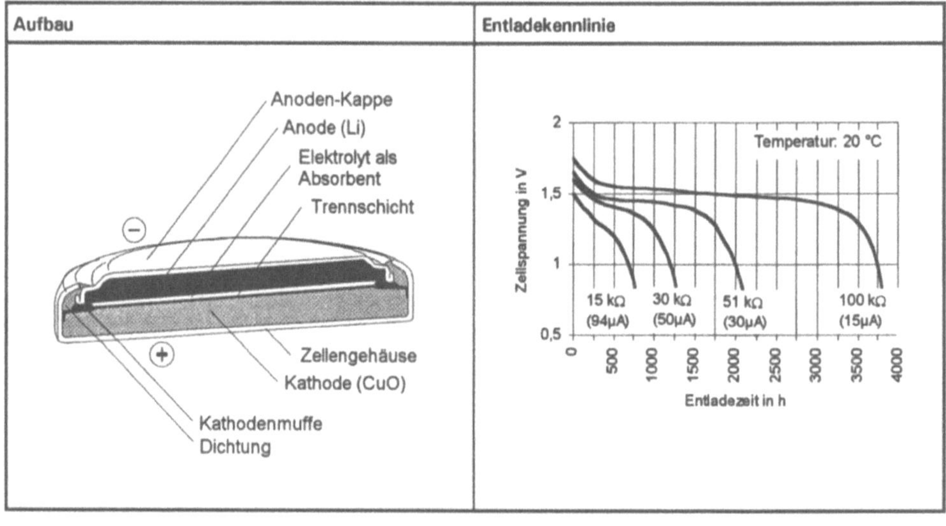

Batterietyp	Lithium-Kupferoxid, primär, Rundzelle
Anode	Lithium
Elektrolyt	organisches Lösemittel, Lithiumsalz
Kathode	Kupferoxid

Produkt-Nr.	Nenn-spannung/V	Kapazität/Ah	Gewicht/g	Einsatzbereiche
LC 6	1,5	3,3		
LCP 6	2,5	2,3		

Inhaltsstoff	Anteil in Gew.%	Inhaltsstoff	Anteil in Gew.%
Lithium		- Eisen	
Kupferoxid		- Nickel	
andere Materialien		Separator	
- Kohlenstoff (Grafit)		Elektrolyt	
- Bindemittel		- 1,3-Dioxolan	
Gehäuse		- Lithiumperchlorat	

Aufbau	Entladekennlinie

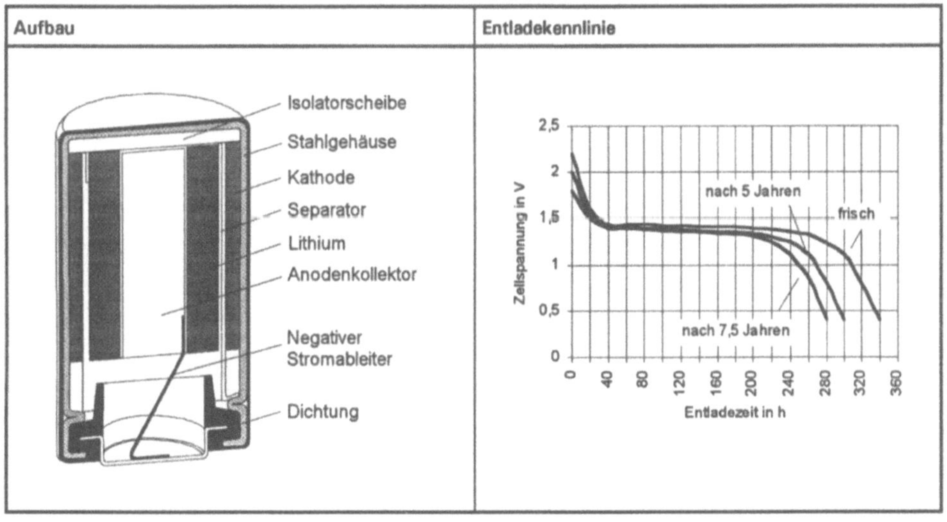

Batterietyp	Lithium-Kupferoxiphosphat, primär, Rundzelle
Anode	Lithium
Elektrolyt	organisches Lösemittel, Lithiumsalz
Kathode	Kupferoxiphosphat

Produkt-Nr.	Nenn-spannung/V	Kapazität/Ah	Gewicht/g	Einsatzbereiche
LCP 6 HT	2,5	1,9		hohe Temperaturen
LCP H	2,5	5,0		hohe Temperaturen

Inhaltsstoff	Anteil in Gew.%	Inhaltsstoff	Anteil in Gew.%
Lithium		- Glas	
Kupferoxiphosphat		Separator	
andere Materialien		Elektrolyt	
Gehäuse		- hochsiedendes Lösemittel	
- Edelstahl		- Lithiumsalz	

Aufbau	Entladekennlinie
	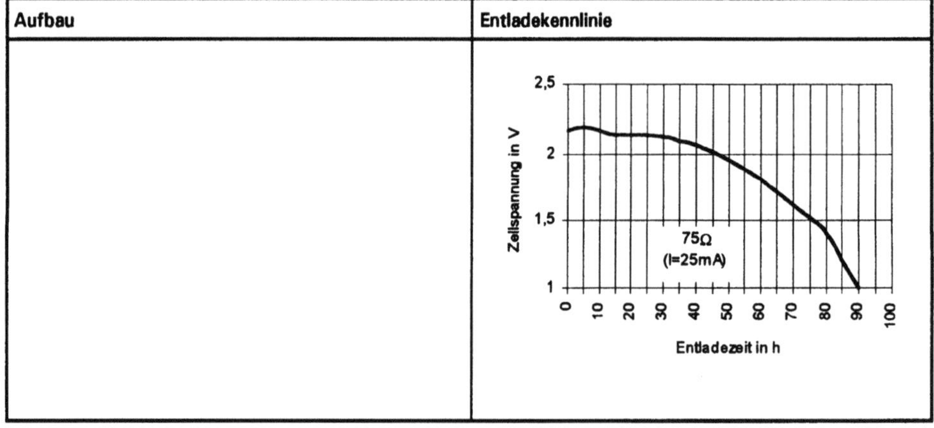

Batterietyp	Lithium-Wismuttrioxid, primär, Knopfzelle
Anode	Lithium
Elektrolyt	organisches Lösemittel, Lithiumsalz
Kathode	Wismuttrioxid

Produkt-Nr.	Nenn-spannung/V	Kapazität/Ah	Gewicht/g	Einsatzbereiche
DR 921	1,5	0,035	0,55	Uhren
DR 926	1,5	0,045	0,7	Uhren

Inhaltsstoff	Anteil in Gew.%	Inhaltsstoff	Anteil in Gew.%
Lithium		- Edelstahl	
Wismuttrioxid		Separator	
andere Materialien		Elektrolyt	
- Teflon		- 1,3-Dioxolan	
Gehäuse		- Lithiumperchlorat	

Aufbau	Entladekennlinie

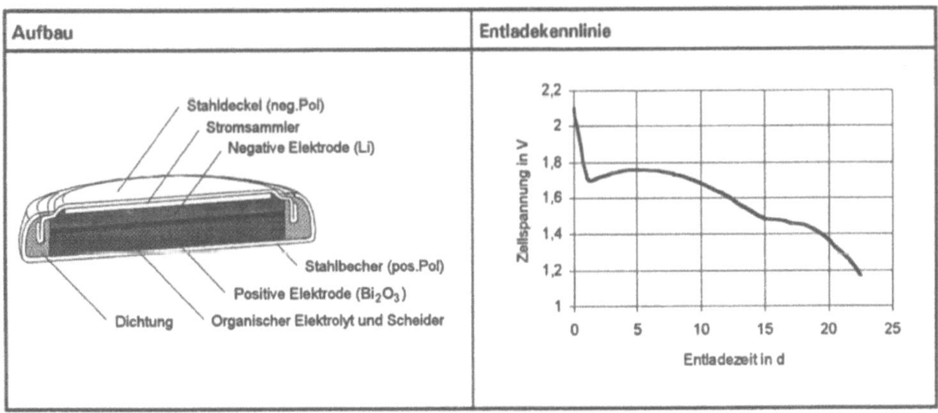

Batterietyp	Lithium-Jodid, primär, Knopfzelle
Anode	Lithium
Elektrolyt	Lithiumjodid
Kathode	Jod, organisches Polymer

IEC-Nr.	Nenn-spannung/V	Kapazität/Ah	Gewicht/g	Einsatzbereiche
				Uhren Herzschrittmacher

Inhaltsstoff	Anteil in Gew.%	Inhaltsstoff	Anteil in Gew.%
Lithium		- Edelstahl	
Jod		- Glas	
andere Materialien		- Keramik	
- Polyvinylpyidin		Elektrolyt	
Gehäuse		- Lithiumjodid	

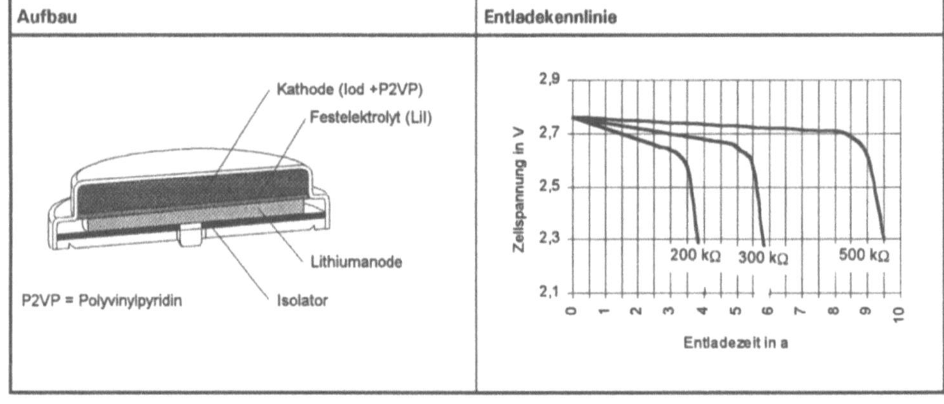

Batterietyp	Bleiakkumulator, prismatisch, sekundär , wartungsfrei
Anode	Blei
Elektrolyt	Schwefelsäure
Kathode	Bleidioxid

Produkt-Nr.	Nenn-spannung/ V	Kapazität/ Ah	Gewicht/kg	Einsatzbereiche
LCR6V1.3P	6,0	1,3	0,3	Kommunikationseinrichtungen, Büroeinrichtungen, Werkzeuge, medizinische Einrichtungen, Notvorrichtungen, Speichersicherung
LCR12V1.3P	12,0	1,3	0,59	Kommunikationseinrichtungen, Büroeinrichtungen, Werkzeuge, medizinische Einrichtungen, Notvorrichtungen, Speichersicherung
LCL12V24P	12,0	24	8,7	Kommunikationseinrichtungen, Büroeinrichtungen, Werkzeuge, medizinische Einrichtungen, Notvorrichtungen, Speichersicherung
LCS214P	4,0	2,2	0,26	Kommunikationseinrichtungen, Büroeinrichtungen, Werkzeuge, medizinische Einrichtungen, Notvorrichtungen, Speichersicherung
LCS218P	8,0	2,2	0,52	Kommunikationseinrichtungen, Büroeinrichtungen, Werkzeuge, medizinische Einrichtungen, Notvorrichtungen, Speichersicherung
LCT712P	12,0	0,76	0,33	Kommunikationseinrichtungen, Büroeinrichtungen, Werkzeuge, medizinische Einrichtungen, Notvorrichtungen, Speichersicherung
LCS2012DP	12,0	2,0	0,59	Kommunikationseinrichtungen, Büroeinrichtungen, Werkzeuge, medizinische Einrichtungen, Notvorrichtungen, Speichersicherung
u.v.a.				

Inhaltsstoff	Anteil in Gew.%	Inhaltsstoff	Anteil in Gew.%
Blei		Separator	
- Gitterblei		- Kunststoffe (PP, PE, PVC, Cellulose etc.)	
- aktives Material		Elektrolyt	
Gehäuse		- Schwefelsäure	
- Kunststoffe (Polypropylen)			

Marktentwicklung	Tendenz

Kennzeichnung

Batterietyp	Bleiakkumulator, prismatisch, sekundär (Starterbatterie, gefüllt)
Anode	Blei
Elektrolyt	Schwefelsäure
Kathode	Bleidioxid

IEC-Nr.	Nenn-spannung/V	Kapazität/Ah	Gewicht/kg	Einsatzbereiche
0 66 16	6	66	10,3	Starterbatterie
5 36 14	12	36	12,2	Starterbatterie
5 36 24	12	36	11,7	Starterbatterie
5 36 26	12	36	11,8	Starterbatterie
5 44 11	12	44	17,3	Starterbatterie
5 44 19	12	44	16,0	Starterbatterie
5 44 32	12	44	16,1	Starterbatterie
5 44 34	12	44	13,3	Starterbatterie
5 45 37	12	45	14,4	Starterbatterie
5 55 19	12	55	19,5	Starterbatterie
5 66 13	12	66	22,9	Starterbatterie
5 88 12	12	88	29,9	Starterbatterie
5 88 15	12	88	24,6	Starterbatterie
6 20 11	12	120	48,9	Starterbatterie
7 04 13	12	204	69,7	Starterbatterie
6 20 19	12	120	45,6	Starterbatterie
7 00 17	12	200	75,3	Starterbatterie

Inhaltsstoff	Anteil in Gew.%	Inhaltsstoff	Anteil in Gew.%
Blei		Separator	
- Gitterblei	27 - 33	- Kunststoffe (PP, PE, PVC, Cellulose etc.)	0,15 - 0,92
- aktives Material	27 - 33	Elektrolyt	
Gehäuse		- Schwefelsäure	21 - 25
- Kunststoffe (Polypropylen)	7,8 - 22,5		

Marktentwicklung	Tendenz	Kennzeichnung
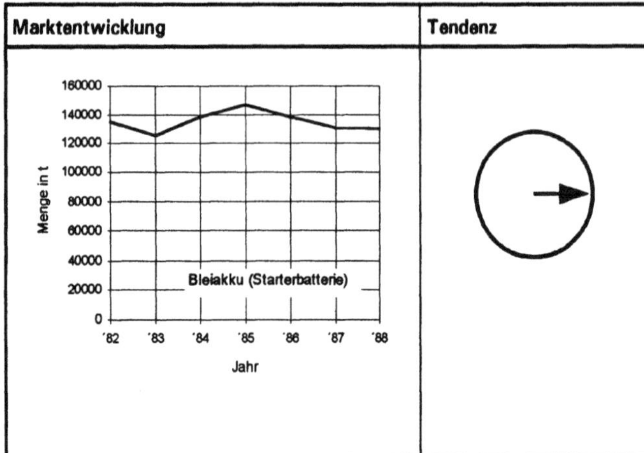		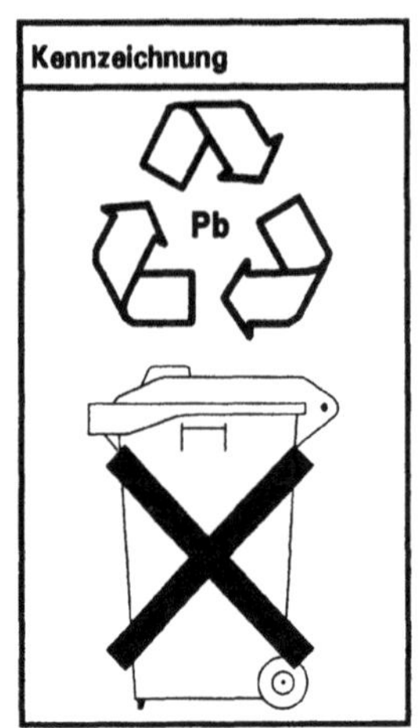

Batterietyp	Bleiakkumulator, prismatisch, sekundär (Traktionsbatterie)
Anode	Blei
Elektrolyt	Schwefelsäure
Kathode	Bleidioxid

IEC-Nr.	Nenn-spannung/V	Kapazität*/ Ah	Gewicht/kg	Einsatzbereiche
5 PzS 500	10	500	33,5	Fahrzeugantrieb
6 PzS 600	12	600	38,6	Fahrzeugantrieb
8 PzS 800	16	800	50,8	Fahrzeugantrieb

* fünfstündige Entladung

Inhaltsstoff	Anteil in Gew.%	Inhaltsstoff	Anteil in Gew.%
Blei	51,2	- Kunststoffe	8,1
andere Materialien		Elektrolyt	
- Antimon	1,8	- Schwefelsäure	18,9
Gehäuse		sonstiges	
- Stahl	13,2	- Sauerstoff (oxidische Anteile von Blei und Antimon	6,4
- Kupfer	0,4		

Marktentwicklung	Tendenz	Kennzeichnung
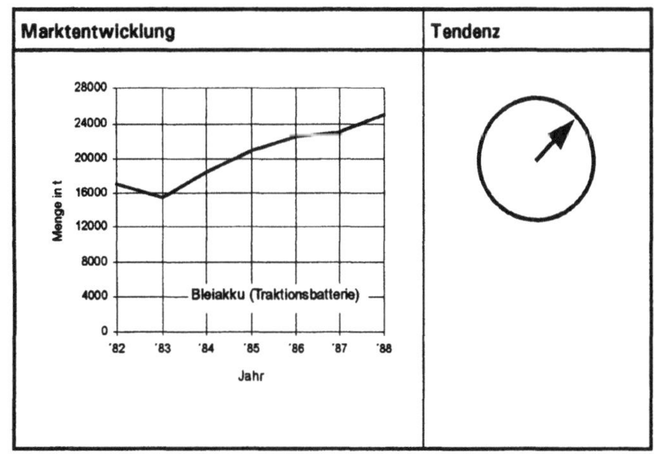		

Batterietyp	Nickel-Cadmium, sekundär, Knopfzelle, gasdicht
Anode	Cadmium
Elektrolyt	Kalilauge
Kathode	Nickeloxidhydroxid

IEC-Nr.	Nennspan-nung/V	Kapazität/Ah	Gewicht/g	Einsatzbereiche
KBL 155/060	1,2	0,065	4,0	Notbeleuchtung und Alarmanlagen, schnurlose Telefone, Personenrufanlagen, Handfunksprechgeräte, Mobiltelefone, Meßgeräte, medizinische Anwendungen, Pumpen, Waagen, Modellbau, Taschenlampen, Spiel und Hobby, Taschenempfänger, drahtlose Mikrofone, Elektronik-Rechner, Solarrechner, Solaruhren, Hörgeräte, Telekommunikation
KBL 251/061	1,2	0,155	9,5	Notbeleuchtung und Alarmanlagen, schnurlose Telefone, Personenrufanlagen, Handfunksprechgeräte, Mobiltelefone, Meßgeräte, medizinische Anwendungen, Pumpen, Waagen, Modellbau, Taschenlampen, Spiel und Hobby, Taschenempfänger, drahtlose Mikrofone, Elektronik-Rechner, Solarrechner, Solaruhren, Hörgeräte, Telekommunikation
KBL 251/067	1,2	0,19	10	Notbeleuchtung und Alarmanlagen, schnurlose Telefone, Personenrufanlagen, Handfunksprechgeräte, Mobiltelefone, Meßgeräte, medizinische Anwendungen, Pumpen, Waagen, Modellbau, Taschenlampen, Spiel und Hobby, Taschenempfänger, drahtlose Mikrofone, Elektronik-Rechner, Solarrechner, Solaruhren, Hörgeräte, Telekommunikation
KBL 251/088	1,2	0,3	13	Notbeleuchtung und Alarmanlagen, schnurlose Telefone, Personenrufanlagen, Handfunksprechgeräte, Mobiltelefone, Meßgeräte, medizinische Anwendungen, Pumpen, Waagen, Modellbau, Taschenlampen, Spiel und Hobby, Taschenempfänger, drahtlose Mikrofone, Elektronik-Rechner, Solarrechner, Solaruhren, Hörgeräte, Telekommunikation
KBM 344/100	1,2	0,55	27	Handfunksprechgeräte, Mobiltelefone, Meßgeräte, medizinische Anwendungen, Pumpen, Waagen, Foto, Video, Film, Kameras, Blitzgeräte, Leuchten, Modellbau, Taschenlampen

Inhaltsstoff	Anteil in Gew.%	Inhaltsstoff	Anteil in Gew.%
Cadmium	18 - 22	- Kunststoffe, Papier, Bitumen	
Nickel	20	Elektrolyt	
Gehäuse, Separator		- wäßrige KOH	18 - 20
- Eisen	45		

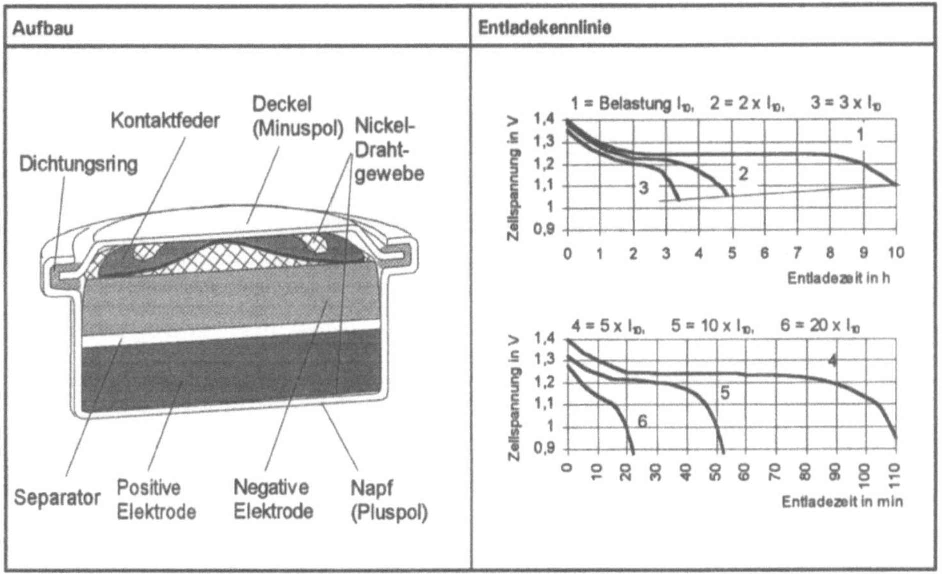
Aufbau
Kontaktfeder
Deckel (Minuspol)
Nickel-Drahtgewebe
Dichtungsring
Separator
Positive Elektrode
Negative Elektrode
Napf (Pluspol)
Entladekennlinie
1 = Belastung I_{10},   2 = 2 x I_{10},   3 = 3 x I_{10}
Zellspannung in V
1,4
1,3
1,2
1,1
1
0,9
1
2
3
0 1 2 3 4 5 6 7 8 9 10
Entladezeit in h
4 = 5 x I_{10},   5 = 10 x I_{10},   6 = 20 x I_{10}
Zellspannung in V
1,4
1,3
1,2
1,1
1
0,9
4
5
6
0 10 20 30 40 50 60 70 80 90 100 110
Entladezeit in min

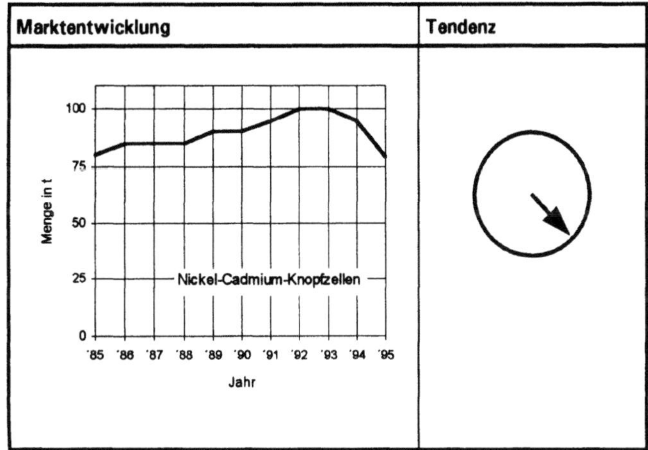
Marktentwicklung
Menge in t
100
75
50
25
0
Nickel-Cadmium-Knopfzellen
'85 '86 '87 '88 '89 '90 '91 '92 '93 '94 '95
Jahr
Tendenz

Kennzeichnung
Cd

Batterietyp	Nickel-Cadmium, sekundär, Rundzelle, gasdicht
Anode	Cadmium
Elektrolyt	Kalilauge
Kathode	Nickeloxidhydroxid

IEC-Nr.	Nenn-spannung/V	Kapazität/Ah	Gewicht/g	Einsatzbereiche
KR 12/30	1,2	0,17	9	Notstromversorgungen für Signal- und Warnanlagen, schnurlose Haushaltsgeräte, schnurlose Telefone, Personenrufanlagen, Handfunksprechgeräte, Mobiltelefone, Meßgeräte, medizinische Anwendungen, Pumpen, Waagen, Modellbau, Taschenlampen, Spiel und Hobby, Telekommunikation
KR 11/45	1,2	0,22	10	Notstromversorgungen für Signal- und Warnanlagen, schnurlose Haushaltsgeräte, schnurlose Telefone, Personenrufanlagen, Handfunksprechgeräte, Mobiltelefone, Meßgeräte, medizinische Anwendungen, Pumpen, Waagen, Modellbau, Taschenlampen, Spiel und Hobby, Telekommunikation
KR 17/29	1,2	0,57	19	Notstromversorgungen für Signal- und Warnanlagen, schnurlose Haushaltsgeräte, schnurlose Telefone, Personenrufanlagen, Handfunksprechgeräte, Mobiltelefone, Meßgeräte, medizinische Anwendungen, Pumpen, Waagen, Modellbau, Taschenlampen, Spiel und Hobby, Telekommunikation
KR 15/51	1,2	0,68	24	Notstromversorgungen für Signal- und Warnanlagen, schnurlose Haushaltsgeräte, schnurlose Telefone, Personenrufanlagen, Handfunksprechgeräte, Mobiltelefone, Meßgeräte, medizinische Anwendungen, Pumpen, Waagen, Modellbau, Taschenlampen, Spiel und Hobby, Telekommunikation
		0,8	24	Notstromversorgungen für Signal- und Warnanlagen, schnurlose Haushaltsgeräte, schnurlose Telefone, Personenrufanlagen, Handfunksprechgeräte, Mobiltelefone, Meßgeräte, medizinische Anwendungen, Pumpen, Waagen, Foto, Video, Film, Kameras, Blitzgeräte, Leuchten, Elektrowerkzeuge, schnurlose Gartengeräte, Modellbau, Taschenlampen, Telekommunikation, Laptops, Notebooks
KR 6	1,2	0,75	26	Notstromversorgungen für Signal- und Warnanlagen, schnurlose Haushaltsgeräte, schnurlose Telefone, Personenrufanlagen, Handfunksprechgeräte, Mobiltelefone, Meßgeräte, medizinische Anwendungen, Pumpen, Waagen, Modellbau, Taschenlampen, Spiel und Hobby, Telekommunikation
KR 23/43	1,2	1,4	50	Notstromversorgungen für Signal- und Warnanlagen, schnurlose Haushaltsgeräte, schnurlose Telefone, Personenrufanlagen, Handfunksprechgeräte, Mobiltelefone, Meßgeräte, medizinische Anwendungen, Pumpen, Waagen, Foto, Video, Film, Kameras, Blitzgeräte, Leuchten, Elektrowerkzeuge, schnurlose Gartengeräte, Modellbau, Taschenlampen, Telekommunikation, Laptops, Notebooks

IEC-Nr.	Nenn-spannung/V	Kapazität/Ah	Gewicht/g	Einsatzbereiche
KR 23/43		1,75	55	Notstromversorgungen für Signal- und Warnanlagen, schnurlose Haushaltsgeräte, schnurlose Telefone, Personenrufanlagen, Handfunksprechgeräte, Mobiltelefone, Meßgeräte, medizinische Anwendungen, Pumpen, Waagen, Foto, Video, Film, Kameras, Blitzgeräte, Leuchten, Elektrowerkzeuge, schnurlose Gartengeräte, Modellbau, Taschenlampen, Telekommunikation, Laptops, Notebooks
KR 26/50	1,2	2,2	75	Notstromversorgungen für Signal- und Warnanlagen, schnurlose Haushaltsgeräte, schnurlose Telefone, Personenrufanlagen, Handfunksprechgeräte, Mobiltelefone, Meßgeräte, medizinische Anwendungen, Pumpen, Waagen, Foto, Video, Film, Kameras, Blitzgeräte, Leuchten, Elektrowerkzeuge, schnurlose Gartengeräte, Modellbau, Taschenlampen, Telekommunikation, Laptops, Notebooks
		2,6	70	Notstromversorgungen für Signal- und Warnanlagen, schnurlose Haushaltsgeräte, schnurlose Telefone, Personenrufanlagen, Handfunksprechgeräte, Mobiltelefone, Meßgeräte, medizinische Anwendungen, Pumpen, Waagen, Foto, Video, Film, Kameras, Blitzgeräte, Leuchten, Elektrowerkzeuge, schnurlose Gartengeräte, Modellbau, Taschenlampen, Telekommunikation, Laptops, Notebooks
KR 33/62	1,2	4,6	147	Notstromversorgungen für Signal- und Warnanlagen, schnurlose Haushaltsgeräte, schnurlose Telefone, Personenrufanlagen, Handfunksprechgeräte, Mobiltelefone, Meßgeräte, medizinische Anwendungen, Pumpen, Waagen, Foto, Video, Film, Kameras, Blitzgeräte, Leuchten, Elektrowerkzeuge, schnurlose Gartengeräte, Modellbau, Taschenlampen, Telekommunikation, Laptops, Notebooks
		5,5	155	Notstromversorgungen für Signal- und Warnanlagen, schnurlose Haushaltsgeräte, schnurlose Telefone, Personenrufanlagen, Handfunksprechgeräte, Mobiltelefone, Meßgeräte, medizinische Anwendungen, Pumpen, Waagen, Foto, Video, Film, Kameras, Blitzgeräte, Leuchten, Elektrowerkzeuge, schnurlose Gartengeräte, Modellbau, Taschenlampen, Telekommunikation, Laptops, Notebooks
KR 33/91	1,2	7,8	237	Notstromversorgungen für Signal- und Warnanlagen, schnurlose Haushaltsgeräte, schnurlose Telefone, Personenrufanlagen, Handfunksprechgeräte, Mobiltelefone, Meßgeräte, medizinische Anwendungen, Pumpen, Waagen, Foto, Video, Film, Kameras, Blitzgeräte, Leuchten, Elektrowerkzeuge, schnurlose Gartengeräte, Modellbau, Taschenlampen, Telekommunikation, Laptops, Notebooks
KR 17/50	1,2	1,5	32	Notstromversorgungen für Signal- und Warnanlagen, schnurlose Haushaltsgeräte, schnurlose Telefone, Personenrufanlagen, Handfunksprechgeräte, Mobiltelefone, Meßgeräte, medizinische Anwendungen, Pumpen, Waagen, Foto, Video, Film, Kameras, Blitzgeräte, Leuchten, Elektrowerkzeuge, schnurlose Gartengeräte, Modellbau, Taschenlampen, Telekommunikation, Laptops, Notebooks

IEC-Nr.	Nenn-spannung/V	Kapazität/Ah	Gewicht/g	Einsatzbereiche
KRT 15/18	1,2	0,1	8	Notstromversorgungen für Signal- und Warnanlagen, Notbeleuchtung, Alarmanlagen, Speicherpufferung (Bürogeräte, Computer, Kfz-Bordcomputer), Meßgeräte, medizinische Anwendungen, Pumpen, Waagen, Footo, Video, Film, Kameras, Blitzgeräte, Leuchten, Telekommunikation, Laptops, Notebooks
KRT 15/51	1,2	0,575	24	Notstromversorgungen für Signal- und Warnanlagen, Notbeleuchtung, Alarmanlagen, Speicherpufferung (Bürogeräte, Computer, Kfz-Bordcomputer), Meßgeräte, medizinische Anwendungen, Pumpen, Waagen, Footo, Video, Film, Kameras, Blitzgeräte, Leuchten, Telekommunikation, Laptops, Notebooks
KRT 23/43	1,2	1,4	50	Notstromversorgungen für Signal- und Warnanlagen, Notbeleuchtung, Alarmanlagen, Speicherpufferung (Bürogeräte, Computer, Kfz-Bordcomputer), Meßgeräte, medizinische Anwendungen, Pumpen, Waagen, Footo, Video, Film, Kameras, Blitzgeräte, Leuchten, Telekommunikation, Laptops, Notebooks
KRT 26/50	1,2	2,0	67	Notstromversorgungen für Signal- und Warnanlagen, Notbeleuchtung, Alarmanlagen, Speicherpufferung (Bürogeräte, Computer, Kfz-Bordcomputer), Meßgeräte, medizinische Anwendungen, Pumpen, Waagen, Footo, Video, Film, Kameras, Blitzgeräte, Leuchten, Telekommunikation, Laptops, Notebooks
KRT 33/62	1,2	4,5	147	Notstromversorgungen für Signal- und Warnanlagen, Notbeleuchtung, Alarmanlagen, Speicherpufferung (Bürogeräte, Computer, Kfz-Bordcomputer), Meßgeräte, medizinische Anwendungen, Pumpen, Waagen, Footo, Video, Film, Kameras, Blitzgeräte, Leuchten, Telekommunikation, Laptops, Notebooks
KRT 33/91	1,2	7,3	237	Notstromversorgungen für Signal- und Warnanlagen, Notbeleuchtung, Alarmanlagen, Speicherpufferung (Bürogeräte, Computer, Kfz-Bordcomputer), Meßgeräte, medizinische Anwendungen, Pumpen, Waagen, Footo, Video, Film, Kameras, Blitzgeräte, Leuchten, Telekommunikation, Laptops, Notebooks
KRX 23/43	1,2	1,5	52	schnurlose Haushaltsgeräte, schnurlose Telefone, Personenrufanlagen, Handfunksprechgeräte, Mobiltelefone, Foto, Video, Film, Kameras, Blitzgeräte, Leuchten, Elektrowerkzeuge, schnurlose Gartengeräte, Modellbau, Spiel und Hobby, Laptops, Notebooks
KRX 33/62	1,2	4,6	165	schnurlose Haushaltsgeräte, schnurlose Telefone, Personenrufanlagen, Handfunksprechgeräte, Mobiltelefone, Foto, Video, Film, Kameras, Blitzgeräte, Leuchten, Elektrowerkzeuge, schnurlose Gartengeräte, Modellbau, Spiel und Hobby, Laptops, Notebooks

u.v.a.

Inhaltsstoff	Anteil in Gew.%	Inhaltsstoff	Anteil in Gew.%
Cadmium	18 - 22	- Kunststoffe, Papier, Bitumen	
Nickel	20	Elektrolyt	
Gehäuse, Separator		- wäßrige KOH	18 - 20
- Eisen	45		

Aufbau

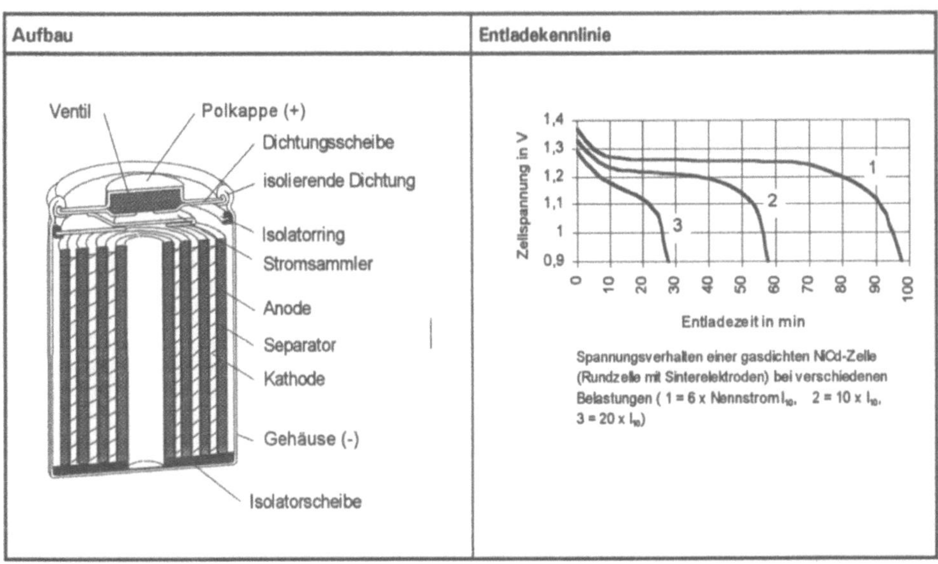

Entladekennlinie

Spannungsverhalten einer gasdichten NiCd-Zelle (Rundzelle mit Sinterelektroden) bei verschiedenen Belastungen (1 = 6 x Nennstrom I_{10}, 2 = 10 x I_{10}, 3 = 20 x I_{10})

Marktentwicklung

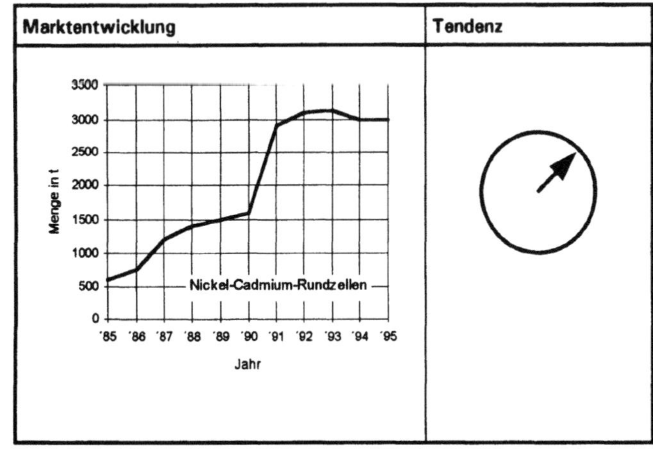

Tendenz

Kennzeichnung

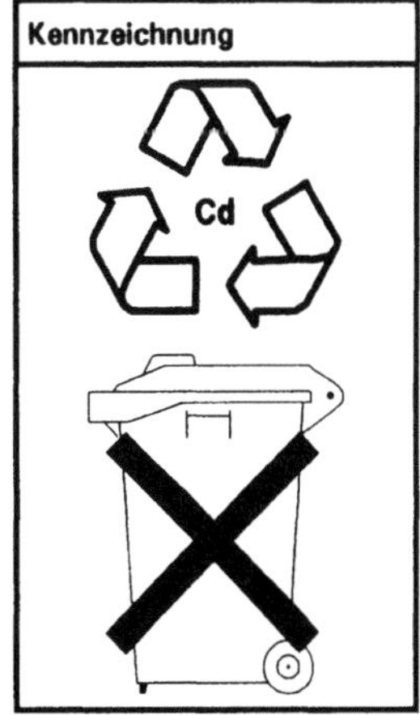

Batterietyp	Nickel-Hydrid, sekundär, Knopfzelle
Anode	Metallhydrid
Elektrolyt	Kalilauge
Kathode	Nickeloxidhydroxid

Produkt-Nr.	Nennspannung/V	Kapazität/Ah	Gewicht/g	Einsatzbereiche
V 11 H	1,2	0,012	1,2	Überbrückungsfunktionen in Desktop-, Laptop-, Notebook- und Palmtop-Computern, Camcorder, Video- und Fernsehgeräte, Auto-Stereoanlagen, Hi-Fi, Foto, Faxgeräte, Telexgeräte, Drucker, Kopierer, Datenerfassungsgeräte, Tee- und Kaffeemaschinen, Taschenrechner, Solar-Uhren, Hörgeräte
V 30 H	1,2	0,035	1,7	Überbrückungsfunktionen in Desktop-, Laptop-, Notebook- und Palmtop-Computern, Camcorder, Video- und Fernsehgeräte, Auto-Stereoanlagen, Hi-Fi, Foto, Faxgeräte, Telexgeräte, Drucker, Kopierer, Datenerfassungsgeräte, Tee- und Kaffeemaschinen, Taschenrechner, Solar-Uhren, Hörgeräte
V 60 H	1,2	0,07	4,0	Mobiltelefone, schnurlose Telefone, tragbare Radios, Funkgeräte, Überbrückungsfunktionen in Desktop-, Laptop-, Notebook- und Palmtop-Computern, Camcorder, Video- und Fernsehgeräte, Auto-Stereoanlagen, Hi-Fi, Foto, Meßgeräte, medizinische Anwendungen, Faxgeräte, Telexgeräte, Drucker, Kopierer, Datenerfassungsgeräte, Speichererhaltung bei erhöhten Temperaturen (Auto-Bordcomputer)
V 110 H	1,2	0,12	6,0	Mobiltelefone, schnurlose Telefone, tragbare Radios, Funkgeräte, Überbrückungsfunktionen in Desktop-, Laptop-, Notebook- und Palmtop-Computern, Camcorder, Video- und Fernsehgeräte, Auto-Stereoanlagen, Hi-Fi, Foto, Meßgeräte, medizinische Anwendungen, Warn- und Signalanlagen, Faxgeräte, Telexgeräte, Drucker, Kopierer, Datenerfassungsgeräte, Speichererhaltung bei erhöhten Tem-peraturen (Auto-Bordcomputer), Taschenradios, Mikrofone, Spielzeug, Modellbau
V 170 H	1,2	0,2	10	Mobiltelefone, schnurlose Telefone, tragbare Radios, Funkgeräte, Meßgeräte, medizinische Anwendungen, Warn- und Signalanlagen, Taschenlampen, Spielzeug, Modellbau
V 280 H	1,2	0,32	12	Mobiltelefone, schnurlose Telefone, tragbare Radios, Funkgeräte, Meßgeräte, medizinische Anwendungen, Warn- und Signalanlagen, Taschenlampen, Spielzeug, Modellbau
u.v.a.				

Inhaltsstoff (Knopfzelle mit AB_5-Legierung)	Anteil in Gew.%	Inhaltsstoff (Knopfzelle mit AB_5-Legierung)	Anteil in Gew.%
Nickel	29 - 39	Kohlenstoff (Grafit)	2 - 3
Eisen	31 - 47	Kunststoffe (Polypropylen, Polyamid etc.)	1 - 2
Kobalt	2 - 3	Kalium	1 - 2
Lanthan, Cer, Neodym, Praseodym	6 - 8	sonstige	2 - 3
Wasserstoff und Sauerstoff aus Wasser und Oxiden	8 - 10		

Aufbau	Entladekennlinie
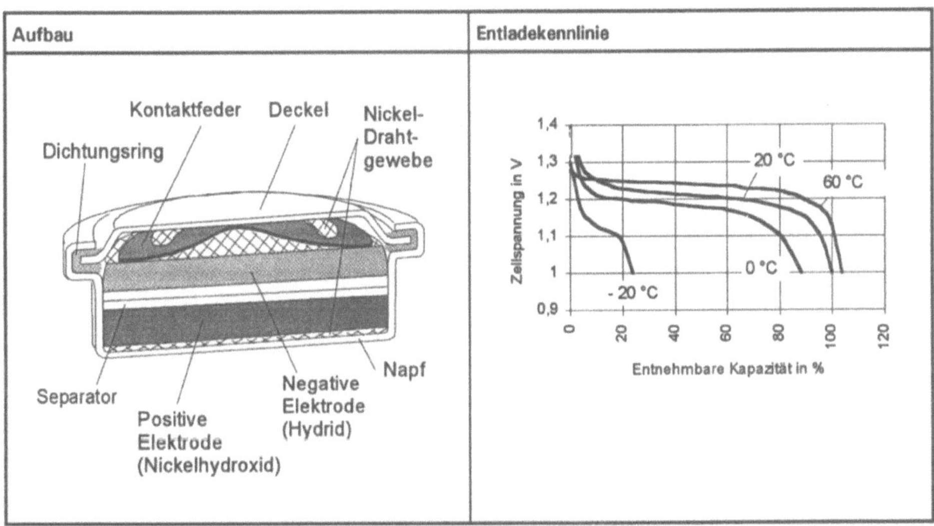	

Marktentwicklung	Tendenz	Kennzeichnung

Batterietyp	Nickel-Hydrid, sekundär, Rundzelle
Anode	Metallhydrid
Elektrolyt	Kalilauge
Kathode	Nickeloxidhydroxid

Produkt-Nr./ IEC-Nr.	Nennspannung/V	Kapazität/ Ah	Gewicht/g	Einsatzbereiche
VH 1200 AA	1,2	1,3	26	Computer, tragbare Kommunikationsgeräte, audiovisuelle Systeme, Haushaltsgeräte, periphere Automatisierungsgeräte für Büro und Handel, Spielzeug, Modelle, periphere industrielle Geräte, Foto
VH 1500 4/5 A	1,2	1,6	30	Computer, tragbare Kommunikationsgeräte, audiovisuelle Systeme, Haushaltsgeräte, periphere Automatisierungsgeräte für Büro und Handel, Spielzeug, Modelle, periphere industrielle Geräte, Foto
VH 1800 4/5 A	1,2	1,9	32	Computer, tragbare Kommunikationsgeräte, audiovisuelle Systeme, Haushaltsgeräte, periphere Automatisierungsgeräte für Büro und Handel, Spielzeug, Modelle, periphere industrielle Geräte, Foto
VH 2400 4/3 A	1,2	2,6	50	Computer, tragbare Kommunikationsgeräte, audiovisuelle Systeme, Haushaltsgeräte, periphere Automatisierungsgeräte für Büro und Handel, Spielzeug, Modelle, periphere industrielle Geräte, Foto
VH 2800 4/3 A	1,2	3,0	52	Computer, tragbare Kommunikationsgeräte, audiovisuelle Systeme, Haushaltsgeräte, periphere Automatisierungsgeräte für Büro und Handel, Spielzeug, Modelle, periphere industrielle Geräte, Foto
HR 6	1,2	1,0	25	**Leuchten, Spielzeug, Radios, Rasierer, Rechner, Uhren**
HR 14	1,2	2,5	70	Leuchten, Spielzeug, Radios, Recorder, Uhren, Rasierer
HR 20	1,2	5,0	150	Leuchten, Recorder, Rasierer, Spielzeug, Radios, Uhren
u.v.a.				

Inhaltsstoff (Rundzelle mit AB_5-Legierung)	Anteil in Gew.%	Inhaltsstoff (Rundzelle mit AB_5-Legierung)	Anteil in Gew.%
Nickel	36 - 42	Kohlenstoff (Grafit)	0 - 1
Eisen	22 - 25	Kunststoffe (Polypropylen, Polyamid etc.)	3 - 4
Kobalt	3 - 4	Kalium	1 - 2
Lanthan, Cer, Neodym, Praseodym	8 - 10	sonstige	2 - 3
Wasserstoff und Sauerstoff aus Wasser und Oxiden	15 - 17		

Inhaltsstoff (Rundzelle mit AB$_2$-Legierung)	Anteil in Gew.%	Inhaltsstoff (Rundzelle mit AB$_2$-Legierung)	Anteil in Gew.%
Nickel	37 - 39	Wasserstoff und Sauerstoff aus Wasser und Oxiden	15 - 17
Eisen	23 - 25	Kunststoffe (Polypropylen, Polyamid etc.)	3 - 4
Kobalt	1 - 2	Kalium	1 - 2
Zirkon, Titan, Vanadium, Chrom	13 - 14	sonstige	1 - 2

Aufbau | **Entladekennlinie**

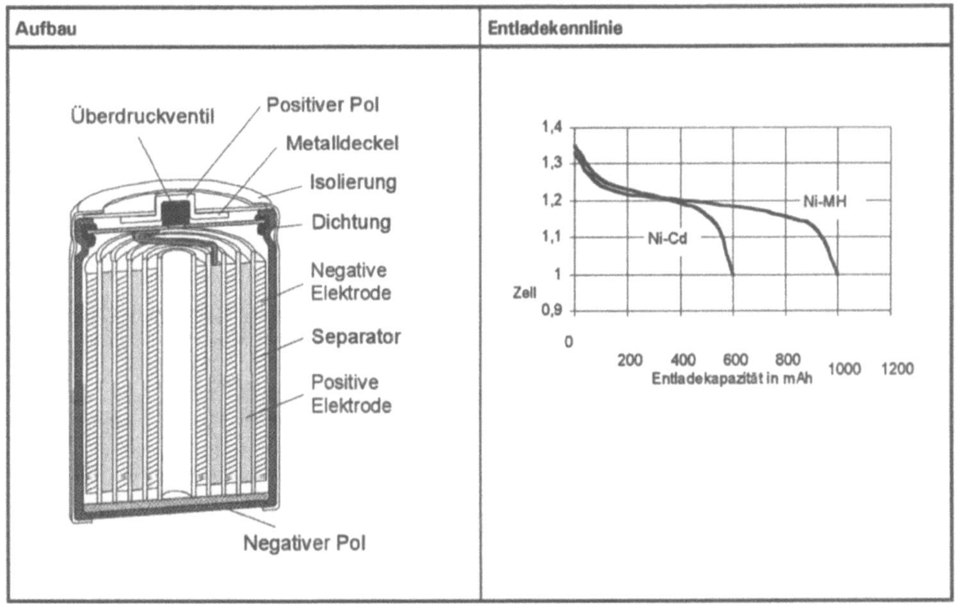

Marktentwicklung | **Tendenz** | **Kennzeichnung**

Batterietyp	Nickel-Hydrid, sekundär, prismatische Zelle
Anode	Metallhydrid
Elektrolyt	Kalilauge
Kathode	Nickeloxidhydroxid

Produkt-Nr.	Nenn-spannung/V	Kapazität/Ah	Gewicht/g	Einsatzbereiche
DR 10	6,0	1,5	182	Camcorder
DR 11	6,0	3,0	350	Camcorder
DR 15	10,8	1,7	306	
DR 17	7,2	1,7	205	
DR 30	7,2	2,4	334	
DR 35	10,8	2,4	470	
VH 650 F5	1,2	0,67	17	Computer, tragbare Kommunikationsgeräte, audiovisuelle Systeme, Haushaltsgeräte, periphere Automatisierungsgeräte für Büro und Handel, Spielzeug, Modelle, periphere industrielle Geräte, Foto
VH 600 F6	1,2	0,58	17	Computer, tragbare Kommunikationsgeräte, audiovisuelle Systeme, Haushaltsgeräte, periphere Automatisierungsgeräte für Büro und Handel, Spielzeug, Modelle, periphere industrielle Geräte, Foto
VH 750 F5F	1,2	0,76	19	Computer, tragbare Kommunikationsgeräte, audiovisuelle Systeme, Haushaltsgeräte, periphere Automatisierungsgeräte für Büro und Handel, Spielzeug, Modelle, periphere industrielle Geräte, Foto

Inhaltsstoff	Anteil in Gew.%	Inhaltsstoff	Anteil in Gew.%
Metallhydrid		Gehäuse	
- Wasserstoff		- Nickelstahl	
- Wasserstoffspeicherlegierung		- Kunstharze	
Nickeloxidhydroxid		Separator	
andere Materialien		- Polyamid	
- Kohlenstoff (Ruß)		Elektrolyt	
- Carboxymethylcellulose		- wäßrige KOH	

Aufbau	Entladekennlinie

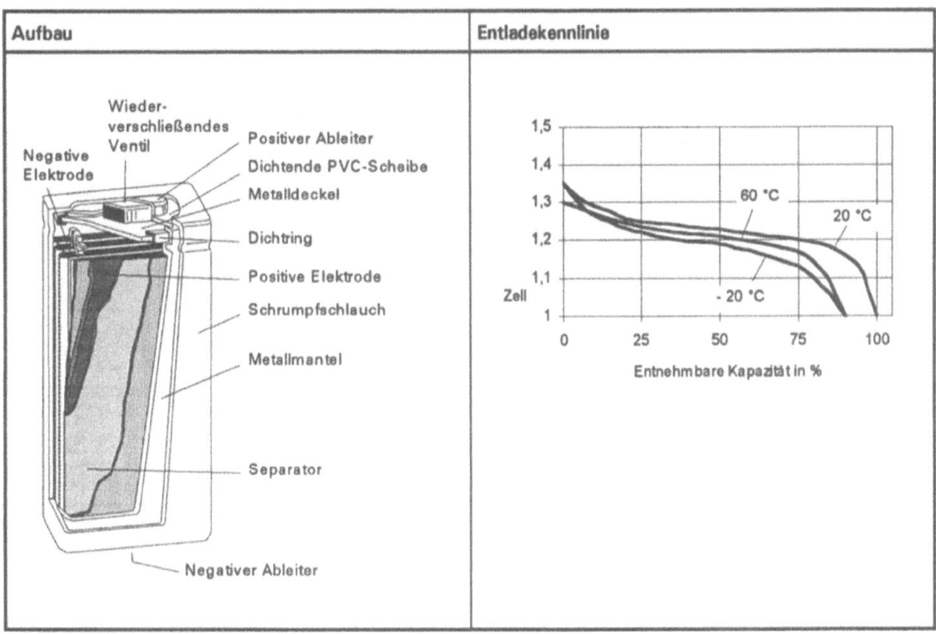

Marktentwicklung	Tendenz	Kennzeichnung

Batterietyp	Alkali-Mangan, sekundär, Rundzelle
Anode	Zink
Elektrolyt	Kalilauge
Kathode	Mangandioxid

IEC-Nr.	Nenn-spannung/V	Kapazität/Ah	Gewicht/g	Einsatzbereiche
LR 6	1,5	1,0		Blitzlichter, tragbare Computer
LR 14	1,5	3,0		Blitzlichter, tragbare Computer
LR 20	1,5	6,0		Blitzlichter, tragbare Computer

Inhaltsstoff	Anteil in Gew.%	Inhaltsstoff	Anteil in Gew.%
Blei	0,025	Zink	41,7
Cadmium	0,0012	Mangan	18,2
Kupfer	2,1	Quecksilber	0,0013
Nickel	0,041	Arsen	0,063

Batterietyp	Lithium-Mangandioxid, sekundär, Knopfzelle
Anode	Lithium
Elektrolyt	organisches Lösemittel, Lithiumsalz
Kathode	Mangandioxid

Produkt-Nr.	Nenn-spannung/V	Kapazität/Ah	Gewicht/g	Einsatzbereiche
ML 1220	3,0	0,012	0,7	Datenspeicherung
ML 2016	3,0	0,02	1,7	Datenspeicherung
ML 2430	3,0	0,07	4,0	Datenspeicherung

Inhaltsstoff	Anteil in Gew.%	Inhaltsstoff	Anteil in Gew.%
Lithium-Aluminium-Legierung		Separator	
Mangandioxid		- Polypropylen	
Gehäuse		Elektrolyt	
- Edelstahl		- Propylencarbonat	
- Polypropylen		- 1,2-Dimethoxyethan	
		- Lithiumperchlorat	

Aufbau	Entladekennlinie

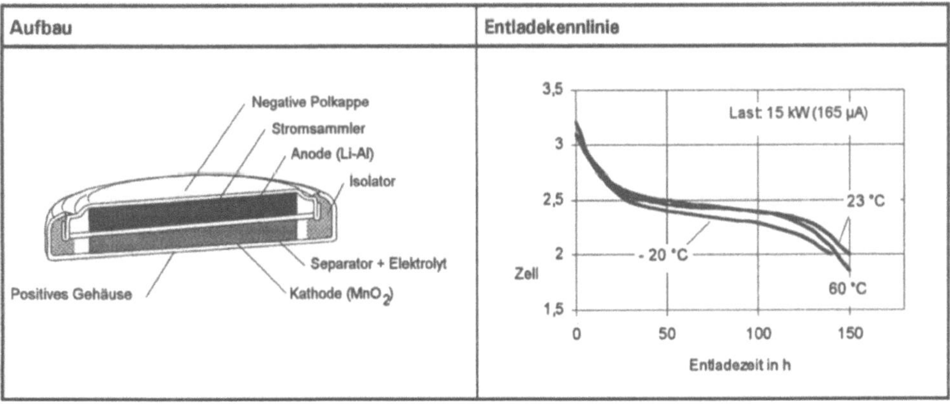

Batterietyp	Lithium-Vanadiumpentoxid, sekundär, Knopfzelle
Anode	Lithium
Elektrolyt	organisches Lösemittel, Lithiumsalz
Kathode	Vanadiumpentoxid

Produkt-Nr.	Nenn-spannung/V	Kapazität/Ah	Gewicht/g	Einsatzbereiche
VL 1216	3,0	0,005	0,7	Speicherstützung in Bildübertragungsgeräten, Telefonen, Schreibmaschinen, Sequenzern, Videokameras, Mikrocomputern, Speicherkarten, Empfansgeräten u.a.
VL 1220	3,0	0,007	0,8	Speicherstützung in Bildübertragungsgeräten, Telefonen, Schreibmaschinen, Sequenzern, Videokameras, Mikrocomputern, Speicherkarten, Empfansgeräten u.a.
VL 2020	3,0	0,02	2,2	Speicherstützung in Bildübertragungsgeräten, Telefonen, Schreibmaschinen, Sequenzern, Videokameras, Mikrocomputern, Speicherkarten, Empfangsgeräten
VL 2320	3,0	0,03	2,8	Speicherstützung in Bildübertragungsgeräten, Telefonen, Schreibmaschinen, Sequenzern, Videokameras, Mikrocomputern, Speicherkarten, Empfangsgeräten.
VL 2330	3,0	0,05	4,0	Speicherstützung in Bildübertragungsgeräten, Telefonen, Schreibmaschinen, Sequenzern, Videokameras, Mikrocomputern, Speicherkarten, Empfangsgeräten
VL 3032	3,0	0,1	6,3	Speicherstützung in Bildübertragungsgeräten, Telefonen, Schreibmaschinen, Sequenzern, Videokameras, Mikrocomputern, Speicherkarten, Empfangsgeräten
VL 621	3,0	0,0015	0,3	Speicherstützung in Bildübertragungsgeräten, Telefonen, Schreibmaschinen, Sequenzern, Videokameras, Mikrocomputern, Speicherkarten, Empfangsgeräten

Inhaltsstoff	Anteil in Gew.%	Inhaltsstoff	Anteil in Gew.%
Lithium-Aluminium-Legierung		Separator	
Vanadiumpentoxid		Elektrolyt	
Gehäuse		- organisches Lösemittel	
- Edelstahl		- Lithiumtetrafluoroborat	

Aufbau	Entladekennlinie
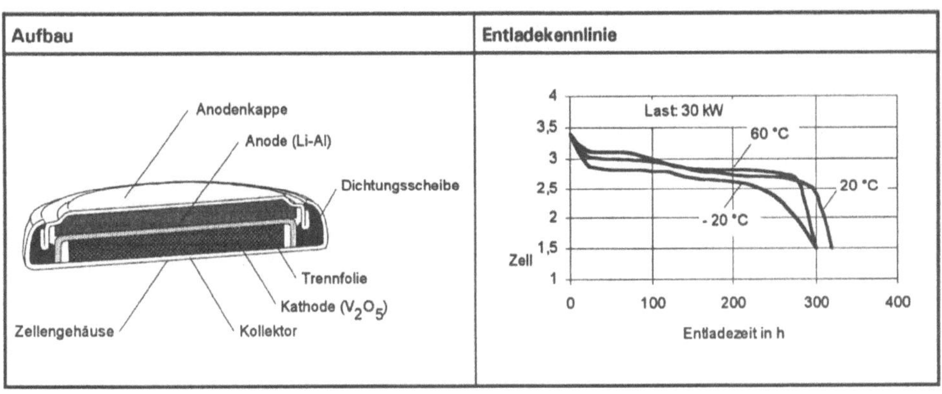	

Batterietyp	Lithium-Carbon, sekundär, Knopfzelle
Anode	Lithium
Elektrolyt	organisches Lösemittel, Lithiumsalz
Kathode	kohlenstoffhaltiges Material

Produkt-Nr.	Nenn-spannung/V	Kapazität/Ah	Gewicht/g	Einsatzbereiche
CL 1220	3,0	0,0003	0,8	Speicherstützung
CL 2020	3,0	0,001	1,9	Speicherstützung
CL 2320	3,0	0,0015	3,0	Speicherstützung
CL 2330	3,0	0,0025	3,7	Speicherstützung

Inhaltsstoff	Anteil in Gew.%	Inhaltsstoff	Anteil in Gew.%
Lithiumlegierung		- Edelstahl	
Kathode		Separator	
- Aktivkohle		Elektrolyt	
- Polymer (Grafit, Polyvinylferrocen)		- Propylencarbonat	
Gehäuse		- Lithiumperchlorat	

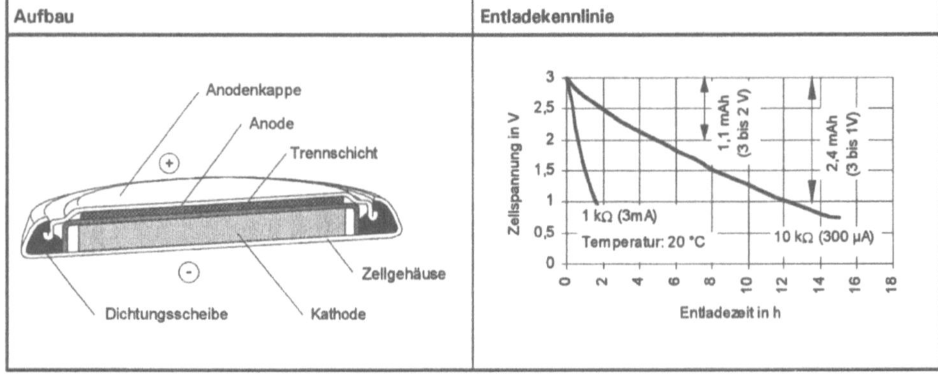

Sonstige Batterieinhaltsstoffe

Zink-Kohle-Batterie, primär (Leclanché, Zinkchlorid)		
Stoff	**Funktion**	**Quelle**
Blei Cadmium	Anodenbestandteile (natürliche Verunreinigungen)	[510]
Tetranatriumpyrophosphat Calgon 261 LVF Bentone LT Polytex 6510	Anodenbestandteile (Polaroidbatterie)	[397]
Mangansulfat	Ausgangsstoff (Kathode)	[474]
Schwefelsäure Natriumchlorat	Produktionshilfsmittel (Kathode)	[474]
Eisen(III)chlorid	Additiv (Kathode, Kohleableiter)	[91]
Stärke Mehl	Additiv (Elektrolyt, Geliermittel)	[474]
Sulfatzellstoff	Separatormaterial	[474]
Cellophan	Separatormaterial (Polaroidbatterie)	[397]
Polyethylen	Dichtung Schutzhülle	[474] [397]
Polypropylen	Dichtung	[474]
Schwefelsäure Ammoniak Naphthensäure Trioktylphosphinoxid Cyclohexan Di-(2-ethylhexyl)-Phosphorsäure Kerosin Tetrafluoroborsäure Salzsäure Kohle Koks Eisen	Recyclinghilfsmittel	[34,339,373] [34] [59] [85,339] [339]

Alkali-Mangan, primär		
Stoff	**Funktion**	**Quelle**
Polyisobutylen	Bindemittel (Anode)	[342]
Ammoniumbicarbonat	Additiv (Anode, Porenbildner)	[342]
Cyclohexan	Produktionshilfsmittel (Anode)	[342]
GIC $C_{57}CrO_3$ GIC $C_{52}CrO_3$	Additive (Kathode)	[49,52]

184

Alkali-Mangan, primär (Fortsetzung)		
Stoff	**Funktion**	**Quelle**
Polyvinylalkohol	Separatormaterial	[157]
Naphthensäure Schwefelsäure Trioktylphosphinoxid Cyclohexan Di-(2-ethylhexyl)-Phosphorsäure Kerosin Salzsäure	Recyclinghilfsmittel	[34] [85]

Zink-Silberoxid, primär		
Stoff	**Funktion**	**Quelle**
Silberoxalat Silbernitrat	Ausgangsstoffe (Kathode)	[207]
Schwefelwasserstoff Calciumcarbonat Calciumoxid Salpetersäure Salzsäure Ammoniumsulfid Natriumsulfid	Recyclinghilfsmittel	[340]

Zink-Luft, primär		
Stoff	**Funktion**	**Quelle**
Lanthannickeloxid $LaNiO_3$ $La_{0,5}Sr_{0,5}RuO_3$ $La_{0,5}Sr_{0,5}CoO_3$	Kathodenmaterialien	[138]
$H_3Pt(SO_3)_2OH$	Ausgangsstoff (Kathode)	[329]
Glucose Salzsäure Lithiumhydroxid Sulfolan Aceton Isopropanol Ammoniumhydrogencarbonat Wasserstoffperoxid	Produktionshilfsmittel (Kathode)	[381] [252] [254,329] [332] [329]

Zink-Luft, primär (Fortsetzung)

Stoff	Funktion	Quelle
Polytetrafluorethylen Ethylen-Propylen-Copolymer Polyethylen Polypropylen	Bindemittel, Hydrophobierungsmittel (Kathode)	[234,252,363, 332]
Silber Palladium Kobalttetramethoxyphenylporphyrin NAFION Platin Kupfer Raney-Nickel Silberoxid Kupferoxid Alkalisalze der Hexachloroplatinsäure	Katalysator (Kathode)	[363,254] [252] [254]
Quecksilberoxid Selenoxid Zinnoxid Bleioxid Nickeloxid	Additive (Kathode)	[254]
Nickel	Stützgitter, Stromsammler (Kathode)	[252,363]
Kaliumaluminiumoxid	Leitsalz (Elektrolyt)	[252]

Lithium-Thionylchlorid, primär

Stoff	Funktion	Quelle
Ruß	Leitmittel (Kathode)	[66,247,497]
Polytetrafluorethylen	Bindemittel (Kathode)	[66,247,497]
Ethanol Isopropanol	Produktionshilfsmittel (Kathode)	[66] [497]
Nickel	Stromkollektor (Kathode)	[66,265]
Thionylchlorid	Kathode, Lösemittel (Elektrolyt)	[66,347,325]
Lithiumaluminiumchlorid	Leitsalz (Elektrolyt)	[66,325,347]
Schwefeldioxid $LiAl(SO_3Cl)_4$ Aluminiumchlorid Lithiumchlorid BCl_3 BBr_3 B_2O_3	Additive (Elektrolyt)	[66] [325] [325]

Lithium-Thionylchlorid, primär (Fortsetzung)		
Stoff	**Funktion**	**Quelle**
$LiBO_2$ $Li_2B_4O_7$ LiB_{12} LiB_2 Pyridinschwefeltrioxid $LiSO_3Cl$ $LiNbCl_6$ $LiTaCl_6$	Additive (Elektrolyt)	[325] [306]
Glasfaser Lithiumcarbonat Polyethylenoxid Glykol Triallylcyanurat Triallylisocyanurat	Separatormaterialien	[66,265] [181]

Lithium-Mangandioxid, primär		
Stoff	**Funktion**	**Quelle**
Manganoxid Mn_2O_3 Mangannitrat $MnNO_3$ Mangansulfat $MnSO_4$ Ammoniumperoxodisulfat $(NH_4)_2S_2O_8$ Kaliumpermanganat $KMnO_4$ Formaldehyd Schweflige Säure	Ausgangsstoffe (Kathode)	[345] [139]
Methanol Salpetersäure	Produktionshilfsmittel (Kathode)	[377] [345]
Polytetrafluorethylen Polytrifluormonochlorethylen Polyethylen Polypropylen Polystyrol Polyvinylalkohol Carboxymethylcellulose	Bindemittel (Kathode)	[377,217,471] [471]
Phosphorsäure Phosphorige Säure Hypophosphorsäure Calciumoxid	Additive (Kathode)	[202] [374]
Aluminium	Kathodengitter	[377]
3-Methyl-2-oxazolidon	Lösemittel (Elektrolyt)	[374]

Lithium-Polycarbonmonofluorid, primär

Stoff	Funktion	Quelle
Fluor Grafit Benzol	Ausgangsstoffe (Kathode)	[103]
Kaliumpermanganat Ethanol	Produktionshilfsmittel (Kathode)	[77] [294]

Lithium-Kupfersulfid, primär

Stoff	Funktion	Quelle
Kupfer(I)oxid Cu_2O Kupfer(II)chlorid $CuCl_2$	Ausgangsstoffe (Kathode)	[97]
Poly-iso-butylen Toluol Lithiumnitridchlorid $Li_9N_2Cl_3$	Ausgangsstoffe (flexibler Festelektrolyt)	[390]

Lithium-Jod (org. Polymer), primär

Stoff	Funktion	Quelle
Lithium	Anode	[349,417]
Nickel	Stromsammler (Anode)	[442]
Poly(2,5-furandiylvinylen) (Jod) zykl. Polyacrylonitril (Jod) Polyethylenoxid (Jod) Poly(2-vinylpyridin)	Kathode	[232] [349] [417] [415]
5-Chloromethyl-2-furancarboxaldehyd Triphenylphosphin 2-Formyl-5-furfuryl-triphenylphospho- niumchlorid Lithiummethanolat 1-Butylpyridiniumjodid Diphenylether Vinylpyridin Vinylchinolin	Ausgangsstoffe (Kathode)	[232] [443] [442] [360]
Siliziumdioxid	Additiv (Kathode)	[443]
Zirkonium	Stromsammler (Kathode)	[442]

Lithium-Jod (org. Polymer), primär (Fortsetzung)

Stoff	Funktion	Quelle
Propylencarbonat	Lösemittel (Elektrolyt)	[232]
Lithiumperchlorat	Leitsalz (Elektrolyt)	[232]
Lithiumjodid Polyvinylpyridin Polyvinylchinolin	Festelektrolyt	[349,417] [256]
Aluminiumoxid	Füllstoff	[349]

Bleiakkumulator, sekundär

Stoff	Funktion	Quelle
Zinndioxid	Additiv (Anode)	[351]
Bleisulfat, dreibasig $PbSO_4 \cdot 3PbO$ Bleisulfat, vierbasig $PbSO_4 \cdot 4PbO$	Ausgangsstoffe (Kathode)	[490,508]
Polyvinylchlorid Glasfaser Polyester Phenolharz Acrylharz	Elektrodenbestandteile (Röhrchen)	[24]
Phosphorsäure Siliziumdioxid Natriumsulfat Natriumhydrogensulfat	Additive (Elektrolyt, Gelbildner)	[266]
Polyester Glasfaser Phenol-Formaldehyd-Polymer	Separatormaterialien	[110] [110,494] [382]
Polyethylen Polyvinylchlorid Polystyrol Glasfaser	Elektrodengitter (Teilersatz)	[404]
Titan Aluminium	Additive (Gitter)	[404]
Blei-Calcium-Zinn-Legierung	Elektrodengitter	[110]
Arsenopyrit Lollongit	Ausgangsstoffe (Elektrodengitter)	[167]

Bleiakkumulator, sekundär (Fortsetzung)		
Stoff	**Funktion**	**Quelle**
Methansulfonsäure	Recyclinghilfsmittel	[298]
Magnesiumhydroxid		[79]
Natriumhydroxid		[61]
Natriumhypochlorid		
Triethanolamin		[9]
Eisenchlorosulfat		[2]
Kalkmilch		
Natriumcarbonat		[13,30,131,288,406]
Schwefel		[25,161]
Chlor		
Essigsäure		[37]
Zitronensäure		
Tetrafluoroborsäure		[119,238,289]
Manitol		[61]
Xylitol		
Glycerol		
Bleifluoroborat		[119]
Borax		[131]
Kaliumsilikat		[174]
Aluminiumsilikat		
Calciumcarbonat		
Quarz		
Orthoklas $KAlSi_3O_3$		
Muskovit $Al_3KH_2(SiO_4)_3$		
Schwefelsäure	Recyclinghilfsmittel	[238,350]
Hexafluorokieselsäure		[289]
Wasserstoffperoxid		
Koks		[318]
Kohle		
Natriumsulfat	Recyclingprodukt	[30]

Nickel-Cadmium, sekundär		
Stoff	**Funktion**	**Quelle**
Polyvinylalkohol	Produktionshilfsmittel (Anode)	[196]
Ethylenglykol		
Borsäure		
Magnesiumsulfat		
Wasserstoffperoxid		
Kaliumperoxidisulfat		[313]
Cadmiumsulfat		
Nickelsulfat		
Natriumsulfid		
Natriumsulfit		
Hydrazin		[449]
Hydroxylamin		
Formaldehyd		
Natriumhypophosphit		

Nickel-Cadmium, sekundär (Fortsetzung)		
Stoff	**Funktion**	**Quelle**
Cadmiumoxid Zinndioxid	Ausgangsstoff (Anode)	[93]
Cadmiumstannat Cd_2SnO_4	Anodenmaterial	[93]
Phenoxyessigsäure Atropinsäure Phenylpropiolische Säure Methyl-p-hydroxybenzoat Vinylbenzoesäure sek.-Butylmalonsäure Glykolstearat Stearinsäure y-Phenylcrotonsäure Phenylessigsäure Magnesiumhydroxid Kupfer(I)oxid	Additive (Anode)	[196] [218]
Kupfer	Stromsammler (Anode)	[218]
Polyvinylpyrrolidon	Bindemittel (Anode)	[500]
Butadien-Styrol-Copolymer	Anodenbestandteil (Beschichtung)	[261]
Nickelnitrat	Ausgangsstoff (Kathode)	[425]
Natriumhydroxid Kaliumperoxidisulfat Kaliumchlorid Kaliumbromid Ozon	Produktionshilfsmittel (Kathode)	[425] [152] [320]
Nickelcarbonyl $Ni(CO)_4$ Polyisocyanurat	Ausgangsstoff (Kathode, Elektrodengerüst)	[188]
Silbernitrat	Ausgangsstoff (Silber-Nickel-Kathode)	[211]
Grafit	Leitmittel (Kathode)	[164]
Nickelborat Borsäure Kobalthydroxid Polyurethan	Additive (Kathode)	[164] [398]
Propylenoxid	Produktionshilfsmittel (Additiv, Kathode)	[391]
Polytetrafluorethylen Polyethylen Neoprenlatex	Bindemittel (Kathode, Anode)	[164,218]

Nickel-Cadmium, sekundär (Fortsetzung)		
Stoff	**Funktion**	**Quelle**
Nickelchlorid Nickelsulfat Borsäure p-Toluolsulfonamid Kobaltsulfat Kobaltchlorid Natriumchlorid Natriumcyanid Natriumhydroxid Schwefelsäure Gelatine	Produktionshilfsmittel (Sinterfolienelektrode)	[186]
Polyurethan Polyvinylchlorid	Produktionshilfsmittel (Elektrodengitter)	[219]
Kohlenstoff Mangan Phosphor Schwefel Aluminium Stickstoff Titan Eisen	Stahlbestandteile (Elektrodenträger)	[186]
$Ni(OH)_2$-$Fe(OH)_3$-GIC $Ni(OH)_2$-$Cu(OH)_2$-GIC	Additive (Elektroden)	[1]
Lithiumhydroxid	Additiv (Elektrolyt)	[164]
Isopropanol Trichlorethylen	Lösemittel (Produktionshilfsmittel)	[449]
Polyamid Polypropylen Polyethylen-Acrylsäure-Copolymer	Separatormaterialien	[196] [164] [400]
Alkylmonothiophosphensäure $C_{16}H_{35}O_3PS$ n-Heptan Schwefelsäure Natriumhydroxid Wasserstoffperoxid Natriumsulfid Aluminium Natriumchlorid	Recyclinghilfsmittel	[35] [159] [470]

Nickel-Eisen, sekundär

Stoff	Funktion	Quelle
Ammoniumchlorid	Produktionshilfsmittel (Anode)	[450]
Grafit	Leitmittel (Anode)	[450]
Polyvinylalkohol Harnstoff Glucose	Additive (Anode)	[450,454,463]
$[Ni_4Fe(OH)_{10}]^+ [NO_3 \cdot yH_2O]^-$	Elektrodenbestandteil (Kathode)	[222,309]

Nickel-Zink, sekundär

Stoff	Funktion	Quelle
Zinkoxid Zink Zinkhydroxid Calciumzinkat	Elektrodenbestandteil (Anode)	[399,403,444] [56]
Polystyrol Polytetrafluorethylen Polyvinylidenfluorid Methylcellulose Carboxymethylcellulose Polyvinylalkohol Polyethylenoxid Polyethylen Cellulose	Bindemittel (Anode)	[444] [56] [399]
Blei Bleioxid PbO Bleioxid Pb_3O_4 Quecksilberoxid Calciumhydroxid Calciumoxid	Additive (Anode)	[444] [56,399] [403,440] [444]
Kupfer	Additiv (Anode), Elektrodenstützgitter	[56,399,444]
Essigsäure Glycerol	Produktionshilfsmittel (Anode)	[501]
Acrylsäure-Diacetonacrylamid- Copolymer	Anodenbestandteil	[403,440]
Kalilauge	Elektrolyt	[444]
Polypropylen Al_2O_3-Polyamid	Separatormaterialien	[56]
Silber	Elektrodengitter	[440]

Nickel-Hydrid, sekundär		
Stoff	**Funktion**	**Quelle**
$LaNi_5$ $LaNi_4Cu$ $La_{0,8}Nd_{0,2}Ni_{2,5}Co_{2,4}Si_{0,1}$ $La_{0,8}Nd_{0,2}Ni_{3,0}Co_{2,4}Si_{0,1}$ $La_{0,8}Nd_{0,2}Ni_{2,5}Co_{2,0}Pd_{0,4}Si_{0,1}$ $MmNi_5$ Mg_2Ni TiNi TiFe $TiNiB_{0,01}$ $TiNiMm_{0,01}$ $MmNi3,5CoO,8AlO,3MnO,4$	Anodenmaterialien (Wasserstoffspeicherlegierungen)	[101,158,199, 269,285,287,491]
H_xWO_3 H_yMoO_3	Anodenmaterialien (Wasserstoffspeicherbronzen)	[343]
Polytetrafluorethylen Tetrafluoroethylen-Hexafluoropropylen- Copolymer Ethylen-Tetrafluoroethylen-Copolymer Polytrifluorethylen	Bindemittel (Anode)	[199]
Carboxymethylcellulose Aluminiumphosphat Cyanacrylat	Bindemittel (Kathode)	[287] [343]
Polyvinylchlorid Grafit	Kathodenbestandteile	[94]
Siliziumdioxid Aluminiumoxid Zirkondioxid Kaliumtitanat Polyamid	Separatormaterialien	[287] [117] [182]
Polyvinylchlorid	Isolator	[182]
Natriumhydroxid Lithiumhydroxid	Elektrolyt	[287]

Lithium-Schwefeldioxid, sekundär		
Stoff	**Funktion**	**Quelle**
Lithium-Aluminium-Legierung	Anode	[95]
Lithiumhexafluoroarsenat Propylencarbonat Trichlorethylen Kaliumhydroxid Ethanol	Produktionshilfsmittel (Anode)	[95]

Lithium-Schwefeldioxid, sekundär (Fortsetzung)		
Stoff	**Funktion**	**Quelle**
Kohlenstoff Schwefeldioxid	Kathode	[95]
Kobaltgrafitchlorid Kupfergrafitchlorid Eisengrafitchlorid Antimongrafitfluorid	Additive (Kathode, Katalysator)	[362]
Galliumtetrachlorolithium	Leitsalz (Elektrolyt)	[362]
Schwefeldioxid	Lösemittel Elektrolyt	[95]
Polypropylen Glas	Dichtungen	[95]
Acetylen (Ethin) Lithiumcarbid	Verbrennungsprodukte	[107]

Lithium-Mangandioxid, sekundär		
Stoff	**Funktion**	**Quelle**
Lithiumblei LiPb Lithiumzinn LiSn Lithiumwismut LiBi Lithiumcadmium LiCd Polyacetylen (Li dot.) Polypyrrol (Li dot.) Lithium	Anodenmaterialien	[271] [169]
Lithiumcarbonat Lithiumjodid Lithiumnitrat Lithiumhydroxid Lithiumoxid Lithiumcarbonat Lithiumjodid Lithiumbromid Mangancarbonat	Produktionshilfsmittel (Kathode)	[271] [31,473] [169] [169] [216] [216]
Lithiummanganoxid $LiMn_2O_4$ Lithiummanganoxid $LiMnO_2$ MnO_2	Kathodenmaterialien	[203,216,271] [169,249] [169,473]
Fluoresin Polytetrafluorethylen	Bindemittel (Kathode)	[169,473] [169]
Ruß	Leitmittel (Kathode)	[169,473]

Lithium-Mangandioxid, sekundär (Fortsetzung)		
Stoff	**Funktion**	**Quelle**
1,2-Dimethoxyethan 1,2-Diethoxyethan γ-Butyrolacton Tetrahydrofuran 2-Methyltetrahydrofuran 1,3-Dioxolan Propylencarbonat Ethylencarbonat	Lösemittel (Elektrolyt)	[271,473] [169] [31,169,473]
Lithiumperchlorat Lithiumhexafluoroarsenat Lithiumhexafluorophosphat Lithiumtetrafluoroborat $LiB(C_6H_5)_4$ Lithiumtrifluormethylsulfonat	Leitsalze (Elektrolyt)	[169,271] [473] [169]
Polyethylenoxid	Festelektrolyt	[203]
Polypropylen	Separatormaterial	[31,473]
Glasfaser	Elektrolytabsorber	[31]
Titan	Stromkollektor	[473]

Lithium-Vanadiumoxid, sekundär		
Stoff	**Funktion**	**Quelle**
Lithium Lithium-Aluminium-Legierung	Anode	[183]
LiV_3O_8 V_3O_8 V_2O_5 V_6O_{13} LiV_2O_5 V_2O_5-P_2O_5 (amorph) $Na_{0,33}V_2O_5$ VO_2	Kathodenmaterialien	[27,512,525] [183] [195] [233] [190]

Lithium-Vanadiumoxid, sekundär (Fortsetzung)

Stoff	Funktion	Quelle
Vanadyltriisopropoxid $VO(OC_3H_7)_3$ Lithiumtrifluormethansulfonat $LiCF_3SO_3$ Acetonitril Polypyrrol Eisen(III)chlorid Polyvinylacetat Polyethylen Ruß NH_4VO_3 Lithiumcarbonat Hexan n-Butyllithium LithiumhydroxidVanadiumpentoxid	Produktionshilfsmittel, Zwischenstufen (Kathode)	[29] [190,525] [183]
Polyethylenoxid Polyethylenglykoldimethylether	Kathodenbestandteile	[334] [195]
Grafit Ruß	Leitmittel (Kathode)	[183] [512,525]
Polytetrafluorethylen Polyethylen Polypropylen	Bindemittel (Kathode)	[183,511,512]
Phosphorpentoxid P_2O_5 Telluroxid TeO_2 Germaniumoxid GeO_2 Antimonoxid Sb_2O_3 Wismutoxid Bi_2O_3 Boroxid B_2O_3 Molybdänoxid MoO_3 Wolframoxid WO_3	Additive (Kathode)	[327]
Lithiumperchlorat Lithiumhexafluoroarsenat Lithiumtetrafluoroborat	Leitsalz (Elektrolyt)	[183,512] [511,525]
Propylencarbonat Ethylencarbonat 1,2-Dimethoxyethan Methylformat Tetrahydrofuran 2-Methyltetrahydrofuran	Lösemittel (Elektrolyt)	[183,511,512,525] [512]
Polyethylenoxid Polypropylenoxid Lithiumtrifluormethylsulfonat $(PEO)_9LiCF_3SO_3$	Festelektrolyte	[27,525] [183] [525] [337]

Lithium-Molybdänsulfid, sekundär

Stoff	Funktion	Quelle
Molybdänbsulfid MoS_4 $(Me_3Si)_2S$	Ausgangsstoffe (Kathode)	[273]
Methylenchlorid	Produktionshilfsmittel (Kathode)	[273]
Lithiumnitrid Li_3N Lithiumaluminiumnitrid Li_3AlN_2 Lithiumoxidnitrid Li_8ON_2 Lithiumnitridchlorid $Li_9N_2Cl_3$	Elektrodenbestandteile (Lithiumionenleiter)	[427]

Lithium-Titandisulfid, sekundär

Stoff	Funktion	Quelle
Lithium	Anode	[282]
Titanchlorid $TiCl_4$ Schwefelwasserstoff	Ausgangsstoffe (Kathode)	[140,379]
Methyllithium Lithiumsulfid	Produktionshilfsmittel (Kathode)	[393,394]
Titandisulfid TiS_2 Polyethylen Styrol-Divinylbenzol-Copolymer Cyclopentadienyl Dicyclopentadienyl	Kathodenmaterialien	[282,379] [393] [394]
HCl-Gas	Nebenprodukt (Kathodenherstellung)	[379]
Lithiumhexafluoroarsenat	Leitsalz (Elektrolyt)	[282]
2-Methyltetrahydrofuran	Lösemittel (Elektrolyt)	[282]
Polyethylen-Glykol-Copolymer $LiI·Li_4P_2S_7$	Festelektrolyte	[333] [498]
Trichlormethylsilan Methylnitril Lithiumtrifluormethansulfonat	Produktionshilfsmittel (Festelektrolyt)	[333]

Lithium-Polypyrrol, sekundär

Stoff	Funktion	Quelle
Pyrrol N-Methylpyrrol 3,4-Dimethylpyrrol	Ausgangsstoffe (Kathode)	[286,304]
Aceton Acetonitril Dimethylformamid Dimethylsulfoxid Ethylencarbonat N-Methylchlorid Methylpyrroliden Propylencarbonat Eisen(III)chlorid Nickel Titan Aluminium Stahl Platin	Produktionshilfsmittel (Kathode)	[286] [304] [286]
Vinylcarbonat Azodiisobutyronitril Tributylammoniumbenzolsulfonat Tetrabutylammoniumperchlorat	Additive (Kathode)	[286]
Papier Cellulose Baumwolle	Stützmaterialien (Kathode)	[304]

Lithium-Polyanilin, sekundär

Stoff	Funktion	Quelle
Lithium Lithiumlegierungen	Anode	[185,312]
Polyanilin	Kathode	[185,243,312]
Kohlenstoff	Leitmittel (Kathode)	[185]
Poly(o-anisidin)	Bindemittel (Kathode)	[263]

Lithium-Polyanilin, sekundär (Fortsetzung)

Stoff	Funktion	Quelle
Anilin Perchlorsäure Tetrafluoroborsäure Mangandioxid Ammoniumdichromat Propylencarbonat Lithiumperchlorat Trifluoressigsäure Methylnitril Platin Titan Dimethylformamid Diethanolamin Ammoniumsulfat Celion 6 Y 70	Ausgangsstoffe, Produktionshilfsmittel (Kathode)	[90,185,263] [55]
Polyvinylsulfonsäure	Kathodenbestandteil	[243]
Lithiumtetrafluoroborat Lithiumperchlorat LiB(phenyl)$_4$ Lithiumhexafluorophosphat Lithiumhexafluoroarsenat	Leitsalze (Elektrolyt)	[185] [312]
Propylencarbonat γ-Butyrolacton 1,2-Dimethoxyethan Dioxolan	Lösemittel (Elektrolyt)	[185,312]
Polypropylen	Separator	[185]
Stahl	Gehäuse	[185]

Lithium-Polyacetylen, sekundär

Stoff	Funktion	Quelle
Lithium	Anode	[346]
Polyacetylen	Kathodenmaterial	[346]
Grafit	Leitmittel (Kathode)	[346]
Titanbutylat Ti(OBu)$_4$ Triethylaluminium Et$_3$Al Toluol	Produktionshilfsmittel (Kathode)	[346]
Acetylen (Ethin)	Ausgangsstoff (Kathode)	[98]

Lithium-Polyacetylen, sekundär (Fortsetzung)		
Stoff	**Funktion**	**Quelle**
Lithiumbromid Lithiumhexafluoroarsenat	Leitsalz (Elektrolyt)	[346] [364]
Tetrahydrofuran Dioxan	Lösemittel (Elektrolyt)	[346,364]
Polyvinylidenfluorid	Festelektrolyt	[104]
Poly(Methylmethacrylat)	Gehäuse	[364]
Aluminium Gold	Stromsammler	[104]

Lithium-Niobiumselenid, sekundär		
Stoff	**Funktion**	**Quelle**
Lithium	Aktive Masse (Anode)	[102]
Niobiumselenid Nb_2Se_9	Ausgangsstoff (Kathode)	[201]
Aluminium Siliziumdioxid Aluminiumoxid	Substrate (Dünnschichtkathode)	[201]
Propylenglykol	Lösemittel (Produktionshilfsmittel)	[201]
$Fe_{0,25}Nb_{0,75}Se_3$	Aktive Masse (Kathode)	[102]
Propylencarbonat γ-Butyrolacton Dimethylsulfoxid Sulfolan	Lösemittel (Elektrolyt)	[102]
Lithiumperchlorat	Leitsalz (Elektrolyt)	[102]

Lithium-Lithiumkobaltoxid, sekundär		
Stoff	**Funktion**	**Quelle**
Lithium Lithiumaluminium	Anode	[278]
Lithiumkobaltoxid $LiCoO_2$ Lithiumnickeloxid $LiNiO_2$ $LiCo_{1-x}Ni_xO_2$	Kathode	[278]

Lithium-Lithiumkobaltoxid, sekundär (Fortsetzung)

Stoff	Funktion	Quelle
Grafit	Leitmittel für Kathode	[278]
Polytetrafluorethylen	Bindemittel für Kathode	[278]
Propylencarbonat	Lösemittel für Elektrolyt	[278]
Lithiumperchlorat	Leitsalz für Elektrolyt	[278]
Lithiumcarbonat Nickelcarbonat	Produktionshilfsmittel für Kathode	[278]

Lithium-Kupfermolybdänsulfid, sekundär

Stoff	Funktion	Quelle
Lithium	Anode	[75]
Kupfermolybdänsulfid $Cu_yMo_6S_{8-y}$ $Cu_2Mo_6S_{7,8}$ $Cu_2Mo_6S_8$	Kathode	[75] [8] [328]
Kupfer Molybdän Schwefel	Ausgangsstoffe (Kathode)	[328]
Lithiumperchlorat	Leitsalz (Elektrolyt)	[75,328]
Propylencarbonat Tetrahydrofuran 1,2-Dimethoxyethan	Lösemittel (Elektrolyt)	[75,328]
$Rb_4Cu_{16}I_7Cl_{13}$	Festelektrolyt	[8]
Styrol-Ethylen-Butadien-Styrol- Copolymer	Additiv (Kathode, Festelektrolyt)	[8]
Kupferfolie Kohlenstoff-Polytetrafluorethylen-Folie	Stromsammler	[8]
Aluminium Polypropylen	Gehäuse	[8]

Lithium-Eisenkobaltpolysulfid, sekundär

Stoff	Funktion	Quelle
Lithium	Anode	[245]
Kobaltpolysulfid $Co_{2,3}Fe_{0,7}S_{15}$	Kathodenmaterial	[245]
Natriumpolysulfid Eisensulfat Kobaltsulfat	Ausgangstoffe (Kathode)	[245]
Lithiumperchlorat	Leitsalz (Elektrolyt)	[245]
Propylencarbonat 1,2-Dimethoxyethan	Lösemittel (Elektrolyt)	[245]

Natrium-Schwefel, sekundär

Stoff	Funktion	Quelle
Eisencarbonyl Nickelcarbonyl	Anodenbestandteile	[147]
Natriumoxid Zirkondioxid Phosphorpentoxid Siliziumdioxid Natriumethanolat NaOEt Zirkoniumbutylat $Zr(OBu)_4$ Tetraethhoxysilan $Si(OEt)_4$ Trimethylphosphid $P(OMe)_3$	Ausgangsstoffe (Elektrolyt)	[408] [358]
Magnesiumhydroxid Magnesiumoxid Polyvinylbutyral Dibutylphthalat Methylethylketon Kohlenstoff Cellulose	Produktionshilfsmittel (Elektrolyt)	[472] [189]
a-Aluminiumoxid	Isolator, Produktionshilfsmittel (Elektrolyt)	[469,472]
$Na_3Zr_2Si_2PO_{12}$ $Na_{3,8}Zr_{1,8}Si_2PO_{12}$	Festelektrolyte	[358]
Polyamid Polyacrylnitril Polyethylen Phenol-Formaldehyd-Harz	Additive (Gehäuse)	[446]

Natrium-Schwefel, sekundär (Fortsetzung)

Stoff	Funktion	Quelle
Grafit Kohle Glasfaser Aluminiumoxid	Produktionshilfsmittel (Gehäuse)	[446]
Stahl (verchromt)	Gehäusematerial	[469]
Glas (Na_2O, B_2O_3, SiO_2) Aluminium	Dichtungen (Gehäusebestandteile)	[236] [469]

Natrium-Nickelchlorid, sekundär

Stoff	Funktion	Quelle
Nickel Eisen Natriumchlorid Natriumfluorid	Ausgangsstoffe (Kathode)	[299]

Natrium-Eisenchlorid, sekundär

Stoff	Funktion	Quelle
Natriumeisenchlorid Na_6FeCl_8	Kathodenmaterial	[248]
Natriumchlorid Eisen(II)chlorid	Ausgangsstoffe (Kathode)	[248]
Nickelcarbonyl Eisencarbonyl Natriumfluorid	Kathodenbestandteile	[248]

Lithium-Eisensulfid, sekundär (Hochtemperaturbatterie)

Stoff	Funktion	Quelle
Lithiumsulfid	Kathodenbestandteil	[456]
Eisen Kupfer Nickel	Elektrodengitter (Kathode)	[456]
Lithiumchlorid Kaliumchlorid Lithiumsulfid	Elektrolyt (schmelzflüssig)	[456]
Bornitrid	Separatormaterial	[410]
Magnesiumacetat	Produktionshilfsmittel (Separator)	[410]
Pluronic L 92	Additiv (Separator, Benetzmittel)	[410]

Aluminium-Luft (Meerwasserbatterie), primär

Stoff	Funktion	Quelle
Aluminium	Anode	[437]
Polytetrafluorethylen	Bindemittel, Hydrophobierungsmittel (Kathode)	[437]
Kupfer Chrom-Nickel-Edelstahl	Stromsammler (Kathode)	[437]
Aktivkohle	Katalysator (Kathode)	[437]
Siliziumdioxid Titandioxid Germaniumdioxid Zirkondioxid Zinndioxid Bleidioxid Kupfer	Elektrodenbestandteile (Kathode)	[437] [122]
Schwefel	Additiv (Kathode)	[122]

Photovoltaische Batterie, sekundär		
Stoff	Funktion	Quelle
Lithium	Anode	[460]
Yttriumsulfid Y_2S_3 Yttriumfluorid YF_3 Lanthansulfid La_2S_3	Kathode	[460]
Bor Selen	Dotierung	[460]
Lithiumnitrid	Festelektrolyt	[460]
Gold	Stromsammler	[460]

Inhaltsstoffe, die keinem Batterietyp zugeordnet werden können

Stoff	Funktion	Quelle
Acetylen (Ethin)	Ausgangsstoff (Leitmittel)	[194]
Acrylsäure	Ausgangsstoff (Separator)	[419]
Acrylsäure-Ethylen-Copolymer	Separatormaterial	[419]
Acrylsäure-Propylen-Copolymer	Separatormaterial	[419]
Acrylsäure-Trifluorethylen-Copolymer	Separatormaterial	[419]
Aluminiumorthophosphat	Bindemittel (Kohlestab, Kathode)	[319]
Ammoniak	Ausgangsstoff (Separator)	[433]
Ammoniumaluminiumfluorid	Additiv (Elektrolyt, Lithiumbatterien)	[293]
Ammoniumhexafluorophosphat	Additiv (Elektrolyt, Lithiumbatterien)	[293]
Ammoniumhydroxid .	Produktionshilfsmittel (Kathode)	[105]
Ammoniummolybdat	Ausgangsstoff (Kathode)	[105]
Bariumpermanganat	Kathodenmaterial	[316]
Benzol	Ausgangsstoff (Dünnschichtelektrode)	[227]
Benzoylperoxid	Produktionshilfsmittel (Separator)	[435]
Bornitrid	Separatormaterial	[433]
Boroxid	Ausgangsstoff (Separator)	[433]
Bromovinylpyridinpolymer	Polymerelektrode	[270]
Bromphenol	Produktionshilfsmittel (Festelektrolyt)	[256]
Butanol	Produktionshilfsmittel (Festelektrolyt)	[256]
n-Butyllithium	Produktionshilfsmittel (Polymerelektrode)	[262]
Calciumperchlorat	Kathodenbestandteil (Dotiermittel)	[129]
Calciumthiocyanat	Kathodenbestandteil (Dotiermittel)	[129]
Chlorphenol	Produktionshilfsmittel (Festelektrolyt)	[256]
1,1'-Dibromferrocen	Ausgangsstoff (Polymerelektrode)	[262]
Dibutylphthalat	Ausgangsstoff (Leitmittel)	[401]
1,2-Dichlorethan	Kathodenbestandteil	[493]
Difluorphosphorsäure	Additiv (Elektrolyt, Lithiumbatterien)	[293]
Eisenoxichlorid	Kathodenmaterial (Lithiumbatterien)	[28]
Eisenphosphidsulfid FePS3	Kathodenmaterial (Lithiumbatterien)	[375]
Eisenporphyrin	Kathodenbestandteil	[493]
Eisenphthalocyanin	Kathodenbestandteil	[493]
Eisentetraaza-[14]-annulen	Kathodenbestandteil	[493]
Ethylsilikat	Bindemittel (Kohlestab, Kathode)	[319]
FC 98	Produktionshilfsmittel (Separator)	[71]
GIC mit SbCl5	Kathodenmaterial	[108]
GIC mit Ti	Kathodenmaterial (Lithiumbatterien)	[18]
GIC mit VF	Kathodenmaterial (Lithiumbatterien)	[18]
Hexafluorokieselsäure	Additiv (Elektrolyt, Lithiumbatterien)	[293]
Hexan	Produktionshilfsmittel (Festelektrolyt)	[256]
a-Jodthiophen	Produktionshilfsmittel (Polymerelektrode)	[262]
Kaliumsilikat	Bindemittel (Kohlestab, Kathode)	[319]
Kobaltphosphidsulfid CoPS3	Kathodenmaterial (Lithiumbatterien)	[375]
Kobaltphthalocyanin	Kathodenbestandteil	[493]
Kobaltporphyrin	Kathodenbestandteil	[493]
Kobalttetraaza-[14]-annulen	Kathodenbestandteil	[493]
Kupfer(II)chlorid	Produktionshilfsmittel (Polymerelektrode)	[262]
LiC24SbCl5	Entladeprodukt (Kathode)	[108]
Lithiumeisenoxid LixFe2O3	Anodenmaterial	[58,73]
Lithiumniobiumkobaltoxid	Kathodenmaterial	[215]
Lithiumniobiumoxid LiyNb2-yO2	Kathodenmaterial	[215]
Lithiumnitrid	Additiv (Kathode, Lithiumbatterien)	[432]
Lithiumsilikatphosphat	Festelektrolyt	[420]
Lithiumtrifluormethansulfonat	Elektrolytbestandteil	[258]

Stoff	Funktion	Quelle
Lithiumvanadiummolybdänoxid	Kathodenmaterial	[251]
Lithiumwolframoxid LixWO3	Anodenmaterial	[58,73]
Magnesiumoxichlorid	Bindemittel (Kohlestab, Kathode)	[319]
Magnesiumperchlorat	Kathodenbestandteil (Dotiermittel)	[129]
Magnesiumthiocyanat	Kathodenbestandteil (Dotiermittel)	[129]
Methacrylsäure	Ausgangsstoff (Separator)	[419]
Methacrylsäure-Ethylen-Copolymer	Separatormaterial	[419]
Methylenblau	Kathodenmaterial	[162]
Molybdänselenidsulfid MoSe3S	Kathodenmaterial	[105]
Monofluorphosphorsäure	Additiv (Elektrolyt, Lithiumbatterien)	[293]
Nafion	Elektrodenmaterial (Dünnschichtbatterie)	[109]
Natriumchlorid	Recyclinghilfsmittel	[354]
Natriumdialkylsulfisuccinat	Additiv (Separator, Netzmittel)	[430]
Natriumferricyanid	Produktionshilfsmittel (Separator)	[71]
Natriumphosphidsulfid Na4P2S6	Ausgangsstoff (Kathode)	[375]
Natriumsilikat	Bindemittel (Kohlestab, Kathode)	[319]
Nickelphosphidsulfid NiPS3	Kathodenmaterial (Lithiumbatterien)	[375]
Nickelphthalocyanin	Kathodenbestandteil	[493]
Nickelporphyrin	Kathodenbestandteil	[493]
Nickeltetraaza-[14]-annulen	Kathodenbestandteil	[493]
Poly[1,1'-Bis(2-thienyl)-ferrocen]	Polymerelektrode	[262]
Polyacrylnitril	Polymerelektrode	[272,301]
	Elektrodenbestandteil (Stromsammler)	[178]
Polybutadien	Elektrodenbestandteil (Stromsammler)	[178]
Polychinolin	Polymerelektrode	[301]
Polycyanoacrylat	Elektrodenbestandteil (Stromsammler)	[178]
Polydimethylsiloxan	Ausgangsstoff (Festelektrolyt)	[74]
Poly-(2,2'-dipyrrylmethan)	Polymerelektrode (Kathode)	[297]
Polyethylen	Ausgangsstoff (Separator)	[419]
Polyethylenoxid	Polymerelektrolyt	[258]
	Elektrodenbestandteil (Stromsammler)	[178]
Polyimidazol	Polymerelektrode	[301]
Polymethacrolein	Elektrodenbestandteil (Stromsammler)	[178]
Polyoktamethylcyclotetrasiloxan	Festelektrolyt	[74]
Poly-p-Phenylen	Kathodenmaterial	[124]
Polypropylen	Ausgangsstoff (Separator)	[419]
Polypropylenoxid	Ausgangsstoff (Festelektrolyt)	[74]
Polypyridin	Polymerelektrode	[301]
Polystyrol	Elektrodenbestandteil (Stromsammler)	[178]
Polytetrafluorethylen	Elektrodenbestandteil (Stromsammler)	[178]
	Ausgangsstoff (Separator)	[419]
Polythiophen	Polymerelektrode	[321]
Preußischblau	Elektrodenmaterial (Dünnschichtbatterie)	[109]
Propan	Ausgangsstoff (Dünnschichtelektrode)	[227]
Rhodoviol	Separatormaterial	[359]
Sand	Recyclinghilfsmittel	[354]
Schwefelwasserstoff	Produktionshilfsmittel (Kathode)	[105]
Selenwasserstoff	Produktionshilfsmittel (Kathode)	[105]
Strontiumperchlorat	Kathodenbestandteil (Dotiermittel)	[129]
1,1,2,2-Tetrachlorethan	Kathodenbestandteil	[493]
Tetrafluoroborsäure	Recyclinghilfsmittel	[513,521]
a-Thienylmagnesiumsulfid	Ausgangsstoff (Polymerelektrode)	[262]
Thiophen	Ausgangsstoff (Kathode)	[296]
1,1,2-Trichlorethan	Kathodenbestandteil	[493]

Stoff	Funktion	Quelle
Udel P 1700	Separatormaterial (Membran)	[71]
Vanadiummolybdänoxid V9Mo6O40	Kathodenmaterial	[277]
Vinylchlorid-Vinylidenchlorid-Copolymer	Elektrodenbestandteil (Stromsammler)	[178]
Zink	Recyclinghilfsmittel	[354]
Zinkperchlorat	Kathodenbestandteil (Dotiermittel)	[129]

Adressen von Batterie-Recyclingfirmen

Batteriegemische

Recytec SA
1. rue Perdtemps
CH - 1260 - Nyon
Schweiz

Braunsteinzellen

Batrec AG
Postfach
CH - 3752 Wimmis
Schweiz

Quecksilberhaltige Batterien

Indaver
Poldervlietweg B - 2030
Antwerp 3
Belgien

Nordische Quecksilber Rückgewinnung
GmbH & Co.
Bei der Gasanstalt 9
23560 Lübeck
Deutschland

Claushuis Metaalmaatschappij B.V.
Industrieterrein "Trekkersveld"
Nijverheidsweg 26
3899 AH Zeewolde
Niederlande

Recypilas S.A.
Camino Kauka Ereka 1
48150 Asua-Sondica Vizcaya
Spanien

EMC Services
23, Rue de Beaux Soleils
95520 Osny
Frankreich

Trienekens Und R + T
Benzstraße 1
41515 Grevenbroich
Deutschland

Minas De Almaden Y Arrayness, S.A.
P. De la Castellana, 18
28046 Madrid
Spanien

Nickel-Cadmium-Akkus

SAVAM
Société Aveyronnaise de Valorisation
des Métaux S.A.
Avenne Jean Jaures
B.P. 4
F - 12110 Viviez/Aubin
Frankreich

Saft Nife AB
Jungnergatan
Box 709
572 28 Oskarshamn
Schweden

SNAM
Rue de la Garenne
Z.I. De Chesnes Tharabif
B.P. 733-38297
St. Quentin Fallavier Cedex
Frankreich

Anhang VI

Literaturverzeichnis

[1]   Iwashita, Norio; Inagaki, Michio
Discharge performance on the electrode of ternary intercalation compounds
of graphite with metal hydroxides
Electrochim. Acta, 36(3-4), 591-5; 1991

[2]   Schenker, Gernot
Aufbereitung von Akkumulatorenschrott und Wiederverwertung von Polypropylen
in der Bleihütte Oker
Schriftenr. GDMB, 54(Aufbereitungstech. Huettenwerken), 41-61; 1989

[3]   anonym
Land disposal restrictions for third third schedule wastes
Fed. Regist., 56(21), 3864-928, 31 Jan 1991; 1991

[4]   Omae, Kazuyuki; Sakurai, Haruhiko; Higashi, Toshiaki; Muto, Takashi;
Ichikawa, Masaaki; Sasaki, Norihiro
No adverse effects of lead on renal function in lead-exposed workers
Ind. Health, 28(2), 77-83; 1990

[5]   Reynolds, R. M.; Hudson, E. K.; Olper, M.
Advances in lead-acid battery recycling: Engitec's automated CX breaker
system
Lead-Zinc '90, Proc. World Symp. Metall. Environ. Control 119th TMS Annu.
Meet., 1001-22. Edited by: Mackey, Thomas S.; Prengaman, R. David

[6]   Morgan, W. D.; Ryde, S. J. S.; Jones, Sarah J.; Wyatt, Ruth M.;
Hainsworth, I. R.; Cobbold, Stephanie S.; Evans, C. J.; Braithwaite, R. A.
In vivo measurements of cadmium and lead in occupationally-exposed workers
and an urban population
Biol. Trace Elem. Res., 26-27, 407-14; 1990

[7]   Sumitra, T.; Kongsombatsuk, S.
Determination of manganese in airborne particulates in a dry-cell battery
factory using x-ray fluorescence technique
Biol. Trace Elem. Res., 26-27, 269-77; 1990

[8]   Sotomura, Tadashi; Itoh, Shunji; Kondo, Shigeo; Iwaki, Tsutomu
Solid state battery using copper ion conductive solid electrolyte sheet
and copper Chevrel phase compound electrode flexible sheets
Denki Kagaku oyobi Kogyo Butsuri Kagaku, 59(2), 129-37; 1991

[9]   Begum, Dil A.; Islam, M. Fakhrul; Biswas, Ranjit K.
Kinetics of dissolution of lead sulfate from waste battery scrap in the
form of powder by aqueous triethanolamine
J. Bangladesh Chem. Soc., 3(1), 35-43; 1990

[10] Pfaff, Reinhard
Recovering and recompounding polypropylene from lead-acid automotive
batteries
JOM, 42(10), 36-7; 1990

[11] anonym
Superfund Record of Decision (EPA Region 2): Marathon Battery, Cold
Spring, NY. (Third remedial action), September 1989
Report, EPA/ROD/R02-89/097; Order No. PB90-178849, 62 pp. Avail. NTIS
From: Gov. Rep. Announce. Index (U. S.) 1990, 90(10), Abstr. No. 024,

[12] Abd El-Hamid, Mahmoud M.; El-Dessoukey, El Sayed A.; Fateen, Amr
Serum mineral changes in manganese exposed workers
Egypt. J. Pharm. Sci., 31(1-4), 343-51; 1990

[13]   Polyvyannyi, I. R.; Rusin, A. I.; Lata, V. A.; Khegai, L. D.;
        Nurzhigitov, S. T.
        Processing of wastes from lead/acid battery production
        J. Power Sources, 33(1-4), 279-83; 1991

[14]   Goodenough, John B.
        Designing a solid electrolyte. IV. Designing a reversible solid electrode
        NATO ASI Ser., Ser. B, 217(Solid State Microbatteries), 213-32; 1990

[15]   Balkanski, M.; Julien, C.
        Insertion cathodes for solid state microbatteries
        NATO ASI Ser., Ser. B, 217(Solid State Microbatteries), 269-92; 1990

[16]   Julien, C.; Balkanski, M.
        Technology and physics of thin film insertion compounds
        NATO ASI Ser., Ser. B, 217(Solid State Microbatteries), 233-67; 1990

[17]   Pyszczek, M. F.; Ebel, S. J.; Frysz, C. A.
        Feasibility of a super high energy density battery of the lithium/bromine
        trifluoride electrochemical system
        Report, WGL-MLR-89-30; Order No. AD-A216794, 15 pp. Avail. NTIS From:
        Gov. Rep. Announce. Index (U. S.) 1990, 90(9), Abstr. No. 020,955; 1990

[18]   Genest, W.
        Der Abfall Altbatterien
        Behandlung von Sonderabfällen I, Hrsg. K.J. Thmé-Kozmiensky, EF-Verlag
        Berlin 1987

[19]   Preisler, E.
        Voltage measurements on alkaline primary cells during discharge and
        recovery
        Prog. Batteries Sol. Cells, 9, 21-36; 1990

[20]   Reid, Margaret A.
        Impedances of nickel electrodes and nickel/hydrogen cells from different
        manufacturers
        Proc. Intersoc. Energy Convers. Eng. Conf., 25th(Vol. 3), 48-53; 1990

[21]   Wilcox, G. D.; Mitchell, P. J.
        Electrolyte additives for zinc-anoded secondary cells. II. Quaternary
        ammonium compounds
        J. Power Sources, 32(1), 31-41; 1990

[22]   Paulin, Andrej; Dretnik, Drago
        Study of the lead-sodium-chlorine-oxygen-sulfur system from the point
        of lead metallurgy
        Rud.-Metal. Zb., 37(1), 35-52; 1990

[23]   Lyakov, N.
        Technology for treating lead/acid battery scrap for secondary usage
        J. Power Sources, 31(1-4), 281-6; 1990

[24]   Kwasnik, J.; Krysiak, H.
        Improvements in the manufacturing of lead/acid batteries with tubular
        positive plates
        J. Power Sources, 31(1-4), 263-9; 1990

[25]   Bied-Charreton, Benoit
        Lead recycling: improving on our nature
        Mater. Tech. (Paris), 78(No. Spec.), 21-3; 1990

[26] Senft, Vaclav; Huezl, Frantisek; Krysl, Svatopluk; Vit, Michal; Kucera, Jan
Auswertung des Einflusses der Exposition gegenüber Cadmium bei einem
Werktätigen in der Ni-Cd-Akkumulatoren-Produktion anhand biologischer Tests
in vivo und des Cadmiumgehalts in den Geweben post mortem
Zentralbl. Hyg. Umweltmed., 189(5), 395-404; 1990

[27] Scrosati, B.; Selvaggi, B.; Owens, B. B.; Munshi, M. Z.
Lithium polymer electrolyte battery, electrochemical behavior of cathode
materials
Report, TR-2; Order No. AD-A210755, 3 pp. Avail. NTIS From: Gov. Rep.
Announce. Index (U. S.) 1989, 89(23), Abstr. No. 962,330; 1989

[28] Kanamura, Kiyoshi; Sakaebe, Hikari; Imanishi, Nobuyuki; Zhen, Chen;
Takehara, Zenichiro
The discharge and charge characteristics of iron chloride oxide (FeOCl)
modified by aniline in water
Proc. - Electrochem. Soc., 90-5(Proc. Symp. Rechargeable Lithium Batteries,
1989), 98-107; 1990

[29] Minett, M. G.; Owen, J. R.
A sol-gel route to composite positive electrodes for lithium cells with
polymer electrolytes
J. Power Sources, 28(4), 397-408; 1989

[30] Asano, Barry; Olper, M.
Innovative process for treatment of sulfuric acid waste liquids with
recovery of anhydrous sodium sulfate
Proc. Ind. Waste Conf., Volume Date 1988, 43rd, 45-50; 1989

[31] Yoshio, M.; Nakamura, H.; Piao, Gen Pei; Kozawa, A.
A few preliminary experiments of rechargeable manganese dioxide for
secondary lithium/manganese dioxide cells
Prog. Batteries Sol. Cells, 8, 175-80; 1989

[32] Brockmann, K. H.
Modern technology for leady oxide production
J. Power Sources, 28(1-2), 121-5; 1989

[33] Elliott, H. A.; Brown, G. A.
Comparative evaluation of NTA and EDTA for extractive decontamination
of lead polluted soils
Water, Air, Soil Pollut., 45(3-4), 361-9; 1989

[34] Tor, Izzet; Bayat, Cuma; Apak, Resat; Ozcan, Eyup
Recovery of zinc from battery plant waste by solvent extraction
Kim. Sanayi, 31(155-156), 61-8; 1988

[35] Tsuboi, Izumi; Kunugita, Eiichi
Separation of cadmium from nickel with alkylmonothiophosphonic acid
Proc. Symp. Solvent Extr., 187-92. Jpn. Assoc. Solvent Extr.: Hamamatsu,
Japan.; 1988

[36] Garrard, W. N. C.
An introduction to lithium batteries
Report, MRL-GD-0018, DODA-AR-005-652; Order No. AD-A204965, 14 pp. Avail.
NTIS From: Gov. Rep. Announce. Index (U. S.) 1989, 89(13), Abstr.

[37] Wendt, Hartmut; Plzak, Vojtech
Recycling von Blei und Schwefelsäure durch kathodische Reduktion von
Akkuschrott
Erzmetall, 42(6), 246-53; 1989

[38]   Kanamura, Kiyoshi; Imanishi, Nobuyuki; Fujiwara, Masashi; Takehara, Zenichiro
The discharge and charge characteristics of iron oxide chloride (FeOCl) modified by an organic compound
J. Power Sources, 26(3-4), 467-73; 1989

[39]   Dahn, J. R.; McKinnon, W. R.
Understanding the behavior of rechargeable lithium batteries
J. Power Sources, 26(1-2), 77-80; 1989

[40]   Matsuda, Yoshiharu; Morita, Masayuki
Organic additives for the electrolytes of rechargeable lithium batteries
J. Power Sources, 26(3-4), 579-83; 1989

[41]   Sato, Yuichi; Akisawa, Yuichi; Kobayakawa, Koichi
Electrochemical behavior of linear-graphite hybrid as electrode material for lithium secondary battery
Denki Kagaku oyobi Kogyo Butsuri Kagaku, 57(6), 527-32; 1989

[42]   Baschab, Ingrid
Altbattrien - ein europäisches Problem
Prax. Naturwiss., Chem., 38(3), 2-4; 1989

[43]   Schwerdtmann, Peter
Batterien - heute noch eine Umweltgefahr?
Prax. Naturwiss., Chem., 38(3), 4-7; 1989

[44]   Iwashita, Norio; Inagaki, Michio
Synthesis of nickel- and iron-hydroxide graphite intercalation compounds and their application to alkaline secondary battery
NATO ASI Ser., Ser. B, 172(Chem. Phys. Intercalation), 383-5; 1987

[45]   Sivasamy, K.; Rajeswari, S.; Dakshinamurthi, K.
Monomethyl-substituted m-dinitrobenzene compounds as cathode materials in magnesium batteries
J. Power Sources, 25(4), 295-303; 1989

[46]   Miki, H.; Aoyama, Y.; Nakai, T.; Tamano, K.
Crystallization of manganese carbonate as raw material for manganese dioxide
Process Technol. Proc., 6(Ind. Cryst. 87), 457-62; 1989

[47]   Takeuchi, Esther S.; Thiebolt, William C., III
Lithium diffusion in silver vanadium oxide
Proc. - Electrochem. Soc., 89-4(Proc. Symp. Mater. Processes Lithium Batteries, 1988), 72-80; 1989

[48]   Williams, R. M.; Surampudi, S.; Bankston, C. P.
The crystalline phases present in carbon cathodes of discharged lithium/thionyl chloride-lithium tetrachloroaluminate cells
J. Electrochem. Soc., 136(5), 1287-9; 1989

[49]   Skowronski, J. M.
Improvement of the discharge capacity of the alkaline manganese dioxide-zinc cell by using graphite intercalation compounds with chromium oxide (CrO3)
J. Appl. Electrochem., 19(2), 287-9; 1989

[50]   Yazami, Rachid
New trends in alkali metals electrochemical intercalation into graphite and G.I.C's in solid state cells
NATO ASI Ser., Ser. B, 172(Chem. Phys. Intercalation), 457-67; 1987

[51] Yu, Wenhai; Wang, Dazhi; Zhu, Bin
Solid state electrolytes and intercalation compounds of high-valence ions
Anal. Tech. Mater. Charact., Proc. Int. Workshop, 381-5. Edited by:
Collins, W. Eugene; Chowdari, B. V. R.; Radhakrishna, S. World Sci.: S

[52] Skowronski, J. M.
The influence of a chromium trioxide-graphite intercalation compound on
the discharge characteristics of a manganese dioxide cathode in alkaine
electrolyte
J. Power Sources, 25(2), 133-40; 1989

[53] Fauvarque, Jean Francois
Intercalation compounds: comparative possible electrochemical applications
NATO ASI Ser., Ser. B, 172(Chem. Phys. Intercalation), 291-308; 1987

[54] Visco, Steven J.; Mailhe, Catherine C.; De Jonghe, Lutgard C.; Armand,
Michel B.
A novel class of organosulfur electrodes for energy storage
J. Electrochem. Soc., 136(3), 661-4; 1989

[55] Osaka, Tetsuya; Ogano, Satoshi; Naoi, Katsuhiko; Oyama, Noboru
Electrochemical polymerization of electroactive polyaniline in nonaqueous
solution and its application in rechargeable lithium batteries
J. Electrochem. Soc., 136(2), 306-9; 1989

[56] Gagnon, Eugene G.; Wang, Yar Ming
A new calcium zincate electrode for use in zinc/nickel hydroxide oxide
cells
Prog. Batteries Sol. Cells, 7, 380-4; 1988

[57] Nanjo, Michio
Alkali-manganese batteries as new zinc and manganese resources
Battery Mater. Symp., [Proc.], 3, 169-78; 1987

[58] Abraham, K. M.
Ambient temperature secondary lithium batteries using lithium-aluminum
or lithium insertion anodes: final report
Report, LBL-24647, 40 pp. Avail. Lawrence Berkeley Lab., CA From:
Energy Res. Abstr. 1988, 13(14), Abstr. No. 39392; 1987

[59] Hanulik, J.
Neue wirtschaftliche Methode zur Wiederverwertung von Batterien
Fachverb. Strahlenschutz, [Ber.] FS, FS-87-44-T, Entsorgung, 147-54; 1987

[60] Chiba, Nobuaki
Development of high-performance chemical activated manganese dioxide for
dry batteries
Prog. Batteries Sol. Cells, 7, 133-5; 1988

[61] Ke, Jiajun; Wang, Chen
Kinetics of lead dioxide leaching in alkaline solutions containing
polyhydric alcohols
Hydrometallurgy, 21(2), 223-34; 1988

[62] Lugscheider, Walter; Floedl, Gerlad; Leipold, Willi
Recycling of waste batteries
Hazard. Waste: Detect., Control, Treat., Proc. World Conf., Meeting
Date 1987, Volume Pt. B, 1257-62. Edited by: Abbou, Richard.

[63] Pedersen, B.
Determination of hydrides of arsenic, antimony and tin in workplace air
Ann. Occup. Hyg., 32(3), 385-97; 1988

224

[64] Ohira, Y.
       Current status concerning the recycling of sealed nickel-cadmium batteries
       in Japan
       Ed. Proc. - Int. Cadmium Conf., 5th, 41-4. Edited by: Wilson, David;
       Volpe, Rosalind A. Cadmium Assoc.: London, UK.; 1986

[65] Reynolds, Randal M.
       Incineration feasibility study for battery plant trash and crushed rubber
       battery cases
       Hazard. Waste: Detect., Control, Treat., Proc. World Conf., Meeting
       Date 1987, Volume Pt. B, 1449-74. Edited by: Abbou, Richard.

[66] Semerie, Jean Pierre; Firmin, Jean Luc
       Recent progress in high-power primary lithium-thionyl chloride cells
       Proc. Intersoc. Energy Convers. Eng. Conf., 23rd(Vol. 2), 413-18; 1988

[67] Halpert, G.; Timmerman, P.
       Magellan nickel-cadmium battery
       Ed. Proc. - Int. Cadmium Conf., 5th, 37-40. Edited by: Wilson, David;
       Volpe, Rosalind A. Cadmium Assoc.: London, UK.; 1986

[68] Burgess, M. T.
       Case study of the development of a military specification - zirconium
       powder for thermal batteries
       Report, MTL-TR-87-55; Order No. AD-A188751, 19 pp. Avail. NTIS From:
       Gov. Rep. Announce. Index (U. S.) 1988, 88(11), Abstr. No. 827,545; 1988

[69] Norling, B.
       Control of the occupational environment in a nickel-cadmium battery
       factory
       Ed. Proc. - Int. Cadmium Conf., 5th, 54-6. Edited by: Wilson, David;
       Volpe, Rosalind A.. Cadmium Assoc.: London, UK.; 1986

[70] Hooper, A.; North, J. M.; Taylor, R. I.; Daniels, L. C.; Horsley, G.;
       Oliver, M. R.; Hawkins, A. J.
       Anglo-Danish advanced battery project. Final report for the period
       1.2.1986-30.6.1986
       Report, EUR-10959-EN, 31 pp. Avail. CEC From: Energy Res. Abstr. 1988,
       13(2), Abstr. No. 3532; 1987

[71] Arnold, C., Jr.; Assink, R. A.
       Development of sulfonated polysulfone membranes for redox flow batteries
       J. Membr. Sci., 38(1), 71-83; 1988

[72] Hirayama, Naomichi; Goto, Sukehiro; Yajima, Takenori
       Recovery of mercury and other metals from used dry battery cells - the
       CJC demonstration plant in Hokkaido, Japan
       Conserv. Recycl., 10(4), 237-41; 1987

[73] Abraham, K. M.; Pasquariello, D. M.; Willstaedt, E. B.; McAndrews, G. F.
       Alternative anodes for secondary lithium batteries
       Proc. - Electrochem. Soc., 88-6(Proc. Symp. Primary Second. Ambient Temp.
       Lithium Batteries, 1987), 668-78; 1988

[74] Ogumi, Zempachi; Uchimoto, Yoshiharu; Takehara, Zenichiro
       Ionically conductive plasma polymer as an electrolyte for lithium batteries
       Proc. - Electrochem. Soc., 88-6(Proc. Symp. Primary Second. Ambient Temp.
       Lithium Batteries, 1987), 718-25; 1988

[75]   Wakihara, M.; Uchida, T.
        Rechargeable lithium battery employing porous thin film of copper moly
        molybdenum sulfide
        (CuyMo6S8-z (2.ltoreq.y.ltoreq.4, 7.8.ltoreq.z.ltoreq.80))
        Proc. - Electrochem. Soc., 88-6(Proc. Symp. Primary Second. Ambient Temp.
        Lithium Batteries, 1987), 477-83; 1988

[76]   Bowden, W. L.; Barnette, L. H.; DeMuth, D. L.
        The lithium/cobalt polysulfide 2/3A high rate cell
        Proc. - Electrochem. Soc., 88-6(Proc. Symp. Primary Second. Ambient Temp.
        Lithium Batteries, 1987), 30-43; 1988

[77]   Nakajima, T.; Mabuchi, A.; Hagiwara, R.; Watanabe, N.
        Discharge characteristics of graphite fluoride prepared via graphite oxide
        Proc. - Electrochem. Soc., 88-6(Proc. Symp. Primary Second. Ambient Temp.
        Lithium Batteries, 1987), 23-9; 1988

[78]   Sorahan, T.
        Mortality from lung cancer among a cohort of nickel cadmium battery
        workers: 1946-84
        Br. J. Ind. Med., 44(12), 803-9; 1987

[79]   Hartup, G. Robert
        Company gets the lead out - and more
        Pollut. Eng., 19(12), 66-7; 1987

[80]   Zajac, William V. Jr.
        Regulatory impact on lithium battery transportation and disposal
        Proc. - Electrochem. Soc., 87-16(Proc. Annu. Battery Conf. Appl. Adv.,
        2nd, 1986), 249-55; 1987

[81]   Wilds, Alan
        The proper disposal of waste lithium batteries
        Proc. - Electrochem. Soc., 87-16(Proc. Annu. Battery Conf. Appl. Adv.,
        2nd, 1986), 243-8; 1987

[82]   Wolff, Stanislaw; Polak, Teresa; Turek, Stanislaw
        Komponenten-Segregationsverfahren für Nickel-Cadmium-Akkumulatorenschrott
        Pol. Tech. Rev., (2-3), 13; 1987

[83]   Kumagai, Naoaki; Kumagai, Nobuko; Tanno, Kazuo
        Electrochemical and structural characteristics of molybdic acid as a
        new cathode material for nonaqueous lithium batteries
        Electrochim. Acta, 32(10), 1521-6; 1987

[84]   Berger, Carl
        Advanced lithium batteries for command, control and communications
        Proc. - Electrochem. Soc., 87-16(Proc. Annu. Battery Conf. Appl. Adv.,
        2nd, 1986), 220-8; 1987

[85]   Subramanian, G.; Chandra, Navin
        Prospects of material recovery from spent and rejected leclanche-type
        dry cells
        J. Electrochem. Soc. India, 36(2), 121-2; 1987

[86]   Zajac, W. V.; Thomas, M. A.; Barnes, J. A.; Bis, R. F.; Davis, P. B.;
        DeBold, F. C.; Gemmill, G. W.; Kowalchik, L. A.
        Determining the influence and effects of manufacturing variables on
        sulfur dioxide cells
        NASA Conf. Publ., 2434(Goddard Space Flight Cent. Battery Workshop, 1985),
        67-73; 1986

[87] Carewska, M.; Croce, F.; Deptula, A.; Di Bartolomeo, A.; Majani, C.
Sintering of beta"-alumina powders wih various sodium excesses obtained by
sol-gel process
Mater. Sci. Monogr., 38B(High Tech Ceram., Pt. B), 1901-11; 1987

[88] Kalaignan, G. Paruthimal; Muralidharan, V. S.; Vasu, K. I.
Porous iron electrodes for nickel-iron batteries
Trans. SAEST, 22(1-2), 67-76; 1987

[89] Thackeray, M. M.; De Picciotto, L. A.; De Kock, A.; Johnson, P. J.;
Nicholas, V. A.; Adendorff, K. T.
Spinel electrodes for lithium batteries - a review
J. Power Sources, 21(1), 1-8; 1987

[90] Thirunavukkarasu, P.; Udupa, K. S.
Preliminary studies on the performance characteristics of polyaniline
as a cathode material in rechargeable batteries
Trans. SAEST, 22(1-2), 81-4; 1987

[91] Seth, R. L.; Lal, Chhotey; Kumar, Ashok; Datta, K. K.
Investigations on low resistivity filler materials for carbon electrodes
in primary batteries
Trans. SAEST, 22(1-2), 19-24; 1987

[92] Wagner, Clifford G.; Jacobs, David
Li(Si)/FeS2 thin cell thermal battery development
Proc. Int. Power Sources Symp., 32nd, 670-6; 1986

[93] Hashemi, T.; Golestani-Fard, F.; Avanessian, J.
Dicadmium stannate as a novel electrode material for battery applications
J. Electrochem. Soc., 134(7), 1591-4; 1987

[94] Britton, Doris L.
Lightweight nickel electrode for nickel hydrogen cells and batteries
Proc. Int. Power Sources Symp., 32nd, 420-8; 1986

[95] De la Franier, C.; Harkness, A.; Donaldson, G.
Rechargeable lithium aluminum sulfur dioxide system
Proc. Int. Power Sources Symp., 32nd, 185-9; 1986

[96] McEntire, B. J.; Snow, R. H.; Virkar, A. V.
Fabrication and characterization of beta''-alumina electrolyte tubing
Proc. - Electrochem. Soc., 87-5(Proc. Symp. Sodium-Sulphur Batteries,
1986), 95-107; 1987

[97] Chow, Lu; Harrison, Walt
A simplified preparation of high purity copper sulfides for use in
lithium cells
Proc. - Electrochem. Soc., 87-1(Proc. Symp. Lithium Batteries, 1986),
66-77; 1987

[98] Johnson, A. W.; Underdown, A. W.
Preparation of polyacetylene
Report, DREO-TN-86-7; Order No. AD-A173711/3/GAR, 15 pp. Avail. NTIS
From: Gov. Rep. Announce. Index (U. S.) 1987, 87(4), Abstr. No. 705,65

[99] Bowden, W. L.; Dix, R.; Rousseau, M. A.
Copper oxide phases as cathode materials in lithium batteries
Proc. - Electrochem. Soc., 87-1(Proc. Symp. Lithium Batteries, 1986),
23-40; 1987

[100] Shimidzu, Takeo; Otani, Akira; Iyoda, Tomokazu; Honda, Kenichi
A novel type of polymer battery using a polypyrrole-polyanion composite
anode
J. Chem. Soc., Chem. Commun., (5), 327-8; 1987

[101] Willems, J. J. G.
Investigation of a new type of rechargeable battery, the nickel-hydride cell
Philips Tech. Rev., 43(1-2), 22-34; 1986

[102] Kumagai, Naoaki; Kumagai, Nobuko; Tanno, Kazuo
Electrochemical behavior of iron niobium selenide (FexNb1-xSe3) (x = 0-0.25) with one-dimensional structure as new positive electrodes for secondary lithium batteries
Synth. Met., 18(1-3), 655-60; 1987

[103] Touhara, Hidekazu; Fujimoto, Hiroyuki; Kadono, Kohei; Watanabe, Nobuatsu; Endo, Morinobu
Electrochemical characteristics of fluorine intercalated graphite fiber-lithium cells
Electrochim. Acta, 32(2), 293-8; 1987

[104] Nagatomo, Takao; Ichikawa, Chiaki; Omoto, Osamu
All-plastic batteries with polyacetylene electrodes
J. Electrochem. Soc., 134(2), 305-8; 1987

[105] Pasquariello, D. M.; Abraham, K. M.
Molybdenum selenide sulfide (MoSe3S): a novel insertion cathode for secondary lithium batteries
Mater. Res. Bull., 22(1), 37-44; 1987

[106] Galloway, R. C.
A sodium/beta-alumina/nickel chloride secondary cell
J. Electrochem. Soc., 134(1), 256-7; 1987

[107] Fletcher, Aaron N.; Bliss, Dan E.
The effect of water on incinerated lithium-sulfur dioxide batteries
J. Power Sources, 18(4), 371-5; 1986

[108] Tian, Jiemo; Zang, Baoqing; Wang, Shuiju; Li, Minghui; Yang, Ruimin; Qing, Yuachon
Study on the electrochemical behavior and the structure of graphite-antimony pentachloride intercalation compound in the organic electrolyte
Mater. Solid State Batteries, Proc. Reg. Workshop, 349-54. Edited by: Chowdari, B. V. R.; Radhakrishna, S.

[109] Honda, Kenji; Hayashi, Hideko
Prussian blue - Nafion composite film and its application to a thin film rechargeable battery
Prog. Batteries Sol. Cells, 6, 255-6; 1987

[110] Takahashi, Katsuhiro; Yasuda, Hiroshi; Hasegawa, Toshiro
Matsushita's new sealed type SLI battery
Prog. Batteries Sol. Cells, 6, 126-9; 1987

[111] El Karim, Mohamed, A. Awad; Hamed, A. Alla S.; Elhaimi, Yousif A. A.; Osman, Yousif
Effects of exposure to lead among lead-acid battery factory workers in Sudan
Arch. Environ. Health, 41(4), 261-65; 1986

[112] Brandt, K.
A 65 A h rechargeable lithium molybdenum disulfide battery
J. Power Sources, 18(2-3), 117-25; 1986

[113] Takada, Yoshiyuki; Takahashi, Sachio
A secondary battery using perchlorate-graphite intercalation compound
Prog. Batteries Sol. Cells, 6, 231-5; 1987

228

[114] Chiba, Nobuaki; Maeda, Mutsuhiro; Yoshida, Kazumasa; Yamamura, Kazuaki;
       Tukuda, Yutaka
       New activated chemical manganese dioxide for dry batteries
       Prog. Batteries Sol. Cells, 6, 101-5; 1987

[115] Fischer, Wilfried; Birnbreier, Hermann; Benninger, Gary N.
       Performance characteristics of sodium/sulfur batteries
       Proc. Intersoc. Energy Convers. Eng. Conf., 21st(Vol. 2), 1041-7; 1986

[116] Whittlesey, C. C.; Singh, B. S.; Hacha, T. H.
       The Flexpower zinc-chloride battery: 1986 update
       Proc. Intersoc. Energy Convers. Eng. Conf., 21st(Vol. 2), 978-85; 1986

[117] Gonzalez-Sanabria, Olga D.
       Nickel-hydrogen separator development
       Proc. Intersoc. Energy Convers. Eng. Conf., 21st(Vol. 3), 1598-600; 1986

[118] Tomantschger, K.; McClusky, F.; Oporto, L.; Reid, A. D.; Kordesch, K.
       Performance and cost analysis of the Institute for Hydrogen Systems state
       of the art alkaline gas diffusion electrodes
       Proc. - Electrochem. Soc., 86-10(Load Leveling Energy Conserv. Ind.
       Processes), 113-32; 1986

[119] Maja, M.; Penazzi, N.; Spinelli, P.; Ginatta, M. V.; Ginatta, U.;
       Orsello, G.
       The electrolytic recovery of lead from spent storage batteries
       Inst. Chem. Eng. Symp. Ser., 98(Electrochem. Eng.), 173-89, 331-2; 1986

[120] Edgar, Tim A.
       Fabrication and testing of nickel oxide electrodes for bi-polar nickel-
       hydrogen cells
       Proc. Power Sources Symp., 31st, 148-56; 1984

[121] Touzain, Ph.
       Graphite intercalation compounds for primary and secondary battery
       electrodes
       Ann. Phys. (Paris), 11(2, suppl. Colloq. Fr.-Jpn Composes Insertion
       Graphite, 1985), 23-35; 1986

[122] Hiroi, M.
       Voltage increase of copper compound electrodes resulting from the addition
       of sulfur; for seawater batteries
       J. Appl. Electrochem., 16(3), 431-9; 1986

[123] Flandrois, S.; Herran, J.
       Battery electrodes based on metal chloride-graphite intercalation compounds
       Synth. Met., 14(1-2), 103-11; 1986

[124] Pruss, Arno; Beck, Fritz
       Polybenzene as a positive electrode in aqueous secondary batteries
       J. Power Sources, 16(3), 179-91; 1985

[125] Semu, E.; Singh, B. R.; Selmer-Olsen, A. R.
       Mercury pollution of effluent, air, and soil near a battery factory in
       Tanzania
       Water, Air, Soil Pollut., 27(1-2), 141-6; 1986

[126] Paulin, A.; Ostero, V.; Dretnik, D.
       Einfluß von Chlorverbindungen auf das Verhalten von Bleisintern
       Freiberg. Forschungsh. B, B 251, 34-44; 1985

[127]   Miyazaki, Kazuhide; Sumida, Morimasa
        "Press and wet" process for fabricating lead-acid battery electrodes
        New Mater. New Processes, 3, 224-8; 1985

[128]   Peter, Roland
        Die Rückgewinnung von Silber und Quecksilber aus Knopfzellen
        Prax. Naturwiss., Chem., 34(8), 19-21; 1985

[129]   Patrick, Andrew; Glasse, Malcolm; Latham, Roger; Linford, Roger
        Novel solid state polymeric batteries
        Solid State Ionics, 18-19(2), 1063-7; 1986

[130]   Elinder, C. G.; Kjellstroem, T.; Hogstedt, C.; Andersson, K.; Spaang, G.
        Cancer mortality of cadmium workers
        Br. J. Ind. Med., 42(10), 651-5; 1985

[131]   Collivignarelli, C.; Riganti, V.; Urbini, G.
        Battery lead recycling and environmental pollution hazards
        Conserv. Recycl., 9(1), 111-25; 1986

[132]   Murphy, D. W.
        Insertion compounds: relationship of structure to electrochemistry
        NATO ASI Ser., Ser. E, 101(Solid State Batteries), 181-96; 1985

[133]   Genest, Wolfgang; Reimann, Dieter O.
        Die Abfallproblematik von Altbatterien
        (II) Zusammensetzung und Abfallrelevanz. Vorschläge zur Lösung dieses
        Abfallproblems
        Muell Abfall, 17(7), 217-24; 1985

[134]   Lexow, K. W.
        Elektrolytische Reduktion von Natriumnitrat in Natriumhydroxid mit
        Ranoy-Nickel-Elektrode
        DECHEMA-Monogr., 98(Tech. Elektrolysen), 229-44; 1985

[135]   Thomanetz, E.
        Pollutant load reduction for municipal refuse landfills. Possibilities
        and limits
        Stuttg. Ber. Abfallwirtsch., 19(Deponietech. Heute Morgen), 257-81; 1985

[136]   Fernandes, Julio B.; Desai, Buqui D.; Dalal, V. N. Kamat
        Manganese dioxide - a review of a battery chemical. Part I. Chemical
        syntheses and x-ray diffraction studies of manganese dioxides
        J. Power Sources, 15(4), 209-37; 1985

[137]   Engvall, Jan; Perk, Joep
        Prevalence of hypertension among cadmium-exposed workers
        Arch. Environ. Health, 40(3), 185-90; 1985

[138]   Viswanathan, S.; Charkey, A.
        Bi-functional oxygen electrodes for rechargeable metal-air cells
        Proc. Intersoc. Energy Convers. Eng. Conf., 20th(Vol. 2), 2.21-2.26; 1985

[139]   Gangadharan, R.; Namboodiri, P. N. N.; Janakiraman, R.; Narayanan, P.
        Characterization of manganese dioxide for nonaqueous lithium cells
        Bull. Electrochem., 1(4), 355-8; 1985

[140]   Shimanouchi, Rie; Yamamoto, Takanori; Kikkawa, Shinichi; Koizumi, Mitsue
        Plasma-enhanced chemical vapor deposition of titanium sulfides
        Chem. Lett., (9), 1323-6; 1985

[141] Sindorf, Jack F.; Burant, Len J.; Dunlop, James D.
Design and cost study of a 15 kWh hydrogen/nickel oxide battery for
photovoltaic applications
Proc. Intersoc. Energy Convers. Eng. Conf., 20th(Vol. 2), 2.177-2.184; 1985

[142] Hamamoto, Osamu; Takabatake, Masaharu; Yoshitake, Masami; Misaki, Hirowo
Research and development of 10 kW class redox flow battery
Proc. Intersoc. Energy Convers. Eng. Conf., 20th(Vol. 2), 2.98-2.104; 1985

[143] Dumarey, Ronny; Dams, Richard
Selective gathering of mercury-batteries: a possible way to lower mercury
emissions from a municipal waste incineration plant
Environ. Technol. Lett., 6(4), 149-52; 1985

[144] Coetzee, C. F. B.; Lahoud, G. F.; Saunders, A. P.; Kirk, A. R. M.;
Te Riele, W. A. M.
Production of electrolytic manganese dioxide from furnace sludge
Report, MINTEK-M60D; Order No. PB85-120269/GAR, 65 pp. Avail. NTIS From:
Gov. Rep. Announce. Index (U. S.) 1985, 85(4), 139; 1984

[145] anonym
Development document for effluent limitations guidelines and standards
for the battery manufacturing point source category. Volume 2.
Subcategory: lead
Report, EPA/440/1-84/067-VOL-2; Order No. PB85-121515/GAR, 704 pp. Avail.
NTIS From: Gov. Rep. Announce. Index (U. S.) 1985, 85(4), 139; 1985

[146] anonym
Development document for effluent limitations guidelines and standards
for the battery manufacturing point source category. Volume 1. Subca
Subcategories: cadmium, calcium, leclanche, lithium, magnesium
Report, EPA/440/1-84/067-VOL-1; Order No. PB85-121507/GAR, 1117 pp. Avail.
NTIS From: Gov. Rep. Announce. Index (U. S.) 1985, 85(4), 139; 1985

[147] Pompon, J. P.; Jacquelin, J.; Wicker, A.
Sodium-sulfur accumulators for energy storage
Comm. Eur. Communities, [Rep.] EUR, EUR 9236, Energy Conserv. Ind., Vol. 2,
174-83; 1984

[148] Farmer, Jack R.
Review of national emission standards for mercury
U. S. Environ. Prot. Agency, Off. Air Qual. Plann. Stand., [Tech. Rep.]
EPA, EPA-450/3-84-014, 68 pp.; 1984

[149] Kikkawa, S.; Miyazaki, S.; Koizumi, M.
Electrochemical aspects of the deintercalation of layered AMO2 compounds
J. Power Sources, 14(1-3), 231-4; 1985

[150] Lexow, K. W.
Electrochemische Regenerierung von Abfallösungen aus der Herstellung von
aktiven Massen für Primärzellen und Akkumulatoren
DECHEMA-Monogr., 97(Elektrochem. Verfahrenstech.), 309-22; 1984

[151] Krishnaswamy, R.
Study of availability and composition of metal bearing wastes (generated
in titanium extraction and fabrication, aluminum smelters, chromite
bearing refractory and foundry sands and mercury battery ind
Report, BUMINES-OFR-119-84; Order No. PB84-207091, 128 pp. Avail. NTIS
From: Gov. Rep. Announce. Index (U. S.) 1984, 84(20), 134; 1984

[152] Dyer, C. K.
New electrochemical process for making nickel/nickel hydroxide battery
electrodes
J. Electrochem. Soc., 132(1), 13-18; 1985

[153] Tanabe, Isao; Miyamoto, Nobuaki; Kato, Zenji
The new CMD from manganese ore and its new specialities
Battery Mater. Symp., [Proc.], Volume Date 1983, 1, 199-219; 1984

[154] Adams, R. G.
An analysis of mortality from nephritis and nephrosis among nickel-
cadmium battery workers
Ed. Proc. - Int. Cadmium Conf., 4th, 155-6. Edited by: Wilson, David;
Volpe, Rosalind A. Cadmium Assoc.: London, UK.; 1983

[155] Andersson, K.; Elinder, C. G.; Hogstedt, C.; Kjellstroem, T.; Spang, G.
Mortality among cadmium workers in a Swedish battery factory
Ed. Proc. - Int. Cadmium Conf., 4th, 152-4. Edited by: Wilson, David;
Volpe, Rosalind A. Cadmium Assoc.: London, UK.; 1983

[156] Takahashi, Kusuhiko
Introduction to new EMD and ACM in JMC
Battery Mater. Symp., [Proc.], Volume Date 1983, 1, 165-80; 1984

[157] Mizutani, Kazuo
New separator for alkaline manganese dioxide cell
Battery Mater. Symp., [Proc.], Volume Date 1983, 1, 122-41; 1984

[158] Willems, J. J. G.
Metal hydride electrodes. Stability of lanthanum-nickel (LaNi5)-related
compounds
Philips J. Res., 39(Suppl. 1), 98 pp.; 1984

[159] Baerring, N. E.
Recycling of nickel-cadmium batteries and process wastes - processes and
operations of the new SAB NIFE plant
Ed. Proc. - Int. Cadmium Conf., 4th, 58-60. Edited by: Wilson, David;
Volpe, Rosalind A. Cadmium Assoc.: London, UK.; 1983

[160] Hiller, F.
Die umweltverträgliche Entsorgung verbrauchter Primärbatterien
ZVEI-Info 2/1990

[161] Bowers, J. E.; Johnston, R. D.
Continuous refining of secondary lead
Miner. Process. Extr. Metall., Pap. Int. Conf., 63-71. Edited by: Jones,
Michael J.; Gill, P. Inst. Min. Metall.: London, UK.; 1984

[162] Tobishima, Shinichi; Yamaki, Junichi; Yamaji, Akihiko
Electrochemical reactivity of aromatic compounds for use in lithium cells
J. Appl. Electrochem., 14(6), 721-9; 1984

[163] Takada, Kazunori; Yamamura, Yasuharu; Kondo, Shigeo
Solid-electrolyte batteries
Eur. Pat. Appl., 27 pp; EP 380058 A2 1 Aug 1990; ICM H01M004-48; 1990

[164] Charkey, Allen; Januszkiewicz, Stanley
Nickel cathodes for alkaline batteries
Eur. Pat. Appl., 9 pp; EP 427192 A1 15 May 1991; ICM H01M004-52; 1991

[165] Raynaud, Guy Michel; Regazzoni, Gilles; Nussbaum, Gilles; Reboul, Max
Production of thin lithium-based alloy strips for battery anodes
Eur. Pat. Appl., 5 pp; EP 426579 A1 8 May 1991; ICM C22F001-16; 1991

[166] Bugga, Ratrakumar V.; DiStefano, Salvador; Bankston, C. Perry
Metal chloride battery cathode
U. S. Pat. Appl., 10 pp. Avail. NTIS Order No. PAT-APPL-7-503 409; US
503409 A0 15 Feb 1991; ICM D01F009-12; 1991

232

[167]   Wolf, Klaus; Apenburg, Ulrich; Martens, Hans
         Herstellung arsenhaltiger Antimon-Blei-Legierungen
         Ger. (East), 3 pp; DD 285117 A5 5 Dec 1990; ICM C22C011-08; 1990

[168]   Emmanuel-Emile, Michel
         Aluminum-mineral battery
         Fr. Demande, 43 pp; FR 2641648 A1 13 Jul 1990; ICM H01M004-48; 1990

[169]   Lecerf, Andre; Lubin, Francis; Broussely, Michel
         Secondary button-type lithium batteries
         Eur. Pat. Appl., 23 pp; EP 386682 A1 12 Sep 1990; ICM H01M004-50; 1990

[170]   Pfrepper, Gerd; Deicke, Liane
         Recovery of nickel and cadmium from wastes
         Ger. (East), 3 pp; DD 282925 A5 26 Sep 1990; ICM C22B007-00; 1990

[171]   Wada, Hiroshi; Yoshimoto, Yoshikazu; Yoshida, Masaru; Nakajima, Shigeo
         Carbon battery cathode
         Eur. Pat. Appl., 6 pp; EP 419090 A1 27 Mar 1991; ICM H01M004-96; 1991

[172]   Mueller, Jens; Langbein, Hubert; Wiesener, Klaus; Rumszauer, Aniko;
         Schneider, Wolfgang
         Kathoden aus amerphem Vanadiumoxid für Sekundärbatterien
         Ger. (East), 5 pp; DD 287122 A5 14 Feb 1991; ICM H01M004-34; 1991

[173]   Gilmour, Alexander; Neat, Robin John; Rance, Marion Ruth
         Lithium vanadium oxide-containing cathode and preparation of the cathode-
         active mass
         Brit. UK Pat. Appl., 22 pp; GB 2234108 A1 23 Jan 1991; ICM H01M004-48;
         1991

[174]   Dazzi, Giorgio; Colombo, Roberto
         Recovery of lead and waterproofing slags from battery wastes
         Eur. Pat. Appl., 4 pp; EP 412048 A1 6 Feb 1991; ICM C22B013-02; 1991

[175]   Neat, Robin John; Rance, Marion Ruth; Hooper, Alan
         Battery cathodes from decomposition products of vanadium oxide-transition
         metal salt mixtures
         PCT Int. Appl., 21 pp; WO 9102383 A1 21 Feb 1991; ICM H01M004-48; 1991

[176]   Tanaka, Hideaki; Yanagisawa, Nobuhiro
         Manufacture of carbon electrode
         U.S., 7 pp; US 4994221 A 19 Feb 1991; ICM B29C043-18; 1991

[177]   Rothman, Ulf; Malling, Jesper
         Manufacture of lithium-aluminum alloy anodes for batteries
         PCT Int. Appl., 23 pp; WO 9101046 A1 24 Jan 1991; ICM H01M004-04; 1991

[178]   Fuhrmann, Axel; Brackmann, Ernst; Ebert, Christa; Ludwig, Gerd; Wolf,
         Ruediger
         Herstellung von Stromsammlern für Batteriekathoden
         Ger. (East), 5 pp; DD 284306 A5 7 Nov 1990; ICM H01M004-96; 1990

[179]   Mori, Shoichiro; Ida, Kazuhiko; Suzuki, Hitoshi; Takahashi, Setsuko;
         Saeki, Isao
         Manufacture of ambient-temperature molten salts for battery electrolytes
         Eur. Pat. Appl., 6 pp; EP 404179 A1 27 Dec 1990; ICM H01M006-14; 1990

[180]   Greenberg, Ronald; Rogers, Randy; Bernier, Roland; Littman, Stanley
         Battery-separator fabrics and their manufacture
         U.S., 6 pp. Cont.-in-part of U.S. Ser. No. 867,856, abandoned; US 4987024 A
         22 Jan 1991; ICM D04H001-04; 1991

[181] Dorling, Mike George Land; Barker, David John
Microporous films for lithium-thionyl chloride battery separators
Brit. UK Pat. Appl., 45 pp; GB 2232982 A1 2 Jan 1991; ICM C08J009-26;
1991

[182] Notten, Petrus Hendricus Laurentius
Battery with anode of hydrogen-absorbing alloy
Eur. Pat. Appl., 8 pp; EP 408118 A1 16 Jan 1991; ICM H01M004-38; 1991

[183] Pistoia, Gianfranco
High-energy and high-power lithium batteries and their manufacture
Eur. Pat. Appl., 9 pp; EP 397608 A2 14 Nov 1990; ICM H01M004-48; 1990

[184] O'Neil-Bell, Christopher; McLachlan, Stuart
Ceramic or vitreous and composite members for sodium-sulfur batteries
PCT Int. Appl., 39 pp; WO 9100255 A1 10 Jan 1991; ICM C04B037-02; 1991

[185] Nagai, Ryou; Hattori, Hiroshi; Higuchi, Hiroyuki; Abe, Masao
Zelle mit einer positiven Polyanilin-Elektrode und Verfahren zur Herstellung
von Polyanilin-Pulver für diese
Ger. Offen., 19 pp; DE 4019946 A1 3 Jan 1991; ICM H01M004-60; 1991

[186] Junkers, Dieter; Schmidt, Ferdinand; Ferenczy, Nikolaus
Sinterfolien-Elektrode for Nickel-Cadmium-Akkumulatoren und Verfahren zur
Herstellung der Elektrode
Eur. Pat. Appl., 7 pp; EP 402514 A1 19 Dec 1990; ICM H01M004-66; 1990

[187] Yankov, L.; Filipova, S.; Zlatanov, I.; Budevski, E.
Composition for microporous battery separators and their manufacture
U.S., 3 pp. Cont. of U.S. Ser. No. 131,148, abandoned; US 4959396 A
25 Sep 1990; ICM B01D039-20; 1990

[188] Babjak, Juraj; Ettel, Victor A.; Paserin, Vladimir
Manufacture of nickel foam for electrode grids
U.S., 12 pp; US 4957543 A 18 Sep 1990; ICM C22B005-20; 1990

[189] Bones, Roger John; Duncan, James Hugh; Denton, Ivor Edison
Elektrochemische Zelle
Ger. Offen., 11 pp; DE 4010907 A1 11 Oct 1990; ICM H01M004-88; 1990

[190] Dahn, Jeffrey R.; Van Buuren, Tony; Vonsacken, Ulrich
Preparation of transitional metastable-crystal VO2 and its use in nonaqueous
secondary batteries
U.S., 6 pp; US 4965150 A 23 Oct 1990; ICM H01M004-48; 1990

[191] Fetcenko, Michael A.; Sumner, Steven P.; Larocca, Joseph
Manufacture of hydrogen-absorbing alloys for battery anodes
U.S., 10 pp; US 4948423 A 14 Aug 1990; ICM C21C007-10; 1990

[192] Gaudino, Larry J.
Silver battery cathode and its manufacture
U.S., 2 pp; US 4930211 A 5 Jun 1990; ICM H01M006-00; 1990

[193] Wedlake, Roger John; Coetzer, Johan
Elektrochemische Zelle und Anode dafür
Ger. Offen., 17 pp; DE 3939844 A1 7 Jun 1990; ICM H01M004-40; 1990

[194] Kotzian, Michael; Gauss, Michael; Pottkaemper, Siegfried; Behringer,
Hartmut; Heymer, Gero
Acetylen-Ruß für Batterieelektroden und Apparaturen und zur Herstellung von
Batterieelektroden
Ger. Offen., 7 pp; DE 3904330 A1 16 Aug 1990; ICM C09C001-54; 1990

[195] Fauteux, Denis G.; Shackle, Dale R.
Process for manufacture of solid state laminar-battery utilizing cathode-
rolling step
U.S., 10 pp; US 4935317 A 19 Jun 1990; ICM H01M006-18; 1990

[196] Kaiya, Hideo; Yamashita, Katumi; Kusaka, Masako
Paste-type cadmium anode and its manufacture
Eur. Pat. Appl., 15 pp; EP 361450 A1 4 Apr 1990; ICM H01M004-26; 1990

[197] Oeste, Franz Dietrich
Überwiegend kohlenstoffhaltige Einlagerungsverbindungen, Herstellung ihrer
Vorstufen und Anwendungen der Einlagerungsverbindung
Ger. Offen., 8 pp; DE 3833851 A1 12 Apr 1990; ICM C04B035-54; 1990

[198] De Jonghe, Lutgard C.; Visco, Steven J.; Liu, Meilin; Mailhe, Catherine C.
Lithium battery with liquid organic sulfur compound cathode and solid
electrolyte barrier-covered anode
U.S., 7 pp; US 4917974 A 17 Apr 1990; ICM H01M004-60; 1990

[199] Hayashida, Hirotaka; Sato, Yuji; Kanno, Kenichi; Kanda, Motoya
Dry method for manufacturing hydrogen-storage anode
Eur. Pat. Appl., 11 pp; EP 359557 A2 21 Mar 1990; ICM H01M004-00; 1990

[200] anonym
12035-60-8 12057-65-7 (anodes from hydrogen-absorbing alloys contg.,
dry method for manuf. of, for batteries)
Eur. Pat. Appl., 8 pp; EP 369251 A2 23 May 1990; ICM C08G061-12; 1990

[201] Ter Haar, Leonard William; Trumbore, Forrest Allen
Manufacture of niobium selenide cathode for secondary nonaqueous batteries
Eur. Pat. Appl., 5 pp; EP 375254 A2 27 Jun 1990; ICM H01M004-58; 1990

[202] Yamaguchi, Munetoshi; Nakamura, Yoshinobu; Senzaki, Hirohisa
Lithium primary battery containing manganese dioxide-based cathode active
material and manufacturing of electrolytic manganese dioxide
Eur. Pat. Appl., 9 pp; EP 373791 A1 20 Jun 1990; ICM H01M004-50; 1990

[203] Neat, Robin John; Powell, Raymond John
Manufacture of secondary batteries
Eur. Pat. Appl., 5 pp; EP 373819 A2 20 Jun 1990; ICM H01M010-40; 1990

[204] Abraham, Kuzhikalail M.; Pasquariello, David M.
Cathode-active materials for secondary batteries
U.S., 6 pp; US 4934922 A 19 Jun 1990; ICM H01M004-36; 1990

[205] Wernet, Wolfang; Stoffer, Jean
Electrically conductive compositions with polyheteroaromates and polymer
sulfates, their preparation, and their uses
Eur. Pat. Appl., 20 pp; EP 358188 A2 14 Mar 1990; ICM H01B001-12; 1990

[206] Seiger, Harvey N.
Microporous silver parts and their manufacture for battery cathdoes
U.S., 13 pp; US 4913782 A 3 Apr 1990; ICM H01M004-04; 1990

[207] Seiger, Harvey N.
Microporous silver and its manufacture for silver peroxide battery cathodes
U.S., 10 pp; US 4913781 A 3 Apr 1990; ICM H01M004-26; 1990

[208] Hoge, William H.
Air-battery cathode and its manufacture
U.S., 6 pp. Cont.-in-part of U.S. 4,885,217; US 4906535 A 6 Mar 1990;
ICM H01M004-88; 1990

[209] Fang, Wei Chou; Vyas, Brijesh
Nonaqueous lithium-niobium chalcogenide battery and manufacture of its
cathode
U.S., 5 pp; US 4892795 A 9 Jan 1990; ICM H01M004-58; 1990

[210] Jackson, Stephen; Green, Ralph
Manufacture of cathode matrix for sodium/sulfur battery
PCT Int. Appl., 27 pp; WO 9002422 A1 8 Mar 1990; ICM H01M004-02; 1990

[211] Ferrando, William
Silver-nickel cathode for secondary alkaline batteries and its manufacture
U. S. Pat. Appl., 13 pp. Avail. NTIS Order No. PAT-APPL-7-395 547;
US 395547 A0 1 Feb 1990; ICM C22B007-00; 1989

[212] Dahn, Jeffery R.; Wainwright, David
Batteries, electrodes, and their manufacture
U.S., 11 pp; US 4902589 A 20 Feb 1990; ICM H01M006-10; 1990

[213] Bowden, William L.; Demuth, David L.; Barnette, Luverne H.
Insoluble mixed heavy-metal polysulfide cathodes for lithium batteries
U.S., 4 pp; US 4891283 A 2 Jan 1990; ICM H01M004-58; 1990

[214] Skotheim, Terje A.; Okamoto, Yoshiyuki; Lee, Hung S.
Preparation of metallic cation-conducting polymers based on sterically
hindered phenol-containing polymeric systems for high energy-density
batteries
U.S., 6 pp; US 4882243 A 21 Nov 1989; ICM H01M010-40; 1989

[215] Lecerf, Andre; Broussely, Michel; Gabano, Jean Paul
Manufacture of cathode-active mass for secondary lithium batteries
Eur. Pat. Appl., 21 pp; EP 345707 A1 13 Dec 1989; ICM H01M004-58; 1989

[216] Thackeray, Michael Makepeace; De Kock, Annemare
Synthesizing lithium manganese oxide for battery cathodes
Brit. UK Pat. Appl., 32 pp; GB 2221213 A1 31 Jan 1990; ICM C01B013-18;
1990

[217] Walker, Andre Lee; Reise, Terrence Francis
Manufacture of .beta.-manganese dioxide for battery cathodes
Eur. Pat. Appl., 10 pp; EP 348083 A1 27 Dec 1989; ICM C01G045-02; 1989

[218] Winsel, August
Verfahren zur Herstellung einer negativen Speicherelektrode für alkalische
Akkumulatoren
Ger. Offen., 3 pp; DE 3822539 A1 11 Jan 1990; ICM H01M004-28; 1990

[219] Pinkasov, Eduard
Verfahren zur Herstellung von Strukturkörpern mit einem großen Oberflächen/
Volumen-Verhältnis sowie nach diesem Verfahren hergestellte Strukturkörper
Ger. Offen., 9 pp; DE 3919570 A1 21 Dec 1989; ICM H01M004-04; 1989

[220] Skyllas-Kazacos, Maria; Kazacos, Michael; McDermott, Rodney John Charles
Dissolving of vanadium compound for preparing aqueous electrolyte for
all-vanadium battery
PCT Int. Appl., 40 pp; WO 8905363 A1 15 Jun 1989; ICM C25B001-00; 1989

[221] Wakabayashi, Ataru; Umehara, Yohichi; Morie, Satsuki; Kuwahara, Ikuro;
Okada, Yoshimi
Preparation of redox battery electrolyte and recovery of lead chloride
U.S., 8 pp; US 4874483 A 17 Oct 1989; ICM H01M008-18; 1989

[222] Glemser, Oskar; Buss, Dieter H.; Bauer, Juergen; Loew, Helga
Positive Sammlerelektrode für Akkumulatoren mit alkalischem Elektrolyten
Eur. Pat. Appl., 8 pp; EP 336245 A2 11 Oct 1989; ICM H01M004-36; 1989

[223] Hope, Henry F.; Hope, Stephen F.
       Lightweight battery construction
       U.S., 4 pp; US 4861690 A 29 Aug 1989; ICM H01M004-64; 1989

[224] Clough, Thomas J.; Pinsky, Naum
       Battery element and its manufacture
       U.S., 11 pp; US 4861689 A 29 Aug 1989; ICM H01M004-16; 1989

[225] Banide, Jacques; Slama, Marco; Tanguy, Jean
       Battery using an electronically conducting polypyrrole cathode, and
       treatment for increasing the cathode capacity
       Eur. Pat. Appl., 14 pp; EP 326484 A2 2 Aug 1989; ICM H01M010-40; 1989

[226] Borgstedt, Hans Ulrich; Bhat, Narayana Padmanabha; Frees, Guenter
       Rückgewinnung von Quecksilber aus Feststoffen
       Ger., 4 pp; DE 3821294 C1 24 Aug 1989; ICM C22B043-00; 1989

[227] Suzuki, Tomonari; Wada, Hiroshi; Yoshimoto, Yoshikazu; Yoshida, Masaru
       Manufacture of graphite electrodes for thin batteries
       Eur. Pat. Appl., 9 pp; EP 334501 A1 27 Sep 1989; ICM H01M004-96; 1989

[228] Watanabe, Osamu; Kajii, Osamu; Edamoto, Toshiyuki; Kitamura, Tomio;
       Hisatomi, Kaoru; Yoshida, Hiroshi; Somatomo, Yoshiki
       Coiled lithium battery
       Eur. Pat. Appl., 13 pp; EP 334251 A1 27 Sep 1989; ICM H01M006-16; 1989

[229] Lee, Mei Tsu; Shackle, Dale R.; Schwab, Gerhart
       Radiation-cured solid electrolytes and batteries using these electrolytes
       U.S., 9 pp. Cont.-in-part of U.S. Ser. No. 115,492, abandoned; US 4830939 A
       16 May 1989; ICM H01M006-18; 1989

[230] Moehwald, Helmut
       Verbindungen von elektrisch leitenden Polymeren mit Kohlenstoffeinlagerungs-
       verbindungen
       Ger. Offen., 5 pp; DE 3734749 A1 27 Apr 1989; ICM C04B041-83; 1989

[231] Von Benda, Klaus
       Regelung von Klebverbindung bei Nickel-Faser-Elektrodengitter mit aktiver
       Masse
       Ger., 3 pp; DE 3822210 C1 6 Jul 1989; ICM H01M004-28; 1989

[232] Nickl, Johann; Naarmann, Herbert; Moehwald, Helmut
       Der Gebrauch Polyheterozyklischer Polymere als Batterieelektrode
       Ger. Offen., 7 pp; DE 3409655 A1 12 Dec 1985; ICM H01M004-60; 1985

[233] anonym
       Preparation of metal oxide bronzes and their use in battery
       Fr. Demande, 16 pp; FR 2616013 A1 2 Dec 1988; ICM H01M004-48; 1988

[234] Borbely, Alex; Molla, Jaynal
       Verbesserte Kathode für Zink-Luftzellen, sowie Verfahren zu ihrer
       Herstellung
       Ger. Offen., 5 pp; DE 3835615 A1 11 May 1989; ICM H01M004-50; 1989

[235] Moebius, Andreas; Vogel, Ilona; Jacob, Gunter; Grosser, Katrin; Beger,
       Joerg; Jacobi, Renate; Poeschmann, Claudia
       Electrolyt für sekundäre Zink-Brom-Batterien
       Ger. (East), 4 pp; DD 264789 A1 8 Feb 1989; ICM H01M010-40; 1989

[236] Steinleitner, Guenther; Roze, Philipp
       Verfahren zum Verbinden von metallischen und keramischen Werkstoffen
       Eur. Pat. Appl., 8 pp; EP 314030 A1 3 May 1989; ICM C04B037-02; 1989

[237] Ogino, Takao; Miyazaki, Tadaaki; Kawagoe, Takahiro
Wasserfreie Batterie mit MnO2-Kathode und ihre Herstellung
Ger. Offen., 9 pp; DE 3834953 A1 27 Apr 1989; ICM H01M004-50; 1989

[238] Olper, Marco; Fracchia, Pierluigi
Hydrometallurgische Rückgewinnung von Blei aus verbrauchten Batterien
Eur. Pat. Appl., 9 pp; EP 313153 A1 26 Apr 1989; ICM H01M010-54; 1989

[239] Herscovici, Calman
Porous and porous-nonporous composites for battery cathodes
U.S., 7 pp; US 4818741 A 4 Apr 1989; ICM H01M004-88; 1989

[240] Tajima, Yoshimitsu; Mohri, Motoo
Manufacture of carbon electrode for thin batteries
Eur. Pat. Appl., 6 pp; EP 309171 A1 29 Mar 1989; ICM H01M004-96; 1989

[241] Misra, Sudhan S.; Noveske, Terrence M.
Lead-acid battery with alkali metal polysilica gel electrolyte and its
manufacture
PCT Int. Appl., 28 pp; WO 8901242 A1 9 Feb 1989; ICM H01M010-10; 1989

[242] Thiessen, Karsten; Zehner, Christian; Danzmann, Horst; Meier, Gerald;
Doss, Rainer; Creutzburg, Paul; Lemle, Hans Juergen
Solid-electrolyte battery and its manufacture
Fr. Demande, 12 pp; FR 2614732 A3 4 Nov 1988; ICM H01M012-06; 1988

[243] Ohtani, Akira; Abe, Masao; Higuchi, Hiroyuki
Conducting organic polymer battery
Eur. Pat. Appl., 15 pp; EP 303112 A2 15 Feb 1989; ICM H01M004-60; 1989

[244] Moyes, Hilary
Cathodes from mixed silver-silver oxide
U.S., 8 pp; US 4792505 A 20 Dec 1988; H07M004-34; 1988

[245] Barnette, Luverne Harleigh; Bowden, William Lee; DeMuth, David Leigh
Insoluble mixed heavy-metal polysulfide cathodes
Brit. UK Pat. Appl., 12 pp; GB 2204441 A1 9 Nov 1988; ICM H01M004-58;
1988

[246] Freluche, Jean Pierre
Manufacture of alkaline battery with spirally wound electrodes
Eur. Pat. Appl., 9 pp; EP 283813 A1 28 Sep 1988; ICM H01M006-10; 1988

[247] Bailey, John C.; Foley, Timothy D.; Botos, Ernest D.
Dry-molded cathode collector for liquid cathode systems
U.S., 6 pp; US 4790969 A 13 Dec 1988; ICM H01M004-00; 1988

[248] Adendorf, Keith Trevor; Bones, Roger John; Coetzer, Johan; Thackeray,
Michael Makepease
Manufacture of cathode for high-temperature secondary battery
S. African, 31 pp; ZA 8708713 A 27 Jul 1988; ICM H01M; 1988

[249] Richter, Hans Juergen; Schneider, Wolfgang; Wiesener, Klaus; Hanisch,
Uwe; Kleinstueck, Karlheinz
Kathode für Sekundärbatterien auf Basis von Mangandioxid
Ger. (East), 5 pp; DD 258308 A1 13 Jul 1988; ICM H01M004-50; 1988

[250] Brezillon, Jean Loup
Polymer-coated electrodes for alkaline batteries
Fr. Demande, 7 pp; FR 2607967 A1 10 Jun 1988; ICM H01M004-26; 1988

[251] Lecerf, Andre; Gabano, Jean Paul
Active cathode material for secondary batteries, and manufacture and use
of these batteries
Fr. Demande, 14 pp; FR 2605458 A1 22 Apr 1988; ICM H01M004-48; 1988

[252] Solomon, Frank; Genodman, Yury; Irizarry, Jaime
Gas-diffusion cathode for metal-air battery
Eur. Pat. Appl., 10 pp; EP 292431 A2 23 Nov 1988; ICM H01M004-96; 1988

[253] Katzer, Juergen; Reinhold, Dieter
Herstellung von Elektroden für gasdichte Knopf- und Rundzellen
Ger. (East), 3 pp; DD 256592 A1 11 May 1988; ICM H01M004-26; 1988

[254] Winsel, August
Verfahren zur Herstellung einer kunststoffgebundenen Gasdiffusionselektrode
mit metallischen Elektrokatalysatoren
Ger. Offen., 5 pp; DE 3710168 A1 13 Oct 1988; ICM C25B011-03; 1988

[255] Delwaulle, Jean Jacques; Devaud, Marguerite
Mercury recovery from organic wastes containing mercury
Fr. Demande, 12 pp; FR 2609651 A1 22 Jul 1988; ICM B09B003-00; 1988

[256] Bartho, Bernd; Brackmann, Ernst; Froemmel, Rainer; Wolf, Ruediger; Nitsche,
Wolfgang
Herrstellung von Polymer-Elektrolyten aus heterozyklischen polymeren und Jod
Ger. (East), 3 pp; DD 254386 A1 24 Feb 1988; ICM C08F008-22; 1988

[257] Heng, Rudolf; Koch, Walter; Pietsch, Hartmut
Verfahren zur Aufarbeitung von Klein-Batterien
Ger. Offen., 5 pp; DE 3709967 A1 6 Oct 1988; ICM H01M006-52; 1988

[258] Maccallum, James Richard; Gray, Fiona Mary; Vincent, Colin Angus
Electrolytic polymers
Brit. UK Pat. Appl., 39 pp; GB 2201154 A1 24 Aug 1988; ICM C08J003-00;
1988

[259] Furukawa, Nobuhiro; Saito, Toshihiko; Nohma, Toshiyuki
Nonaqueous secondary battery
Eur. Pat. Appl., 15 pp; EP 279235 A1 24 Aug 1988; ICM H01M004-50; 1988

[260] Hanulik, Jozef
Recycling of electrical batteries, assembled printed circuit boards, and
electronic components
PCT Int. Appl., 15 pp; WO 8804476 A1 16 Jun 1988; ICM H01M006-52; 1988

[261] Waldrop, Sammy E.
Manufacture of latex-coated cadmium anodes for secondary batteries
U.S., 5 pp; US 4765799 A 23 Aug 1988; ICM H01M004-26; 1988

[262] Herrmann, Wolfgang A.; Andrejewski, Dirk
Elektrisch leitfähiges Polymer mit Ferrocen-Einheiten
Ger. Offen., 4 pp; DE 3703771 A1 18 Aug 1988; ICM C07F017-02; 1988

[263] Miyazaki, Kazuhide; Nishihama, Hideki; Sawaura, Masaki
Electroconductive polymer film and its manufacture
Eur. Pat. Appl., 13 pp; EP 279407 A2 24 Aug 1988; ICM H01B001-12; 1988

[264] Riggs, Olen L., Jr.
Anode material for electrolytic manganese dioxide cell
U.S., 4 pp; US 4744878 A 17 May 1988; ICM C25B011-04; 1988

[265] Descroix, Jean Pierre; Firmin, Jean Luc; Planchat, Jean Pierre
Battery with a lithium anode and a liquid cathode
Eur. Pat. Appl., 12 pp; EP 271086 A2 15 Jun 1988; ICM H01M006-14; 1988

[266] Nann, Eberhard; Boehle, Christian
Verfahren zur Herstellung eines Bleiakkumulators mit einem thixotropen Gel
als Elektrolyt
Ger. Offen., 4 pp; DE 3644420 A1 30 Jun 1988; ICM H01M010-08; 1988

[267] Zschage, Hansjoerg; Saage, Eberhard; Lohrmann, Rainer
Rückgewinnung von Zink und Mangan aus verbrauchten Trockenbaterien
Ger. (East), 3 pp; DD 252004 A1 2 Dec 1987; ICM C22B007-00; 1987

[268] Tarascon, Jean Marie
Verfahren zur Herstellung von elektrisch leitfähigen Polymerisaten
U.S., 7 pp; US 4751159 A 14 Jun 1988; ICM H01M004-34; 1988

[269] Ikoma, Munehisa; Kawano, Hiroshi; Matsumoto, Isao; Yanagihara, Nobuyuki
Sealed secondary battery and manufacture of its electrode
Eur. Pat. Appl., 51 pp; EP 271043 A1 15 Jun 1988; ICM H01M010-34; 1988

[270] Jobst, Konrad; Savchenko, L.; Schwarzenberg, Monika
Herstellung von Polymerelektroden für Sekundärbatterien
Ger. (East), 4 pp; DD 252710 A1 23 Dec 1987; ICM H01M004-60; 1987

[271] Nagaura, Toru; Yokokawa, Masaaki; Hashimoto, Toshio
Wiederaufladbares galvanisches Element mit organischem Elektrolyten
Ger. Offen., 14 pp; DE 3736366 A1 5 May 1988; ICM H01M010-42; 1988

[272] Savchenko, L.; Jobst, Konrad; Schwarzenberg, Monika
Herstellung von Polymerelektroden für Sekundärbatterien mit hoher
Energiedichte
Ger. (East), 3 pp; DD 252709 A1 23 Dec 1987; ICM H01M004-60; 1987

[273] Schleich, Donald
Preparation of high surface area amorphous transition metal chalcogenides
and batteries using these chalcogenides as cathodes
PCT Int. Appl., 28 pp; WO 8800172 A1 14 Jan 1988; ICM C01B019-04; 1988

[274] Doniat, Denis; Bugnet, Bernard
Cobalt-containing nickel hydroxide battery electrode and its manufacture
Eur. Pat. Appl., 6 pp; EP 256929 A1 24 Feb 1988; ICM H01M004-32; 1988

[275] Kallup, Bernhard; Glittenberg, Wolfgang; Kubis, Christian; Richter, Gerolf;
Ressel, Christian
Device for connecting pole bridges and poles to lugs of stacked battery
electrodes
Ger. Offen., 5 pp; DE 3620891 A1 23 Dec 1987; ICM H01M002-30; 1987

[276] Bones, Roger John; Teagle, David Ashley; Brooker, Stephen Donald
Verfahren zur Herstellung einer Kathode für eine elektrochemische Zelle und
eine nach diesem Verfahren erhältliche Kathode
Ger. Offen., 10 pp; DE 3718921 A1 17 Dec 1987; ICM H01M004-36; 1987

[277] Uchiyama, Michelle C.; Slane, Steven M.; Salomon, Mark A.
Cathode material for lithium batteries and lithium batteries using this
material
U. S. Pat. Appl., 10 pp. Avail. NTIS Order No. PAT-APPL-7-59346; US 59346
A0 1 Nov 1987; ICM H01M004-48; 1987

[278] Nagaura, Toru; Hashimoto, Toshio
Organic-electrolyte lithium battery
Eur. Pat. Appl., 30 pp; EP 243926 A1 4 Nov 1987; ICM H01M004-48; 1987

[279] Heng, Rudolf; Koch, Walter; Pietsch, Hartmut
Verfahren zur Aufarbeitung von Kleinbatterien
Eur. Pat. Appl., 6 pp; EP 244901 A1 11 Nov 1987; ICM H01M006-52; 1987

[280] Magnuson, Douglas; Wolff, Merle; Lev, Sam; Jeffries, Kenneth; Mapes, Scott D.
Method and apparatus for making electrode material from high hardness active materials
Eur. Pat. Appl., 10 pp; EP 245932 A1 19 Nov 1987; ICM H01M004-28; 1987

[281] Mohri, Motoo; Tanaka, Hideaki; Suzuki, Tomonari; Yoshimoto, Yoshikazu; Nakajima, Shigeo; Kasahara, Michiyo; Tajima, Yoshimitsu
Anodes and secondary batteries using these anodes
Eur. Pat. Appl., 19 pp; EP 239410 A2 30 Sep 1987; ICM H01M004-58; 1987

[282] Anderman, Menahem; Johnson, Steven Lloyd; Lundquist, Joseph Theodore
Battery cathode
Eur. Pat. Appl., 64 pp; EP 243653 A2 4 Nov 1987; ICM H01M004-02; 1987

[283] Coetzer, Johan; Wedlake, Roger John
Elektrochemische Zelle
Ger. Offen., 8 pp; DE 3718919 A1 10 Dec 1987; ICM H01M010-38; 1987

[284] Guidotti, Ronald A.
Methods for achieving equilibrium number of phases in mixtures for use in battery electrodes
U. S. Pat. Appl., 35 pp. Avail. NTIS Order No. PAT-APPL.-6-827 728; US 872728 A0 1 Sep 1987; ICM H01M004-36; 1987

[285] Heuts, Jacobus J. F. G.; Willems, Johannes J. G. S. A.
Electrochemical cell
U.S., 5 pp; US 4699856 A 13 Oct 1987; ICM H01M004-36; 1987

[286] Naarmann, Herbert
Herstellung von polymeren Leitern
Ger. Offen., 4 pp; DE 3603796 A1 13 Aug 1987; ICM C25B003-10; 1987

[287] Mohri, Motoo; Yoneda, Tetsuya
Manufacture of alkaline batteries
Eur. Pat. Appl., 17 pp; EP 240343 A1 7 Oct 1987; ICM H01M010-34; 1987

[288] Olper, Marco; Fracchia, Pierluigi
Hydrometallurgisches Verfahren zur vollständigen Rückgewinnung der Bestandteile von erschöpften Bleiakkumulatoren
Ger. Offen., 5 pp; DE 3700143 A1 23 Jul 1987; ICM H01M010-54; 1987

[289] Olper, Marco; Fracchia, Pierluigi
Hydrometallurgisches Verfahren zur Rückgewinnung von Blei in Form eines reinen Metalls aus der Füllmasse von erschöpften Batterien
Ger. Offen., 5 pp; DE 3637270 A1 21 May 1987; ICM H01M010-54; 1987

[290] Solomon, Frank; Grun, Charles; Abrahamson, Donald W.; Stewart, James J.; Niksa, Marilyn J.
Unitized electrode-intercell connector module
U.S., 8 pp; US 4687553 A 18 Aug 1987; ICM C25D005-02; 1987

[291] Ng, Andrew Sung On
Method of manufacturing nickel cadmium rechargeable button cells
Brit. UK Pat. Appl., 5 pp; GB 2185618 A1 22 Jul 1987; ICM H01M004-74; 1987

[292] Pensabene, Saverio F.; West, Jon K.; Leclair, Robert A.; Van, Conant Carl F.; Catotti, Arthur J.; Fralick, William L.
Electrode for a rechargeable electrochemical cell and method and apparatus for making same
U.S., 22 pp; US 4686013 A 11 Aug 1987; ICM H01M004-04; 1987

[293] Gordon, Arnold Z.
Electrochemical power generation
U.S., 6 pp; US 4663249 A 5 May 1987; ICM H01M008-06; 1987

[294] Tung, Hsueh S.; Friedland, David J.; Sukornick, Bernard; McCurry, Lynn E.;
Eibeck, Richard E.; Lockyer, George D.
Lithium/fluorinated carbon battery with no voltage delay
U.S., 8 pp; US 4681823 A 21 Jul 1987; ICM H01M004-08; 1987

[295] Kaneko, Hiroko; Nozaki, Ken; Ozawa, Takeo; Oku, Koichi; Shimanuki, Takashi;
Koga, Yoshinori
Manufacture of electrolytes for redox-flow batteries
Ger. Offen., 12 pp; DE 3622536 A1 21 May 1987; ICM C25B005-00; 1987

[296] Suzuki, Tetsumi; Hasegawa, Kazumi; Furukawa, Nobuhiro; Nishio, Koji;
Fujimoto, Masahisa; Yoshinaga, Noriyuki
Electrically conductive material and secondary battery using the
electrically conductive material
Eur. Pat. Appl., 79 pp; EP 219063 A2 22 Apr 1987; ICM H01M004-60; 1987

[297] Giles, Jeremy Roger Martin
Electrically conducting polymers
PCT Int. Appl., 24 pp; WO 8700678 A1 29 Jan 1987; ICM H01B001-12; 1987

[298] Felgendreger, Alfred F.; Nevers, Ashley D.; Tuszynski, William J.
Electrolytic recovery of lead from scrap
U.S., 6 pp; US 4650553 A 17 Mar 1987; ICM C25C001-14; 1987

[299] Wright, Michael Lawrence
Elektrochemmische Zelle
Ger. Offen., 9 pp; DE 3632130 A1 2 Apr 1987; ICM H01M004-58; 1987

[300] Chang, Victor A.; Reyes, Angel A.; Jegers, Martin P.; Valias-Jean, Frantz
Cadmium negative electrode
U.S., 8 pp; US 4649092 A 10 Mar 1987; ICM H01M004-24; 1987

[301] Jobst, Konrad; Savchenko, L.; Wuckel, Lothar; Doege, Hans Georg;
Schwarzenberg, Monika
Polymerelektroden für Sekundärbatterien
Ger. (East), 3 pp; DD 240286 A1 22 Oct 1986; ICM H01M004-60; 1986

[302] Nickl, Johann; Naarmann, Herbert; Moehwald, Helmut
The use of polyheterocyclic polymers as battery electrodes
Ger. Offen., 7 pp; DE 3409655 A1 12 Dec 1985; ICM H01M004-60; 1985

[303] Maillet, Alain
Method and apparatus for electrochemical separation and refining of metals
from recovery products
Fr. Demande, 13 pp; FR 2581656 A1 14 Nov 1986; ICM C22B007-00; 1986

[304] Gardini, Gian Piero; Bocchi, Vittorio
Chemical process for conferring conductor, antistatic and flame-proofing
properties to porous materials
Eur. Pat. Appl., 11 pp; EP 206414 A1 30 Dec 1986; ICM H01B001-12; 1986

[305] McManis, George E.; Fletcher, Aaron N.; Bliss, Dan E.
Lithium composite anode
U.S., 3 pp; US 4632889 A 30 Dec 1986; ICM H01M004-58; 1986

[306] Lausten, Mads Aage; Kummel, Karen
Battery
Brit. UK Pat. Appl., 6 pp; GB 2176928 A1 7 Jan 1987; ICM H01M006-14;
1987

[307] Ruediger, Wolf; Brackmann, Ernst; Neumann, Rudolf; Ferse, Armin; Lunkwitz, Klaus
Herrstellung von polymer gebundenen Batterieelektroden
Ger. (East), 4 pp; DD 238478 A1 20 Aug 1986; ICM H01M004-04; 1986

[308] anonym
Zinc-air battery
Belg., 13 pp; BE 905184 A1 17 Nov 1986; ICM H01M; 1986

[309] Glemser, Oskar; Buss, Dieter; Bauer, Juergen
Positive Sammlerelektrode für Akkumulatoren mit alkalischem Elektrolyten
Ger. Offen., 15 pp; DE 3520108 A1 11 Dec 1986; ICM H01M004-26; 1986

[310] Ohsawa, Toshiyuki; Matsuda, Tsutomu; Ujiie, Koji; Nishihara, Hiroshi
Organische Sekundärbatterie
Ger. Offen., 43 pp; DE 3617777 A1 27 Nov 1986; ICM H01M004-60; 1986

[311] Zajac, Wimmiam V., Jr.; Kautz, Henry G.; Kautz, David J.; Bossert, Arthur J.; Cohen, Sidney
Method and apparatus for neutralizing the reactive material in lithium batteries
U.S., 12 pp; US 4637928 A 20 Jan 1987; ICM H01M006-50; 1987

[312] Kobayashi, Yukio; Shishikura, Toshikazu; Konuma, Hiroshi; Sakai, Toshiyuki; Nakamura, Hidenori; Takeuchi, Masataka
Secondary battery
Eur. Pat. Appl., 27 pp; EP 208254 A2 14 Jan 1987; ICM H01M010-40; 1987

[313] Woidt, Juergen; Fries, Wolfgang
Verfahren zur Herstellung negativer Cadmiumelektroden für gasdicht verschlossene alkalische Akkumulatorenzellen
Ger. Offen., 4 pp; DE 3519051 A1 4 Dec 1986; ICM H01M004-44; 1986

[314] Hiratsuka, Kazuya; Sato, Yuichi; Aoki, Yoshiyasu; Yui, Hiroshi; Miyabayashi, Mitsutaka; Itsubo, Akira
Secondary battery using nonaqueous solvent
Eur. Pat. Appl., 50 pp; EP 201038 A1 12 Nov 1986; ICM H01M010-40; 1986

[315] Gangadharan, Rama Iyer; Namboodiri, Panamattathu Naraya; Prasad, Kallunkal Viswanatha; Muthukaruppan, Subramanian; Udupa, Handay Venkatakris
Spiral manganese dioxide electrodes for use in nonaqueous lithium batteries
Indian, 8 pp; IN 157502 A 12 Apr 1986; ICM H01M021-04; 1986

[316] Ruben, Samuel
Cell cathode material and its manufacture
U.S., 4 pp. Cont.-in-part of U.S. 4,487,822; US 4613552 A 23 Sep 1986; ICM H01M004-50; 1986

[317] Hedlund, Martin Lennart
Working up waste products containing valuable metals
PCT Int. Appl., 16 pp; WO 8605211 A1 12 Sep 1986; ICM C22B007-00; 1986

[318] Hollis, Richard Graham
Secondary lead production
Eur. Pat. Appl., 11 pp; EP 196800 A1 8 Oct 1986; ICM C22B013-02; 1986

[319] Marriage, John; Painter, Donald Selwyn
Rod suitable for use as an electrode
Brit. UK Pat. Appl., 3 pp; GB 2171684 A1 3 Sep 1986; ICM C01B031-00; 1986

[320] Meunier, Hubert G.
Nickel oxide battery cathode prepared by ozonation
U.S., 5 pp; US 4612213 A 16 Sep 1986; ICM B05D005-12; 1986

[321] Muenstedt, Helmut; Gebhard, Helmut
Zusammengesetzte Elektrode
Ger. Offen., 10 pp; DE 3506659 A1 28 Aug 1986; ICM H01M004-60; 1986

[322] Miura, Akira; Takata, Kanji; Okazaki, Ryoji; Uemura, Toyohide; Kagawa,
Keiichi
Zinc alkaline battery
Eur. Pat. Appl., 27 pp; EP 185497 A1 25 Jun 1986; ICM H01M004-42; 1986

[323] Johnson, Harlan Bruce; Krivak, Thomas Gerald; Longhini, David Anthony
Battery separator
Ger. Offen., 22 pp; DE 3545615 A1 10 Jul 1986; ICM C01B033-12; 1986

[324] Johnson, Harlan Bruce; Krivak, Thomas Gerald
Batterieseparator
Brit. UK Pat. Appl., 7 pp; GB 2167600 A1 29 May 1986; ICM H01M002-16;
1986

[325] Bailey, John Clark
Nonaqueous cell employing a cathode-electrolyte solution containing a
boron-containing additive
Eur. Pat. Appl., 28 pp; EP 186200 A2 2 Jul 1986; ICM H01M006-14; 1986

[326] Morioka, Yuji; Yamasita, Sigeru; Yano, Yoshiaki
Lead storage battery
U.S., 11 pp; US 4594300 A 10 Jun 1986; ICM H01M004-56; 1986

[327] Sakurai, Yoji; Hirai, Toshiro; Okada, Shigeto; Okada, Takeshi; Yamaki,
Junichi; Ohtsuka, Hideaki
Lithium-Batterie
Ger. Offen., 45 pp; DE 3540074 A1 22 May 1986; ICM H01M004-48; 1986

[328] Schneider, Wolfgang; Wiesener, Klaus; Ilic, Dejan; Krabbes, Gernot;
Oppermann, Heinrich
Kathoden
Ger. (East), 3 pp; DD 233893 A1 12 Mar 1986; ICM H01M004-60; 1986

[329] Solomon, Frank; Grun, Charles
Fast-response, high-rate, gas-diffusion electrode
Eur. Pat. Appl., 20 pp; EP 176831 A2 9 Apr 1986; ICM H01M004-96; 1986

[330] McEvoy, John J.
Zinc/air cell cathode
U.S., 5 pp; US 4585710 A 29 Apr 1986; ICM H01M012-06; 1986

[331] Hong, Henry; Hibma, Tjipke
Feste ionische Leiter
Patentschrift (Switz.), 4 pp; CH 654954 A 14 Mar 1986; ICM H01M010-39;
1986

[332] Winsel, August
Verfahren zur Herstellung von Gasdiffusionselektroden-Körpern
Ger. Offen., 8 pp; DE 3437472 A1 24 Apr 1986; ICM H01M004-88; 1986

[333] Giles, Jeremy Roger Martin; Knight, John; Booth, Colin; Mobbs, Richard
Henry; Owen, John Robert; Craven, John Ronald; Kelly, Ian Edward
Polymeric electrolytes
PCT Int. Appl., 37 pp; WO 8601643 A1 13 Mar 1986; ICM H01M006-18; 1986

[334] Hope, Henry F.; Hope, Stephen F.
Cathode composition and method for solid state lithium battery
U.S., 4 pp; US 4576883 A 18 Mar 1986; ICM H01M006-18; 1986

244

[335] Walker, Charles W., Jr.; Wade, William L., Jr.; Binder, Michael; Gilman, Sol
Cathode for use in high energy primary thionyl chloride cell systems and high energy primary thionyl chloride cell systems including the cathode
U. S. Pat. Appl., 9 pp. Avail. NTIS Order No. PAT-APPL-6-768 271; US 768271 A0 20 Dec 1985; ICM H01M004-08; 1985

[336] Hashimoto, Takafumi; Ando, Yasuo; Jinnai, Kenichiro
Metal-halogen secondary battery
Eur. Pat. Appl., 27 pp; EP 165000 A2 18 Dec 1985; ICM H01M010-42; 1985

[337] North, John Malcolm
Composite cathode for electrochemical cell
Brit. UK Pat. Appl., 3 pp; GB 2158987 A1 20 Nov 1985; ICM H01M006-16; 1985

[338] Clark, Kenneth Gale; Larson, Andrew Hessler; Reams, Edward Joseph; Cordes, William Adolph; Dougherty, John Edward
Installation and method for separating high density material and low density material
Fr. Demande, 43 pp; FR 2557374 A1 28 Jun 1985; ICM H01M010-54; 1985

[339] Hubweber, Gerhard; Tasch, Franz; Kroitzsch, Ernst; Hans, Walter; Reiterer, Hans Detlef
Verfahren zur Rückgewinnung von Zink und Mangan aus Zink und Manganoxide enthaltendem Schrott von entladendem Schrott von entladenen Zink-Kohle-Manganoxidbatterien
Eur. Pat. Appl., 13 pp; EP 158627 A2 16 Oct 1985; ICM C22B007-00; 1985

[340] Demmel, Hans; Raptis, Sotirios; Binder, Otto
Verfahren zur Rückgewinnung von Metallen aus gebrauchten galvanischen Elementen
Eur. Pat. Appl., 14 pp; EP 158626 A2 16 Oct 1985; ICM C22B007-00; 1985

[341] Ferrando, William A.
Suspension method of impregnating active material into composite nickel plaque
U. S. Pat. Appl., 16 pp. Avail NTIS Order No. Pat-APPL-6-740 115; US 740115 A0 22 Nov 1985; ICM H01M; 1985

[342] Chobanov, Tsvetko
Poröse Zinkelektroden für Alkali-Mangan-Zellen
Ger. Offen., 7 pp; DE 3416728 A1 7 Nov 1985; ICM H01M004-08; 1985

[343] Bamberg, Joachim; Schmitt, Heinz; Schwitzgebel, Guenter
Elektrisch leitende Wasserstoffelektrode aus keramischem Binder und Wasserstoff-Bronze
Ger. Offen., 5 pp; DE 3416438 A1 7 Nov 1985; ICM H01M004-48; 1985

[344] Alf, Fritz
Verfahren zur Herstellung von Kohlestiften für Trockenbatterien
Ger. Offen., 6 pp; DE 3411211 A1 10 Oct 1985; ICM H01M004-08; 1985

[345] Uedaira, Satoru; Sameshima, Yoriko; Tamura, Hidemasa
Lithium-manganese dioxide cell
Eur. Pat. Appl., 30 pp; EP 154331 A2 11 Sep 1985; ICM H01M004-50; 1985

[346] Ginley, David S.; Kurtz, Steven R.; Smyrl, William H.; Zeigler, John M.
Conductor-polymer composite electrode materials
U. S. Pat. Appl., 19 pp. Avail. NTIS Order No. PAT-APPL-6-620 306; US 620306 A0 11 Oct 1985; ICM H01M010-34; 1985

[347]   Goebel, Franz
        Electrochemical cell
        Eur. Pat. Appl., 15 pp; EP 158104 A1 16 Oct 1985; ICM H01M006-36; 1985

[348]   Wegner, Paul C.
        Waste product management process and apparatus for use in removing acid
        from dry charge battery plates
        Eur. Pat. Appl., 20 pp; EP 156642 A2 2 Oct 1985; ICM H01M004-22; 1985

[349]   Bannehr, Rudiger; Wiaux, Jean Paul
        Solid state alkali metal-halogen cell
        Eur. Pat. Appl., 26 pp; EP 149421 A2 24 Jul 1985; ICM H01M004-60; 1985

[350]   Kiessling, Rainer; Plzak, Veetoch; Wendt, H.
        Verfahren zur Wiedergewinnung von Blei aus Alt-Bleiakkumulatoren-Schrott
        und Reduktionsplatte hierfür
        Ger. Offen., 24 pp; DE 3402338 A1 25 Jul 1985; ICM C25C001-18; 1985

[351]   Rowlette, John J.; Clough, Thomas J.; Josefowicz, Jack Y.; Sibert, John W.
        Unitary plate electrode
        Eur. Pat. Appl., 24 pp; EP 142289 A2 22 May 1985; ICM H01M004-14; 1985

[352]   Crabtree, Grace Yvonne
        Electrode assembly
        Eur. Pat. Appl., 29 pp; EP 136886 A2 10 Apr 1985; ICM H01M006-10; 1985

[353]   Tomazic, Gerd
        Galvanisches Element, insbesondere Sekundärelement und Verfahren zur
        Herstellung desselben
        Eur. Pat. Appl., 31 pp; EP 149448 A2 24 Jul 1985; ICM H01M010-04; 1985

[354]   Koch, Walter; Tuerke, Wolfgang; Pietsch, Hartmut
        Verfahren zur Aufarbeitung von Klein-Batterien
        Ger. Offen., 7 pp; DE 3402196 A1 25 Jul 1985; ICM H01M006-52; 1985

[355]   McManis, George E., III; Fletcher, Aaron N.; Miles, Melvin H.
        Lithium-boron anodes in nitrate thermal battery cells
        U.S., 7 pp; US 4535037 A 13 Aug 1985; ICM H01M004-36; 1985

[356]   Giglia, Robert Domenico
        Reinforced metal substrate
        Eur. Pat. Appl., 9 pp; EP 141146 A1 15 May 1985; ICM D21H005-00; 1985

[357]   Shia, George Anthony
        Perhalogenated polymer bonded electrodes
        Eur. Pat. Appl., 13 pp; EP 146764 A2 3 Jul 1985; ICM H01M004-08; 1985

[358]   Yoldas, Bulent E.; Lloyd, Isabel K.
        Rhombohedral Nasicon compound and battery
        U.S., 6 pp; US 4526844 A 2 Jul 1985; ICM H01M008-10; 1985

[359]   Vignaud, René
        Separator for battery
        Fr. Demande, 11 pp; FR 2553935 A1 26 Apr 1985; ICM H01M002-14; 1985

[360]   Brackmann, Ernst; Fehrmann, Gerd; Froemmel, Rainer; Neumann, Rudolf;
        Wolf, Ruediger
        Elektrolyt für Primärbatterien
        Ger. (East), 4 pp; DD 217934 A1 23 Jan 1985; ICM H01M006-14; 1985

[361]   Milton, Everett Charles; Gregor, Harry Paul
        Treating waste streams
        PCT Int. Appl., 35 pp; WO 8501670 A1 25 Apr 1985; ICM B01D013-00; 1985

[362] Bowden, William Lee
Nonaqueous batteries
Fr. Demande, 11 pp; FR 2546669 A1 30 Nov 1984; H01M006-14; 1984

[363] Schmoede, Peter; Katryniok, Detlef; Ruch, Jean
Sauerstoffelektrode für alkalische galvanische Elemente und Verfahren ihrer
Herstellung
Ger. Offen., 15 pp; DE 3331699 A1 21 Mar 1985; ICM H01M004-86; 1985

[364] Naarmann, Herbert; Muenstedt, Helmut
Batteries
Ger. Offen., 19 pp; DE 3428843 A1 21 Feb 1985; ICM H01M004-60; 1985

[365] Buren, Kurt Johnny Andreas; Hedlund, Martin Lennart; Lundstroem, Malkolm
Severin
Recovering lead from waste lead products
Eur. Pat. Appl., 10 pp; EP 132243 A1 23 Jan 1985; ICM C22B013-00; 1985

[366] Baronius, Wolfgang; Rahn, Manfred; Dittrich, Wolfgang; Brueckel, Juergen;
Kain, Irmhild; Marcy, Johannes; Meiler, Frank; Uhlig, Wolfram
Verfahren zur Rückgewinnung von Materialien aus verbrauchten Trocken-
Batterien
Ger. (East), 6 pp; DD 214365 A1 10 Oct 1984; C01G009-03; C01G045-02; 1984

[367] Nakanome, Noburu; Matsuo, Setsuo; Nishishita, Koji
A separator for a cylindrical battery
Brit. UK Pat. Appl., 9 pp; GB 2139408 A1 7 Nov 1984; H01M004-08; 1984

[368] Tanabe, I.; Takizawa, T.; Sekiguchi, W.
Synthetic manganese dioxide
Belg., 16 pp; BE 899270 A1 16 Jul 1984; H01M006-18; 1984

[369] Killer, Eric; Scherer, Guenther; Stucki, Samuel
Verfahren zur Herstellung einer elektrisch leitenden Schicht auf der
Oberfläche eines Feststoffelektrolyten und elektrisch leitenden Schicht
Eur. Pat. Appl., 13 pp; EP 120212 A1 3 Oct 1984; C25B009-00; H01M008-10;
1984

[370] Maxfield, MacRae; Miller, Granville G.; Baughman, Ray H.; Frommer, Jane E.
Battery having a polymeric anode coated with a reaction product of an
oxirane compound
U.S., 4 pp; US 4472487 A 18 Sep 1984; H01M006-14; 1984

[371] Rousseau, Pierre; Duperray, Gerard; Hilaire, Michel
Battery electrode based on silver oxide
Fr. Demande, 4 pp; FR 2537784 A1 15 Jun 1984; H01M004-34; 1984

[372] Schoolcraft, Robert J.
Electrode formation
U.S., 4 pp; US 4470939 A 11 Sep 1984; H01M004-04; 1984

[373] Franke, Lothar; Baronius, Wolfgang; Bosch, Axel; Heinze, Peter; Michael,
Klaus; Stahlmann, Herbert; Stiehl, Hans Ullrich; Stockmann, Volkmar
Verfahren zur Rückgewinnung von Materialien aus verbrauchten Leclanché-
Zellen
Ger. (East), 10 pp; DD 210819 A3 20 Jun 1984; H01M006-52; 1984

[374] Leger, Violeta Zilionis; Evans, William Philip
Nonaqueous batteries
Eur. Pat. Appl., 22 pp; EP 110344 A1 13 Jun 1984; H01M006-16; H01M004-50;
H01M004-62; 1984

[375] Nevett, Brian Anthony; Foot, Peter Jonathon Samuel
Cathode material for alkali-metal rechargeable cell
PCT Int. Appl., 18 pp; WO 8402333 A1 21 Jun 1984; C01G001-00; H01M004-58;
C01G053-00; C01G051-00; C01G049-00; 1984

[376] anonym
Fibrous platform material for the manufacture of battery separators
Indian, 6 pp; IN 152528 A 4 Feb 1984; H01M003-00; 1984

[377] Schmoede, Hans Peter; Kohlhase, Michael
Verfahren zur Herstellung positiver Elektroden für elektrochemische
Elemente, insbesondere Li/MnO2-Zellen
Ger. Offen., 16 pp; DE 3242139 A1 17 May 1984; H01M004-50; H01M004-04;
H01M004-62; H01M004-74; H01M006-14; 1984

[378] Nakamura, Akira
Apparatus for storing waste products containing mercury
Fr. Demande, 17 pp; FR 2532564 A1 9 Mar 1984; B09B001-00; C01G013-00;
1984

[379] Kanehori, Keiichi; Miyauchi, Katsuki; Kudo, Tetsuichi
Titanium disulfide thin film
Eur. Pat. Appl., 21 pp; EP 103470 A1 21 Mar 1984; C23C011-08; C23C013-04;
1984

[380] Klein, G. P.; Gurrie, F. E.; Barrella, J. N.
Nonaqueous batteries
Belg., 15 pp; BE 897625 A1 16 Dec 1983; H01M004-02; 1984

[381] Kampe, Dennis James; Dowell, Michael Brendan
Gas diffusion electrode
Eur. Pat. Appl., 8 pp; EP 98145 A2 11 Jan 1984; H01M004-96; H01M004-90;
1984

[382] Boehnstedt, Werner; Krey, Hans Joachim
Separator für Blei-Bleidioxide Batterien
Ger. Offen., 11 pp; DE 3222361 A1 15 Dec 1983; H01M002-16; H01M010-12;
1983

[383] Ginatta, Marco
Unlösliche Anoden zum Extrahieren aus dem Elektrolyten bei
elektrochemischen Prozessen zur Wiedergewinnung der in verbrauchten
Akkumulatoren enthaltenen Metalle
Ger. Offen., 5 pp; DE 3319317 A1 1 Dec 1983; C25C001-18; 1983

[384] Thackeray, Michael Makepeace; Goodenough, John Bannister
Elektrochemische Zelle
Ger. Offen., 19 pp; DE 3319939 A1 8 Dec 1983; H01M004-36; 1983

[385] Williamson, Thomas R., III; Jones, Beth B.; Field, Harold; Stephenson,
Robert F.
Cadmium anode
U.S., 7 pp. Cont.-in-part of U.S. Ser. No. 182,156 abandoned; US 4414303 A
8 Nov 1983; H01M004-24; H01M004-02; 1983

[386] Ressler, Guenter; Dittrich, Wolfgang; Mueller, Ludwig; Brand, Karl Heinz;
Wegerdt, Christian; Scholz, Joachim; Uhlig, Wolfram
Thermal treatment of fly ash rich in lead
Fr. Demande, 8 pp; FR 2508490 A1 31 Dec 1982; C22B007-02; C22B013-02;
1982

[387] Bennett, John E.; Harney, David E.
Bronze suppression in an alkali metal/sulfur ammoniate battery
Eur. Pat. Appl., 24 pp; EP 86174 A1 17 Aug 1983; H01M010-36; 1983

[388]   Winsel, August
        Recovery of sulfuric acid from wastewaters
        Ger. Offen., 11 pp; DE 3203481 A1 11 Aug 1983; C25B001-22; C02F001-46;
        1983

[389]   Fehling, John Richard; Lou, Pao Soong
        Batteries with compact cathodes
        Belg., 11 pp; BE 896052 A1 1 Jul 1983; C22B043-00; F23G007-00; 1983

[390]   Hartwig, Peter; Leising, Erich; Freudenberg, Bertram; Kaendler, Joachim
        Batterien mit flexiblen Elektrolyten
        Ger., 4 pp; DE 3200757 C1 21 Jul 1983; H01M006-18; H01M006-02; 1983

[391]   Lane, Edward Sydney; Hill, Michael Raphael Hugh
        Electrode preparation
        Eur. Pat. Appl., 9 pp; EP 82632 A2 29 Jun 1983; H01M004-28; H01M004-32;
        1983

[392]   Maskalick, Nicholas John
        Metallic plaques
        Eur. Pat. Appl., 16 pp; EP 79666 A1 25 May 1983; H01M004-80; H01M010-30;
        C22C001-09; 1983

[393]   Palmer, David N.
        Organic polymer layered trichalcogenides
        U.S., 3 pp; US 4383087 A 10 May 1983; C08F008-42; C08F008-26; 1983

[394]   Palmer, David N.
        Organic polymer layered dichalcogenides
        U.S., 3 pp; US 4383088 A 10 May 1983; C08F008-26; C08F008-42; 1983

[395]   Clark, Kenneth Gale; Larson, Andrew Hessler; Reams, Edward Joseph;
        Cordes, William Adolph; Dougherty, John Edward
        Method and installation for recovering battery components
        Fr. Demande, 25 pp; FR 2513904 A1 8 Apr 1983; B03B005-00; C22B003-00;
        C22B007-00; H01M010-54; 1983

[396]   Melin, Ake Lennart; Svensson, Vide Herbert
        Recovery of metals from the scrap from nickel-cadmium electric storage
        batteries
        Eur. Pat. Appl., 11 pp; EP 75978 A2 6 Apr 1983; C22B007-00; H01M010-54;
        1983

[397]   Sturgis, John I.; Keene, Robert G.
        Laminar batteries
        Eur. Pat. Appl., 74 pp; EP 73460 A2 9 Mar 1983; H01M006-12; H01M006-04;
        1983

[398]   Sacco, Anthony R.
        Nickel reticulate electrode for nickel oxide electrodes
        Eur. Pat. Appl., 13 pp; EP 71119 A2 9 Feb 1983; H01M004-32; H01M004-66;
        H01M004-80; 1983

[399]   Jones, Richard A.
        Nickel-zinc cell
        U.S., 9 pp. Cont.-in-part of U.S. Ser. No. 202,205, abandoned; US 4358517 A
        9 Nov 1982; H01M006-04; 1982

[400]   Machi, Sueo; Ishigaki, Isao; Sugo, Takanobu; Murata, Kazuo; Tanso, Shiro;
        Senoo, Keizi
        Separators for use in cells
        U.S., 13 pp. Cont.-in-part of U.S. Ser. No. 118,101, abandoned;
        US 4376794 A 15 Mar 1983; B05D003-06; 1983

[401]   Glasstetter, Fred E.; Eckert, Frank J.
        Battery carbon black
        U.S., 4 pp. Cont.-in-part of U.S. Ser. No. 52,365, abandoned; US 4367208 A
        4 Jan 1983; C01B031-02; C09C001-48; 1983

[402]   Ducati, Umberto
        Hydrometallurgical recovery of metals from scrap lead-acid storage
        batteries
        Belg., 19 pp; BE 894278 A1 3 Jan 1983; ICS C22; 1983

[403]   Danzig, Ivan F.
        Zinc electrode for use in rechargeable electrochemical cells
        U.S., 4 pp. Cont. of U.S. Ser. No. 158,484, abandoned; US 4368244 A
        11 Jan 1983; H01M010-30; 1983

[404]   Aumayer, Richard; Eisenacher, Werner; Baur, Peter; Meyr, Wolfgang
        Verfahren zum Herstellen von gitterförmigen Massenträgern für
        Bleiakkumulatoren und gitterförmiger Massenträger für Bleiakkumulatoren
        Ger. Offen., 14 pp; DE 3124703 A1 13 Jan 1983; H01M004-73; 1983

[405]   Szalay, Gyula; Gyorok, Andor; Orgovan, Gyula
        Verfahren und Anordnung zur Rückgewinnung von Bleioxyd aus Produktions-
        und Anwendungsabfällen der Bleiakkumulatorherstellung beziehungsweise der
        Bleiakkumulatoren
        Ger. Offen., 16 pp; DE 3115346 A1 4 Nov 1982; C01G021-02; H01M010-54;
        1982

[406]   anonym
        Verfahren zur Behandlung sulfatierter Bleiverbindung zur Rückgewinnung
        metallischen Bleis und eines Sulfats hoher Reinheit, sowie Anlage zur
        Durchführung des Verfahrens
        Ger. Offen., 15 pp; DE 3215592 A1 18 Nov 1982; C22B013-04; 1982

[407]   Farahmand, Akbar
        Extracting plastics-free lead products from scrap batteries
        Brit. UK Pat. Appl., 6 pp; GB 2094669 A 22 Sep 1982; B03B005-52;
        B03B005-28; H01M010-54; 1982

[408]   Von Alpen, Ullrich; Brautigam, Reinhard; Oliapuram, Antony
        Ionenleitender Mischkristall
        Eur. Pat. Appl., 12 pp; EP 67274 A1 22 Dec 1982; H01M010-39; H01M006-18;
        C01B033-32; 1982

[409]   DeCarlo, Vincent James; Powers, Robert William; Mitoff, Stephan Paul
        Production of .beta.-alumina ceramic tubes and tubular electrolytes
        Fr. Demande, 24 pp; FR 2488875 A1 26 Feb 1982; C04B035-10; C04B035-64;
        H01M010-39; 1982

[410]   McCoy, Lowell R.
        Enhancing the wettability of boron nitride for use as an electrochemical
        cell separator
        U.S., 4 pp; US 4360578 A 23 Nov 1982; H01M006-20; H01M002-16; 1982

[411]   Buss, Dieter H.; Koehler-Priese, Gerd
        "Alkalischer Akkumulator"
        Ger. Offen., 10 pp; DE 3120003 A1 9 Dec 1982; H01M004-52; H01M010-24;
        H01M004-28; 1982

[412]   Bergsoe, Svend
        Recovering lead from lead-acid batteries
        U.S., 6 pp; US 4340421 A 20 Jul 1982; C22B007-02; C22B013-00; 1982

[413] Sammells, Anthony F.; St. John, Michael R.
Lithium-germanium electrodes for batteries
U.S., 6 pp; US 4346152 A 24 Aug 1982; H01M004-40; 1982

[414] Bernstein, Philip; Coffey, James Peter; Varker, Alan Edward; Arms, John
Taylor; Goodell, Paul Douglas; Clark, William Donald Kennedy
Polymeric electrode
Eur. Pat. Appl., 13 pp; EP 56725 A2 28 Jul 1982; H01M004-04; H01M004-88;
1982

[415] Howard, William G.; Strohkirch, John C.; Pehl, Marilyn A.
Cathode material and high capacity lithium-iodine cells
U.S., 8 pp; US 4340651 A 20 Jul 1982; H01M004-36; H01M006-00; 1982

[416] Harder, Ursula M.; Kaswinkel, Karl D.; Gould, James W.; West, Jon K.;
Wynn, Michael J.
Treatment of wastewater
U.S., 9 pp; US 4341636 A 27 Jul 1982; B01D015-04; B01D023-14; 1982

[417] Skarstad, Paul M.; Untereker, Darrel F.; Merritt, Donald R.
Elektrochemische Zelle
Ger. Offen., 27 pp; DE 3146334 A1 16 Jun 1982; H01M004-36; H01M004-06;
H01M004-60; H01M006-00; 1982

[418] Chobanov, Tsvetko; Kunze, Dieter; Woeffler, Friedrich
High temperature battery
Fr. Demande, 10 pp; FR 2489602 A1 5 Mar 1982; H01M010-39; H01M002-14;
1982

[419] D'Agostino, Vincent F.; Lee, Joseph Y.
Membranen als Batterieseparatoren
Ger. Offen., 29 pp; DE 3131035 A1 25 Mar 1982; H01M002-16; B01D013-00;
B01D013-02; B01D013-04; A61M001-03;; 1982

[420] Miyauchi, Katsuki; Oi, Tetsu; Suganuma, Tsuneo
Lithium oxide based amorphous material
Eur. Pat. Appl., 23 pp; EP 49145 A1 7 Apr 1982; H01M006-18; G02F001-17;
C03C003-30; 1982

[421] Louzos, Demetrios Vasilios
A cathode for a solid-state cell and a solid-state cell including this
cathode
Eur. Pat. Appl., 15 pp; EP 49140 A1 7 Apr 1982; H01M004-60; H01M006-18;
1982

[422] Huwald, Eberhard; Koenig, Rolf
Verfahren zum Rückgewinnen von Blei und Bleiverbindungen aus zu
verschrottenden Bleiakkumulatoren
Ger. Offen., 9 pp; DE 3022665 A1 21 Jan 1982; H01M010-54; C01G021-00;
1982

[423] Tune, Harold S.
Utilizing empty aluminum beverage cans to provide an energy source
U.S., 7 pp; US 4322483 A 30 Mar 1982; H01M010-44; 1982

[424] Bernstein, Philip; Coffey, James P.
Cell electrode system
U.S., 4 pp; US 4320184 A 16 Mar 1982; H01M004-62; 1982

[425] Winsel, August
Verfahren zur Herstellung von Nickel(II)-hydroxide
Ger. Offen., 7 pp; DE 3029898 A1 4 Mar 1982; C01G053-04; H01M004-52;
H01M004-32; 1982

[426]   Bell, Ronald
        Recovering lead values from scrap batteries
        Brit. UK Pat. Appl., 7 pp; GB 2073725 A 21 Oct 1981; C22B013-04;
        C01G021-18; 1981

[427]   Steele, Brian Charles Hilton
        Making a compound/substrate composite structure for electric devices
        Brit. UK Pat. Appl., 5 pp; GB 2069989 A 3 Sep 1981; C01D015-00; 1981

[428]   West, Jon K.; Leduc, Kenneth; Ferrus, Serge
        Reuse of waste water in battery manufacture
        U.S., 19 pp; US 4310421 A 12 Jan 1982; C02C005-02; 1982

[429]   Lieberman, Benjamin
        Recovering lead from batteries
        U.S., 2 pp; US 4310351 A 12 Jan 1982; C22B013-00; 1982

[430]   Hasegawa, Takao; Takahashi, Wataru
        Storage battery separator compositions
        Brit. UK Pat. Appl., 6 pp; GB 2070033 A 3 Sep 1981; C08L023-02;
        C08L061-06; 1981

[431]   Powers, Robert W.; Bielawski, John C.
        Sintered ion-conductive composite electrolyte of .beta.-alumina and .beta.
        U.S., 6 pp. Cont.-in-part of U.S. Ser. No. 32,114, abandoned; US 4307138 A
        22 Dec 1981; B65D001-00; H01M006-18; 1981

[432]   Joshi, Ashok V.
        Protective active nitrides as additives to nonaqueous cathode materials
        U.S., 3 pp; US 4304764 A 8 Dec 1981; C01G045-02; 1981

[433]   Tworek, John L.; Rignel, Gordon R.
        Boron nitride fiber batts using a spinner
        PCT Int. Appl., 14 pp; WO 8102733 A1 1 Oct 1981; C03B037-04; C01B021-064;
        1981

[434]   Alf, Fritz
        Verfahren zur Herstellung von Sinterelektroden
        Ger. Offen., 10 pp; DE 3015981 A1 5 Nov 1981; H01M004-04; H01M004-28;
        H01M004-38; 1981

[435]   Davis, William J.
        Alkaline cell with a graft polymer separator
        U.S., 6 pp; US 4287275 A 1 Sep 1981; H01M006-04; 1981

[436]   Koide, Koji; Iwamaru, Tugiyasu; Urade, Makoto
        Alkaline cells
        Eur. Pat. Appl., 16 pp; EP 37121 A1 7 Oct 1981; H01M002-06; H01M006-04;
        1981

[437]   Schuster, Dietrich; Lander, Heidelore
        Verfahren zur Herstellung einer Gaselektrode und Metall-Elektrolyt-Gas-Zelle
        zur Erzeugung von elektrischer Energie
        Ger. Offen., 19 pp; DE 2947853 13 Aug 1981; H01M004-88; H01M012-02;
        H01M004-62; H01M004-72; 1981

[438]   Dumont, Herbert; Mueller, Erich A.; Markwart, Bernd; Kohler, Andreas
        Verfahren zur Verhüttung antimonhaltiger bleireicher Vorstoffe
        Ger. Offen., 14 pp; DE 2949033 11 Jun 1981; C22B013-02; 1981

[439]   Machi, Sueo; Ishigaki, Isao; Sugo, Takanobu; Murata, Kazuo; Tanso, Shiro;
        Senoo, Keizi
        Dimensionally stable battery separator
        U.S., 3 pp; US 4283442 11 Aug 1981; B05D003-06; 1981

252

[440] Danzig, Ivan F.
Zinc electrode made from a modified zinc oxide for use in rechargeable
electrochemical cells
U.S., 5 pp; US 4281047 28 Jul 1981; H01M010-30; 1981

[441] Liang, Charles C.; Bolster, Elisab; Murphy, Robert M.
Kathoden und ihr Gebrauch in Batterien
Ger. Offen., 31 pp; DE 3031554 25 Jun 1981; H01M004-48; H01M006-14; 1981

[442] Brackmann, Ernst; Falk, Bernd; Froemmel, Rainer; Hein, Dieter; Neumann,
Rudolf; Raubach, Heinz; Schlosser, Eckard; Wolf, Ruediger
Kathode für Primärbatterie mit Leichtmetallanode und halogenhaltigem
Kathodenmaterial
Ger. (East), 5 pp; DD 145196 26 Nov 1980; H01M004-60; 1980

[443] Sekido, Satoshi; Sotomura, Tadashi; Nakai, Muneaki
Primäre Festkörper-Batterie mit Lithiumjodid
Ger. Offen., 22 pp; DE 3030542 26 Mar 1981; H01M006-18; H01M006-16;
H01M010-40; 1981

[444] Jones, Richard Alan
Zinc electrodes for nickel-zinc storage batteries
Eur. Pat. Appl., 16 pp; EP 28879 20 May 1981; H01M004-24; H01M004-62;
1981

[445] Sauer, Hans
Verfahren und Vorrichtung zur Herstellung einer kunststoffgebundenen
Aktivkohleschicht für dünne Gasdiffusionselektroden
Ger. Offen., 9 pp; DE 2941774 30 Apr 1981; H01M004-88; H01M004-62;
H01M004-96; 1981

[446] Hennig, Horst; Hartmann, Bernd
Verfahren zum Herstellen einer elektronenleitenden Zellwand-Verkleidung für
eine elektrochemische Speicherzelle oder -batterie
Ger. Offen., 9 pp; DE 2945003 21 May 1981; H01M010-38; H01M006-18; 1981

[447] Coetzer, Johan; Thackeray, Michael Makepeace
Kathode, Verfahren zu deren Herstellung und dieselbe enthaltende sekundäre
elektrochemische Zelle
Ger. Offen., 34 pp; DE 3041766 14 May 1981; H01M004-48; H01M004-04;
H01M006-16; H01M006-20; 1981

[448] Haelbig, Helmut
Verfahren zur Herstellung von Nickelhydroxid
Ger. Offen., 5 pp; DE 2943102 7 May 1981; C01G053-04; H01M004-52; 1981

[449] Buder, Eckart; Busemann, Friedrich Wilhelm
Verfahren zur Herstellung von negativen Sinterfolienelektroden
Ger. Offen., 9 pp; DE 2943101 7 May 1981; H01M004-26; H01M010-30;
H01M010-34; 1981

[450] Oliapuram, Antony
Sintered iron electrodes
Ger. Offen., 8 pp; DE 2941765 30 Apr 1981; H01M004-38; H01M004-04; 1981

[451] Kolakowski, Michael A.
Desulfation of battery mud
U.S., 5 pp; US 4273746 16 Jun 1981; C01G021-14; 1981

[452] Kolakowski, Michael A.
Desulfation of battery mud
U.S., 5 pp; US 4269810 26 May 1981; C01G021-00; C01G021-12; C01G021-14;
1981

[453] King, Randall N.; Mitoff, Stephan P.
Sodium-sulfur cell with method of constructing the sulfur electrode
U.S., 5 pp; US 4269909 26 May 1981; H01M004-36; 1981

[454] Bryant, William A.; Leap, George A.; Buzzelli, Edward S.
A high capacity sintered iron electrode
U. S. Pat. Appl., 20 pp. Avail. NTIS Order No. PAT-APPL-089 345;
US 89345 10 Apr 1981; H01M010-04; H01M006-48; 1981

[455] Land, Edwin H.
Thin flat cells with separators of regenerated cellulose
Can., 47 pp; CA 1095586 10 Feb 1981; H01M006-02; 1981

[456] Yao, Neng-Ping; Walsh, William John
Sekundäre elektrochemische Zellen
Swiss, 10 pp; CH 621211 15 Jan 1981; H01M010-04; 1981

[457] Striffler, Eugene, Jr.; Kolakowski, Michael A.
Lead monoxide from lead sulfate with acetic acid
U.S., 7 pp. Cont.-in-part. of U.S. Ser. No. 950,078, abandoned;
US 4269811 26 May 1981; C01G021-02; 1981

[458] Bens, Evertt M.; Fletcher, Aaron N.
Electronically conductive oxidizer material
U. S. Pat. Appl., 7 pp. Avail. NTIS Order No. PAT-APPL-164 449;
US 164449 30 Jan 1981; H01M004-56; 1981

[459] Bursell, Martin Sigurd
Electrochemical cell and a gas diffusion electode for it
PCT Int. Appl., 27 pp; WO 8100032 8 Jan 1981; H01M012-08; H01M004-86;
H01M010-36; H01M008-08; 1981

[460] anonym
Durch Lichteinstrahlung aufladbares galvanisches Element
Ger. Offen., 10 pp; DE 2924079 18 Dec 1980; H01L031-06; 1980

[461] Lin, N. J.; Orell, D. D.
Battery separator
Belg., 29 pp; BE 883946 16 Oct 1980; H01M; 1980

[462] Lukacs, Jozsef; Kulcsar, Sandor; Agh, Janos; Horvath, Pal; Csath, Geza
Batterieelektroden bestehend aus Stromsammler und aktiver Masse
Ger. Offen., 12 pp; DE 3011981 27 Nov 1980; H01M004-64; H01M004-66; 1980

[463] Saridakis, Nikolaus
Negative Eisen Elektrode für Batterien
Ger. Offen., 7 pp; DE 2920654 4 Dec 1980; H01M004-26; H01M004-38; 1980

[464] Hart, Thomas G.
Storing electrical energy
U.S., 9 pp; US 4251568 17 Feb 1981; H01M010-44; 1981

[465] Kniazzeh, Alfredo G.
Battery vents and vented batteries
U.S., 13 pp. Cont.-in-part of U.S. Ser. No. 761,653, abandoned;
US 4254191 3 Mar 1981; H01M006-12; H01M006-00; B32B031-00; 1981

[466] Wright, Michael Lawrence
Improvements in or relating to sodium-sulfur cells
Brit. UK Pat. Appl., 4 pp; GB 2046502 12 Nov 1980; H01M010-39; 1980

254

[467]   Horn, Lutz
        Verfahren zum Herstellen von Akkumulatorenplatten mit großer Oberfläche und
        Werkzeug zum Durchführen dieses Verfahrens
        Ger. Offen., 7 pp; DE 2919549 27 Nov 1980; H01M004-16; 1980

[468]   Heredy, Laszlo A.; McCoy, Lowell R.
        Verfahren zur Herstellung von Gehäusen für Natrium/Schwefel-Zellen
        Ger. Offen., 21 pp; DE 3014037 23 Oct 1980; H01M010-39; H01M002-02;
        H01M006-20; 1980

[469]   Dunn, Bruce Sidney
        Verfahren zum Herstellen von Gehäusen für Natrium/Schwefel-Zellen
        Ger. Offen., 12 pp; DE 3002568 31 Jul 1980; H01M002-02; H01M006-20;
        H01M010-39; 1980

[470]   Kaufmann, Lothar; Hellwig, Klaus Dieter; Tilp, Paul
        Verfahren zur Trennung von Cadmium und Nickel durch fraktionierte
        Zementation
        Ger. Offen., 16 pp; DE 2913893 16 Oct 1980; C25C001-16; 1980

[471]   Kahara, Toshiki; Tamura, Kohki; Ebata, Noboru; Sato, Fumio; Yoshida, Tomio
        Verfahren zur Herstellung einer positiven Elektrode für nicht-wässrige
        elektrolytische Zellen
        Ger. Offen., 23 pp; DE 3000189 10 Jul 1980; H01M004-04; H01M004-50;
        H01M004-62; H01M006-16; 1980

[472]   Haar, Wilhelm; Weber, Guido; Lechner, Alois
        Sintervorrichtung und Verfahren zu deren Herstellung
        Eur. PAt. Appl., 7pp. EP 405257 A1 2 Jan 1991 ICM C04B035-44

[473]   Eda, Nobuo; Morita, Akiyoshi; Ota, Akira; Hino, Takashi
        Nonaqueous electrolyte - secondary battery and its manufacture
        Eur. Pat. Appl., 11 pp. EP 370684 A1 30 May 1990 ICM H01M004-50

[474]   anonym
        Major System Processing and Assembly Techniques Part II
        McKetta: Encyclopedia of chemical technologie Bd. 4

[475]   Lindhqvist, Thomas (TEM); Christiansen, Kim (Danish Technological Institute)
        Collection and sorting of used batteries
        TEM, Asumgatan 38, S-275 37 SJÖBO, Sweden

[476]   anonym
        Used Batteries - A Strategic Approach
        Invitation Seminar at the TEM Centre, Sweden
        October 19-20, 1989

[477]   Balzer, Dieter
        Untersuchungen über den Schadstoffgehalt und die Rücknahme von
        Haushaltsbatterien
        Forschungsbericht 10310604 Umweltforschungsplan des Bundesministers für
        Umwelt, Naturschutz und Reaktorsicherheit

[478]   anonym
        Entsorgungsverfahren von gebrauchten Batterien: Flußdiagramme mit
        Materialbilanz
        Recytec, Firmenschrift, 1989

[479]   anonym
        Council Directive of 18 March 1991 on batteries and accumulaters containing
        certain dangerous substances
        (91/157/EEC) Official Journal of the European Communities 1991

[480] Euler, Karl-Joachim
       Batterien und Brennstoffzellen
       Springer - Verlag 1982

[481] Crompton T.R.
       Small Batteries - Primary Cells
       Macmillan Press Ltd 1982

[482] Crompton, T. R.
       Secondary Batteries - Secondary Cells
       Macmillan Press Ltd 1982

[483] Graham, Robert W.
       Secondary Batteries, Recent Advances
       Nayes Data Corporation   1978

[484] Graham, Robert W.
       Primary Batteries, Recent Advances
       Noyes Data Corporation 1978

[485] Gabano, Jean-Paul
       Lithium Batteries
       SAFT Poitiers France
       Academic Press 1983

[486] Hamann, C. H.; Vielstich, W.
       Elektrochemie II
       Elektrodenprozesse,
       Angewandte Elektrochemie
       Weinheim : Chemie; Weinheim : Physik-Verlag. 1981

[487] Wiesener, Klaus; Garche, Jürgen; Schneider, Wolfgang
       Elektrochemische Stromquellen
       Berlin, Akademie-Verlag 1981

[488] Sikander, Aake; Bjoerkman, Aake; Joenssch, Guenther
       Verfahren und Vorrichtung zur Rückgewinnung von Quecksilber
       Ger. Offen., 18 pp DE 3243813 A1 7 Jul 1983

[489] Weber, Hans Jürgen; Demuth, Horst
       Herstellung von Wickelelektroden für galvanische Zellen
       Ger. Offen., 17 pp.
       DE 3233423 1984

[490] Kiessling, Reiner; Zimmermann, Karl Friedrich
       Verfahren zur Herstellung von positiven Rohrplatten für Akkumulatoren
       Ger. Offen, 17 pp. DE 3247787 A1 28 Jun 1984 H01M004-76; H01M004-56
       1984

[491] Heuts, Jacobus J. F. G.; Frens, Gerrit
       Anodes for electrochemical cell
       U.S., 5pp. US 4702798 A 27 Oct 1987 ICM H01M004-36

[492] Kuo, Han C.; Andreola, John J.; Bardsley, Brian J.
       Manufacture of battery anode
       U.S., 4pp Cont.. of U.S. Ser. No. 650,488, abandoned
       US 4824744 A 25 Apr 1989 ICM H01M004-02 ICS H01M004-74; H01M006-00;

[493] James, Stanley D.; Smith, Patricia H.; O'Neil, Kathleen M.; Wilson, Michael H.
       Nonaqueous primary cell
       U.S. Pat. Appl., 14 pp. Avail. NTIS Order NO. PAT-APPL-6-870213
       US 870213 AO 24 Oct 1986

[494] Nelson, Robert, F.; Juergens, Tristan D.
Sealed lead-acid cell and method
U.S., 9pp. US 4606982 A 19 August 1986
ICM H01M002-14 ICS H01M004-20

[495] Shinoda, Kenich; Izumi, Akihide; Murakoshi, Mitsuo; Nishida, Kuniyoshi
Alkaline-manganese cell
S. African, 20 pp. ZA 8408433 A 31 Jul 1985
ICM H01M 1985

[496] Lim, Hong S.
Nickel-hydrogen bipolar battery
PCT Int. Appl., 29pp WO 8504287
ICM H01M010-34 ICS H01M010-50; H01M010 1985

[497] Binder, Michael; Petersen, Eric; Walker, Charles W., Jr.; Wade, William L.,
Jr.; Gilman, Sol
Porous carbon cathode for electrochemical cell
U.S. PAT. Appl., 9pp. Avail. NTIS Order No. PAT-APPL-6-670 265
US 84-640265 1984

[498] Akridge, James R.; Vourlis, Harry
Isostatic compression for producing solid state electrochemical cells
U.S., 4pp. US 4477545 A 16 Oct 1984
H01M006-18

[499] Schoolcraft, Robert, J.
Electrodes for electrochemical cells
U.S., 4pp. Division of U.S. Ser. No. 190,549. US 4430399 A 7 Feb 1984
H01M004-02

[500] Matsui, Kazuhiro; Sugano, Akira; Yoshida, Ichirou; Nishikawa Yukiharu;
Shiojiri, Toshiaki; Awajitani, Takahisa; Nakahori, Shinsuke; Morioka, Yuji
Cadmium anode for secondary alkaline batteries and battery manufacture
U.S., 21 pp. US 4990414 A 5 Feb 1991
ICM H01M004-62 ICS H01M004-06

[501] Bahary, William Shaul; Griffin, Rowland Allan
Anodes for alkaline batteries containing them
Belg., 16 pp. BE 895852 A1 30 May 1983
H01

[502] Devitt, John L.; Johnson, Douglas E.; Willard, Robert S.
Lead chloride battery plate
U.S., 5 pp. US 4262069 14 Apr 1981
H01M004-56

[503] Venkatasetty, H.V.
Lithium Battery Technology
John Wiley & Sons New York * Chichester * Brisbane * Toronto * Singapore
1984

[504] anonym
SDX
Die neue Batterie-Generation
Silberkraft Leichtakkumulatoren GMBH (Meidericher Str. 6-8, D-4100 Duisburg
1, Tel.0203/3002-0) Dokumentation LI - 001/06.87

[505] Eberts,K.
Moderne Lithium-Batterien
3. Internationales Technisches Symposium
"Notstromversorgung mit Batterien", München 1983

[506]   Goebel, F.
        Lithium-Batterien
        2. Internationales Technisches Symposium
        "Notstromversorgung mit Batterien", München 1981

[507]   Eberts, K.
        Fortschritt und Entwicklungstrends bei primären und sekundären
        Lithiumbatterien
        4. Internationales Technisches Symposium
        "Notstromversorgung mit Batterien", München 1985

[508]   Berndt, Dietrich, VARTA Batterie AG (HRSG.)
        Bleiakkumulatoren
        11. Auflage, VDI Verlag, Düsseldorf, 1986
        ISBN 3-18-400534-8

[509]   Bauer, Richard J.
        Lithium und Lithiumverbindungen
        4. Auflage, Band 16, In: Ullmanns Encyclopädie der technischen Chemie
        Gesellschaft für chemisch technische Verfahren mbH, Sparte Lithium   1980

[510]   Huber, R.
        Trockenbatterien
        VARTA Fachbuchreihe Band 2, 1972

[511]   Jun-Ichi Yamachi
        The development of lithium rechargeable batteries
        Journal of Power Sources, 20 (1987) 3 - 7

[512]   Wiesener, K.; Schneider, W.; Ilic, D.; Steger, E.
        Hallmeier, K. H.; Brackmann, E.
        Vanadium oxides in electrodes for rechargeable lithium cells
        Journal of Power Sources, 20 (1987) 157 - 164

[513]   anonym
        Planmäßiger Bau der ersten Batterie-Entsorgungsanlage
        Pressedienst vom 14. Dez. 1988
        REC/PD3/161288

[514]   Böhm, Harald
        Die Natrium/Nickelchlorid-Batterie, Batterie für Elektrofahrzeuge
        In: Presse-Informationsveranstaltung "Elektrofahrzeug" bei Mercedes-Benz
        21.08.1991 Sindelfingen 17./18. Oktober TPC '90

[515]   anonym
        Großer Markt für die Kleinen
        Markt & Technik Nr. 3 vom 17. Januar 1986

[516]   Kloth, H.
        Lithium-Batterie - langlebig und leistungsdicht
        VDI Nachrichten Nr. 13 / 29. März 1985

[517]   anonym
        Marktübersicht: Lithium-Zellen
        Markt & Technik Nr. 3 vom 17 Januar 1986

[518]   Eberts, K.
        Stromspeicher der Zukunft
        Funkschau 8/ 1984

[519]   Eulert, K. J.
        Energiebündel
        Funkschau 6/1984

[520] Eberts, K.
Mit kleinen Schritten zum Ziel
Funkschau 17/1985

[521] Stammbach, Marc René; Rollor, Micharl A.
Status of the Recymet Battery Recycling Plant
The Third International Seminar On Battery Waste Management
6 Nov 1991

[522] Stammbach, Marc René
Risk Analysis for Lithium Battery Treatment
The Third International Seminar on Battery Waste Management
6. Nov. 1991

[523] Beck, Fritz
Graphit und polymere organische Đ-Systeme als aktive Massen in
Sekundärbatterien
4. Internationales Technisches Symposium
"Notstromversorgung mit Batterien", München 1985

[524] Vielstich, W.
Exotische Batteriesysteme
4. Internationales Technisches Symposium
"Notstromversorgung mit Batterien", München 1985

[525] West, K.; Zachau-Christiansen, B.; Ostergard, M. J. L.; Jacobsen, T.
Vanadium oxides as electrode materials for rechargeable lithium cells
Journal of Power Sources, 20 (1987) 165-172

[526] Kiehne, H.-A.
Batteriesysteme und Umweltbelange
4. Internationales Technisches Symposium
"Notstromversorgung mit Batterien", München 1985

[527] Hiller, F. u.a.
Die Batterie und die Umwelt
Kontakt & Studium, Band 206, Expert Verlag, Ehningen 1990

[528] Harder, Ursula M.; Kaswinkel, Karl D.; Gould, James W.; West, John K.;
Wynn, Michael J.; Latham, N. Y.
Treatment of wastewater
U.S. Patent Documents B01D 15/04; B01D 23/14
Jul. 17, 1982

[529] Delwaulle, Jean-Jacques; Devaud, Marguerite
Procede de traitement de residus organiques contenant du mercure
FR 2609 651 - A1   8700488
16. Jan. 1987

[530] Westermann, Patrizia
Der Lithium-Akku ist das kompakte Energiepaket der Zukunft
Frankfurter Allgemeine Zeitung, Dienstag, 1. August 1989, Nr. 175

[531] Berndt, D.
Die physikalische Chemie der elektrochemischen Energiespeicher
5. Internationales Technisches Symposium
"Notstromversorgung mit Batterien", München 1987

[532] Kiehne, H.-A.
Batterien
2. überarbeitete Auflage, Grafenau/Württ. expert verlag, 1983 (Kontakt &
Studium); Bd. 57, ISBN 3-88508-881-9

[533] Lemme, Helmuth
Die Batterien der 90er Jahre
Elektronik 1/1992

[534] anonym
Sanyo Lithium Batteries
Firmeninfo von SANYO Energy (Europe) Corporate GmbH, 8013-Haar bei
München, Hans-Stießberger Str. 2b.

[535] Umweltbundesamt Wien
Recyclingtechnologien für Altbatterien und Maßnahmen zur Errichtung eines
Altbatterienverwertungsverfahrens in Österreich

[536] anonym
Realized and projected recycling processes for used batteries
Hrsg. Europile (Vereinigung Europ. Trockenbatterie-Hersteller),
Eurobat (Vereinigung Europ. Akkumulatoren-Hersteller), Druckschrift 1991

[537] Jones, C. J.; McGugan, P. J.; Lawrence P. F.
An Investigation of the Degradation of Some Dry Cell Batteries under
Domestic Waste Landfree Conditions
Journal of Hazardous Materials, 2 (1977/78), 259-289

[538] anonym
Written Statement of the National Electrical Manufacturers Association
Concerning the Disposal of Household Batteries
Hrsg. NEMA (National Electrical Manufacturers Association)
1989

[539] Thielmann, Walter R.
Die Batterie von A bis Z
Hrsg. Ralston Energy Systems Deutschland GmbH
2. Auflage 1990

[540] Kiehne, H.-A.
und 7 Mitautoren
Gerätebatterien
Expert Verlag, Kontak und Studium Band 104
2. Auflage 1988

[541] Fischer W.
Die Natrium-Schwefel-Batterie
Elektrochemische Energietechnik - Entwicklungsstand und Aussichten -
Hrsg. Bundesminister für Forschung und Technologie 1981

[542] anonym
ABB Hochenergiebatterie serienreif
ABB Öffentlichkeitsarbeit NR.14/91

[543] Plieth, W.; Fiala-Goldiger, J.; Hanulik, J.; Abraham F.
Rezyklisierung von Trockenbatterien
Dechema-Monographien Band 124 - VCH Verlagsgesellschaft 1991
S. 363

[544] Von Borstel, D.
Das (überwundene) Quecksilberproblem der Primärzellentechnik
Dechema-Monographien Band 124 - VCH Verlagsgesellschaft 1991
S. 375

[545] Gotoh, S.
Vermeidung und Recycling von gebrauchten Trockenbatterien
Behandlung von Sonderabfällen I
Hrsg. K.J. Thomé-Kozmiensky, EF-Verlag, Berlin 1987

[546]   Hirayama, N.; Gotoh, S.; Yajima, T.
        Rückgewinnung von Quecksilber und anderen Metallen aus gebrauchten Batterien
        Behandlung von Sonderabfällen I
        Hrsg. K.J. Thomé-Kozmiensky, EF-Verlag, Berlin 1987

[547]   Van Gemert, W. J. Th.; Hazewinkel, J. H. O.; Meijer, P. J.
        Behandlung von verbrauchten Batterien
        Behandlung von Sonderabfällen I
        Hrsg. K.J. Thomé-Kozmiensky, EF-Verlag, Berlin 1987

[548]   Hiller, F.
        Die Stoffrückgewinnung aus elektrischen Batterien
        Behandlung von Sonderabfällen I
        Hrsg. K.J. Thomé-Kozmiensky, EF-Verlag, Berlin 1987

[549]   Kiehne, H.-A.
        Batterieentsorgung und Batterierecycling
        7. Internationales Technisches Symposium
        "Notstromversorgung mit Batterien", München 1991

[550]   Eberts, Klaus
        Fortschritte in der Entwicklung und Akzeptanz primärer und sekundärer
        Lithiumsysteme
        5. Internationales Technisches Symposium
        "Notstromversorgung mit Batterien", München 1987

[551]   Visscher, Wilhelmina
        Metall-Wasserstoff-Batterien
        5. Internationales Technisches Symposium
        "Notstromversorgung mit Batterien", München 1987

[552]   Tabasaran
        Umweltrelevante Auswirkungen der Inhaltsstoffe von Primärbatterien bei
        deren Entsorgung in Hausmülldeponien, Hausmüllverbrennungsanlagen und
        Kompostierungsanlagen
        Gutachten der Ingenieursozietät Tabasaran & Partner, 1990

[553]   Hiller, F.
        Ist ein Pfand für Batterien sinnvoll?
        ZVEI-Info 6/1990

[554]   Kiehne, H.-A.
        Batterierecycling in der Bundesrepublik Deutschland
        ZVEI-Info 5/1990

[555]   Gereth, R.
        Energiespeicher der Zukunft - Zukunft der Energiespeicher
        Firmenschrift VARTA, 1991

[556]   Kruger, F.J.
        Lithium-Primärzellen mit organischem Elektrolyt
        Symposium Lithium Batterien, VARTA Batterie AG, Kelkheim 1980

[557]   Genest, W.
        Die Abfallproblematik von Altbatterien
        Teil I: Beschreibung, Anwendung und Mengenangaben
        Müll und Abfall 6/85

[558]   anonym
        Water Pollution battery manufacturing pointsource category effluent
        limitations guidelines
        Pretreatment standards and new source performance standards
        Fed. Regist., 51(167) 28. August 1986

[559]   anonym
Technisches Handbuch Lithiumbatterien
Druckschrift, Panasonic Industrial Deutschland, 1991

[560]   Bittihn, R.
Batterien mit elektrisch leitfähigen Polymeren
VARTA Spezial Report, 1/1989

[561]   Borger, W.; Kunze, D.; Panesar, H.S.
Die Lithium-Schwefel-Batterie
Elektrochemische Energietechnik - Entwicklungsstand und Aussichten -
Hrsg. Bundesminister für Forschung und Technologie 1981

[562]   Kemmerling, W.
Studie zur Entsorgung von Altbatterien in Österreich
Abfall-, Sammel- und Verwertungsagentur der Bundeskammer der gewerblichen
Wirtschaft und des Wiener Landesgremiums des Elektrogroßhandels, Wien 1986

[563]   Baumann, W.
Minimierung und langfristige Abschätzung von Sickerwasseremissionen
aus Hausmülldeponien
INFU Werkstattreihe Heft 15
Verkehrs- und Wirtschaftsverlag Borgmann, Dortmund1985

[564]   anonym
Panasonic Nickel Cadmium Batteries
Technical Handbook
Firmenschrift Matsushita Battery Industrial Co., Ltd.
Japan 1989

[565]   Crumrine, K.; Juergens, E.; Colburn, C.; Slimak, M.; Freed, J.;
McCandless, L.
Investigation of the Environmental Consequences of Disposal of the
Lithium/Organic Electrolyte/SO2 Battery
Versar INC., Research and Development Technical Report ECOM 76-1752-F
USA 1978

[566]   anonym
Sealed Ni-MH Cells
Sales Program and Technical Handbook
Firmenschrift VARTA Batterie AG - Toshiba Battery Co. - Duracell Int. Inc.
1992

[567]   Jung, I.
Analyse und Bewertung der thermischen Entsorgung neuerer Batterietypen als
Bestandteil von Siedlungsmüll
Diplomarbeit, Universität Dortmund 1992

[568]   Haight, M.; Kofi Asanti-Duah, D.; Craig, L.
Assessing the Environmental Effects of Disposal Alternatives for Household
Batteries
Final Report, Institute for Risk Research, University of Waterloo
Canada 1992

[569]   Belevi, H.; Baccini, P.;
Water and Element Fluxes from Sanitary Landfills
Christensen, T.H.; Cossu, R.; Stegmann, R.
"Sanitary Landfilling", Academic Press, London 1989

[570]   Genest, W.;
Erfassung von Produktions-, Handels- und Recyclingdaten
über HgO-Batterien
persönliche Mitteilung

[571] n.n.
...und es geht doch !
Electronic Actuell Magazin 1/95
VTP-Verlag, Nürnberg

[572] Ruetschi, Paul; Meli, Felix; Desilvestro, Johann
Nickel-Metal Hydride Batteries - The clean Batteries of the Future?
Battery Recycling '95
1st International Battery-RecyclingCongress, Lucerne 1995

[573] n.n.
Elektro-Autos
Druckschrift der VARTA Batterie AG, Hannover

[574] Lemann, Martin; Walder, Rudolf; Schwyn, André
Heavy Metals in MSWI-Residues
Battery Recycling '95
1st International Battery-RecyclingCongress, Lucerne 1995

[575] Daunderer, Max
Gifte im Alltag
Verlag C.H. Beck, München 1995

[576] Merian, Ernest
Metals and their compounds in the environment
Verlag Chemie, Weinheim 1991

Verzeichnis der Substanznamen der Chemikalien in Batterien

Aktivkohle
Aluminium
Aluminiumchlorid (wasserfrei)
Aluminiumoxid
Aluminiumoxidsilikat
Aluminiumtriethyl
Aminobenzen
Ammoniak (wasserfrei)
Ammoniaklösung
Ammoniumchlorid
Ammoniumdichromat
Ammoniumhydrogencarbonat
Ammoniumpersulfat
Ammoniumsulfat
Antimon
Antimon(III)-oxid
Arsen
Bariumsulfat
Benzen
Benzen-1,2-dicarbonsäuredibutylester
Benzyltrimethylammoniumbromid
Bicyclo(5,3,0)decapentaen
Bitumen
Blei
Blei(II)-carbonat basisch
Blei(II)-chlorid
Blei(II)-oxid
Blei(II,IV)-oxid
Blei(IV)-oxid
Blei(II)-sulfat
Blei(II)-sulfid
Bor(III)-oxid
Brom
Butan-1-ol
Butan-2-on
4-Butyrolacton
Cadmium
Cadmiumoxid
Calcium
Calciumcarbonat
Calciumhydroxid
Calciumoxid
Carboxymethylcellulose Natriumsalz
Cellulose
Chlor
Chlorwasserstoff
Chrom
Chrom(III)-oxid
Chrom(VI)-oxid
Cyclohexan
1,2-Dichlorethan
2,6-Di-1,1-Dimethylethyl-4-methoxymethyl-
    hydroxybenzen
1,2-Dimethoxyethan
Diaminoethantetraethansäuredinatriumsalz
    Dihydrat
Dichlormethan
Diethanolamin
Dimethylbenzen (Isomerengemisch)
N,N-Dimethylmethanamid
Dimethylsulfoxid
1,3-Dioxolan
1,3-Dioxolan-2-on

1,4-Dioxan
Diphenyl
Eisen
Eisen(III)-chlorid
Eisen(II)-hydroxid
Eisenoxid
Eisen(III)-oxid
Eisen(II)-sulfid
Eisen(IV)-sulfid
Ethandiol
Ethandisäure
Ethanol
Ethansäure
Ethansäurenitril
Ethin
Ethylenglykoldiethylether
Fluorescein (C.I. 45350) (wasserlöslich)
Fluorwasserstoff (wäßrige Lösung)
D(+)-Glucose
Gold
Graphit
Heptan
n-Hexan
Hydrazin, wasserfrei, 98 %
O-Hydro-w-hydroxypoly-(oxy-1,2-ethandiyl)
2-Hydroxy-1,2,3-propantricarbonsäure
Hypophosphorigesäure
Iod
Kaliumbromid
Kaliumchlorid
Kaliumdichromat
Kaliumfluorid
Kaliumhexacyanoferrat (III)
Kaliumhydroxid
Kaliumnitrat
Kaliumpermanganat
Kaliumperoxodisulfat
Kobalt
Kobaltlithiumoxid
Kobalt(II,III)-oxid
Kobalt(II)-sulfat Hydrat
Kohlensäurediamid
Kohlenstoff (amorph)
Kupfer
Kupfer(II)-acetat
Kupfer(I)-chlorid
Kupfer(II)-chlorid
Kupfer(I)-iodid
Kupfer(II)-oxid
Kupfer(II)-sulfat
Kupfer(I)-sulfid
Kupfer(II)-sulfid
Lithium
Lithiumborhydrid
Lithiumbromid
Lithiumcarbonat
Lithiumchlorid
Lithiumfluorid
Lithiumhexafluoroarsenat
Lithiumhexafluorophosphat
Lithiumhydroxid
Lithiumiodid
Lithiummangan(III,IV)-oxid

Lithiummetaborat
Lithiumnitrat
Lithiumoxid
Lithiumperchlorat
Lithiumsulfid
Lithiumtetrafluoroborat
Magnesium
Magnesiumchlorid
Magnesiumsulfat
Mangan
Mangan(II)-chlorid
Mangandioxid
Mangan(II,III)-oxid
Mangan(II)-sulfat
Methanal
Methanol
Methansäuremethylester
Methylbenzen
Methylcellulose
4-Methyl-1,3-dioxolan-2-on
Methylenblau
2-Methylfuran
2-Methylpropensäure
2-Methyltetrahydrofuran
2-Methylthiophen
Molybdän
Molybdän(VI)-oxid
Molybdän(IV)-sulfid
Natrium
Natriumbromid
Natriumcarbonat
Natriumchlorat
Natriumchlorid
Natriumcyanid
Natriumhydrogensulfat
Natriumhydroxid
Natriumnitrat
Natriumoxid
Natriumpersulfat
Natriumpolysulfid
Natriumpyrophosphat
Natriumsilicat
Natriumsulfat
Natriumsulfid
Natriumsulfit
Natriumtetraborat-10-hydrat
Nickel
Nickel(II)-chlorid
Nickel(II)-hydroxid
Nickel(III)-hydroxid
Octadecansäure
ortho-Phosphorsäure
Palladium
Perchlorsäure
Phosphorige Säure
Phosphorpentoxid
Phthalocyanin (C.I. 74100)
Polyacrylnitril
Polyanilin
Polychlorethen
Polyethansäureethenylester
Polyethin
Polyethylen

Poly(imino(1-oxo-1,6-hexandiyl))
Polyisobutylen
Poly-Kohlenstoffmonofluorid
Polyphenylethen
Poly-(1,2-propandiol)
Polypropylen
Polypyrrol
Polytetrafluorethylen
Polyvinylalkohol
Polyvinylidenfluorid
Poly-(2-vinylpyridin)
Polyvinylpyrrolidon
Propan
Propan-1,2-diol
Propan-1,2-epoxid
Propan-2-ol
Propanon
Propantriol
2-Propensäure
Pyrrol
Quecksilber
Quecksilber(II)-chlorid
Quecksilber(II)-oxid
Salpetersäure
Sauerstoff
Schwefel
Schwefel(IV)-oxid
Schwefelsäure
Schwefelwasserstoff
Schweflige Säure
Selen
Silber
Silberchromat
Silbernitrat
Silber(I)-oxid
Silber(II)-oxid
Silicium(IV)-oxid
Siliciumcarbid
Stahl
Stärke
Sulfurylchlorid
Talkum
Tetrabutylammoniumbromid
1,1,2,2-Tetrachlorethan
Tetracyanethylen
Tetrafluorborsäure
Tetrahydrofuran
Tetramethylammoniumbromid
Tetrapropylammoniumbromid
Thionylchlorid
Thiophen
Titan
Titandioxid
Titan(IV)-sulfid
Titantetrachlorid
p-Toluol-sulfonsäureamid
Trichlorethen
Trifluorethanamid
Trifluormethansulfonsäure Lithiumsalz
Triphenylphosphin
Vanadium
Vanadium(V)-oxid
Wasser

Wasserstoffperoxid
Wismut(III)-oxid
Zink
Zinkchlorid
Zinkoxid

Verzeichnis der gebräuchlichen Substanznamen und Handelsnamen/systematischen Substanznamen der Chemikalien in Batterien

Gebräuchlicher Name/Handelsname	Substanzname
α-Poly(oxy-1,2-ethandiyl)	O-Hydro-w-hydroxypoly-(oxy-1,2-ethandiyl)
A 1582	Antimon(III)-oxid
Abavit B	Quecksilber(II)-chlorid
Abramant	Aluminiumoxid
Abramax	Aluminiumoxid
Abrarex	Aluminiumoxid
Abrasit	Aluminiumoxid
Acetogen-Ruß, BLE 50 (50 %)	Kohlenstoff (amorph)
Aceton	Propanon
Acetonersatz	Butan-2-on
Acetonitril	Ethansäurenitril
Acetosol	1,1,2,2-Tetrachlorethan
Acetoxylsäure	Ethansäure
Acetylen	Ethin
Acetylene black	Aktivkohle
Acetylentetrachlorid	1,1,2,2-Tetrachlorethan
Acetylentrichlorid	Trichlorethen
Acetylsäure	Ethansäure
ACGIH	Aktivkohle
Achat	Silicium(IV)-oxid
Acidum hydrochloricum	Chlorwasserstoff
Acrylsäure	2-Propensäure
Actamaster	Ammoniumsulfat
Actimet	Nickel
Actox	Zinkoxid
Adler-Pichler	Zinkoxid
Aeromatt	Calciumcarbonat
Aerothene MM	Dichlormethan
Afcolène	Polyphenylethen
AG 1500	Graphit
Agalie	Talkum
Agalmatholith	Talkum
Agerite Gel (25 %)	Polyethylen
Akadama	Calciumcarbonat
Aktisol	Ethandisäure
Aktivkohle	Kohlenstoff (amorph)
Aktivkohle Darco	Aktivkohle
Aktivkohle Darco	Kohlenstoff (amorph)
Al-0104 T 3/16"	Aluminiumoxid
Al-0109 P	Aluminiumoxid
Al-1401 P (MS)	Aluminiumoxid
Al-1404 T 3/16"	Aluminiumoxid
Al-3438 T 1/8"	Aluminiumoxid
Al-3916 P	Aluminiumoxid
Al-3945 E 1/16"	Aluminiumoxid
Al-3970 P	Aluminiumoxid
Al-3980 T 5/32"	Aluminiumoxid
Al-4028 T 3/16"	Aluminiumoxid
Al-4126 E 1/16"	Aluminiumoxid
Alathone	Polyethylen
Alaunerde	Aluminiumoxid
Albacar	Calciumcarbonat
Albacar 5970	Calciumcarbonat
Albafil	Calciumcarbonat
Albaglos	Calciumcarbonat
Albaglos SF	Calciumcarbonat
Albone DS	Wasserstoffperoxid
Alco F 1	Aluminiumoxid
Alcojel	Propan-2-ol
Alcosolve 2	Propan-2-ol
Alcox E 160	O-Hydro-w-hydroxypoly-(oxy-1,2-ethandiyl)
Alcox E 30	O-Hydro-w-hydroxypoly-(oxy-1,2-ethandiyl)
Algrain	Ethanol

Gebräuchlicher Name/Handelsname	Substanzname
Algylen	Trichlorethen
Alk-tri	Trichlorethen
Allied whiting	Calciumcarbonat
Allylenoxid	Propan-1,2-epoxid
Almite	Aluminiumoxid
Alon	Aluminiumoxid
Alon C	Aluminiumoxid
Aloxite	Aluminiumoxid
alpha,ß-Dimethoxyethan	1,2-Dimethoxyethan
alpha-Alumina	Aluminiumoxid
alpha-Aluminiumoxid	Aluminiumoxid
alpha-Hydro-w-hydroxypoly[oxy(methyl-1,2-ethandiyl)]	Poly-(1,2-propandiol)
alpha-Hydroxy-w-hydroxypoly(oxy-1,2-ethandiyl)	O-Hydro-w-hydroxypoly-(oxy-1,2-ethandiyl)
alpha-Methacrylsäure	2-Methylpropensäure
alpha-Thiophen	2-Methylthiophen
Alu	Aluminium
Alumina	Aluminiumoxid
Aluminite 37	Aluminiumoxid
Aluminium chloratum	Aluminiumchlorid (wasserfrei)
Aluminium Flitter	Aluminium
Aluminium Grieß	Aluminium
Aluminium sesquioxide	Aluminiumoxid
Aluminiumbronze	Aluminium
Aluminiumgrieß	Aluminium
Aluminiumkugelmühlenstaub	Aluminium
Aluminiumoxidsilicat	Aluminiumoxidsilikat
Aluminiumpulver	Aluminium
Aluminiumpulver, lpyrophor	Aluminium
Aluminiumpulver, überzogen	Aluminium
Aluminiumsilicat	Aluminiumoxidsilikat
Aluminiumsilikat	Aluminiumoxidsilikat
Aluminiumspäne	Aluminium
Aluminiumstaub	Aluminium
Aluminiumtriäthyl	Aluminiumtriethyl
Aluminiumtrichlorid	Aluminiumchlorid (wasserfrei)
Aluminiumtrichlorid, wasserfrei	Aluminiumchlorid (wasserfrei)
Aluminiumtrioxid	Aluminiumoxid
Alumite	Aluminiumoxid
Alumite (oxide)	Aluminiumoxid
Alumiumpulver, nicht überzogen, nicht pyrophor	Aluminium
Alumolgel Al	Aluminiumoxid
Alundum (OSHA)	Aluminiumoxid
Alundum 600	Aluminiumoxid
Amalox	Zinkoxid
Amchlor	Ammoniumchlorid
Ameisenaldehyd	Methanal
Ameisensäurealdehyd	Methanal
Ameisensäuredimethylamid	N,N-Dimethylmethanamid
Ameisensäuremethylester	Methansäuremethylester
ameisensaures Methyl	Methansäuremethylester
Ameripol	Polyethylen
Amethyst	Silicium(IV)-oxid
Amidobenzol	Aminobenzen
Amil an	Poly(imino(1-oxo-1,6-hexandiyl))
Aminobenzol	Aminobenzen
Aminophen	Aminobenzen
Ammonia	Ammoniak (wasserfrei)
Ammoniak	Ammoniak (wasserfrei)
Ammoniak, Lösungen	Ammoniaklösung
Ammoniakflüssigkeit	Ammoniaklösung
Ammoniakwasser	Ammoniaklösung
Ammonium	Ammoniak (wasserfrei)

Gebräuchlicher Name/Handelsname	Substanzname
Ammoniumbicarbonat	Ammoniumhydrogencarbonat
Ammoniumbichromat	Ammoniumdichromat
Ammoniumhydroxid	Ammoniaklösung
Ammoniumperoxodisulfat	Ammoniumpersulfat
Ammoniumperoxysulfat	Ammoniumpersulfat
Ammoniumpyrochromat	Ammoniumdichromat
Ammoniumsalz	Ammoniumchlorid
Amylum	Stärke
Amylum solubile	Stärke
Anamenth	Trichlorethen
Anatas	Titandioxid
Andalusit	Aluminiumoxidsilikat
Anglesit	Blei(II)-sulfat
Anhydricum	Aluminiumchlorid (wasserfrei)
Anhydridum	Chrom(VI)-oxid
Anhydrol	Ethanol
Anhydrolalkohol	Ethanol
Anilin	Aminobenzen
Anilinöl	Aminobenzen
Anisen	Methylbenzen
Annulen	Benzen
Annullen	Benzen
Anrached, standard	Eisen(III)-oxid
Anthion	Kaliumperoxodisulfat
Antilux	Polyethylen
Antilux 540	Polyethylen
Antilux 600	Polyethylen
Antilux 654	Polyethylen
Antilux AO	Polyethylen
Antilux AOL	Polyethylen
Antilux L	Polyethylen
Antimon Weiß	Antimon(III)-oxid
Antimon, Pulver	Antimon
Antimonblüte	Antimon(III)-oxid
Antimontrioxid	Antimon(III)-oxid
Antimonweiß	Antimon(III)-oxid
Antimonytrioxid	Antimon(III)-oxid
Antisal 1 a	Methylbenzen
Antox	Antimon(III)-oxid
Appretan	Polyethansäureethenylester
Aqua	Wasser
Aqua Ammonia	Ammoniaklösung
Aqua fortis	Salpetersäure
Aquacare	Kohlensäurediamid
Aquadaf	Graphit
Aquadrate	Kohlensäurediamid
Aquaffin	O-Hydro-w-hydroxypoly-(oxy-1,2-ethandiyl)
Aragonit	Calciumcarbonat
Armenian bole	Eisen(III)-oxid
ARO	Aktivkohle
Aroflow	Aktivkohle
Arogen	Aktivkohle
Aromex	Aktivkohle
Arotone	Aktivkohle
Arovel	Aktivkohle
Arrow	Aktivkohle
Arvest-Aid	Natriumchlorat
Asbestine	Talkum
Asbury 505	Graphit
Asex	Natriumchlorat
Asphalt	Bitumen
Asphaltum	Bitumen
Asulfasupra	Schwefel

Gebräuchlicher Name/Handelsname	Substanzname
ATE	Aluminiumtriethyl
Äthannitril	Ethansäurenitril
Äthoxylsäure	Ethansäure
ATJ-S Graphit	Graphit
Atlacide	Natriumchlorat
Atlantic	Aktivkohle
Atlasspat	Calciumcarbonat
Atomite	Calciumcarbonat
Atratol	Natriumchlorat
Attagel	Silicium(IV)-oxid
Attapulgus 150	Silicium(IV)-oxid
Ätzammoniak	Ammoniaklösung
Ätzendes Ammoniak	Ammoniaklösung
Ätzkali	Kaliumhydroxid
Ätzkalium	Kaliumhydroxid
Ätzkalk	Calciumoxid
Ätznatron	Natriumhydroxid
Ätzsoda	Natriumhydroxid
Ätzstein	Kaliumhydroxid
Austiox	Titandioxid
Avantine	Propan-2-ol
Avicel	Cellulose
AX 363	Calciumcarbonat
Ayuisal	Ethandisäure
Azeton	Propanon
Azetylen	Ethin
Azetylentrichlorid	Trichlorethen
Azo 11	Zinkoxid
Azo 55	Zinkoxid
Azodox	Zinkoxid
Azulen	Bicyclo(5,3,0)decapentaen
Barytweiß	Bariumsulfat
BASF Katalysator H 1-50	Nickel
Basic Blue 9	Methylenblau
Basisches Blau 9 (C.I. 52015)	Methylenblau
Basodexan	Kohlensäurediamid
Bauxit	Aluminiumoxid
Bauxite residue	Eisen(III)-oxid
Bauxitrückstand	Eisen(III)-oxid
Bayer Hydrazin 51	Hydrazin, wasserfrei, 98 %
Bayer Hydrazin 64	Hydrazin, wasserfrei, 98 %
Bayer SII	Eisen(III)-oxid
Bayerit	Aluminiumoxid
Bayertitan	Titandioxid
Bayferrox 110	Eisen(III)-oxid
Bayferrox 120	Eisen(III)-oxid
Bayferrox 120 N	Eisen(III)-oxid
Bayferrox 130	Eisen(III)-oxid
Bayferrox 130 B	Eisen(III)-oxid
Bayferrox 130/1	Eisen(III)-oxid
Bayferrox 140	Eisen(III)-oxid
Bayferrox 306	Eisenoxid
Bayferrox 316	Eisenoxid
Bayferrox 318	Eisenoxid
Bayferrox 318 M	Eisenoxid
Bayferrox 320	Eisenoxid
Bayferrox Schwarz	Eisenoxid
Bensulfoid	Schwefel
Benzen gereinigt	Benzen
Benzenamin	Aminobenzen
Benzidam	Aminobenzen
Benzinol	Trichlorethen
Benzoen	Methylbenzen

Gebräuchlicher Name/Handelsname	Substanzname
Benzol	Benzen
Benzolamin	Aminobenzen
1,2-Benzoldicarboxylsäure-dibutylester	Benzen-1,2-dicarbonsäuredibutylester
Benzylwasserstoff	Methylbenzen
Bergmehl	Calciumcarbonat
Bergpech	Bitumen
beta-Alumina	Aluminiumoxid
beta-Aluminiumoxid	Aluminiumoxid
beta-Ketopropan	Propanon
Bexthene	Polyethylen
Bextrene	Polyphenylethen
BF 200	Calciumcarbonat
BFV	Methanal
Bibenzen	Diphenyl
BIK	Kohlensäurediamid
Bildstein	Talkum
Biphenyl	Diphenyl
3,7-Bis(dimethylamino)phenothiazin-5-iumchlorid	Methylenblau
Bis-[2-hydroxy-ethyl]-amin	Diethanolamin
Bisulfit	Schwefel(IV)-oxid
Black perls	Aktivkohle
Blanc fixe	Bariumsulfat
Blanc fixe micro	Bariumsulfat
Blascosoly	Trichlorethen
Blauöl	Aminobenzen
blausaures Natrium	Natriumcyanid
blausaures Natron	Natriumcyanid
Blei(II)-hydroxidcarbonat	Blei(II)-carbonat basisch
Blei(II)-orthoplumbat	Blei(II,IV)-oxid
Bleicarbonat	Blei(II)-carbonat basisch
Bleichsalz	Kaliumhexacyanoferrat (III)
Bleidichlorid	Blei(II)-chlorid
Bleidioxid	Blei(IV)-oxid
Bleifarben fest o. flüssig	Blei(II)-carbonat basisch
Bleiglätte	Blei(II)-oxid
Bleimennige	Blei(II,IV)-oxid
Bleimonoxid	Blei(II)-oxid
Bleiorthoplumbat, Bleitetraoxid	Blei(II,IV)-oxid
Dleioxid	Dlei(II)-oxid
Bleioxid Gelb	Blei(II)-oxid
Bleiperoxid	Blei(IV)-oxid
Bleiprotoxid	Blei(II)-oxid
Bleisubcarbonat	Blei(II)-carbonat basisch
Bleisulfat	Blei(II)-sulfat
Bleisulfid	Blei(II)-sulfid
Bleitetraoxid	Blei(II,IV)-oxid
Boehmit	Aluminiumoxid
Bonoform	1,1,2,2-Tetrachlorethan
Borax	Natriumtetraborat-10-hydrat
Borfluorwasserstoffsäure	Tetrafluorborsäure
Boroxid	Bor(III)-oxid
Borsäureanhydrid	Bor(III)-oxid
borsaures Natron	Natriumtetraborat-10-hydrat
Borsesquioxid	Bor(III)-oxid
Bortrioxid	Bor(III)-oxid
Bradsyn PEG	O-Hydro-w-hydroxypoly-(oxy-1,2-ethandiyl)
Braunstein	Mangandioxid
Brennspiritus	Ethanol
Brennsprit	Ethanol
Brenzessiggeist	Propanon
Brenzlicher Essigether	Propanon
Brenzlicher Essiggeist	Propanon
Brilliant 15	Calciumcarbonat

Gebräuchlicher Name/Handelsname	Substanzname
Brilliant 1500	Calciumcarbonat
Britomya M	Calciumcarbonat
Britomya S	Calciumcarbonat
Brocide	1,2-Dichlorethan
Brockman, aluminium oxide	Aluminiumoxid
Bromkali	Kaliumbromid
Brookit	Titandioxid
BTM	Benzyltrimethylammoniumbromid
1-Butanol	Butan-1-ol
Butanol	Butan-1-ol
Butanol, normal	Butan-1-ol
2-Butanon	Butan-2-on
1,4-Butanolid	4-Butyrolacton
Butanon-2	Butan-2-on
Butyl-phthalat	Benzen-1,2-dicarbonsäuredibutylester
Butylalkohol	Butan-1-ol
Butyloxidhydrat	Butan-1-ol
C.I. 45350	Fluorescein (C.I. 45350) (wasserlöslich)
C.I. 52015	Methylenblau
C.I. 7600	Aminobenzen
C.I. 77000	Aluminium
C.I. 77052	Antimon(III)-oxid
C.I. 77120	Bariumsulfat
C.I. 77220	Calciumcarbonat
C.I. 77266	Aktivkohle
C.I. 77288	Chrom(III)-oxid
C.I. 77480	Gold
C.I. 77491	Eisen(III)-oxid
C.I. 77499	Eisenoxid
C.I. 77578	Blei(II,IV)-oxid
C.I. 77820	Silber
C.I. 77891	Titandioxid
C.I. 77945	Zink
C.I. 77947	Zinkoxid
C.I. Pigment Black 15	Kupfer(II)-oxid
C.I. Pigment Metal 2	Kupfer
C.I. Pigment Schwarz 10	Graphit
C.I. Pigment Weiß 6	Titandioxid
C.I. Pigmentrot 105	Blei(II,IV)-oxid
Cab-O-grip	Aluminiumoxid
Cadmium oxydatum anhydricum	Cadmiumoxid
Cadmium Rauch	Cadmiumoxid
Cadmiumoxid Rauch	Cadmiumoxid
Cadmiumrauch	Cadmiumoxid
Cadox	Zinkoxid
Cal-light SA	Calciumcarbonat
Calcene CO	Calciumcarbonat
Calcene NC	Calciumcarbonat
Calcene TM	Calciumcarbonat
Calcichew	Calciumcarbonat
Calcicoll	Calciumcarbonat
Calcidar 40	Calciumcarbonat
Calcidia	Calciumcarbonat
Calcilit 100	Calciumcarbonat
Calcilit 8	Calciumcarbonat
Calcit	Calciumcarbonat
Calciumcarbonat (1:1)	Calciumcarbonat
Calciumhydrat	Calciumhydroxid
Calciummonocarbonat	Calciumcarbonat
Calciummonoxid	Calciumoxid
Calcotone White T	Titandioxid
Calibrit	Calciumcarbonat
Calmos	Calciumcarbonat

Gebräuchlicher Name/Handelsname	Substanzname
Calmote	Calciumcarbonat
Calochlor	Quecksilber(II)-chlorid
Calofil A 4	Calciumcarbonat
Calofil B 1	Calciumcarbonat
Calofil E 2	Calciumcarbonat
Calofor U 50	Calciumcarbonat
Calofort S	Calciumcarbonat
Calofort U	Calciumcarbonat
Calopake F	Calciumcarbonat
Calopake FS	Calciumcarbonat
Calopake high opacity	Calciumcarbonat
Calopake PC	Calciumcarbonat
Calopakte H	Calciumcarbonat
Caloxol CP2	Calciumoxid
Caloxol W 3	Calciumoxid
Calseeds	Calciumcarbonat
Caltec	Calciumcarbonat
Calx	Calciumoxid
Calxyl	Calciumoxid
Camcolit	Lithiumcarbonat
Camel-carb	Calciumcarbonat
Camel-tex	Calciumcarbonat
Camel-wite	Calciumcarbonat
Cancarb	Aktivkohle
Caprolan	Poly(imino(1-oxo-1,6-hexandiyl))
Caput Mortuum	Eisen(III)-oxid
Carbamid	Kohlensäurediamid
Carbidsprit	Ethanol
Carbinol	Methanol
Carbital 90	Calciumcarbonat
Carbium	Calciumcarbonat
Carbium MM	Calciumcarbonat
Carbodis	Aktivkohle
Carbolac	Aktivkohle
Carbolac 1	Aktivkohle
Carbolith	Lithiumcarbonat
Carbomet	Aktivkohle
Carbon black	Aktivkohle
Carbon black	Kohlenstoff (amorph)
Carbon Black BV	Aktivkohle
Carbon Black V	Aktivkohle
Carbon black, channel	Aktivkohle
Carbon black, furnac	Aktivkohle
Carbon black, lamp	Aktivkohle
Carbon black, thermal	Aktivkohle
Carbonsäure C-18	Octadecansäure
Carbonsäurecalciumsalz	Calciumcarbonat
Carbonschwarz	Aktivkohle
Carbonyldiamid	Kohlensäurediamid
Carborex 2	Calciumcarbonat
Carborundum	Siliciumcarbid
Carbose D	Carboxymethylcellulose Natriumsalz
Carbowax	O-Hydro-w-hydroxypoly-(oxy-1,2-ethandiyl)
Carbowax 4600	O-Hydro-w-hydroxypoly-(oxy-1,2-ethandiyl)
Carboxymethylethercellulose Natriumsalz	Carboxymethylcellulose Natriumsalz
Carmethose	Carboxymethylcellulose Natriumsalz
Carusis P	Calciumcarbonat
Casalisgrün	Chrom(III)-oxid
Catapal S	Aluminiumoxid
Catapal SB alumina	Aluminiumoxid
CCC G-white	Calciumcarbonat
CCC No. AA oolitic	Calciumcarbonat
CCR	Calciumcarbonat

Gebräuchlicher Name/Handelsname	Substanzname
CCS 203	Butan-1-ol
CCW	Calciumcarbonat
Cecolin Nr. 1	Trichlorethen
Cel-O-Brandt	Carboxymethylcellulose Natriumsalz
Cellolax	Carboxymethylcellulose Natriumsalz
Cellon	1,1,2,2-Tetrachlorethan
Celluflex DBP	Benzen-1,2-dicarbonsäuredibutylester
Cellulose-glycolsaures Natrium	Carboxymethylcellulose Natriumsalz
Cellulose-glykolsaures Natrium	Carboxymethylcellulose Natriumsalz
Cellulosemethylether	Methylcellulose
Century 1220	Octadecansäure
Ceridust 3615	Polyethylen
Ceridust 3620	Polyethylen
Ceridust 3715	Polyethylen
Ceridust 9610 F	Polyethylen
Ceridust 9612 A	Polyethylen
Ceridust 9615 A	Polyethylen
Ceridust 9630 F	Polyethylen
Cerussa	Blei(II)-carbonat basisch
Cerven H	Eisen(III)-oxid
Cethylose	Carboxymethylcellulose Natriumsalz
Chamäleon Mineral	Kaliumpermanganat
Channel black	Aktivkohle
Chelaplex III	Diaminoethantetraethansäuredinatriumsalz Dihydrat
Chelaton III	Diaminoethantetraethansäuredinatriumsalz Dihydrat
Chemcarb	Calciumcarbonat
Chemetron Feuershield	Antimon(III)-oxid
Chemiox E 1000	O-Hydro-w-hydroxypoly-(oxy-1,2-ethandiyl)
Chemiox E 20	O-Hydro-w-hydroxypoly-(oxy-1,2-ethandiyl)
Chilesalpeter	Natriumnitrat
chinesisches Weiß	Zinkoxid
Chloraluminium	Aluminiumchlorid (wasserfrei)
Chloraluminium, wasserfrei	Aluminiumchlorid (wasserfrei)
Chlorammonium	Ammoniumchlorid
Chlorgas	Chlor
Chlorilen	Trichlorethen
Chlorkalium	Kaliumchlorid
Chlormethylchlorid	Dichlormethan
Chlormethylen	Dichlormethan
Chlornatrium	Natriumchlorid
Chloromagnesit	Magnesiumchlorid
Chlorsäure Natriumsalz	Natriumchlorat
Chlorthionyl	Thionylchlorid
Chlorum	Chlor
Chlorwasserstoffgas	Chlorwasserstoff
Chlorwasserstoffsäure	Chlorwasserstoff
Chlorylen	Trichlorethen
Chlorzink	Zinkchlorid
Chromgrün	Chrom(III)-oxid
Chromia	Chrom(III)-oxid
Chromium	Chrom
Chromkali	Kaliumdichromat
Chromoxid	Chrom(III)-oxid
Chromoxid Grün 9996	Chrom(III)-oxid
Chromoxidgrün	Chrom(III)-oxid
Chromoxidgrün FO 431	Chrom(III)-oxid
Chromoxidgrün FO 434	Chrom(III)-oxid
Chromoxidgrün GN	Chrom(III)-oxid
Chromoxidgrün GN-M	Chrom(III)-oxid
Chromoxidgrün GX	Chrom(III)-oxid
Chromoxidgründ FO 430	Chrom(III)-oxid
Chromsäure (fest)	Chrom(VI)-oxid
Chromsäure, Dikalium-Salz	Kaliumdichromat

Gebräuchlicher Name/Handelsname	Substanzname
Chromsäureanhydrid	Chrom(VI)-oxid
Chromtrioxid	Chrom(VI)-oxid
Cirosolve	Trichlorethen
Citrical	Calciumcarbonat
Citronensäure	2-Hydroxy-1,2,3-propantricarbonsäure
CK3	Aktivkohle
Clarocarbon	Aktivkohle
Clarocarbon	Kohlenstoff (amorph)
Claytur 4	Zinkchlorid
Clefnon	Calciumcarbonat
CMC	Carboxymethylcellulose Natriumsalz
CML 21	Calciumoxid
COATHYLENE	Polyethylen
Cobalt	Kobalt
Cobalt(II)-sulfat	Kobalt(II)-sulfat Hydrat
Cobalt(II,III)-oxid	Kobalt(II,III)-oxid
Cobaltlithiumoxid	Kobaltlithiumoxid
Cobaltsulfat	Kobalt(II)-sulfat Hydrat
Colliron	Eisen(III)-oxid
Collocarb	Aktivkohle
Colocother	Eisen(III)-oxid
Columbia carbon	Aktivkohle
Combi-Schutz	Propan-2-ol
Comedol	Trichlorethen
Compalox	Aluminiumoxid
Conductex	Aktivkohle
Condy's Kristalle	Kaliumpermanganat
Conopal	Aluminiumoxid
Continental	Aktivkohle
Continex	Aktivkohle
Corax	Aktivkohle
Corax P	Aktivkohle
Corellit	Kupfer(II)-sulfid
Corvic	Polychlorethen
Cosan	Schwefel
Cosmetio White C47-5175	Titandioxid
Cristobalit	Silicium(IV)-oxid
Crocus	Eisen(III)-oxid
Croflex	Aktivkohle
Crolac	Aktivkohle
Crystic prefil S	Calciumcarbonat
CS	Kohlensäurediamid
Cuprichlorid	Kupfer(II)-chlorid
Cyanit	Aluminiumoxidsilikat
Cyannatrium	Natriumcyanid
Cyanomethan	Ethansäurenitril
cycl. Methylethylcarbonat	4-Methyl-1,3-dioxolan-2-on
Cyclohexatrien	Benzen
Cyclotetramethylenoxid	Tetrahydrofuran
D(+)-Glukose	D(+)-Glucose
Dacote	Calciumcarbonat
Darammon	Ammoniumchlorid
DBP	Benzen-1,2-dicarbonsäuredibutylester
DC2	Graphit
1,2-DCE	1,2-Dichlorethan
DEA	Diethanolamin
Deanox	Eisen(III)-oxid
Decelith	Polychlorethen
Degussa	Aktivkohle
Dekapier 1	Trichlorethen
Deltan	Dimethylsulfoxid
Delussa black FW	Aktivkohle
Delussa Schwarz FW	Aktivkohle

Gebräuchlicher Name/Handelsname	Substanzname
Demasorb	Dimethylsulfoxid
Demavet	Dimethylsulfoxid
Demeso	Dimethylsulfoxid
Densinfluat	Trichlorethen
Dermasorb	Dimethylsulfoxid
Desertalk 57	Talkum
Desical	Calciumoxid
Desical P	Calciumoxid
Destillationsbitumen	Bitumen
Destruxol borer-sol	1,2-Dichlorethan
Dextrose	D(+)-Glucose
Di-(2-hydroxyethyl)-amin	Diethanolamin
Diadur	Aluminiumoxid
Diamid	Hydrazin, wasserfrei, 98 %
Diammoniumsulfat	Ammoniumsulfat
Diantimontrioxid	Antimon(III)-oxid
Diaspore	Aluminiumoxid
Diazan	Hydrazin, wasserfrei, 98 %
Dibutylphthalat	Benzen-1,2-dicarbonsäuredibutylester
1,1-Dichlor-2,2-dichlorethan	1,1,2,2-Tetrachlorethan
Dichlor-Mulsion	1,2-Dichlorethan
1,2-Dichloroethan	1,2-Dichlorethan
Dichromtrioxid	Chrom(III)-oxid
Dieisentrioxid	Eisen(III)-oxid
2,2-Diethanolamin	Diethanolamin
Diether des Glykols	1,4-Dioxan
1,2-Diethoxyethan	Ethylenglykoldiethylether
1,4-Diethylendioxid	1,4-Dioxan
Diethylendioxid	1,4-Dioxan
1,4-Diethylenether	1,4-Dioxan
Diethylenether	1,4-Dioxan
Diethylenmonoxid	Tetrahydrofuran
Diethylenoxid	Tetrahydrofuran
Diethylglycol	Ethylenglykoldiethylether
Diethylglykol	Ethylenglykoldiethylether
Diffu K	Kaliumchlorid
Dihydro-1,3-dioxol	1,3-Dioxolan
Dihydro-2(3H)-furanon	4-Butyrolacton
Dihydrosulfat	Schwefelsäure
2,2-Dihydroxydiethylamin	Diethanolamin
1,2-Dihydroxyethan	Ethandiol
1,2-Dihydroxypropan	Propan-1,2-diol
Dikaliumdichromat	Kaliumdichromat
Dilan	Dimethylbenzen (Isomerengemisch)
Dimethyl Cellosolve	1,2-Dimethoxyethan
Dimethylbenzol	Dimethylbenzen (Isomerengemisch)
Dimethylcarbinol	Propan-2-ol
Dimethylformamid	N,N-Dimethylmethanamid
Dimethylglykol	1,2-Dimethoxyethan
Dimethylketon	Propanon
Dimethylmethan	Propan
Dimexide	Dimethylsulfoxid
Dinatriumcarbonat	Natriumcarbonat
Dinatriumdihydrogenethylendiamintetraacetat	Diaminoethantetraethansäuredinatriumsalz Dihydrat
Dinatriumsulfid	Natriumsulfid
Dinatriumtetraborat-10-hydrat	Natriumtetraborat-10-hydrat
1,4-Dioxacyclohexan	1,4-Dioxan
1,3-Dioxacyclopentan	1,3-Dioxolan
Dioxan	1,4-Dioxan
[1,4]-Dioxan	1,4-Dioxan
1,3-Dioxocyclopentan	1,3-Dioxolan
Dioxyethylenether	1,4-Dioxan
Diphosphorpentoxid	Phosphorpentoxid

Gebräuchlicher Name/Handelsname	Substanzname
Dispal	Aluminiumoxid
Dispal alumina	Aluminiumoxid
Dispal M	Aluminiumoxid
Disparit B	Trichlorethen
Dissousgas	Ethin
Divanadiumpentoxid	Vanadium(V)-oxid
Divasil	Silber(II)-oxid
Dixie	Aktivkohle
Dixiecell	Aktivkohle
Dixiedensed	Aktivkohle
Dixitherm	Aktivkohle
DMF	N,N-Dimethylmethanamid
DMS-70	Dimethylsulfoxid
DMS-90	Dimethylsulfoxid
DMSO	Dimethylsulfoxid
Doliaer	Dimethylsulfoxid
Dolumin	Ammoniumsulfat
Domar	Calciumcarbonat
Domoso	Dimethylsulfoxid
doppelchromsaures Kalium	Kaliumdichromat
Dotment 324	Aluminiumoxid
Dotment 358	Aluminiumoxid
Dow Frost	Propan-1,2-diol
Dowtherm SR 1	Ethandiol
Dracyl	Methylbenzen
Drawinol	Trichlorethen
Dromisol	Dimethylsulfoxid
Druckweiß	Bariumsulfat
Dünnsäure	Schwefelsäure
Dural	Aluminiumoxid
Duramite	Calciumcarbonat
Durasorb	Dimethylsulfoxid
Durcal 10	Calciumcarbonat
Durcal 2 NH	Calciumcarbonat
Durcal 40	Calciumcarbonat
Durcal C 640305	Calciumcarbonat
Durex	Aktivkohle
Dutch liquid	1,2-Dichlorethan
Dynatri	Trichlorethen
Dyrene	Polyphenylethen
E 153	Aktivkohle
E 170	Calciumcarbonat
E 171	Titandioxid
E 172	Eisenoxid
E 173	Aluminium
E 175	Gold
E 251	Natriumnitrat
E 252	Kaliumnitrat
E 330	2-Hydroxy-1,2,3-propantricarbonsäure
E 460	Cellulose
E 461	Methylcellulose
E 570	Octadecansäure
Eagle germantown	Aktivkohle
Ecepolen	Polyethylen
1,2-EDC	1,2-Dichlorethan
EDTA-2 Na	Diaminoethantetraethansäuredinatriumsalz Dihydrat
EGRI M 5	Calciumcarbonat
Eisen(II,III)-oxid	Eisenoxid
Eisen(III)-oxid, rot	Eisen(III)-oxid
Eisen(III)-oxid, transparent	Eisen(III)-oxid
Eisendisulfid	Eisen(IV)-sulfid
Eisenglimmer	Eisen(III)-oxid
Eisenmanganbraun	Eisen(III)-oxid

Gebräuchlicher Name/Handelsname	Substanzname
Eisenoxid Rot 2996	Eisen(III)-oxid
Eisenoxid, colloidol	Eisen(III)-oxid
Eisenoxid, wasserfrei	Eisen(III)-oxid
Eisenoxidbraun	Eisen(III)-oxid
Eisenoxidrot	Eisen(III)-oxid
Eisensulfid	Eisen(II)-sulfid
Eisentrichlorid	Eisen(III)-chlorid
Eisessig	Ethansäure
Ekadur	Polychlorethen
Ekalit	Polychlorethen
Elaol	Benzen-1,2-dicarbonsäuredibutylester
Elaylchlorid	1,2-Dichlorethan
Elektrographit	Graphit
ELF	Aktivkohle
Elftex	Aktivkohle
Elosal	Schwefel
Eltex	Polyethylen
Elvanol	Polyvinylalkohol
Emarweiß	Zinkoxid
Emersol 120	Octadecansäure
Emersol 132	Octadecansäure
Emery 400	Octadecansäure
Emisan 6	Quecksilber(II)-chlorid
Emkapol 150	O-Hydro-w-hydroxypoly-(oxy-1,2-ethandiyl)
Emkapol 200	O-Hydro-w-hydroxypoly-(oxy-1,2-ethandiyl)
Emkapol 4200	O-Hydro-w-hydroxypoly-(oxy-1,2-ethandiyl)
Emtal	Talkum
Encelac A Rot 2817	Eisen(III)-oxid
Encelac Rot 3396	Eisen(III)-oxid
Encelac Schwarz 0054	Aktivkohle
Encelack Schwarz 0059	Aktivkohle
Enkalon	Poly(imino(1-oxo-1,6-hexandiyl))
Enseal	Kaliumchlorid
ENT 1000	O-Hydro-w-hydroxypoly-(oxy-1,2-ethandiyl)
Erdharz	Bitumen
Erdpech	Bitumen
Ergoplast FDB	Benzen-1,2-dicarbonsäuredibutylester
Eskalith	Lithiumcarbonat
Eskalon 100	Calciumcarbonat
Eskalon 1500	Calciumcarbonat
Eskalon 200	Calciumcarbonat
Eskalon 400	Calciumcarbonat
Eskalon 800	Calciumcarbonat
Essex	Aktivkohle
Essigessenz	Ethansäure
Essiggeist	Propanon
Essigsäure	Ethansäure
Essigsäurenitril	Ethansäurenitril
Ethandiol-1,2	Ethandiol
Ethannitril	Ethansäurenitril
Ethenglycol-Homopolymer	O-Hydro-w-hydroxypoly-(oxy-1,2-ethandiyl)
Ethentetracarbonitril	Tetracyanethylen
Etherinchlorid	1,2-Dichlorethan
Ethinyltrichlorid	Trichlorethen
Ethoxylsäure	Ethansäure
1,2-Epoxypropan	Propan-1,2-epoxid
1,2-Epoxypropan, stabilisiert	Propan-1,2-epoxid
1,2-Ethandichlorid	1,2-Dichlorethan
1,2-Ethandiol	Ethandiol
1,2-Ethandiol-Homopolymer	O-Hydro-w-hydroxypoly-(oxy-1,2-ethandiyl)
Ethylalkohol	Ethanol
Ethylenalkohol	Ethandiol
Ethylencarbonat	1,3-Dioxolan-2-on

Gebräuchlicher Name/Handelsname	Substanzname
Ethylendiamintetraessigsäuredinatriumsalz-Dihydrat	Diaminoethantetraethansäuredinatriumsalz Dihydrat
Ethylendichlorid	1,2-Dichlorethan
Ethylendihydrat	Ethandiol
Ethylendinitrilotetraessigsäuredinatriumsalz-Dihydrat	Diaminoethantetraethansäuredinatriumsalz Dihydrat
Ethylene Glycol (Regular)	Ethandiol
Ethylene Glycol Fiber Grade - E	Ethandiol
Ethylenglycol	Ethandiol
Ethylenglycoldiethylether	Ethylenglykoldiethylether
Ethylenglykol	Ethandiol
Ethylenglykolcarbonat	1,3-Dioxolan-2-on
Ethylenglykoldimethylether	1,2-Dimethoxyethan
Ethylenglykolformal	1,3-Dioxolan
Ethylenoxidhydrat	Ethandiol
Ethylentetrachlorid	1,1,2,2-Tetrachlorethan
Ethylentrichlorid	Trichlorethen
Ethylhydrat	Ethanol
Ethylmethyl	Propan
Ethylmethylketon	Butan-2-on
Ethylnitril	Ethansäurenitril
Ethylsäure	Ethansäure
Ex-tri	Trichlorethen
Excelsior	Aktivkohle
Exitelit	Antimon(III)-oxid
Exolon	Aluminiumoxid
Exolon XW 60	Aluminiumoxid
Exon	Polychlorethen
Explosion acetylene black	Aktivkohle
Explosion black	Aktivkohle
F 360 (Alumina)	Aluminiumoxid
Fannoform	Methanal
Farbruss	Aktivkohle
Farbruß	Aktivkohle
Faserton	Aluminiumoxid
Fasertonerde	Aluminiumoxid
Fecto	Aktivkohle
Federweiß	Talkum
Felac	Eisen(III)-oxid
Ferrichlorid	Eisen(III)-chlorid
Ferricyankalium	Kaliumhexacyanoferrat (III)
Ferrioxid	Eisen(III)-oxid
Ferritrichlorid	Eisen(III)-chlorid
Ferrugo	Eisen(III)-oxid
Fester Schwefel	Schwefel
Fiberglas	Silicium(IV)-oxid
Fibrene C 400	Talkum
Filtex White Base	Calciumcarbonat
Finncarb 6002	Calciumcarbonat
Flamenco	Titandioxid
Flamruss	Aktivkohle
Flexone 7-S (50 %)	Kohlenstoff (amorph)
Fluate	Trichlorethen
Fluorborsäure	Tetrafluorborsäure
Fluorescein Natrium (C.I. 45350) Acelux	Fluorescein (C.I. 45350) (wasserlöslich)
Fluoresceinnatrium	Fluorescein (C.I. 45350) (wasserlöslich)
Fluorkalium	Kaliumfluorid
Fluorwasserstofflösung	Fluorwasserstoff (wäßrige Lösung)
Fluorwasserstoffsäure	Fluorwasserstoff (wäßrige Lösung)
Flußsäure	Fluorwasserstoff (wäßrige Lösung)
Formaldehyd	Methanal
Formaldehydethylenacetal	1,3-Dioxolan
Formalglycol	1,3-Dioxolan
Formalglykol	1,3-Dioxolan
Formalin	Methanal

Gebräuchlicher Name/Handelsname	Substanzname
Formol	Methanal
Formula 300	Octadecansäure
Formyldimethylamid	N,N-Dimethylmethanamid
Formylhydrat	Methanal
Fortafil 54	Graphit
Fostarene	Polyphenylethen
Frigolit	Polyphenylethen
Fungchex	Quecksilber(II)-chlorid
Furanidine	Tetrahydrofuran
Furantetrahydrid	Tetrahydrofuran
Furnal	Aktivkohle
Furnex	Aktivkohle
Furnex N 765	Aktivkohle
Fyde	Methanal
G 0 (Oxide)	Aluminiumoxid
G 2 (Oxide)	Aluminiumoxid
Gafanol E 200	O-Hydro-w-hydroxypoly-(oxy-1,2-ethandiyl)
Gafanol E 300	O-Hydro-w-hydroxypoly-(oxy-1,2-ethandiyl)
Galenit	Blei(II)-sulfid
Gamasol 90	Dimethylsulfoxid
gamma-Alumina	Aluminiumoxid
gamma-Aluminiumoxid	Aluminiumoxid
gamma-Butyrolacton	4-Butyrolacton
Garolite SA	Calciumcarbonat
Gas-furnace black	Aktivkohle
Gastex	Aktivkohle
geblasene Bitumen	Bitumen
gebrannter Kalk	Calciumoxid
gelbes Präzipitat	Quecksilber(II)-oxid
gelöschter Kalk	Calciumhydroxid
Gelva	Polyethansäureethenylester
Gemisch C	Propan
Genoplast B	Benzen-1,2-dicarbonsäuredibutylester
Germalgene	Trichlorethen
Gibbsit	Aluminiumoxid
Gilder's whiting	Calciumcarbonat
GK (Oxide)	Aluminiumoxid
Glacier 325	Talkum
Glucose	D(+)-Glucose
Glukose	D(+)-Glucose
Glutofix	Methylcellulose
Glycerin	Propantriol
Glycerol	Propantriol
Glycol	Ethandiol
Glycoldiethylether	Ethylenglykoldiethylether
Glycon DP	Octadecansäure
Glycon S-70	Octadecansäure
Glycon S-80	Octadecansäure
Glycon TP	Octadecansäure
Glycylalkohol	Propantriol
Glykocellon	Carboxymethylcellulose Natriumsalz
Glykol	Ethandiol
Glykoldiethylether	Ethylenglykoldiethylether
Glykolethylether	1,4-Dioxan
Glykolformal	1,3-Dioxolan
Glykolmethylenether	1,3-Dioxolan
Glym	1,2-Dimethoxyethan
Glyrol	Propantriol
Glysanin	Propantriol
Glysantin	Ethandiol
Glyzerin	Propantriol
Goldsatinobre	Blei(II,IV)-oxid
Gore-Tex	Polytetrafluorethylen

Gebräuchlicher Name/Handelsname	Substanzname
Grafit	Kohlenstoff (amorph)
Grafit	Graphit
Grafoil	Graphit
Graphit	Kohlenstoff (amorph)
Graphitfluorid	Poly-Kohlenstoffmonofluorid
Grilon	Poly(imino(1-oxo-1,6-hexandiyl))
Groco 54	Octadecansäure
Grün Cinnabar	Chrom(III)-oxid
Grünchromoxid	Chrom(III)-oxid
grünes Nickeloxid	Nickel(II)-hydroxid
HA 1591	Polyethylen
HA 1681	Polyethylen
HA 1681-Z	Polyethylen
HA 1684	Polyethylen
HA 1931	Polyethylen
HA 2454	Polyethylen
HA 2477	Polyethylen
HA 2578	Polyethylen
HA 3545	Polyethylen
Hactol DBP	Benzen-1,2-dicarbonsäuredibutylester
Hakuenka CC	Calciumcarbonat
Hakuenka CCR	Calciumcarbonat
Hakuenka DD	Calciumcarbonat
Hakuenka O	Calciumcarbonat
Hakuenka PX	Calciumcarbonat
Hakuenka PZ	Calciumcarbonat
Hakuenka R 06	Calciumcarbonat
Hakuenka T-DD	Calciumcarbonat
Hämatit	Eisen(III)-oxid
Harnstoff	Kohlensäurediamid
Hartosol	Propan-2-ol
Hatcol DBP	Benzen-1,2-dicarbonsäuredibutylester
Hausmannit	Mangan(II,III)-oxid
HD 1591	Polyethylen
HD 1681	Polyethylen
HDPE	Polyethylen
Hedolin	Trichlorethen
Heliogenblau G	Phthalocyanin (C.I. 74100)
Heliozone	Polyethylen
Hematit	Eisen(III)-oxid
Hemostyp	Butan-1-ol
1-Heptadecancarboxylsäure	Octadecansäure
Heptadecan-alpha-carbonsäure	Octadecansäure
Heucorox A	Eisen(III)-oxid
Heucorox F	Eisen(III)-oxid
Heucorox FG	Eisen(III)-oxid
Heucorox FL	Eisen(III)-oxid
Heucorox M	Eisen(III)-oxid
Heucorox UF	Eisen(III)-oxid
Hexahydrobenzol	Cyclohexan
Hexamethylen	Cyclohexan
Hexan	n-Hexan
Hexasul	Schwefel
Hexylhydrid	n-Hexan
Hi-tri	Trichlorethen
Hirschhorngeist	Ammoniaklösung
Hitco HMG-50	Graphit
Hoechst-Wachs PE 130 Pulver	Polyethylen
Hoechst-Wachs PE 520 Feinkorn	Polyethylen
Hoechst-Wachs PE 520 Pulver	Polyethylen
Holländische Flüssigkeit	1,2-Dichlorethan
Holländisches Öl	1,2-Dichlorethan
Höllenstein	Silbernitrat

Gebräuchlicher Name/Handelsname	Substanzname
Holzalkohol	Methanol
Holzgeist	Methanol
Holzkohle	Aktivkohle
Holzkohle	Kohlenstoff (amorph)
Holzkohle, aktiviert	Kohlenstoff (amorph)
Holzsäure	Ethansäure
Holzspiritus	Methanol
Hombitan	Titandioxid
Homocal D	Calciumcarbonat
Horse Head R-710	Titandioxid
Hostalen	Polyethylen
Hostalit	Polychlorethen
Huber	Aktivkohle
Humenegro	Aktivkohle
HX 1681	Polyethylen
HX 2578	Polyethylen
Hyanit	Kohlensäurediamid
Hydrazinium	Hydrazin, wasserfrei, 98 %
Hydro-Giene	Kupfer(I)-iodid
Hydrocarb 60	Calciumcarbonat
Hydrocarb 65	Calciumcarbonat
Hydrocerussit	Blei(II)-carbonat basisch
Hydrofluorborsäure	Tetrafluorborsäure
Hydrofolsäure 150	Octadecansäure
Hydrofuran	Tetrahydrofuran
Hydrogenoxid	Wasser
Hydroperoxid	Wasserstoffperoxid
Hydrothionsäure	Schwefelwasserstoff
4-Hydroxybuttersäure-gamma-lacton	4-Butyrolacton
2-Hydroxypropan	Propan-2-ol
2-Hydroxy-1,2,3-propantricarboxylsäure	2-Hydroxy-1,2,3-propantricarbonsäure
Hypalox II	Aluminiumoxid
Hypnorex	Lithiumcarbonat
Hysterene S-97	Octadecansäure
Hysterene T-5016	Octadecansäure
Hysterene T-70	Octadecansäure
Hysterene T-80	Octadecansäure
HZH-Farbenzinkstaub	Zink
i-Propanol	Propan-2-ol
Idranal III	Diaminoethantetraethansäuredinatriumsalz Dihydrat
IFP	Propantriol
2,2'-Iminobis-ethanol	Diethanolamin
Iminodiethanolamin	Diethanolamin
2,2'-Iminoethanol	Diethanolamin
Impingement black	Aktivkohle
Imsol A	Propan-2-ol
Infiltrina	Dimethylsulfoxid
Inhibine	Wasserstoffperoxid
IPA	Propan-2-ol
Irgawax 330	Octadecansäure
iso-Propanol	Propan-2-ol
iso-Propylalkohol	Propan-2-ol
Isohol	Propan-2-ol
Isopropanol	Propan-2-ol
Isopropylalkohol	Propan-2-ol
ITX	Talkum
Ivalon	Methanal
Jaysol S	Ethanol
Jeffox	O-Hydro-w-hydroxypoly-(oxy-1,2-ethandiyl)
Jod	Iod
Jubenon R	Aluminiumoxid
Juvinil	Polychlorethen
K 250	Calciumcarbonat

Gebräuchlicher Name/Handelsname	Substanzname
K-Contin	Kaliumchlorid
K-Norm	Kaliumchlorid
K-Tab	Kaliumchlorid
KA 101	Aluminiumoxid
Kadmium	Cadmium
Kadmiumoxid	Cadmiumoxid
Kali	Kaliumhydroxid
Kalihydrat	Kaliumhydroxid
Kalisalpeter	Kaliumnitrat
Kalium hydricum	Kaliumhydroxid
Kalium-Duriles	Kaliumchlorid
Kaliumbichromat	Kaliumdichromat
Kaliumcyanoferrat (III)	Kaliumhexacyanoferrat (III)
Kaliumeisen(III)-cyanid	Kaliumhexacyanoferrat (III)
Kaliumferricyanid	Kaliumhexacyanoferrat (III)
Kaliumhydrat	Kaliumhydroxid
Kaliumhydroxid, fest	Kaliumhydroxid
Kaliumoxidhydrat	Kaliumhydroxid
Kaliumperoxodisulfat	Kaliumperoxodisulfat
Kaliumpersulfat	Kaliumperoxodisulfat
Kaliumpyrochromat	Kaliumdichromat
Kalkerde	Calciumoxid
Kalkhydrat	Calciumhydroxid
Kalkweiß	Calciumcarbonat
Kalzium	Calcium
Kalziumhydroxid	Calciumhydroxid
Kalziumkarbonat	Calciumcarbonat
Kam 1000	Octadecansäure
Kam 2000	Octadecansäure
Kam 3000	Octadecansäure
Kaon-Cl	Kaliumchlorid
Kapron	Poly(Imino(1-oxo-1,6-hexandiyl))
Karbamid	Kohlensäurediamid
Karbidsprit	Ethanol
Karbinol	Methanol
Karbonsäure Lithiumsalz	Lithiumcarbonat
Kaskay	Kaliumchlorid
kaustische Pottasche	Kaliumhydroxid
Kaustisches Ammoniak	Ammoniaklösung
kaustisches Kali	Kaliumhydroxid
kaustisches Soda	Natriumhydroxid
Kayback	Kaliumchlorid
Keratinamin	Kohlensäurediamid
Ketjen B	Aluminiumoxid
Ketjenblack EC	Aktivkohle
Ketopropan	Propanon
KHP 2	Aluminiumoxid
Kleesäure	Ethandisäure
Klor-Con	Kaliumchlorid
Klorex	Natriumchlorat
Klotrix	Kaliumchlorid
Klumegas	Ethin
KMZ	Carboxymethylcellulose Natriumsalz
Kobaltschwarz	Kobalt(II,III)-oxid
Kobaltsulfat	Kobalt(II)-sulfat Hydrat
Kochsalz	Natriumchlorid
Kochsalzsäure	Chlorwasserstoff
Kodaflex DBP	Benzen-1,2-dicarbonsäuredibutylester
Kohle, aktiviert	Kohlenstoff (amorph)
Kohlenaphtha	Benzen
Kohlensäure-glykolester	1,3-Dioxolan-2-on
Kohlensäuremonoamid	Ammoniumhydrogencarbonat
Kohlensäurepropylenglykolester	4-Methyl-1,3-dioxolan-2-on

Gebräuchlicher Name/Handelsname	Substanzname
kohlensaurer Kalk	Calciumcarbonat
kohlensaures Natrium	Natriumcarbonat
Kohlenschwarz	Aktivkohle
Kohlenstoffsäureammoniumsalz	Ammoniumhydrogencarbonat
Kohlenwasserstoffwachs	Polyethylen
Kollidon	Polyvinylpyrrolidon
Kolloidschwefel	Schwefel
Kolo 100	Schwefel
Komplexon I II	Diaminoethantetraethansäuredinatriumsalz Dihydrat
Kontaktsäure	Schwefelsäure
Konversionssalpeter	Kaliumnitrat
Kornfeindestillat	Ethanol
Korobon	Graphit
Korund	Aluminiumoxid
Kosmink	Aktivkohle
Kosmobil	Aktivkohle
Kosmolak	Aktivkohle
Kosmos	Aktivkohle
Kosmotherm	Aktivkohle
Kosmovar	Aktivkohle
Kotamite	Calciumcarbonat
Kredafil 150 extra	Calciumcarbonat
Kredafil RM 5	Calciumcarbonat
Kreide	Calciumcarbonat
Kremserweiß	Blei(II)-carbonat basisch
Kristall-Quarzsand, feuergetrocknet	Silicium(IV)-oxid
Krokus	Eisen(III)-oxid
Kromo	Titandioxid
Kronos	Titandioxid
Krystallbenzol	Benzen
Krystallin	Aminobenzen
KS 1300	Calciumcarbonat
KS 1500	Calciumcarbonat
KS 1800	Calciumcarbonat
KS 2100	Calciumcarbonat
KS 500	Calciumcarbonat
KS-10	Graphit
Kubischer Salpeter	Natriumnitrat
KULU 40	Calciumcarbonat
Kumulus	Schwefel
Kupferblau	Kupfer(II)-sulfid
Kupferchlorid	Kupfer(I)-chlorid
Kupferchloruer	Kupfer(I)-chlorid
Kupfermonosulfid	Kupfer(II)-sulfid
Kupfermonoxid	Kupfer(II)-oxid
Kupferoxid	Kupfer(II)-oxid
Kupfersulfid	Kupfer(I)-sulfid
Kyanol	Aminobenzen
LA 6	Aluminiumoxid
Laprol 402	O-Hydro-w-hydroxypoly-(oxy-1,2-ethandiyl)
Laqrene	Polyphenylethen
Lavezstein	Talkum
Lead	Blei
Lechatelierit	Silicium(IV)-oxid
Lento-Kalium	Kaliumchlorid
Levanox Green GA	Chrom(III)-oxid
Levanox Grün GA	Chrom(III)-oxid
Levigated chalk	Calciumcarbonat
Levoxin 51	Hydrazin, wasserfrei, 98 %
Levoxin 64	Hydrazin, wasserfrei, 98 %
Limas	Lithiumcarbonat
Lineartop P	O-Hydro-w-hydroxypoly-(oxy-1,2-ethandiyl)
Liskonum	Lithiumcarbonat

Gebräuchlicher Name/Handelsname	Substanzname
Litharge	Blei(II)-oxid
Litharge Pur	Blei(II)-oxid
Lithiumboranat	Lithiumborhydrid
Lithiumborat	Lithiummetaborat
Lithiumhydrat	Lithiumhydroxid
Lithiumjodid	Lithiumiodid
Lithiummanganoxid	Lithiummangan(III,IV)-oxid
Lithiumtetrahydridobarat	Lithiumborhydrid
Lithiumtriflat	Trifluormethansulfonsäure Lithiumsalz;
Lithiumtrifluormethansulfonat	Trifluormethansulfonsäure Lithiumsalz;
Lithob id	Lithiumcarbonat
Lithonat	Lithiumcarbonat
Lithotabs	Lithiumcarbonat
Loomite	Talkum
Lösungsbenzol gereinigt L	Benzen
Loxiol G 20	Octadecansäure
Lubrimet P600	Poly-(1,2-propandiol)
Lubrimet P900	Poly-(1,2-propandiol)
Lucalox	Aluminiumoxid
Luconyl Braun 2915	Eisen(III)-oxid
Luconyl G Rot 2817	Eisen(III)-oxid
Luconyl G Weiss 0022	Titandioxid
Luconyl Rot 2817	Eisen(III)-oxid
Luconyl Rot 3396	Eisen(III)-oxid
Luconyl Rot 3397	Eisen(III)-oxid
Luconyl Schwarz 0060	Aktivkohle
Luconyl Schwarz 0066	Aktivkohle
Luconyl Weiss 0022	Titandioxid
Ludox CL	Aluminiumoxid
Lupolen	Polyethylen
Lustrex	Polyphenylethen
Lutosol	Propan-2-ol
Lutrol 9	O-Hydro-w-hydroxypoly-(oxy-1,2-ethandiyl)
Lysoform	Methanal
M 23	Diaminoethantetraethansäuredinatriumsalz Dihydrat
M-34 Pigment	Mangan(II,III)-oxid
M179	Dimethylsulfoxid
Macrogol 300	O-Hydro-w-hydroxypoly-(oxy-1,2-ethandiyl)
Macrogol 400	O-Hydro-w-hydroxypoly-(oxy-1,2-ethandiyl)
Macrogol 6000	O-Hydro-w-hydroxypoly-(oxy-1,2-ethandiyl)
Magecol	Aktivkohle
Magneteisenstein	Eisenoxid
Magnetit	Eisenoxid
Magnetitoxid	Eisenoxid
Magnogene	Magnesiumchlorid
Makrogol 400 BPC	Ethandiol
Mangan(IV)-oxid	Mangandioxid
Mangandichlorid	Mangan(II)-chlorid
Manganoxid	Mangandioxid
Manganperoxid	Mangandioxid
Manganschwarz	Mangandioxid
Mangansulfat	Mangan(II)-sulfat
Mangansuperoxid	Mangandioxid
Manolène	Polyethylen
Mapico rot R220-3	Eisen(III)-oxid
Marblewhite 325	Calciumcarbonat
Marcasit	Eisen(IV)-sulfid
Marfil	Calciumcarbonat
Marmor	Calciumcarbonat
Marmorkalkhydrat	Calciumhydroxid
Mars Braun	Eisen(III)-oxid
Martoxin	Aluminiumoxid
Mascagnite	Ammoniumsulfat

Gebräuchlicher Name/Handelsname	Substanzname
Massicot	Blei(II)-oxid
MC	Methylcellulose
MC-T	Calciumcarbonat
MEC	Butan-2-on
Meetco	Butan-2-on
MEG	Ethandiol
MEK	Butan-2-on
Mennige	Blei(II,IV)-oxid
Mercurichlorid	Quecksilber(II)-chlorid
Mercurioxid	Quecksilber(II)-oxid
Merpol O2	O-Hydro-w-hydroxypoly-(oxy-1,2-ethandiyl)
Metallic Braun	Eisen(III)-oxid
Metanex	Aktivkohle
Methacrylsäure	2-Methylpropensäure
Methakrylsäure	2-Methylpropensäure
Methancarbonsäure	Ethansäure
Methancarboxylsäure	Ethansäure
Methol	Methanol
Methoxymethanal	Methansäuremethylester
Methyl Oxiran, stabilisiert	Propan-1,2-epoxid
Methyl-n-butylmethan	n-Hexan
Methylacetyl	Propanon
Methylaldehyd	Methanal
Methylalkohol	Methanol
Methylameisensäure	Ethansäure
Methylbenzol	Methylbenzen
Methylcarbinol	Ethanol
Methylcarbonsäure	Ethansäure
Methylcyanid	Ethansäurenitril
Methylcyanür	Ethansäurenitril
Methylenbichlorid	Dichlormethan
Methylenchlorid	Dichlormethan
Methylendichlorid	Dichlormethan
Methylenum chloratum	Dichlormethan
Methylethylenglycol	Propan-1,2-diol
Methylethylenglykol	Propan-1,2-diol
Methylethylenoxid	Propan-1,2-epoxid
Methylethylketon	Butan-2-on
Methylformiat	Methansäuremethylester
Methylhydroxid	Methanol
Methylierter Aldehyd	Propanon
Methyloxidhydrat	Methanol
Methyloxiran	Propan-1,2-epoxid
Methylpropanon	Butan-2-on
2-Methylpropen-1-säure-3	2-Methylpropensäure
Methylsulfinylmethan	Dimethylsulfoxid
Methylsulfoxid	Dimethylsulfoxid
Methyltoluen	Dimethylbenzen (Isomerengemisch)
Methyltoluol	Dimethylbenzen (Isomerengemisch)
Methynol	Methanol
Mexapals M/B	Benzen-1,2-dicarbonsäuredibutylester
Micowetsulf	Schwefel
Microgrit WCA	Aluminiumoxid
Micromic CR 16	Calciumcarbonat
Micromya	Calciumcarbonat
Micronex	Aktivkohle
Microthiol	Schwefel
Microwhite 25	Calciumcarbonat
Miike 20	Aktivkohle
Mineralcarbon	Graphit
Mineralorange	Blei(II,IV)-oxid
Mineralpech	Bitumen
Mineralrot	Blei(II,IV)-oxid

Gebräuchlicher Name/Handelsname	Substanzname
Minimum	Blei(II,IV)-oxid
Mirathen	Polyethylen
Mirlon	Poly(imino(1-oxo-1,6-hexandiyl))
Mistron Vapor	Talkum
Modepy 4000	O-Hydro-w-hydroxypoly-(oxy-1,2-ethandiyl)
Modulex	Aktivkohle
Mogul	Aktivkohle
Mogul L	Aktivkohle
Molacco	Aktivkohle
Molybdändisulfid	Molybdän(IV)-sulfid
Molybdänsäureanhydrid	Molybdän(VI)-oxid
Molybdänsulfid	Molybdän(IV)-sulfid
Molybdäntrioxid	Molybdän(VI)-oxid
Monarch	Aktivkohle
Monoammoniumcarbonat	Ammoniumhydrogencarbonat
Monocalcium carbonate	Calciumcarbonat
Monoethylenglykol	Ethandiol
Monoethylenglykoldimethylether	1,2-Dimethoxyethan
Monoglym	1,2-Dimethoxyethan
Monosulfan	Schwefelwasserstoff
Monothionsäure	Schwefelsäure
Mopol M	Molybdän(IV)-sulfid
Mopol S	Molybdän(IV)-sulfid
Morbicid	Methanal
Motorenbenzol	Benzen
Mowicoll	Polyethansäureethenylester
Mowilith	Polyethansäureethenylester
Mowiol	Polyvinylalkohol
Msk PO	Calciumcarbonat
Msk-C	Calciumcarbonat
Msk-K	Calciumcarbonat
Msk-P	Calciumcarbonat
Msk-V	Calciumcarbonat
Multiflex MM	Calciumcarbonat
Multiflex SC	Calciumcarbonat
N 34	Calciumcarbonat
N 43	Calciumcarbonat
N,N,N-Tributyl-1-butanaminbromid	Tetrabutylammoniumbromid
N,N,N-Trimethyl-methanaminbromid	Tetramethylammoniumbromid
N,N,N-Tripropyl-1-propanammoniumbromid	Tetrapropylammoniumbromid
N,N-Dimethylameisensäureamid	N,N-Dimethylmethanamid
N,N-Dimethylformamid	N,N-Dimethylmethanamid
N-Benzyl-N,N,N-trimethylammoniumbromid:	Benzyltrimethylammoniumbromid
n-Butanol	Butan-1-ol
n-Butylalkohol	Butan-1-ol
n-Butylphthalat	Benzen-1,2-dicarbonsäuredibutylester
n-Caproylhydrid	n-Hexan
n-Dipropylmethan	Heptan
N-Formyldimethylamin	N,N-Dimethylmethanamid
n-Heptan	Heptan
n-Heptylhydrid	Heptan
n-Octadecansäure	Octadecansäure
n-Propan	Propan
Na-X	Natriumcarbonat
Naftozin N	Octadecansäure
Narcogen	Trichlorethen
Narcylen	Ethin
Narkosoid	Trichlorethen
Narkotel	Dichlormethan
Natriumasche	Natriumcarbonat
Natriumbisulfat Hydrat	Natriumhydrogensulfat
Natriumborat, Decahydrat	Natriumtetraborat-10-hydrat
Natriumcarboxymethylcellulose	Carboxymethylcellulose Natriumsalz

Gebräuchlicher Name/Handelsname	Substanzname
Natriumcelluloseglykolat	Carboxymethylcellulose Natriumsalz
Natriumdiphosphat	Natriumpyrophosphat
Natriumhydrat	Natriumhydroxid
Natriummonosulfid	Natriumsulfid
Natriummonoxid	Natriumoxid
Natriumperoxidisulfat	Natriumpersulfat
Natriumsilikat	Natriumsilicat
Natriumtetraborat	Natriumtetraborat-10-hydrat
Natriumzyanid	Natriumcyanid
Natron	Natriumhydroxid
Natronhydrat	Natriumhydroxid
Natronsalpeter	Natriumnitrat
Natronwasserglas	Natriumsilicat
Natur Braun	Eisen(III)-oxid
NBA	Butan-1-ol
NC	Kohlensäurediamid
Ncc-P	Calciumcarbonat
NCI-C 02119	Kohlensäurediamid
NCI-C 60913	N,N-Dimethylmethanamid
NCI-C55276	Benzen
Neo Spectra II	Aktivkohle
Neo-Fat 18	Octadecansäure
Neoantricid	Calciumcarbonat
Neobead C	Aluminiumoxid
Neolite F	Calciumcarbonat
Neolite SP	Calciumcarbonat
Neolite TPS	Calciumcarbonat
Neospectra	Aktivkohle
Neotex	Aktivkohle
Nettolin	Trichlorethen
Netzschwefel	Schwefel
Neu-tri	Trichlorethen
Nickel, Katalysator nach Raney	Nickel
Nickel-Katalysator	Nickel
Nickelchlorid	Nickel(II)-chlorid
Nickelhydroxid	Nickel(II)-hydroxid
Nickeloxidhydroxid	Nickel(III)-hydroxid
Nitro-Sil	Ammoniak (wasserfrei)
Non-fer-AL	Calciumcarbonat
Norit A Supra	Aktivkohle
Norit A Supra	Kohlenstoff (amorph)
Nosilin	O-Hydro-w-hydroxypoly-(oxy-1,2-ethandiyl)
NS	Calciumcarbonat
NS (carbonate)	Calciumcarbonat
NS 100 (carbonate)	Calciumcarbonat
NS 200	Calciumcarbonat
NS 200 (filler)	Calciumcarbonat
NS 2500	Calciumcarbonat
NS 400	Calciumcarbonat
NSC-763	Dimethylsulfoxid
NSL 5356	N,N-Dimethylmethanamid
Nutroplus	Kohlensäurediamid
Nycoline	O-Hydro-w-hydroxypoly-(oxy-1,2-ethandiyl)
Nylon 6	Poly(imino(1-oxo-1,6-hexandiyl))
Nyoline	O-Hydro-w-hydroxypoly-(oxy-1,2-ethandiyl)
NZ	Calciumcarbonat
o-Phosphorsäure	Phosphorige Säure
OA-A 1102	Calciumcarbonat
Ofenschwarz	Graphit
Oil-furnace black	Aktivkohle
Oktadekansäure	Octadecansäure
Oleum	Schwefelsäure
Ölsüß	Propantriol

Gebräuchlicher Name/Handelsname	Substanzname
OMYA	Calciumcarbonat
Omya bBSH	Calciumcarbonat
Omya BLH	Calciumcarbonat
Omya BLP 2	Calciumcarbonat
Omya BLP 3	Calciumcarbonat
Omya BLRZ	Calciumcarbonat
Omya D 40	Calciumcarbonat
Omya EXH 1	Calciumcarbonat
Omyacarb F	Calciumcarbonat
Omyalene G 200	Calciumcarbonat
Omyalite 90	Calciumcarbonat
Omyalite BL	Calciumcarbonat
Ongrofol	Polychlorethen
Onychomal	Kohlensäurediamid
Ophthalgan	Propantriol
Oppanol	Polyisobutylen
Oranges Blei	Blei(II,IV)-oxid
Orthophosphorsäure	ortho-Phosphorsäure
OS-Cal	Calciumcarbonat
OSHA)	Aktivkohle
Osmoglyn	Propantriol
Oxalsäure	Ethandisäure
Oxid Wax A	O-Hydro-w-hydroxypoly-(oxy-1,2-ethandiyl)
Oxid Wax An	O-Hydro-w-hydroxypoly-(oxy-1,2-ethandiyl)
Oxidationsbitumen	Bitumen
1,4-Oxidobutan	Tetrahydrofuran
Oxiran-polymer	O-Hydro-w-hydroxypoly-(oxy-1,2-ethandiyl)
Oxitreat 35	Hydrazin, wasserfrei, 98 %
Oxolane	Tetrahydrofuran
Oxomethan	Methanal
Oxycil	Natriumchlorat
Oxygen	Sauerstoff
Oxyl	Tetrahydrofuran
Oxymethylen	Methanal
Ozonschutzwachs 110	Polyethylen
Ozonschutzwachs 111	Polyethylen
P-33	Aktivkohle
p-Dioxan	1,4-Dioxan
P-Lite 500	Calciumcarbonat
P-Lite 700	Calciumcarbonat
p-Toluolsulfonamid	p-Toluol-sulfonsäureamid
P1250	Aktivkohle
P68	Aktivkohle
Palatinol C	Benzen-1,2-dicarbonsäuredibutylester
Palidol	Kaliumperoxodisulfat
Paraform	Methanal
Paratac	Polyisobutylen
Parisgelb	Calciumcarbonat
Parisrot	Blei(II,IV)-oxid
Pastaron	Kohlensäurediamid
Patox	Antimon(III)-oxid
PE	Polyethylen
PE hart	Polyethylen
Pe regal ST	Polyvinylpyrrolidon
Peerless	Aktivkohle
PEG	O-Hydro-w-hydroxypoly-(oxy-1,2-ethandiyl)
Pelletex	Aktivkohle
PEO 10	O-Hydro-w-hydroxypoly-(oxy-1,2-ethandiyl)
PEO 100	O-Hydro-w-hydroxypoly-(oxy-1,2-ethandiyl)
PEO 16	O-Hydro-w-hydroxypoly-(oxy-1,2-ethandiyl)
PEO 18	O-Hydro-w-hydroxypoly-(oxy-1,2-ethandiyl)
Percyanethylen	Tetracyanethylen
Perdrogen	Wasserstoffperoxid

Gebräuchlicher Name/Handelsname	Substanzname
Perhydrol	Wasserstoffperoxid
Perlon	Poly(imino(1-oxo-1,6-hexandiyl))
Permanentweiß	Bariumsulfat
Permangansäure Kaliumsalz	Kaliumpermanganat
Peroxaan	Wasserstoffperoxid
Peroxidbleiche	Wasserstoffperoxid
perschwefelsaures Kalium	Kaliumperoxodisulfat
Persprit	Propan-2-ol
Petrohol	Propan-2-ol
Petroleum Gas	Propan
Petrosol	Propan-2-ol
Pfiklor	Kaliumchlorid
Pharmasorb Colloidal	Silicium(IV)-oxid
Phasal	Lithiumcarbonat
Phenylamin	Aminobenzen
Phenylbenzen	Diphenyl
Phenylbenzol	Diphenyl
Phenylmethan	Methylbenzen
Phenylwasserstoff	Benzen
Philblack	Aktivkohle
Philblack N 550	Aktivkohle
Philblack N 765	Aktivkohle
Philblack O	Aktivkohle
Philschwarz N550	Aktivkohle
Phosphor(V)-oxid	Phosphorpentoxid
Phosphorigsäure	Phosphorige Säure
Phosphoroxid	Phosphorpentoxid
Phosphorsäure	ortho-Phosphorsäure
Phosphorsäureanhydrid	Phosphorpentoxid
Phosphortriphenyl	Triphenylphosphin
Phrilon	Poly(imino(1-oxo-1,6-hexandiyl))
Phthaloblau (metall-frei)	Phthalocyanin (C.I. 74100)
29H,31H-Phthalocyanin	Phthalocyanin (C.I. 74100)
Phthalsäuredibutylester	Benzen-1,2-dicarbonsäuredibutylester
Phuriol E 400	O-Hydro-w-hydroxypoly-(oxy-1,2-ethandiyl)
Pigdex 100	Eisen(III)-oxid
Pigment Black 11	Eisenoxid
Pigment Black 7	Aktivkohle
Pigment Blau 16 (C.I. 74100)	Phthalocyanin (C.I. 74100)
Pigment Blau 24	Kupfer(II)-sulfid
Pigment Blue 16C.I. 74100	Phthalocyanin (C.I. 74100)
Pigment Blue 24	Kupfer(II)-sulfid
Pigment Braun 6 (C.I. 77491)	Eisen(III)-oxid
Pigment Brown 6	Eisen(III)-oxid
Pigment Green 17	Chrom(III)-oxid
Pigment Grün 17 (C.I. 77288)	Chrom(III)-oxid
Pigment lSchwarz 11 (C. I. 77499)	Eisenoxid
Pigment Metal 3	Gold
Pigment Metal 6	Zink
Pigment Metall (C.I. 77480)	Gold
Pigment Metall 6 (C.I.77945)	Zink
Pigment Red 101	Eisen(III)-oxid
Pigment Red 102	Eisen(III)-oxid
Pigment Rot 101	Eisen(III)-oxid
Pigment Rot 102 (C.I. 77491)	Eisen(III)-oxid
Pigment Schwarz 16	Zink
Pigment Schwarz 7 (C.I. 77266)	Aktivkohle
Pigment Weiß 11 (C.I. 77052)	Antimon(III)-oxid
Pigment Weiß 18 (C.I. 77220)	Calciumcarbonat
Pigment Weiß 21 - 23	Bariumsulfat
Pigment Weiß 4 C.I. 77947	Zinkoxid
Pigment Weiß 6 (C.I. 77891)	Titandioxid
Pigment White 11	Antimon(III)-oxid

Gebräuchlicher Name/Handelsname	Substanzname
Pigment White 18	Calciumcarbonat
Pigment White 4	Zinkoxid
Pigment White 6	Titandioxid
Pigment Yellow 46	Blei(II)-oxid
Pigmentruß	Aktivkohle
Plasdone	Polyvinylpyrrolidon
Plasmosan	Polyvinylpyrrolidon
Plastigen PR 8086	O-Hydro-w-hydroxypoly-(oxy-1,2-ethandiyl)
Plastin	Polyethylen
Plenur	Lithiumcarbonat
Plumbajo	Graphit
Plumbum	Blei
Plumbum subcarbonicum	Blei(II)-carbonat basisch
Pluracol E	O-Hydro-w-hydroxypoly-(oxy-1,2-ethandiyl)
Pluracol P1010	Poly-(1,2-propandiol)
Pluracol P2010	Poly-(1,2-propandiol)
Pluracol P4010	Poly-(1,2-propandiol)
Pluracol P410	Poly-(1,2-propandiol)
Pluriol	O-Hydro-w-hydroxypoly-(oxy-1,2-ethandiyl)
Pluriol P2000	Poly-(1,2-propandiol)
Pluriol P600	Poly-(1,2-propandiol)
Polcarb	Calciumcarbonat
Polikol	O-Hydro-w-hydroxypoly-(oxy-1,2-ethandiyl)
Polsulkol Extra	Schwefel
Poly(iminocarbonylpentamethylen)	Poly(imino(1-oxo-1,6-hexandiyl))
Poly(propan-1,2-diol)	Poly-(1,2-propandiol)
Poly-(caprolactam)	Poly(imino(1-oxo-1,6-hexandiyl))
Poly-6	O-Hydro-w-hydroxypoly-(oxy-1,2-ethandiyl)
Polyacetylen	Polyethin
Polyacrylnitril	Polyacrylnitril
Polycell	Carboxymethylcellulose Natriumsalz
Polyoizor DBP	Benzon-1,2-dicarbonsäuredibutylester
Polyethylenglykol	O-Hydro-w-hydroxypoly-(oxy-1,2-ethandiyl)
Polyethylenoxid	O-Hydro-w-hydroxypoly-(oxy-1,2-ethandiyl)
Polyethylenwachs	Polyethylen
Polyethylenwachs, modifiziert	Polyethylen
Polyglycol	O-Hydro-w-hydroxypoly-(oxy-1,2-ethandiyl)
Polyglycol E	O-Hydro-w-hydroxypoly-(oxy-1,2-ethandiyl)
Polyglycol P-1200 E	Poly-(1,2-propandiol)
Polyglycol P1200	Poly-(1,2-propandiol)
Polyglycol P2000	Poly-(1,2-propandiol)
Polyglycol P4000: Polyglycol P-400 E	Poly-(1,2-propandiol)
Polyglycol P425	Poly-(1,2-propandiol)
Polyox	O-Hydro-w-hydroxypoly-(oxy-1,2-ethandiyl)
Polyphenylethylen	Polyphenylethen
Polypropylenglykol	Poly-(1,2-propandiol)
Polypropylenglykol	Poly-(1,2-propandiol)
Polypropylenoxid	Poly-(1,2-propandiol)
Polystyrol	Polyphenylethen
Polyvinylacetat	Polyethansäureethenylester
Polyvinylbenzol	Polyphenylethen
Polyvinylchlorid	Polychlorethen
Polyvinylpyrrolidon K 15	Polyvinylpyrrolidon
Polyvinylpyrrolidon K 30	Polyvinylpyrrolidon
Polyviol	Polyvinylalkohol
Polywax 600	O-Hydro-w-hydroxypoly-(oxy-1,2-ethandiyl)
Poraminar	Aluminiumoxid
Postanol	O-Hydro-w-hydroxypoly-(oxy-1,2-ethandiyl)
Potassiumchlorid	Kaliumchlorid
PPG	Poly-(1,2-propandiol)
Prepared chalk	Calciumcarbonat
Priadel	Lithiumcarbonat
primäres Natriumsulfat	Natriumhydrogensulfat

Gebräuchlicher Name/Handelsname	Substanzname
Printex	Aktivkohle
Printex 60	Aktivkohle
PRO	Propan-2-ol
Promulsin	Octadecansäure
1,2-Propandiol	Propan-1,2-diol
1,2-Propandiylcarbonat, cycl. Propylenglykolcarbonat	4-Methyl-1,3-dioxolan-2-on
2-Propanol	Propan-2-ol
Propanol-2	Propan-2-ol
2-Propanon	Propanon
Propan-2-on	Propanon
1,2,3-Propantriol	Propantriol
Propenoxid	Propan-1,2-epoxid
Propensäure	2-Propensäure
Propol	Propan-2-ol
Propylcarbinol	Butan-1-ol
1,2-Propylencarbonat (PC)	4-Methyl-1,3-dioxolan-2-on
Propylene Glycol Industrial	Propan-1,2-diol
Propylenether	Propan-1,2-epoxid
Propylenether, stabilisiert	Propan-1,2-epoxid
1,2-Propylenglycol	Propan-1,2-diol
Propylenglycol	Propan-1,2-diol
1,2-Propylenglykol	Propan-1,2-diol
Propylenglykol	Propan-1,2-diol
Propylenoxid	Propan-1,2-epoxid
1,2-Propylenoxid, stabilisiert	Propan-1,2-epoxid
Propylenoxid, stabilisiert	Propan-1,2-epoxid
Propylmethanol	Butan-1-ol
Propylwasserstoff	Propan
Protol	Propantriol
Protox	Zinkoxid
Provisol Wax	Octadecansäure
Prussian rot	Eisen(III)-oxid
PS	Polyphenylethen
PS 1	Aluminiumoxid
PS 1 (Alumina)	Aluminiumoxid
PS 100	Calciumcarbonat
PS 100 (carbonate)	Calciumcarbonat
PTFE	Polytetrafluorethylen
Pulversalpeter	Kaliumnitrat
Purcapolymel	Kohlensäurediamid
Purecal	Calciumcarbonat
Purecal SC	Calciumcarbonat
Purecal T	Calciumcarbonat
Purecal U	Calciumcarbonat
Purecalo	Calciumcarbonat
PVA	Polyvinylalkohol
PVC	Polychlorethen
PVDF	Polyvinylidenfluorid
PX-104	Benzen-1,2-dicarbonsäuredibutylester
Pyrit	Eisen(IV)-sulfid
Pyro-Carb 406	Graphit
Pyrobenzol	Benzen
Pyroessigsäure	Propanon
Pyroessigsäureether	Propanon
Pyroholzether	Methanol
Pyrolysebenzin	Benzen
PZ	Calciumcarbonat
PZ (carbonate)	Calciumcarbonat
Q-Loid A 30	Aluminiumoxid
Quarz, Pulver	Silicium(IV)-oxid
Quarzmehl	Silicium(IV)-oxid
Quarzsand	Silicium(IV)-oxid
Quecksilberbichlorid	Quecksilber(II)-chlorid

Gebräuchlicher Name/Handelsname	Substanzname
Quecksilberoxid	Quecksilber(II)-oxid
Queensgate whiting	Calciumcarbonat
R 290	Propan
R 30	Dichlormethan
R 717	Ammoniak (wasserfrei)
R Jutan	Calciumcarbonat
Raney-Nickel	Nickel
Raney-Nickel, aktivierter Hydrierkatalysator	Nickel
Raney-Nickel-Katalysator	Nickel
Rautensalpeter	Natriumnitrat
Raven	Aktivkohle
Raven 30	Aktivkohle
Raven 420	Aktivkohle
Raven 500	Aktivkohle
Raven 8000	Aktivkohle
Rayox	Titandioxid
RC 172 DBM	Aluminiumoxid
Rebonex	Aktivkohle
Red ball	Calciumcarbonat
Redoxaid	Eisen(III)-oxid
Regal	Aktivkohle
Regal 300	Aktivkohle
Regal 330	Aktivkohle
Regal 600	Aktivkohle
Regal 99	Aktivkohle
Regal SRF	Aktivkohle
Regent	Aktivkohle
Regulus antimonil	Antimon
Reilline 2200	Poly-(2-vinylpyridin)
Reilline 240	Poly-(2-vinylpyridin)
Reinbenzol	Benzen
reiner Alkohol	Ethanol
Reintoluen	Methylbenzen
Reintoluol	Methylbenzen
Reinxylen	Dimethylbenzen (Isomerengemisch)
Reinxylol	Dimethylbenzen (Isomerengemisch)
Rekawan	Kaliumchlorid
Resistoflex	Polyvinylalkohol
Resonyl	Polyethansäureethenylester
Retinnaphtha	Methylbenzen
Rhenosorb	Calciumoxid
Rhenosorb C	Calciumoxid
Rhenosorb F	Calciumoxid
Rhodoviol	Polyvinylalkohol
RIA	Kohlensäurediamid
Rimso 50	Dimethylsulfoxid
Ritol	Sulfurylchlorid
RK-Trichlorethylen	Trichlorethen
Rot Seal 9	Zinkoxid
Rot-Eisen-Oxid	Eisen(III)-oxid
Roteisenerz	Eisen(III)-oxid
Roteisenoxid	Eisen(III)-oxid
rotes Blei	Blei(II,IV)-oxid
rotes Bleioxid	Blei(II,IV)-oxid
rotes Blutlaugensalz	Kaliumhexacyanoferrat (III)
rotes Präzipitat	Quecksilber(II)-oxid
Rotkali	Kaliumhexacyanoferrat (III)
Rotöl	Aminobenzen
Rotzinkerz	Zinkoxid
Rouge	Eisen(III)-oxid
Royal spectra	Aktivkohle
Royal White Ligth	Calciumcarbonat
Rubigo	Eisen(III)-oxid

Gebräuchlicher Name/Handelsname	Substanzname
Rubin	Aluminiumoxid
Runa RH20	Titandioxid
Ruß	Aktivkohle
Ruß	Kohlenstoff (amorph)
Rutil	Titandioxid
RX 2557	Calciumcarbonat
RX 2558	Calciumcarbonat
RX 2559	Calciumcarbonat
Salmiak	Ammoniumchlorid
Salmiakgeist	Ammoniaklösung
Salmiakspiritus	Ammoniaklösung
Salpeter	Natriumnitrat
Salpeter	Kaliumnitrat
Salpetergeist	Salpetersäure
salpetersaures Kali	Kaliumnitrat
salpetersaures Kalium	Kaliumnitrat
Salpetersaures Natrium	Natriumnitrat
salpetersaures Natrium	Natriumnitrat
salpetersaures Silber	Silbernitrat
Salz	Natriumchlorid
Salzgeist	Chlorwasserstoff
Salzsäure (wasserfrei)	Chlorwasserstoff
Salzsäuregas	Chlorwasserstoff
Salzsaures Aluminium, wasserfrei	Aluminiumchlorid (wasserfrei)
Salzsaures Titan	Titantetrachlorid
Salzsaures Zink	Zinkchlorid
Salzsaures Zinkoxid	Zinkchlorid
Sand	Silicium(IV)-oxid
Saphir	Aluminiumoxid
Saures chromsaures Kali	Kaliumdichromat
saures schwefelsaures Natrium	Natriumhydrogensulfat
SB	Polyphenylethen
Scheidewasser	Salpetersäure
Scherbenkobalt	Arsen
schwarzes Blei	Graphit
schwarzes Eisenoxid	Eisenoxid
Schwefelblume	Schwefel
Schwefelblüte	Schwefel
Schwefeldioxid	Schwefel(IV)-oxid
Schwefeldioxid Hydrat	Schweflige Säure
Schwefeleisenstein	Eisen(II)-sulfid
Schwefelgeist	Schwefel(IV)-oxid
Schwefelige Säure	Schweflige Säure
Schwefelnatrium	Natriumsulfid
schwefelsaures Baryt	Bariumsulfat
Schwefelwasserstoffsäure	Schwefelwasserstoff
Schweflige Säure (wasserfrei)	Schwefel(IV)-oxid
Schwefligsäurechlorid	Thionylchlorid
schwefligsaures Natrium	Natriumsulfit
Schweizer Blau	Methylenblau
Schwerbenzol	Benzen
Schwerspat	Bariumsulfat
SD Alkohol 23-Hydrogen	Ethanol
Seast 50	Graphit
sec.-Propylalkohol	Propan-2-ol
Seesand	Silicium(IV)-oxid
Seifenstein	Natriumhydroxid
sek.-Propylalkohol	Propan-2-ol
Selenium	Selen
Senarmontit	Antimon(III)-oxid
Sequestrene Na 2	Diaminoethántetraethansäuredinatriumsalz Dihydrat
Sevacarb	Aktivkohle
Seval	Aktivkohle

Gebräuchlicher Name/Handelsname	Substanzname
Shannel Schwarz	Aktivkohle
Shawinigan acetylene black	Aktivkohle
Shell carbon	Aktivkohle
Shipron A	Calciumcarbonat
Shreesul	Schwefel
Sico Echtschwarz L 0062	Aktivkohle
Sicoflush L Rot 2817 C 4	Eisen(III)-oxid
Sicoflush L Scharz 0063	Aktivkohle
Sicoflush L Schwarz 0054	Aktivkohle
Sicoflush L Schwarz 0055	Aktivkohle
Sicoflush P Rot 2817	Eisen(III)-oxid
Sicoflush P Rot 3395	Eisen(III)-oxid
Sicoflush P Schwarz 0054	Aktivkohle
Sicoflush P Schwarz 0059	Aktivkohle
Sicoflush P Weiß 0022	Titandioxid
Sicotrans Rot L 2715 D	Eisen(III)-oxid
Sicotrans Rot L 2815	Eisen(III)-oxid
Sicotrans Rot L 2816	Eisen(III)-oxid
Sicotrans Rot L 2817	Eisen(III)-oxid
Sicotrans Rot L 2915 D	Eisen(III)-oxid
Silberbronze	Aluminium
Silberoxid	Silber(I)-oxid
Silberperoxid	Silber(II)-oxid
Siliciumdioxid	Silicium(IV)-oxid
Siliziumkarbid	Siliciumcarbid
Sillimanit	Aluminiumoxidsilikat
Silver W	Calciumcarbonat
Sirius 1	Trichlorethen
Sirlene	Propan-1,2-diol
Skellysolve B	n-Hexan
Skellysolve C	Heptan
SL 700	Calciumcarbonat
Slow-K	Kaliumchlorid
Smithko kalkarb whiting	Calciumcarbonat
Snow top	Calciumcarbonat
Snowcal	Calciumcarbonat
Snowcal 6ML	Calciumcarbonat
Snowcal 70	Calciumcarbonat
Snowcal 7ML	Calciumcarbonat
Snowflake White	Calciumcarbonat
Socal	Calciumcarbonat
Socal D	Calciumcarbonat
Socal E 2	Calciumcarbonat
Socal N 2	Calciumcarbonat
Socal N 2S1	Calciumcarbonat
Socal P 2	Calciumcarbonat
Socal U 1	Calciumcarbonat
Socal U 1S2	Calciumcarbonat
Socal U 3	Calciumcarbonat
Soda	Natriumcarbonat
Sodasalpeter	Natriumnitrat
Softon 1000	Calciumcarbonat
Softon 1200	Calciumcarbonat
Softon 1500	Calciumcarbonat
Softon 1800, Softon 2200	Calciumcarbonat
Softon H	Calciumcarbonat
Solaesthin	Dichlormethan
Solana DWU	Trichlorethen
Solbase	O-Hydro-w-hydroxypoly-(oxy-1,2-ethandiyl)
Solmethine	Dichlormethan
Solvent Toluene	Methylbenzen
Solvent Xylene	Dimethylbenzen (Isomerengemisch)
Solventnaphta	Benzen

Gebräuchlicher Name/Handelsname	Substanzname
Solventnaphtha	Benzen
Somipront, SQ 9453	Dimethylsulfoxid
Special black IV	Aktivkohle
Special black V	Aktivkohle
Special schwarz	Aktivkohle
Speckstein	Talkum
Spheron	Aktivkohle
Spheron 6	Aktivkohle
Spießglanzmetall	Antimon
Spiritus	Ethanol
Sprit	Ethanol
SS 30	Calciumcarbonat
SS 30 (carbonate)	Calciumcarbonat
SS 50	Calciumcarbonat
SS 50 (carbonate)	Calciumcarbonat
ß-Ketobutan	Butan-2-on
SSB 100	Calciumcarbonat
St. Joe	Zinkoxid
Staflex DBP	Benzen-1,2-dicarbonsäuredibutylester
Stangenschwefel	Schwefel
Stanwhite 500	Calciumcarbonat
Statex	Aktivkohle
Statex N 550	Aktivkohle
Stearex Beads	Octadecansäure
Stearinsäure	Octadecansäure
Steatit	Talkum
Steaweiß	Talkum
Steingas	Ethin
Steinsalz	Kaliumchlorid
Steinsalz	Natriumchlorid
Sterlin N 765	Aktivkohle
Sterlin SO 1	Aktivkohle
Sterling	Aktivkohle
Sterling NS	Aktivkohle
Stibium	Antimon
Stibium metallicum	Antimon
Straßenasphalt (flüssig)	Bitumen
Sturcal D	Calciumcarbonat
Sturcal H	Calciumcarbonat
Sturcal L	Calciumcarbonat
Sturcal LS	Calciumcarbonat
Sturcal M	Calciumcarbonat
Sturcal X	Calciumcarbonat
Styrolan	Polyphenylethen
Styron	Polyphenylethen
Styropor	Polyphenylethen
Sublimat	Quecksilber(II)-chlorid
Sublimate	Quecksilber(II)-chlorid
Subtoson	Polyvinylpyrrolidon
Südseesalpeter	Natriumnitrat
Sulem	Quecksilber(II)-chlorid
Sulfex	Schwefel
Sulfidal	Schwefel
Sulfran	Schwefel
Sulfur	Schwefel
Sulkol	Schwefel
Sultaf	Schwefel
Sumikon	Polychlorethen
Sunlight 700	Calciumcarbonat
Sunlight 800	Calciumcarbonat
Super 1500	Calciumcarbonat
Super 1700	Calciumcarbonat
Super 2000	Calciumcarbonat

Gebräuchlicher Name/Handelsname	Substanzname
Super 3S	Calciumcarbonat
Super 5S	Calciumcarbonat
Super multifex	Calciumcarbonat
Super SSS	Calciumcarbonat
Super-carbovar	Aktivkohle
Super-pflex	Calciumcarbonat
Super-spectra	Aktivkohle
Superba	Aktivkohle
Supercoat	Calciumcarbonat
Superlysofam	Methanal
Supermite	Calciumcarbonat
Superox	O-Hydro-w-hydroxypoly-(oxy-1,2-ethandiyl)
Superoxol	Wasserstoffperoxid
Supraflex	Polyethylen
Supreme	Talkum
Surfex MM	Calciumcarbonat
Surfil S	Calciumcarbonat
Suspenso	Calciumcarbonat
Svovl	Schwefel
Swasconol D-60	O-Hydro-w-hydroxypoly-(oxy-1,2-ethandiyl)
Swasconol D-80	O-Hydro-w-hydroxypoly-(oxy-1,2-ethandiyl)
Sylacauga 88B	Calciumcarbonat
Sylvan	2-Methylfuran
Sylvin	Kaliumchlorid
Sylvit	Kaliumchlorid
sym-Dichlorethan	1,2-Dichlorethan
sym.-Tetrachlorethan	1,1,2,2-Tetrachlorethan
Syntexan	Dimethylsulfoxid
T 130-2500	Calciumcarbonat
T-Stuff	Wasserstoffperoxid
Tafelsalz	Natriumchlorid
Tokinool	Propan-2-ol
Talk	Talkum
Tama pearl TP 121	Calciumcarbonat
Tama pearl TP 262	Calciumcarbonat
Tancal 100	Calciumcarbonat
Tancal 200	Calciumcarbonat
Tancal PC	Calciumcarbonat
TCE	Trichlorethen
TCE	1,1,2,2-Tetrachlorethan
TCNE	Tetracyanethylen
TEAI	Aluminiumtriethyl
Tecsol	Ethanol
Teflon	Polytetrafluorethylen
Tenorit	Kupfer(II)-oxid
Terisan Z 75	O-Hydro-w-hydroxypoly-(oxy-1,2-ethandiyl)
Tescol	Ethandiol
Testalon III	Diaminoethantetraethansäuredinatriumsalz Dihydrat
Tetra-n-butylammoniumbromid	Tetrabutylammoniumbromid
Tetra-n-propylammoniumbromid	Tetrapropylammoniumbromid
Tetrachlorethan	1,1,2,2-Tetrachlorethan
Tetrafluorethen Homopolymer	Polytetrafluorethylen
Tetrafluoroborsäure	Tetrafluorborsäure
Tetrahydro-1,4-dioxin	1,4-Dioxan
Tetrahydro-2-methylfuran	2-Methyltetrahydrofuran
Tetrahydro-p-dioxin	1,4-Dioxan
Tetrahydromethylfuran	2-Methyltetrahydrofuran
Tetrahydrosilvan	2-Methyltetrahydrofuran
Tetramethylenoxid	Tetrahydrofuran
Tetramethylthioninchlorid	Methylenblau
Tetranatriumphosphat	Natriumpyrophosphat
Tetranatriumpyrophosphat	Natriumpyrophosphat
Tetraphosphordekaoxid	Phosphorpentoxid

Gebräuchlicher Name/Handelsname	Substanzname
Texas	Aktivkohle
Thenardit	Natriumsulfat
Thermaatomic black	Aktivkohle
Thermal acetylene black	Aktivkohle
Thermatomic	Aktivkohle
Thermax	Aktivkohle
Thermblack	Aktivkohle
Thermoguard B	Antimon(III)-oxid
Thermoguard S	Antimon(III)-oxid
THF	Tetrahydrofuran
THFA	Tetrahydrofuran
Thiofuran	Thiophen
Thiovit	Schwefel
Thornel 40	Graphit
Threthylene	Trichlorethen
Thylose	Carboxymethylcellulose Natriumsalz
Timonox	Antimon(III)-oxid
Tinkal	Natriumtetraborat-10-hydrat
Tinolite	Aktivkohle
Tiofine	Titandioxid
Tione T.D.	Titandioxid
Titan(IV)-chlorid	Titantetrachlorid
Titan(IV)-oxid	Titandioxid
Titanchlorid	Titantetrachlorid
Titandioxid, Rutil	Titandioxid
Titandisulfid	Titan(IV)-sulfid
Titanium	Titan
Titanox	Titandioxid
Titansäureanhydrid	Titandioxid
Titanweiß	Titandioxid
Titriplex III	Diaminoethantetraethansäuredinatriumsalz Dihydrat
TM 1 (filler)	Calciumcarbonat
TM 1, TM 1 (filler)	Calciumcarbonat
TM 30	Aktivkohle
Tolin	Methylbenzen
Toluen	Methylbenzen
Toluin	Methylbenzen
Toluol	Methylbenzen
Tolylwasserstoff	Methylbenzen
Tonaso	Calciumcarbonat
Tonerde	Aluminiumoxid
Topfstein	Talkum
Topsym	Dimethylsulfoxid
Torch brand	Aktivkohle
Toyofine TF-X	Calciumcarbonat
TP 1	Calciumcarbonat
TP 121	Calciumcarbonat
TP 121 (filler)	Calciumcarbonat
TP 121 H	Calciumcarbonat
TP 222	Calciumcarbonat
TP 222 HS	Calciumcarbonat
Traubenzucker	D(+)-Glucose
Travex	Natriumchlorat
Trethylene	Trichlorethen
Tri	Trichlorethen
Triangle	Aktivkohle
Triäthylaluminium	Aluminiumtriethyl
Tribleitetroxid	Blei(II,IV)-oxid
Trichloran	Trichlorethen
Trichloren	Trichlorethen
Trichlorethylen	Trichlorethen
Triclene	Trichlorethen
Tridymit	Silicium(IV)-oxid

Gebräuchlicher Name/Handelsname	Substanzname
Trieline	Trichlorethen
Triethylaluminium	Aluminiumtriethyl
Trifluoracetamid	Trifluorethanamid
Trifluoressigsäureamid	Trifluorethanamid
Trihydroxyphosphin	Phosphorige Säure
Trihydroxypropan	Propantriol
Trikaliumhexacyanoferrat	Kaliumhexacyanoferrat (III)
Triklone	Trichlorethen
Trikobalttetroxid	Kobalt(II,III)-oxid
Trilene	Trichlorethen
Trilon B	Diaminoethantetraethansäuredinatriumsalz Dihydrat
Trimar	Trichlorethen
Trinksprit	Ethanol
Triol	Trichlorethen
Trioxypropan	Propantriol
Troilit	Eisen(II)-sulfid
Trolen	Polyethylen
Trovidur	Polychlorethen
Trycite	Polyphenylethen
TSPP	Natriumpyrophosphat
Tum bleat	Natriumchlorat
Türkisches Rot	Eisen(III)-oxid
U-4224	N,N-Dimethylmethanamid
Überchlorsäure	Perchlorsäure
übermangansaures Kali	Kaliumpermanganat
übermangansaures Kalium	Kaliumpermanganat
überschwefelsaures Kalium	Kaliumperoxodisulfat
Ucar 17	Ethandiol
Ucar 38	Graphit
Ucar 4 C	O-Hydro-w-hydroxypoly-(oxy-1,2-ethandiyl)
Ucet	Aktivkohle
Ukarb	Aktivkohle
Ultra-pflex	Calciumcarbonat
Ultramaringrün	Chrom(III)-oxid
ungelöschter Kalk	Calciumoxid
Unibur 70	Calciumcarbonat
Unimoll DB	Benzen-1,2-dicarbonsäuredibutylester
United	Aktivkohle
Unterphosphorigesäure	Hypophosphorigesäure
Uranin	Fluorescein (C.I. 45350) (wasserlöslich)
Urea	Kohlensäurediamid
Ureaphil	Kohlensäurediamid
Ureophil	Kohlensäurediamid
Urepearl	Kohlensäurediamid
Ureum	Kohlensäurediamid
Urevert	Kohlensäurediamid
Valentinit	Antimon(III)-oxid
Vanadinocker	Vanadium(V)-oxid
Vanadinpentoxid	Vanadium(V)-oxid
Vanadinsäureanhydrid	Vanadium(V)-oxid
Vanadiumpentoxid	Vanadium(V)-oxid
Vanadiumpulver	Vanadium
Vanadiumsäureanhydrid	Vanadium(V)-oxid
Vandern	Zinkoxid
Vanicol	Octadecansäure
Varioform II	Kohlensäurediamid
Velvetex	Aktivkohle
Veracur	Methanal
Verflüssigtes Ammoniakgas	Ammoniak (wasserfrei)
Verschnittbitumen	Bitumen
Vestinol C	Benzen-1,2-dicarbonsäuredibutylester
Vestolit	Polychlorethen
Vestrosol	Trichlorethen

Gebräuchlicher Name/Handelsname	Substanzname
Vevetone	Calciumcarbonat
Vicron	Calciumcarbonat
Vicron 15-15	Calciumcarbonat
Vicron 25-11	Calciumcarbonat
Vicron 31-6	Calciumcarbonat
Vicron 41-8	Calciumcarbonat
Vienna White	Calciumcarbonat
Vigot 15	Calciumcarbonat
Vinarol	Polyvinylalkohol
Vinavil	Polyethansäureethenylester
Vinisil	Polyvinylpyrrolidon
Vinnapas	Polyethansäureethenylester
Violet 3	Dimethylbenzen (Isomerengemisch)
Vistanex	Polyisobutylen
Viterra 2 Hydrogen	O-Hydro-w-hydroxypoly-(oxy-1,2-ethandiyl)
Vitriol	Schwefelsäure
Vitriol Red	Eisen(III)-oxid
Vitriolöl	Schwefelsäure
Vulcan	Aktivkohle
Vyram	Polychlorethen
Wacker Tri	Trichlorethen
Waschsäure	Schwefelsäure
wasserfreies Ammoniak	Ammoniak (wasserfrei)
Wasserglas	Natriumsilicat
Wasserstoffbioxid	Wasserstoffperoxid
Wasserstoffhyperoxid	Wasserstoffperoxid
Wasserstoffperoxid	Wasserstoffperoxid
Wasserstoffsulfid	Schwefelwasserstoff
Wasserstoffsuperoxid	Wasserstoffperoxid
Weingeist	Ethanol
Weiß Seal 7	Zinkoxid
Weißbleierz	Blei(II)-carbonat basisch
Weißkalkhydrat	Calciumhydroxid
Weißspießglanz	Antimon(III)-oxid
Westrosol	Trichlorethen
Wettasul	Schwefel
Whica BA	Calciumcarbonat
Whitcarb W	Calciumcarbonat
White Star	Antimon(III)-oxid
White-powder	Calciumcarbonat
Whiting	Calciumcarbonat
Whiton 1500	Calciumcarbonat
Whiton 450	Calciumcarbonat
Whiton B	Calciumcarbonat
Whiton H	Calciumcarbonat
Whiton P 10	Calciumcarbonat
Whiton P 30	Calciumcarbonat
Whiton P 50	Calciumcarbonat
Whiton S	Calciumcarbonat
Whiton SB	Calciumcarbonat
Whiton SO	Calciumcarbonat
Whiton SS	Calciumcarbonat
Whiton SSB	Calciumcarbonat
Winnofil S	Calciumcarbonat
Wismutgelb	Wismut(III)-oxid
Wismuttrioxid	Wismut(III)-oxid
Witcarb	Calciumcarbonat
Witcarb P	Calciumcarbonat
Witcarb R	Calciumcarbonat
Witcarb RC	Calciumcarbonat
Witcarb regular	Calciumcarbonat
Witcizer 300	Benzen-1,2-dicarbonsäuredibutylester
Witco	Aktivkohle

Gebräuchlicher Name/Handelsname	Substanzname
Witcoblak No. 100	Aktivkohle
Witcoschwarz No. 100	Aktivkohle
WSR 205	O-Hydro-w-hydroxypoly-(oxy-1,2-ethandiyl)
WSR 301	O-Hydro-w-hydroxypoly-(oxy-1,2-ethandiyl)
WSR 35	O-Hydro-w-hydroxypoly-(oxy-1,2-ethandiyl)
WSR N-10	O-Hydro-w-hydroxypoly-(oxy-1,2-ethandiyl)
WSR N-3000	O-Hydro-w-hydroxypoly-(oxy-1,2-ethandiyl)
WSR N-750	O-Hydro-w-hydroxypoly-(oxy-1,2-ethandiyl)
WSR N-Coag	O-Hydro-w-hydroxypoly-(oxy-1,2-ethandiyl)
WYEX	Aktivkohle
Xenol	Diphenyl
Xylen	Dimethylbenzen (Isomerengemisch)
Xylen, Gemisch aus den Isomeren o-, m- und p-Xylen	Dimethylbenzen (Isomerengemisch)
Xylo-Mucine	Carboxymethylcellulose Natriumsalz
Xylol	Dimethylbenzen (Isomerengemisch)
Xylol, Gemisch aus den Isomeren o-, m- und p-Xylol	Dimethylbenzen (Isomerengemisch)
Yellow Lead Ocher	Blei(II)-oxid
York White	Calciumcarbonat
Zellin	Carboxymethylcellulose Natriumsalz
Zellstoff	Cellulose
Zellulose	Cellulose
Zerussit	Blei(II)-carbonat basisch
ZG 301	Calciumcarbonat
Zinca 20	Zinkoxid
Zinkasche	Zink
Zinkbutter	Zinkchlorid
Zinkchlorür	Zinkchlorid
Zinkgrau	Zink
Zinkit	Zinkoxid
Zinkmehl	Zink
Zinkpulver	Zink
Zinkpulver (nicht pyrophor)	Zink
Zinkpulver-Zinkstaub (stabilisiert)	Zink
Zinkstaub	Zink
Zinkweiß	Zinkoxid
Zinkweiss Harzsiegel CF	Zinkoxid
Zinkweiss Harzsiegel CF/GR	Zinkoxid
Zinkweiss Harzsiegel F	Zinkoxid
Zinkweiss Harzsiegel GR	Zinkoxid
Zinkweiss Harzsiegel Stand.	Zinkoxid
Zinkweiss Harzsiegel UF	Zinkoxid
Zinoid	Zinkoxid
Zitronensäure	2-Hydroxy-1,2,3-propantricarbonsäure
Zopaque	Titandioxid
Zyklohexan	Cyclohexan
Zyklotetramethylenoxid	Tetrahydrofuran

Chemikalien ohne Datenblatt

Cas-Nummer	Substanzname
101-54-2	4-Aminodiphenylamin
142-72-3	Magnesiumacetat
306-61-6	Magnesiumrhodanid
429-06-1	N,N,N-Triethyltetrafluoroborat-1-ethanammionium
429-07-2	Tetraethylhexafluorophosphat-1-Ammonium
506-87-6	Carbonsäurediammoniumsalz
544-19-4	Kupfer(II)-formiat
1070-75-3	Lithiumacetylid
1306-85-0	Atacamit
1310-53-8	Germaniumoxid
1312-76-1	Natriumsilikat
1314-35-8	Wolframoxid
1314-36-9	Yttriumoxid
1317-34-6	Manganoxid
1317-39-1	Kupferoxid
1332-65-6	Kupfer-chlor-hydroxid
1333-22-8	Kupferhydroxidsulfat
1333-74-0	Wasserstoff
1344-09-8	Natriumsilikat
1344-21-4	Zirkoniumoxidsilikat
1344-95-2	Calciumsilikat
1345-25-1	Eisenoxid
2092-16-2	Calciumrhodanid
2926-30-9	Trifluormethansulfonsäurenatriumsalz
7440-06-4	Platin
7440-09-7	Kalium
7446-07-3	Telluroxid
7727-37-9	Stickstoff
7784-30-7	Aluminiumphosphat
7787-70-4	Kupferbromid
9003-29-6	Polybutylen
9003-31-0	cis-Polyisopropen
9003-35-4	Phenol, Polymer mit Formaldehyd
9010-77-9	2-Propensäure, Polymer mit Ethen
10028-15-6	Ozon
10034-81-8	Magnesiumperchlorat
10377-52-3	Lithiumphosphat
11099-02-8	Nickeloxid
11105-02-5	Silbervanadiumoxid
11105-19-4	Nickellegierung ASTMB B164-A
11106-97-1	Nickellegierung
11113-74-9	Nickelhydroxid

Cas-Nummer	Substanzname
11115-78-9	Kupfersulfid
11132-35-5	Lanthan-Zinn-Legierung (5:4)
11148-32-6	Eisenlegierung
11148-38-2	Eisenlegierung
11149-68-1	Bleilegierung
12005-16-2	Aluminiumnatriumoxid
12013-15-9	Kupferhydroxidsulfat
12015-64-4	Lithiumchlornitrid
12015-77-9	Kupferoxidsulfat
12017-00-4	Cobaltoxid
12017-94-6	Chromlanthanoxid
12018-18-7	Chromnickeloxid
12023-27-7	Eisentitanoxid
12031-12-8	Lanthanmanganoxid
12031-18-4	Lanthannickeloxid
12031-65-1	Lithiumnickeloxid
12033-41-9	Molybdänvanadumoxid
12035-36-8	Nickeloxid
12037-42-2	Vanadiumoxid
12052-28-7	Cobalteisenoxid
12060-00-3	Bleititanoxid
12060-01-4	Bleizirkoniumoxid
12068-77-8	Chromeisenoxid
12069-69-1	Dihydroxydikupfercarbonat
12070-39-2	Dihydroxytri-bis-kupfercarbonat
12158-74-6	Kupferhydroxydphosphat
12158-75-7	Kupferhydroxydnitrat
12182-67-1	Bleichloridoxid
12196-72-4	Lanthan-Nickel-Legierung (1:5)
12205-70-8	Bleichloroxid
12310-74-6	Cobaltlanthanstrontiumoxid
12604-53-4	Manganlegierung ASTM A99
12612-43-0	Eisennatriumoxid
12641-89-3	Bleilegierung
12672-50-3	Cobaltgraphitchlorid
12680-48-7	Chromamidnatriumsalz
12707-64-1	Kupfergraphitchlorid
12789-09-2	Kupfervanadiumoxid
12789-64-9	Eisentitanoxid
12798-95-7	Aluminiumlegierung
13450-97-0	Strontiumperchlorat
13453-84-4	Lithiumsilikat
13477-36-6	Calciumperchlorat
13600-88-9	Diammintetrakis(nitro-N-)ammoniumcobaltat
13637-61-1	Zinkperchlorat

Cas-Nummer	Substanzname
13814-93-2	Tetrafluorocalcium-1-borat (2:1)
14126-40-0	Dichlorobistriphenylphosphincobalt
14264-16-5	Dichlorbis(triphenylphosphin)-nickel
15955-98-3	1-Tetrachlorgalliumlithium
16004-08-3	Kupferchlorhydroxid
16984-48-8	Fluor
18424-17-4	1-Hexafluorlithiumantimonat
18868-43-4	Molybdänoxid
19836-78-3	3-Methyl-2-oxazolinone
20526-58-3	Sulfobutansäurenatriumsalz
20816-12-0	Osmium(VIII)-oxid
21211-65-4	2,2'-Methylenbis-1H-pyrrol
25053-53-6	2-Methyl-2-propensäure, Gemisch mit Ethen
25134-60-5	2-Propensäure, Gemisch mit Tetrafluorethen
25190-06-1	Poly(oxy-1,4-butanediyl)
25190-54-9	Poly [(2,5-dimethoxy-1,4-phenylethen)-1,2-ethendiyl
25190-62-9	1,4-Polyphenyl
25214-24-8	2-Acrylsäure, Gemisch mit 1-Propen
25322-68-3	Polyethylenglycol
26134-62-3	Lithiumnitrid
27399-04-8	2-Methyl-2-propensäure, Polymer mit Tetrafluorethen
29259-13-0	2-Propensäure, Polymer mit N-(1,1-dimethyl-3-oxobutyl)-2-propenamid
30376-06-8	2-Methyl-2-propensäure, Polymer mit 1-Propen
39043-45-3	Selenthiomolybdat
39335-98-3	Magnesiumchloridoxid
39372-24-2	Phosphorylchlorid, Polymer mit α-Hydro-ω-hydroxypoly (oxy-1,2-ethandiyl)
39432-49-0	Bleimolybdänumsulfid
39432-48-9	Molybdänsulfid
39455-58-8	Cobaltnatriumoxid
39464-59-0	Nafion
51177-06-1	Chromlithiumoxid
51311-82-1	Cobaltlanthannickel (1:1:4)
51312-66-4	Kupferlanthanumnickel (1:1:4)
52627-24-4	Cobaltlithiumoxid
54216-66-9	Aluminiumlegierung
54501-27-8	Calciumlegierung
54578-64-2	Kobaltneodymnickelstrontiumoxid
54802-41-4	2,5-bis (2-thienylmethyl)-thiophen
58694-13-6	Antimongraphitchlorid
59839-60-0	Antimongraphitfluorid
59911-84-1	Dichlordimethylsilan, Polymer mit α-Hydro-ω-hydroxypoly (oxy-1,2-ethandiyl)
59989-76-3	Kobaltneodymstrontiumoxid
60216-49-1	1,1'-Oxybis-benzen
61159-28-2	Blixit
61462-06-4	Graphitmagnesiumchlorid
62306-28-9	2-Ethylpyridin
64177-50-0	Molybdänzinksulfid

Cas-Nummer	Substanzname
64296-91-9	Hexaoxodimanganat-Lanthan-Strontium
65777-94-8	Borlegierung
67115-40-6	Kupferoxidphosphat
67928-41-0	1-Ethylpyridiniumjodid, Gemisch mit Lithiumjodid
71027-57-1	1,3-Dimethyl-1H-imidazoliumbromid
72877-32-8	1-Butyl-pyridiniodid
72945-66-5	1-Methyl-1H-pyrrol Homopolymer
79008-01-8	Oxybis-(2,3-diphenyl)-chinoxalin
79019-90-2	1-Propyl-pyridin
79235-96-4	Nickelphosphidsulfid
79799-71-6	1-Phenyl-1H-pyrrol
79917-90-1	1-Butyl-3-methyl-1H-imidazolchlorid
80620-26-4	Kupfersulfid
82150-57-0	Nickellegierung
86408-03-9	Cadmiumchlorid, Gemisch mit Graphit (1:7)
86750-81-4	(η^5-2,4-Cyclopentadien-1-yl)[(1,2,3,4,5-η)-1-phenyl-2,4,cyclopentadien-1-yl] dithioxotitan
86750-82-5	(η^5-2,4-Cyclopentadien-1-yl)[(1,2,3,4,5-η)-1-phenyl-2,4,cyclopentadien-1-yl] diselenoxovanadium
87106-17-0	3,4-Dimethyl-1H-pyrrol
89371-22-2	Ethylchinolin, Homopolymer
92507-97-6	1-Ethyl-2,3-dimethyl-1H-imidazoliumchlorid
94529-14-3	Nickellegierung Ni(34%) Co(33%) La(26%) Nd(6,7%)
94566-91-3	Nickellegierung Ni(23-54%) Co(14-45%) La(32%)
94566-92-4	Nickellegierung Ni(27-67%) Co(0-41) La(32%) Al(0,6%)
94566-93-5	Nickellegierung Ni(27-54%) Co(14-41%) La(32%) Si(0,6%)
94566-95-7	Nickellegierung Ni(34%) Co(33%) La(23%) Nd(10%) Al(0,6%)
94566-94-6	Nickellegierung Ni(41%) Co(27%) La(26%) Nd(6,6%)
97917-08-3	2-Methylbenzenamin Homopolymer
98892-76-3	1-Ethyl-2,3-dimethyl-1H-imidazoliumbromid
98982-59-3	Cobalt-Lanthan-Nickel-Strontium-oxid
99210-63-6	Barium-Strontium-Lanthanat (1:2:1)
99742-70-8	2-Methoxy-benzenamin Homopolymer
99891-14-2	Vanadiumlegierung V(52%) Cr(16%) Ni(16%) Ti(16%)
100634-81-9	5-Chlormethyl-2-furancarboxyaldehyd
102326-89-5	N-[S-[[(1-carboxy-1-propenyl)amino]thioxomethyl]-N-$_L$-glutamyl-$_L$-cysteinyl]-glycin-1'→4'-ester mit 5-[6-O-[2,6-dideoxy-3-O-methyl-4-C-[1-(2-methyl-1-oxopropoxy)ethyl]-α-$_L$-lyxo-hexopyranosyl]-β-$_D$-allpyranosyl]-2-amino-5-hydroxy-3,6-dioxo-1-cyclohexen-1-carboxylsäure
102329-90-8	Graphit, Gemisch mit Indiumchlorid
102338-33-0	1,3-Bis (bromomethyl)-1,1,3,3-tetramethyl-disiloxan, Polymer mit α-Hydro-ω-hydroxypoly (oxy-1,2-ethandiyl)
102338-34-1	Dichlorphosphorsäureethylester, Polymer mit α-Hydro-ω-hydroxypoly (oxy-1,2-ethandiyl) und Phosphorylchlorid
102338-35-2	Dichlodimethylsilan, Polymer mit α-Hydro-ω-hydroxypoly (oxy-1,2-ethandiyl) und Trichlormethylsilan
102338-36-3	Trichlorethylsilan, Polymer mit α-Hydro-ω-hydroxypoly (oxy-1,2-ethandiyl)
102381-85-1	SI Veroin
102386-71-0	Dichlordimethylsilan, Polymer mit α-Hydro-ω-hydroxypoly (oxy-1,2-ethandiyl) und Trichlorethylsilan

Cas-Nummer	Substanzname
102578-17-6	Antimonchlorid, Gemisch mit Kohlenstoff und Lithium (1:24:1)
105935-54-4	3-Methoxy-1H-pyrrol Homopolymer
106934-76-3	Nickellegierung
109167-47-7	Kupfersulfid
109351-67-9	Formaldehyd, Polymer mit 1H-Pyrrol
109351-68-0	2,5-bis(2-Thienylmethyl)-thiophen
109710-94-3	3-Methylthio-1H-pyrrol
109710-95-4	3-Phenyl-1H-pyrrol
113066-78-7	Cobalt-Lithium-Nickel-oxid
113066-79-8	Cobalt-Lithium-Nickel-oxid
113066-89-0	Cobalt-Lithium-Nickel-oxid
113066-90-3	Cobalt-Lithium-Nickel-oxid
113066-91-4	Cobalt-Lithium-Nickel-oxid
113066-92-5	Cobalt-Lithium-Nickel-oxid
113128-56-6	Lithium-Molybdän-oxid
113257-29-7	Molybdän-Vanadium-oxid
115685-68-2	2-Bromo-5-(1,2-dibromethyl)-pyridin
121091-32-5	1,2,3-Trimethyl-1H-imidazolium-bromid
121239-77-8	6-(3-Methoxyphenyl)-4,7-bis (4-methoxyphenyl)-[1,2,5] Thiadiazolo-[3,4-c] pyridin
121680-74-8	4,4'-[(2,6-dithioxobenzol [1,2-d:4,5-d'] bis [1,3] dithio-4,8-diyl) bis (oxymethylen)] bisbenzolsulfonsäurediphenylester
121680-75-9	4,4'-[(2,6-bis(1,3-benzodithiol-2-yliden)benzo[1,2-d:4,5-d']bis[1,3]dithiol-4,8diyl]bis(oxymethylen)]bisbenzosulfonsäure-dinatriumsalz
129387-20-8	Chromlegierung
131277-38-8	Vanadiumlegierung
133316-65-1	1-Butyl-2,3-dimethyl-1H-imidazoliumfluorid
134114-96-8	Antimonlegierung
134114-97-9	Antimonlegierung

Bezeichnungen, Handelsnamen, Anwendungsbereiche und Eigenschaften von Chemikalien in Batterien

Um die über Chemikalien in Batterien verfügbaren und zusammengestellten Informationen abrufen und sortieren zu können, wurde ein Datenbankprogramm erstellt, das einerseits den Ausdruck eines substanzspezifischen Formblattes steuert, andererseits Substanzgruppen anhand vorwählbarer Suchkriterien selektiert und ausdruckt. Damit ist es möglich, nicht nur Informationen zu Einzelsubstanzen überschaubar darzustellen, sondern auch mit geringem Zeitaufwand eine Liste auszudrucken mit z.B. allen in der Lithium-Mangandioxid-Knopfzelle als Elektrolyte eingesetzten Chemikalien, die toxisch wirken. Um vor allem organische Substanzen eindeutig zu beschreiben, können mit Hilfe eines Grafikprogrammes Strukturformeln in die Datenblätter eingebunden werden.

Das Datenblatt jeder Substanz besteht aus zwei Teilen: Der erste Teil faßt die Identitätsmerkmale des chemischen Stoffes (Name, Formel) sowie Angaben über die spezifischen Anwendungsbereiche zusammen, der zweite Teil enthält die wesentlichen umweltrelevanten Eigenschaften, wie z.B. Toxizität, physikalisch-chemische Parameter und Abwasserbelastung. Jedes Suchverfahren setzt eine eindeutige Festlegung der verwendeten Suchkategorien voraus. Diese werden daher im folgenden aufgeführt und erläutert. Mit Ausnahme des Feldes "Strukturformel" sind alle Begriffsfelder als Suchkategorie einsetzbar.

Substanz

Die definierte Einzelsubstanz wird mit weitestgehend systematisch-chemischer Benennung aufgeführt. Für große Moleküle ist der systematische Name jedoch häufig unpraktisch oder ungebräuchlich. In solchen Fällen sind hier auch Halbtrivial- und Trivialnamen zu finden.

CAS-Nummer

Die im Chemical-Abstract-System (CAS) verwendeten Kenn-Nummern erleichtern die eindeutige Identifizierung einer Substanz.

Gebräuchliche Namen

Alle weiteren Halbtrivial- und Trivialnamen, die für die oben genannte Substanz benutzt werden, sind hier angegeben.

Handelsnamen

Die von den Herstellern geprägten Namen finden sich in dieser Rubrik.

Summenformel

Summenformel für organische Substanzen in der nach IUPAC vorgegebenen Reihenfolge, für anorganische Stoffe in der allgemeinbräuchlichen, nicht alphabetischen Reihenfolge (entsprechend der in den Chemical Abstracts verwendeten Form werden bei Salzen organischer Säuren die Wasserstoffatome der freien Säuren mitgezählt).

Strukturformel

Strukturformel der betreffenden Chemikalie.

Batterietyp

In dieser Rubrik werden die Substanzen den beschriebenen Batterietypen zugeordnet. PE bedeutet Primärelement, SE bedeutet Sekundärelement.

Funktion

Unterscheidung der Substanzen nach den Aufgaben, die sie in den unterschiedlichen Batterien übernehmen.
Wesentliche Funktionen sind:

Ableiter	Kathodenmaterial
Additiv	Leitsalz
Aktive Masse	Lösemittel
Anodenmaterial	Porenbildner
Ausgangsstoff	Produktionshilfsmittel
Bindemittel	Reaktionsprodukt
Elektrodengitter	Recyclinghilfsmittel
Festelektrolyt	Separator
Füllmaterial	Stromsammler
Gehäusematerial	Stützgitter
Geliermittel	Verbrennungsprodukt
Hilfsstoff	Wasserstoffspeicherlegierung
Katalysator	
Kathodenbestandteil	

Anwendungsbereich

Einteilung der Substanzen nach ihrem Einsatzgebiet, z.B. als Elektrodenbestandteil, als Elektrolytbestandteil oder als Gehäusebestandteil, außerdem nach den Bereichen Produktion und Recycling/Entsorgung.

Eigenschaften

Diese Datenblattrubrik ist in zwei Bereiche eingeteilt:

- toxikologisch/ökotoxikologische Eigenschaften
- physikalisch/chemische Eigenschaften

Auf die Bedeutung einiger angegebener Werte wird im folgenden kurz eingegangen.

Toxikologisch/ökotoxikologisch

- RTECS-Werte (Registry of Toxic Effects of Chemical Substances)
In einem von Richard J. Lewis, Sr. und Doris V. Sweet herausgegebenen Grundlagenwerk sind toxische Effekte chemischer Substanzen zusammengestellt.

- MAK (Maximale Arbeitsplatzkonzentration)
Dies ist die höchst zulässige Konzentration eines Arbeitsstoffes als Gas, Dampf oder Schwebstoff in der Luft am Arbeitsplatz. In der Regel wird der MAK-Wert als Durchschnittswert über Zeiträume bis zu einem Arbeitstag oder einer Arbeitsschicht integriert.

- WGK (Wassergefährdungsklasse)

In der Rubrik toxikologische/ökotoxikologische Eigenschaften wird die Wassergefährdungsklasse angeführt. Diese ist dem Katalog wassergefährdender Stoffe entnommen, welcher in der allgemeinen Verwaltungsvorschrift wassergefährdende Stoffe (VwVwS) nach dem Wasserhaushaltsgesetz (§ 19 g Abs. 5 Satz 2) vom Oktober 1986 definiert ist. Es wird eine Einteilung in vier Wassergefährdungsklassen vorgenommen.

WGK 3: Stark wassergefährdende Stoffe
WGK 2: Wassergefährdende Stoffe
WGK 1: Schwach wassergefährdende Stoffe
WGK 0: Im allgemeinen nicht wassergefährdende Stoffe

In die Bewertung des Wassergefährdungspotentials gehen ausschließlich Stoffeigenschaften ein, wie die akute Toxizität gegenüber Säugetieren, Bakterien und Fischen, die durch die Angabe von Bewertungszahlen klassifiziert wird. Weitere Kriterien für die Bewertung sind physikalisch-chemische Daten, abiotische Abbaubarkeit u.a., die jedoch nicht einzeln aufgegliedert werden.

- Biologische Abbaubarkeit

Die biologische Abbaubarkeit von chemischen Substanzen ist eines der wichtigsten Kriterien zur Beurteilung ihres Verhaltens im Ökosystem. Es liegen zahlreiche Vorschläge für Testverfahren vor. Die wichtigsten sind der geschlossene Flaschentest und der sogenannte OECD-Test. Daneben gibt es andere, die für spezielle Fragestellungen entwickelt wurden, sowie Modifikationen der o.g. grundlegenden Testmethoden. Auf Einzelheiten kann an dieser Stelle nicht näher eingegangen werden.

Die in dieser Rubrik des Datenblattes gemachten Angaben beziehen sich entweder auf Literaturwerte oder wurden im Rahmen der Projektbearbeitung im Institut für Umweltschutz durch Laboruntersuchungen ermittelt.

- LD50 (Mittlere letale Dosis)

Dies ist die Dosis in mg/kg Körpergewicht, die nach einmaliger oder mehrmaliger Verabreichung zum Tode von 50 % der Testpopulation führt. Die Schadstoffaufnahme erfolgt über den Verdauungstrakt. Eine Angabe ist immer nur in Verbindung mit einer Spezies sinnvoll.

- LC50 (Mittlere letale Konzentration)

Konzentration einer Substanz in mg/l, die innerhalb einer festgelegten Zeit zum Tode führt. In der vorliegenden Studie beträgt die berücksichtigte Zeitspanne fast immer 96 Stunden - also LC50 (96 h). Es ist hier die Konzentration relevant, die bei 50 % der Testpopulation zum Tode führt. Eine Angabe ist immer nur in Verbindung mit einer Spezies sinnvoll.

Physikalisch/chemisch

- log pOW

Der pOW ist der Verteilungskoeffizient einer Substanz zwischen einer wäßrigen und einer n-Octanol-Phase. Angegeben wird der dekadische Logarithmus (log pOW) als Maß für den Transfer einer Substanz aus einem wäßrigem Medium in ein lipides Medium. Der log pOW-Wert gibt also Auskunft über Einfluß und Verbleib einer Substanz in Organismen. Grob vereinfacht kann man sagen: Organische Verbindungen sind toxisch entsprechend ihrem lipophilen Charakter und je höher log pOW umso größer ist die Toxizität. Die Beziehungen sind in Wirklichkeit komplexer.

320

Gefahrensymbole

Verweis auf die Gefahrensymbole gemäß der Verordnung über gefährliche Stoffe.

Verbleib nach Gebrauch

Mögliche Pfade der geregelten und nicht geregelten Entsorgung der Substanz nach Verwendung in einem Prozeß. Die unter dieser Rubrik gemachten Angaben zur Abfallbeseitigung sind den von der Sigma Aldrich Coroporation erstellten Sicherheitsdaten entnommen. Die angegebenen Beseitigungsmethoden sind entweder mit Kennbuchstaben oder mit den entsprechenden Kennzahlen versehen und in Katalogen vieler Chemikalienhersteller verzeichnet. Nachstehend sind die Beseitigungshinweise in verkürzter Form aufgelistet:

A   Verbrennung nach Mischung mit brennbarem Lösemittel

B   Verbrennung nach Behandlung mit Soda und gelöschtem Kalk und Mischung mit Alkali

C   Verbrennung

D   Verbrennung, hochentzündliche Stoffe

E   Sondermüll-Deponie nach Ausfällen des Niederschlags mit Schwefelsäure

F   Sondermüll-Deponie nach Neutralisation mit Soda und Zusatz von Calciumchlorid (Ausfällen des Chlorides oder Carbonates)

G   Sondermüll-Deponie, abfiltrierter Reststoff aus dem Eintrag in Butanol-Lösemittel-Gemisch und Neutralisation mit wäßriger Säure, Verbrennung des Filtrats

H   Sondermüll-Deponie, Reststoff nach Abdampfen der neutralisierten Lösung im Vakuum und Zugabe von Filterhilfsmittel

I   Sondermüll-Deponie, Reststoff nach Zugabe von Essigsäure und Aceton, Neutralisation und Abdampfen des Lösemittels

J   Sondermüll-Deponie, ausgefällte Sulfide von Mangan, Chrom oder Molybdän aus der Behandlung der Lösung mit Schwefelsäure und Natriumbisulfit und Neutralisation, lösliches Sulfid wird mit Hypochlorit zersetzt, neutralisiert ins Abwasser gegeben

K   Entsorgung nach Beratung durch den Technischen Kundendienst der Chemikalienfirma

L   Sondermüll-Deponie, abfiltrierte Sulfide aus der Ausfällung des in Lösung gebrachten Stoffes (Oxidation oder wäßrige Säure) und eventueller Neutralisation

M   Verbrennung oder Sondermüll-Deponie nach Bildung des Azofarbstoffs (Umsetzung des Diazoniumsalzes mit Naphthol und NaOH)

N   Sondermüll-Deponie, wasserunlösliche Feststoffe und Flüssigkeiten nach Neutralisation (nur für Kleinmengen)

O   Sondermüll-Deponie für chemischen Abfall, besonders gefährliche Stoffe

P   Wiedergewinnung zum Recycling oder zur Wiederverwertung

Q   Sondermüll-Deponie nach Ausfällung des Niederschlags mit Ammoniak

R   Wiedergewinnung zum Recycling oder zur Wiederverwertung, teure Metalle, Katalysatoren

S   Sondermüll-Deponie, ausgefallene Feststoffe aus der Behandlung der basischen Lösung mit Bleichlauge und Neutralisation, sowie die mit Sulfid gefällten Schwermetalle

T   Sondermüll-Deponie, fester Rückstand aus der mit Schwefelsäure angesäuerten und zur Trockne eingedampften Lösung

U Oxidation der in THF gelösten Substanz mit basischer Bleichlauge, Neutralisation und Zersetzung überschüssigen Hypochlorits mit Bisulfit, Verwerfen der entstandenen Lösung

V Sondermülldeponie, abfiltrierter Feststoff aus der Umsetzung des in THF gelösten Stoffes mit Butanol/Lösemittel, Zugabe basischer Hypochloritlösung, Neutralisation und Zersetzung überschüssigen Hypochlorits mit Bisulfit, übrigbleibende Lösung wird verbrannt

W Verbrennung des im Wasserstrahlvakuum eingedampften und mit brennbaren Lösemitteln aufgenommenen Rückstands

Y Verbrennen entzündlicher Gase, Neutralisation korrosiver Gase, Verbrennung und/oder chemische Reaktion giftiger, hochreaktiver Gase und Reizgase, Reinigung der Druckbehälter

Bemerkungen

Hinweise zur Sensorik, weiteren Anwendungsbereichen, besonderen Gefährdungen, im betreffenden Prozeß eingesetzte Stoffmenge, etc.

Datenteil

Aktivkohle

- CAS-Nummer :
   1333-86-4
- gebräuchliche Namen :
   E 153; Carbon black; Kohlenschwarz; Holzkohle; Pigment Black 7; Pigment Schwarz 7 (C.I. 77266); C.I.
   77266; Farbruß; Pigmentruß; Ruß; Carbonschwarz;
- Handelsnamen :
   Aktivkohle Darco; ARO; Acetylene black; Aroflow; Arogen; Aromex; Arotone; Arovel; Arrow; Atlantic;
   Black perls; Cancarb; Carbodis; Carbolac; Carbolac 1; Carbomet; Carbon black; (ACGIH; OSHA); Carbon
   Black BV; Carbon Black V; Carbon black, channel; Carbon black, furnac; Carbon black, lamp; Carbon
   black, thermal; Channel black; Shannel Schwarz; CK3; Clarocarbon; Collocarb; Columbia carbon;
   Conductex; Continental; Continex; Corax; Corax P; Croflex; Crolac; Degussa; Delussa black FW; Delussa
   Schwarz FW; Dixie; Dixiecell; Dixiedensed; Dixitherm; Durex; Eagle germantown; Encelac Schwarz 0054;
   Encelack Schwarz 0059; ELF; Elftex; Essex; Excelsior; Explosion black; Explosion acetylene black;
   Farbruss; Fecto; Flamruss; Furnal; Furnex; Furnex N 765; Gas-furnace black; Gastex; Huber; Humenegro;
   Impingement black; Ketjenblack EC; Kosmink; Kosmobil; Kosmolak; Kosmos; Kosmotherm; Kosmovar;
   Luconyl Schwarz 0060; Luconyl Schwarz 0066; Magecol; Metanex; Micronex; Miike 20; Modulex;
   Mogul; Mogul L; Molacco; Monarch; Neospectra; Neo Spectra II; Neotex; Norit A Supra; Oil-furnace black;
   P-33; P68; P1250; Peerless; Pelletex; Philblack; Philblack N 550; Philblack N 765; Philblack O;
   Philschwarz N550; Printex; Printex 60; Raven; Raven 30; Raven 420; Raven 500; Raven 8000;
   Rebonex; Regal; Regal 99; Regal 300; Regal 330; Regal 600; Regal SRF; Regent; Royal spectra;
   Sevacarb; Seval; Shawinigan acetylene black; Shell carbon; Sicoflush L Schwarz 0054; Sicoflush L
   Schwarz 0055; Sicoflush L Scharz 0063; Sicoflush P Schwarz 0054; Sicoflush P Schwarz 0059; Sico
   Echtschwarz L 0062; Special black IV; Special black V; Special schwarz; Spheron; Spheron 6; Statex;
   Statex N 550; Sterling; Sterlin N 765; Sterling NS; Sterlin SO 1; Superba; Super-carbovar; Super-spectra;
   Texas; Thermaatomic black; Thermal acetylene black; Thermatomic; Thermax; Thermblack; Tinolite; TM
   30; Torch brand; Triangle; Ucet; Ukarb; United; Velvetex; Vulcan; Witco; Witcoblak No. 100;
   Witcoschwarz No. 100; WYEX;
- Summenformel :
   C_n
Funktion
   PE
   (a),(b),(c)Ableiter
   (a),(b),(c)Katalysator/Kathode
   (d)Kathodenbestandteil
   SE
   Kathodenbestandteil
Batteriatyp
   PE
   (a)Lithium-Thionylchlorid
   (b)Zink-Luft
   (c)Aluminium-Luft (Meerwasserbatterie)
   (d)Lithium-Mangandioxid
   SE
   Lithium-Carbon
Anwendungsbereich
   PE + SE
   Elektrodenbestandteil
Eigenschaften :
- toxigologisch/ökotoxikologisch :
   RTECS # FF 5250100
   WGK : 0
   Sonstiges :
   vgl. Abschn. V f) und g); Schwangerschaftsgruppe G;
   Literaturübersicht zur Toxizität siehe [169];
   LD 50 (oral, Ratte): >5000 mg/kg [Sdb BASF];
   LC 50 (Brachydanio rerio): >1000 mg/l/96 h [Sdb BASF];

- physikalisch/chemisch :
   Siedepunkt : 4827 °C
   Dichte : 1800-2100 kg/m3 (20 °C)
   Schmelzpunkt : 3652-3697 °C

Molmasse : 12,011 g/mol

Löslichkeit :
unlöslich in Wasser, Ethanol, Säuren, Laugen, pflanzlichen Ölen;

Bemerkung :
Zündtemperatur: > 300 °C [Sdb]; Selbstentzündlichkeit: > 140 °C [Sdb];

Verbleib nach Gebrauch :
Beseitigung O

Bemerkung :
Schwarzes geruchloses Pulver, staubexplosionsfähig [Sdb BASF];
Entzündbarer Feststoff;
CAS-Nr. für Kohlenstoff (amorph): 7440-44-0;
Verwendung: als Tonerbestandteil; als Adsorbens; als Schwarzpigment für Lebensmittel und Kosmetika;

Aluminium

- CAS-Nummer :
7429-90-5
- UN Nummer :
1309; 1383; 1396
- gebräuchliche Namen :
Alu; Silberbronze; E 173; C.I. 77000; Aluminiumstaub; Aluminiumgrieß; Aluminiumspäne;
Aluminiumpulver; Aluminiumpulver, überzogen; Aluminium Flitter; Aluminium Grieß;
Aluminiumkugelmühlenstaub; Aluminiumpulver, lpyrophor; Alumiumpulver, nicht überzogen, nicht
pyrophor; Aluminiumbronze;
- Handelsnamen :

- Summenformel :
Al
Funktion
PE:(a)Stützmaterial/Kathode
(b)Aktive Masse/Anode
(c)Gehäusematerial//SE
(e),(h)Gehäusematerial
(e)Produktionshilfsmit tel/Kathode
(g)Reaktionsprodukt
(g)Hilfsstoff
(a)Stützmaterial/Kathode
(c),(f)Additiv/Gitter
(d)Stromsammler
Batterietyp
PE
(a)Li-Mangandioxid
(b)Aluminium-Luft(Meerwasserbatterie)
(c)Li-Polykohlenstoffmonofluorid
SE
(a)Li-Niobiumselenid
(b)Li-Kupfermolybdänsulfid
(c)Bleiakku
(d)Li-Polyacetylen
(e)Li-Polypyrrol
(f)Nickel-Cadmium
(g)Li-Mangandioxid
(h)Na-Schwefel
Anwendungsbereich
PE
(b),(c)Gehäusebestandteil
(b)Aktive Masse/Kathode
(e)Produktion

SE
(b),(e),(h)Gehäusebestandteil
(a),(c),(d),(f),(g)Elektrodenbestandteil
Eigenschaften :
- toxigologisch/ökotoxikologisch :
  RTECS # BD 0330000
  WGK : 0
  MAK Wert : 6 mg/m3 (gemessen als Feinstaub)
  R-Satz : 15-17
  S-Satz : (2)-7/8-43
  Sonstiges :
  Aluminiumstaub reizt Augen und Atemwege; Einatmung größerer Mengen Aluminiumstaub kann zu
  Lungenentzündung und Fieber führen; Staub kann zu Aluminosis oder Aluminium pneumoconiosis führen
  [288];
  Gesundheitsgefahren bei Überschreitung des MAK-Wertes:
  Beim Einatmen oder Verschlucken kann es zu Hustenanfällen, Kurzatmigkeit   und Entzündungen der
  Atemwege kommen [464];

  Gefahren-Symbol :

- physikalisch/chemisch :
  Siedepunkt : 2467 °C
  Dichte : 2699 kg/m3 (20 °C)
  Schmelzpunkt : 659 °C
  Molmasse : 26,98154 g/mol

Löslichkeit :
  unlöslich in Wasser, konz. Salpetersäure; löslich in Salzsäure, Schwefelsäure;

Verbleib nach Gebrauch :
  Beseitigung P

Bemerkung :
  Silberfarbiges Metall in Form von Pulver, Grieß oder Spänen; als Pulver entzündbar; Verdampft auch bei
  hohen Temperaturen nicht;
  Achtung, bei Kontakt mit Säuren und alkalischen Laugen, mit kaustischer Soda oder Pottasche bildet sich
  leicht brennbares Wasserstoffgas; Stoff kann bei Kontakt mit sauerstoffreichem Material (starken
  Oxidationsmitteln) nach Zündung reagieren [484];
  Zugelassen als Lebensmittelzusatzstoff;
  Verwendung: u.a. für Motorbau, Druckplattenherstellung, Legierungszusatz, Blitzlichtpulver; als Folien in
  der Verpackungsindustrie und Elektrotechnik; als Lebensmittelfarbstoff (in der Zuckerwarenindustrie
  zur Dekoration und zur Erzielung äußerer Effekte, zum Färben von Dragees);

Aluminiumchlorid (wasserfrei)

- CAS-Nummer :
  7446-70-0
  - UN Nummer :
  1726
- gebräuchliche Namen :
  Chloraluminium; Salzsaures Aluminium, wasserfrei; Aluminiumtrichlorid; Aluminium chloratum;
  Anhydricum; Chloraluminium, wasserfrei; Aluminiumtrichlorid, wasserfrei;
- Handelsnamen :

- Summenformel :
  $AlCl_3$

Funktion
  PE
  Additiv/Elektrolyt
Batterietyp
  PE
  Lithium-Thionylchlorid
Anwendungsbereich
  PE
  Elektrolytbestandteil
Eigenschaften :
- toxigologisch/ökotoxikologisch :
  RTECS # BD 0525000
  Schweizer Giftliste : 3
  WGK : 1
  R-Satz : 34
  S-Satz : (1/2)-7/8-28-45
  Sonstiges :
  Staub bzw. Dämpfe reizen stark Augen und Atmungsorgane; Kontakt mit dem festen Stoff bewirkt
  Verätzung der Augen und Haut; bei Reaktion mit Wasser entstehen giftige und ätzende Dämpfe von ->
  Chlorwasserstoff bzw. -> Salzsäure; Verschlucken von wäßrigen Lösungen führt zu schwer sten
  Schädigungen im Magen-und Darmkanal [163];
  Symptome: Brennen und Schmerzen der Augen, der Nasen- und Rachenschleimhäute sowie der Haut;
  Husten; bei Verschlucken aluminiumchloridhaltiger Lösungen Erbrechen sowie Durchfälle, starke
  Schmerzen im Magen- und Darmkanal [484];
  LD 50 (oral, Ratte): 3730 mg/kg [187];
  Nach Hydrolyse toxisch für Wasserorganismen: 132 mg/l für Fische; 1,5 mg/l für Algen; 136 mg/l für
  Kleinkrebse (Daphnia) [484];

  Gefahren-Symbol :

- physikalisch/chemisch :
  Dampfdruck : 1,3 hPa (100 °C) [187]; 1 hPa (20 °C) [484]
  Siedepunkt : 180 °C (Subl.)
  Dichte : 2440 kg/m3 (20 °C)
  Schmelzpunkt : 192,5 °C (unter Druckanwendung); 194 °C (2,5 hPa) [484];
  Molmasse : 133,341 g/mol

Löslichkeit :
  Wasser 450 g/l (20 °C); Ethanol 1000 g/l (12,5 °C); Trichlormethan (Chloroform) 0,72 g/l (25 °C);
  löslich in Diethylether, Benzen (Benzol); leicht löslich in vielen org. Lösungsmitteln (Benzophenon,
  Tetrachlorkohlenstoff, Trichlormethan);

Verbleib nach Gebrauch :
  Beseitigung N

Bemerkung :
  Orange-gelbes bis weiß-graues Pulver, Staub oder Granulat; sehr wasseranziehend; raucht an der Luft;
  Geruch nach Chlorwasserstoff; Bei Hitzeeinwirkung durch Umgebungsbrände können die Gebinde
  aufplatzen und Aluminiumchlorid-Dämpfe ausbrechen; bei Anwesenheit von Feuchtigkeit werden die
  meisten Metalle angegriffen; reagiert heftig unter Erhitzung und Bildung von Chlorwasserstoff bzw.
  Salzsäuredämpfen, die als weiße Nebel sichtbar werden [484];
  Verwendung: in der Fotoindustrie in Härtefixierbädern; als 6 - 7 %ige Lösung zum Gerben von Gelatine,
  wenn diese über 28 °C getrocknet werden soll (z.B. Trockenplatten im graphischen Gewerbe); als
  Säurekatalysator (z.B. bei Friedel-Crafts-Reaktionen); zur Herstellung von Gummi und Schmiermitteln;

Aluminiumoxid

- **CAS-Nummer :**
  1344-28-1
- **gebräuchliche Namen :**
  Alaunerde; Korund; Rubin; Saphir; Tonerde; Alumina; Bauxit; Aluminiumtrioxid; Alumite; alpha-Aluminiumoxid; beta-Aluminiumoxid; gamma-Aluminiumoxid;
- **Handelsnamen :**
  Abramant; Abramax; Abrarex; Abrasit; Al-3945 E 1/16"; Al-4126 E 1/16"; Alco F 1; Almite; Alon; Alon C; Aloxite; Alumina; alpha-Alumina; gamma-Alumina; beta-Alumina; Aluminite 37; Aluminium sesquioxide; Alumite; Alumite (oxide); Alumolgel Al; Alundum (OSHA); Alundum 600; Al-0109 P; Al-3916 P; Al-3970 P; Al-1401 P (MS); Al-0104 T 3/16"; Al-1404 T 3/16"; Al-3438 T 1/8"; Al-3980 T 5/32"; Al-4028 T 3/16"; Bayerit; Boehmit; Brockman, aluminium oxide; Cab-O-grip; Catapal S; Catapal SB alumina; Compalox; Conopal; Diadur; Diaspore; Gibbsit; Dispal; Dispal alumina; Dispal M; Dotment 324; Dotment 358; Dural; Exolon; Exolon XW 60; F 360 (Alumina); Faserton; Fasertonerde; G 0 (Oxide); G 2 (Oxide); GK (Oxide); Hypalox II; Jubenon R; KA 101; Ketjen B; KHP 2; LA 6; Lucalox; Ludox CL; Martoxin; Microgrit WCA; Neobead C; Poraminar; PS 1; PS 1 (Alumina); Q-Loid A 30; RC 172 DBM;
- **Summenformel :**
  Al_2O_3

Funktion
  PE
  (a)Füllmaterial
  (b)Festelektrolyt
  SE
  (b)Produktionshilfsmittel/Elektrolyt/Gehäuse
  (b)Isolator
  (a)Stützmaterial/Kathode
  (c)Separator

Batterietyp
  PE
  (a)Lithium-Jodid
  (b)Lithium-Bleijodid
  SE
  (a)Lithium-Niobiumselenid
  (b)Natrium-Schwefel
  (c)Nickel-Hydrid

Anwendungsbereich
  PE
  Elektrolytbestandteil
  SE
  (a),(b),(c)Gehäusebestandteil
  (b)Produktion

Eigenschaften :
- **toxigologisch/ökotoxikologisch :**
  RTECS # BD 1200000
  WGK : 0
  MAK Wert : 6 mg/m3 (Rauch bzw. Feinstaub)
  R-Satz : 20-37
  S-Satz : 22-28-36
  Sonstiges :
  vgl. Abschn. III (Faserstaub); Spitzenbegrenzung II,2 [481];
  Reizt Schleimhäute und Atemwege [187];
  Gesundheitsgefahren bei Überschreitung des MAK-Wertes: Beim Einatmen oder Verschlucken kann es zu Hustenanfällen, Kurzatmigkeit und Entzündungen der Atemwege kommen [464];

Gefahren-Symbol :

- physikalisch/chemisch :
    Dampfdruck : 1,33 hPa (2158 °C)
    Siedepunkt : 2980 °C
    Dichte : 3965 kg/m3 (25 °C)
    Schmelzpunkt : 2030-2072 °C
    Molmasse : 101,96 g/mol

Löslichkeit :
    unlöslich in Wasser; sehr wenig löslich in Säuren, Laugen;

Verbleib nach Gebrauch :
    Beseitigung O

Bemerkung :
    Weißes, kristallines Pulver;
    Unverträglich mit starken Oxidationsmitteln; vor Feuchtigkeit schützen;
    Verwendung: als Adsorbens; als Füllstoff; zur Herstellung keramischer Materialen, Zahnzement, Glas,
    Stahl; als Lagersteine, z.B. für Uhren und elektrische Meßinstrumente; Schleifmittel;
    Bestandteil von Paliocrom Kupfer L 3000;

Aluminiumoxidsilikat

- CAS-Nummer :
    12141-46-7
- gebräuchliche Namen :
    Aluminiumsilicat; Aluminiumsilikat; Andalusit; Cyanit; Sillimanit; Aluminiumoxidsilicat;
- Handelsnamen :

- Summenformel :
    Al_2O_6Si
- Strukturformel

    Al_2O_3 SiO_2

Funktion
    Recyclinghilfsmittel
Batterietyp
    SE
    Bleiakku
Anwendungsbereich
    Recycling
    Entsorgung
Eigenschaften :
- toxigologisch/ökotoxikologisch :
    Sonstiges :
    Zur biologischen Aktivität und zum karzinogenen Potential siehe [341], [342];

- physikalisch/chemisch :
    Siedepunkt : > 1545 °C
    Dichte : 3247 kg/m3 (20 °C)
    Schmelzpunkt : 1545 °C (Übergang in Al(2)O(3) * 2 SiO(2))
    Molmasse : 162,04 g/mol

Löslichkeit :
    unlöslich in Wasser, Salzsäure; zersetzlich in Fluorwasserstoff;

Bemerkung :
    Verwendung: in Zahnzement; in der Glasindustrie; zur Herstellung von Halbedelsteinen, Emaille,
    Keramiken, Pigmentfarben; als Füllmittel in Farben; in Waschmitteln;

Aluminiumtriethyl

- CAS-Nummer :
97-93-8
- UN Nummer :
3051
- gebräuchliche Namen :
Triethylaluminium; Triäthylaluminium; Aluminiumtriäthyl; ATE; TEAl;
- Handelsnamen :

- Summenformel :
$C_6H_{15}Al$
- Strukturformel

Funktion
Produktionshilfsmittel/Kathode
Batterietyp
SE
Lithium-Polyacetylen
Anwendungsbereich
Produktion
Eigenschaften :
- toxigologisch/ökotoxikologisch :
RTECS # BD 2050000
Schweizer Giftliste : 1
MAK Wert : 2 mg/m3 (US-Wert)
R-Satz : 14-17-34
S-Satz : 16-43
Sonstiges :
Dämpfe sind giftig, reizen und verätzen die Haut, besonders jedoch die Schleimhäute der Augen, Nase,
des Rachens sowie die Lunge bis hin zu Lungenödem (kann mit einer Verzögerung bis zu zwei Tagen
auftreten); Einatmung der Dämpfe kann zu Gießerfieber führen; Einwirkung der Flüssig- keit auf die Haut
und Schleimhäute ruft sehr schmerzhafte, schwer heilende Verätzungen hervor; bei Brand bilden sich
Aluminiumoxide (Rauch/Nebel) mit starker Reizbildung [163];

Gefahren-Symbol :

- physikalisch/chemisch :
Dampfdruck : 0,04 hPa (20 °C) [163]
Siedepunkt : 194 °C (Zers.)
Brechungsindex : 1,480 (65 °C)
Dichte : 832,4 kg/m3 (25 °C)
Schmelzpunkt : - 52,5 °C
Flammpunkt : < - 53 °C
Molmasse : 114,166 g/mol

Löslichkeit :
löslich in Diethylether, in Ethanol und Aminen unter Komplexbildung;

Bemerkung :
Zündtemperatur: < - 53 °C

Verbleib nach Gebrauch :
Beseitigung G

Bemerkung :
Farblose bis gelbe Flüssigkeit; giftig; ätzend; brennbar;
Heftige Reaktion mit hydroxyhaltigen Lösemitteln; Selbstentzündlich an der Luft; Mit Wasser
explosionsartige Zersetzung; Stoff reagiert sehr heftig mit Alkoholen und anderen organischen
Lösemitteln, mit Ausnahme von trockenen, gesättigten Kohlenwasserstoffen, wie Heptan und Hexan,
aromatischen Kohlenwasserstoffen wie Toluol und Benzen und inerten Kohlenwasserstoffgemischen mit
bestimmten Siedebereichen, wie Benzin 80/100; Substanz reagiert außerdem sehr heftig mit   Phenolen,
Aminen, Schwefeloxiden, Stickoxiden, Halogenen und chlorierten   Kohlenwasserstoffen; es entstehen
umgehend Brand- und Explosionsgefahren;
Technische Bedeutung als Alkylierungsmittel und Katalysator;
Verwendung: Katalysator für die Herstellung von Polypropylen, Olefineoligomeren, organometallischen
Reduktionsreaktionen;

Aminobenzen

- CAS-Nummer :
62-53-3
- UN Nummer :
1547
- gebräuchliche Namen :
Anilin; Amidobenzol; Kyanol; Phenylamin; Benzidam; Krystallin; Benzolamin; Anilinöl; Benzenamin;
Aminophen; Aminobenzol;
- Handelsnamen :
Blauöl; C.I. 7600; Rotöl;
- Summenformel :
C_6H_7N
- Strukturformel

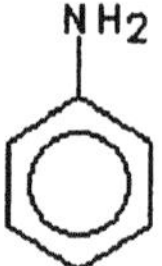

Funktion
Ausgangsstoff/Kathode
Batterietyp
SE
Lithium-Polyanilin
Anwendungsbereich
Produktion
Eigenschaften :
- toxigologisch/ökotoxikologisch :
RTECS # BW 6650000
Schweizer Giftliste : 3
WGK : 2
MAK Wert : 8 mg/m3 bzw. 2 ml/m3;
R-Satz : 20/21/22-40-48/23/24/25
S-Satz : (1/2)-28-36/37-45
Sonstiges :
Spitzenbegrenzung: II,2 [481]; Gefahr der Hautresorption [481]; IMK: I; Krebserzeugend IIIB [481];
Schwangerschaftsgruppe D [481];
Karzinogen [187]; Carc.Cat.3 [505];
Blut- und Nervengift; reizt Augen, Haut und Schleimhäute; chronischer Hautkontakt kann zu Dermatiden
führen; Schwindel, Erbrechen, Bewußtlosigkeit, blaue Gesichtsfarbe, Blasenreizung, dunkler Harn;
Resorption (auch über Haut) führt zu Methämoglobinbildung;
Dämpfe und Flüssigkeit sind giftig; sie werden auch über die Haut aufgenommen; Anilin ist ein starkes
Blutgift, es verändert den Blutfarbstoff (Methämoglobinbildung) und zerstört die roten Blutkörperchen

(Hämolyse); nachfolgend Nieren- und Leberschäden; anfängliches Wohlbefinden ("Anilin- Pips") verleitet zur Verharmlosung der Situation; Alkohol lebensgefährlich; bei starkem Erhitzen oder bei Brand tritt Zersetzung unter Bildung hochgiftiger Dämpfe ein, die z.T. aus -> nitrosen Gasen bestehen [163]; 50 - 100 ml/m3 können möglicherweise ohne schwere Symptome bis zu 60 min   vertragen werden [163]; Eingeatmet 0,1 - 0,2 mg/l Luft 6 Stunden ohne wesentliche Symptome erträglich; innerlich 1 - 3 g tödlich; äußerlich auch wirksam [30]; Geruchsschwelle: 0,5 ml/m3 [163];

LD (oral, Mensch): 4 - 25 ml [140]; LD 50 (oral, Ratte): 250 mg/kg [32], 440 mg/kg [10], [289]; LD 50 (Haut, Kaninchen): 820 mg/kg [140]; LD Lo (inhal., Ratte, 4 h): 250 ml/m3 [140];

Toxische Grenzkonzentration für Pseudomonas putida 130 mg/l, Scenedesmus quadricauda 8,3 mg/l [36], Daphnia magna 279 mg/l [389]; LC 50 (Daphnia magna): 0,5 mg/l [6], 0,17 mg/l [16]; LC 50 (Fisch; Regenbogenforelle, 96 h): 20 - 41 mg/l [59]; LC 0 (Fisch; Goldorfe): 49 ± 18 mg/l [60]; Grundwasser kann geschädigt werden [29];

Gefahren-Symbol :

- physikalisch/chemisch :
  Dampfdruck : 0,5 hPa (20 °C) [163]; 0,4 hPa (20 °C) [57]; 0,49 hPa (20 °C) [132]
  Siedepunkt : 184,4 °C (Thermische Zersetzung bei ca 190°C)
  Log pOW : 0,90, 0,98 [4]; 1,3 [140];
  Brechungsindex : 1,58629 (20 °C)
  Dichte : 1021,7 kg/m3 (20,7 °C), 1013,0 kg/m3 (30 °C);
  Schmelzpunkt : - 6,2 ° C
  Flammpunkt : 76 °C
  Verdunstungszahl : 440 (Diethylether = 1) [132]
  Molmasse : 93,128 g/mol
  Verdampfungswärme : 435,43 kJ/kg

Löslichkeit :
  Wasser 36,1 g/l (18 °C
  mischbar mit Ethanol, Diethylether, Benzol (Benzen), Propanon (Aceton), Trichlormethan (Chloroform);

Bemerkung :
  Thermische Zersetzung bei ca. 190 °C;
  (*): weitere Dampfdruckangabe: 0,35 mbar (20 °C) [140];

Verbleib nach Gebrauch :
  Beseitigung C
  Trinkwassergrenzwert: 0,1 mg/l [140];

Bemerkung :
  Ölige, farblose bis leicht bräunliche Flüssigkeit; charakteristischer,   jedoch nicht unangenehmer Geruch; dunkelt durch Licht nach, wird bräun-   lich; giftig;
  Bei starker Erhitzung bilden sich giftige und explosionsfähige Gemische mit Luft;
  Reagiert heftig bei Berührung mit sauerstoffreichem Material (starken   Oxidationsmitteln) und Säuren;
  Explosionsgrenzen: 1,2 - 11 Vol% ; Zündtemp.: ca. 530 °C [32];
  Rotöl ist eine Mischung aus Anilin, ortho- und para-Toluidin;
  Umweltrelevante Aminobenzen-Reaktionen siehe [140];
  Verwendung: Ausgangsstoff für Synthese von Farbstoffen, Pharmazeutika, Isocyanatkunststoffen, Kautschukchemikalien, Fotochemikalien;

Ammoniaklösung

- **CAS-Nummer** :
  1336-21-6
  - **UN Nummer** :
  1005; 2672
- **gebräuchliche Namen** :
  Ammoniumhydroxid; Ammoniakwasser; Salmiakgeist; Hirschhorngeist; Ätzammoniak; Aqua Ammonia;
  Ammoniak, Lösungen; Ammoniakflüssigkeit; Kaustisches Ammoniak; Salmiakspiritus; Ätzendes
  Ammoniak;
- **Handelsnamen** :

- **Summenformel** :
  $H_3N * x H_2O$

Funktion
  Recyclinghilfsmittel

Batterietyp
  PE
  Zink-Kohle

Anwendungsbereich
  Recycling/Entsorgung

Eigenschaften :
- **toxigologisch/ökotoxikologisch** :
  RTECS # BQ 9625000
  Schweizer Giftliste : 3
  WGK : 2
  MAK Wert : 35 mg NH3/m3; 50 ml/m3;
  R-Satz : 34-37
  S-Satz : (1/2)-7-26-45
  Sonstiges :
  Schwangerschaft Gruppe C;
  Dämpfe bewirken starke Reizung der Augen und Atmungsorgane; Kontakt mit der Flüssigkeit verursacht
  Verätzungen, Augenlicht gefährdet! Glottiskrampf oder -ödem kann zur Erstickung führen! Lungenödem
  möglich Kurzeinwirkung: 400 ppm bewirkten Reizung der Nasen- und Rachenschleimhäute, 700 ppm
  verursachten zusätzlich Reizung der Augen, in beiden Fällen ohne schwere Dauerfolgen bei Einwirkung
  von weniger als 1 Stunde; 1720 ppm führten bei Einwirkung von weniger als 1/2 Stunde zu
  krampfartigem Husten [484];
  LD Lo (oral, Mensch): 42 mg/kg [187];
  LD 50 (oral, Ratte): 350 mg/kg [187];
  LD/LC 50 (inhal., Ratte): 2000 mg/l/4 h [Sdb Fa. Bieserfeld];
  LD 50 (Daphina magna): 60 mg/l/25 Std. [139]; 32 mg/l/50 Std.; 20 mg/l/100 Std. [484];
  LC Lo (inhalativ, Mensch): 5000 ml/m3 [428];
  TC Lo (inhalativ, Mensch): 408 ml/m3 [428];
  LD Lo (subcutan, Maus): 160 mg/kg [428];
  LD 50 (intravenös, Maus): 91 mg/kg [428];
  LD Lo (oral, Katze): 750 mg/kg [428];
  LD Lo (intravenös, Hase): 10 mg/kg [428];
  Störungsschwelle für Forellen: 0,3 mg/l [296];
  Tödlichkeitsgrenze für Forellen: 1,25-5 mg/l [297,298];

  Gefahren-Symbol :

- **physikalisch/chemisch** :
  Dampfdruck : 483 hPa (20 °C) 25% Ammoniaklösung [Sdb]; 837 hPa (20 °C) 32% Ammoniaklösung
  Siedepunkt : 37,7 °C; variiert mit Zusammensetzung
  Dichte : 910 kg/m3 (20 °C, 25%ige Lösung)
  Schmelzpunkt : -57,5 °C
  Verdunstungszahl : 1,3 (BuAc = 1) [9] (für NH4OH)
  Molmasse : 35,0456 g/mol (für NH4OH)

Löslichkeit :
vollständig mischbar mit Wasser;

Bemerkung :
Zersetzungstemperatur: >36 °C [Sdb Fa. Biesterfeld];

Verbleib nach Gebrauch :
Beseitigung N

Bemerkung :
Klare, farblose Flüssigkeit mit stechendem, stark reizendem Geruch; nicht brennbar; Dämpfe können mit Luft explosives Gemisch bilden; Entzündung nur bei hoher Konzentration, hoher Temperatur und starker Energiequelle;
Explosionsgrenzen: 15,5-26,6 Vol% ; Zündtemp.: 650 °C [9];
Verwendung: als Entwicklerlösung (Rottönung); technisches Lösemittel; als Reinigungs- und Harzlösemittel; Herstellung von Ammoniumsalzen, Anilin-Farbstoffen;
Das Produkt ist nicht explosionsgefährlich, jedoch ist die Bildung explosionsgefährlicher Dampf-/Luftgemische möglich. Reagiert bei Konstakt mit starken Oxidationsmitteln, starken Säuren und Alkalien. Bei Einwirkung von Laugen entwickelt sich Ammoniak. Bildung explosiver Gasgemische mit Luft. Reaktionen mit verschiedenen Metallen   [Sdb Fa. Bieserfeld];
Explosionsgrenzen: 15-28 Vol.-%; Zündtemperatur: 651 °C [Sdb Fa. Biesterfeld];

Ammoniak (wasserfrei)

- CAS-Nummer :
7664-41-7
- UN Nummer :
1005
- gebräuchliche Namen :
Verflüssigtes Ammoniakgas; wasserfreies Ammoniak; Ammonium; Ammoniak; Ammonia;
- Handelsnamen :
R 717; Nitro-Sil;
- Summenformel :
NH_3
Funktion
(a),(b)Recyclingprodukt
(c)Produktionshilfsmittel/Anode
(d)Produktionshilfsmittel/Kathode
Batterietyp
SE
(a)Bleiakku
(b)Nickel-Cadmium
(c)Lithium-Polyanilin
(d)Lithium-Batterien
Anwendungsbereich
(a),(b)Recycling/Entsorgung
(c),(d)Produktion
Eigenschaften :
- toxigologisch/ökotoxikologisch :
RTECS # BO 0875000
Schweizer Giftliste : 2
WGK : 2
MAK Wert : 50 ml/m3 bzw. 35 mg/m3
R-Satz : 10-23
S-Satz : (1/2)-7/9-16-38-45
Sonstiges :
Spitzenbegrenzung I [481]; Schwangerschaft C [148];
Geruchsschwelle: 5-50 ml/m3 [484];
Ätzend, schleimhautreizend; Gas erzeugt starke Reizwirkung und verursacht schwere Verätzungen der Augen, der Atmungsorgane und der Haut; Einatmen von hochkonzentriertem Gas kann plötzlichen Tod zur Folge haben [163];

Glottiskrampf oder -ödem kann zu Erstickung führen; Kontakt mit der Flüssigkeit ruft schwere Erfrierungen hervor:
Kurzeinwirkung: 2500 ml/m3 (0,25%) Dampfkonzentration in der Luft 30 min eingeatmet erwiesen sich als gefährlich [484];

LC Lo (inhalativ, Mensch): 5000 ml/m3/5 min. [187];
TD Lo (oral, Mann): 15 ml/kg [428];
LD 50 (oral, Ratte): 350 mg/kg [187];
LC 50 (inhalativ, Ratte, 4h): 2000 ml/m3 [187];
LC   (inhalativ, Maus): 4230 ml/m3/1 h [428];
LC 50 (inhalativ, Katze): 7000 mg/m3/1 h [428];
LC Lo (inhalativ, Hase): 7000 mg/m3/1 h [428];

Störungsschwelle für Forellen: 0,3 mg/l [296];
LD 50 (Daphnia magna): 60 mg/l in 25 Std.; 32 mg/l in 50 Std.; 20 mg/l in   100 Std. [484]

Gefahren-Symbol :

- physikalisch/chemisch :
   Dampfdruck : 8570 hPa (20 °C) [484]
   Siedepunkt : -33,35 °C
   Dichte : 771,0 kg/m3 (20 °C, 1013 hPa)
   Schmelzpunkt : -77,7 °C
   Molmasse : 17,03 g/mol
   Verdampfungswärme : 1368 kJ/kg (1 bar)

Löslichkeit :
   Wasser 895 g/l (0 °C), 531 g/l (20 °C); Ethanol 132 g/l (20 °C); löslich in Diethylether, 16 % in Methanol (25 °C);

Bemerkung :
   Kritische Temperatur: -132 °C

Verbleib nach Gebrauch :
   Beseitigung N

Bemerkung :
   Farbloses Gas; stechender Geruch mit starker Reizwirkung; brennbar;
   Bildet im dampf-/gasförmigen Zustand mit Luft explosionsfähige Gemische;
   Explosionsgrenzen: 15-28 Vol.-%; Zündtemp.: 630 °C [29];
   Explosionsgrenzen: 16-27 Vol.-%; Zündtemp.: 651 °C [484];
   Bei Kontakt oder Mischung mit Säuren, Oxidationsmitteln und Jod (Jodlösungen) erfolgt sehr heftige Neutralisaitonsreaktion. Mit Wasser entsteht Lösungswärme bis ca. 36 kJ/Mol NH3 [484];

   Verwendung als Kältemittel: Kälteanlagen für mittlere und große Leistungen mit Kolben-, Schrauben- und Turboverdichtern (Temperaturbereich: - 60 °C bis + 10 °C); zur Herstellung von Explosionstoffen, synthetischen Fasern, Düngemittel;
   Wahrnehmungsschwelle: 0,04 g/m3 bzw. 53 ml/m3 [201];
   Zugelassen als Lebensmittelzusatzstoff nach LMBG;

   Obwohl bei Ammoniak das Risiko einer Entflammung vorhanden ist, besteht diese Gefahr nur bei besonderen Zündbedingungen in begrenzten Bereichen.
   Ammoniak ist schwer brennbar, Flamme erlischt ohne Wärmezufuhr sofort;
   Ab 450 °C beginnt Zersetzung unter Bildung von leichtbrennbarem Wasserstoff(gas) [484];

   Enthalten in CAB-O-SPERSE A 1695 (1%);

Ammoniumchlorid

- **CAS-Nummer :**
  12125-02-9
  - **UN Nummer :**
  9510
- **gebräuchliche Namen :**
  Chlorammonium; Salmiak; Ammoniumsalz;
- **Handelsnamen :**
  Amchlor; Darammon;
- **Summenformel :**
  NH_4Cl

Funktion
  PE
  Leitsalz/Elektrolyt
  SE
  Produktionshilfsmittel/Anode

Batterietyp
  PE
  (a)Zink-Kohle
  (b)Zink-Luft
  SE
  Nickel-Eisen

Anwendungsbereich
  PE
  Elektrolytbestandteil
  SE
  Produktion

Eigenschaften :
- **toxigologisch/ökotoxikologisch :**
  RTECS # BP 4550000
  Schweizer Giftliste : 4
  R-Satz : 22-36
  S-Satz : (2)-22
  Sonstiges :
  Kann schädigend wirken bei Einatmung, Verschlucken oder Aufnahme über Haut; verursacht schwere
  Augenreizungen; verursacht Hautreizungen [187];
  LD Lo (oral, Säugling): 2000 mg/kg [428];
  LD 50 (oral, Ratte): 1700 mg/kg [39]; 1650 mg/kg [428];
  LD 50 (intramuskulär, Ratte): 30 mg/kg [428];
  LD 50 (oral, Maus): 750 mg/kg [39]; 1300 mg/kg [428];
  LD 50 (intraperitoneal, Maus): 1439 mg/kg [428];
  LD Lo (subcutan, Maus): 500 mg/kg [428];
  LD 50 (intravenös, Maus): 358 mg/kg [428];
  LD Lo (oral, Hund): 600 mg/kg [428];
  LD Lo (oral, Kaninchen): 1000 mg/kg [428];
  LD Lo (subcutan, Kaninchen): 200 mg/kg [428];
  LD Lo (intravenös, Kaninchen): 78 mg/kg [428];
  LD Lo (subcutan Meerschweinchen): 72 mg/kg [428];
  LD Lo (intravenös, Meerschweinchen): 220 mg/kg [428];
  Toxische Grenzkonzentration für Daphnia magna < 134 mg/l [389];

  Gefahren-Symbol :

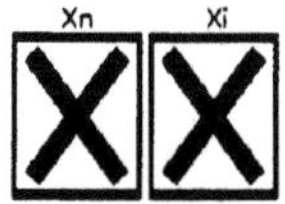

- **physikalisch/chemisch :**
  Dampfdruck : 1,3 hPa (160,4 °C) [187]
  Dichte : 1527 kg/m3 (20 °C)
  Schmelzpunkt : 340 °C (Subl.)
  Molmasse : 53,492 g/mol

Löslichkeit :
Wasser 297 g/l (0 °C), 375,6 g/l (20 °C), 758 g/l (100 °C); Ethanol 6 g/l (19 °C); löslich in flüssigem
Ammoniak; unlöslich in Diethylether, Propanon (Aceton); nahezu unlöslich in Ethylacetat;

Verbleib nach Gebrauch :
Beseitigung N

Bemerkung :
Weißes, kristallines Pulver; geruchlos; nicht entflammbar;
zugelassen als Lebensmittelzusatzstoff nach LMBG;
Verwendung: in der Fotoindustrie als Bestandteil von Schnellfixierern, zur Emulsionsbereitung, zur
Herstellung von Chlorsilberschichten, Bildtonbeeinflusser zur Erzielung feinkörniger Negative; als
Flußmittel beim Überziehen von Eisenstücken mit Zink; in Kühlmitteln; in Waschmitteln; zur Herstellung
von Farbstoffen; zur Behandlung von Schnee (verlangsamt das Schmelzen auf Ski-Pisten);

Ammoniumdichromat

- CAS-Nummer :
7789-09-5
- UN Nummer :
1439
- gebräuchliche Namen :
Ammoniumbichromat; Ammoniumpyrochromat;
- Handelsnamen :

- Summenformel :
$(NH_4)_2Cr_2O_7$
Funktion
Produktionshilfsmittel/Kathode
Batterietyp
SE
(a)Lithium-Vanadiumoxid
(b)Lithium-Polyanilin
Anwendungsbereich
Produktion
Eigenschaften :
- toxigologisch/ökotoxikologisch :
RTECS # HX 7650000
WGK : 3
R-Satz : 8-1-36/37/38-43
S-Satz : (2)-28-35
Sonstiges :
Kann letal wirken bei Einatmung, Verschlucken oder Aufnahme über Haut; verursacht Augen- und
Hautreizungen; reizt Schleimhäute und Atemwege [187];
Karzinogen [187];

Gefahren-Symbol :

- physikalisch/chemisch :
Dichte : 2150 kg/m3 (25 °C)
Schmelzpunkt : 170 °C (Zers.)
Molmasse : 252,06 g/mol

Löslichkeit :
Wasser 308 g/l (15 °C), 890 g/l (30 °C); löslich in Ethanol; unlöslich in Propanon (Aceton);

Bemerkung :
Gelbrote Kristalle; luftbeständig; hautgerbend;
Verwendung: in der Fotoindustrie für Abschwächer, Verstärker, Umkehrbäder, Bleichbäder,
Reinigungslösungen, im Pigmentprozeß, zur Herstellung von lichtempfindlichen Kopierschichten;

Ammoniumhydrogencarbonat

- CAS-Nummer :
1066-33-7
- gebräuchliche Namen :
Kohlenstoffsäureammoniumsalz; Ammoniumbicarbonat; Kohlensäuremonoamid;
Monoammoniumcarbonat;
- Handelsnamen :

- Summenformel :
NH_4HCO_3
Funktion
(a)Additiv/Anode
(b)Produktionshilfsmittel/Kathode
Batterietyp
PE
(a)Alkali-Mangan
(b)Zink-Luft
Anwendungsbereich
(a)Elektrodenbestandteil
(b)Produktion
Eigenschaften :
- toxigologisch/ökotoxikologisch :
RTECS # BO 8600000
R-Satz : 36/37/38
S-Satz : 26-36
Sonstiges :
Kann schädigend wirken bei Einatmung, Verschlucken oder Aufnahme über Haut; verursacht Augen- und
Hautreizungen; reizt Schleimhäute und Atemwege [187];
LD 50 (intravenös, Maus): 245 mg/kg [428];

- physikalisch/chemisch :
Siedepunkt : Subl.
Dichte : 1580 kg/m3 (20 °C)
Schmelzpunkt : 107,5 °C (beginnende Zersetzung zw. 36 °C u. 60 °C)
Molmasse : 79,06 g/mol

Löslichkeit :
unlöslich in Ethanol, Propanon (Aceton);

Verbleib nach Gebrauch :
Beseitigung N

Bemerkung :
Glänzende, harte, farblose oder weiße Kristalle oder Prismen; rhombisch oder monoklin; schwacher
Geruch nach Ammoniak;
Unverträglich mit starken Oxidationsmitteln und starken Säuren;
Verwendung: zur Beschleunigung der Zersetzung beim Kompostieren; als Düngemittel; zum Entfetten von
Textilien; in Backpulver; bei der Herstellung von porösen Kunstoffen, Keramiken, Farben; für Kühlbäder
(1 kg in 5 l H(2)O führt dazu, daß die Temperatur von 17 °C auf 7 °C in Feuerlöschern fällt);

Ammoniumpersulfat

- CAS-Nummer :
  7727-54-0
- gebräuchliche Namen :
  Ammoniumperoxysulfat; Ammoniumperoxodisulfat;
- Handelsnamen :

- Summenformel :
  $NH_4S_2O_8$
Funktion
  Produktionshilfsmittel/Kathode
Batterietyp
  PE
  Lithium-Mangandioxid
Anwendungsbereich
  Produktion
Eigenschaften :
- toxigologisch/ökotoxikologisch :
  RTECS # SE 0350000
  Schweizer Giftliste : 4
  R-Satz : 9-22
  S-Satz : 24/25-27
  Sonstiges :
  Wirkt schädigend bei Einatmung, Verschlucken oder Hautaufnahme; zerstört das Gewebe der
  Schleimhäute, Atmungsorgane, Augen und Haut [187];
  LD 50 (oral, Ratte): 820 mg/kg [39];

  Gefahren-Symbol :

- physikalisch/chemisch :
  Dichte : 1980 kg/m3 (20 °C)
  Schmelzpunkt : Zers.
  Molmasse : 228,200 g/mol

Löslichkeit :
  Wasser 559 g/l (20 °C);

Verbleib nach Gebrauch :
  Beseitigung J

Bemerkung :
  Leicht zersetzliche farblose Kristalle;
  Verwendung: Negativabschwächer, Fixierbadzerstörer, Entfernung von Gelb schleiern (2 %ige Lösung),
  Regenerierung von Bleichbädern;
  Wirkung der Substanz beruht auf starker Oxidationsfähigkeit: Ammoniumpersulfat + Silber ->
  Silbersulfat + Ammoniumsulfat;

Ammoniumsulfat

- CAS-Nummer :
  7783-20-2
- gebräuchliche Namen :
  Diammoniumsulfat;
- Handelsnamen :
  Actamaster; Dolumin; Mascagnite;

- Summenformel :
   $(NH_4)_2SO_4$
Funktion
   Produktionshilfsmittel/Kathode
Batterietyp
   SE
   Lithium-Polyanilin
Anwendungsbereich
   Produktion
Eigenschaften :
- toxigologisch/ökotoxikologisch :
   RTECS # BS 4500000
   Schweizer Giftliste : 4
   WGK : 1
   R-Satz : 20/21/22-36/37/38
   S-Satz : 26-36
   Sonstiges :
   TD LO (oral, Mann): 1500 mg/kg [428];
   LD 50 (oral, Maus): 640 mg/kg [428];
   LD 50 (intraperitoneal, Maus): 610 mg/kg [428];
   LD 50 (oral, Ratte): 3000 mg/kg;
   Toxische Grenzkonzentration für Daphnia magna < 106 mg/l [389];

   Gefahren-Symbol :

- physikalisch/chemisch :
   Dampfdruck : 18,9 hPa (20 °C, gesättigte Lsg.) [1]
   Siedepunkt : Zers.
   Dichte : 1770 kg/m3 (20 °C)
   Schmelzpunkt : 513 °C
   Molmasse : 132,139 g/mol

Löslichkeit :
   Wasser 754,4 g/l (20 °C); unlöslich in Ethanol, Propanon;

Verbleib nach Gebrauch :
   Beseitigung N

Bemerkung :
   Farblose oder weiße rhombische Kristalle; an feuchter Luft zerfließlich; geruchlos;
   Verwendung: in der Fotoindustrie für Schnellfixierbäder;

Antimon

- CAS-Nummer :
   7440-36-0
   - UN Nummer :
   2871
- gebräuchliche Namen :
   Stibium; Antimon, Pulver; Regulus antimonil; Spießglanzmetall; Stibium metallicum;
- Handelsnamen :

- Summenformel :
   Sb
Funktion
   Additiv/Elektrodengitter

Batterietyp
  SE
  Bleiakku
Anwendungsbereich
  Elektrodenbestandteil
Eigenschaften :
- toxigologisch/ökotoxikologisch :
  RTECS # CC 4025000
  Schweizer Giftliste : 2
  WGK : 2
  MAK Wert : 0,5 mg/m3 (gemessen als Gesamtstaub)
  R-Satz : 20/22-23/24/25-36/37/38
  S-Satz : 26-28-36/37/39-44
  Sonstiges :
  Spitzenbegrenzung: Kat. III [481]; IMK: II;
  Metall und Legierungen erzeugen Ekzeme; Wirkt schädigend bei Einatmung, Verschlucken oder Aufnahme
  über Haut; verursacht Reizungen [187];
  Pulver oder Staub führen zu starker Reizung der Augen, der Atemwege und der Atemungsorgane sowie
  geringerer Reizung der Haut; Kontakt mit dem festen Stoff oder dem Pulver bewirkt starke Reizung der
  Augen sowie geringere Reizung der Haut; Leber- und Nierenschäden möglich; bei sehr starker Erhitzung
  über den Schmelzpunkt von 630 °C verbrennt die Substanz unter Bildung des giftigen Anitmontrioxides;
  LD 50 (oral, Ratte): 7 mg/kg [187];
  Tödliche Dosis 1-2 g [132];
  Eingeatmet 0,12 g tödlich; 0,03 g tödlich für Kinder [30];

  Gefahren-Symbol :

- physikalisch/chemisch :
  Siedepunkt : 1750 °C; 1330 °C
  Dichte : 6684 kg/m3 (20 °C)
  Schmelzpunkt : 630,74 °C
  Molmasse : 121,75 g/mol

Löslichkeit :
  unlöslich in Wasser; löslich in heißer konz. Schwefelsäure, Königswasser, Phosphorsäure, Salpetersäure;

Verbleib nach Gebrauch :
  Beseitigung R

Bemerkung :
  Dunkelgraues, glänzendes kristallines Pulver, geruchlos;
  Bei Kontakt oder Mischung mit Chlor erfolgt sehr heftige Reaktion mit Feuererscheinungen unter Bildung
  von giftigem Antimonpentachlorid; bei Kontakt mit anderen Halogenen erfolgt heftige Reaktion; bei
  Kontakt mit heißer konzentrierter Schwefelsäure erfolgt Reaktion unter Bildung von giftigem und
  ätzendem Schwefeldioxid(gas); bei Kontakt oder Mischung mit vielen Metallpulvern kann
  Explosionsgefahr entstehen [484];

  Silberweißes, sprödes Metall mit etwas bläulichem Schimmer;
  Verwendung: in der Druckindustrie als Zusatz zum Letternmetall, um die Legierung härter zu machen;
  Verboten in Kosmetika;

Antimon(III)-oxid

- CAS-Nummer :
  1309-64-4

- gebräuchliche Namen :
Antimonblüte; Antimontrioxid; Antimonweiß; Diantimontrioxid; C.I. 77052; Pigment White 11; Pigment Weiß 11 (C.I. 77052); Antimonytrioxid;

- Handelsnamen :
Timonox; Antimon Weiß; Senarmontit; Valentinit; Exitelit; Weißspießglanz; Antox; Chemetron Feuershield; Thermoguard B; Thermoguard S; Timonox; A 1582; Patox; White Star;

- Summenformel :
Sb_2O_3

Funktion
Additiv/Kathode

Batterietyp
SE
Lithium-Vanadiumoxid

Anwendungsbereich
Elektrodenbestandteil

Eigenschaften :

- toxigologisch/ökotoxikologisch :
RTECS # CC 5650000
Schweizer Giftliste : 4
R-Satz : 40
S-Satz : (2)-22-36
Sonstiges :
Krebserzeugend IIIA2 [481]; Carc.Cat. 2 [505];
Kontakt mit festem Stoff führt zu Augen- und Hautreizungen; ständiger Kontakt verrursacht Dermatitis; Schleimhautreizungen nach Verschlucken im Mund, Rachen, Speiseröhre und Magen-Darm-Trakt; Einatmen von Stäuben verursacht Schleimhautreizungen, Husten und Atemnot; nach Aufnahme toxischer Mengen Blutdruckabfall, Herzrythmusstörungen, Muskelschmerzen möglich; toxische Wirkung auf Leber und Nieren [415];
Im Tierversuch eindeutig krebserzeugend [415];

LD 50 (oral, Ratte): > 20 g/kg [195];
LD 50 (intraperitoneal, Ratte): 3250 mg/kg [415];
LD Lo (subcutan, Kaninchen): 2,5 mg/kg [415];
LD Lo (intravenös, Hund): 3 mg/kg [415];
LD 50 (intraperitoneal, Maus): 172 mg/kg [428];
Minimale LD (Fisch; amerik. Elritze, 96 h): 80 mg/l [195];

Gefahren-Symbol :

- physikalisch/chemisch :
Siedepunkt : 1425; 1456 °C; 1550 °C (Subl.); 870 °C (279,91 hPa) [201]
Dichte : 5670 kg/m3 (20 °C)
Schmelzpunkt : 656 °C
Molmasse : 291,50 g/mol

Löslichkeit :
sehr wenig löslich in Wasser; löslich in Kaliumhydroxid-Lösung, Ethansäure (Essigsäure); verd. Schwefelsäure, Salpetersäure, verd. Salzsäure;

Verbleib nach Gebrauch :
Beseitigung O

Bemerkung :
Weißes Pulver; geruchlos;
Kommt in der Natur in zwei enantiotropen Modifikationen vor: Senarmontit (regulär kubisch) und Valentinit (rhombisch) (Weißspießglanz, Antimonblüte);
Verwendung: als Weißpigment mit einer Deckkraft, die nahe an -> Titandioxid heranreicht (selten in Druckfarben);
Carc.Cat. 3 [505];

Arsen

- **CAS-Nummer :**
  7440-38-2
- **gebräuchliche Namen :**
  Scherbenkobalt;
- **Handelsnamen :**

- **Summenformel :**
  As

Funktion
  Additiv/Elektrodengitter
Batterietyp
  SE
  Bleiakku
Anwendungsbereich
  Elektrodenbestandteil
Eigenschaften :
- **toxigologisch/ökotoxikologisch :**
  RTECS # CG 0525000
  Schweizer Giftliste : 1
  WGK : 3
  MAK Wert : 0,2 mg/m3
  R-Satz : 23/25
  S-Satz : (1/2)-20/21-28-45
  Sonstiges :
  Karzinogen [187]; IMK: I;
  Zellgift: Zahnfleischentzündung, Magen- und Darmkartarrh, Benommenheit mit Lähmungen, Krämpfe,
  Übelkeit, starkes Erbrechen; Reines Arsen wird als ungiftig bezeichnet, zu beachten sind jedoch
  Verunreinigungen mit -> Arsen(III)-oxid [140];
  Innerlich 60 - 300 mg tödlich [39];
  LD 50 (oral, Ratte): 25 mg/kg [140];
  Verbreitung: Luft- und Wasserpfad, durch Pflanzen; Literaturübersicht siehe [370];
  Keine alkoholischen Getränke als Gegenmittel; Gewöhnung möglich;
  Anorganische Arsenverbindungen im allg. toxischer als organische Arsenverbindungen;
  Zur biologischen Abbaubarkeit von Arsenverbindungen siehe [370];

  Gefahren-Symbol :

- **physikalisch/chemisch :**
  Siedepunkt : 616 °C (Subl.)
  Dichte : 5720 kg/m3 (20 °C)
  Schmelzpunkt : 817 °C (28364 hPa)
  Molmasse : 74,9216 g/mol

Löslichkeit :
  unlöslich in Wasser; löslich in Salpetersäure;

Bemerkung :
  alle Angaben sind für die metallisch graue Modifikation

Verbleib nach Gebrauch :
  Beseitigung: hochgiftig, deshalb können auch kleinere Mengen nicht auf einfachem Wege beseitigt
  werden; As-Reste müssen in einer geordneten Giftmülldep. untergebracht o. getrennt gesammelt
  wiedergewonnen werden.
  Trinkwasserwassergrenzwert: 0,04 mg/l [140];

Industriegebiete können atmosphärische Arsen-Konzentrationen im Bereich von 20-90 ng/m3 haben [405];

Bemerkung :
Metallisch glänzende Kristalle;
Erhitzen an der Luft: Arsen verbrennt mit weißem Rauch zu Arsentrioxid As2O3 (charakteristischer knoblauchartiger Geruch)
Verwendung: Zusatz bei der Schrotfabrikation; zur Herstellung von Arsenverbindungen; Zusatz für Korrosionsschutzmittel; Bestandteil von Katalysatoren (insbes. für Erdölaufbereitung);
Verboten in Kosmetika;
Weltproduktion an Arsen und Arsenverbindungen: ca. 60000 t/a [140];
Arsengehalt in der Erdkruste: ca. 1,5-2,0 mg/kg;

Bariumsulfat

- CAS-Nummer :
7727-43-7
- UN Nummer :
1564
- gebräuchliche Namen :
Schwerspat; schwefelsaures Baryt; Pigment Weiß 21 - 23; C.I. 77120;
- Handelsnamen :
Blanc fixe; Barytweiß; Druckweiß; Permanentweiß; Blanc fixe micro;
- Summenformel :
$BaSO_4$
Funktion
Additiv/Anode
Batterietyp
SE
Bleiakku
Anwendungsbereich
Elektrodenbestandteil
Eigenschaften :
- toxigologisch/ökotoxikologisch :
RTECS # CR 0600000
WGK : 0
MAK Wert : 0,5 mg/m3
Sonstiges :
Kann schädigend wirken bei Einatmung, Verschlucken oder Aufnahme über Haut; kann Augenreizungen verursachen [187];

LD 50 (oral, Ratte): 364 g/kg [235];

- physikalisch/chemisch :
Dichte : 4500 kg/m3 (20 °C)
Schmelzpunkt : 1350 °C
Molmasse : 233,40 g/mol

Löslichkeit :
Wasser 2,22 mg/l (16 °C), 2,46 mg/l (25 °C), 3,36 mg/l (50 °C), 4,13 mg/l (100 °C);
Chlorwasserstoff (3 %) 0,06 g/l (20 °C); wenig löslich in Schwefelsäure;

Verbleib nach Gebrauch :
Beseitigung O

Bemerkung :
Weißes, kristallines Pulver;
Verbreitetes Bariummineral;
Verwendung: als Pigment und Verschnittmittel; als Füllstoff bei der Herstellung von Kunstdruck- und Fotopapieren, Gummi und Plasten; als Bindemittel beim Bau von Atomenergieanlagen; in der Medizin als Kontrastmittel bei Magen- und Darmuntersuchungen; zur Herstellung von Druckfarben; zur Herstellung von Schutzplatten gegen Röntgenstrahlen;

Benzen

- **CAS-Nummer :**
  71-43-2
  - **UN Nummer :**
  1114
- **gebräuchliche Namen :**
  Annulen; Annullen; Benzol; Cyclohexatrien; Pyrobenzol; Solventnaphtha; Krystallbenzol; Lösungsbenzol
  gereinigt L; Motorenbenzol; Phenylwasserstoff; Reinbenzol; Pyrolysebenzin; Schwerbenzol;
  Solventnaphta; Benzen gereinigt; Kohlenaphtha;
- **Handelsnamen :**
  NCI-C55276;
- **Summenformel :**
  C_6H_6
- **Strukturformel**

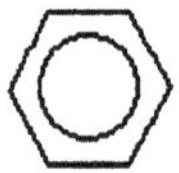

Funktion
  PE
  Ausgangsstoff/Kathode
  SE
  (a)Lösemittel/Elektrolyt
  (b),(c)Produktionshilfsmittel/Kathode
Batterietyp
  PE
  Lithium-Polycarbonmonofluorid
  SE
  (a)Lithium-Mangandioxid
  (b)Lithium-Molybdänsulfid
  (c)Lithium-Titandisulfid
Anwendungsbereich
  SE
  (a)Elektrolytbestandteil
  PE, SE
  (b),(c):Produktion
Eigenschaften :
- **toxigologisch/ökotoxikologisch :**
  RTECS # CY 1400000
  Schweizer Giftliste : 1
  WGK : 3
  R-Satz : 11-45-48/23/24/25
  S-Satz : 53-45
  Sonstiges :
  vgl. Abschn. IX;
  Geruchsschwelle 5 ml/m3;
  Gefahr der Hautresorption [481]; Krebserzeugend H Gruppe III A1 [481], [484]; Erbgutverändernd: 3
  [481]; IMK: I; Carc.Cat.1 [505]; Karzinogen [187]; möglicherweise erbgutverändernd [187]; Einatmen
  von hohen Dampfkonzentrationen reizt Atemwege sowie Augen und kann rasch zu tödlicher Lähmung des
  ZNS führen;
  Flüssigkeit wird auch über die Haut aufgenommen und verursacht auch auf diesem Wege schwere
  Vergiftungen; Tod durch Atemlähmung [163]; Dampfkonzentrationen von 7500 ml/m3 für 30-60 Min.
  erwiesen sich als toxisch (Einzelerfahrung); 3000 ml/m3 für 30-60 Min. als erträglich (Einzelerfahrung);
  20000 ml/m3 für 5-10 Min. als tödlich [163]; Eingeatmet 65 mg/l Luft in 5-10 Minuten tödlich; 5-10
  mg/l Luft in mehreren Stunden giftig; Giftwirkung kann auch nach Resorption durch die Haut auftreten;
  innerlich 20 g tödlich [30];
  LD Lo (oral, Mann); 50 mg/kg [428];
  TC Lo (inhalativ, Mann): 150 ml/m3/1 a intermittierend [428];

LC Lo (inhalativ, Mensch): 100 ml/m3, 65 mg/m3/5 a [428];
LD   (inhalativ, Mensch): 7500 ml/m3/30 min [140],
LD 50 (oral, Ratte): 3400 mg/kg [9], 4894 mg/kg [32], 930 mg/kg [428];
LC 50 (inhalativ, Ratte): 1000 ml/m3/7 h [428];
LD 50 (oral, Maus): 4700 mg/kg [10], [428];
LC 50 (inhalativ, Maus): 9980 ml/m3 [428];
LD 50 (Haut, Maus): 48 mg/kg [428];
LD 50 (intraperitoneal, Maus): 340 mg/kg [428];
LD Lo (oral, Hund): 2000 mg/kg [428];
LC Lo (inhalativ, Hund): 14600 mg/m3 [428];
LC Lo (inhalativ, Katze): 17000 mg/m3 [428];
LC Lo (inhalativ, Kaninchen): 45000 ml/m3/30 min. [428];
LD 50 (Haut, Kaninchen): >9400 mg/kg [428];
LD Lo (intravenös, Kaninchen): 88 mg/kg [428];
LD 50 (Haut, Meerschweinchen): >9400 mg/kg [428];
LD Lo (intraperitoneal, Meerschweinchen): 527 mg/kg [428];

LD Lo (subuctan, Frosch): 1400 mg/kg [428];
LC 50 (Fisch; Goldfisch, 24 h): 46 mg/l [57];
LC 0 (Fisch; Goldorfe, 96 h): 31 ± 25 mg/l [60];
LC 50 (Fisch; Goldorfe): 33/62 mg/l [33]
LC 100 (Fisch; Goldorfe): 35/267 mg/l [33]
EC 50 (Daphnia magna, 24 h): 18,7 mg/l [45], 38 mg/l [61];
Bei Eindringen in Grundwasser Gefahr für Trinkwasser [484];

Gefahren-Symbol :

- physikalisch/chemisch :
   Dampfdruck : 99,9 hPa (20 °C) [132], 102 hPa (20 °C) [61], 106,6 hPa (20 °C) [367];
   Siedepunkt : 80,12 °C
   Log pOW : 2,13; 1,56; 2,15 [4];
   Brechungsindex : 1,50144 (20 °C)
   Dichte : 879,1 kg/m3 (20 °C)
   Schmelzpunkt : 5,49 °C
   Flammpunkt : -11 °C
   Verdunstungszahl : 6,0 (BuAc = 1) [9], 3,0 (Diethylether = 1) [18], [132];
   Molmasse : 78,113 g/mol
   Verdampfungswärme : 394,82 kJ/kg

Löslichkeit :
   Wasser 1,53 g/l (0 °C), 1,81 g/l (22 °C), 1,85 g/l (30 °C); mischbar mit Ethanol, Diethylether,
   Propanon (Aceton), Methylbenzol (Toluol);

Verbleib nach Gebrauch :
   Beseitigung D
   Trinkwassergrenzwert: 10 µg/l (WHO) [140];
   < 0,1 µg/l im Rhein (1984) [51];
   Halbwertszeit in der Atmosphäre: etwa 4 es wird in der Atmosphäre wahrscheinlich in ->
   Hydroxybenzen (Phenol) umgewandelt [405];
   Mikrobiologischer Abbau von Benzol siehe [404];
   Nach 12 h zu 33 % aerob in Kläranlagen abgebaut [57];

Bemerkung :
   Farblose, aromatisch riechende Flüssigkeit; bei Temperaturen unter 6 °C wird reines Benzol (Reinbenzol)
   fest (Kristallbenzol); brennbar; Bildet im dampf-/gasförmigen Zustand mit Luft explosionsfähige Gemische;
   Explosionsgrenzen: 1,2 - 8 Vol% ; Zündtemp.: 555 °C [32];
   Vorkommen im Steinkohlenteer;
   Verboten in kosmetischen Mitteln;
   Geruchsschwelle: ca. 5 ml/m3 [163];

Einwirkung von gefährlichen Dampfkonzentrationen ist meist schon eingetreten, bevor Stoff durch Geruch wahrgenommen werden kann; Stoff reagiert bei Kontakt mit sauerstoffreichem Material (starken Oxidationsmitteln), konzentrierten Mineralsäuren, Halogenen, geschmolzenem Schwefel und reinem Sauerstoff;
Verwendung: als Motortreibstoff und techn. Lösemittel;
Enthalten in Gantrez AN-149 (2%);

Benzen-1,2-dicarbonsäuredibutylester

- **CAS-Nummer :**
  84-74-2
  - **UN Nummer :**
  3082
- **gebräuchliche Namen :**
  Dibutylphthalat; DBP; Phthalsäuredibutylester; n-Butylphthalat; 1,2-Benzoldicarboxylsäure-dibutylester; Butyl-phthalat;
- **Handelsnamen :**
  Kodaflex DBP; Hactol DBP; PX-104; Vestinol C; Unimoll DB; Celluflex DBP; Elaol; Ergoplast FDB; Genoplast B; Mexapals M/B; Palatinol C; Polycizer DBP; Staflex DBP; Witcizer 300; Hatcol DBP;
- **Summenformel :**
  $C_{16}H_{22}O_4$
- **Strukturformel**

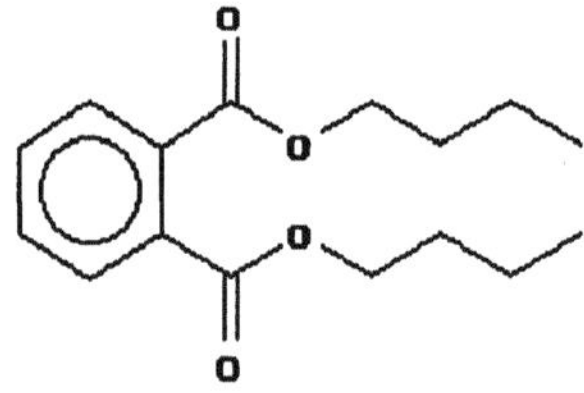

Funktion
  Produktionshilfsmittel/Festelektrolyt
Batterietyp
  SE
  Natrium-Schwefel
Anwendungsbereich
  Produktion
Eigenschaften :
- **toxigologisch/ökotoxikologisch :**
  RTECS # TI 0875000
  Schweizer Giftliste : 5
  WGK : 2
  R-Satz : 51/53-62-63
  S-Satz : 36/37
  Sonstiges :
  Wirkt schädigend bei Einatmung, Verschlucken oder Aufnahme über Haut; Dämpfe reizen Augen, Schleimhäute und Atemwege; kann Augen- und Hautreizung verursachen [187];
  Bei Aufnahme in den Körper ist der Stoff wenig giftig. Nur in schwersten Fällen ist mit Lähmung des Zentralnervensystems und mit (vorübergehenden) Nierenschäden zu rechnen. Symptome: Rötung und Brennen der Augen, der Nasen- und Rachenschleimhäute sowie der Haut. Husten, Atembeschwerden. Nach Aufnahme durch Verschlucken mit Verzögerung Übelkeit, Schwindel, Leibschmerzen, Kopfschmerzen, Lichtempflindlichkeit sowie Hornhaut- und Bindehautentzündung. Schläfrigkeit, Coma. [484];
  Teratogen; im Tierversuch (Ratten) schädigende Wirkung auf embryonale Entwicklung [248];
  LD Lo (oral, Mensch): 140 mg/kg [428]
  LD 50 (oral, Ratte): 8000 mg/kg [40], [338];
  LD 50 (intraperitoneal, Ratte): 3,04 ml/kg [248];
  LC 50 (inhalativ, Ratte): 7900 µg/m3 [40]; 4250 mg/m3 [428];
  LC 50 (inhalativ, Maus, 2 h): 25 mg/m3 [187];
  LD 50 (Haut, Kaninchen): > 20 g/kg [338];

LD 50 (intramuskular, Ratte): >8000 mg/kg [428];
LD 50 (oral, Maus): 5289 mg/kg [428];
LD 50 (intraperitoneal, Maus): 3570 mg/kg [428];
LD 50 (intravenös, Maus): 720 mg/kg [428];
LD 50 (oral, Meerschweinchen): 10000 mg/kg [428];
Biologisch abbaubar [206];

[EG-Sdb Hüls AG]:
Kann möglicherweise die Fortpflanzungsfähigkeit beeinträchtigen. Kann das Kind im Mutterleib
möglicherweise schädigen. Giftig für Wasserorganismen, kann in Gewässern längerfristig schädliche
Wirkungen haben.
LD 50 (oral, Ratte): 8000 mg/kg
Reproduktionstoxizität:
Studien an Ratten und Mäusen gaben Hinweise auf Beeinträchtigungen der Fortpflanzungsfähigkeit und
embryonalen Entwicklung nach oraler Applikation (Repr. Cat. 3);
LC 50 (Leuciscus idus melantus): 3,6 mg/l/48 h
EC 50 (Daphnia magna): 3,4 mg/l/24 h
EC 50 (Scenedesmus subspicatus): 1,3 mg/l/72 h
Biologische Abbaubarkeit >95 %;

Gefahren-Symbol :

- physikalisch/chemisch :
    Dampfdruck : 0,25 hPa (120 °C) [305], 1,3 hPa (147 °C) [187], [338];
    Siedepunkt : 340 °C
    Log pOW : 3,70 [4], 4,79 [205];
    Brechungsindex : 1,4900 (20 °C)
    Dichte : 1047 kg/m3 (20 °C)
    Schmelzpunkt : -35 °C
    Flammpunkt : 171 °C; 157 °C
    Verdunstungszahl : 0 (BuAc = 1) [338]
    Molmasse : 278,347 g/mol

Löslichkeit :
    11,2 mg/l (25 °C); löslich in Benzol; mischbar mit Ethanol, Diethylether, Propanon (Aceton); unlöslich in
    Wasser;

Bemerkung :
    Zündtemperatur: 399 °C [484];

Verbleib nach Gebrauch :
    Beseitigung A;

Bemerkung :
    Farblose, viskose Flüssigkeit, schwacher aromatischer Geruch; bitterer Geschmack;
    Verwendung: Gelierungsmittel für Sprengstoffe; Lösemittel; Weichmacher (in der Druckindustrie als
    Weichmacher für Fotopolymerdruckplatten im Hochdruck);
    Der Stoff reagiert bei Kontakt oder Mischung mit Oxidationsmitteln und Säuren [484];

[EG-Sdb Hüls AG]:
Geruchlose Flüssigkeit;
Schmelztemperatur: ca. -66 °C; Siedetemperatur: 175-185 °C (5 hPa); Flammpunkt: ca. 182 °C;
Zündtemperatur: ca. 410 °C; Dampfdruck: <0,01 hPa (20 °C); Dichte: 1046-1047 kg/m3 (20 °C);
Löslichkeit in Wasser <0,4 g/l (20 °C); logPow: 4,79

Benzyltrimethylammoniumbromid

- CAS-Nummer :
5350-41-4
- gebräuchliche Namen :
BTM; N-Benzyl-N,N,N-trimethylammoniumbromid:
- Handelsnamen :

- Summenformel :
$C_{10}H_{16}BrN$
Funktion
Additiv/Anode
Batterietyp
SE
Batterien mit Zinkanoden
Anwendungsbereich
Elektrodenbestandteil
Eigenschaften :
- toxigologisch/ökotoxikologisch :
RTECS # BO 8392000
R-Satz : 36/37/38
S-Satz : 26-37/39:
Sonstiges :
Kann schädigend wirken bei Einatmung, Verschlucken oder Aufnahme über Haut; verursacht Augen- und
Hautreizungen; reizt Schleimhäute und Atemwege [187];
LD 50 (subcutan, Maus): 45 mg/kg [428];

- physikalisch/chemisch :
Schmelzpunkt : 230-232 °C
Molmasse : 230,18 g/mol

Verbleib nach Gebrauch :
Beseitigung A

Bemerkung :
Weißes Pulver; hygroskopisch;
Unverträglich mit starken Oxidationsmitteln;

Bicyclo(5,3,0)decapentaen

- CAS-Nummer :
275-51-4
- gebräuchliche Namen :
Azulen;
- Handelsnamen :

- Summenformel :
$C_{10}H_8$
- Strukturformel

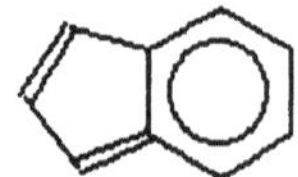

Funktion
Kathodenmaterial
Batterietyp
SE
Lithiumbatterie
Anwendungsbereich
Elektrodenbestandteil

Eigenschaften :
- toxigologisch/ökotoxikologisch :
   RTECS # CO 4570000
   Sonstiges :
   Kann allergische Reaktionen auslösen [187];

- physikalisch/chemisch :
   Siedepunkt : 242 °C
   Log pOW : 3,20 [4]
   Schmelzpunkt : 99 °C
   Molmasse : 128,18 g/mol

Löslichkeit :
   löslich in heißem Ethanol, Diethylether; unlöslich in Wasser;

Verbleib nach Gebrauch :
   Beseitigung A

Bemerkung :
   Blaue Blättchen, blaues Öl;
   Bildet wie alle Azulene mit starken Säuren farblose Salze;

Bitumen

- CAS-Nummer :
   8052-42-4
   - UN Nummer :
   1999
- gebräuchliche Namen :
   Bergpech; Asphalt; Erdharz; Asphaltum; Destillationsbitumen; Erdpech; geblasene Bitumen;
   Oxidationsbitumen; Verschnittbitumen; Straßenasphalt (flüssig); Mineralpech;
- Handelsnamen :

- Summenformel :

Funktion
   Produktionshilfsmittel
   Separator
   Füllmaterial
Batterietyp
   PE
   Zink-Kohle
Anwendungsbereich
   Gehäusebestandteil; Produktion
Eigenschaften :
- toxigologisch/ökotoxikologisch :
   WGK : 0
   Sonstiges :
   Krebserzeugend IIIB [481];
   Dämpfe von heißem Bitumen können Brechreiz und Schwindelgefühle verursachen; wenn heiße
   Flüssigkeit auf die Haut gelangt, entstehen schwere Verbrennungen;

   Im langjährigen Einsatz als Baustoff im Wasserbau (Fluß-, Kanalbau, Talsperren, Speicherbecken) keine
   nachteiligen Wirkungen durch Bitumen bekanntgeworden [484];

- physikalisch/chemisch :
   Siedepunkt : > 370 °C
   Flammpunkt : unter 21 °C c.c. bis 100 °C c.c. [484]

Löslichkeit :
   Löslichkeit in Wasser variiert;

Bemerkung :
Bitumen sind dunkelfarbige, halbfeste bis springharte schmelzbare Produkte der Erdölaufbereitung.
Asphalte sind Mischungen aus Bitumen und Mineralstoffen wie z.B. Sand und Kies [484];

Blei

- CAS-Nummer :
7439-92-1
- gebräuchliche Namen :
Plumbum; Lead;
- Handelsnamen :

- Summenformel :
Pb
Funktion
PE
(a)Verunreinigung
(b)Aktive Masse/Kathode;Stützgitter
(c)Leitmittel
SE
(a)Additv/Anode;
(b)Aktive Masse/Anode; Stützgitter
Batterietyp
PE
(a)Zink-Kohle
(b)Lithium-Bleijodid
(c)Lithium-Bleiwismutat
SE
(a)Nickel-Zink
(b)Bleiakku
Anwendungsbereich
PE + SE
(a)Elektrodenbestandteil
SE
(b)Elektrodenbestandteil; Gehäusebestandteil
Eigenschaften :
- toxigologisch/ökotoxikologisch :
RTECS # OF 7525000
Schweizer Giftliste : -
WGK : 2
MAK Wert : 0,1 mg/m3 (gemessen als Gesamtstaub);
R-Satz : 20/22-33
S-Satz : 13-20/21
Sonstiges :
vgl. Abschnitt VIII;
Spitzenbegrenzung: III [481]; Schwangerschaftsgruppe B [481]; IMK: I; Zur Risikominimierung gilt für
Frauen unter 45 Jahren ein speziell evaluierter BAT-Wert von 300 μg/l Blut [481]; Zellgift mit Wirkung
auf Blut, Knochenmark und Nervensystem: Speichelfluß, Erbrechen, Magen- und Darmkrämpfe (Bleikolik),
Kopf-, Leib- und Gliederschmerzen, Bleisaum an Zahnfleischrändern; Eingeatmet als Staub 1 mg/Tag
giftig; innerlich 20 g giftig, 20 - 50 g tödlich [30], [132];
Blei kann in aquatischen und terrestrischen Systemen angereichert werden [140]; Verbreitung:
Wasserpfad; Gesundheitsgefahren bei Überschreitung des MAK-Wertes: Blei und seine Verbindungen sind
stark giftig; oft erst nach wochen-, oder monatelanger Aufnahme Appetitlosigkeit, Müdigkeit,
Stuhlverstopfung; meist krampfartige Leibschmerzen und evtl. schwerer allgemeiner Krankheitszustand
[464];

Gefahren-Symbol :

- **physikalisch/chemisch** :
  Siedepunkt : 1740 °C
  Dichte : 11343,7 kg/m3 (16 °C)
  Schmelzpunkt : 327,502 °C
  Molmasse : 207,19 g/mol

Löslichkeit :
  Wasser 1,2 mg/l (20 °C); löslich in Salpetersäure, heißer konz. Schwefelsäure;

Bemerkung :
  Härte nach Mohs: 1,5

Verbleib nach Gebrauch :
  Beseitigung R
  Abwassergrenzwert: 3 mg/l [39]; Trinkwassergrenzwert: 0,1 mg/l [140];
  Ruhr bei Wetter (1975): 17 μg/l [417]; Rhein (deutsch-niederländische Grenze): 2100 t/a (1973), 670
  t/a (1985) [424];

Bemerkung :
  Bläulich weißes Metall mit geringer Härte, so daß es mit einem Messer geschnitten werden kann; als
  Pulver entflammbar;
  Verwendung: reines Blei: Herstellung von Geräten, die mit heißer konz. Schwefelsäure in Berührung
  kommen; Herstellung von Dichtungen und Folien; Heizbadflüssigkeit; Schutzmaterial gegen radioaktive
  Strahlen und Röntgenstrahlen;
  Bleilegierungen: Blei-Antimon-Zinn-Legierungen mit Zusatz von Kupfer und Nickel -> Schriftmetalle in der
  graphischen Industrie; säurefeste Auskleidungen; Rohrleitungen; Kabelmäntel; Akkuplatten;
  Bleiverbindungen: Mennige, weiße Farbe ($PbSO(4)$);

Blei(II,IV)-oxid

- **CAS-Nummer** :
  1314-41-6
- **gebräuchliche Namen** :
  Bleimennige; Blei(II)-orthoplumbat; Mennige; Bleitetraoxid; rotes Bleioxid; rotes Blei;
- **Handelsnamen** :
  C.I. 77578; C.I. Pigmentrot 105; Goldsatinobre; Bleiorthoplumbat, Bleitetraoxid; Mineralorange;
  Mineralrot; Minimum; Oranges Blei; Parisrot; rotes Bleioxid; Tribleitetroxid;
- **Summenformel** :
  Pb_3O_4
Funktion
  Additiv/Stützgitter
Batterietyp
  SE
  Nickel-Zink
Anwendungsbereich
  Elektrodenbestandteil
Eigenschaften :
- **toxigologisch/ökotoxikologisch** :
  RTECS # OG 5425000
  Schweizer Giftliste : 3
  R-Satz : 20/22-33
  S-Satz : 13-20/21
  Sonstiges :
  Kann schädigend wirken bei Einatmung, Verschlucken oder Aufnahme über Haut; verursacht Augen- und
  Hautreizungen; reizt Schleimhäute und Atemwege [187];
  LD Lo (oral, Meerschweinchen): 1000 mg/kg [428];
  LD 50 (intraperitoneal, Ratte): 630 mg/kg [428];
  LD 50 (intraperitoneal, Meerschweinchen): 220 mg/kg [428];

Gefahren-Symbol :

- physikalisch/chemisch :
  Dichte : 9100 kg/m3 (20 °C)
  Schmelzpunkt : 370 °C (Zers.)
  Molmasse : 685,57 g/mol

Löslichkeit :
  unlöslich in Propanon (Aceton); schwer löslich in Wasser, Ethanol; wenig löslich in Fluorwasserstoff (Flußsäure); löslich in Salzsäure;

Verbleib nach Gebrauch :
  Beseitigung O

Bemerkung :
  Gelb bis scharlachrotes kristallin-körniges oder auch amorphes Pulver;
  Bei etwa 550 °C: Zersetzung in Blei(II)oxid und Sauerstoff; zersetzt sich mit verdünnter Salpetersäure in Blei(IV)oxid und Blei(II)-nitrat; Unverträglich mit starken Reduktionsmitteln;
  Verwendung: vorzügliches Rostschutzmittel mit hervorragendem Deckvermögen; mit Leinöl vermischt als Schutzanstrich für Eisenkonstruktionen; Herstellung von Akkumulatorplatten, Kristallglas, Glasuren, Pigmenten, Pflastern, Salben;

Blei(II)-carbonat basisch

- **CAS-Nummer :**
  598-63-0
  - **UN Nummer :**
  3143
- **gebräuchliche Namen :**
  Bleicarbonat; Weißbleierz; Zerussit; Hydrocerussit; Bleifarben fest o. flüssig; Blei(II)-hydroxidcarbonat; Bleisubcarbonat; Cerussa; Hydrocerussit; Kremserweiß; Plumbum subcarbonicum;
- **Handelsnamen :**

- **Summenformel :**
  $Pb(CO_3)_2 * Pb(OH)_2$
Funktion
  Recyclingprodukt
Batterietyp
  SE
  Bleiakku
Anwendungsbereich
  Recycling/Entsorgung
Eigenschaften :
- **toxigologisch/ökotoxikologisch :**
  RTECS # OF 9275000
  MAK Wert : 0,1 mg/m3 (als Blei berechnet)
  R-Satz : 20/22-33
  S-Satz : 13-20/21
  Sonstiges :
  Kann schädigend wirken bei Einatmung, Verschlucken oder Aufnahme über Haut; kann Reizungen verursachen [187];
  Der Staub reizt die Augen und die Atemwege; die Substanz wird durch Einatmen des Staubes und nach Verschlucken in den Körper aufgenommen; mit Verzögerung treten Symptome von seiten des Zentralnervensystems und des Magen- und Darmkanals auf; Symptome: Brennen der Augen sowie der Nasen- und Rachenschleimhäute; Husten; Metallgeschmack, Übelkeit, kolikartige Leibschmerzen, Kopfschmerzen, Muskelschwäche und Krämpfe, Schlaflosigkeit, Kollaps, Verstopfung, seltener Durchfälle mit blutigem Stuhl [484];

TD Lo (oral, Mann): 214 mg/kg/4 Wochen [428];
LD Lo (oral, Meerschweinchen): 1000 mg/kg [428];

Hohe bis sehr hohe toxische Wirkung unabhängig von der Turbulenz des Gewässers [484];

Gefahren-Symbol :

- physikalisch/chemisch :
Siedepunkt : 400 °C Zers.
Dichte : 6140 kg/m3 (20 °C)
Schmelzpunkt : 315 °C Zers.
Molmasse : 775,60 g/mol

Löslichkeit :
Wasser 1,1 mg/l (20 °C); löslich in Säuren, Laugen; unlöslich in Ammoniak, Ethanol;

Verbleib nach Gebrauch :
Beseitigung L

Bemerkung :
Farblose, perlmuttartig glänzende Blättchen; rhombische Kristalle;
siehe auch -> Blei(II)-hydroxidcarbonat, CAS-Nr.: 1344-36-1;
Bei Kontakt mit Säuren oder Basen wird Bleiweiß langsam zersetzt; bei Kontakt mit Salpetersäure erfolgt
starkes Aufschäumen unter Bildung von Kohlendioxid [484];

Blei(II)-chlorid

- CAS-Nummer :
7758-95-4
- gebräuchliche Namen :
Bleidichlorid;
- Handelsnamen :

- Summenformel :
$PbCl_2$
Funktion
Recyclingprodukt
Batterietyp
SE
Bleiakku
Anwendungsbereich
Recycling/Entsorgung
Eigenschaften :
- toxigologisch/ökotoxikologisch :
RTECS # OF 9450000
R-Satz : 20//22-33
S-Satz : 13-20/21
Sonstiges :
Kann schädigend wirken bei Einatmung, Verschlucken oder Aufnahme über Haut; kann Augen- und
Hautreizungen verursachen [187];

Gefahren-Symbol :

- physikalisch/chemisch :
   Siedepunkt : 954 °C
   Dichte : 5850 kg/m3 (20 °C)
   Schmelzpunkt : 498 °C
   Molmasse : 278,10 g/mol

Löslichkeit :
   Propantriol (Glycerin) 20,4 g/l (20 °C); wenig löslich in Ethanol, Wasser;

Verbleib nach Gebrauch :
   Beseitigung L

Bemerkung :
   Weiße, glänzende kleine Kristalle;
   Geschmolzenes Blei(II)-chlorid erstarrt beim Abkühlen zu einer hornar tigen Masse (Hornblei);

Blei(II)-oxid

- CAS-Nummer :
   1317-36-8
- gebräuchliche Namen :
   Bleiglätte; Bleimonoxid; Bleioxid; Bleioxid Gelb; Bleiprotoxid; Litharge; Massicot; Pigment Yellow 46;
- Handelsnamen :
   Litharge Pur; Yellow Lead Ocher;
- Summenformel :
   PbO
Funktion
   PE
   Additiv/Kathode
   SE
   (a)Additiv/Anode;
   (b)Ausgangsstoff/Elektroden
Batterietyp
   PE
   Zink-Luft
   SE
   (a)Nickel-Zink
   (b)Bleiakku
Anwendungsbereich
   PE
   Elektrodenbestandteil
   SE
   (a)Elektrodenbestandteil
   (b)Produktion
Eigenschaften :
- toxigologisch/ökotoxikologisch :
   RTECS # OG 1750000
   R-Satz : 20/22-33
   S-Satz : 13-20/21
   Sonstiges :
   Wirkt schädigend bei Einatmung, Verschlucken oder Aufnahme über Haut; verursacht Augen- und
   Hautreizungen; reizt Schleimhäute und Atemwege [187];
   LD 50 (intraperitoneal, Ratte): 430 mg/kg [335];
   LD Lo (oral, Hund): 1400 mg/kg [428];

Gefahren-Symbol :

- **physikalisch/chemisch :**
    Dampfdruck : 1,3 hPa (944 °C)
    Siedepunkt : 1470 °C
    Dichte : 9530 kg/m3 (20 °C)
    Schmelzpunkt : 890 °C
    Molmasse : 223,19 g/mol

Löslichkeit :
    Wasser 0,017 g/l (20 °C); wenig löslich in Salzsäure, Schwefelsäure; löslich in Salpetersäure, heißen
    Alkalilaugen; unlöslich in Fluorwasserstoff (Flußsäure);

Bemerkung :
    Alle Angaben für die tetragonale Modifikation

Verbleib nach Gebrauch :
    Beseitigung O

Bemerkung :
    Rotes, kristallines Pulver; bereits unterhalb seines Schmelzpunktes flüchtig;
    Existiert in zwei Modifikationen: rote bis rötlich gelbe tetragonale Kristalle (Litharge) und gelbe
    orthorhombische Kristalle (Massicot);
    Verwendung: Herstellung von Akkumulatorplatten, Bleiweiß, niedrig schmelzende und stark
    lichtbrechende Gläser (Kristall-und Fintglas, Straß); keramische Industrie: Glasuren und Porzellanfarben;
    als Pigment für Gummi; in Salben; zum Färben schwefelhaltiger Verbindungen wie z.B. Haare, Nägel,
    Wolle; zum Analysieren von Gold- und Silbererzen; Herstellung von Sikkativen;
    Wichtiges Bleierz zur Bleigewinnung;

Blei(II)-sulfat

- **CAS-Nummer :**
    7446-14-2
    - **UN Nummer :**
    1794
- **gebräuchliche Namen :**
    Anglesit; Bleisulfat;
- **Handelsnamen :**

- **Summenformel :**
    $PbSO_4$
Funktion
    Ausgangsstoff/Kathode
    Reaktionsprodukt
Batterietyp
    SE
    Bleiakku
Anwendungsbereich
    Produktion
    Elektrodenbestandteil
Eigenschaften :
- **toxigologisch/ökotoxikologisch :**
    RTECS # OG 4375000
    Schweizer Giftliste : 2
    R-Satz : 20/22-33
    S-Satz : 13-20/21
    Sonstiges :
    Ätzendes Gemisch, dessen Staub zu starker Reizung der Augen, der Atemwege, der Lunge sowie der
    Haut führt; das gleiche gilt für die bei starker Erhitzung entstehenden Dämpfe; Glottis- und Lungenödem
    möglich; Achtung, letzteres kann mit einer Verzögerung bis zu zwei Tagen auftreten; nach Einatmen des
    Staubes oder der Dämpfe ist daher eine ärztliche Untersuchung in jedem Fall erforderlich; Kontakt mit
    dem festen Stoff oder der breiigen Masse bewirkt sehr starke Reizung und Verätzung der Augen und der
    Haut [484];

Toxisch für Wasserorganismen;
für Goldfische 25 mg/l letal in 96 Std. [484]
für Elritze 25 mg/l letal in 2-3 Std. [484]

Gefahren-Symbol :

- physikalisch/chemisch :
  Dichte : 6200 kg/m3 (20 °C)
  Schmelzpunkt : 1170 °C
  Molmasse : 303,25 g/mol

Löslichkeit :
  Wasser 0,0425 g/l (25 °C), 0,056 g/l (40 °C); löslich in Ammoniumsalzen; wenig löslich in konz.
  Schwefelsäure; unlöslich in Säuren;

Verbleib nach Gebrauch :
  Beseitigung O

Bemerkung :
  Weißes kristallines Pulver, fester Stoff oder breiige Masse;
  In den aus Mischkristallen bestehenden Pigmenten -> Molybdän Orange, -> Chromgelb enthalten;
  Verwendung: als Substrat für lithografische Farblacke und Teerfarbstoffe

Blei(II)-sulfid

- CAS-Nummer :
  1314-87-0
- gebräuchliche Namen :
  Bleisulfid; Galenit;
- Handelsnamen :

- Summenformel :
  PbS
Funktion
  Aktive Masse/Kathode
Batterietyp
  PE
  Lithium-Bleijodid
Anwendungsbereich
  Elektrodenbestandteil
Eigenschaften :
- toxigologisch/ökotoxikologisch :
  RTECS # OG 4550000
  R-Satz : 20/22-33
  S-Satz : 13-20/21
  Sonstiges :
  LD Lo (intraperitoneal, Ratte): 1847 mg/kg [428];
  LD 50 (intraperitoneal, Ratte): 1,8 g/kg [335];
  LD Lo (oral, Meerschweinchen): 10 g/kg [428];

- physikalisch/chemisch :
  Dichte : 7500 kg/m3 (20 °C)
  Schmelzpunkt : 1114 °C
  Molmasse : 239,26 g/mol

Löslichkeit :
  unlöslich in Ethanol, Wasser, Kalilauge; löslich in Salpetersäure, verd. Salzsäure;

Verbleib nach Gebrauch :
   Beseitigung O

Bemerkung :
   Schwarzes Pulver;
   Kommt als Mineral Galenit vor;
   Verwendung: Glasieren von Steingut;

Blei(IV)-oxid

- CAS-Nummer :
   1309-60-0
   - UN Nummer :
   1872
- gebräuchliche Namen :
   Bleidioxid; Bleiperoxid;
- Handelsnamen :

- Summenformel :
   PbO_2
Funktion
   PE
   Additiv/Kathode
   SE
   Aktive Masse/Kathode
Batterietyp
   PE
   Aluminium-Luft (Meerwasserbatterie)
   SE
   Bleiakku
Anwendungsbereich
   SE + PE
   Elektrodenbestandteil
Eigenschaften :
- toxigologisch/ökotoxikologisch :
   RTECS # OG 0700000
   R-Satz : 20/22-33
   S-Satz : 13-20/21
   Sonstiges :
   Kann schädigend wirken bei Einatmung, Verschlucken oder Aufnahme über Haut; verursacht Augen- und
   Hautreizungen; reizt Schleimhäute und Atemwege [187];
   LD 50 (intraperitoneal, Meerschweinchen): 220 mg/kg [428];

Gefahren-Symbol :

- physikalisch/chemisch :
   Dichte : 9370 kg/m3 (20 °C)
   Schmelzpunkt : 290 °C Zers.
   Molmasse : 239,19 g/mol

Löslichkeit :
   Wasser 0,14 g/l (25 °C); wenig löslich in Salpetersäure; löslich in heißer konz. Kaliumhydroxid; ;

Verbleib nach Gebrauch :
   Beseitigung O

Bemerkung :
Schwarzes Pulver; hexagonale Kristalle;
Mit Salzsäure -> Chlor-Entwicklung;
Verwendung: Oxidationsmittel, in der Zündholzindustrie und der Pyrotechnik; Herstellung von Elektroden;

Bor(III)-oxid

- CAS-Nummer :
1303-86-2
- gebräuchliche Namen :
Boroxid; Borsäureanhydrid; Bortrioxid; Borsesquioxid;
- Handelsnamen :

- Summenformel :
B_2O_3
Funktion
PE
Additiv/Elektrolyt
SE
(b)Additiv/Kathode
Batterietyp
PE
Lithium-Thionylchlorid
SE
(a)Nickel-Cadmium
(b)Lithium-Vanadiumoxid
Anwendungsbereich
PE
Elektrolytbestandteil
SE
(b)Elektrodenbestandteil
Eigenschaften :
- toxigologisch/ökotoxikologisch :
RTECS # ED 7900000
Schweizer Giftliste : 2
MAK Wert : 15 mg/m3 (gemessen als Gesamtstaub);
R-Satz : 20/21/22-36/37/38
S-Satz : 7/8-24/25
Sonstiges :
Spitzenbegrenzung: II,2 [481];
Wirkt schädigend bei Einatmung oder Verschlucken; Dämpfe reizen Augen, Atemwege und Schleimhäute [187];
LD 50 (oral, Maus): 3163 mg/kg [187];
LD 50 (intraperitoneal, Maus): 1868 mg/kg [428];

Gefahren-Symbol :

- physikalisch/chemisch :
Siedepunkt : 1860°C
Brechungsindex : 1,485 (20 °C)
Dichte : 2460 kg/m3 (20 °C)
Schmelzpunkt : 450 °C
Molmasse : 69,86 g/mol

Löslichkeit :
löslich in Ethanol, Glycerin, Propanon (Aceton); Wasser: 11 g/l (0 °C), 157 g/l (100 °C); unlöslich in fl. Ammoniak;

Verbleib nach Gebrauch :
Beseitigung O

Bemerkung :
Weiße, bröcklige, glasige, halbdurchsichtige, hygroskopische Klumpen oder harte, weiße Kristalle;
geruchlos; Unverträglich mit Säuren; Kontakt mit Feuchtigkeit vermeiden;
Verwendung: in der Metallurgie, in der Analyse von Silikaten, um SiO_2 und Laugen zu bestimmen; in der
Lötanalyse;

Brom

- CAS-Nummer :
7726-95-6
- Handelsnamen :

- Summenformel :
Br_2
Funktion
Aktive Masse/Kathode
Batterietyp
SE/Zink-Brom
Anwendungsbereich
Elektrodenbestandteil
Eigenschaften :
- toxigologisch/ökotoxikologisch :
RTECS # EF 9100000
MAK Wert : 0,1 ml/m3 bzw. 0,7 mg/m3
R-Satz : 26-35
S-Satz : (1/2)-7/9-26-45
Sonstiges :
Spitzenbegrenzung: I [481]; Schwangerschaftsgruppe IIc;
Dämpfe führen zu sehr starker Reizung der Augen und Atmungsorgane bis zu Kehlkopf- und Lungenödem
oder noch nach Tagen zur Lungenentzündung; an der Haut entstehen tiefgehende schmerzhafte
Verätzungen; auch der Kontakt mit der Flüssigkeit bewirkt tiefgreifende Verätzungen der Augen und Haut
[163];
LD Lo (oral, Mensch): 14 mg/kg [428];

Gefahren-Symbol :

- physikalisch/chemisch :
Dampfdruck : 233 hPa (20 °C) [163]
Siedepunkt : 58,7 °C
Dichte : 3102,3 kg/m3 (25 °C)
Schmelzpunkt : -7,3 °C
Flammpunkt : -
Molmasse : 159,82 g/mol

Löslichkeit :
Wasser 42 g/l (0 °C), 35,2 g/l (50 °C); löslich in Ethanol, Diethylether, Trichlormethan (Chloroform),
Schwefelkohlenstoff, Tetrachlorkohlenstoff;

Verbleib nach Gebrauch :
Beseitigung J

Bemerkung :
Rotbraune, rauchende Flüssigkeit oder Dämpfe; nicht brennbar; stark ätzend;
Verwendung: zur Desinfektion von Wasser; Entfärben von Fasern und Seide; Herstellung med.
Bromverbindungen; Farbstoff;

Butan-1-ol

- CAS-Nummer :
71-36-3
- UN Nummer :
1120
- gebräuchliche Namen :
1-Butanol; Butanol; n-Butanol; Butylalkohol; n-Butylalkohol; Butyloxidhydrat; Propylcarbinol;
Propylmethanol; Butanol, normal; NBA;
- Handelsnamen :
CCS 203; Hemostyp;
- Summenformel :
$C_4H_{10}O$
- Strukturformel

OH

Funktion
Produktionshilfsmittel/Festelektrolyt
Anwendungsbereich
Produktion
Eigenschaften :
- toxigologisch/ökotoxikologisch :
RTECS # EO 1400000
Schweizer Giftliste : 4
WGK : 1
MAK Wert : 300 mg/m3 bzw. 100 ml/m3
R-Satz : 10-20
S-Satz : 16
Sonstiges :
Spitzenbegrenzung: II,1; Schwangerschaftsgruppe D [481];
Geruchsschwelle 25 ml/m3 [484];
Kontakt mit Augen, Haut und Schleimhäuten führt zu Reizungen; zentralnervöse Störungen mit
Benommenheit, Rausch, Blutdruckabfall; Störung der Herztätigkeit; Leber- und Nierenschäden;
narkotische Wirkung;
Kurzeinwirkung: 200 ml/m3 über mehrere Stunden riefen eine schwere Reizung der Augen hervor. 150
ml/m3 erwiesen sich für kurze Zeit erträglich [484];
TC Lo (inhalativ, Mensch): 25 ml/m3 [428];
LD 50 (oral, Ratte): 790 mg/kg [32], [428]; 2510 mg/kg [9], 4,36 g/kg [193];
LC 50 (inhalativ, Ratte): 8000 ml/m3/4 h [428];
LD 50 (intraperitoneal, Ratte): 1122 mg/kg [428];
LD 50 (intravenös, Ratte): 310 mg/kg [428];
LD 50 (oral, Maus): 2680 mg/kg [428];
LD 50 (intraperitoneal, Maus): 603 mg/kg [428];
LD 50 (subcutan, Maus (1 Tag alt)): 1120 ± 132 mg/kg [332];
LD 50 (subcutan, Maus (30 Tage alt)): 3200 ± 213 mg/kg [332];
LD 50 (subcutan, Maus): 3200 mg/kg [428];
LD 50 (intravenös, Maus): 377 mg/kg [428];
LD Lo (oral, Hund): 1760 mg/kg [428];
LD Lo (subcutan, Hund); 2000 mg/kg [428];
LD Lo (intravenös, Katze): 243 mg/kg [428];
LD 50 (oral, Kaninchen): 3484 mg/kg [428];
LD 50 (Haut, Kaninchen): 3400 mg/kg [428];

LC 50 (inhalativ, Säugetier): 28400 mg/m3 [428];
LD 50 (oral, Wildvogel): 2500 mg/kg [428];

Toxische Grenzkonzentration für Pseudomonas putida 280 mg/l, Scenedesmus quadricauda 350 mg/l [36], 95 mg/l [404];
LC 50 (Daphnia magna): 1855 mg/l [32], 1220 mg/l [6];
LC 50 (Fisch; Goldorfe): 1750/1520 mg/l [33];
Biologisch abbaubar [262];

zu Butanol, normal [Sdb Shell Chemicals]:
Symptome: Kopfschmerzen, Schwindelgefühl, Übelkeit, Narkose, trockene Haut, Reizwirkung auf Haut, Augen und Atmungsorgane. Augenkontakt kann Hornhautentzündung verursachen. Längerer oder wiederholter Hautkontakt kann entfettend wirken und zu Dermatitis führen.
LD/LC 50 (oral, Ratte): 790 mg/kg
LD/LC 50 (dermal, Kaninchen): 4200 mg/kg
Wiederholte Exposition verursacht Leber- und Nierenschäden, schädigt die Atmungsorgane.
Biologisch leicht abbaubar.
LC 50 (Fisch): >100 mg/l
EC 50 (Wasserfloh): >100 mg/l
IC 50 (Algen): >100 mg/l
IC 50 (Bakterien): >100 mg/l

zu n-Butanol [Sdb Neste Chemicals]: ·
Die Einnahme der Flüssigkeit oder die Einatmung der Dämpfe kann zu Kopfschmerzen, Schläfrigkeit und Narkose führen. In flüssiger Form oder im gasförmigen Zustand kann es zu gemäßigter Hautreizung und erheblicher Augenreizung in Form von Verbrennungen, unscharfes Sehvermögen, Lachrymation und Photophobie führen.
LD 50 (oral, Ratte): 2500-4400 mg/kg
LD 50 (dermal, Ratte): 8000 mg/kg
LD 50 (Haut, Kaninchen): 4200 mg/kg
Inhalationsstudien bei Ratten (gd 1-19) bei Dosen von bis zu 8000 ppm zeigten maternale Toxokologie bei 6000 und 8000 ppm. Bei 8000 ppm wurden geringe Zunahmen von Mißbildungen des Skeletts gefunden.
LC 50 (Fisch; Alburnus alburnus): 2300 mg/l/96 h
LC 50 (Fisch; Pimephales promelas): 1740 mg/l/96 h
EC 50 (Daphnia magna): 1855 mg/l/24 h; 1983 mg/l/48 h
8 Tage NOAEL, Scenedesmus quadricauda: 875 mg/l
8 Tage NOAEL, Microcystis aeruginosa: 100 mg/l

Gefahren-Symbol :

- physikalisch/chemisch :
Dampfdruck : 5,8 hPa (20 °C) [132], 6,7 hPa (20 °C) [32], 7,4 hPa (20 °C) [367];
Siedepunkt : 117,5 °C
Log pOW : 0,65; 0,83 [4]; <3 [Sdb Shell];
Brechungsindex : 1,39931 (20 °C)
Dichte : 809,0 kg/m3 (20 °C); 785 kg/m3 (20 °C);
Schmelzpunkt : -89,5 °C
Flammpunkt : 30 °C; 34 °C
Verdunstungszahl : 0,5 (BuAc = 1) [9], 33 (Diethylether = 1) [18], [132];
Molmasse : 74,122 g/mol
Verdampfungswärme : 594,23 kJ/kg

Löslichkeit :
Wasser 68 g/l (18 °C), 79 g/l (20 °C); mischbar mit Ethanol und Diethylether;

Verbleib nach Gebrauch :
Beseitigung D

Bemerkung :
Klare Flüssigkeit, süßlich, ranzig riechend [Sdb Shell];
Farblose, ethanolartig riechende Flüssigkeit;
brennbar; Bildet im dampf-/gasförmigen Zustand mit Luft explosionsfähige Gemische; Explosionsgrenzen: 1,4-11,3 Vol% ; Zündtemp.: 340 °C [32], 360 °C [Sdb Neste];

zu Butanol, normal [Sdb Shell Chemicals]:
Reaktionen mit Oxidationsmitteln;
Schmelzpunkt: -89 °C; Siedepunkt 117,7 °C; Flammpunkt: 34 °C;
Explosionsgrenzen: 1,4-11,3 Vol.-%; Zündtemp.: 360 °C;
Dampfdruck: 6,2 hPa (20 °C), 44,2 hPa (50 °C); Dichte: 785 kg/m3 (20 °C);
Löslichkeit in Wasser: 7,5 Gew.-% (20 °C); logPow: <3; Verdunstungszahl (nBuAc = 1): 0,5;
Molekulargewicht: 74,12   [Sdb Neste];

zu n-Butanol [Sdb Neste Chemicals]:
Siedepunkt: 117,7 °C; Schmelzpunkt: -89,8 °C; Flammpunkt: 35 °C;
Explosionsgrenzen: 1,4-11,3 Vol.-%; Zündtemperatur: 340 °C;
Dampfdruck: 0,59 hPa (20 °C); Dichte: 809-810 kg/m3 (20 °C); Verdunstungszahl (Ethyl-Ether = 1): 27;
Löslichkeit in Wasser: 7,8 g/100 g; Molekulargewicht: 74,12   [Sdb Shell];

Verwendung: Lösemittel für Fette und Wachse;

Enthalten in Cerafak 106 (6%), 106 Stab (6,5%), 140 (65%), Disparlon KS 860 (23,9%, Efka-780 (20%), -781 (20%), Fisantrol Catalyst PTS 3 (50%), Jäger Antihydro Trockner (1,4%), HK Trockner (1,4%), OB Trockner (1,4%), Lanco-Rex (5%), -Glidd ML (15%), 84 Urad DD27 (5%)), DD22 (33,2%);

Butan-2-on

- CAS-Nummer :
78-93-3
- UN Nummer :
1193
- gebräuchliche Namen :
Ethylmethylketon; Methylethylketon; 2-Butanon; MEK; MEC; Acetonersatz; ß-Ketobutan; Methylpropanon; Butanon-2;
- Handelsnamen :
Meetco;
- Summenformel :
C_4H_8O
- Strukturformel

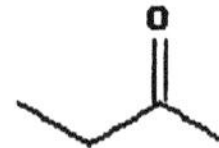

Funktion
Produktionshilfsmittel/Festelektrolyt
Batterietyp
SE
Natrium-Schwefel
Anwendungsbereich
Produktion
Eigenschaften :
- toxigologisch/ökotoxikologisch :
RTECS # EL 6475000
Schweizer Giftliste : 4
WGK : 1
MAK Wert : 590 mg/m3 bzw. 200 ml/m3
R-Satz : 11-36/37
S-Satz : (2)-9-16-25-33

Sonstiges :
Spitzenbegrenzung: II,1 [481]; Schwangerschaftsgruppe D [481];
Kontakt mit Augen, Haut und Schleimhäuten führt zu Reizungen; Entfettung der Haut; bei Aufnahme
großer Mengen Benommenheit, Blutdruckabfall, Störung der Atem- und Herztätigkeit, Narkose;
Eingeatmet 300 ml/m3: Kopfschmerzen und Rachenreizung [9];
Das Einatmen der Dämpfe wirkt betäubend. Die Dämpfe reizen die Augen sowie die Nasen- und
Rachenschleimhäute. Kontakt mit der Flüssigkeit führt zu starker Reizung der Augen und geringerer
Reizung der Haut.
Symptome: Brennen und Schmerzen der Augen, der Nasen- und Rachenschleimhäute. Kopfschmerzen,
Schwindel, Übelkeit, Erbrechen, Gleichgewichtsstörungen, Bewußtlosigkeit, Tod.
Kurzeinwirkung: 30000 ppm waren wegen starker Reizung der Augen, der Nasen- und
Rachenschleimhäute unerträglich. 3000 ppm erwiesen sich nach kurzer Zeit als unerträglich.   [484];
Geruchsschwelle: < 25 ml/m3 [32]; 10 ml/m3 [484];
TC Lo (inhalativ, Mensch): 100 ml/m3/5 min. [428];
LD 50 (intraperitoneal, Ratte): 607 mg/kg [428];
LD 50 (oral, Maus): 4050 mg/kg [428];
LC 50 (inhalativ, Maus): 40000 mg/m3/2 h [428];
LD 50 (oral, Ratte): 3100 mg/kg [9], 3400 mg/kg [32], 2737 mg/kg [187];
LD 50 (Haut, Kaninchen): 12600 mg/kg [9], 6480 mg/kg [187];
LC 50 (inhalativ, Ratte, 2 h): 4000 ml/m3 [9];
LC 50 (inhalativ, Ratte, 8 h): 8000 ml/m3 [187];
Toxische Grenzkonzentration für Pseudomonas putida 1150 mg/l, Scenedesmus quadricauda 4300 mg/l
[32], 53 mg/l [404];
LC 50 (Fisch; Goldorfe) 4880/4600 mg/l [33];
LC 50 (Daphnia magna): 8890 mg/l [29];
EC 50 (Daphnia magna): 7060 mg/l [180];
MLD Fische: 5600 mg/l [32];

Methylketon [Sdb Shell Chemicals]:
Hohe Konzentrationen können Müdigkeit und Schwindelgefühl verursachen. Verursacht Schmerzen bei
Augenkontakt. Längerer/wiederholter Hautkontakt kann zu Dermatitis führen. Über 200 ml/m3 Reizung
der Augen und oberen Atemwege (Warneffekt).
LD 50 (oral, Ratte): 3300 mg/kg
LD 50 (dermal, Kaninchen): 5000 mg/kg
LC 50 (inhal. Ratte): 12000 ml/m3/4 h
An der Haut schwach reizend, am Auge stark reizend, reizt die Atmungsorgane. Wiederholte Exposition
verursacht Leber- und Nierenschäden.
LC 50 (Fisch): >100 mg/l/96 h
EC 50 (Wasserfloh): >100 mg/l/48 h
IC 50 (Algen): >100 mg/l/8 d
IC 50 (Bakterien): >100 mg/l/16 h
Biologisch leicht abbaubar [Sdb];

MEK [Sdb Exxon Chemical]:
Verursacht Reizung der Augen und Atemwege. Kopfschmerzen, Schwindel und Störungen des ZNS.
Entfettet die Haut, was zu Dermatitis führen kann. Geringste Mengen, die beim Verschlucken oder
nachfolgendem Erbrechen in die Lunge gelangen, können zu einem Lungenödem oder zur
Lungenentzündung führen.

Gefahren-Symbol :

- physikalisch/chemisch :
   Dampfdruck : 105 hPa (20 °C) [32];
   Siedepunkt : 79,6 °C; 78,1-81,1 °C;
   Log pOW : 0,26; 0,29 [4];
   Brechungsindex : 1,3814   (15 °C)
   Dichte : 805,0 kg/m3 (20 °C)
   Schmelzpunkt : -86,4 °C
   Flammpunkt : -1 °C; -6 °C; -7 °C

Verdunstungszahl : 5,7 (BuAc = 1) [9], 7,5 (BuAc = 1) [105], 2,6 (Diethylether = 1) [19];
Molmasse : 72,107 g/mol
Verdampfungswärme : 443,80 kJ/kg

Löslichkeit :
Wasser 292 g/l (20 °C), 180 g/l (90 °C); mischbar mit Ethanol und Diethylether; löslich in den meisten org. Lösemitteln;

Verbleib nach Gebrauch :
Beseitigung D
Deponie-Sickerwasser:
0,11 - 27 mg/l (Minnesota, USA) [79]
4,8 - 8,2 mg/l (Southington, Connecticut, USA, 1982/83) [58]

Bemerkung :
Farblose, acetonähnlich riechende Flüssigkeit; brennbar.
Bildet im dampf-/gasförmigen Zustand mit Luft explosionsfähige Gemische;
Explosionsgrenzen:
1,8-11 Vol.-%; Zündtemp.: 505 °C [32];
1,4-11,4 Vol.-%; Zündtemp.: 515 °C [484];
T(krit.): 262,5 °C [428];
Die Substanz reagiert bei Kontakt oder Mischung mit Laugen, Aminen, Alkanolaminen, Aldehyden, Ammoniak, sauerstoffreichem Material (starken Oxidationsmitteln) und Chlorverbindungen [484];
Verwendung: technisches Lösemittel;

Methylethylketon [Sdb Shell Chemicals]:
Schmelzpunkt: -86 °C; Siedepunkt: 79-80,5 °C; Flammpunkt: -4 °C;
Explosionsgrenzen: 1,8-11,5 Vol.-%; Zündtemp.: 515 °C; Dampfdruck: 89 hPa (20 °C), 356 hPa (50 °C); Dichte: 804-806 kg/m3 (20 °C); Löslichkeit in Wasser: 25 Gew.-% (20 °C); Verdunstungszahl (nBuAc = 1): 3,7; logPow: 1,8-2,0; Molekulargewicht: 72,11;

MEK [Sdb Exxon Chemical]:
hygroskopisch; Schmelzpunkt: -85,9 °C; Siedepunkt: 78,5-81 °C; Flammpunkt: -4 °C;
Explosionsgrenzen: 1,8-11,5 Vol.-%; Zündtemp.: >450 °C; Dampfdruck: 99,87 hPa (20 °C), 223,46 hPa (38 °C), 436,4 hPa (55 °C); Löslichkeit in Wasser: 26,3 Gew.-% (20 °C);

Enthalten in Ceramat 240 (31,2%), Intercoat VPP 154 (5,475%), VPE 154 (5,25%);

4-Butyrolacton

- CAS-Nummer :
96-48-0
- gebräuchliche Namen :
gamma-Butyrolacton; Dihydro-2(3H)-furanon; 4-Hydroxybuttersäure-gamma-lacton; 1,4-Butanolid;
- Handelsnamen :

- Summenformel :
$C_4H_6O_2$
- Strukturformel

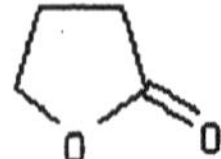

Funktion
PE
Lösemittel/Elektrolyt
Batterietyp
PE
Lithium-Poly-Kohlenstoffmonofluorid

SE
Lithium-Mangandioxid
Anwendungsbereich
Elektrolytbestandteil
Eigenschaften :
- **toxigologisch/ökotoxikologisch :**
RTECS # LU 3500000
Schweizer Giftliste : 4
R-Satz : 22-36
S-Satz : 23-24/25
Sonstiges :
Dämpfe reizen Augen, die oberen Atemwege und Haut; Kontakt mit der Flüssig- keit führt zu Reizung der Augen und Haut; Aufnahme des Stoffes durch Ein- atmen der Dämpfe oder durch Verschlucken der Flüssigkeit kann Lähmung des ZNS hervorrufen (Narkose) [163];
LD 50 (oral, Ratte): 1800 mg/kg [187];
LD 50 (oral, Maus): 1,26 g/kg [483];
LD 50 (intraperitoneal, Maus): 0,88 g/kg [483];
LD 50 (intravenös, Maus): 880 mg/kg [483];

Gefahren-Symbol :

- **physikalisch/chemisch :**
Dampfdruck : 1,99 hPa (20 °C) [187]
Siedepunkt : 206 °C
Brechungsindex : 1,4365 (20 °C)
Dichte : 1105,4 kg/m3 (28 °C)
Schmelzpunkt : - 42 °C
Flammpunkt : 98 °C
Molmasse : 86,09 g/mol

Löslichkeit :
mischbar mit Wasser, Propanon (Aceton), Benzen (Benzol); leicht löslich in Ethanol, Diethylether;

Verbleib nach Gebrauch :
Beseitigung A

Bemerkung :
Wasserhelle, schwach nach Buttersäure riechende Flüssigkeit; wasserdampfflüchtig; hygroskopisch; brennbar; Bildet im dampf-/gasförmigen Zustand mit Luft explosionsfähige Gemische; Explosionsgrenzen: 1,4 - 6,9 Vol.% ; Zündtemperatur: 455 °C [163]; Stoff reagiert bei Kontakt oder Mischung mit starken Oxidationsmitteln, starken Säuren, starken Basen und starken Reduktionsstoffen;
Verwendung: Lösemittel für Celluloseacetat, -nitrat, Polyacrylnitril, Butadien-Mischpolymerisate, Ethin; in der Druckindustrie bei der Herstellung von Flachdruckdruckformen;
Enthalten in Byk-325 (24%);

Cadmium

- **CAS-Nummer :**
7440-43-9
- **gebräuchliche Namen :**
Kadmium;
- **Handelsnamen :**

- **Summenformel :**
Cd

Funktion

PE

Verunreinigung/Anode

SE

Aktive Masse/Anode

Batterietyp

PE

Zink-Kohle

SE

(a)Nickel-Cadmium

(b)Quecksilberoxid-Cadmium

Anwendungsbereich

PE + SE

Elektrodenbestandteil

Eigenschaften :

toxigologisch/ökotoxikologisch :

RTECS # EU 9800000

Schweizer Giftliste : 3

WGK : 3

R-Satz : 20/21/22

S-Satz : 22

Sonstiges :

Krebserzeugend IIIA2 [481]; Karzinogen [187]; IMK: II;

Tödliche Dosis: 50 mg/m3 (1 h) [116];

Hochtoxisch; tödliche Dosis 30 mg (lösliche Salze) [39];

Reizende Dämpfe; verboten in kosmetischen Mitteln; Tägliche Aufnahme von ca. 200 μg Cd verursacht signifikante Nierenfunktionsstörungen [140];

Normale Cd-Konzentration im Blut: 0,06 - 15,9 μg/100 ml [140];

Biologische Halbwertszeit: 13 - 47 Jahre [140];

Cd-Belastung und Verweildauer [140]:

(Umweltstruktur; Konzentration; Verweildauer)

- Atmosphäre; 0,1-500 ng/m3; 20-30 Tage;
- Oberflächenwasser; 0,01-42000 μg/l; bis 2 Jahre;
- Mensch; 15 mg/kg; 20-30 Jahre;
- Boden; 0,1-500 ml/m3; bis 280 Jahre;

LC Lo (inhal., Mensch, 20 min): 39 mg/m3 [187];

LD 50 (oral, Ratte): 225 mg/kg [187];

LC 50 (inhal., Ratte, 30 min): 25 mg/m3 [187];

LD Lo (intramuskulär, Ratte): 15 mg/kg, 70 mg/kg [140];

Gefahren-Symbol :

- physikalisch/chemisch :

Siedepunkt : 767 °C

Dichte : 8640 kg/m3 (20 °C)

Schmelzpunkt : 320,9 °C

Molmasse : 112,41 g/mol

Löslichkeit :

unlöslich in Wasser; löslich in Säuren, Ammoniumnitrat;

Verbleib nach Gebrauch :

Beseitigung R

Bemerkung :

Glänzende, silberne Metallblättchen; brennbarer Feststoff;

0,6 - 0,3 μg Cd/l im Rhein (1982 - 1984) [51];

Cd-Aufnahme in westeuropäischen Ländern (1980) im Mittel pro Person und Tag: 27 μg über Nahrungsmittel, 1 μg über Trinkwasser [140];

Cd-Produktion in Westeuropa (1980): ca. 4000 t [140];
Cd-Intoxikationen erstmals 1947 in Japan beobachtet (itai-itai-Krankheit);
Wird als Salz eingesetzt; Ausgangsstoff bei techn. Prozessen; Verwendung: in der Galvanikindustrie; bei der Herstellung von Nickel-Cadmiumbatterien; als Stabilisator in der -> PVC-Produktion; zur Herstellung von Farbpigmenten; in der Druckindustrie Bestandteil der lichtempfindlichen Trommelschichten beim Kopierverfahren;
Abwassergrenzwert 1 mg/l [39]
Abwassergrenzwert (Monatsmittelwert): 0,2 mg/l [140]
Trinkwassergrenzwert: 0,005 mg/l [140]

Cadmiumoxid

- CAS-Nummer :
   1306-19-0
   - UN Nummer :
   2570
- gebräuchliche Namen :
   Cadmiumrauch; Kadmiumoxid; Cadmium oxydatum anhydricum; Cadmiumoxid Rauch; Cadmium Rauch;
- Handelsnamen :

- Summenformel :
   CdO
Funktion
   (a),(c)Additiv/Anode
   (b)Additiv/Elektrolyt
   (a)Ausgangsstoff/Anode
Batterietyp
   SE
   (a)Nickel-Cadmium
   (b)Zink-Silberoxid
   (c)Nickel-Eisen
Anwendungsbereich
   (a),(c)Elektrodenbestandteil
   (b)Elektrolytbestandteil
   (a)Produktion
Eigenschaften :
- toxigologisch/ökotoxikologisch :
   RTECS # EV 1925000
   Schweizer Giftliste : 1
   WGK : 3
   MAK Wert : vgl. IIIB der MAK-Wert-Liste
   R-Satz : 49-48/23/25-22
   S-Satz : 53-45
   Sonstiges :
   Krebserzeugend IIIA2 [481]; Carc.Cat. 2 [505];
   Karzinogen [187];
   Staub, Pulver und besonders die Dämpfe sowie der Rauch sind extrem giftig und führen bei geringer Reizwirkung auf die Augen, die Atemwege, die Atmungsorgane sowie die Haut u. U. zu lebensbedrohlichen Zuständen, Leber- und Nierenschäden; Lugenödem und nachfolgende Lungenschäden möglich; Achtung, ein Lugenödem kann mit einer Verzögerung bis zu zwei Tagen eintreten; nach Einatmen des Staubes oder Pulvers sowie der Dämpfe, des Rauches oder Nebels ist daher eine ärztliche Untersuchung in jedem Fall erforderlich; Kontakt mit dem festen Stoff bewirkt Reizung der Augen und der Haut; im Tierversuch krebserzeugend [484];
   LC Lo (inhal., Mensch, 5 h): 9 mg/m3 [140];
   LC 50 (inhal., Ratte, 10 min): 780 mg/m3 [187];
   LD 50 (oral, Ratte): 72 mg/kg [140];
   LD 50 (oral, Maus): 72 mg/kg [187];

Gefahren-Symbol :

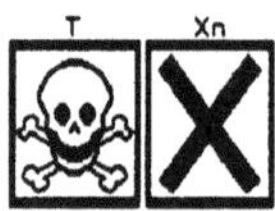

- **physikalisch/chemisch :**
  Dampfdruck : 1,3 hPa (1000 °C) [484];
  Siedepunkt : 1559 °C (Subl.)
  Dichte : 8150 kg/m3 (20 °C) kubisch
  Schmelzpunkt : > 1500 °C; >1230 °C (amorph); 700 °C (kristall.) [484];
  Molmasse : 128,40 g/l

Löslichkeit :
  unlöslich in Wasser, Laugen; löslich in Säuren, Ammoniumsalzen;

Verbleib nach Gebrauch :
  Beseitigung L

Bemerkung :
  Zwei Formen sind bekannt: Amorphe Form: Gelbrotes, braunrotes bis braunschwarzes Pulver; kristalline
  Form: Braune, kubische Kristalle;
  Bei erhöhter Temperatur des Cadmiums tritt bei Kontakt oder Mischung mit Magnesium eine sehr heftige
  bis explosionsartige Reaktion ein; Cadmiumoxid entsteht auch zum Teil mit roter Flamme als brauner bis
  dunkelbrauner Rauch bei starkem Erhitzen von Cadmium oder cadmiumhaltigem Material an der Luft.
  Außer der Erhitzung durch Umgebungsbrände oder heiße Oberflächen entstehen solche Rauch- oder
  Nebelbildungen auch beim Löten, Schweißen und bei Schmelz- und Schneidarbeiten an mit Cadmium
  überzogenen, legierten oder verunreinigten Gegenständen, sowie bei Reinigungsarbeiten an
  Staubabscheidern und Abluftleitungen [484];
  Trinkwassergrenzwert: 0,005 mg Cd/l [140];
  Verwendung: in der Galvanikindustrie; bei der Herstellung von Nickel- Cadmiumbatterien; als Stabilisator
  in der PVC-Produktion; zur Herstellung von Farbpigmenten;
  Carc.Cat. 2 [505];

Calcium

- **CAS-Nummer :**
  7440-70-2
- **gebräuchliche Namen :**
  Kalzium;
- **Handelsnamen :**

- **Summenformel :**
  Ca
Funktion
  Additiv/Elektrodengitter
Batterietyp
  SE
  Bleiakkumu
Anwendungsbereich
  Elektrodenbestandteil
Eigenschaften :
- **toxigologisch/ökotoxikologisch :**
  RTECS # EV 8040000
  Schweizer Giftliste : 2
  R-Satz : 15
  S-Satz : (2)-8-24/25-43
  Sonstiges :
  Wirkt schädigend bei Einatmung oder Verschlucken; wirkt extrem zerstörerisch auf das Gewebe der
  Schleimhäute und Atemwege, Augen und Haut; Einatmung kann tödliche Folgen haben [187];

Gefahren-Symbol :

- physikalisch/chemisch :
Siedepunkt : 1484 °C
Dichte : 1540 kg/m3 (20 °C)
Schmelzpunkt : 842-848 °C
Molmasse : 40,08 g/mol

Löslichkeit :
zersetzlich in Wasser; löslich in Säuren, flüssigem Ammoniak; wenig löslich in Ethanol; unlöslich in Benzen (Benzol);

Verbleib nach Gebrauch :
Beseitigung G

Bemerkung :
Silberweißes Erdalkalimetall; brennbar;
Vorkommen in der Erdrinde: 3,39 Ma.-%;

Calciumcarbonat

- CAS-Nummer :
471-34-1
- gebräuchliche Namen :
Kalziumkarbonat; kohlensaurer Kalk; Calcit; E 170; Aragonit; C.I. 77220; Pigment Weiß 18 (C.I. 77220); Pigment White 18; Carbonsäurecalciumsalz; Atlasspat; Bergmehl; Kreide; Kalkweiß; Marmor; Parisgelb; Calciumcarbonat (1:1); Calciummonocarbonat;
- Handelsnamen :
Aeromatt; Akadama; Albacar; Albacar 5970; Albafil; Albaglos; Albaglos; Albaglos SF; Allied whiting; Atomite; AX 363; BF 200; Brilliant 15; Brilliant 1500; Britomya M; Britomya S; Calcene CO; Calcene NC; Calcene TM; Calcicoll; Calcichew; Calcidia; Calcidar 40; Calcilit 8; Calcilit 100; Calibrit; Cal-light SA; Calmos; Calmote; Calofil A 4; Calofil B 1; Calofil E 2; Calofort S; Calofort U; Calofor U 50; Calopake F; Calopake FS; Calopakte H; Calopake high opacity; Calopake PC; Calseeds; Caltec; Camel-carb; Camel-tex; Camel-wite; Carbital 90; Carbium; Carbium MM; Carborex 2; Carusis P; CCC G-white; CCC No. AA oolitic; CCR; CCW; Chemcarb; Clefnon; Citrical; Crystic prefil S; Dacote; Domar; Duramite; Durcal 10; Durcal 40; Durcal C 640305; Durcal 2 NH; EGRI M 5; Eskalon 100; Eskalon 200; Eskalon 400; Eskalon 800; Eskalon 1500; Filtex White Base; Finncarb 6002; Garolite SA; Gilder's whiting; Hakuenka CC; Hakuenka CCR; Hakuenka DD; Hakuenka O; Hakuenka PX; Hakuenka PZ; Hakuenka R 06; Hakuenka T-DD; Homocal D; Hydrocarb 60; Hydrocarb 65; K 250; Kotamite; Kredafil 150 extra; Kredafil RM 5; KS 500; KS 1300; KS 1500; KS 1800; KS 2100; KULU 40; Levigated chalk; Marblewhite 325; Marfil; MC-T; Micromic CR 16; Micromya; Microwhite 25; Monocalcium carbonate; Msk-C; Msk-K; Msk-P; Msk PO; Msk-V; Multiflex MM; Multiflex SC; N 34; N 43; Ncc-P; Neoantricid; Neolite F; Neolite SP; Neolite TPS; Non-fer-AL; NS; NS (carbonate); NS 100 (carbonate); NS 200; NS 200 (filler); NS 400; NS 2500; NS 2500; NZ; OA-A 1102; OMYA; Omya BLH; Omya BLP 2; Omya BLP 3; Omya BLRZ; Omya bBSH; Omyacarb F; Omya D 40; Omya EXH 1; Omyalene G 200; Omyalite 90; Omyalite BL; OS-Cal; P-Lite 500; P-Lite 700; Polcarb; Prepared chalk; PS 100; PS 100 (carbonate); Purecal; Purecalo; Purecal SC; Purecal T; Purecal U; PZ; PZ (carbonate); Queensgate whiting; Red ball; R Jutan; Royal White Ligth; RX 2557; RX 2558; RX 2559; Shipron A; Silver W; SL 700; Smithko kalkarb whiting; Snowcal; Snowcal 70; Snowcal 6ML; Snowcal 7ML; Snowflake White; Snow top; Socal; Socal D; Socal E 2; Socal N 2; Socal N 2S1; Socal P 2; Socal U 1; Socal U 3; Socal U 1S2; Softon 1000; Softon 1200; Softon 1500; Softon 1800, Softon 2200; Softon H; SS 30; SS 30 (carbonate); SS 50; SS 50 (carbonate); SSB 100; Stanwhite 500; Sturcal D; Sturcal H; Sturcal L; Sturcal LS; Sturcal M; Sturcal X; Sunlight 700; Sunlight 800; Super 1500; Super 1700; Super 2000; Supercoat; Supermite; Super multifex; Super-pflex; Super 3S; Super 5S; Super SSS; Surfex MM; Surfil S; Suspenso; Sylacauga 88B; T 130-2500; Tama pearl TP 121; Tama pearl TP 262; Tancal 100; Tancal 200; Tancal PC; TM 1, TM 1 (filler); Tonaso; Toyofine TF-X; TP 121; TP 121 (filler); TP 222; TP 121 H; TP 1; TM 1 (filler); Tonaso; Toyofine TF-X; TP 121; TP 121 (filler); TP 222; TP 121 H; TP 222 HS; Ultra-pflex; Unibur 70; Vevetone; Vicron; Vicron 31-6;

Vicron 41-8; Vicron 15-15; Vicron 25-11; Vienna White; Vigot 15; Whica BA; Whitcarb W; White-powder; Whiting; Whiton 450; Whiton 1500; Whiton B; Whiton H; Whiton P 10; Whiton P 30; Whiton P 50; Whiton S; Whiton SB; Whiton SO; Whiton SS; Whiton SSB; Winnofil S; Witcarb; Witcarb P; Witcarb R; Witcarb RC; Witcarb regular; York White; ZG 301;

- Summenformel :
$CaCO_3$

Funktion
SE
(a),(b)Additiv/Elektrodengitter
SE
(a) + PE:Recyclinghilfsmittel

Batterietyp
PE
Zink-Silberoxid
SE
(a)Bleiakku
(b)Zink-Silberoxid

Anwendungsbereich
SE
(a),(b):Elektrodenbestandteil
SE
(a) + PE:Recycling/Entsorgung

Eigenschaften :
- toxigologisch/ökotoxikologisch :
RTECS # FF 9335000
R-Satz : 36/37/38
S-Satz : 26-36
Sonstiges :
LD 50 (oral, Ratte): 6450 mg/kg [428];

- physikalisch/chemisch :
Siedepunkt : 825 °C (Zers.)
Dichte : 2930 kg/m3 (20 °C)
Schmelzpunkt : 520 °C (Übergang zu Calcit)
Molmasse : 100,09 g/mol

Löslichkeit :
Wasser 0,0153 g/l (25 °C), 0,019 g/l (75 °C); löslich in Säuren, Ammoniumchlorid;

Bemerkung :
Alle Angaben für die rhombische Modifikation (Aragonit);

Verbleib nach Gebrauch :
Beseitigung O

Bemerkung :
Geschmack- und geruchloses Pulver; hygroskopisch;
Vorkommen u.a. als Kalkstein, Kreide, Marmor;
Verwendung: als Weißpigment; als Lebensmittelfarbstoff (nur zur Oberflächenfärbung von Dragees und zur Verzierung von Lebensmitteln); in der Druckindustrie als Füllstoff;

Calciumhydroxid

- CAS-Nummer :
1305-62-0
- UN Nummer :
1759
- gebräuchliche Namen :
Kalziumhydroxid; gelöschter Kalk; Kalkhydrat; Marmorkalkhydrat; Calciumhydrat; Weißkalkhydrat;
- Handelsnamen :

- Summenformel :
Ca(OH)$_2$

Funktion
PE
Additiv/Elektrolyt
SE
Additiv/Anode

Batterietyp
PE
Alkali-Mangan
SE
Nickel-Zink

Anwendungsbereich
PE
Elektrolytbestandteil
SE
Elektrodenbestandteil

Eigenschaften :
- toxigologisch/ökotoxikologisch :
RTECS # EW 2800000
Schweizer Giftliste : 4
WGK : 1
R-Satz : 34-38-41
S-Satz : 22-26-36/37
Sonstiges :
IMK: II;
Wirkt schädigend bei Einatmung, Verschlucken oder Aufnahme über Haut; wirkt extrem zerstörerisch auf das Gewebe der Schleimhäute und Atemwege, Augen und Haut; Einatmung kann tödliche Folgen haben [187];
LD 50 (oral, Ratte): 7340 mg/kg [187];
Bei einer Konzentration von 300 mg/l starben mittelgroße Forellen z.T. schon nach 7 Minuten [298];

Gefahren-Symbol :

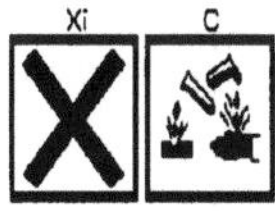

- physikalisch/chemisch :
Siedepunkt : Zers.
Dichte : 2240 kg/m3 (20 °C)
Schmelzpunkt : 580 °C (- Wasser)
Molmasse : 74,09 g/mol

Löslichkeit :
Wasser 1,85 g/l (0 °C), 0,77 g/l (100 °C); löslich in Ammoniumsalzen, Säuren; unlöslich in Ethanol;

Verbleib nach Gebrauch :
Beseitigung O

Bemerkung :
Weißes geruchloses Pulver;
Ergibt zusammen mit Wasser und Sand einen dicken Brei, den Mörtel;
Zugelassen als Lebensmittelzusatzstoff nach LMBG;
Verwendung: als Baumaterial (Mörtel); in Wasserfarben; in feuerfesten Verkleidungen; bei der Herstellung von Papierbrei;

Calciumoxid

- CAS-Nummer :
1305-78-8

- **UN Nummer** :
1910
- **gebräuchliche Namen** :
Ätzkalk; ungelöschter Kalk; gebrannter Kalk; Calx; Kalkerde; Calciummonoxid;
- **Handelsnamen** :
Caloxol CP2; CML 21; Desical P; Rhenosorb; Caloxol W 3; Calxyl; Desical; Rhenosorb C; Rhenosorb F;
- **Summenformel** :
CaO
Funktion
PE
(a)Additiv/Kathode
(b)Recyclinghilfsmittel
SE
Additiv/Anode
Batterietyp
PE
(a)Lithium-Mangandioxid
(b)Zink-Silberoxid
SE
Nickel-Zink
Anwendungsbereich
PE
(a) + SE:Elektrodenbestandteil
PE
(b):Recycling/Entsorgung
Eigenschaften :
- **toxigologisch/ökotoxikologisch** :
RTECS # EW 3100000
Schweizer Giftliste : 4
WGK : 1
MAK Wert : 5 mg/m3 (gemessen als Gesamtstaub)
R-Satz : 34
S-Satz : 26-28-27-36/37/39
Sonstiges :
Spitzenbegrenzung: I [481]; IMK: III;
Staub von CaO verursacht Verätzungen und reizt stark Haut, Augen und Atemwege; Kontakt mit Haut in Verbindung mit Feuchtigkeit kann Verbrennungen hervorrufen; Inkrustierung und Imprägnation der Hornhaut des Auges kann zur Hornhauttrübung und zur Erblindung führen [163];
Toxisch für Fische: Schädlichkeitsgrenze 20 mg/l; tödlich nach 26 Min. 70 mg/l; tödlich auch durch pH-Verschiebung [298];

Gefahren-Symbol :

- **physikalisch/chemisch** :
Siedepunkt : 2850 °C
Dichte : 3400 kg/m3 (20 °C)
Schmelzpunkt : ca. 2570 °C
Molmasse : 56,08 g/mol

Löslichkeit :
Wasser 1,31 g/l (10 °C, zers.); unlöslich in Ethanol; löslich in Propantriol (Glycerin);

Verbleib nach Gebrauch :
Beseitigung N; O

Bemerkung :
Farblose, kubische Kristalle, geruchlos [428];
weiße oder grauweiße harte Klumpen; nicht brennbar;
reagiert mit Wasser (4 Teilen) unter starker Wärmeentwicklung zu Calciumhydroxid, Ca(OH)2;

zugelassen als Lebensmittelzusatzstoff nach LMBG;
die Zuteilung einer E-Nummer (E 529) wird von der EG erwogen;
enthalten in EFAPUR 1650;

Carboxymethylcellulose Natriumsalz

- **CAS-Nummer :**
   9004-32-4
- **gebräuchliche Namen :**
   Natriumcarboxymethylcellulose; Cellulose-glycolsaures Natrium; Cellulose-glykolsaures Natrium;
   Carboxymethylethercellulose Natriumsalz; Natriumcelluloseglykolat;
- **Handelsnamen :**
   Zellin; KMZ; CMC; Carmethose; Cel-O-Brandt; Cellolax; Cethylose; Glykocellon; Carbose D; Thylose;
   Xylo-Mucine; Polycell;
- **Summenformel :**
   $(C_8H_{10m}O_5)_n(CHCOONa)_m$

Funktion
   PE
   (a) Bindemittel/Kathode
   (b) Geliermittel
   SE
   (a)Bindemittel/Anode
   (b)Bindemittel/Kathode + Anode

Batterietyp
   PE
   (a)Lithium-Mangandioxid
   (b)Zink-Kohle
   SE
   (a)Nickel-Hydrid
   (b)Nickel-Zink

Anwendungsbereich
   PE
   (b)Elektrolytbestandteil
   sonst: Elektrodenbestandteil

Eigenschaften :
- **toxigologisch/ökotoxikologisch :**
   RTECS # FJ 5950000
   Sonstiges :
   Kann schädigend wirken bei Einatmung; kann Reizungen verursachen [187];
   LD 50 (oral, Ratte): 2700 mg/kg [187];

- **physikalisch/chemisch :**
   Schmelzpunkt : > 300 °C

Löslichkeit :
   löslich in Wasser (Löslichkeit abhängig vom Grad der Substitution);

Verbleib nach Gebrauch :
   Beseitigung A

Bemerkung :
   Weiße, krümelige Masse;
   Verwendung: Verdickungsmittel; in der Fotoindustrie als Entwicklerzusatz
   zur Einstellung der gewünschten Viskosität; im Bohrschlamm; in Detergentien als bodensuspendierendes
   Agens; in Druckfarben; als Schutzkolloid; als Stabilisator in Lebensmitteln;

Cellulose

- **CAS-Nummer :**
  9004-34-6
- **gebräuchliche Namen :**
  Zellulose; E 460;
- **Handelsnamen :**
  Avicel; Zellstoff;
- **Summenformel :**
  $(C_6H_{10}O_5)_n$
- **Strukturformel**

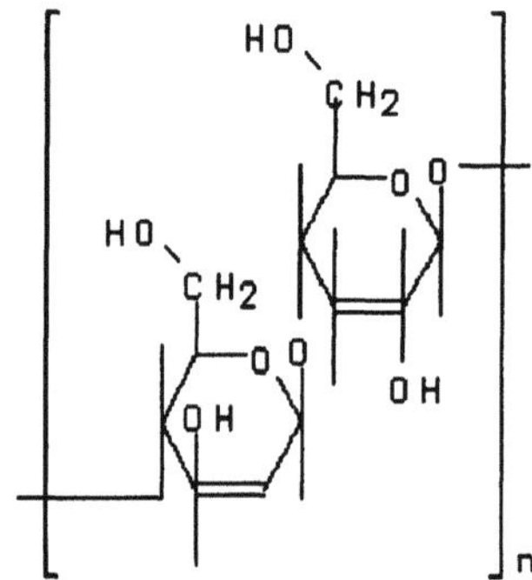

Funktion
  PE
  Geliermittel/Elektrolyt
  SE
  (a)Bindemittel/Anode
  (b)Stützmaterial/Kathode
  (c)Produktionshilfsmittel/Elektrolyt
  (d)Separator
Batterietyp
  PE
  (a)Alkali-Mangan
  (b)Zink-Quecksilberoxid
  (c)Zink-Kohle
  (d)Zink-Silberoxid
  SE
  (a)Nickel-Zink
  (b)Lithium-Polypyrrol
  (c)Natrium-Schwefel
  (d)Zink-Silberoxid
Anwendungsbereich
  PE
  Elektrolytbestandteil
  SE
  (a),(b)Elektrodenbestandteil
  (d)Gehäusebestandteil
  (c)Produktion
Eigenschaften :
- **toxigologisch/ökotoxikologisch :**
  RTECS # FJ 5691460
  Sonstiges :
  Kann schädigend wirken bei Einatmung, Verschlucken oder Aufnahme über Haut; kann Reizungen verursachen [187];

- **physikalisch/chemisch :**
  Dichte : 1270-1600 kg/m3 (20 °C)
  Schmelzpunkt : 260-270 °C
  Molmasse : (162,14) * n g/mol bzw. 500000 g/mol

Löslichkeit :
unlöslich in Wasser, den meisten organischen Lösungsmitteln; leicht löslich in ammoniakalischer Kupfer(II)-hydroxidlösung (Schweizers Reagenz);

Verbleib nach Gebrauch :
Beseitigung A

Bemerkung :
Weißes Pulver;
Kommt in den Handel als Zellstoff;
Zugelassen als Lebensmittelzusatzstoff nach **LMBG** (nicht zugelassen für Baby- und Kleinkindernahrung);
Verwendung: zur Herstellung von Papier und Cellulosederivaten; in der Lebensmittelindustrie als Dickungsmittel, Binde- und Dispergiermittel;

Chlor

- CAS-Nummer :
7782-50-5
- UN Nummer :
1017
- gebräuchliche Namen :
Chlorum; Chlorgas;
- Handelsnamen :

- Summenformel :
Cl_2
Funktion
Recyclinghilfsmittel
Batterietyp
SE
Bleiakku
Anwendungsbereich
Recycling/Entsorgung
Eigenschaften :
- toxigologisch/ökotoxikologisch :
RTECS # FO 2100000
Schweizer Giftliste : 1
WGK : 2
MAK Wert : 0,5 ml/m3 bzw. 1,5 mg/m3
R-Satz : 23-36/37/38
S-Satz : (1/2)-7/9-45
Sonstiges :
Spitzenbegrenzung: I [481]; Schwangerschaftsgruppe C [481];
Abwassergrenzwert: 0,5 mg/l; IMK: II;
Immissionswert 1: 0,10 mg/m3; Immissionswert 2: 0,30 mg/m3;
Einatmen des Gases verursacht schwere Verletzungen der Atmungsorgane, es entstehen schwere Augenverätzungen und Reizungen der Haut bis zur Blasenbildung; bei Hautkontakt mit der Flüssigkeit können Erfrierungen auftreten [29]; Kann letal wirken bei Einatmung; wirkt extrem zerstörerisch auf das Gewebe der Schleimhäute und Atemwege, Augen und Haut [187];
Geruchsschwelle: 0,02 ml/m3 [493];
LC Lo (inhal., Mensch, 30 min): 2530 mg/m3 [187];
LC Lo (inhal., Mensch, 5 min): 500 mg/m3 [187];
LC 50 (inhal., Ratte, 1 h): 293 mg/m3 [187];
Ab 0,05 mg/l tödlich für Fische [29];

Gefahren-Symbol :

- **physikalisch/chemisch :**
  Dampfdruck : 6800 hPa (20 °C) [29]
  Siedepunkt : - 34,1 °C
  Dichte : 1,570 kg/m3 (- 34 °C)
  Schmelzpunkt : - 100,5 °C
  Molmasse : 70,91 g/mol

Löslichkeit :
  Wasser 14,6 g/l (0 °C), 7,3 g/l (20 °C), 5,7 g/l (30 °C); löslich in Laugen;

Bemerkung :
  Gas: bei trockener Luft völlig durchsichtig, in höheren Konzentrationen gelblich bis grün, bei feuchter Luft
  weiß bis undurchsichtig; scharfer, beißender Geruch;
  In Gegenwart von Feuchtigkeit ist Chlor ein starkes Korrosionsmittel für fast alle Metalle;
  Verboten in kosmetischen Mitteln;
  Verwendung: Bleich- und Desinfektionsmittel;

Chlorwasserstoff

- **CAS-Nummer :**
  7647-01-0
  - **UN Nummer :**
  1050; 1789;
- **gebräuchliche Namen :**
  Salzsäure (wasserfrei); Salzsäuregas; Chlorwasserstoffgas; Chlorwasserstoffsäure; Kochsalzsäure;
  Salzgeist; Acidum hydrochloricum;
- **Handelsnamen :**

- **Summenformel :**
  HCl
Funktion
  PE
  (a),(b),(c)Recyclinghilfsmittel
  (d)Produktionshilfsmittel/Kathode
Batterietyp
  PE
  (a)Zink-Kohle
  (b)Alkali-Mangan
  (c)Zink-Silberoxid
  (d)Zink-Luft
Anwendungsbereich
  (a),(b),(c)Recycling/Entsorgung
  (d)Produktion
Eigenschaften :
- **toxigologisch/ökotoxikologisch :**
  RTECS # MW 9620000
  Schweizer Giftliste : 2
  WGK : 1
  MAK Wert : 5 ml/m3 bzw. 7 mg/m3
  R-Satz : 35-37
  S-Satz : (1/2)-7/9-26-45
  Sonstiges :
  Immissionswerte: Massenkonzentration IW 1: 0,10 mg/m3, IW 2: 0,2 mg/m3;
  Schwangerschaftsgruppe C; Geruchsschwelle: 5 ml/m3 [29];
  Spitzenbegrenzung: I [481];
  Hautkontakt führt zu schweren Verätzungen; am Auge kommt es schnell zu Hornhautzerstörungen; nach
  Verschlucken Schädigung der Schleimhäute von Mund, Speiseröhre und Magen; Perforation der
  Speiseröhre möglich; Einatmen der Dämpfe verursacht Reizung der Atemwege [418]; 50 g 37 %ige
  tödlich beim Erwachsenen, 5 g 37 %ige tödlich beim Kind; Das Gas reizt stark die Augen und die
  Atemwege; das Einatmen des Gases in hohen Konzentrationen ruft Verätzungen der Nasen- und

Rachenschleimhäute sowie Kehlkopfkrampf hervor und führt zum Tod; Kontakt mit der Flüssigkeit und Einwirkung des Gases in hohen Konzentrationen verursachen Verätzung der Augen und der Haut; Kurzeinwirkung: 1500-2000 ppm für wenige Minuten wirken tödlich; 50 ppm erwiesen sich für 30 Minuten erträglich;
(Gas) [484];
Die Dämpfe verursachen schwere Reizung der Augen, der Atemwege und der Lunge bis zu Glottis- und Lungenödem; Vorsicht, dieses kann mit Verzögerung bis zu zwei Tagen auftreten; eine ärztliche Untesuchung ist daher nach Einatmen der Dämpfe in jedem Fall erforderlich; Kontakt mit der Flüssigkeit führt zu starken Verätzungen der betroffenen Körperpartien; Kurzeinwirkung: 1500 ppm wirkten nach wenigen Minuten tödlich;
(aqua) [484];
LC Lo (inhal., Mensch, 5 min): 3000 ml/m3 [187];
LC Lo (inhal., Mensch, 30 min): 1300 ml/m3 [187];
LC 50 (inhal., Ratte, 1 h): 3124 ml/m3 [187], [418];
LD 50 (oral, Kaninchen): 900 mg/kg [187];
LC 50 (Fisch, Goldorfe): 862 mg/l (aqua) [33];
Toxische Grenzkonzentration für Daphnia magna 62 mg/l [389];

Gefahren-Symbol :

- physikalisch/chemisch :
    Dampfdruck : 43 hPa (20 °C) (Gas); 21 hPa (20 °C) (aqua); [484]
    Siedepunkt : -85 °C (Gas; 108 °C (aqua)
    Brechungsindex : 1,6391 (20 °C)
    Dichte : 1190 kg/m3 (20 °C)
    Schmelzpunkt : -114,2 °C (Gas); ca. -50 °C (aqua)
    Molmasse : 36,461 g/mol

Löslichkeit :
    leicht löslich in Wasser, Ethanol, Diethylether;

Verbleib nach Gebrauch :
    Beseitigung N

Bemerkung :
    Stark ätzende, nicht brennbare Flüssigkeit; Dämpfe sind schwerer als Luft und stark ätzend; scharfer, stechender Geruch; zieht Wasser an; Reagiert bei Kontakt mit Basen und setzt dabei Hitze frei; Salzsäure raucht an der Luft durch entweichenden Chlorwasserstoff; Reine Salzsäure ist farblos; bei Verunreinigung mit Eisen gelblich gefärbt;
    Verwendung: in der fotografischen Industrie für Verstärkerbäder; zur Reinigung von Gefäßen;
    In einer Lösung von Kaliumdichromat HCL wird Ag in AgCl umgewandelt; siehe auch - > Chlorwasserstoff;
    Gas: Reagiert bei Kontakt mit Basen und setzt dabei Hitze frei;
    Aqua: Bei Kontakt mit Laugen kann heftige Reaktion erfolgen; heftige Reaktion bei Kontakt mit unedlen Metallen (z.B. Eisen, Zink, Aluminium); bildet dabei leicht entzündbares Wasserstoffgas; in geschlossenen Räumen können daher explosionsfähige Gemische entstehen; [484]

Chrom

- CAS-Nummer :
    7440-47-3
- gebräuchliche Namen :
    Chromium;
- Handelsnamen :

- Summenformel :
    Cr

Funktion
Anodenmaterial/Wasserstoffspeicherlegierung
Batterietyp
SE
Nickel-Hydrid
Anwendungsbereich
Elektrodenbestandteil
Eigenschaften :
- toxigologisch/ökotoxikologisch :
RTECS # GB 4200000
WGK : 3
Sonstiges :
Chrom ist vor allem in seinen sechswertigen Verbindungen äußerst giftig;
Chromstaub ruft tiefgreifende chronische Verätzungen der Schleimhäute und der Haut hervor; durch
eingeatmeten Chrom- oder Chromatstaub werden Geschwüre in der Nasenschleimhaut, Katarrhe der
tieferen Atemwege und Lungengeschwüre hervorgerufen [158];
1-2 g vom Magen aufgenommenes Chrom(VI)oxid sind tödlich [30];
Tödliche Dosis ab 1 g [39];
Karzinogen verdächtig [187];

- physikalisch/chemisch :
Siedepunkt : 2317 °C
Dichte : 7190 kg/m3 (20 °C)
Schmelzpunkt : 1875 °C
Molmasse : 51,996 g/mol

Löslichkeit :
unlöslich in Wasser, Salpetersäure; löslich in Schwefel- und Salzsäure;

Verbleib nach Gebrauch :
Beseitigung R
Abwassergrenzwert: 2 mg/l [39];
Chrom kann in der Atmosphäre nicht abgebaut werden [405];
Rhein (dt.-niederl. Grenze): 2500 t/a (1973), 590 t/a (1985) [424];

Bemerkung :
Silbergraues zähes Metall, das sich dehnen und schmieden läßt; geringe Spuren von Verunreinigungen
machen es jedoch hart und spröde; Fein verteiltes Chrom ist pyrophor;
Verwendung: Chrom wird in reiner Form wegen seiner Sprödigkeit nicht verwendet; es spielt jedoch als
Vorlegierung Ferrochrom für die Herstellung von Chromstählen eine wichtige Rolle;

Chrom(III)-oxid

- CAS-Nummer :
1308-38-9
- gebräuchliche Namen :
Chromoxid; Chromgrün; Chromoxidgrün; Ultramaringrün; Pigment Grün 17 (C.I. 77288); C.I. 77288;
Pigment Green 17; Dichromtrioxid; Chromia;
- Handelsnamen :
Chromoxidgrün GN; Chromoxidgrün GX; Chromoxidgrün GN-M; Chromoxidgründ FO 430; Chromoxidgrün
FO 431; Chromoxidgrün FO 434; Chromoxid Grün 9996; Levanox Green GA; Casalisgrün; Chromgrün;
Grünchromoxid; Grün Cinnabar; Levanox Grün GA;
- Summenformel :
Cr_2O_3
Funktion
PE
Reaktionsprodukt
Batterietyp
PE
Lithium-Silberchromat
Anwendungsbereich
Elektrodenbestandteil

Eigenschaften :
- toxigologisch/ökotoxikologisch :
RTECS # GB 6475000
WGK : 0
MAK Wert : 6 mg/m3 (Feinstaub)
R-Satz : 20/21/22-36/37/38-43
S-Satz : 26-36
Sonstiges :
Die Stäube reizen stark die Augen, die Atemwege und die Haut; Kontakt mit dem Stoff verursacht
Schädigungen bis hin zu Verätzungn; schwere Reizerscheinungen und Verätzungen im Magen- und
Darmkanal nach Verschlucken; bei Aufnahme in den Körper (auch über Einatmen der Stäube möglich);
Nierenschäden bis zum Nierenversagen; Leberschäden möglich [484];
Symptome: Brennen der Augen, der Nasen- und Rachenschleimhäute sowie der Haut. Husten, Brechreiz,
Kopfschmerzen. Nach Verschlucken wäßriger Gemische: Erbrechen, Durchfälle, Schmerzen, Schock;
[484]

[Sdb Bayer und BASF]:
LD 50 (oral, Ratte): >10000 mg/kg
LC Lo (Zebrabärbling): >10000 mg/l/96 h

- physikalisch/chemisch :
Dampfdruck : 0,0 hPa (20 °C) [484];
Siedepunkt : 4000 °C; 3000 °C
Dichte : 5210 kg/m3 (20 °C)
Schmelzpunkt : 2266 ± 25 °C; 2435 °C;
Molmasse : 151,99 g/mol

Löslichkeit :
unlöslich in Wasser, Alkalien, Säuren, Ethanol, Aceton; wenig löslich in Ammoniaklösung; löslich in
Basen;

Verbleib nach Gebrauch :
Beseitigung L

Bemerkung :
Hell bis dunkelgrüne, feine, hexagonale Kristalle; Grüne glänzende Kristalle oder Pulver; nicht brennbarer
fester Stoff [484];
Unverträglich mit Feuchtigkeit; Der Stoff reagiert heftig bei Kontakt oder Mischung mit Glycerin,
Sauerstoffdifluorid und Lithium [484];
Verwendung: in Schleifmitteln, feuerfesten Stoffen, elektrischen Halbleitern; als Pigment, besonders zum
Färben von Glas; in Legierungen; bedruckte Stoffe und Banknoten; als Katalysator in organischen und
anorganischen Reaktionen;
[Sdb Bayer]:
Grünes, geruchloses Pulver;
Die Reinheitsanforderungen der Empfehlung IX (Farbmittel zum Einfärben von Kunststoffen und anderen
Polymeren für Bedarfsgegenstände) der Kunststoff-Kommission des Bundesgesundheitsamts sind für
Chromoxidgrün GN, GX, GN-M erfüllt.
Chromoxidgrün GN, GX, GN-M wird somit als unbedenklich für die Herstellung von Bedarfsgegenständen,
d.h. von Artikeln, die mit Lebensmittel in Berührung kommen, beurteilt.

Chrom(VI)-oxid

- CAS-Nummer :
1333-82-0
- UN Nummer :
1463; 1755
- gebräuchliche Namen :
Chromsäureanhydrid; Chromsäure (fest); Chromtrioxid; Anhydridum;
- Handelsnamen :

- Summenformel :
CrO_3

Funktion

PE

Additiv

SE

Aktive Masse/Kathode

Batterietyp

PE

Alkali-Mangan

SE

Lithium-Chromoxid

Anwendungsbereich

PE + SE

Elektrodenbestandteil

Eigenschaften :

- toxigologisch/ökotoxikologisch :

RTECS # GB 6650000

WGK : 3

MAK Wert : 0,1 mg/m3; IIIB; III A 1;

R-Satz : 49-8-25-35-43

S-Satz : 53-45

Sonstiges :

Krebserzeugend IIIB; III A 1;

Carc.Cat. 1 [505];

Staub reizt stark die Augen, Atmungsorgane und Haut; Kontakt des festen Stoffes oder konz. Lösungen mit der Haut oder Augen führt zu schweren Verätzungen; schwere Reizerscheinungen und Verätzungen im Magen-Darm-kanal nach Einnahme durch den Mund; bei Aufnahme in den Körper Nierenschäden bis zum Nierenversagen; Leberschäden möglich [163];

Karzinogen [187];

Gesundheitsgefahren bei Überschreitung des MAK-Wertes: Chromverbindungen haben allgemein eine Ätz- und Reizwirkung auf die Haut, die Nasenschleimhaut und auch auf die tieferen Atemorgane [464];

LD 50 (oral, Ratte): 80 mg/kg [187];

LD 50 (intraperitoneal, Maus): 29 mg/kg [415];

LD 50 (subcutan, Hund): 330 mg/kg [415];

52 mg/l in 96 Std. tödlich für Goldfische [163];

Maximal tolerierbare toxische Konzentration für Bachforellen und Regenbogenforellen (Wasserhärte 45 mg/l, pH 7 - 8) 0,20 - 0,35 mg Cr(VI)/l [397];

Toxische Grenzkonzentration für Daphnia magna « 0,6 mg/l [389];

EC 50 (Ureasehemmtest): 52 mg/l [398];

EC 50 (Leuchtbakterien): 70 mg/l [398];

Gefahren-Symbol :

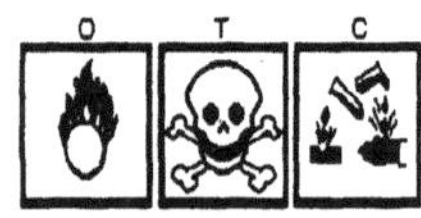

- physikalisch/chemisch :

Siedepunkt : Zers.

Dichte : 2700 kg/m3 (20 °C)

Schmelzpunkt : 196 °C

Flammpunkt : -

Molmasse : 99,99 g/mol

Löslichkeit :

Wasser 617 g/l (0 °C), 1,667 g/l (20 °C), 674,5 g/l (100 °C); löslich in Schwefelsäure, Salpetersäure; zersetzlich in Ethanol, Diethylether;

Verbleib nach Gebrauch :

Beseitigung J

Bemerkung :
Dunkelkarminrote, glänzende, geruchlose, rhombische Kristalle; zerfließen an der Luft;
Bei Kontakt mit Essigsäure oder Alkohol wird Entzündung hervorgerufen; Bei Erhitzung von Behältern
durch Umgebungsbrände besteht Berstgefahr; Bei Mischung mit Reduktionsstoffen können heftige
Explosionen eintreten;
Carc.Cat. 1 [505];

Cyclohexan

- CAS-Nummer :
110-82-7
- UN Nummer :
1145
- gebräuchliche Namen :
Hexahydrobenzol; Hexamethylen; Zyklohexan;
- Handelsnamen :

- Summenformel :
C_6H_{12}
- Strukturformel

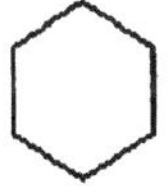

Funktion
(a)Produktionshilfsmittel/Anode
(a),(b)Recyclinghilfsmittel
Batterietyp
PE
(a)Alkali-Mangan
(b)Zink-Kohle
Anwendungsbereich
(a)Produktion
(a),(b)Recycling/Entsorgung
Eigenschaften :
- toxigologisch/ökotoxikologisch :
RTECS # GU 6300000
Schweizer Giftliste : 4
WGK : 1
MAK Wert : 1050 mg/m3 bzw. 300 ml/m3
R-Satz : 11
S-Satz : (2)-9-16-33
Sonstiges :
Spitzenbegrenzung: II,1 [481]; Schwangerschaftsgruppe IIc; Geruchsschwelle 0,4 ml/m3 [484];
Dämpfe reizen Augen und Atemwege; Einatmen hoher Dampfkonzentrationen führt zur Narkose;
nachfolgend Leber- und Nierenschäden möglich; anhaltender Kontakt mit der Flüssigkeit ruft Reizung der
Haut hervor [163]; [484];
Kurzeinwirkung: 600-700 ml/m3 erwiesen sich über kurze Zeit als erträglich und riefen keine chronischen
Schädigungen hervor [163]; [484];
LD 50 (oral, Ratte): 12705 mg/kg [428];
LD 50 (oral, Maus): 1297 mg/kg [428];
LC Lo (inhalativ, Maus) 70000 mg/m3/2h [428];
LC Lo (inhalativ, Kaninchen) 89600 mg/m3/1h [428];
LC 50 (Daphnia magna): 340 mg/l [163];
LC 50 (Fisch, Goldorfe): 763/55 mg/l [33];
LC 100 (Fisch, Goldorfe): 3900/78 mg/l [33];
Toxische Grenzkonzentration für Pseudonomas putida >400 mg/l, Scenedesmus quadricauda >400 mg/l
[484];

Gefahren-Symbol :

- physikalisch/chemisch :
Dampfdruck : 104 hPa (20 °C) [163]; [484]; 133,29 hPa (60,8 °C) [428];
Siedepunkt : 80,8 °C
Log pOW : 3,44 [4]
Brechungsindex : 1,42680 (20 °C); 1,42662; 1,4260
Dichte : 779,1 kg/m3 (20 °C)
Schmelzpunkt : 6,6 °C
Flammpunkt : -20 °C; -18 °C;
Verdunstungszahl : 6,1 (BuAc = 1) [9]
Molmasse : 84,161 g/mol
Verdampfungswärme : 365,09 kJ/kg

Löslichkeit :
Wasser 0,05 g/l (20 °C); Ethanol; Diethylether; Benzen;

Verbleib nach Gebrauch :
Beseitigung D

Bemerkung :
Nicht corrosive Flüssigkeit, petroleumähnlicher Geruch [428];
farblose, mild süßlich riechende Flüssigkeit;
Reizwirkung auf Haut stärker als bei Benzol oder Toluol;
Dämpfe bilden mit Luft explosive Gemische, die schwerer als Luft sind; Explosionsgrenzen: 1,2-8,3 Vol.-%; Zündtemp.: 260 °C [32]; [484]; 245 °C (techn. Produkt) [27];
Bei Einwirkung von Hitze oder offenen Flammen kann der Stoff mit sauerstoffreichem Material (starken Oxidationsmitteln) reagieren. [484]
Dämpfe sehr leicht entzündbar; Flüssigkeit verdunstet sehr schnell;
Verwendung: als Lösemittel in Lacken und Harzen; Lösemittel für Fette und Wachse; in Lack- und Farbentfernern; zur Extraktion von essentiellen Ölen; in der Parfümindustrie; in der Druckindustrie auch als Reinigungsmittel;

Enthalten in Ceracol 39 (3%);
T(krit.): 280,4 °C; P(krit.): 40520 hPa [428];

2,6-Di-1,1-dimethylethyl-4-methoxymethyl-hydroxybenzen;

- CAS-Nummer :
87-97-8
- gebräuchliche Namen :
2,6-Di-tert-butyl-4-methoxymethyl-phenol; 4-Methoxymethyl-2,6-di-tert-butylphenol;
- Handelsnamen :
Ethyl Antioxydans 762;
- Summenformel :
$C_{16}H_{26}O_2$
Eigenschaften :
- toxigologisch/ökotoxikologisch :
RTECS # SK8350000
Sonstiges :
LD50 (oral; Ratte): 10650mg/kg [428];

- physikalisch/chemisch :
Molmasse : 250,42g/mol

Diaminoethantetraethansäuredinatriumsalz Dihydrat

- **CAS-Nummer :**
  6381-92-6
- **gebräuchliche Namen :**
  Ethylendinitrilotetraessigsäuredinatriumsalz-Dihydrat; Ethylendiamintetraessigsäuredinatriumsalz-Dihydrat;
  Dinatriumdihydrogenethylendiamintetraacetat; EDTA-2 Na;
- **Handelsnamen :**
  Titriplex III; Idranal III; Chelaplex III; Trilon B; Komplexon I II; Sequestrene Na 2; Chelaton III; Testalon III;
  M 23;
- **Summenformel :**
  $C_{10}H_{14}N_2O_8Na_2$ * 2 H_2O
Eigenschaften :
- **toxigologisch/ökotoxikologisch :**
  RTECS # AH 4375000;
  WGK : 1
  R-Satz : 22-37
  S-Satz : 22
  Sonstiges :
  Kann schädigend wirken bei Einatmung, Verschlucken oder Aufnahme über Haut; verursacht Augen- und
  Hautreizungen; reizt Schleimhäute und Atemwege [187];
  LD 50 (oral, Ratte): 2000 mg/kg [187];

  Gefahren-Symbol :

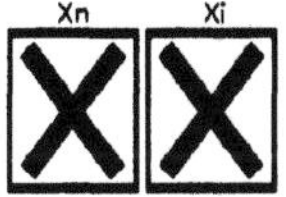

- **physikalisch/chemisch :**
  Log pOW : -> 0 [150]
  Schmelzpunkt : 248 °C (zers.)
  Molmasse : 372,24 g/mol

Löslichkeit :
  Wasser 200 mg/l [9]

Bemerkung :
  Weißes Pulver;

1,2-Dichlorethan

- **CAS-Nummer :**
  107-06-2
  - **UN Nummer :**
  1184
- **gebräuchliche Namen :**
  Ethylendichlorid; 1,2-DCE; 1,2-EDC; Elaylchlorid; sym-Dichlorethan; Etherinchlorid; 1,2-Ethandichlorid;
  1,2-Dichloroethan;
- **Handelsnamen :**
  Dutch liquid; Holländisches Öl; Brocide; Destruxol borer-sol; Dichlor-Mulsion; Holländische Flüssigkeit;
- **Summenformel :**
  $C_2H_4Cl_2$
- **Strukturformel**

$$CH_2Cl-CH_2Cl$$

Funktion
  Aktive Masse/Kathode

Batterietyp
  SE
  Lithiumbatterie
Anwendungsbereich
  Elektrodenbestandteil
Eigenschaften :
- toxigologisch/ökotoxikologisch :
  RTECS # KI 0525000
  Schweizer Giftliste : 1
  WGK : 3
  R-Satz : 11-22-36/37/38-45
  S-Satz : 53-45
  Sonstiges :
  Krebserzeugend III A2 [481]; Lösungsmittelklasse: IIa (Gefahrstoffverordnung);
  Dämpfe und Flüssigkeit verursachen starke Reizung der Augen und Haut; hohe Dampfkonzentrationen
  wirken betäubend; niedrige Konzentrationen lösen Hustenreiz und Erstickungsanfälle aus; bei Erhitzung bis
  zur Zersetzung bildet sich hochgiftiges -> Phosgen(gas) und -> Chlorwasserstoffgas [163];
  Trinken von 2 oz: Tod in 22 h [9] (1 oz = 1 ounce = 28,350 g);
  Karzinogen [187]; Geruchsschwelle: 50 ml/m3 [163];
  Eingeatmet 4000 ml/m3 Effekte auf das Zentralnervensystem [9];
  LD Lo (oral, Mensch): 286 mg/kg [187];
  LD Lo (oral, Mensch): 286 mg/kg [428];
  TD Lo (oral,Mensch): 428 mg/kg [428];
  LD Lo (oral, Mann): 714 mg/kg [187], [428];;
  TD Lo (oral, Mann): 892 mg/kg [428];
  TC Lo (inhalativ, Mann): 4000 ml/m3/1 h [428];
  LD 50 (oral, Ratte): 770 mg/kg [187]; 680 mg/kg [9], 670 mg/kg [428];
  LC 50 (inhalativ, Ratte): 300 ml/m3/7 h [9], 1000 ml/m3/7 h [428];
  LD 50 (intraperitoneal, Ratte): 807 mg/kg [428];
  LD 50 (subcutan, Ratte): 1000 mg/kg [428];
  LD 50 (Haut, Kaninchen): 2000 mg/kg [9], 2800 mg/kg [187], [428];
  LD Lo (subcutan, Kaninchen): 1200 mg/kg [428];
  LC Lo (inhalativ, Kaninchen): 3000 ml/m3/7 h [428];
  LC Lo (inhalativ, Schwein): 3000 ml/m3/7 h [428];
  LC Lo (inhalativ, Meerschweinchen): 1500 ml/m3/7 h [428];
  LD Lo (intraperitoneal, Meerschweinchen): 600 mg/kg [428];
  LD 50 (oral, Maus): 413 mg/kg [428];
  LC Lo (inhalativ, Maus): 5000 mg/m3/2 h [428];
  LD 50 (intraperitoneal, Maus): 470 mg/kg [428];
  LD Lo (subcutan, Maus): 380 mg/kg [428];
  LD 50 (oral, Hund): 5700 mg/kg [428];
  LD Lo (intravenös, Hund): 175 mg/kg [428];
  LC 50 (inhalativ, Affe): 3000 ml/m3/7 h [428];
  Toxische Grenzkonzentration für Pseudomonas putida 135 mg/l, Scenedesmus quadricauda 710 mg/l
  [36];
  LC 50 (Daphnia magna): 1350 mg/l [6];

Gefahren-Symbol :

- physikalisch/chemisch :
  Dampfdruck : 87 hPa (20 °C) [163], 115,96 hPa (25 °C) [187];
  Siedepunkt : 84,1 °C
  Log pOW : 1,48 [4]
  Brechungsindex : 1,44759 (15 °C); 1,4443 (20°C)
  Dichte : 1252,9 kg/m3 (20 °C); 1,235 (20 °C)
  Schmelzpunkt : - 35,5 °C
  Flammpunkt : 13 °C
  Verdunstungszahl : 6,5 (BuAc = 1) [9], 4 (Diethylether = 1) [132];
  Molmasse : 98,96 g/mol

Verdampfungswärme : 323,64 kJ/kg

Löslichkeit :
Wasser 8,65 g/l (25 °C); löslich in Ethanol, Diethylether; > 10 Gew.-% in Benzen; >10 % in Aceton;

Verbleib nach Gebrauch :
Beseitigung D
Trinkwassergrenzwert: 2,0 mg/l (UdSSR) [241];
Wird in der Troposphäre nur langsam oxidiert; Halbwertszeit von 1000 bis 10000000 Tagen (3 - 2700 Jahre) [405];

Bemerkung :
Farblose, ölige Flüssigkeit mit chloroformartigem Geruch; brennbar;
Bildet im dampf-/gasförmigen Zustand explosionsfähige Gemische mit Luft;
Explosionsgrenzen: 6,2 - 16 Vol% ; Zündtemp.: 440 °C [163];
T(krit.): 290 °C; P(krit.): 53587,7 hPa [428];
In trockenem Zustand hat Substanz bei normalen Umgebungstemperaturen keine ätzenden Eigenschaften; bei Kontakt mit Wasser wird bei höheren Temperaturen Eisen angegriffen; Stoff reagiert mit Alkali- und Erdalkalimetallen in Verbindung mit Luft und Licht sowie mit sauerstoffreichem Material (Oxidationsmitteln);
Verbreitung: Luft- und Wasserpfad;
Verwendung: als Lösemittel für Fette, Öle, Harze, -> PVC; zur Entölung von Paraffin; zur Herstellung von -> Vinylchlorid; als Extraktionsmittel; als Reinigungsmittel für Textilien;

Dichlormethan

- CAS-Nummer :
75-09-2
- UN Nummer :
1593
- gebräuchliche Namen :
Chlormethylchlorid; Methylenbichlorid; Chlormethylen; Methylenchlorid; Methylendichlorid; Methylenum chloratum;
- Handelsnamen :
Solaesthin; Aerothene MM; Narkotel; R 30; Solmethine;
- Summenformel :
CH_2Cl_2
- Strukturformel

$$Cl-\underset{\underset{H}{|}}{\overset{\overset{H}{|}}{C}}-Cl$$

Funktion
Produktionshilfsmittel/Kathode
Batterietyp
SE
Lithium-Molybdänsulfid
Anwendungsbereich
Produktion
Eigenschaften :
- toxigologisch/ökotoxikologisch :
RTECS # PA 8050000
Schweizer Giftliste : 4
WGK : 2
MAK Wert : 360 mg/m3 bzw. 100 ml/m3
R-Satz : 40
S-Satz : (2)-23-24/25-36/37
Sonstiges :
Spitzenbegrenzung: II,2 [481]; Krebserzeugend III B [481];

Schwangerschaftsgruppe D [481]; Carc.Cat.3 [505]; IMK: III;
Dämpfe reizen Augen; fortgesetztes Einatmen der Dämpfe führt zu Rausch und Bewußtlosigkeit;
Bei starker Erhitzung des Stoffes kann Zersetzung unter Bildung giftiger Chlorwasserstoff- und
Phosgengase eintreten [163]; Nervengift; narkotische Wirkung, Sehstörungen, Dauergiftwirkung
gering[30]; Tödliche Dosis ca. 18 ml [39];
Karzinogen-verdächtig [187]; Ergebnis des Ames-Test: positiv [88];
LD Lo (oral, Mensch): 357 mg/kg [187], [428];
TC Lo (inhalativ, Mensch): 500 ml/m3/1 a intermittierend, 500 ml/m3/8 h [428];
LD 50 (oral, Ratte): 2136 mg/kg [188], 2524 mg/kg [32], 1600 mg/kg [428];
LC 50 (inhalativ, Ratte): 88000 mg/m3/30 min. [187];
LD 50 (intraperitoneal, Ratte): 916 mg/kg [428];
LC 50 (inhalativ, Maus): 14400 ml/m3/7 h [428];
LD 50 (intraperitoneal, Maus): 437 mg/kg [428];
LD 50 (subcutan, Maus): 6460 mg/kg [428];
LD 50 (oral, Kaninchen): 1900 mg/kg [188];
LD 50 (oral, Hund): 3000 mg/kg [188], [428];
LC Lo (inhalativ, Hund): 14108 ml/m3/7 h [428];
LD Lo (intraperitoneal, Hund): 950 mg/kg [428];
LD Lo (intravenös, Hund): 200 mg/kg [428];
LC Lo (inhalativ, Katze): 43400 mg/m3/4.5 h [428];
LD Lo (oral, Kaninchen): 1900 mg/kg [428];
LC Lo (inhalativ, Kaninchen): 10000 ml/m3/7 h [428];
LD Lo (subcutan, Kaninchen): 2700 mg/kg [428];
LC Lo (inhalativ, Meerschweinchen): 5000 mg/m3/2 h [428];

LC 50 (Daphnia magna): 2270 mg/l [6];
LC 50 (Fisch; Pimephales promelas, 96 h): 193 mg/l
Toxische Grenzkonzentration für Pseudomonas putida 500 mg/l, Scenedesmus quadricauda 1450 mg/l
[36];

[EG-Sdb Deutsche ICI GmbH]:
Das Einatmen wiederholter oder hoher Konzentrationen hat betäubende Wirkung. Dies kann
Bewußlosigkeit, Schädigung des zentralen Nervensystems und auch Tod zur Folge haben. Symptome:
Benommenheit, Übelkeit, Erbrechen und Kopfschmerzen. Einwirkung einer Konzentration von 1000 ppm
über 20 min. führt zu Benommenheit. Sehr hohe Konzentrationen können Herzrythmustörungen mit
plötzlicher Todesfolge verursachen. Methylenchlorid wird im Körper zu Kohlenmonoxid umgewandelt. Das
führt zu einer Reduzierung der Sauerstofftransportfähigkeit des Blutes. Das Produkt kann Reizung der
Haut und Augen verursachen. Wirkt entfettend auf die Haut, was zu Trockenheit, Rißbildung und
Dermatitis führt. Wiederholte Einwirkung hoher Dosen kann Nieren und Leber schädigen. Bei Test rief es
an einigen Versuchstieren Krebs hervor. Wird langsam biologisch abgebaut.

Gefahren-Symbol :

- physikalisch/chemisch :
   Dampfdruck : 453 hPa (20 °C) [32]; 473 hPa (20 °C) [163], [Sdb]; 506,5 hPa (20 °C) [367];
   Siedepunkt : 40,67 °C; 39,75 °C
   Log pOW : 1,25 [4]
   Brechungsindex : 1,4237 (20 °C); 1,4244 (20 °C)
   Dichte : 1336 kg/m3 (20 °C)
   Schmelzpunkt : -96,7 °C
   Verdunstungszahl : 27,5 (BuAc = 1) [9]
   Molmasse : 84,933 g/mol
   Verdampfungswärme : 329,5 kJ/kg

Löslichkeit :
   Wasser 20 g/l (20 °C); mischbar mit Ethanol, Diethylether; mischbar mit den meisten organischen
   Lösemitteln [Sdb]; mischbar mit Dimethylformamid [428];

Bemerkung :
Thermische Zersetzung: > 120 °C [32];

Verbleib nach Gebrauch :
Beseitigung B

Bemerkung :
Farblose Flüssigkeit, chloroformähnlicher Geruch; im Gemisch mit Sauerstoff brennbar; Bildet im dampf-/gasförmigen Zustand mit Luft explosionsfähige Gemische;
Explosionsgrenzen: 13 - 22 Vol% ; Zündtemp.: 605 °C [32];
Explosionsgrenzen: 15,5 - 66 Vol% ; Zündtemp.: 665 °C [163];
T(krit.): 245 °C; P(krit.): 61691,7 hPa [428];
Greift Aluminium und Magnesium an;
Verwendung: technisches Lösemittel;

[EG-Sdb Deutsche ICI GmbH]:
Flüssig, flüchtig, klar, scharf durchdringender Geruch;

Verbreitung: Luft- und Wasserpfad;
Angaben zur Umweltexposition siehe [88];
Weitere Angaben zur Toxizität siehe [88];

Diethanolamin

- CAS-Nummer :
111-42-2
- UN Nummer :
1719; 1760
- gebräuchliche Namen :
2,2-Dihydroxydiethylamin; 2,2-Diethanolamin; Iminodiethanolamin; DEA; 2,2'-Iminobis-ethanol; Di-(2-hydroxyethyl)-amin; 2,2'-Iminoethanol; Bis-[2-hydroxy-ethyl]-amin;
- Handelsnamen :

- Summenformel :
$C_4H_{11}NO_2$
- Strukturformel

$$HO\diagdown\diagup\diagdown_{N}\diagup\diagdown\diagup OH$$

(N—H)

Funktion
Produktionshilfsmittel/Kathode
Batterietyp
SE
Lithium-Polyanilin
Anwendungsbereich
Produktion
Eigenschaften :
- toxigologisch/ökotoxikologisch :
RTECS # KL 2975000
WGK : 1
R-Satz : 36/38
S-Satz : (2)-26
Sonstiges :
Verwendungsverbot als Kühlschmierstoffbestandteil nach TRGS 611; vgl. Abschn. II B;
CSB: 1,52 g/g [3]; BSB(5): 0,03 g/g [3]; IMK:II;
Kontakt der Substanz mit den Augen führt zu schweren Verätzungen; die mit der Substanz benetzte Haut wird gereizt; bei wiederholter oder längerer Einwirkung kommt es zu Verätzungen [163]; [484];
LD 50 (oral, Ratte): 710 mg/kg [10], 1140 mg/kg [9];
LD 50 (intraperitoneal, Ratte): 120 mg/kg [428];
LD 50 (intravenös, Ratte): 778 mg/kg [428];

LD 50 (oral, Maus): 3300 mg/kg [428];
LD 50 (intraperitoneal, Maus): 2300 mg/kg [428];
LD 50 (Haut, Kaninchen): 12200 mg/kg [9];

LC 50 (Fisch; Goldorfe): 1850 mg/l [29];
LC 50 (Daphnia magna): 1,4 mg/l [3];
LC 50 (Fisch, Goldorfe): 1430/1850 mg/l [33];
LC 100 (Fisch, Goldorfe): 1650/2180 mg/l [33];
Toxische Grenzkonzentration neutralisiert: Pseudomonas putida 10000 mg/l, Scenedesmus quadricauda 4,4 mg/l, nicht neutralisiert [484]
Biologisch abbaubar (123 mg/l, 1000 mg/l, 1230 mg/l) [3];

Gefahren-Symbol :

- physikalisch/chemisch :
Dampfdruck : < 0,01 hPa (20 °C) [163]; [484];
Siedepunkt : 269-271 °C; 140-144 °C (9,33 hPa); >270 °C Zers.
Log pOW : -1,43 [4]
Brechungsindex : 1,4776 (20 °C); 1,4753 (30 °C)
Dichte : 1096,6 kg/m3 (20 °C)
Schmelzpunkt : 28 °C; 27 °C;
Flammpunkt : 137 °C; 178 °C
Verdunstungszahl : < 0,001 (BuAc = 1) [9]
Molmasse : 105,139 g/mol

Löslichkeit :
mischbar mit Wasser, Ethanol; sehr wenig löslich in Diethylether, Benzen (Benzol);

Bemerkung :
Zündtemperatur: 280 °C [484]; 370 °C [Hüls AG];

Verbleib nach Gebrauch :
Beseitigung A

Bemerkung :
Dicke farblose ammoniakähnlich riechende Flüssigkeit; hygroskopisch; brennbar; ätzend;
Bei starker Erhitzung Bildung explosiver Gemische; Entzündung durch heiße Oberflächen, Funken, offene Flammen;
Explosionsgrenzen: 1,6-9,8 Vol.-% ; Zündtemperatur: 662 °C [9];
Zündtemperatur: 280 °C [484]; 370 °C [Hüls AG];
Diethanolamin kann Kupfer und Kupferverbindungen angreifen;
Verwendung: Lösemittel;
Umweltbelastung durch fotografische Prozesse (BRD, 1986): 220 t/a [156];

Dimethylbenzen (Isomerengemisch)

- CAS-Nummer :
1330-20-7
- UN Nummer :
1307
- gebräuchliche Namen :
Xylol; Dimethylbenzol; Xylen; Xylol, Gemisch aus den Isomeren o-, m- und p-Xylol; Reinxylol;
Methyltoluol; Reinxylen; Methyltoluen; Xylen, Gemisch aus den Isomeren o-, m- und p-Xylen;
- Handelsnamen :
Solvent Xylene; Dilan; Violet 3;
- Summenformel :
C_8H_{10}

- **Strukturformel**

Funktion
  Additiv/Elektrolyt
Batterietyp
  SE
  Natrium-Schwefel
Anwendungsbereich
  Elektrolytbestandteil
Eigenschaften :
- **toxigologisch/ökotoxikologisch :**
  RTECS # ZE 2100000
  Schweizer Giftliste : 4
  WGK : 2
  MAK Wert : 440 mg/m3 bzw. 100 ml/m3
  R-Satz : 10-20/21-38
  S-Satz : (2)-25
  Sonstiges :
  Spitzenbegrenzung: II,1 [481]; Schwangerschaft Gruppe D [481]; vgl. Abschn. VIII;
  Geruchsschwelle 0,5 ml/m3 [484], [163];
  Gesundheitsschädlich beim Einatmen und bei Berührung mit der Haut. Reizt die Haut [EXXON-Sdb];
  Nervengift; niedrige Dampfkonzentration: Kopfschmerz, Schwindel, Brechreiz, Reizwirkung auf
  Atemwege und Magen-Darm-Kanal;
  Höhere Dampfkonzentration: Rausch- und Erregungszustände, bald tiefe Bewußtlosigkeit, dann
  Atemlähmung und Krämpfe möglich; Dämpfe schädigen das Zentralnervensystem;
  alkoholunverträglichkeit;
  LD 50 (oral, Ratte): 5000 mg/kg [32], 4300 mg/kg [428];
  LC 50 (inhalativ, Ratte): 6700 ml/m3/4 h [187], 5000 ml/m3/4 h [428];
  LD 50 (intraperitoneal, Ratte): 2459 mg/kg [428];
  LD 50 (subcutan, Ratte): 1700 mg/kg [428];
  LD Lo (oral, Mensch): 50 mg/kg [428];
  LC Lo (inhalativ, Mann): 10000 ml/m3/6 h [428];
  TC Lo (inhalativ, Mensch): 200 ml/m3 [428];
  LD Lo (oral, Maus): 6000 mg/kg [428];
  LD 50 (intraperitoneal, Maus): 1548 mg/kg [428];
  LD 50 (Haut, Kaninchen): >1700 mg/kg [428];
  LD Lo (intravenös, Kaninchen): 129 mg/kg [428];
  LC Lo (inhalativ, Meerschweinchen): 450 ml/m3 [428];
  LD Lo (intraperitoneal, Meerschweinchen): 2000 mg/kg [428];
  LD 50 (oral, Säugetier): 4300 mg/kg [428];
  LC 50 (inhalativ, Säugetier): 30000 mg/m3 [428];

  Toxische Grenzkonzentration für Pseudomonas putida, Scenedesmus quadricaude, Uronema parduczi,
  Entosiphon sulcatum >160 mg/l [36];
  LC 50 (Fisch; Goldorfe): 308/86 mg/l [33]
  LC 100 (Fisch; Goldorfe): 352/103 mg/l [33];
  Trinkwassergefährdung bei Eindringen größerer Mengen in Erdreich und Gewässer [32];

  Gefahren-Symbol :

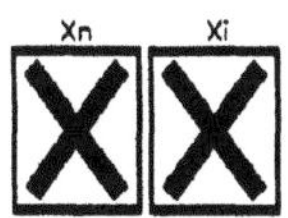

- **physikalisch/chemisch :**
  Dampfdruck : 8 hPa (20 °C) [32], 8,6 hPa (20 °C) [367]; 7-9 hPa (20 °C) [484];
  Siedepunkt : 137-144 °C; 137-140 °C (variert je nach Gemisch)
  Brechungsindex : 1,4960-1,4990 (20 °C)

Dichte : 865 kg/m3 (20 °C)
Schmelzpunkt : -48 °C; >-34 °C; -54 °C;
Flammpunkt : 27 °C; 25-30 °C *
Verdunstungszahl : 0,6 (BuAc = 1) [9], 0,7 (BuAc = 1) [105], 13,5 (Diethylether = 1) [19];
Molmasse : 106,167 g/mol

Löslichkeit :
Wasser 0,2 g/l (20 °C); leicht löslich in Ethanol, Diethylether;

Bemerkung :
* Verunreinigungen verringern den Flammpunkt für das techn. Produkt bis unterhalb 17 °C [484];

Verbleib nach Gebrauch :
Beseitigung D

Bemerkung :
Klare, farblose Flüssigkeit mit benzolähnlichem Geruch; brennbar; aromatischer Geruch [EXXON-Sdb];
Bildet im dampf-/gasförmigen Zustand mit Luft explosionsfähige Gemische;
Explosionsgrenzen:
1,1-8 Vol.-%; Zündtemp.: ca. 465 °C [32];
1-7,0 Vol.-%; Zündtemp.: 465 °C [484]; >450 °C [EXXON-Sdb];
Explosionsgrenzen und Zündtemperatur variieren mit der Zusammensetzung;
Dimethylbenzen greift Gummi an und löst es auf;
Der Stoff reagiert bei Kontakt oder Mischung mit sauerstoffreichem Material (starken Oxidationsmitteln),
konzentrierten Salpeter- und Schwefelsäuren sowie geschmolzenem Schwefel; Gummi wird angegriffen
und aufgelöst [484];
Verwendung: technisches Lösemittel;

Enthalten in Ama (90%), Amra (90%), Antibubble LT (1,2%), Antifloat F-113 (1,94%), Anti-Terra-P, U,
U 80, Byk-051, -053, -070, -306, -310 (75%), -335, -344, -371 (60%), -P 104, Bykanol-N, Bykumen,
Cerafak 59 (48,7%), 100 (45%), 106 (40%), 106 Stab (37,8%), 151 (75%), Ceramat 240 (7,8%), 241
(39%), Crodapol O-25X (30%), Dicalite WB 5 (75%), WF-AB (75%), Disparlon 1970 (55%), 4200-10
(50-100%), 6900-20X (32%), A630-20X (25-50%), KS 860 (35,5%), KS 873 N (25%), NS 30
(42,5%), OX-60 (10-25%), OX-720 (10-25%), Disperbyk-101 (6%), -160 (60%), -162 (12%), -163
(31%), Efka-N (29%), -21 (95%), -22 (67%), -777 (30%), Necires EPX-L2 (3-4%), Fisantrol 3000
(28%), 3440 (31%), U/1 (46%), Hardlen 163-LR, Heucoflow (30%), -M10 (23%), -M10/02 (23%), -
11001 W (30%), Irgacor 153 (30%), Intercoat VPP 154 (85,75%), VPE 154 (5,63%), (Jäger Antihydro
Trockner (1,7%), HK Trockner (1,7%), OB Trockner (1,7%), 3.3 Trockner (2,4%), Weißtrockner
(2,4%),Lactimon (43%), Lanco-Antimar 56 (21%), -Disperse 10 UN (22,5%), -Disperse 11 (1,2%), -
Flow L (5%), -Flow S (37%), -Glidd AH (54,37%), -Glidd CX (54%), -Glidd KXB (57,6%), -Glidd KX
(60%), -Glidd ML (20,25%), -Glidd PPL (26,94%), -Glidd WM (46,13%), -Optiblend UL 4 (1,35%), Luba-
print A 620 (30%), 749 (41,25%), B 15/XB (41,25%), T-152 (7,2%), 246/A (33,75%), Metolat LA
524 (25-50%), M-P-A 1078X (50-100%), 2000X (50-100%), X (50-100%), Multiflow (50%), Sanduvor
3212, Tinuvin 384 (5%), Ultralube VP-411/12 (70-80%), Urad DD72 (1,1%);

N,N-Dimethylmethanamid

- **CAS-Nummer** :
  68-12-2
  - **UN Nummer** :
  2265
- **gebräuchliche Namen** :
  Ameisensäuredimethylamid; Dimethylformamid; N,N-Dimethylformamid; DMF; Formyldimethylamid; N,N-
  Dimethylameisensäureamid; N-Formyldimethylamin;
- **Handelsnamen** :
  NSL 5356; U-4224; NCI-C 60913;
- **Summenformel** :
  C_3H_7NO

- **Strukturformel**

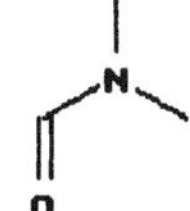

Funktion

Produktionshilfsmittel/Kathode

Batterietyp

SE

(a)Lithium-Polyanilin

(b)Lithium-Polypyrrol

Anwendungsbereich

Produktion

Eigenschaften :

- **toxigologisch/ökotoxikologisch :**

RTECS # LQ 2100000

Schweizer Giftliste : 3

WGK : 1

MAK Wert : 30 mg/m3 bzw. 10 ml/m3 bzw. 20 ml/m3

R-Satz : 61-20/21-36

S-Satz : 53-45

Sonstiges :

Spitzenbegrenzung: II,1 [481]; Gefahr der Hautresorption [481]; Schwangerschaftsgruppe B [481]; Repr.Cat.2 [505];

Dämpfe reizen stark Augen und Atemwege; Kontakt mit der Flüssigkeit führt zu Reizung der Augen und Haut; Flüssigkeit wird leicht über die Haut aufgenommen (Hautresorption!); Leber- und Nierenschäden möglich [163];

LD 50 (oral, Ratte): 2800 mg/kg [187], [428];

LD 50 (intraperitoneal, Ratte): 1400 mg/kg [428];

LD 50 (subcutan, Ratte): 3800 mg/kg [428];

LD 50 (intravenös, Ratte): 2000 mg/kg [428];

LD 50 (oral, Maus): 3700 mg/kg [428];

LC 50 (inhalativ, Maus): 9400 mg/kg [428], [187];

LD 50 (intraperitoneal, Maus): 650 mg/kg [428];

LD 50 (subcutan, Maus): 4500 mg/kg [428];

LD 50 (intravenös, Maus): 2500 mg/kg [428];

LD 50 (intramuskulär, Maus): 3900 mg/kg[428];

LD 50 (Haut, Kaninchen): 4720 mg/kg [187], [428];

LD 50 (intraperitoneal, Kaninchen): 1000 mg/kg [428];

LD 50 (intravenös, Kaninchen): 1800 mg/kg [428];

LD Lo (intraperitoneal, Meerschweinchen): 4000 mg/kg [428];

LD 50 (intravenös, Meerschweinchen): 1050 mg/kg [428];

LD 50 (intravenös, Hund): 470 mg/kg [428];

LD 50 (intraperitonear, Katze): 500 mg/kg [428];

Gefahren-Symbol :

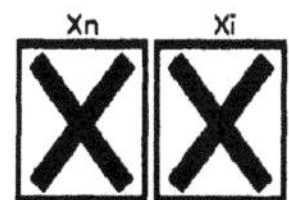

- **physikalisch/chemisch :**

Dampfdruck : 4 hPa (25 °C) [163]

Siedepunkt : 153 °C

Log pOW : - 1,01 [4]

Brechungsindex : 1,42938 (22,4 °C)

Dichte : 950 kg/m3 (20 °C)

Schmelzpunkt : -55 °C; -61 °C

Flammpunkt : 58 °C

Molmasse : 73,094 g/mol

Löslichkeit :
mischbar mit Wasser und den meistgebräuchlichen organischen Lösungsmitteln; löslich in Ether, Aceton, Benzol, Chloroform [428];

Bemerkung :
T(krit.): 374 °C [428];

Verbleib nach Gebrauch :
Beseitigung C

Bemerkung :
Farblose, leicht bewegliche, wasseranziehende Flüssigkeit; schwacher aminartiger Geruch; brennbar; fischartiger Geruch [428];
Bei starker Erwärmung bilden sich giftige und explosionsfähige Gemische;
Explosionsgrenzen: 2,2-16 Vol.-%; Zündtemp.: 440 °C [163], [484];
Kann bei Kontakt mit halogenierten Kohlenwasserstoffen und mit sauerstoffreichem Material (starken Oxidationsmitteln) sehr heftig reagieren;
Verwendung: als Lösemittel für Polymere, Gase (z.B. Ethen, Ethin, Schwefelwasserstoff, Schwefeldioxid), Farbstoffe;
Enthalten in Efka-781 (5%);

Dimethylsulfoxid

- CAS-Nummer :
67-68-5
- gebräuchliche Namen :
Methylsulfoxid; DMSO; Methylsulfinylmethan;
- Handelsnamen :
Deltan; Demeso; Demasorb; Demavet; Dermasorb; Dimexide; DMS-70; DMS-90; Doliaer; Domoso; Dromisol; Durasorb; Gamasol 90; Infiltrina; M179; NSC-763; Rimso 50; Somipront, SQ 9453; Syntexan; Topsym;
- Summenformel :
C_2H_6OS
- Strukturformel

$$O=S\begin{matrix} \diagup CH_3 \\ \diagdown CH_3 \end{matrix}$$

Funktion
(a)Lösemittel/Elektrolyt; (b)Produktionshilfsmittel/Kathode
Batterietyp
SE/(a)Lithium-Niobiumselenid/(b)Lithium-Polypyrrol
Anwendungsbereich
(a)Elektrolytbestandteil
(b)Produktion
Eigenschaften :
- toxigologisch/ökotoxikologisch :
RTECS # PV 6210000
WGK : 1
R-Satz : 20/21/22-38
S-Satz : 7/8-24/25
Sonstiges :
IMK III;
Histaminartige Reaktion der Haut im Wassergemisch;
Wirkt schädigend bei Einatmung, Verschlucken oder Aufnahme über Haut; Dämpfe reizen Augen, Schleimhäute und Atemwege; verursacht Hautreizungen; kann allergische Atem- und Hautreaktionen verursachen [187];
Biologisch nicht abbaubar [262];

LD 50 (oral, Ratte): 14.500 mg/kg [428], 19700 mg/kg [252], 28300 mg/kg [254], 17,9 ml/kg [369];
LD 50 (intravenös, Ratte): 8.100 mg/kg [252], 5360 mg/kg [254], 7,4 ml/kg [369];
LD 50 (intraperitonal, Ratte): 8200 mg/kg
LD 50 (subcutan, Ratte): 12000 mg/kg
LD 50 (oral, Hund); > 10000 mg/kg
LD 50 (oral, Maus): 16,5 g/kg [252], 21,4 g/kg [254], 15,0 ml/kg [369];
LD 50 (intravenös, Maus): 7,6 g/kg [252], 5,75 g/kg [254], 6,9 ml/kg [369];
LD 50 (intraperitoneal, Maus): 12,6 ml/kg [369];
LC 50 (Daphnia magna, 48 h): 54 mg/l [425];

Gefahren-Symbol :

- physikalisch/chemisch :
   Dampfdruck : 0,49 hPa (20 °C) [9]
   Siedepunkt : 189 °C
   Log pOW : - 2,03 [4]
   Brechungsindex : 1,4787 (20 °C)
   Dichte : 1101 kg/m3 (20 °C)
   Schmelzpunkt : 18,4 °C
   Flammpunkt : 85 °C
   Verdunstungszahl : 0,04 (BuAc = 1) [9]
   Molmasse : 78,13 g/mol

Löslichkeit :
   leicht löslich in Wasser, Ethanol, Diethylether;

Verbleib nach Gebrauch :
   Beseitigung C

Bemerkung :
   Dickes, hygroskopisches Öl;
   Bildet im dampf-/gasförmigen Zustand mit Luft explosionsfähige Gemische;
   Explosionsgrenzen: 2,6 - 28,5 Vol.% ; Zündtemp.: 215 °C [9];
   Verboten in kosmetischen Mitteln;
   Verwendung: technisches Lösemittel;

1,4-Dioxan

- CAS-Nummer :
   123-91-1
   - UN Nummer :
   1165
- gebräuchliche Namen :
   Dioxan; p-Dioxan; 1,4-Diethylendioxid; 1,4-Dioxacyclohexan; 1,4-Diethylenether; Glykolethylether;
   Dioxyethylenether; Tetrahydro-p-dioxin; Diether des Glykols; Diethylenether; Diethylendioxid; Tetrahydro-
   1,4-dioxin; [1,4]-Dioxan;
- Handelsnamen :

- Summenformel :
   $C_4H_8O_2$
- Strukturformel

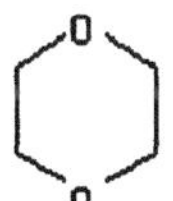

Funktion
  Lösemittel/Elektrolyt
Batterietyp
  SE
  Lithium-Polyacetylen
Anwendungsbereich
  Elektrolytbestandteil
Eigenschaften :
- toxigologisch/ökotoxikologisch :
  RTECS # JG 8225000
  Schweizer Giftliste : 4
  WGK : 1
  MAK Wert : 180 mg/m3 bzw. 50 ml/m3
  R-Satz : 11-19-40-36/37
  S-Satz : (2)-16-36/37
  Sonstiges :
  Carc.Cat. 3 [505]; IMK: II;
  Karzinogen [187]; Spitzenbegrenzung: II,1 [481]; Gefahr der Hautresorption [481]; Krebserzeugend III B
  [481]; Schwangerschaftsgruppe D [481];
  300 ml/m3 für 15 min. verursachten leichte Reizung der Augen sowie der Nasen- und
  Rachenschleimhäute [163];
  Nierengift (schwere Nierenschäden z.T. mit tödlichem Ausgang) [30];
  Dämpfe wirken in hohen Konzentrationen narkotisch und führen zu schweren Leber- und Nierenschäden;
  reizen Augen, Atemwege und Lunge; Hautresorption! [163], [484];
  Geruchsschwelle: 3ml/ m3 [163], [484];
  470 ml/m3 eingeatmet führen zum Tod [9];
  LC Lo (inhalativ, Mensch): 470 ml/m3 [187];
  LD 50 (oral, Ratte): 4200 mg/kg [187], 5170 mg/kg [9], 7120 mg/kg [428];
  LC 50 (inhalativ, Ratte, 2 h): 46 g/m3 [187];
  LD 50 (intraperitoneal, Ratte): 799 mg/kg [428];
  LD 50 (oral, Maus): 5700 mg/kg [428];
  LC 50 (inhalativ, Maus): 37000 mg/m3/2 h [428];
  LD 50 (intraperitoneal, Maus): 790 mg/kg [428];
  LD 50 (oral, Katze): 2000 mg/kg [428];
  LD 50 (Haut, Kaninchen): 7600 mg/kg [187], 7900 mg/kg [9];

  Toxische Grenzkonzentration für Pseudomonas putida 2700 mg/l, Scene-
  desmus quadricauda 5600 mg/l [36];
  LC 50 (Daphnia magna): 4700 mg/l [6];
  LC 50 (Fisch; Goldorfe): 9630/8450 mg/l [33];
  LC 100 (Fisch; Goldorfe): 15450/9790 mg/l [33];

  Gefahren-Symbol :

- physikalisch/chemisch :
  Dampfdruck : 41 hPa (20 °C) [32], [484];
  Siedepunkt : 101,4 °C
  Brechungsindex : 1,4323 (20 °C)
  Dichte : 1032,9 kg/m3 (20 °C)
  Schmelzpunkt : 11,3 °C; 10 °C; 11,8 °C
  Flammpunkt : 12 °C; 11 °C;
  Verdunstungszahl : 2,7 (BuAc = 1) [9]
  Molmasse : 88,106 g/mol
  Verdampfungswärme : 406,33 kJ/kg

Löslichkeit :
  mischbar mit Wasser, Ethanol, Diethylether;

Verbleib nach Gebrauch :
Beseitigung D
Atmosphärische Halbwertszeit etwa 3 - 4 h in Gegenwart von Stickoxiden
und Sonnenlicht [407];

Bemerkung :
Farblose Flüssigkeit; etherähnlicher Geruch; bei Temperaturen unter 10 °C fester Stoff [484];
Bildet im dampf-/gasförmigen Zustand mit Luft explosionsfähige Gemische;
Explosionsgrenzen: 1,9-22,5 Vol.-%; Zündtemperatur: 375 °C [484], [32];
Gefährdungsgruppe I lt. ASAO 728; Gefahrklasse B I (DDR);
Achtung, Dioxan kann - insbesondere in wasserfreier Form - bei Einwirkung   von Luft explosive Peroxide
bilden [484];
Bildet mit Wasser u. Ethanol azeotrope Gemische, mit Brom, Jod, Säuren, Halogeniden u. versch. org.
Stoffen Additionsverbindungen; Chlorierungsprodukte des 1,4-Dioxans werden als
Schädlingsbekämpfungsmittel eingesetzt;
Wegen Neigung zur Peroxidbildung Aufbewahrung in dunklen Gefäßen oder
Stabilisierung mit Eisen(II)sulfat;
Verboten in kosmetischen Mitteln;
Verwendung: Lösemittel für Celluloseacetat und -nitrat, Cellulose-
ethylether, Fette, Wachse, Harze, Chlorkautschuk und Lacke; ferner als
Extraktionsmittel, bes. für pharmazeutische Präparate; als Inhibitor
für -> 1,1,1-Trichlorethan;

1,3-Dioxolan

- CAS-Nummer :
646-06-0
- gebräuchliche Namen :
Glykolmethylenether; Formaldehydethylenacetal;Ethylenglykolformal; Dihydro-1,3-dioxol; 1,3-
Dioxacyclopentan;1,3-Dioxocyclopentan; Formalglykol; Formalglycol; Glykolformal;
- Handelsnamen :

- Summenformel :
$C_3H_6O_2$
Funktion
Lösemittel/Elektrolyt
Batterietyp
PE
(a)Lithium-Kupferoxid
(b)Lithium-Kupfersulfid
(c)Lithium-Kupferoxiphosphat
(d)Lithium-Wismuttrioxid
(e)Lithium-Bleiwismutat
SE
(a)Lithium-Mangandioxid
(b)Lithium-Vanadiumoxid
(c)Lithium-Polyanilin
Anwendungsbereich
Elektrolytbestandteil
Eigenschaften :
- toxigologisch/ökotoxikologisch :
RTECS # JH 6760000
Schweizer Giftliste : 4
R-Satz : 11
S-Satz : (2)-16
Sonstiges :
Dämpfe reizen Augen, Atemwege und Haut; sie wirken in hohen Konzentrationen narkotisch; Kontakt mit
der Flüssigkeit bewirkt starke Reizung der Augen und Haut; Aufnahme der Flüssigkeit auch über die Haut
(Hautresorption!) [163];
LD 50 (oral, Ratte): 3000 mg/kg [187], [428];
LD 50 (oral, Maus): 3200 mg/kg [428];
LD 50 (Haut, Kaninchen): 8480 mg/kg [187];

398

LC 50 (inhal., Ratte, 4h): 20650 mg/m3 [187];

Gefahren-Symbol :

- **physikalisch/chemisch :**
  Dampfdruck : 133 hPa (20 °C) [163]
  Siedepunkt : 74-75 °C
  Brechungsindex : 1,4005 (20 °C)
  Dichte : 1060 kg/m3 (20 °C)
  Schmelzpunkt : - 26 °C (*)
  Flammpunkt : 1 °C
  Molmasse : 74,08 g/mol

Löslichkeit :
  löslich in Wasser, Ethanol, Dietylether, Propanon (Aceton)

Bemerkung :
  (*): Schmp.: -95 °C wird auch angegeben; Flammp.: -6 °C wird auch angegeben;

Verbleib nach Gebrauch :
  Beseitigung D

Bemerkung :
  Farblose Flüssigkeit; schwacher Geruch;
  Unverträglich mit Säuren, starken Oxidationsmitteln; vor Feuchtigkeit schützen;
  Substanz neigt zur Peroxidbildung;

1,3-Dioxolan-2-on

- **CAS-Nummer :**
  96-49-1
- **gebräuchliche Namen :**
  Ethylencarbonat; Ethylenglykolcarbonat; Kohlensäure-glykolester;
- **Handelsnamen :**

- **Summenformel :**
  $C_3H_4O_3$
- **Strukturformel**

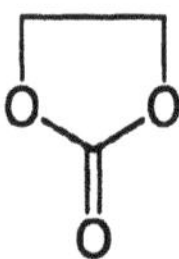

Funktion
  (a),(b)Lösemittel/Elektrolyt
  (c)Produktionshilfsmittel/Kathode
Batterietyp
  SE
  (a)Lithium-Mangandioxid
  (b)Lithium-Vanadiumoxid
  (c)Lithium-Polypyrrol

Anwendungsbereich
(a),(b)Elektrolytbestandteil
(c)Produktion
Eigenschaften :
- **toxigologisch/ökotoxikologisch :**
RTECS # FF 9550000
Schweizer Giftliste : 5
Sonstiges :
Kann schädigend wirken bei Einatmung, Verschlucken oder Aufnahme über Haut; verursacht Augen- und Hautreizungen [187];
LD 50 (oral, Ratte): 10 g/kg [187];
LD Lo (intraperitoneal, Maus): 500 mg/kg [428];

- **physikalisch/chemisch :**
Siedepunkt : 234-244 °C
Brechungsindex : 1,4158 (50 °C)
Dichte : 1321 kg/m3 (20 °C)
Schmelzpunkt : 35-37 °C
Flammpunkt : 145 °C
Molmasse : 88,06 g/mol

Löslichkeit :
löslich in Wasser, Ethanol, Diethylether, Benzen (Benzol), Trichlormethan (Chloroform);

Verbleib nach Gebrauch :
Beseitigung A

Bemerkung :
Weißer Feststoff;
Unverträglich mit starken Oxidationsmitteln, Säuren, Basen und Reduktionsmitteln;

Diphenyl

- **CAS-Nummer :**
92-52-4
- **UN Nummer :**
3077 n.o.s.
- **gebräuchliche Namen :**
Biphenyl; Phenylbenzol; Bibenzen; Phenylbenzen; Xenol;
- **Handelsnamen :**

- **Summenformel :**
$C_{12}H_{10}$
- **Strukturformel**

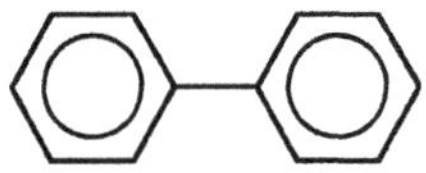

Funktion
Ausgangsstoff/Polymerkathode
Anwendungsbereich
Produktion
Eigenschaften :
- **toxigologisch/ökotoxikologisch :**
RTECS # DU 8050000
MAK Wert : 0,2 ml/m3 bzw. 1 mg/m3
R-Satz : 36/37/38
S-Satz : (2)-23
Sonstiges :
Spitzenbegrenzung: n.b. [481]; Schwangerschaftsgruppe D [481];

Besonders die bei Erhitzung entstehenden Dämpfe reizen Augen und Atemwege; Kontakt mit dem festen
Stoff bewirkt Reizung der Augen, bei anhaltender Einwirkung auch der Haut [163];
Dampfkonzentrationen von über 0,005 mg/l über längere Zeit gesundheitsschädlich [163];
LD 50 (oral, Ratte): 2400 mg/kg [187], 3280 mg/kg [428];
LD 50 (intravenös, Maus): 56 mg/kg [428];

Gefahren-Symbol :

- physikalisch/chemisch :
    Dampfdruck : 0,008 hPa (20 °C) [163], 5,5 hPa (100 °C) [163];
    Siedepunkt : 254 °C
    Log pOW : 3,16, 3,95, 4,04, 4,09, 4,17 [4]
    Brechungsindex : 1,475 (20 °C)
    Dichte : 866 kg/m3 (20 °C)
    Schmelzpunkt : 68,5 °C
    Flammpunkt : 110 °C
    Molmasse : 154,22 g/mol

Löslichkeit :
    löslich in Diethylether, Benzen (Benzol), Trichlormethan (Chloroform), Ethanol; unlöslich in Wasser;

Verbleib nach Gebrauch :
    Beseitigung A

Bemerkung :
    Farblose Blättchen, Schuppen, Pillen oder farblose Schmelze von eigenartigem angenehmen Geruch nach
    Geranien;
    brennbar; Bildet im dampf-/gasförmigen Zustand mit Luft explosionsfähige Gemische;
    Explosionsgrenzen: 0,7 - 3,4 Vol.% ; Zündtemp.: 570 °C [163]; Stoff kann sich leicht statisch aufladen;
    kann bei Kontakt mit brandförderndem Material (starken Oxidationsmitteln) reagieren;
    Verwendung: Fungistatikum für Orangen; Wärmeübertragungsmittel; in der org. Synthese;

Eisen

- CAS-Nummer :
    7439-89-6
- Handelsnamen :

- Summenformel :
    Fe
Funktion
    PE, SE:
    Gehäusematerial
Anwendungsbereich
    Gehäuse
Eigenschaften :
- toxigologisch/ökotoxikologisch :
    RTECS # NO 45655000
    Sonstiges :
    In löslichen Verbindungen für Kinder tödliche Dosis ab 2 g, Erwachsene ca. 30 g [39];

- physikalisch/chemisch :
    Siedepunkt : 2750 °C
    Dichte : 7860 kg/m3 (20 °C)
    Schmelzpunkt : 1535 °C
    Molmasse : 55,847 g/mol

Löslichkeit :
   unlöslich in Wasser, Laugen, Ethanol, Diethylether; löslich in Säuren;

Verbleib nach Gebrauch :
   Beseitigung R

Bemerkung :
   Silbriges Metall; pulverförmig entzündbar;
   Eisenpulver, CAS-Nr.: 1317-60-8
   Verwendung: Eisenpulver als Toner-Bestandteil; in Form von Eisen-Kohlenstoff-Legierungen (Roheisen,
   Gußeisen, Stahl);
   Abwassergrenzwert: 2 mg/l [39];

Eisen(II)-hydroxid

- CAS-Nummer :
   18624-44-7
- Handelsnamen :

- Summenformel :
   $Fe(OH)_2$
Funktion
   Reaktionsprodukt (Zellreaktion)
Batterietyp
   SE
   Nickel-Eisen
Anwendungsbereich
   Elektrodenbestandteil
Eigenschaften :
- toxigologisch/ökotoxikologisch :

- physikalisch/chemisch :
   Dichte : 3400 kg/m3 (20 °C)
   Schmelzpunkt : Zers.
   Molmasse : 89,86 g/mol

Löslichkeit :
   Wasser 0,0015 g/l (18 °C); löslich in Säuren, Ammonium- chlorid; unlöslich in Laugen;

Bemerkung :
   Weißer bis hellgrüner flockiger Niederschlag, der an der Luft schnell zu
   rotbraunen -> Eisen(III)-hydroxid oxidiert;

Eisen(III)-chlorid

- CAS-Nummer :
   7705-08-0
   - UN Nummer :
   1773
- gebräuchliche Namen :
   Eisentrichlorid; Ferrichlorid; Ferritrichlorid;
- Handelsnamen :

- Summenformel :
   $FeCl_3$
Funktion
   PE
   Additiv/Kathode

SE

(a),(b) Produktionshilfsmittel/Kathode

Batterietyp

PE

Zink-Kohle

SE

(a)Lithium-Vanadiumoxid

(b)Lithium-Polypyrrol

Anwendungsbereich

PE

Elektrodenbestandteil

SE

(a),(b):Produktion

Eigenschaften :

- toxigologisch/ökotoxikologisch :

RTECS # LJ 9100000

Schweizer Giftliste : 3

WGK : 1

R-Satz : 34

S-Satz : 24-28

Sonstiges :

Staub reizt stark und verätzt Augen, Atemwege und Haut; Kontakt mit dem festen Stoff, der zerfließenden Masse oder wäßrigen Lösungen führt zu sehr starker Reizung und Verätzung der Augen und Haut [163];

LD 50 (oral, Ratte): 1872 mg/kg [40];

LD 50 (oral, Maus): 1500 mg/kg [308];

LD 50 (oral, Kaninchen): 1200 mg/kg [308];

LD 50 (oral, Meerschweinchen): 600 mg/kg [308];

Toxische Grenzkonzentration für Daphnia magna 130 mg/l [389];

Gefahren-Symbol :

- physikalisch/chemisch :

Dampfdruck : < 1 hPa (20 °C) [163]

Siedepunkt : 315 °C (Zers.)

Dichte : 2898 kg/m3 (25 °C)

Schmelzpunkt : 306 °C (Subl.)

Molmasse : 162,21 g/mol

Löslichkeit :

Wasser 744 g/l (0 °C), 5357 g/l (100 °C); Propanon (Aceton) 630 g/l (18 °C); leicht löslich in Ethanol, Methanol, Diethylether;

Verbleib nach Gebrauch :

Beseitigung L

Bemerkung :

Gelbbraune, stark wasseranziehende (hygroskopische) Kristalle oder kristalline Stücke; Stoff ist zerfließlich an feuchter Luft;

Bei Erhitzen bis zur Zersetzung bildet sich giftiges und ätzendes Chlorgas;

Je nach Temperatur hydratisiert der Stoff und bildet feste, kristallwasserhaltige Eisenchloridhydrate; am bekanntesten ist das -> Eisentrichlorid-Hexahydrat (CAS-Nr. 10025-77-1); Zugelassen als Lebensmittelzusatzstoff nach LMBG; Siehe auch -> Eisen(III)-chlorid-6-hydrat;

Eisen(III)-oxid

- **CAS-Nummer :**
  1309-37-1
- **gebräuchliche Namen :**
  Eisen(III)-oxid, rot; Hematit; C.I. 77491; Pigment Rot 102 (C.I. 77491); Pigment Braun 6 (C.I. 77491);
  Pigment Red 102; Pigment Brown 6; Ferrioxid; Roteisenerz; Eisenoxidrot; Hämatit; Rot-Eisen-Oxid;
  Pigment Red 101; Eisen(III)-oxid, transparent; Eisenoxidbraun; Eisenmanganbraun; Eisenglimmer;
  Dieisentrioxid; Roteisenoxid; Bauxitrückstand; Eisenoxid, colloidol; Pigment Rot 101; Pigment Red 101;
  Eisenoxid, wasserfrei;
- **Handelsnamen :**
  Anrached, standard; Armenian bole; Bauxite residue; Metallic Braun; Natur Braun; Mars Braun; Sicotrans
  Rot L 2715 D; Sicotrans Rot L 2815; Sicotrans Rot L 2816; Sicotrans Rot L 2817; Sicotrans Rot L 2915
  D; Encelac A Rot 2817; Encelac Rot 3396; Luconyl Rot 2817; Luconyl Braun 2915; Luconyl Rot 3396;
  Luconyl Rot 3397; Luconyl G Rot 2817; Sicoflush L Rot 2817 C 4; Sicoflush P Rot 2817; Sicoflush P
  Rot 3395; Eisenoxid Rot 2996; Bayferrox 110; Bayferrox 120 N; Bayferrox 120; Bayferrox 130;
  Bayferrox 130/1; Bayferrox 130 B; Bayferrox 140; Heucorox A; Heucorox F; Heucorox FG; Heucorox FL;
  Heucorox M; Heucorox UF; Bayer SII; Caput Mortuum; Cerven H; Colocother; Colliron; Crocus; Deanox;
  Felac; Ferrugo; Krokus; Mapico rot R220-3; Pigdex 100; Prussian rot; Redoxaid; Rubigo; Rouge;
  Türkisches Rot; Vitriol Red;
- **Summenformel :**
  Fe_2O_3

Funktion
  Aktive Masse/Kathode

Batterietyp
  SE
  Lithium-Batterie(Hochtemperatur)

Anwendungsbereich
  Elektrodenbestandteil

Eigenschaften :
- **toxigologisch/ökotoxikologisch :**
  RTECS # NO 7400000
  WGK : 0
  MAK Wert : 6 mg/m3 (gemessen als Feinstaub) bzw. 67 mg/m3
  R-Satz : 36/37/38
  S-Satz : 26-37/39
  Sonstiges :
  Spitzenbegrenzung: n.b. [481]; vgl. Abschn. V (f u. g);
  Gesundheitsgefahren bei Überschreitung des MAK-Wertes:
  Eisen und Eisenoxide können sich bei mehrjähriger starker Rauchbelastung in der Lunge ablagern und in
  einzelnen Fällen zu einer Siderose (Eisenstaub- lunge) führen; sie ist rückbildungsfähig; Eisenoxide können
  Reizwirkungen auf die Schleimhäute der Atmwege und des Magens ausüben [464];
  LD 50 (intraperitoneal, Ratte): 5500 mg/kg [428];
  LD 50 (intraperitoneal, Maus): 5400 mg/kg [428];

  [Sdb BASF und Bayer]:
  LD 50 (oral, Ratte): >5000 mg/kg
  LC O (Fisch, Goldorfe): >1000 mg/l/48 h
  EC/LC O (Pseudomonas putida): >1000 mg/l

- **physikalisch/chemisch :**
  Dichte : 5240 kg/m3 (20 °C)
  Schmelzpunkt : 1565 °C
  Molmasse : 159,69 g/mol

Löslichkeit :
  unlöslich in Wasser; löslich in Salzsäure, Schwefelsäure; wenig löslich in Salpetersäure;

Verbleib nach Gebrauch :
  Beseitigung O

Bemerkung :
  Rotes Pulver, ohne Geruch [Sdb BASF];
  Graues Pulver, ohne Geruch;

Trigonale Kristalle [428];
Dichte: 4800 kg/m3 (20 °C); Löslichkeit in Wasser: <0,1 Gew.-% [Sdb Fa. Heubach];

Verwendung: als rotes Pigment, z.B. in Druckfarben, für Lebensmittel (in der Zuckerwarenindustrie zur Erzielung besonderer Effekte);
Die Bezeichnung "Ferrioxid" ist falsch und sollte vermieden werden;
Hematit: CAS-Nr.: 1317-60-8;
C.I. Pigment Braun 7 (Metallic Braun, Natur Braun): CAS-Nr.: 1345-27-3;
C.I. Pigment Braun 6 (Mars Braun): CAS-Nr.: 52357-70-7;
Zusammensetzung: Pigment Rot 102: 45 - 95 % Eisen(III)-oxid, 3 - 40 %
-> Siliciumdioxid;
Pigment Braun 6: 70 - 99 % Eisen(III)-oxid;
Wichtiges Eisenerz;
Bestandteil von Terra di Siena 07 V;

Eisen(II)-sulfid

- **CAS-Nummer :**
  1317-37-9
- **gebräuchliche Namen :**
  Schwefeleisenstein; Troilit; Eisensulfid;
- **Handelsnamen :**

- **Summenformel :**
  FeS
Funktion
  PE
  (a)Aktive Masse/Kathode
  (b)Additiv/Kathode
  SE
  Aktive Masse/Kathode
Batterietyp
  PE
  (a)Lithium-Eisensulfid
  (b)Lithium-Kupferoxid
  SE
  Lithium-Eisensulfid
Anwendungsbereich
  Elektrodenbestandteil
Eigenschaften :
- **toxigologisch/ökotoxikologisch :**
  Schweizer Giftliste : 3
  R-Satz : 36/37/38
  S-Satz : 26-37/39
  Sonstiges :
  Kann schädigend wirken bei Einatmung, Verschlucken oder Aufnahme über Haut; kann Reizungen verursachen [187];

- **physikalisch/chemisch :**
  Siedepunkt : Zers.
  Dichte : 4840 kg/m3
  Schmelzpunkt : 1193-1199 °C
  Molmasse : 87,91 g/mol

Löslichkeit :
  Wasser 0,0062 g/l (18 °C); löslich in Säuren; unlöslich in Ammoniak;

Verbleib nach Gebrauch :
  Beseitigung O

Bemerkung :
Im reinen Zustand farblose, hexagonale Kristalle;
Kommt in der Natur in den Mineralien Magnetkies und Troilit vor;
Oxidiert an feuchter Luft zu S und Fe(3)O(4); Unverträglich mit starken Oxidationsmitteln und starken
Säuren; feuchtigkeitsempfindlich;
Verwendung: als Laborquelle für H(2)S; in der Keramikindustrie; als Farbpigment; in Anoden;

Eisen(IV)-sulfid

- CAS-Nummer :
1317-66-4
- gebräuchliche Namen :
Eisendisulfid; Pyrit; Marcasit;
- Handelsnamen :

- Summenformel :
FeS_2
Funktion
Aktive Masse/Kathode
Batterietyp
PE
Lithium-Eisendisulfid
Anwendungsbereich
Elektrodenbestandteil
Eigenschaften :
- toxigologisch/ökotoxikologisch :

- physikalisch/chemisch :
Schmelzpunkt : 1171 °C
Molmasse : 119,97 g/mol

Löslichkeit :
Zersetzlich in verdünnten Säuren;

Eisenoxid

- CAS-Nummer :
1317-61-9
- gebräuchliche Namen :
Magnetit; Magnetitoxid; schwarzes Eisenoxid; Magneteisenstein; Pigment ISchwarz 11 (C. I. 77499); E
172;Pigment Black 11; C.I. 77499; Eisen(II,III)-oxid;
- Handelsnamen :
Bayferrox 306; Bayferrox 316; Bayferrox 318; Bayferrox 318 M; Bayferrox 320; Bayferrox Schwarz;
- Summenformel :
Fe_3O_4 bzw. FeO * Fe_2O_3
Funktion
Ausgangsstoff/Anode
Batterietyp
SE
Nickel-Eisen
Anwendungsbereich
Elektrodenbestandteil
Produktion
Eigenschaften :
- toxigologisch/ökotoxikologisch :
WGK : 0
MAK Wert : 6 mg/m3 (für Fe(2)O(3)) (gemessen als Feinstaub)

Sonstiges :
Gesundheitsgefahren bei Überschreitung des MAK-Wertes:
Eisen und Eisenoxide können sich bei mehrjähriger starker Rauchbelastung in der Lunge ablagern und in
einzelnen Fällen zu einer Siderose (Eisenstaub- lunge) führen; sie ist rückbildungsfähig; Eisenoxide können
Reizwirkungen auf die Schleimhäute der Atemwege und des Magens ausüben [464];

.

[Sdb Bayer]:
Bayferrox Pigmente sind nach bisheriger Kenntnis physiologisch unbedenklich; Augenkontakt kann
jedoch durch mechanische Einwirkung (Staub) unter extremen Bedingungen kurzfristig eine leichte
Schleimhautreizung hervorrufen;
LD 50 (oral, Ratte): >5000 mg/kg
LC o (Fisch, Goldorfe): >1000 mg/l
Keine Schadwirkung gegen Pseudomonas fluorescens: >1000 mg/l;

- physikalisch/chemisch :
   Dichte : 5180 kg/m3 (20 °C)
   Schmelzpunkt : 1594 ± 5 °C
   Molmasse : 231,54 g/mol

Löslichkeit :
   unlöslich in Wasser, Ethanol, Diethylether; löslich in konz. Säuren;

Verbleib nach Gebrauch :
   Beseitigung O

Bemerkung :
   Schwarzes geruchloses Pulver [Sdb Bayer];
   Schwarze Würfel oder amorphes Pulver;
   Oxidiert bei Erwärmung zu F(2)O(3);
   Kommt in der Natur als das Mineral Magnetit (CAS-Nr.: 1309-38-2) vor;
   C.I. Pigment Schwarz 11, CAS-Nr.: 12227-89-3;
   Verwendung: als Pigment in Farben, Linoleum; in gefärbtem Glas; als Po-
   liermasse; in der Textilindustrie; in Kathoden; als Katalysator; als
   Tonerbestandteil;

Ethandiol

- CAS-Nummer :
   107-21-1
- gebräuchliche Namen :
   Glykol; Glycol; Ethylenglykol; Ethylenglycol;Ethylenalkohol; 1,2-Ethandiol;
   Ethylenoxidhydrat;Monoethylenglykol; 1,2-Dihydroxyethan; Ethandiol-1,2; Ethylendihydrat;
- Handelsnamen :
   Glysantin; MEG; Tescol; Ethylene Glycol Fiber Grade - E; Ethylene Glycol (Regular); Dowtherm SR 1; Ucar
   17; Makrogol 400 BPC;
- Summenformel :
   $C_2H_6O_2$
- Strukturformel

HO $\diagdown\diagup\diagdown$ OH

Funktion
   PE
   Additiv/Separator
   SE
   Produktionshilfsmittel/Anode
Batterietyp
   PE
   Lithium-Thionylchlorid
   SE
   Nickel-Cadmium

Anwendungsbereich
  PE
  Gehäusebestandteil
  SE
  Produktion
Eigenschaften :
- toxigologisch/ökotoxikologisch :
  RTECS # KW 2975000
  Schweizer Giftliste : 4
  WGK : 1
  MAK Wert : 10 ml/m3 bzw. 26 mg/m3; H
  R-Satz : 22
  S-Satz : (2)
  Sonstiges :
  Spitzenbegrenzung: I [481]; Gefahr der Hautresorption [481]; IMK: III; Schwangerschaftsgruppe C [481];
  CSB: 1253,5 mg/g [13];
  Vergiftungssymptome können auftreten nach Einatmen der Dämpfe des (erhitzten) Stoffes, bei
  (anhaltendem) Kontakt mit der Flüssigkeit und nach Aufnahme über den Mund; neben Reizung der Augen
  und Atemwege besteht die Gefahr der narkotischen Wirkung, anschließend Zeichen der
  Herz- und Lungenschädigung, später können Nierenschäden auftreten [484]; [163]; Hautresorption!
  [148];
  Verschlucken von geringen Mengen kann bereits zu schwerwiegenden Gesundheitsschädigungen und
  auch zum Tod führen. Bei wiederholter Einnahme kommt es zu Nierenschäden durch Bildung von
  Oxalsäurekristallen. [Sdb Dow];
  LD Lo (oral, Mensch): 398 mg/kg [428];
  LD Lo (oral, Mensch): 786 mg/kg [428];
  TD Lo (oral, Mann): 15.000 mg/kg [428];
  TD Lo (oral, Mann): 1195 mg/kg [428];
  TD Lo (oral, Kind): 5500 mg/kg [428];
  LD 50 (oral, Hund): 5500 mg/kg [428];
  LD 50 (oral, Ratte): 4700 mg/kg [428], 8540 mg/kg [32];
  LD 50 (oral, Ratte): 6000-13000 mg/kg [Sdb EG]; 4000 mg/kg [Sdb Dow];
  LD 50 (percutan, Ratte): 2800 mg/kg [9];
  LD 50 (Haut, Kaninchen): 9530 mg/kg [187], 19530 mg/kg [9];
  Nach Langzeitversuchen bei denen Tieren Ethylenglykol verabreicht wurde, zweigten sich u.a. Leber- und
  Nierenschäden mit Ablagerungen von Calciumsalzen in verschiedenen Geweben [Sdb Dow];
  Toxische Grenzkonzentration für Pseudomonas putida u. Scenedesmus quadricauda: > 10000 mg/l [32];
  LC 50 (Daphnia magna): > 10000 mg/l [29];
  LD 50 (Wasserorganismen) 1000-100 mg/l / 96 Std. [484];
  LC 50 (Regenbogenforelle): 18000-46000 mg/l [Sdb Dow];
  LC 50 (Regenbogenforelle): >18500 mg/l/96 h [Sdb Dow];
  LC 50 (Fisch, Goldorfe): >10000 mg/l/48 h [Sdb Dow];
  LC 50 (Goldfisch): >5000 mg/l/24 h [Sdb Dow];
  Biologisch gut abbaubar (> 90 %) [484];
  Trinken von 1200 mg/kg (100 ml) für Menschen tödlich [9];

  Gefahren-Symbol :

- physikalisch/chemisch :
  Dampfdruck : 0,06 hPa (20 °C) [32], 0,107 hPa (20 °C) [187]; 0,1 hPa (20 °C) [484];
  Siedepunkt : 197,4 °C; 194-205 °C;
  Log pOW : -1,93 [4]; -1.36 [Sdb EG];
  Brechungsindex : 1,4302 (20 °C)
  Dichte : 1113,1 kg/m3 (20 °C)
  Schmelzpunkt : -11,2 °C; -13 °C;
  Flammpunkt : 111 °C; 119 °C;
  Verdunstungszahl : 0,004 (BuAc = 1) [9], ca. 600 (Diethylether = 1) [18];
  Molmasse : 62,068 g/mol
  Verdampfungswärme : 799,68 kJ/kg

Löslichkeit :
Diethylether 110 g/l (20 °C); mischbar mit Wasser 1.000 g/l (20 °C), Ethanol;

Verbleib nach Gebrauch :
Beseitigung L

Bemerkung :
Farblose, fast geruchlose sirupartige Flüssigkeit; brennbar; schmeckt süß;
Giftig, da Stoff zu Ethandisäure (Oxalsäure) oxidiert wird; Bildet im dampf-/gasförmigen Zustand mit Luft explosionsfähige Gemische;
Explosionsgrenzen:
1,8-12,8 Vol.-% ; Zündtemp.: 410 °C [32],
3,2-53 Vol.-% ; Zündtemp.: 410 °C [163]; [484];
3,2-7 Vol.-%; Zündtemp.: 413 °C [Sdb Dow];
Bei ca. 100 °C in Gegenwart von Luft Säurebildung;
Verwendung: als Frostschutzmittel (für Kraftfahrzeuge u.a. unter dem Handelsnamen Glysantin bekannt); als technisches Lösemittel [484];
Enthalten in Surfinol 104E Surfactant (50%), CT-136 Grind AID (8%), TG-E;

Ethandisäure

- CAS-Nummer :
144-62-7
- gebräuchliche Namen :
Oxalsäure; Kleesäure;
- Handelsnamen :
Aktisol; Ayuisal;
- Summenformel :
$C_2H_2O_4$
- Strukturformel

H O   O

     O   O H

Funktion
Porenbildner/Anode
Batterietyp
SE
Nickel-Cadmium
Anwendungsbereich
Elektrodenbestandteil
Eigenschaften :
- toxigologisch/ökotoxikologisch :
RTECS # RO 2450000
WGK : 1
R-Satz : 21/22
S-Satz : (2)-24/25
Sonstiges :
Wirkt schädigend bei Einatmung, Verschlucken oder Aufnahme über Haut; wirkt extrem zerstörerisch auf das Gewebe der Schleimhäute und Atemwege, Augen und Haut; Einatmung kann tödliche Folgen haben [187];
Tödliche Dosis: 2,5 - 7 g [132];
LD 50 (oral, Ratte): 375 mg/kg [187], 7500 mg/kg [428];
LD 50 (oral, Ratte): 9,5 ml/kg (5 %-ige Lsg.) [368];
LD 50 (Haut, Kaninchen): 20 g/kg [187];
LD 50 (intraperitoneal, Maus): 270 mg/kg [428];

Toxische Grenzkonzentration für Daphnia magna 95 mg/l [389];
Toxische Grenzkonzentration für Scenedesmus quadricauda 790 mg/l [404];

Gefahren-Symbol :

- **physikalisch/chemisch :**
  Siedepunkt : 157 °C (Subl.)
  Dichte : 1901 kg (25 °C)
  Schmelzpunkt : 189,5 °C
  Molmasse : 90,035 g/mol

Löslichkeit :
  Wasser 95 g/l (20 °C), 1200 g/l (90 °C); Ethanol 237 g/l (15 °C); Diethylether 236 g/l (20 °C);
  unlöslich in Benzen, Trichlormethan;

Verbleib nach Gebrauch :
  Beseitigung A

Bemerkung :
  Farblose, prismatische Kristalle; geruchlos;
  Ethandisäure, ihre Ester und Alkaloide mit Einschränkungen erlaubt in kosmetischen Mitteln;
  Verwendung: in der Fotoindustrie in Abschwächern, zur Herstellung von "Einpulverentwickler", als
  Beschleuniger im Eisenentwickler; in der Analytik; zum Bleichen von Stroh und Leder; zur Herstellung von
  Oxalaten; als Reduktionsmittel; in Keramiken und Pigmenten; in der Papierindustrie; in der Gummi
  verarbeitenden Industrie; bei der Herstellung von Glukose aus Stärke;

Ethanol

- **CAS-Nummer :**
  64-17-5
  - **UN Nummer :**
  1170
- **gebräuchliche Namen :**
  reiner Alkohol; Brennspiritus; Carbidsprit; Sprit; Ethylalkohol; Ethylhydrat; Karbidsprit; Methylcarbinol;
  Spiritus; Brennsprit; Trinksprit; Weingeist; Kornfeindestillat; Anhydrolalkohol, Methylcarbinol;
- **Handelsnamen :**
  Algrain; Anhydrol; Jaysol S; Tecsol; SD Alkohol 23-Hydrogen;
- **Summenformel :**
  C_2H_6O
- **Strukturformel**

Funktion
  PE
  (a),(b)Produktionshilfsmittel/Kathode
  SE
  Produktionshilfsmittel/Anode
Batterietyp
  PE
  (a)Lithium-Thionylchlorid
  (b)Lithium-Polycarbonmonofluorid
  SE
  Lithium-Schwefeldioxid
Anwendungsbereich
  Produktion
Eigenschaften :
- **toxigologisch/ökotoxikologisch :**
  RTECS # KQ 6300000

Schweizer Giftliste : 5
WGK : 0
MAK Wert : 1900 mg/m3 bzw. 1000 ml/m3
R-Satz : 11
S-Satz : (2)-7-16
Sonstiges :
Spitzenbegrenzung: IV [481];
Schwangerschaftsgruppe C [481], D [484]; IMK:III;
Nervengift; mit narkotischer Wirkung; Hautreizstoff (äußerlich) [30]; Unter normalen Umständen wenig giftig; Dämpfe in hohen Konzentrationen haben betäubende Wirkung; Kontakt mit der Flüssigkeit führt zu Reizung der Augen, Atemwege und Verdauungswege [163];
Aufnahme: innerlich 260 ml 100 %ig tödlich, 650 ml 40 %ig tödlich [30];
Kinder: 100 - 200 ml 40 %ig tödlich [30];
Geruchsschwelle: 93 ml/m3 [163];
5000 - 10000 ml/m3 verursachten Reizung der Augen und Atemwege; Bewußtlosigkeit kann nach etwa 1 Std. dieser Konzentration eintreten; Kopfschmerzen und Reizung der Augen können 1000 ml/m3 verursachen [163];
Entfettet die Haut. Bei Verdunstung tritt ein starker Kühleffekt auf [EG-Sdb Sonnenberg];
LD Lo (oral, Kind): 2000 mg/kg [187];
LD Lo (oral, Mensch): 1400 mg/kg [187];
LD 50 (oral, Ratte): 7060 mg/kg [32], 13700 mg/kg [9], 13,0 ml/kg [369];
LD 50 (oral, Kaninchen): 6300 mg/kg [EG-Sdb Fa. Sonnenberg];
LC 50 (inhal., Ratte, 10 h): 20000 ml/m3 [187];
LD 50 (intravenös, Ratte): 4180 mg/kg [402], 2,3 ml/kg [369];
LD 50 (intravenös, Meerschweinchen): 2370 mg/kg [402];
LD 50 (oral, Meerschweinchen): 5560 mg/kg [EG-Sdb Fa. Sonnenberg];
LD 50 (subcutan, Maus, 1 Tag alt): 6300 ± 410 mg/kg [332];
LD 50 (subcutan, Maus, 30 Tage alt): 10800 ± 850 mg/kg [332];
LD 50 (oral, Maus): 3450 mg/kg [EG-Sdb Fa. Sonnenberg];
MLD (oral, Katze): 5,0 ml/kg [401];
starke Reizung Haut (Kaninchen): 500 mg/24 h [EG-Sdb Fa. Sonnenberg];
Schädlichkeitsgrenze für Daphnia magna ab 7800 mg/l [32], [137];
LC 50 (Fisch, Goldorfe): 10000/8140 mg/l [33]
LC 100 (Fisch, Goldorfe): 10000/8690 mg/l [33]
LC 50 (Ruderfußkrebs): 7750 mg/l/96 h
Toxische Grenzkonzentration für Pseudomonas putida 6500 mg/l, Scenedesmus quadricauda ab 5000 mg/l [32], [36], Daphnia magna 18,4 g/l [389];
Biologisch abbaubar [32];

Gefahren-Symbol :

- physikalisch/chemisch :
Dampfdruck : 59 hPa (20 °C) [32], 58,5 hPa (20 °C) [132], ca. 50 hPa (20 °C, 90 %) [132];
Siedepunkt : 78,5 °C
Log pOW : - 0,32 [4]
Brechungsindex : 1,36232 (20 °C)
Dichte : 789,3 kg/m3 (20 °C)
Schmelzpunkt : -130 °C
Flammpunkt : 9 °C; 12 °C;
Verdunstungszahl : 3,2 (BuAc = 1) (95 %) [9], 3,9 (BuAc = 1) [105], 8,3 (Diethylether = 1) [19]
Molmasse : 46,069 g/mol
Verdampfungswärme : 856,20 kJ/kg

Löslichkeit :
mischbar mit Wasser, Diethylether, Propanon (Aceton); löslich in Benzen (Benzol);

Bemerkung :
Alle Angaben, wenn nicht anders angegeben, für absolutes Ethanol

Verbleib nach Gebrauch :
  Beseitigung D

Bemerkung :
  Farblose charakteristisch riechende Flüssigkeit;
  brennbar; Bildet im dampf-/gasförmigen Zustand mit Luft explosionsfähige Gemische; Explosionsgrenzen:
  3,5-15 Vol.-%; Zündtemp.: 425 °C [32], [163], [484];
  Stoff reagiert mit sauerstoffreichem Material (Oxidationsmitteln), Peroxiden, Säuren, Säurechloriden,
  Anhydriden und Alkalimetallen;
  Zugelassen als Lebensmittelzusatzstoff nach LMBG;
  Verwendung: in der Fotoindustrie als Lösemittel für Harze, Sensibilisierungsfarbstoffe, als Zusatz zu
  Härtungsbädern, zum schnellen Trocknen ausgewässerter Plattennegative; technisches Lösemittel;
  UN-Nr. 1170 (reiner Ethanol und wäßrige Lösungen mit einer Konzentration (von 70%);
  UN-Nr. 1987 (wäßrige Lösungen mit einer Konzentration von 24% jedoch nicht mehr als 70 % Ethanol);
  UN.-Nr 3065 (alkoholische Getränke);
  Enthalten in Additol XL 204, XL 250, Ceracol 39 (57%), Disparlon A630-20X (10-25%), Luba-print
  654/D (60%);
  Nach bisheriger Erfahrung keine Störung in Kläranlagen [32];

Ethansäure

- CAS-Nummer :
  64-19-7
  - UN Nummer :
  2789
- gebräuchliche Namen :
  Essigsäure; Acetoxylsäure; Acetylsäure; Äthoxylsäure; Ethoxylsäure; Methylameisensäure;
  Methylcarbonsäure; Methancarbonsäure; Eisessig; Essigessenz; Holzsäure; Ethylsäure;
  Methancarboxylsäure;
- Handelsnamen :

- Summenformel :
  $C_2H_4O_2$
- Strukturformel

Funktion
  (a)Recyclinghilfsmittel
  (b)Produktionshilfsmittel/Anode
Batterietyp
  SE
  (a)Blei
  (b)Nickel-Zink
Anwendungsbereich
  (a)Recycling/Entsorgung
  (b)Produktion
Eigenschaften :
- toxigologisch/ökotoxikologisch :
  RTECS # AF 1225000
  Schweizer Giftliste : 3
  WGK : 1
  MAK Wert : 25 mg/m3 bzw. 10 ml/m3;
  R-Satz : 10-35
  S-Satz : (1/2)-23-26-45
  Sonstiges :
  Spitzenbegrenzung: I [481]; IMK: II; Geruchsschwelle: 1,0 ml/m3 [484];
  Entwickelt starke Ätzwirkung an Haut und Schleimhaut; am Auge besteht nach Hornhautverätzung die
  Gefahr einer bleibenden Hornhauttrübung; Gefahr der Entstehung eines Glottisödems; nach Einatmen der

Dämpfe treten Entzündungen im Atemtrakt auf (Lungenentzündung, Bronchitis, Lungenödem); bei
Aufnahme durch Verschlucken Verätzungen im Verdauungstrakt; Perforationsgefahr der Speiseröhre
(Rippenfellentzündung) und des Magens (Bauchfellentzündung) [418];
200 - 500 ml/m3 reizen stark, können jedoch von manchen Personen für kurze Zeit ertragen werden; 40
ml/m3 für 5 min sind erträglich [163];
Innerlich: 60 - 70 ml 80 %ige Säure tödlich, 50 ml 96 %ige Säure tödlich; auch 20 g sind tödlich [30];
LD 50 (oral, Ratte): 3310 mg/kg [10], 3,53 g/kg [187, 193];
LC 50 (inhal., Maus, 1 h): 5620 ml/m3 [187];
LD 50 (Haut, Kaninchen): 1060 mg/kg [187];
LC 50 (Fisch; Goldorfe): 410 mg/l [33];
LC 100 (Fisch; Goldorfe): 452 mg/l [33];
Biologische Abbaubarkeit gut (>75 %) [484];

Gefahren-Symbol :

- physikalisch/chemisch :
   Dampfdruck : 15,4 hPa (20 °C) [32]
   Siedepunkt : 118,1 °C
   Log pOW : -0,31, -0,17 [4]; -0,24 [150];
   Brechungsindex : 1,37182 (20 °C)
   Dichte : 1049,2 kg/m3 (20 °C)
   Schmelzpunkt : 16,6 °C
   Flammpunkt : 37 °C
   Molmasse : 60,052 g/mol
   Verdampfungswärme : 406,12 kJ/kg

Löslichkeit :
   mischbar mit Wasser, Ethanol, Diethylether;

Verbleib nach Gebrauch :
   Beseitigung C

Bemerkung :
   Klare, farblose Flüssigkeit mit stechendem Essiggeruch; Eisessig: konz. Essigsäure;
   Bildet im dampf-/gasförmigen Zustand explosionsfähige Gemische mit Luft;
   Explosionsgrenzen: 4-17 Vol.-%; Zündtemp.: 485 °C [32], 500 °C [484];
   Wasserfreie Ethansäure erstarrt bei 16,6 °C zu einer kristallinen Masse von eisartigem Aussehen;
   Kann heftig reagieren unter starker Wärmeentwicklung bei Kontakt mit Natriumhydroxid, Kaliumhydroxid
   und anderen starken Basen;
   Verwendung als Lösemittel; in der fotografischen Industrie als Ansäuerungsmittel für Unterbrecherbäder,
   Fixierbäder und Verstärker; Herstellung von Acetylcellulose (Grundstoff für den nichtentflammbaren Film);
   UN-Nr. 2789 (Ethansäure);
   UN-Nr. 2790 (Lösung mit mehr als 10% jedoch nicht mehr als 80% reiner Säure);

Ethansäurenitril

- CAS-Nummer :
   75-05-8
   - UN Nummer :
   1648
- gebräuchliche Namen :
   Acetonitril; Äthannitril; Ethannitril; Essigsäurenitril; Cyanomethan; Ethylnitril; Methylcyanid; Methylcyanür;
- Handelsnamen :

- Summenformel :
   C_2H_3N

- **Strukturformel**

$$CH_3C\equiv N$$

Funktion

PE

Lösemittel/Elektrolyt

SE

(a),(b)Produktionshilfsmittel/Kathode

Batterietyp

PE

Lithium-Schwfeldioxid

SE

(a)Lithium-Polypyrrol

(b)Lithium-Vanadiumoxid

Anwendungsbereich

PE

Elektrolytbestandteil

SE

(a),(b)Produktion

Eigenschaften :

- **toxigologisch/ökotoxikologisch :**

RTECS # AL 7700000

Schweizer Giftliste : 2

WGK : 2

MAK Wert : 70 mg/m3 bzw. 40 ml/m3

R-Satz : 11-23/24/25

S-Satz : (1/2)-16-27-45

Sonstiges :

Spitzenbegrenzung Kat. II,1 [481];

Einatmen der Dämpfe und Kontakt mit der Flüssigkeit führt zu Vergif tungen, die mit mehrstündiger Verzögerung auftreten; Flüssigkeit wird auch über die Haut aufgenommen (Hautresorption!) [163];

Bei Beginn der Geruchswahrnehmung kann Gesundheitsgefährdung bereits eingetreten sein; Art und Größe der Gesundheitsgefährdung werden nicht durch den Geruch angezeigt [163];

Geruchsschwelle: 40 ml/m3 [163];

500 ml/m3 reizten die Nasen- und Rachenschleimhäute [163];

LD Lo (oral, Mensch): 570 mg/kg (ZNS) [140];

LD 50 (oral, Ratte): 2730 mg/kg [187], 3800 mg/kg [140];

LD 50 (Haut, Kaninchen): 1250 mg/kg [140];

LC Lo (inhal., Ratte, 4 h): 8000 ml/m3 [140];

LC Lo (inhal., Ratte, 8 h): 7551 ml/m3 [187];

LC Lo (inhal., Kaninchen, 4 h): 4000 ml/m3 [140];

Toxische Grenzkonzentration für Pseudomonas putida 680 mg/l, Scenedesmus quadricauda 7300 mg/l [36];

Trinkwassergefährdung bereits bei Auslaufen geringer Mengen [32];

Gefahren-Symbol :

- **physikalisch/chemisch :**

Dampfdruck : 97 hPa (5 °C) [163], 97,03 hPa (20 °C) [187], 118 hPa (25 °C) [163];

Siedepunkt : 81,6-82 °C

Log pOW : - 0,34 [4], 1,8 [140];

Brechungsindex : 1,34423 (20 °C)

Dichte : 783 kg/m3 (20 °C)

Schmelzpunkt : - 44,9 °C

Flammpunkt : 2 °C

Molmasse : 41,052 g/mol

Verdampfungswärme : 728,50 kJ/kg

Löslichkeit :
mischbar mit Wasser, Ethanol, Methanol, Diethylether, Trichlormethan (Chloroform), Propanon (Aceton);

Verbleib nach Gebrauch :
Beseitigung D

Bemerkung :
Farblose, etherähnlich riechende Flüssigkeit; brennbar; tränenreizend;
Bildet im dampf-/gasförmigen Zustand mit Luft explosionsfähige Gemische; Explosionsgrenzen: 4,4 - 16 Vol% ; Zündtemp.: 525 °C [32]; Gummi wird angegriffen und rasch unbrauchbar; Bei Kontakt mit Säuren, Basen, sauerstoffreichem Material (Oxidationsmitteln), Reduktionsstoffen erfolgt heftige Reaktion; Bei starker Erhitzung und bei Brand erfolgt Zersetzung unter Bildung von hochgiftigen -> nitrose Gasen und Blausäuredämpfen [163];
Verwendung: Lösemittel für viele organische Verbindungen;

Ethin

- CAS-Nummer :
74-86-2
- UN Nummer :
1840
- gebräuchliche Namen :
Acetylen; Azetylen; Dissousgas; Klumegas;Steingas;
- Handelsnamen :
Narcylen;
- Summenformel :
C_2H_2
- Strukturformel

$$CH\equiv CH$$

Funktion
(a)Verbrennungsprodukt;
(b)Ausgangsstoff/Kathode
Batterietyp
SE
(a)Lithium-Schwefeldioxid
(b)Lithium-Polyacetylen
Anwendungsbereich
(a)Recycling/Entsorgung
(b)Produktion
Eigenschaften :
- toxigologisch/ökotoxikologisch :
RTECS # AO 9600000
R-Satz : 5-6-12
S-Satz : (2)-9-16-33
Sonstiges :
Ethin in reiner Form ist ungiftig; hohe Konzentrationen wirken narkotisch; auch bei niedrigen, noch nicht narkotisch wirkenden Konzentrationen, muß mit den giftigen Verunreinigungen des technischen Produkts durch Phosphorwasserstoff gerechnet werden; weitere Verunreinigungen sind -> Schwefelwasserstoff, -> Blausäure und Kohlenmonoxid; ihrer geringen Menge wegen sind diese aber toxikologisch ohne Bedeutung [163];
Stickgas; Narkosemittel in reinster Form, technisches Gas auf Grund von Verunreinigungen erheblich giftiger [30];
Eingeatmet 550 mg/l Luft tödlich in 5 - 10 min, 110 mg/l Luft erträglich 0,5 - 1 Std. [30];
400 mg/l in 24 - 48 h tödlich für Goldfische [163];

Gefahren-Symbol :

- **physikalisch/chemisch :**
    Dampfdruck : 44600 hPa (21 °C) [163]
    Siedepunkt : - 84,0 °C
    Brechungsindex : 1,00051 (0 °C)
    Dichte : 620,8 kg/m3 (- 82 °C)
    Schmelzpunkt : - 80,8 °C
    Verdunstungszahl : krit.
    Molmasse : 26,04 g/mol

Löslichkeit :
    mischbar mit Wasser; löslich in Benzen (Benzol), Propanon (Aceton), Trichlormethan (Chloroform);

Verbleib nach Gebrauch :
    Beseitigung Y

Bemerkung :
    Farbloses, brennbares Gas; reines Ethin riecht angenehm etherartig und ist ungiftig; das technische
    Produkt riecht dagegen unangenehm nach Phosphorwasserstoff (wie Knoblauch);
    Bildet mit Luft explosionsfähige Gemische; Explosionsgrenzen: 1,5 - 82 Vol.% ; Zündtemp.: 305 °C
    [163]; Ethin als Gas (nicht gelöst in Aceton) kann bei Normaldruck schon von 160 °C an zerfallen und
    detonieren; Gas ist unstabil; wenn es nicht in Aceton gelöst oder z.B. mit Stickstoff gemischt ist, zerfällt
    es bei höheren Drücken (_ 1,4 mbar) mit explosionsartiger Heftigkeit in Wasserstoff und Kohlenstoff;
    Stoff reagiert bei Kontakt oder Mischung mit Chlor, Hartloten, Kupfer und -Legierungen, Quecksilber,
    acetonlöslichem Kautschuk und vielen Kunststoffen;

Ethylenglykoldiethylether

- **CAS-Nummer :**
    629-14-1
- **gebräuchliche Namen :**
    1,2-Diethoxyethan; Diethylglykol;Glykoldiethylether; Glycoldiethylether; Ethylenglycoldiethylether;
    Diethylglycol;
- **Handelsnamen :**

- **Summenformel :**
    $C_6H_{14}O_2$
Funktion
    SE
    Lösemittel/Elektrolyt
Batterietyp
    PE
    Lithium-Thionylchlorid
    SE
    Lithium-Mangandioxid
Anwendungsbereich
    SE
    Elektrolytbestandteil
Eigenschaften :
- **toxigologisch/ökotoxikologisch :**
    RTECS # KI 1225000
    Schweizer Giftliste : 4
    Sonstiges :
    Die Dämpfe reizen Augen und Atemwege; bei hohen Dampfkonzentrationen und/oder Verunreinigungen
    des Stoffes durch Peroxide Kehlkopf- und Lungenödem (kann mit einer Verzögerung bis zu 2 Tagen

auftreten) möglich; Kontakt mit Flüssigkeit bewirkt starke Reizung bis hin zur Verätzung der Augen und
Haut; Hautresorptionl; narkotische Wirkung [163];
LD 50 (oral, Ratte): 4390 mg/kg [187];
LD 50 (oral, Meerschweinchen): 2440 mg/kg [428];
LC Lo (inhal., Ratte, 4h): 8000 ml/m3 [428];

- **physikalisch/chemisch :**
  Dampfdruck : 12,53 hPa (20 °C) [187]
  Siedepunkt : 121 °C
  Brechungsindex : 1,3923 (20 °C)
  Dichte : 842 kg/m3 (20 °C)
  Schmelzpunkt : - 74 °C
  Flammpunkt : 20 °C
  Molmasse : 118,18 g/mol

Löslichkeit :
löslich in Ethanol, Diethylether, Propanon (Aceton), Benzen (Benzol);

Verbleib nach Gebrauch :
Beseitigung C

Bemerkung :
Farblose Flüssigkeit; schwacher etherähnlicher Geruch;
Unverträglich mit starken Oxidatinsmitteln und starken Säuren; Substanz kann an der Luft allmählich
Peroxide bilden, die bei Erhitzung oder durch Schock explosionsartig reagieren können;

Fluorescein (C.I. 45350) (wasserlöslich)

- **CAS-Nummer :**
  518-47-8
- **gebräuchliche Namen :**
  Fluoresceinnatrium; Uranin; C.I. 45350;
- **Handelsnamen :**
  Fluorescein Natrium (C.I. 45350) Acelux;
- **Summenformel :**
  $C_{20}H_{10}O_6Na_2$
- **Strukturformel**

Funktion
Bindemittel/Kathode
Batterietyp
SE
Lithium-Mangandioxid
Anwendungsbereich
Elektrodenbestandteil
Eigenschaften :
- **toxigologisch/ökotoxikologisch :**
  RTECS # LM 5425000
  Sonstiges :
  Beeinflußt das ZNS [326];

Karzinogen-verdächtig [187];
LD 50 (oral, Ratte): 6721 mg/kg [326];
LD 50 (oral, Maus): 4738 mg/kg [326];

- physikalisch/chemisch :
   Molmasse : 376,28 g/mol

Löslichkeit :
   löslich in Wasser, Ethanol;

Verbleib nach Gebrauch :
   Beseitigung A

Bemerkung :
   Gelbes Pulver;

Fluorwasserstoff (wäßrige Lösung)

- CAS-Nummer :
   7664-39-3
- gebräuchliche Namen :
   Fluorwasserstoffsäure; Fluorwasserstofflösung; Flußsäure;
- Handelsnamen :

- Summenformel :
   $HF * n\,H_2O$
Funktion
   Produktionshilfsmittel/Kathode
Batterietyp
   SE
   Lithium-Polyanilin
Anwendungsbereich
   Produktion
Eigenschaften :
- toxigologisch/ökotoxikologisch :
   RTECS # MW 7875000
   Schweizer Giftliste : 1
   WGK : 1
   MAK Wert : 3 ml/m3 bzw. 2 mg/m3
   R-Satz : 26/27/28-35
   S-Satz : (1/2)-7/9-26-36/37-45
   Sonstiges :
   Spitzenbegrenzung: I [481];
   Einwirkung von Dämpfen führt zu Augenreizungen und Schädigung der Atemwege; Kontakt mit Haut und
   Schleimhaut führt zu schmerzhaften Verätzungen und Nekrosen; Schädigung tritt gewöhnlich erst nach
   einer längeren Latenzzeit (sogar Stunden) auf; Vergiftung verläuft trotz medizinischer Maßnahmen meist
   tödlich [418];
   Gas und auch wäßrige Lösungen verursachen sehr schwere schlecht heilende Verätzungen der Augen und
   Haut; Einatmen des Gases reizt und schädigt schwer die Atemwege und Lunge bis hin zu Lunggenödem
   (kann mit einer Verzögerung bis zu zwei Tagen eintreten) [163];
   Innerlich 5 - 15 g tödlich [30];
   1 Eßlöffel 9,2 %iger Fluorwasserstoff tödlich [30];
   50 ml/m3 für 30 - 60 min erwiesen sich als tödlich; Konzentrationen
   über 50 ml/m3 auch bei kurzer Einwirkungszeit gefährlich [163];
   LC 50 (inhal., Ratte, 1 h): 1278 ml/m3 [131];
   LC 50 (inhal., Maus, 1 h): 500 ml/m3 [131];

Gefahren-Symbol :

- physikalisch/chemisch :
Dampfdruck : variiert mit Konzentration
Siedepunkt : 20-112 °C (*)
Dichte : 1130 - 1160 kg/m3 (20 °C), 1130 kg/m3 (40 %ige Lsg.), 1160 kg/m3 (48 %ige Lsg.);
Schmelzpunkt : -44 °C bis -35 °C; -44 °C (40%ige Lsg), -35 °C (48%ige Lsg);

Löslichkeit :
mischbar mit Wasser;

Bemerkung :
(*): Azeotrope Lösungen verdampfen Wasser oder Fluorwasserstoff, bis eine 38 %ige Konzentration von HF erreicht ist;

Verbleib nach Gebrauch :
Beseitigung F

Bemerkung :
Farblose, stechend riechende Flüssigkeit; je nach Konzentration und Luftfeuchtigkeit rauchend;
Bei Beginn der Geruchswahrnehmung kann Gesundheitsschädigung schon eingetreten sein!
Bei Eindringen in Grundwasser (Uferfiltrat) Gefahr für Trinkwasser; Bei Kontakt mit heißen Flächen, offenen Flammen oder bei Berührung mit Metallen kann sich Wasserstoffgas bilden und explosionsfähiges Luftgemisch entstehen; greift viele Metalle an;
-> Fluorwasserstoff: CAS-Nr.: 37249-79-9

D(+)-Glucose

- CAS-Nummer :
50-99-7
- gebräuchliche Namen :
Dextrose; D(+)-Glukose; Traubenzucker;Glucose; Glukose;
- Handelsnamen :

- Summenformel :
$C_6H_{12}O_6$
- Strukturformel

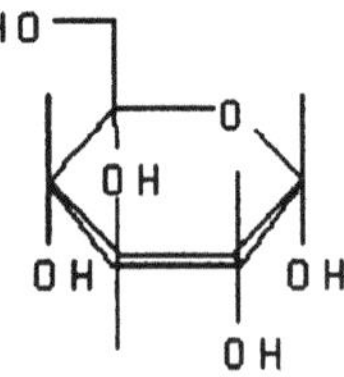

Funktion
PE
Produktionshilfsmittel/Kathode
SE
Additiv/Anode
Batterietyp
PE
Zink-Luft
SE
Nickel-Eisen

Anwendungsbereich
    PE
    Produktion
    SE
    Elektrodenbestandteil
Eigenschaften :
- toxigologisch/ökotoxikologisch :
    RTECS # LZ 6600000

- physikalisch/chemisch :
    Siedepunkt : 200 °C (zers.)
    Log pOW : -3,24 [150]
    Brechungsindex : 1,5101 (142-145 °C)
    Schmelzpunkt : 146 (150) °C
    Molmasse : 180,16 g/mol

Löslichkeit :
    Wasser 534,2 g/l (0,5 °C), 1205 g/l (30 °C), 2438 g/l (50 °C); löslich in heißem Ethanol, heißem
    Methanol, Pyridin; wenig löslich in Propanon (Aceton);

Verbleib nach Gebrauch :
    Beseitigung A

Gold

- CAS-Nummer :
    7440-57-5
- gebräuchliche Namen :
    C.I. 77480; E 175; Pigment Metal 3;Pigment Metall (C.I. 77480);
- Handelsnamen :

- Summenformel :
    Au
Funktion
    Stromsammler
Batterietyp
    SE
    (a)Photovoltaische Batterie
    (b)Lithium-Polyacetylen
Anwendungsbereich
    Elektrodenbestandteil
Eigenschaften :
- toxigologisch/ökotoxikologisch :
    RTECS # MD 5070000
    Sonstiges :
    Wirkt schädigend bei Einatmung oder Verschlucken; kann Reizungen versachen [187];

- physikalisch/chemisch :
    Siedepunkt : 2807 °C
    Schmelzpunkt : 1064,43 °C
    Molmasse : 196,967 g/mol

Löslichkeit :
    unlöslich in Wasser, in Ethanol; löslich in Königswasser, Kaliumcyanid-Lösung;

Verbleib nach Gebrauch :
    Beseitigung R

Bemerkung :
    Verwendung: u.a. als Lebensmittelfarbstoff (in der Zuckerwaren- u. Getränkeindustrie als Pulver oder
    Blattmetall zur Dekoration und zur Erzielung äußerer Effekte, zum Färben von Dragees);

Graphit

- **CAS-Nummer :**
  7782-42-5
- **gebräuchliche Namen :**
  Grafit; schwarzes Blei; C.I. Pigment Schwarz 10; Mineralcarbon;
- **Handelsnamen :**
  KS-10; AG 1500; Aquadaf; Asbury 505; ATJ-S Graphit; DC2; Elektrographit; Fortafil 54; Grafoil; Hitco
  HMG-50; Korobon; Plumbajo; Pyro-Carb 406; Seast 50; Ofenschwarz; Thornel 40; Ucar 38;
- **Summenformel :**
  C_n

Funktion
  PE
  (a)Ausgangsstoff/Kathode
  SE
  (f)Produktionshilfsmittel/Gehäuse

  sonst: Leitmittel

Batterietyp
  PE
  (a)Li-Polycarbonmonofluorid
  (b)Li-Chromoxid
  (c)Zink-Quecksilberoxid
  (d)Li-Eisensulfid
  (e)Li-Kupferoxid
  SE
  (a)Ni-Cadmium
  (b)Ni-Eisen
  (c)Ni-Hydrid
  (d)Li-Vanadiumoxid
  (e)Li-Lithiumkobaltoxid
  (f)Na-Schwefel
  (g)Li-Polyacetylen

Anwendungsbereich
  PE
  (a)Elektrodenbestandteil
  SE
  (f)Produktion

Eigenschaften :
- **toxigologisch/ökotoxikologisch :**
  RTECS # MD 9659600
  MAK Wert : 6 mg/m3 (gemessen als Feinstaub); vgl. Abschn. V f) und g)
  R-Satz : 36/37/38
  S-Satz : 26-37/39-22
  Sonstiges :
  Schwangerschaftsgruppe C (481);
  Kann schädigend wirken beim Einatmen, Verschlucken oder Aufnahme über Haut; verursacht Augen- und
  Hautreizungen; reizt Schleimhäute und Atemwege [187];

- **physikalisch/chemisch :**
  Siedepunkt : 4827 °C
  Dichte : 2250 kg/m3 (20 °C)
  Schmelzpunkt : 3652-3697 °C (Subl.)
  Molmasse : 12,011 g/mol

Löslichkeit :
  unlöslich in Wasser, Säuren, Laugen;

Verbleib nach Gebrauch :
  Beseitigung O

Bemerkung :
Schwarzes Pulver; brennbarer Feststoff;
Gebrauch in Reduktion von Acrylnitroverbindung mit Hydrazin;

Heptan

- CAS-Nummer :
142-82-5
- UN Nummer :
1206
- gebräuchliche Namen :
n-Heptan; n-Dipropylmethan; n-Heptylhydrid;
- Handelsnamen :
Skellysolve C;
- Summenformel :
C_7H_{16}
- Strukturformel

Funktion
Recyclinghilfsmittel
Batterietyp
SE
Nickel-Cadmium
Anwendungsbereich
Recycling/Entsorgung
Eigenschaften :
- toxigologisch/ökotoxikologisch :
RTECS # MI 7700000
Schweizer Giftliste : 4
WGK : 1
MAK Wert : 2000 mg/m3 bzw. 500 ml/m3
R-Satz : 11
S-Satz : (2)-9-16-23-29-33
Sonstiges :
Spitzenbegrenzung: II,1 [481]; IMK III;
Dämpfe reizen Augen und Atemwege; sie wirken in hohen Konzentrationen betäubend; Kontakt mit der Flüssigkeit bewirkt Reizung der Augen und Haut bis zur Blasenbildung [163];
1000 ml/m3 für 6 min lösten Schwindel aus; 500 ml/m3 für 15 min führten zu einem Verhalten wie nach übermäßigem Alkoholgenuß [163];
Orale Aufnahme: 1,5 - 2% in wenigen Minuten tödlich [32];
Toxische Grenzkonzentration für Scenedesmus quadricauda:200 mg/l [32];
LC 50 (Fisch; Goldorfe): 2940 (220-270) mg/l [33];
LC 100 (Fisch; Goldorfe): 3420 (270-350) mg/l [33];
LC 50 (Daphnia magna): 50 mg/l [484];

Geruchsschwelle: 50 ml/m3 [484];

Gefahren-Symbol :

- physikalisch/chemisch :
Dampfdruck : 48 hPa (20 °C) [32]; 110,62 hPa (37,7 °C) [187];
Siedepunkt : 98,4 °C
Brechungsindex : 1,3877 (20 °C)
Dichte : 683,8 kg/m3 (20 °C)
Schmelzpunkt : - 90 °C

Flammpunkt : -1 °C; -4 °C;
Verdunstungszahl : 4,3 (BuAc = 1) [9]; 2,5 (Diethylether = 1) [18];
Molmasse : 100,203 g/mol
Verdampfungswärme : 325,73 kJ/kg

Löslichkeit :
Wasser 0,05 g/l (20 °C); leicht löslich in Ethanol; mischbar mit Diethylether, Trichlormethan
(Chloroform);

Verbleib nach Gebrauch :
Beseitigung D

Bemerkung :
Farblose, fast geruchlose Flüssigkeit;
brennbar; Bildet in dampf/gasförmigen Zustand explosionsfähige Gemische mit Luft;
Explosionsgrenzen:
1-6 Vol.-%; Zündtemp.: 215 °C [32];
1,1-6,7 Vol.-%; Zündtemp.: 220 °C [484];
Naturgummi kann aufgeweicht und zerstört werden;
Verwendung: technisches Lösemittel;

n-Hexan

- CAS-Nummer :
110-54-3
- UN Nummer :
1208
- gebräuchliche Namen :
n-Caproylhydrid; Hexylhydrid; Hexan; Methyl-n-butylmethan;
- Handelsnamen :
Skellysolve B;
- Summenformel :
C_6H_{14}
- Strukturformel

Funktion
Produktionshilfsmittel/Kathode
Batterietyp
SE
Lithium-Vanadiumoxid
Anwendungsbereich
Produktion
Eigenschaften :
- toxigologisch/ökotoxikologisch :
RTECS # MN 9275000
Schweizer Giftliste : 4
WGK : 1
MAK Wert : 180 mg/m3 bzw. 50 ml/m3
R-Satz : 11-48/20
S-Satz : (2)-9-16-24/25-29-51
Sonstiges :
IMK: III; Spitzenbegrenzung: II,1 [481]; Schwangerschaftsgruppe: C [481];
Dämpfe reizen geringfügig Augen, Atemwege und Haut; Einatmen der Dämpfe in hohen Konzentrationen
wirkt narkotisch; Kontakt mit der Flüssigkeit reizt Augen, weniger stark die Haut [163];
5000 ml/m3 für 10 min verursachten Kopfschmerzen und Schwindel [163];
LD 50 (oral, Ratte): 28710 mg/kg [32], [187];
LC 50 (Fisch; Goldorfe): 4480/(150-210) mg/l [33];

Gefahren-Symbol :

- physikalisch/chemisch :
Dampfdruck : 160 hPa (20 °C) [32]
Siedepunkt : 68,6 °C
Brechungsindex : 1,3754 (20 °C)
Dichte : 659,5 kg/m3 (20 °C)
Schmelzpunkt : - 94,3 °C
Flammpunkt : - 22 °C
Verdunstungszahl : 9,0 (BuAc = 1) [9], 8,1 (BuAc = 1) [105], 1,4 (Diethylether = 1) [18];
Molmasse : 86,177 g/mol
Verdampfungswärme : 339,97 kJ/kg

Löslichkeit :
Wasser 0,023 g/l (20 °C); löslich in Ethanol, Diethylether, Trichlormethan (Chloroform);

Verbleib nach Gebrauch :
Beseitigung D

Bemerkung :
Farblose, schwach eigentümlich riechende Flüssigkeit;
brennbar; Bildet im dampf-/gasförmigen Zustand mit Luft explosionsfähige Gemische;
Explosionsgrenzen:
1,1 - 7,4 Vol.% ; Zündtemp.: 240 °C [32],
1,1 - 7,5 Vol.% ; Zündtemp.: 260 °C [163];
Bei Überhitzung explosionsartige Zersetzung;
Stoff kann bei Kontakt mit sauerstoffreichem Material (Oxidationsmitteln) heftig reagieren;
Verwendung: technisches Lösemittel;
Enthalten in Nappar 6 (3,8%);

Hydrazin, wasserfrei, 98 %

- CAS-Nummer :
302-01-2
- UN Nummer :
2029
- gebräuchliche Namen :
Diazan; Hydrazinium;
- Handelsnamen :
Diamid; Bayer Hydrazin 51; Bayer Hydrazin 64; Levoxin 51; Levoxin 64; Oxitreat 35;
- Summenformel :
H_4N_2
- Strukturformel

$$H_2N-NH_2$$

Funktion
Produktionshilfsmittel/Anode
Batterietyp
SE
Nickel-Cadmium
Anwendungsbereich
Produktion
Eigenschaften :
- toxigologisch/ökotoxikologisch :
RTECS # MU 7175000
Schweizer Giftliste : 1

WGK : 3
R-Satz : 45-10-23/24/25-34-43
S-Satz : 53-45
Sonstiges :
Carc. Cat. 2;
Gefahr der Hautresorption [481]; H S [484]; Gefahr der Sensibilisierung [481];
Krebserzeugend III A2 [481]; Karzinogen [187]; Geruchsschwelle: 3-4 ml/m3 [170];
Dämpfe reizen stark Augen und Atmungsorgane; in schweren Fällen Lungenödem möglich (kann mit einer Verzögerung bis zu 2 Tagen auftreten); Kontakt mit der Fl. bewirkt Verätzung der Augen (Hornhauttrübung) und Haut; Hautresorption! Aufnahme in den Körper bewirkt Schädigungen vor allem der Leber, des ZNS, aber auch des Herzens, Blutes (Methämoglobin- Bildung, Hämolyse), vielleicht auch der Niere [163];
Bei Brand oder Erhitzung bilden sich hochgiftige Stickoxide [484];
LD 50 (oral, Ratte): 60 mg/kg [187];
LD 50 (Haut, Kaninchen): 91 mg/kg [187];
LC 50 (inhal., Ratte, 4 h): 570 ml/m3 [187];
Wirkt auf Bakterien und Algen wachstumshemmend [170];
Toxische Grenzkonzentration für Pseudomonas putida 0,019 mg/l, Scenedesmus quadricauda 0,005 mg/l [36];
LC 50 (Daphnia magna): 0,81 mg/l [6];
LC 50 (Fisch; Goldorfe): 0,75 mg/l [33];
Kann starke Schäden im Oberflächenwasser und in biologischen Kläranlagen bewirken [171];

Gefahren-Symbol :

- physikalisch/chemisch :
Dampfdruck : 11 hPa (20 °C) [163]; 13,33 hPa (30,7 °C) [187]; 21 hPa (20 °C) [484];
Siedepunkt : 113,5 °C
Brechungsindex : 1,470 (22 °C)
Dichte : 1004 kg/m3 (25 °C)
Schmelzpunkt : 2,0 °C; 1,4 °C:
Flammpunkt : 37,8 °C; 52 °C;
Molmasse : 32,05 g/mol

Löslichkeit :
leicht löslich in Wasser; löslich in: Ethanol; Aminen, flüssigem Amoniak; schwer bzw. unlöslich in Kohlenwasserstoffen; halogenierten Kohlenwasserstoffen [484];

Verbleib nach Gebrauch :
Beseitigung A

Bemerkung :
Klare, farblose, stark lichtbrechende, wasseranziehende Flüssigkeit, mit schwachem ammoniakähnlichem Geruch;
raucht an der Luft; brennbar; Bildet im dampf-/gasförmigen Zustand mit Luft explosionsfähige Gemische; Explosionsgrenzen: 4,7-100 Vol.-%; Zündtemp.: 270 °C (*) [163];
(*): 25 °C bei Kontakt mit rostigem Stahl;
Hydrazin, seine Derivate und Salze sind in kosmetischen Mitteln verboten;
Bei Brand oder Erhitzung bilden sich hochgiftige Stickoxide (-> nitrose Gase);
Verwendung: als Bestandteil von Raketentreibstoffen; in der Fotoindustrie als Farbstoffkuppler bei der Farbfotografie; zur Herstellung von Medikamenten, Klebstoffen, Schädlingsbekämpfungsmitteln; als Korrosiionsinhibitor;

O-Hydro-w-hydroxypoly-(oxy-1,2-ethandiyl)

- CAS-Nummer :
25322-68-3

- gebräuchliche Namen :
Polyethylenglykol; _-Poly(oxy-1,2-ethandiyl); Polyethylenoxid; alpha-Hydroxy-w-hydroxypoly(oxy-1,2-ethandiyl); 1,2-Ethandiol-Homopolymer; Ethenglycol-Homopolymer; Oxiran-polymer; PEG;

- Handelsnamen
Jeffox; Nycoline; Pluracol E; Polyglycol E; Phuriol E 400; PEG; Poly-6; Carbowax 4600; Macrogol 300; Macrogol 400; Alcox E 30; Alcox E 160; Aquaffin; Bradsyn PEG; Carbowax; Chemiox E 20; Chemiox E 1000; Emkapol 150; Emkapol 200; Emkapol 4200; ENT 1000; Gafanol E 200; Gafanol E 300; Laprol 402; Lineartop P; Lutrol 9; Macrogol 6000; Merpol 02; Modepy 4000; Nosilin; Nyoline; Oxid Wax A; Oxid Wax An; PEO 10; PEO 16; PEO 18; PEO 100; Plastigen PR 8086; Pluriol; Polikol; Polyglycol; Polyox; Polywax 600; Postanol; Solbase; Superox; Swasconol D-60; Swasconol D-80; Terisan Z 75; Ucar 4 C; Viterra 2 Hydrogen; WSR 35; WSR 205; WSR 301; WSR N-10; WSR N-750; WSR N-3000; WSR N-Coag;

- Summenformel :
$(C_6H_{11}NO)_n$

- Strukturformel

$$\left[CH_2\text{-}CH_2\text{-}O \right]_x$$

Funktion
PE:(a)Separator; (b)Festelektrolyt
SE:(a),(b)Bindemittel/Kathode; (b),(c)Festelektrolyt

Batterietyp
PE/(a)Lithium-Thionylchlorid/(b)Lithium-Jodid
SE/(a)Nickel-Zink/(b)Lithium-Vanadiumoxid/(c)Lithium-Mangandioxid

Anwendungsbereich
PE:(a)Gehäusebestandteil; (b)Elektrolytbestandteil
SE:(a),(b)Elektrodenbestandteil; (b),(c)Elektrolytbestandteil

Eigenschaften :

- toxigologisch/ökotoxikologisch :
RTECS # TQ 3600000;
WGK : 0
Sonstiges :
Kann schädigend wirken bei Einatmung, Verschlucken oder Aufnahme über
Haut; kann Augen- und Hautreizungen verursachen [187];
LD 50 (oral, Ratte): 33750 mg/kg (8,2 < n < 9,1) [187];
LD 50 (oral, Ratte): 59000 mg/kg (68 < n < 84) [201];

- physikalisch/chemisch :
Brechungsindex : 1,4539 (20 °C)
Dichte : 1130 kg/m3 (20 °C); 1127 kg/m3 (25 °C);
Schmelzpunkt : 4-8 °C (8,2 < n < 9,1)
Flammpunkt : > 110 °C
Molmasse : 190-210 g/mol (n = 4); 380-420 g/mol (8,2 < n < 9,1);

Löslichkeit :
löslich in Benzen (Benzol), Trichlormethan (Chloroform), Wasser;

Verbleib nach Gebrauch :
Beseitigung A

Bemerkung :
Feines, weißes Pulver;
Unverträglich mit starken Oxidationsmitteln;
Enthalten in Tinuvin 1130;
Nähere Angaben zu den verschiedenen Polymeren, die unter Polyethylenoxid zusammengefaßt sind z.B. unter [201];

2-Hydroxy-1,2,3-propantricarbonsäure

- CAS-Nummer :
  77-92-9
- gebräuchliche Namen :
  2-Hydroxy-1,2,3-propantricarboxylsäure; E 330; Citronensäure; Zitronensäure;
- Handelsnamen :

- Summenformel :
  $C_6H_8O_7$
- Strukturformel

Funktion
  Recyclinghilfsmittel
Batterietyp
  SE
  Bleiakku
Anwendungsbereich
  Recycling/Entsorgung
Eigenschaften :
- toxigologisch/ökotoxikologisch :
  RTECS # GE 7350000
  Schweizer Giftliste : 4
  WGK : 0
  Sonstiges :
  Kontakt mit Augen verursacht Reizungen; wenig toxisch im Tierversuch [418]; kann schädigend wirken
  bei Einatmung, Verschlucken oder Aufnahme über Haut; verursacht Augen- und Hautreizungen; reizt
  Schleimhäute und Atemwege [187];
  LD 50 (oral, Ratte): 6730 mg/kg [187], 11500 mg/kg [418];
  Toxische Grenzkonzentration für Scenedesmus quadricauda 640 mg/l [418], für Daphnia magna 153 mg/l
  [389];
  BSB(5): 0,4 - 0,42 [418]; CSB: 745 mg/g [13];

- physikalisch/chemisch :
  Siedepunkt : 175 °C (Zers.) [484]
  Log pOW : - 1,72 [4]
  Brechungsindex : 1,4584 (170-173 °C)
  Dichte : 1542 kg/m3 (20 °C)
  Schmelzpunkt : 153 °C
  Molmasse : 192,12 g/mol

Löslichkeit :
  Wasser 733 g/l (20 °C), 1630 g/l (20 °C) für Monohydrat; Ethanol 759,1 g/l (15 °C); Diethylether
  22,6 g/l (15 °C);

Verbleib nach Gebrauch :
  Beseitigung A

Bemerkung :
  Farblose Kristalle oder Granulate;
  Zugelassen als Lebensmittelzusatzstoff nach LMBG;
  Der Saft der Zitronen enthält 5 - 8 % Citronensäure;
  Verwendung: in der Fotoindustrie für Verstärker (Orwo 600), als Entwicklerzusatz (Orwo 75); zur
  Händereinigung; in der Lebensmittelindustrie als Säuerungsmittel;

Hypophosphorige Säure

- **CAS-Nummer :**
  6303-21-5
- **gebräuchliche Namen :**
  Unterphosphorigesäure;
- **Handelsnamen :**

- **Summenformel :**
  H_3PO_2
Funktion
  Additiv/Kathode
Batterietyp
  PE
  Lithium-Mangandioxid
Anwendungsbereich
  Elektrodenbestandteil
Eigenschaften :
- **toxigologisch/ökotoxikologisch :**
  R-Satz : 34
  S-Satz : 26-27-28-36/37/39
  Sonstiges :
  Wirkt schädigend bei Einatmung, Verschlucken oder Aufnahme über Haut; wirkt extrem zerstörerisch auf
  das Gewebe der Schleimhäute und Atemwege, Augen und Haut; Einatmung kann tödliche Folgen haben
  [187];

  Gefahren-Symbol :

- **physikalisch/chemisch :**
  Dampfdruck : < 22,65 hPa (20 °C) [187]
  Dichte : 1274 kg/m3 (20 °C)
  Molmasse : 66 g/mol

Löslichkeit :
  mischbar mit Wasser, Ethanol, Diethylether;

Verbleib nach Gebrauch :
  Beseitigung N

Bemerkung :
  Farblose Flüssigkeit; Die wasserfreie Säure bildet zerfließliche Kristalle, unterkühlt zu einer farblosen,
  geruchlosen, öligen Flüssigkeit;
  Unverträglich mit starken Basen; reagiert heftig mit Oxidationsmitteln;
  Verwendung: als Reduktionsmittel;

Iod

- **CAS-Nummer :**
  7553-56-2
- **gebräuchliche Namen :**
  Jod;
- **Handelsnamen :**

- **Summenformel :**
  I_2

Funktion
Aktive Masse/Kathode
Batterietyp
PE
Lithium-Jodid
Anwendungsbereich
Elektrodenbestandteil
Eigenschaften :
- **toxigologisch/ökotoxikologisch :**
RTECS # NN 1575000;
Schweizer Giftliste : 2
WGK : 1
MAK Wert : 0,1 ml/m3 bzw. 1 mg/m3
R-Satz : 20/21
S-Satz : (2)-23-25
Sonstiges :
Spitzenbegrenzung: I [481]; IMK: II;
Ätzstoff; Ätzwirkung auf alle Gewebe, besonders Schleimhäute [30]; Wirkt schädigend bei Einatmung,
Verschlucken oder Aufnahme über Haut; wirkt extrem zerstörerisch auf das Gewebe der Schleimhäute
und Atemwege, Augen und Haut; Einatmung kann tödliche Folgen haben [187];
Tödliche Dosis: 2 - 3 g [39];
Eingeatmet 0,001 mg/l Luft: Arbeiten ungestört, 0,003 mg/l Luft: Arbeiten unmöglich [30];
Innerlich 20 - 30 ml Tinktur tödlich [30];
LD Lo (oral, Mensch): 28 mg/kg [187];
LD 50 (oral, Ratte): 14 g/kg [187];

Gefahren-Symbol :

- **physikalisch/chemisch :**
Dampfdruck : 0,41 hPa (25 °C) [187]
Siedepunkt : 184,35 °C
Dichte : 4930 kg/m3 (20 °C)
Schmelzpunkt : 113,5 °C
Molmasse : 253,809 g/mol

Löslichkeit :
Wasser 0,29 g/l (20 °C), 0,3 g/l (25 °C), 0,78 g/l (50 °C); Ethanol 205 g/l (15 °C); Diethylether 206
g/l (17 °C), 240 g/l (25 °C); Benzen (Benzol) 164,6 g/l (25 °C); Methanol 230 g/l (25 °C);
Tetrachlormethan 29,1 g/l (25 °C);

Verbleib nach Gebrauch :
Beseitigung P

Bemerkung :
Bläulich-schwarz, metallisch glänzende Tafeln oder Blättchen;
Jodtinktur: Lösung von Jod in wäßriger KI-Lösung;
Verboten in kosmetischen Mitteln;
Verwendung: Entfernung von Silberflecken aus Wäsche; in der Reproduktionstechnik
(Jodcyanabschwächer); in der Medizin als Blutstiller und als Antiseptikum;

Kaliumbromid

- **CAS-Nummer :**
7758-02-3
- **gebräuchliche Namen :**
Bromkali;
- **Handelsnamen :**

- **Summenformel :**
  KBr
Funktion
  Produktionshilfsmittel/Kathode
Batterietyp
  SE
  Nickel-Cadmium
Anwendungsbereich
  Produktion
Eigenschaften :
- **toxigologisch/ökotoxikologisch :**
  RTECS # TS 7650000
  Schweizer Giftliste : 3
  WGK : 1
  R-Satz : 20/21
  Sonstiges :
  Kann schädigend wirken bei Einatmung, Verschlucken oder Aufnahme über Haut; verursacht Augen- und
  Hautreizungen; reizt Schleimhäute und Atemwege; kann Schwäche des ZNS verursachen; längerer
  Kontakt mit feuchter Haut kann schwere Reizungen oder Verbrennungen verursachen; längeres Einatmen
  der Dämpfe kann Bronchitis auslösen; Verschlucken von großen Mengen kann Reizbarkeit, Verwirrung,
  Zittern, Akne, Verlust des Erinnerungsvermögens, Kopfschmerz und undeutliche Aussprache
  zur Folge haben [187];

  Gefahren-Symbol :

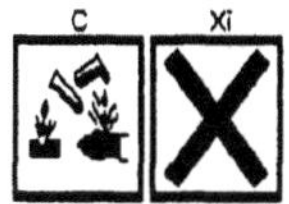

- **physikalisch/chemisch :**
  Siedepunkt : 11435 °C
  Dichte : 2750 kg/m3 (20 °C)
  Schmelzpunkt : 734 °C
  Molmasse : 119,011 g/mol

Löslichkeit :
  Wasser 534,8 g/l (0 °C), 658,5 g/l (20 °C), 1020 g/l (100 °C); Ethanol 1,42 g/l (25 °C); wenig löslich
  in Diethylether; löslich in Propantriol (Glycerin);

Verbleib nach Gebrauch :
  Beseitigung N

Bemerkung :
  Weiße, hygroskopische Kristalle;
  Verwendung: in der Fotoindustrie als Entwicklerzusatz (Schleierverhütung); Ausgangsstoff zur Herstellung
  lichtempfindlicher Silberbromidemulsionen; in Bleichbädern zur Umwandlung des Silbers in Silberbromid
  und in Tonungslösungen;

Kaliumchlorid

- **CAS-Nummer :**
  7447-40-7
- **gebräuchliche Namen :**
  Chlorkalium; Sylvin; Sylvit; Steinsalz;Potassiumchlorid;
- **Handelsnamen :**
  Enseal; Diffu K; Kalium-Duriles; Kaon-Cl; Kaskay; Kayback; K-Contin; Klor-Con; K-Norm; K-Tab; Lento-
  Kalium; Pfiklor; Rekawan; Slow-K; Klotrix;
- **Summenformel :**
  KCl

Funktion
(a)Leitsalz/Elektrolyt
(b)Produktionshilfsmittel/Kathode
Batterietyp
SE
(a)Lithium-Eisensulfid
(b)Nickel-Cadmium
Anwendungsbereich
(a)Elektrolytbestandteil
(b)Produktion
Eigenschaften :
- toxigologisch/ökotoxikologisch :
RTECS # TS 8050000
Schweizer Giftliste : 4
Sonstiges :
Kann schädigend wirken bei Einatmung, Verschlucken oder Aufnahme über Haut; verursacht Augen- und
Hautreizungen; reizt Schleimhäute und Atemwege [187];
LD Lo (oral, Kleinkind): 938 mg/kg/2d [428];
LD Lo (oral, Mann): 20 mg/kg [428];
TD Lo (oral, Frau): 60 mg/kg/d
LD 50 (oral, Ratte): 2600 mg/kg [428];
LD 50 (oral, weibliche Ratte): 3,02 ± 0,14 g/kg [242];
Toxische Grenzkonzentration für Daphnia magna 373 mg/l [389];

- physikalisch/chemisch :
Siedepunkt : 1500 °C (Subl.)
Dichte : 1984 kg/m3 (20 °C)
Schmelzpunkt : 770 °C
Molmasse : 74,555 g/mol

Löslichkeit :
Wasser 347 g/l (30 °C), 567 g/l (100 °C); löslich in Diethylether, Propantriol (Glycerin); wenig löslich in
Ethanol;

Verbleib nach Gebrauch :
Beseitigung N

Bemerkung :
Weiße, hygroskopische Kristalle;
Zugelassen als Lebensmittelzusatzstoff nach LMBG;
Verwendung: in der Fotografie; in Pufferlösungen; in Elektroden-Zellen;

Kaliumdichromat

- CAS-Nummer :
7778-50-9
- UN Nummer :
2811
- gebräuchliche Namen :
Kaliumbichromat; doppelchromsaures Kalium; Chromsäure, Dikalium-Salz; Chromkali; Kaliumpyrochromat;
Saures chromsaures Kali; Dikaliumdichromat;
- Handelsnamen :

- Summenformel :
$Cr_2K_2O_7$
Funktion
Produktionshilfsmittel/Kathode
Batterietyp
SE
(a)Lithium-Polypyrrol
(b)Lithium-Polyanilin

Anwendungsbereich
 Produktion
Eigenschaften :
- toxigologisch/ökotoxikologisch :
 RTECS # HX 7680000
 Schweizer Giftliste : 3
 WGK : 3
 MAK Wert : IIIA2; S
 R-Satz : 36/37/38-43
 S-Satz : (2)-22-28
 Sonstiges :
 Kann letal wirken bei Einatmung, Verschlucken oder Aufnahme über Haut; wirkt extrem zerstörerisch auf
 das Gewebe der Schleimhäute und Atemwege, Augen und Haut; kann allergische Atem- und
 Hautreaktionen verursachen [187];
 Karzinogen [187];

 Der Stoff in Verbindung mit Feuchtigkeit und Wasser reizt bis hin zur ausgeprägten Verätzung; deshalb
 wirken die Stäube an den Augen, in den Atemwegen und in der Lunge entzündungsauslösend und stark
 ätzend, so daß Kehlkopf- und Lungenödem auftreten können; Vorsicht, letzteres kann mit einer
 Verzögerung bis zu zwei Tagen auftreten; nach Einatmen der Stäube ist daher eine ärztliche
 Untersuchung in jedem Fall erforderlich. Charakteristisch ist die Bildung schwer heilender Geschwüre an
 den betroffenen Stellen der Haut; wäßrige Lösungen haben die gleichen Wirkungen; nach Aufnahme
 großer Mengen Nieren- und Leberschäden; tödliche Dosen für den Menschen liegen zwischen 1-10 g
 [484]

 LD Lo (oral, Kind): 26 mg/kg [187];
 LD 50 (oral, Maus): 190 mg/kg [187];
 LC 50 (Fisch; Pimephales promelas): > 200 mg/l [3];
 LC 50 (Daphnia magna): 1,8 - 3,3 mg/l [3];
 EC 50 (Daphnia magna, 24 h): 1,16 mg/l [51];
 LC 50 (Fisch; Goldorfe): 272 mg/l [33];
 Toxische Grenzkonzentration für Daphnia magna « 0,6 mg/l [389];
 Biologischer Einfluß:
 nicht adaptiertes System: 25 mg/l und 5000 mg/l wirken hemmend [3];

 Gefahren-Symbol :

- physikalisch/chemisch :
 Siedepunkt : 500 °C (Zers.); 600 °C (Zers.)*
 Dichte : 2690 kg/m3 (20 °C)
 Schmelzpunkt : 395 °C; 398 °C
 Molmasse : 294,192 g/mol

Löslichkeit :
 Wasser 49 g/l (0 °C), 1020 g/l (100 °C); unlöslich in Ethanol;

Bemerkung :
 *: Bei Temperaturen über 500 °C beginnt Zersetzung unter Bildung von Sauerstoff, Chromoxid und
 Kaliumchromat [484];

Verbleib nach Gebrauch :
 Beseitigung J

Bemerkung :
 Orangerote Kristalle oder Pulver;
 nicht brennbar, fördert die Verbrennung vieler anderer Stoffe; Der Stoff reagiert heftig bei Kontakt oder
 Mischung mit wasserfreiem Hydroxylamin und mit brennbarem Material und Reduktionsstoffen; es
 entsteht Brand- und Explosionsgefahr; verunreinigte Kleidung mit viel Wasser spülen (Brandgefahr) [484];

18 -> 5 µg Cr/l im Rhein (1980 - 1984) [51];

Verwendung: Oxidationsmittel; in der fotografischen Industrie für Abschwächer, Verstärker, Umkehrbäder, Bleichbäder, Reinigungslösungen, im Pigmentprozeß;

Kaliumfluorid

- **CAS-Nummer :**
  7789-23-3
  - **UN Nummer :**
  1812
- **gebräuchliche Namen :**
  Fluorkalium;
- **Handelsnamen :**

- **Summenformel :**
  FK
Funktion
  Additiv/Elektrolyt
Batterietyp
  SE
  Zink-Silberoxid
Anwendungsbereich
  Elektrolytbestandteil
Eigenschaften :
- **toxigologisch/ökotoxikologisch :**
  RTECS # TT 0700000
  Schweizer Giftliste : 3
  WGK : 1
  MAK Wert : 2,5 mg/m3
  R-Satz : 23/24/25
  S-Satz : (1/2)-26-45
  Sonstiges :
  Dämpfe und Nebel führen zu starker Reizung und Verätzung der Augen, Atemwege, Lunge und Haut; Lungenödem möglich (kann mit einer Verzögerung von bis zu 2 Tagen auftreten); Kontakt mit der Flüssigkeit bewirkt sehr starke Reizung und Verätzung der Augen und Haut; bei Kontakt oder Mischung mit Säuren reagiert das in der Lösung befindliche Kaliumfluorid unter Zersetzung und Bildung von stark ätzender wäßriger -> Flußsäurelösung [163];
  LD 50 (oral, Ratte): 245 mg/kg [187];

  Gefahren-Symbol :

- **physikalisch/chemisch :**
  Siedepunkt : 1505 °C
  Dichte : 2480 kg/m3 (20 °C)
  Schmelzpunkt : 858 °C
  Molmasse : 58,10 g/mol

Löslichkeit :
  Wasser 923 g/l (18 °C), 964 g/l (21 °C); löslich in wäßrigem Fluorwasserstoff, flüßigem Ammoniak; unlöslich in Ethanol;

Verbleib nach Gebrauch :
  Beseitigung K

Bemerkung :
Farblose Flüssigkeit; stechender,
scharfer Geruch; giftig, ätzend, nicht brennbar; Unverträglich mit starken Säuren;
Verwendung: zur Vorbeugung von Gärungsprozessen; als Zusatz von hartem Lötmetall; zur Fluorierung
org. Verbindungen; zum Mattieren von Glas;

Kaliumhexacyanoferrat (III)

- CAS-Nummer :
13746-66-2
- gebräuchliche Namen :
rotes Blutlaugensalz; Bleichsalz;Ferricyankalium; Kaliumcyanoferrat (III); Kaliumeisen(III)-cyanid; Rotkali;
Trikaliumhexacyanoferrat; Kaliumferricyanid;
- Handelsnamen :

- Summenformel :
$K_3[Fe(CN)_6]$
Funktion
Produktionshilfsmittel/Kathode
Batterietyp
SE
(a)Lithium-Polypyrrol
(b)Lithium-Polythiophen
Anwendungsbereich
Produktion
Eigenschaften :
- toxigologisch/ökotoxikologisch :
RTECS # LJ 8225000;
R-Satz : 21/22
Sonstiges :
Blutgift; Kann schädigend wirken bei Einatmung, Verschlucken oder Aufnahme über Haut; kann Reizungen
verursachen [187]; Aufnahme: besonders als Staub giftig [30];
LD 50 (oral, Maus): 2970 mg/kg [187];

Gefahren-Symbol :

- physikalisch/chemisch :
Dichte : 1890 kg/m3 (20 °C)
Schmelzpunkt : Zers.
Molmasse : 329,260 g/mol

Löslichkeit :
Wasser 330 g/l (4 °C), 460 g/l (20 °C), 775 g/l (100 °C); löslich in Propanon (Aceton); unlöslich in
Ethanol;

Verbleib nach Gebrauch :
Beseitigung S

Bemerkung :
Dunkelrote Kristalle;
Mit Eisen(II)-Salzen -> blauer Niederschlag (Turnbulls Blau); Unverträglich mit Säuren; zersetzt sich im
Licht;
Die Bezeichnung "Kaliumferricyanid" ist falsch und sollte vermieden werden;
Verwendung: Färben von Wolle und Seide; im Kattundruck als Ätzmittel; zur Herstellung von Braun- und
Blaupausen; in der Fotoindustrie: für Bleichbäder, Tonungslösungen, Abschwächer, Verstärker;
als mildes Oxidationsmittel in der organischen Synthese, in der Galvanotechnik, in der organischen
Chemie;

Kaliumhydroxid

- CAS-Nummer :
  1310-58-3
  - UN Nummer :
  1813
- gebräuchliche Namen :
  Ätzkali; kaustisches Kali; Kaliumhydrat; Kalihydrat; Ätzkalium; Ätzstein; Kali;
  Kaliumoxidhydrat;kaustische Pottasche; Kalium hydricum; Kaliumhydroxid, fest;
- Summenformel :
  HKO
Funktion
  PE
  Elektrolyt
  SE
  (b)Produktionshilfsmittel/Anode; sonst:Elektrolyt
Batterietyp
  PE
  (a)Alkali-Mangan
  (b)Zn-Quecksilberoxid
  (c)Zn-Luft
  (d)Zn-Silberoxid
  SE
  (a)Ni-Zn
  (b)Li-Schwefeldioxid
  (c)Ni-Cd
  (d)Ni-Eisen
  (e)Ni-Hydrid
  (f)Zn-Silberoxid
Anwendungsbereich
  PE + SE
  Elektrolytbestandteil
  SE
  (b)Produktion
Eigenschaften :
- toxigologisch/ökotoxikologisch :
  RTECS # TT 2100000
  Schweizer Giftliste : 2
  WGK : 1
  MAK Wert : 2 mg/m3
  R-Satz : 35
  S-Satz : (1/2)-26-37/39-45
  Sonstiges :
  Feuchtigkeit der Luft reicht aus, um eine stark konzentrierte Lösung zu bilden, die an den benetzten
  Körperstellen zu schwersten, tiefgreifenden Verätzungen führen kann; besonders gefährdet sind die
  Augen; Aufnahme durch den Mund verursacht ausgedehnte Zerstörungen der Wände des
  Verdauungskanals; bei Überleben Ausbildung von narbigen Verengungen [163]; Ätzstoff; Staub schädigt
  Atemwege und Augen; wäßrige Lösung verursacht Verätzungen der Haut und Nägel, die dadurch spröde
  werden (Infektionskrankheiten) [132];
  Bei Eindringen in den Magen: tödliche Dosis ca. 10 - 20 g [132];
  Innerlich etwa 20 g 10 % ige Lösung tödlich [30];
  LD 50 (oral, Ratte): 273 mg/kg [187], 365 mg/kg [415];
  Toxisch für Wasserorganismen: LD 50 / 96 Std. 100-10 mg/l; tödlich für Fische ab 28,6 mg/l in 24 Std.;
  durch alkalisierende Wirkung Schädigung von Plankton [484];

  Gefahren-Symbol :

- **physikalisch/chemisch :**
  Dampfdruck : 1,3 hPa (719 °C) [187]
  Siedepunkt : 1327 °C; 1320 °C (fester Stoff) [484];
  Dichte : 2044 kg/m3 (20 °C)
  Schmelzpunkt : 360,4 °C ; 380 °C
  Molmasse : 56,109 g/mol

Löslichkeit :
  Wasser 1070 g/l (15 °C), 1120 g/l (20 °C), 1780 g/l (100 °C); löslich in Ethanol; unlöslich in
  Diethylether, Ammoniak;

Verbleib nach Gebrauch :
  Beseitigung N

Bemerkung :
  Trockene, harte weiße Masse, meist als Brocken oder in weißen Stangen im Handel;
  Wäßrige Lösung: Kalilauge;
  zieht Kohlendioxid an; Bei Berührung mit Leichtmetall oder Zink kann Kaliumhydroxid oder Kali-
  lauge Wasserstoffgas entwicklen, das mit Luft explosionsfähiges Knallgas bildet; Kleidungsstücke aus
  tierischen Produkten, wie Leder und Wolle, werden angegriffen und aufgelöst [484];
  Zugelassen als Lebensmittelzusatzstoff nach LMBG;
  Mit Einschränkungen erlaubt in kosmetischen Mitteln;
  Verwendung: in der Fotoindustrie als Entwickleralkali;
  Enthalten in Lopon 826 (0,5-2%), Kalilauge 45%;

Kaliumnitrat

- **CAS-Nummer :**
  7757-79-1
  - **UN Nummer :**
  1486
- **gebräuchliche Namen :**
  Salpeter; Kalisalpeter; salpetersaures Kalium; salpetersaures Kali; Konversionssalpeter; E 252;
  Pulversalpeter;
- **Handelsnamen :**

- **Summenformel :**
  KNO_3
Funktion
  Leitsalz/Elektrolyt
Anwendungsbereich
  Elektrolytbestandteil
Eigenschaften :
- **toxigologisch/ökotoxikologisch :**
  RTECS # TT 3700000
  Schweizer Giftliste : 4
  WGK : 1
  R-Satz : 8
  S-Satz : 22-24/25
  Sonstiges :
  Kaliumnitrathaltige Lösungen besitzen im allgemeinen für den Erwachsenen auch bei Aufnahme durch den
  Mund nur eine geringe Giftwirkung; die Einatmung großer Mengen Staub kann zu leichten
  Reizerscheinungen an den Atemwegen mit Husten führen; bei Erhitzung bis zur Zersetzung
  bilden sich hochgiftige -> nitrose Gase [163];
  Aufnahme: innerlich 5 g giftig; 8 - 10 g tödlich [30];
  LD 50 (oral, Ratte): 3750 mg/l [187];
  LD 50 (Daphnia magna, 24 h, 48 h, [72 h]): 490 mg/l, [226 mg/l] [139];

Gefahren-Symbol :

- physikalisch/chemisch :
    Siedepunkt : 400 °C (Zers.)
    Dichte : 2110 kg/m3 (20 °C)
    Schmelzpunkt : 308 °C , 337 °C, 400 °C (Zers.)
    Molmasse : 101,107 g/mol

Löslichkeit :
    Wasser 133 g/l (0 °C), 320 g/l (20 °C), 2470 g/l (100 °C); unlöslich in Ethanol, Diethylether; löslich in
    Ammoniaklösung, Propantriol (Glycerin);

Verbleib nach Gebrauch :
    Beseitigung N

Bemerkung :
    Farblose, durchscheinende, prismaförmige Kristalle;
    Zugelassen als Lebensmittelzusatzstoff nach LMBG;
    Verwendung: als Oxidationsmittel; in der Fotoindustrie in Bleichbädern; als Konservierungsmittel (z.B. in
    Käse); als starkes Düngemittel;
    Bei der Zersetzung bilden sich Stickoxide;

Kaliumpermanganat

- CAS-Nummer :
    7722-64-7
- gebräuchliche Namen :
    übermangansaures Kalium; übermangansaures Kali; Permangansäure Kaliumsalz; Chamäleon Mineral;
    Condy's Kristalle;
- Handelsnamen :

- Summenformel :
    $KMnO_4$
Funktion
    (a)Ausgangsstoff/Kathode
    (b)Produktionshilfsmittel/Kathode
Batterietyp
    PE
    (a)Lithium-Mangandioxid
    (b)Lithium-Polykohlenstoffmonofluorid
Anwendungsbereich
    Produktion
Eigenschaften :
- toxigologisch/ökotoxikologisch :
    RTECS # SD 6475000
    Schweizer Giftliste : 3
    WGK : 2
    R-Satz : 8-22
    S-Satz : (2)
    Sonstiges :
    Einatmen des Staubes reizt stark Atemwege; Verschlucken des Stoffes ruft Verätzungen im
    Verdauungskanal hervor; Erstickungsgefahr durch Glottisödem; Kontakt mit dem Stoff führt zu
    Verätzungen [163];
    Innerlich 5 - 20 g tödlich; 5 %ige Lösung stark ätzend [30];
    LD Lo (oral, Mensch): 143 mg/kg [187];
    LD 50 (oral, Ratte): 1090 mg/kg [187];
    Toxisch für Fische ab 3,2 mg/l [184];

Toxische Grenzkonzentration für Daphnia magna 0,63 mg/l [8], [389];

Gefahren-Symbol :

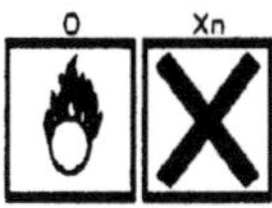

- **physikalisch/chemisch :**
  Dichte : 2700 kg/m3 (20 °C)
  Schmelzpunkt : 240 °C (Zers.)
  Molmasse : 158,038 g/mol

Löslichkeit :
  Wasser 63,8 g/l (20 °C), 250 g/l (65 °C); leicht löslich in Methanol, Propanon (Aceton); löslich in Schwefelsäure;

Verbleib nach Gebrauch :
  Beseitigung J

Bemerkung :
  Glänzende, schwarzviolette prismatische Kristalle mit grünlichem Oberflächenglanz;
  Feuchtes Kaliumpermanganat reagiert mit Schwefelsäure explosionsartig [371];
  Verwendung: in der Fotoindustrie als Abschwächer, Natriumthiosulfatzerstörer, zur Fleckentfernung und Gerätereinigung; als Oxidationsmittel;

Kaliumperoxodisulfat

- **CAS-Nummer :**
  7727-21-1
  - **UN Nummer :**
  1492
- **gebräuchliche Namen :**
  Kaliumpersulfat; perschwefelsaures Kalium; überschwefelsaures Kalium;Kaliumperoxodisulfat;
- **Handelsnamen :**
  Anthion; Palidol;
- **Summenformel :**
  $K_2S_2O_8$
Funktion
  Produktionshilfsmittel/Anode + Kathode
Batterietyp
  SE
  Nickel-Cadmium
Anwendungsbereich
  Produktion
Eigenschaften :
- **toxigologisch/ökotoxikologisch :**
  RTECS # SE 0400000
  Schweizer Giftliste : 4
  R-Satz : 8-22-42/43
  S-Satz : 16-17-26-43
  Sonstiges :
  Der Staub oder der Kontakt mit dem festen Stoff führt zur Reizung bis hin zur Verätzung der Augen, der Atemwege und der Haut; Lungenödem möglich; bei Erhitzung bis zur Zersetzung wird Sauerstoff und hochgiftiges Schwefeltrioxid freigesetzt [163];

  Durch Zersetzung toxisch: 869 mg/lK2SO4 tödlich für Fische;
  Schwefelsäure: 15 mg/l Pflanzenschädigung; bei pH 4,6 Absterben von Fischen; Schwefelige Säure 1 mg/l tödlich für Fische; Wasserstoffperoxid 40 mg/l toxisch für Forellen; Störungsschwelle für Fischnährtiere 2500 mg/l [484];

Gefahren-Symbol :

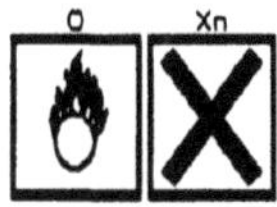

- physikalisch/chemisch :
Dichte : 2477 kg/m3 (20 °C)
Schmelzpunkt : < 100 °C (Zers.)
Molmasse : 270,31 g/mol

Löslichkeit :
Wasser 17,5 g/l (0 °C), 53,0 g/l (20 °C); unlöslich in Ethanol;

Verbleib nach Gebrauch :
Beseitigung J

Bemerkung :
Weiße, geruchlose Kristalle oder Pulver;
Sehr heftige Reaktion mit starken Alkalien wie Natron- und Kalilauge;
Verwendung: in der Fotoindustrie als Natriumthiosulfatzerstörer, zur Brauntonung, als Abschwächer;

Kobalt

- CAS-Nummer :
7440-48-4
- gebräuchliche Namen :
Cobalt;
- Handelsnamen :

- Summenformel :
Co
Funktion
Wasserstoffspeicherlegierung
Batterietyp
SE
Nickel-Hydrid
Anwendungsbereich
Elektrodenbestandteil
Eigenschaften :
- toxigologisch/ökotoxikologisch :
RTECS # GF 8750000
Schweizer Giftliste : 3
R-Satz : 42/43
S-Satz : (2)-22-24-37
Sonstiges :
Gefahr der Sensibilisierung [481]; Krebserzeugend III A2 [481]; TRK-Wert: 0,1 mg/m3 [464]; IMK: II;
Wirkt schädigend bei Einatmung oder Verschlucken; verursacht Augen- und Hautreizungen; reizt
Schleimhäute und Atemwege [187];
Karzinogen [39];
Gesundheitsgefahren bei Überschreitung des TRK-Wertes: Schädigungen der Atemorgane sind nicht
auszuschließen; Kobaltrauche gelten als karzinogen [464];
LD 50 (oral, Ratte): 6170 mg/kg [187];

Gefahren-Symbol :

- **physikalisch/chemisch :**
    Siedepunkt : 2870 °C
    Dichte : 8900 kg/m3 (20 °C)
    Schmelzpunkt : 1495 °C
    Molmasse : 58,933 g/mol

Löslichkeit :
    unlöslich in Wasser; löslich in Säuren;

Verbleib nach Gebrauch :
    Beseitigung R

Bemerkung :
    Silberne Metallblättchen;

Kobalt(II,III)-oxid

- **CAS-Nummer :**
    1308-06-1
- **gebräuchliche Namen :**
    Cobalt(II,III)-oxid; Kobaltschwarz; Trikobalttetroxid;
- **Handelsnamen :**

- **Summenformel :**
    Co_3O_4
Funktion
    Aktive Masse/Kathode
Batterietyp
    SE
    Lithium-Batterie(Hochtemperatur)
Anwendungsbereich
    Elektrodenbestandteil
Eigenschaften :
- **toxigologisch/ökotoxikologisch :**
    Schweizer Giftliste : 4
    R-Satz : 20/22-45
    Sonstiges :
    TRK-Wert: 0,1 mg/m3 [464];
    Wirkt schädigend bei Einatmung oder Verschlucken; kann Reizungen verursachen; kann allergische
    Hautreaktionen auslösen [187];
    Gesundheitsgefahren bei Überschreitung des TRK-Wertes: Schädigungen der Atemorgane sind nicht
    auszuschließen; Kobaltrauche gelten als karzinogen [464];

    Gefahren-Symbol :

- **physikalisch/chemisch :**
    Dichte : 6070 kg/m3 (20 °C)
    Schmelzpunkt : 900-950 °C (Übergang zu CoO)
    Molmasse : 240,80 g/mol

Löslichkeit :
    unlöslich in Wasser, Königswasser; sehr wenig löslich in Säuren;

Verbleib nach Gebrauch :
    Beseitigung O

Bemerkung :
Schwarzes Pulver;

Kobalt(II)-sulfat Hydrat

- CAS-Nummer :
60459-08-7
- gebräuchliche Namen :
Kobaltsulfat; Cobaltsulfat; Cobalt(II)-sulfat;
- Handelsnamen :

- Summenformel :
$CoSO_4 * x H_2O$
Funktion
(a) Additiv/Kathode; Produktionshilfsmittel/Elektrode
(c)Ausgangsstoff/Kathode
Batterietyp
SE
(a)Nickel-Cadmium
(b)Nickel-Eisen
(c)Lithium-Eisen-Kobaltpolysulfid
Anwendungsbereich
(a)Elektrodenbestandteil
(a),(c)Produktion
Eigenschaften :
- toxigologisch/ökotoxikologisch :
RTECS # GG 3200000;
Schweizer Giftliste : 2
R-Satz : 22
Sonstiges :
TRK-Wert: 0,1 mg/m3 [464];
Wirkt schädigend bei Einatmung oder Verschlucken; verursacht Reizungen; kann allergische
Hautreaktionen auslösen; reizt Schleimhäute und Atemwege [187];
Gesundheitsgefahren bei Überschreitung des TRK-Wertes: Schädigungen der Atemorgane sind nicht
auszuschließen; Kobaltrauche gelten als karzinogen [464];
LD Lo (intravenös, Hund): 16,2 mg/kg [428];
LD 50 (oral, Ratte): 768 mg/kg [187];

- physikalisch/chemisch :
Dichte : 2030 kg/m3 (20 °C)
Schmelzpunkt : 735 °C (Zers.)
Molmasse : 155,00 g/mol + x H(2)O

Löslichkeit :
unlöslich in Ammoniak;

Verbleib nach Gebrauch :
Beseitigung L

Bemerkung :
Rot-braune Kristalle; hygroskopisch;
Unverträglich mit Feuchtigkeit;

Kobaltlithiumoxid

- CAS-Nummer :
12190-79-3
- gebräuchliche Namen :
Cobaltlithiumoxid;

- **Handelsnamen :**

- **Summenformel :**
  $CoLiO_2$
Funktion
  Aktive Masse/Kathode
Batterietyp
  PE
  Lithium-Kobaltlithiumoxid
Anwendungsbereich
  Elektrodenbestandteil
Eigenschaften :
- **toxigologisch/ökotoxikologisch :**
  Sonstiges :
  TRK-Wert: 0,1 mg/m3 [464];
  Gesundheitsgefahren bei Überschreitung des TRK-Wertes:
  Schädigungen der Atemwege sind nicht auszuschließen; Kobaltrauche gelten als karzinogen [464];

- **physikalisch/chemisch :**

Kohlensäurediamid

- **CAS-Nummer :**
  57-13-6
  - **UN Nummer :**
  2811
- **gebräuchliche Namen :**
  Harnstoff; Karbamid; Carbamid; Urea; Carbonyldiamid; Ureum;
- **Handelsnamen :**
  BIK; Purcapolymel; RIA; CS; NC; Ureaphil; Urevert; Varioform II; Aquacare; Aquadrate; Basodexan;
  Hyanit; Keratinamin; Nutroplus; Onychomal; Pastaron; Ureophil; Urepearl; NCI-C 02119;
- **Summenformel :**
  CH_4N_2O
- **Strukturformel**

$$H_2N-CO-NH_2$$

Funktion
  Additiv/Anode
Batterietyp
  SE
  Nickel-Eisen
Anwendungsbereich
  Elektrodenbestandteil
Eigenschaften :
- **toxigologisch/ökotoxikologisch :**
  RTECS # YR 6250000
  Schweizer Giftliste : 5
  R-Satz : 20/21/22-36/37/38-40
  S-Satz : 26-36-22
  Sonstiges :
  WGK 0 (feste Form); WGK 1 (Lösung);
  Ungiftige Substanz. Allenfalls bei Staubentwicklung ist eine Reizung der Augen und der Atemwege sowie
  geringfügig der Haut denkbar; Bei Erhitzung oder Brand entstehen u.a. hochgiftige nitrose Gase.
  Symptome: Bei Staubentwicklung: Brennen der Augen, der Nasen- und Rachenschleimhäute sowie der
  Haut. Bei Erhitzung oder Brand: Husten, Atemnot [484];
  LD Lo (oral, subkutan, intravenös, Hund, Kaninchen): 3000 mg/kg [133];
  LD 50 (oral, Ratte): 14300 mg/kg [187];
  LD Lo (subcutan, Frosch): 600 mg/kg [428];
  LD Lo (intravenös, Kaninchen): 4800 mg/kg [428];
  LD Lo (subcutan, Kaninchen): 3000 mg/kg [428];

LD Lo (intravenös, Hund): 3000 mg/kg [428];
LD Lo (subcutan, Hund): 3000 mg/kg [428];
LD 50 (intratracheal, Ratte): 567 mg/kg [428];
Ratte: 12 g/kg nicht letal [60];
ECo (Pseudomonas putida): >10 g/l [60];
ECo (Scenedesmus quadricauda): >10000 mg/l [134];
LC 50 (Daphnia magna und Goldorfe): >10000 mg/l [484];
Toxische Grenzkonzentration für Scenedesmus quadricauda >10 g/l [404];
(ECo: Hemmung der Zellvermehrung);

- **physikalisch/chemisch :**
  Dampfdruck : 0,000016 hPa (20 °C) [135]
  Siedepunkt : Zersetzung
  Log pOW : - 1,09 [4],[150];
  Brechungsindex : 1,4683 (156 °C)
  Dichte : 1335 kg/m3 (20 °C)
  Schmelzpunkt : 132,1 °C; 133 °C
  Molmasse : 60,055 g/mol

Löslichkeit :
  Wasser 670 g/l (0 °C), 779 g/l (5 °C), 1094 g/l (21 °C), 3146 g/l (70 °C); Ethanol 40 g/l (19,5 °C), 57 g/l (40 °C); löslich in Methanol; wenig löslich in Diethylether, Oxalat; unlöslich in Trichlormethan (Chloroform);

Verbleib nach Gebrauch :
  Beseitigung A

Bemerkung :
  Farb- und geruchlose Prismen; reizend; nicht brennbar [484]; tetragonale Prismen [428];
  Farblose Kristalle; nicht brennbar; fördert jedoch die Verbrennung vieler anderer brennbarer Stoffe [484];
  Bei Erhitzung bis zur Zersetzung bilden sich giftige und ätzende nitrose Gase. Bei Erhitzung wird ätzendes und brennbares Ammoniak(gas) freigesetzt. Die Substanz reagiert mit Hypochlorit, Phosphorpentachlorid und anderen chlorhaltigen Stoffen und bildet das explosive Stickstofftrichlorid. Bei Kontakt mit Oxidationsmitteln erfolgt heftige Reaktion, die zur Entzündung und intensiven Verbrennung führen kann [484];
  Verwendung: In der Fotoindustrie als Entwicklerzusatz zur Erhöhung der Entwicklungsgeschwindigkeit;

Kohlenstoff (amorph)

- **CAS-Nummer :**
  7440-44-0
  - **UN Nummer :**
  1362
- **gebräuchliche Namen :**
  Ruß; Carbon black; Aktivkohle; Holzkohle; Graphit; Grafit; Holzkohle, aktiviert; Kohle, aktiviert;
- **Handelsnamen :**
  Clarocarbon; Norit A Supra; Aktivkohle Darco; Acetogen-Ruß, BLE 50 (50 %); Flexone 7-S (50 %);
- **Summenformel :**
  C_n
Funktion
  PE
  (c)Reaktionsprodukt
  SE
  (b)Additiv/Elektrodengitter
  (c)Produktionshilfsmittel/Kathode;
  (d)Produktionshilfsmittel/Elektrolyt;
  sonst:Leitmittel, Ableiter
Batterietyp
  PE
  (a)Li-Thionylchlorid
  (b)Li-Mangandioxid
  (c)Li-Poly-Kohlenstoffmonofluorid

    (d)Zn-Kohle/
    e)Alkali-Mangan
    (f)Zn-Quecksilberoxid
    (g)Li-Schwefeldioxid
    (h)Li-Sulfurylchlorid
    (i)Li-Silberchromat
    SE
    (a)Ni-Cadmium
    (b)Li-Schwefeldioxid
    (c)Li-Vanadiumoxid
    (d)Na-Schwefel
Anwendungsbereich
    Elektrodenbestandteil
    SE
    (c),(d)Produktion
Eigenschaften :
- toxigologisch/ökotoxikologisch :
    RTECS # FF 5250100
    WGK : 0
    MAK Wert : 6 mg/m3 (gemessen als Feinstaub);
    R-Satz : 36/37/38
    S-Satz : 26-36
    Sonstiges :
    vgl. Abschn. V f) und g); Schwangerschaftsgruppe C [481];
    Die Stäube reizen die Augen und oberen Atemwege [484];

- physikalisch/chemisch :
    Dampfdruck : 1,33 hPa (3586 °C) [484]
    Siedepunkt : 4827 °C
    Dichte : 1800-2100 kg/m3 (20 °C)
    Schmelzpunkt : 3652-3697 °C (Subl.)
    Molmasse : 12,011 g/mol

Löslichkeit :
    unlöslich in Wasser, Laugen, Säuren;

Verbleib nach Gebrauch :
    Beseitigung O

Bemerkung :
    Schwarzes Pulver, brennbar;
    der Stoff reagiert bei Kontakt oder Mischung mit Oxidationsmitteln [484];

Kupfer

- CAS-Nummer :
    7440-50-8
- gebräuchliche Namen :
    C.I. Pigment Metal 2;
- Handelsnamen :

- Summenformel :
    Cu
Funktion
    PE
    (a)Stromsammler/Kathode;
    (e),(f)Reaktionsprodukt
    (b)Katalysator/Kathode;
    (c),(d)Gehäusematerial
    SE
    (a)Additiv/Anode;
    (b)Stützmaterial/Anode

(c)Additiv/Elektrodengitter
(d)Ausgangsstoff/Kathode; Stromsammler
Batterietyp
    PE
    (a)Aluminium-Luft (Meerwasserbatterie)
    (b)Zink-Luft
    (c)Alkali-Mangan
    (d)Zink-Silberoxid
    (e)Lithium-Kupferoxid
    (f)Lithium-Kupfersulfid
    SE
    (a)Nickel-Zink
    (b)Nickel-Cadmium
    (c)Blei
    (d)Li-Kupfermolybdänsulfid
Anwendungsbereich
    PE
    Gehäusebestandteil
    SE
    Elektrodenbestandteil
    (d)Produktion
Eigenschaften :
- toxigologisch/ökotoxikologisch :
    RTECS # GL 5325000; IMK: I (Rauch);
    MAK Wert : 1 mg/m3 (gemessen als Gesamtstaub); Rauch: 0,1 mg/m3 (gemessen als Feinstaub)
    S-Satz : 22
    Sonstiges :
    Spitzenbegrenzung: II,1 [481];
    Wirkt schädigend bei Einatmung oder Verschlucken; kann Augen- und Hautreizungen verursachen; reizt
    Schleimhäute und Atemwege [187];
    Kupfer an sich besitzt eine geringe Toxizität, lösliche Kupfersalze sind jedoch starke Reizmittel für Augen
    und Schleimhaut [201];
    Gesundheitsgefahren bei Überschreitung des MAK-Wertes:
    Kupfer und kupferhaltige Legierungen können Metallfieber (Gießfieber) verursachen; kurzdauernder
    Fieberzustand mit einer gewissen Mattigkeit und einem Reizzustand der Atemwege; Erholung ohne
    Nachwirkungen, keine Dauerschädigungnen [464];
    LD Lo (oral, Mensch): 120 ug/kg [428]

- physikalisch/chemisch :
    Siedepunkt : 2567 °C
    Dichte : 8920 kg/m3 (20 °C)
    Schmelzpunkt : 1083,4 °C
    Molmasse : 63,546 g/mol
    Verdampfungswärme : 75,5 J/mol

Löslichkeit :
    unlöslich in Wasser; löslich in Salpetersäure, heißer Schwefelsäure; löslich in Ammoniak-Lsg.; wenig
    löslich in Salzsäure;

Bemerkung :
    EMK (Cu+/Cu)=0,521 V; EMK (Cu2+/Cu)=0,337 V;

Verbleib nach Gebrauch :
    Beseitigung R

Bemerkung :
    Rot-brauner granulierter, entflammbarer Feststoff (als Pulver);
    Wird an der Luft blind, matt; Bildung eines grünen Carbonatüberzuges;
    Verwendung: Für die Herstellung von Legierungen, Messing, Munition, für elektrische Leiter, Kunstwerke;
    Gelöst und ungelöst Abwassergrenzwert: 1 mg/l [39];

Konzentration im Rhein (deutsch-niederländische Grenze): 1700 t/a (1973), 680 t/a (1985) [424];

Kupfer(I)-chlorid

- CAS-Nummer :
  7758-89-6
  - UN Nummer :
  2802
- gebräuchliche Namen :
  Kupferchlorid; Kupferchloruer;
- Handelsnamen :

- Summenformel :
  CuCl
Funktion
  Kathodenmaterial
Batterietyp
  PE
  Meerwasserbatterie
Anwendungsbereich
  Elektrodenbestandteil
Eigenschaften :
- toxigologisch/ökotoxikologisch :
  RTECS # GL 6990000
  Schweizer Giftliste : 3
  WGK : 2
  R-Satz : 22
  S-Satz : (2)-22
  Sonstiges :
  Wirkt schädigend bei Einatmung oder Verschlucken; verursacht Augen- und Hautreizungen; reizt
  Schleimhäute und Atemwege; abhängig von der Dauer und Intensität des Ausgesetztseins können die
  Wirkungen zwischen leichten Reizungen und schweren Gewebezerstörungen variieren [187];
  LD 50 (oral, Ratte): 140 mg/kg [187];

Gefahren-Symbol :

- physikalisch/chemisch :
  Dampfdruck : 1,733 hPa (546 °C) [187]
  Siedepunkt : 1490 °C
  Dichte : 4140 kg/m3 (25 °C)
  Schmelzpunkt : 430 °C
  Molmasse : 98,99 g/mol

Löslichkeit :
  wenig löslich in Wasser; löslich in Salzsäure, Diethylether; unlöslich in Ethanol; Aceton;

Verbleib nach Gebrauch :
  Beseitigung O

Bemerkung :
  Graues Pulver; feuchtigkeitsempfindlich;
  Verwendung: Als Katalysator in org. Reaktionen als Entfärber und Entschwefelungsagens in der
  Petrolindustrie;

Kupfer(II)-acetat

- CAS-Nummer :
   142-71-2
- Handelsnamen :

- Summenformel :
   $C_4H_6CuO_4$
- Strukturformel

Funktion
   Additiv/Kathode
Batterietyp
   PE
   Meerwasserbatterie
Anwendungsbereich
   Elektrodenbestandteil
Eigenschaften :
- **toxigologisch/ökotoxikologisch :**
   RTECS # AG 3500000
   Schweizer Giftliste : 3
   WGK : 2
   R-Satz : 20/21/22
   Sonstiges :
   LC 50 (Fisch; Pimephales promelas, 48 h): 0,42 mg/l [306];
   LC 50 (Fisch; Pimephales promelas, 96 h): 0,39 mg/l [306];

   Gefahren-Symbol :

- **physikalisch/chemisch :**
   Siedepunkt : 240 °C (Zers.)
   Dichte : 1930 kg/m3 (20 °C)
   Schmelzpunkt : 115 °C
   Molmasse : 181,63 g/mol

Löslichkeit :
   Methanol 4,8 g/l (15 °C); leicht löslich in Wasser, Ethanol; löslich in Diethylether;

Bemerkung :
   Blaue Kristalle; Monohydrat: dunkelgrüne Kristalle;
   Kupfer(II)-acetat-1-hydrat, CAS-Nr.: 6046-93-1;
   Verwendung: Zwischenprodukt bei der Herstellung von -> Pariser Grün; als Fungizid; als Katalysator in
   org. Reaktionen; in Textilfarbstoffen; als Pigment für Keramik;

Kupfer(II)-chlorid

- CAS-Nummer :
   7447-39-4
- gebräuchliche Namen :
   Cuprichlorid;
- Handelsnamen :

- **Summenformel :**
  $CuCl_2$
Funktion
  Produktionshilfsmittel/Polymerelektrode
Anwendungsbereich
  Produktion
Eigenschaften :
- **toxigologisch/ökotoxikologisch :**
  RTECS # GL 7000000
  Schweizer Giftliste : 3
  WGK : 2
  R-Satz : 23/24/25-36
  S-Satz : 23-24/25-44
  Sonstiges :
  Wirkt schädigend bei Einatmung und Verschlucken; verursacht Haut- und Augenreizungen; reizt
  Schleimhäute und Atemwege; abhängig von der Intensität und Dauer des Ausgesetztseins variieren die
  Folgen zwischen leichten Reizungen und schweren Schädigungen [187];
  LD 50 (oral, Ratte): 140 mg/kg [187];
  Toxische Grenzkonzentration für Daphnia magna 0,08 mg/l [389];

Gefahren-Symbol :

- **physikalisch/chemisch :**
  Siedepunkt : 993 °C (*)
  Dichte : 3386 kg/m3 (25 °C)
  Schmelzpunkt : 620 °C
  Molmasse : 134,45 g/mol

Löslichkeit :
  Wasser 706 g/l (0 °C), 1079 g/l (100 °C); Ethanol 530 g/l (15 °C), Methanol 680 g/l (15 °C); löslich
  in heißer Schwefelsäure;

Bemerkung :
  (*): zersetzt sich zu Kupfer(I)-chlorid

Verbleib nach Gebrauch :
  Beseitigung L

Bemerkung :
  Grüne, nadelförmige Kristalle;
  Verwendung: als Katalysator für organische und anorganische Reaktionen; in der Ölindustrie zur
  Entschwefelung und Reinigung; als Oxidationsmittel für Anilinfarbstoffe; in der Fotoindustrie als Fixierer
  im Ätzbleichbad, als Desensibilisator; als Beize für Farbstoffe;

Kupfer(I)-iodid

- **CAS-Nummer :**
  7681-65-4
- **Handelsnamen :**
  Hydro-Giene;
- **Summenformel :**
  CuI
Funktion
  Additiv/Kathode
Batterietyp
  PE
  Meerwasserbatterie

Anwendungsbereich
Elektrodenbestandteil
Eigenschaften :
- **toxigologisch/ökotoxikologisch :**
    R-Satz : 22
    S-Satz : 24
    Sonstiges :
    Wirkt schädigend bei Einatmung oder Verschlucken; verursacht Augen- und Hautreizungen; reizt
    Atemwege und Schleimhäute [187];

- **physikalisch/chemisch :**
    Dampfdruck : 13,33 hPa (656 °C) [187]
    Siedepunkt : 1290 °C
    Brechungsindex : 2,345 (20 °C)
    Dichte : 5620 kg/m3 (20 °C)
    Schmelzpunkt : 605 °C
    Molmasse : 190,44 g/mol

Löslichkeit :
    unlöslich in Wasser, verdünnten Säuren, Ethanol; löslich in wäßrigen Ammoniaklösungen, Alkalicyaniden,
    Thiosulfaten, Iodiden, verdünntem Natriumhydroxid, heißer konz. Salzsäure, Kaliumiodid, Kaliumcyanid;
    leicht löslich in flüßigem Ammoniak;

Verbleib nach Gebrauch :
    Beseitigung O

Bemerkung :
    Braun-graues Pulver; Kommt in der Natur als Marashit vor;
    Unverträglich mit Oxidationsmitteln und Alkalimetallen; reagiert heftig mit Kalium; Zersetzung unter
    Lichteinwirkung möglich;
    Verwendung: als Katalysator bei org. Reaktionen; als Auskleidung in Kathoden-Strahlröhren; als Iodquelle
    in Tiernahrung; als Bakterizid;
    mit HgI(2) als Temperaturindikator;

Kupfer(II)-oxid

- **CAS-Nummer :**
    1317-38-0
- **gebräuchliche Namen :**
    Kupferoxid; C.I. Pigment Black 15; Kupfermonoxid;
- **Handelsnamen :**
    Tenorit;
- **Summenformel :**
    CuO
Funktion
    PE
    (a)Aktive Masse/Kathode
    (b)Katalysator/Kathode
Batterietyp
    PE
    (a)Lithium-Kupferoxid
    (b)Zink-Luft
Anwendungsbereich
    Elektrodenbestandteil
Eigenschaften :
- **toxigologisch/ökotoxikologisch :**
    RTECS # GL 8050000
    Schweizer Giftliste : 4
    WGK : 2
    R-Satz : 20/21
    S-Satz : 23

Sonstiges :
Wirkt schädigend bei Einatmung oder Verschlucken; verursacht Haut- und Augenreizungen; reizt
Schleimhäute und Atemwege [187];
LD 50 (intravenös, Ratte): 278 mg/kg [428];

Gefahren-Symbol :

- physikalisch/chemisch :
Dichte : 6315 kg/m3 (14 °C)
Schmelzpunkt : 1326 °C
Molmasse : 79,55 g/mol

Löslichkeit :
unlöslich in Wasser; löslich in Säuren, Ammoniumchlorid, Kaliumcyanid;

Verbleib nach Gebrauch :
Beseitigung O

Bemerkung :
Schwarzes bis braun-schwarzes amorphes oder kristallines Pulver oder Granulate;
Unverträglich mit Reduktionsmitteln, Schwefelwasserstoffgas, Aluminium, Laugen und Metallen;
Verwendung: als Pigment in Keramiken, Glas; in de Herstellung von Kunstseide, anderen
Kupferverbindungen; als Flußmittel in der Kupfermetallurgie; als Katalysator in organischen Reaktionen; in
nichtfaulenden Farben;

Kupfer(II)-sulfat

- CAS-Nummer :
7758-98-7
- UN Nummer :
2775; 2776
- Handelsnamen :

- Summenformel :
$CuSO_4$
Funktion
Additiv/Kathode
Batterietyp
PE
Meerwasserbatterie
Anwendungsbereich
Elektrodenbestandteil
Eigenschaften :
- toxigologisch/ökotoxikologisch :
RTECS # GL 8800000
Schweizer Giftliste : 3
WGK : 2
R-Satz : 22-36/38
S-Satz : (2)-22
Sonstiges :
Wirkt schädigend bei Einatmung oder Verschlucken; verursacht Haut- und schwere Augenreizungen; reizt
Schleimhäute und Atemwege [187];
Tödliche Dosis ab 8 g [39];
LD Lo (oral, Mann): 857 mg/kg [482];
LD Lo (oral, Mensch): 50 mg/kg [428];
TD Lo (oral, Kind): 150 mg/kg [428];
LD 50 (intraperitonal, Ratte): 20 mg/kg [428];

LD 50 (oral, Maus): 369 mg/kg [428];
LD 50 (oral, Ratte): 300 mg/kg [54], [187];
Toxische Grenzkonzentration für Daphnia magna 0,096 mg/l [389];
Toxische Grenzkonzentration für Scenedesmus quadricauda 1,1 mg/l [404];

Gefahren-Symbol :

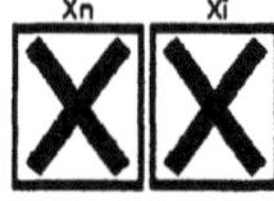

- physikalisch/chemisch :
    Siedepunkt : 650 °C (zers.)
    Dichte : 3603 kg/m3 (20 °C)
    Schmelzpunkt : 200 °C
    Molmasse : 159,60 g/mol

Löslichkeit :
    Wasser 143 g/l (0 °C), 754 g/l (100 °C); Methanol 10,4 g/l (18 °C); unlöslich in Ethanol;

Verbleib nach Gebrauch :
    Beseitigung L

Bemerkung :
    Hellgraues Pulver;

Kupfer(II)-sulfid

- CAS-Nummer :
    1317-40-4
- gebräuchliche Namen :
    Corellit; Kupferblau; Kupfermonosulfid; Pigment Blau 24; Pigment Blue 24;
- Handelsnamen :

- Summenformel :
    CuS
Funktion
    PE
    Aktive Masse/Kathode
    SE
    Aktive Masse/Kathode
Batterietyp
    PE
    Lithium-Kupfersulfid
    SE
    Lithium-Kupfersulfid
Anwendungsbereich
    PE + SE
    Elektrodenbestandteil
Eigenschaften :
- toxigologisch/ökotoxikologisch :
    RTECS # GL 8912000

- physikalisch/chemisch :
    Siedepunkt : 220 °C (Zers.)
    Dichte : 4600 kg/m3
    Molmasse : 95,61 g/mol

Löslichkeit :
    Wasser 0,00033 g/l (18 °C); unlöslich in Ethanol, Laugen; löslich in Salpetersäure, Kaliumcyanid, Ammoniaklösung;

Verbleib nach Gebrauch :
Beseitigung

Bemerkung :
Schwarze monokline oder hexagonale Kristalle;
Oxidiert zu CuSO(4) an feuchter Luft;
Verwendung: Antifäulnisfarben;

Kupfer(I)-sulfid

- CAS-Nummer :
22205-45-4
- gebräuchliche Namen :
Kupfersulfid;
- Handelsnamen :

- Summenformel :
Cu_2S
Funktion
Reaktionsprodukt/Aktive Masse (*)

(*) Zellreaktion läuft in zwei Schritten ab mit Cu(2)S als Zwischen-
produkt
Batterietyp
PE
Lithium-Kupfersulfid
Anwendungsbereich
Elektrodenbestandteil
Eigenschaften :
- toxigologisch/ökotoxikologisch :
RTECS # GL 8910000
R-Satz : 40-20/21/22
S-Satz : 22-45-36/37/39-7

- physikalisch/chemisch :
Dichte : 5600 kg/m3 (20 °C)
Schmelzpunkt : 1100 °C
Molmasse : 159,14 g/mol

Löslichkeit :
unlöslich in Propanon (Aceton); Wasser; Essigsäure; schwach löslich in Salzsäure; Salpetersäure;
Schwefelsäure; teilweise löslich in Ammoniaklösung;

Verbleib nach Gebrauch :
Beseitigung O

Bemerkung :
Blaues bis grau-schwarzes glänzendes Pulver, Granulate oder orthorombische Kristalle;
Kommt in der Natur als das Mineral Chalkozit bzw. Kupferglanz vor
Verwendung: als Katalysator; in Leuchtfarben; in Elektroden für Temperaturfühler, Termoelemente; in der
Zubereitung von CuSO(4); in Starrschmier-Verbindungen; nichtstöchiometrische Verbindung;

Lithium

- CAS-Nummer :
7439-93-2
- Handelsnamen :

- Summenformel :
  Li
Funktion
  Aktive Masse/Anode
Batterietyp
  PE
  alle Lithiumbatterien
  SE
  alle Lithiumbatterien
Anwendungsbereich
  Elektrodenbestandteil
Eigenschaften :
- toxigologisch/ökotoxikologisch :
  RTECS # OJ 5440000
  R-Satz : 14/15-34
  S-Satz : (1/2)-8-43-45
  Sonstiges :
  Substanz führt zu Verätzung der Haut, Augen und Schleimhäute; besonders die Augen sind stark
  gefährdet; Gefahr der Erblindung; Dämpfe, die bei Brand entstehen, wirken stark reizend; Giftigkeit von
  Lithium selbst spielt gegenüber der ätzenden Wirkung von Lithiumhydroxid, welches sich bei Kontakt mit
  Wasser (feuchte Schleimhäute) bildet, keine Rolle [163];

Gefahren-Symbol :

- physikalisch/chemisch :
  Dampfdruck : 1 hPa (723 °C) [163]
  Siedepunkt : 1330 °C
  Schmelzpunkt : 179 °C
  Molmasse : 6,94 g/mol

Löslichkeit :
  löslich in flüssigem Ammoniak, Methylaminen, Amylaminen;

Verbleib nach Gebrauch :
  Beseitigung G

Bemerkung :
  Silverweißes, weiches Metall;
  färbt sich an feuchter Luft durch Oxidation zunächst gelb, dann grau; brennbar;
  Fernzuhalten von jeder Feuchtigkeit; unverträglich mit Eisen, Phosphor, Eisensalzen, Schwefel,
  Sauerstoff, Nickel und seinen Legierungen; Bei hohen Temperaturen tritt eine heftige Reaktion bei Kontakt
  mit Feuchtigkeit und allen Stoffen, die leicht Wasser abgeben, ein; Lithium-Metall reagiert heftig bei
  Kontakt mit Alkohol und verdünnten Säuren;
  Verwendung: in der Herstellung von Legierungen, besonders Lithium-gehärteter Babbitmetallen; für
  Katalysatoren in der Polyolefin-Kunststoff- Industrie, in Brennstoffen für Flugzeuge und Raketen;

Lithiumborhydrid

- CAS-Nummer :
  16949-15-8
- gebräuchliche Namen :
  Lithiumboranat; Lithiumtetrahydridobarat;
- Handelsnamen :

- Summenformel :
  $Li_2B_4O_7$

Funktion
   Additiv/Elektrolyt
Batterietyp
   PE
   Lithium-Thionylchlorid
Anwendungsbereich
   Elektrolytbestandteil
Eigenschaften :
- toxigologisch/ökotoxikologisch :
   RTECS # OJ 6427000
   R-Satz : 11-14/15-23/24/25-34-43
   S-Satz : 7/8-36/37/39-43-44

   Gefahren-Symbol :

- physikalisch/chemisch :
   Dichte : 666 kg/m3
   Schmelzpunkt : 280°C
   Molmasse : 21,78 g/mol

Verbleib nach Gebrauch :
   Beseitigung K

Bemerkung :
   Merk Index: M, 5602

Lithiumbromid

- CAS-Nummer :
   7550-35-8
- Handelsnamen :

- Summenformel :
   LiBr
Funktion
   PE
   Leitsalz/Elektrolyt
   SE
   (a)Leitsalz/Elektrolyt;
   (b)Produktionshilfsmittel/Kathode
Batterietyp
   PE
   Lithium-Schwefeldioxid
   SE
   (a)Lithium-Polyacetylen
   (b)Lithium-Mangandioxid
Anwendungsbereich
   PE + SE
   (a):Elektrolytbestandteil
   SE
   (b)Produktion
Eigenschaften :
- toxigologisch/ökotoxikologisch :
   RTECS # OJ 5755000;
   Schweizer Giftliste : 3
   WGK : 1

Sonstiges :
Kann schädigend wirken bei Einatmung, Verschlucken oder Aufnahme über Haut; kann Augen- und
Hautreizungen verursachen; Hohe Dosen von Lithiumverbindungen verursachen Schwindel und Erschöpf-
ung und können Nierenschäden zur Folge haben, falls die Natriumaufnahme begrenzt ist; Hautkontakt mit
wasserfreien Stoff kann zu Wasserentziehung führen mit anschließenden lokalen Verbrennungen; anorg.
Bromid kann zu Hautausschlag führen, besonders des Gesichts; Überdosierung kann Depressionen
bedingen [187];

- physikalisch/chemisch :
    Brechungsindex : 1,784 (20 °C)
    Dichte : 3464 kg/m3 (20 °C)
    Schmelzpunkt : 550 °C
    Molmasse : 86,85 g/mol

Löslichkeit :
    Wasser 1450 g/l (4 °C), 2540 g/l (90 °C); Ethanol 730 g/l (40 °C); löslich in Glykol, Amylalkohol,
    Diethylether, Methanol, Pyridin;

Verbleib nach Gebrauch :
    Beseitigung N

Bemerkung :
    Weißes Pulver;
    Wasserfreies Lithium ist sehr hygroskopisch;
    Verwendung: in Klimaanlagen; in der Medizin als Beruhigungsmittel;

Lithiumcarbonat

- CAS-Nummer :
    554-13-2
- gebräuchliche Namen :
    Karbonsäure Lithiumsalz; Lithonat;
- Handelsnamen :
    Camcolit; Carbolith; Eskalith; Hypnorex; Limas; Liskonum; Lithob id; Lithotabs; Phasal; Plenur; Priadel;
- Summenformel :
    CLi_2O_3
Funktion
    PE
    Separatorbestandteil
    SE
    (a),(b),(c)Produktionshilfsmittel/Kathode
Batterietyp
    PE
    Lithium-Thionylchlorid
    SE
    (a)Lithium-Mangandioxid
    (b)Lithium-Vanadiumoxid
    (c)Lithium-Lithiumkobaltoxid
Anwendungsbereich
    PE
    Gehäusebestandteil
    SE
    (a),(b),(c)Produktion
Eigenschaften :
- toxigologisch/ökotoxikologisch :
    RTECS # OJ 5800000
    Schweizer Giftliste : 3
    R-Satz : 20/21-36/37/38
    S-Satz : 24/25

Sonstiges :
Wirkt schädigend bei Einatmung, Verschlucken oder Aufnahme über Haut; wirkt extrem zerstörerisch auf
das Gewebe der Schleimhäute und Atemwege, Augen und Haut; Einatmung kann tödliche Folgen haben
[187];
LD 50 (oral, Ratte): 525 mg/kg [428];
LD 50 (oral, Maus): 531 mg/kg [428];
LD 50 (intravenös, Ratte): 241 mg/kg [428];
LD 50 (intravenös, Maus): 497 mg/kg [428];
LD 50 (intraperitoneal, Ratte): 156 mg/kg [428];

Gefahren-Symbol :

- physikalisch/chemisch :
Dichte : 2110 kg/m3 (20 °C)
Schmelzpunkt : 618 °C
Molmasse : 73,89 g/mol

Verbleib nach Gebrauch :
Beseitigung N

Bemerkung :
Weißes, helles Pulver;
Unverträglich mit starken Oxidationsmitteln und starken Säuren;
Verwendung: in der Herstellung von Glasuren auf Keramiken;

Lithiumchlorid

- CAS-Nummer :
7447-41-8
- Handelsnamen :

- Summenformel :
LiCl
Funktion
PE
(a)Additiv/Elektrolyt
(b)Reaktionsprodukt
SE
Leitsalz/Elektrolyt
Batterietyp
PE
(a)Lithium-Thionylchlorid
(b)Lithium-Eisensulfid
SE
Lithium-Eisensulfid
Anwendungsbereich
PE
(a) + SE:Elektrolytbestandteil
Eigenschaften :
- toxigologisch/ökotoxikologisch :
RTECS # OJ 5950000
Schweizer Giftliste : 3
R-Satz : 22
S-Satz : 24
Sonstiges :
Ätzstoff; Kann schädigend wirken bei Einatmung, Verschlucken oder Aufnahme über Haut; verursacht
Augen- und Hautreizungen; reizt Schleimhäute und Atemwege [187];

456

Aufnahme und schädliche Mengen: innerlich 8 g giftig [30];
LD Lo (oral, Mensch, 3 Tage): 200 mg/kg [187];
LD 50 (oral, Ratte): 526 mg/kg [187];

Gefahren-Symbol :

- physikalisch/chemisch :
 Siedepunkt : 1380 °C
 Dichte : 2065 kg/m3 (20 °C)
 Schmelzpunkt : 614 °C
 Molmasse : 42,392 g/mol

Löslichkeit :
 Wasser 637 g/l (0 °C), 1300 g/l (95 °C); Ethanol 251 g/l (30 °C); Methanol 423,6 g/l (25 °C);
 Propanon (Aceton) 41,1 g/l (25 °C);

Verbleib nach Gebrauch :
 Beseitigung N

Bemerkung :
 Weißes Pulver; hygroskopisch;
 Verwendung: in der Fotoindustrie in Entwicklerbädern;

Lithiumfluorid

- CAS-Nummer :
 7789-24-4
- Handelsnamen :

- Summenformel :
 LiF
Funktion
 Reaktionsprodukt
Batterietyp
 PE
 Lithium-Poly-Kohlenstoffmonofluorid
Eigenschaften :
- toxigologisch/ökotoxikologisch :
 RTECS # OJ 6125000;
 Schweizer Giftliste : 3
 WGK : 2
 R-Satz : 23/24/25
 S-Satz : 1/2-26-44
 Sonstiges :
 Kann schädigend wirken bei Einatmung, Verschlucken oder Aufnahme über Haut; kann Reizungen
 verursachen [187];
 LD Lo (oral, Meerschweinchen): 200 mg/kg [428];
 LD Lo (subcutan, Frosch): 280 mg/kg [428];

Gefahren-Symbol :

- **physikalisch/chemisch :**
    Siedepunkt : 1676 °C
    Dichte : 2635 kg/m3 (20 °C)
    Schmelzpunkt : 845 °C
    Molmasse : 25,94 g/mol

Löslichkeit :
    Wasser 2,7 g/l (18 °C), 1,3 g/l (25 °C); unlöslich in Ethanol; löslich in Flußsäure;

Verbleib nach Gebrauch :
    Beseitigung F

Bemerkung :
    Weiße Kristalle;
    Unverträglich mit starken Oxidationsmitteln und starken Säuren;
    Verwendung: als Flußmittel für Lötaluminium und Schweißaluminium; in der Herstellung von Emaillen und
    Glasuren; als Prisma in Infrarotspektroskopie;

Lithiumhexafluoroarsenat

- **CAS-Nummer :**
    29935-35-1
- **Handelsnamen :**

- **Summenformel :**
    $LiAsF_6$
Funktion
    Leitsalz/Elektrolyt
Batterietyp
    PE
    (a)Lithium-Schwefeldioxid
    (b)Lithium-Vanadiumoxid
    (c)Lithium-Vanadiumpentoxid
    (d)Lithium-Poly-Kohlenstoffmonofluorid
    SE
    (a)Li-Mangandioxid
    (b)Li-Polyacetylen
    (c)Lithium-Vanadiumoxid
    (d)Li-Schwefeldioxid
    (e)Li-Titandisulfid
    (f)Li-Polyanilin
Anwendungsbereich
    Elektrolytbestandteil
Eigenschaften :
- **toxigologisch/ökotoxikologisch :**

- **physikalisch/chemisch :**
    Molmasse : 195,85 g/mol

Verbleib nach Gebrauch :
    Beseitigung O

Lithiumhexafluorophosphat

- **CAS-Nummer :**
    21324-40-3
- **Handelsnamen :**

458

- Summenformel :
LiPF$_6$
Funktion
Leitsalz/Elektrolyt
Batterietyp
SE
(a)Lithium-Mangandioxid
(b)Lithium-Vanadiumoxid
(c)Lithium-Polyanilin
Anwendungsbereich
Elektrolytbestandteil
Eigenschaften :
- toxigologisch/ökotoxikologisch :
R-Satz : 20/21
S-Satz : 23
Sonstiges :
Kann schädigend wirken bei Einatmung, Verschlucken oder Aufnahme über Haut; verursacht Augen- und Hautreizungen; reizt Schleimhäute und Atemwege [187];

Gefahren-Symbol :

- physikalisch/chemisch :
Molmasse : 151,91 g/mol

Verbleib nach Gebrauch :
Beseitigung O

Bemerkung :
Weißes Pulver;
Unverträglich mit starken Oxidationsmitteln und starken Säuren;

Lithiumhydroxid

- CAS-Nummer :
1310-65-2
- gebräuchliche Namen :
Lithiumhydrat;
- Handelsnamen :

- Summenformel :
LiOH
Funktion
PE
(a),(b)Additiv/Elektrolyt
(c)Produktionshilfsmittel/Kathode
SE
(a)Additiv/Elektrolyt;
(b)Produktionshilfsmittel/Kathode
(c)Ausgangsstoff/Kathode;
(d)Leitsalz/Elektrolyt
Batterietyp
PE
(a)Alkali-Mangan
(b)Lithium-Bleijodid
(c)Zink-Luft
SE
(a)Nickel-Cadmium

(b)Lithium-Mangandioxid
(c)Lithium-Vanadiumoxid
/(d)Nickel-Hydrid
Anwendungsbereich
PE
(a) + SE(a),(c):Elektrolytbestandteil
PE
(c) + SE(b):Produktion
Eigenschaften :
- toxigologisch/ökotoxikologisch :
Schweizer Giftliste : 2
WGK : 2
R-Satz : 35
S-Satz : 2-26-37/39
Sonstiges :
Staub reizt stark und schädigt die Schleimhäute der Augen, Atemwege, Lunge sowie Haut; Lungenödem
möglich (kann mit einer Verzögerung von bis zu 2 Tagen auftreten); Kontakt mit dem festen Stoff, der
zerfließenden Masse oder der wäßrigen, auch verdünnten Lösung verursacht sehr starke Reizung und
Verätzung der Augen (Hornhautschäden) sowie der Haut; Aufnahme des Stoffes kann zu Störungen der
Funktionen des Nerven systems, des Herzen und der Nieren führen (*) [163];
(*): Angaben für Lithiumhydroxid Monohydrat

Gefahren-Symbol :

- physikalisch/chemisch :
Siedepunkt : 924 °C (zers.)
Dichte : 1460 kg/m3 (20 °C) (*)
Schmelzpunkt : 450 °C (*)
Molmasse : 23,95 g/mol

Löslichkeit :
Wasser 128 g/l (20 °C), 175 g/l (100 °C); wenig löslich in Ethanol;

Bemerkung :
(*): Schmp.: 680° C wird auch angegeben;
(**): Dichte: 2540 kg/m3 (19° C) wird auch angegeben

(*): Schmp.: 680° C wird auch angegeben;
(**): Dichte: 2540 kg/3 (19° C) wird auch angegeben

Bemerkung :
Farblose, hygroskopische Kristalle oder poröses Granulat;
ätzend; Nimmt schnell CO(2) und Wasser aus der Luft auf; Stoff ist eine starke Base; reagiert heftig bei
Kontakt oder Mischung mit Säuren;
Verwendung: in fotografischen Entwicklern; in alkalischen Akkumulatoren; in der Zubereitung von anderen
Lithiumsalzen, bei denen der Gebrauch von Karbonaten nicht praktisch ist; als Katalysator in der
Herstellung von Alkydharzen, Veresterungen; in der Herstellung von Lithiumseifen, Schmieren und
Sulfonaten;

Lithiumiodid

- CAS-Nummer :
10377-51-2
- gebräuchliche Namen :
Lithiumjodid;
- Handelsnamen :

- Summenformel :
   LiI
Funktion
   PE
   (a),(b)Festelektrolyt
   SE
   Produktionshilfsmittel/Kathode
Batterietyp
   PE
   (a)Lithium-Jodid
   (b)Lithium-Bleijodid
   SE
   (a)Lithium-Mangandioxid
Anwendungsbereich
   PE
   Elektrolytbestandteil
   SE
   Produktion
Eigenschaften :
- toxigologisch/ökotoxikologisch :
   Schweizer Giftliste : 3
   WGK : 1
   R-Satz : 20/21/22
   S-Satz : 36

- physikalisch/chemisch :
   Siedepunkt : 1180 ± 10 °C
   Dichte : 3490 kg/m3 (20 °C)
   Schmelzpunkt : 446 °C
   Molmasse : 133,84 g/mol

Löslichkeit :
   Wasser 1650 g/l (20 °C), 4330 g/l (80 °C); Ethanol 2508 g/l (20 °C); Propanon (Aceton) 426 (18
   °C); Methanol 3434 (20 °C); leicht löslich in Ammoniaklösung;

Verbleib nach Gebrauch :
   Beseitigung N

Bemerkung :
   Weiß; hygroskopisch; kubisch; lichtempfindlich;

Lithiummangan(III,IV)-oxid

- CAS-Nummer :
   12057-17-9
- gebräuchliche Namen :
   Lithiummanganoxid;
- Handelsnamen :

- Summenformel :
   $LiMn_2O_4$
Funktion
   Aktive Masse/Kathode
Batterietyp
   SE
   Lithium-Lithiummanganoxid
Anwendungsbereich
   Elektrodenbestandteil
Eigenschaften :
- toxigologisch/ökotoxikologisch :

- physikalisch/chemisch :

Lithiummetaborat

- CAS-Nummer :
   13453-69-5
- gebräuchliche Namen :
   Lithiumborat;
- Handelsnamen :

- Summenformel :
   $LiBO_2$
Funktion
   Additiv/Elektrolyt
Batterietyp
   PE
   Lithium-Thionylchlorid
Anwendungsbereich
   Elektrolytbestandteil
Eigenschaften :
- toxigologisch/ökotoxikologisch :
   R-Satz : 20/21/22
   S-Satz : 26-36-37/39

- physikalisch/chemisch :
   Dichte : 1397 kg/m3 (20 °C)
   Schmelzpunkt : 845 °C
   Molmasse : 49,75 g/mol

Löslichkeit :
   Wasser 25,7 g/l (20 °C), 118,3 (80 °C);

Verbleib nach Gebrauch :
   Beseitigung N

Bemerkung :
   Weiße trikline Kristalle;
   Schädlich in Nahrungsmitteln;

Lithiumnitrat

- CAS-Nummer :
   7790-69-4
- Handelsnamen :

- Summenformel :
   $LiNO_3$
Funktion
   Produktionshilfsmittel/Kathode
Batterietyp
   SE
   Lithium-Mangandioxid
Anwendungsbereich
   Produktion
Eigenschaften :
- toxigologisch/ökotoxikologisch :
   RTECS # QU 9200000
   Schweizer Giftliste : 3
   R-Satz : 8

S-Satz : 17
Sonstiges :
Kann schädigend wirken bei Einatmung, Verschlucken oder Aufnahme über Haut; verursacht Augen- und
Hautreizungen; reizt Schleimhäute und Atemwege [187];

Gefahren-Symbol :

- physikalisch/chemisch :
    Siedepunkt : 600 °C (Zers.)
    Dichte : 2380 kg/m3 (20 °C)
    Schmelzpunkt : 251 °C
    Molmasse : 68,94 g/mol

Löslichkeit :
    Wasser 898 g/l (27,55 °C), 2340 g/l (100 °C); löslich in Ethanol, Pyridin, Ammoniak;

Verbleib nach Gebrauch :
    Beseitigung N

Bemerkung :
    Weiße Kristalle;
    Unverträglich mit starken Reduktionsmitteln und organischen Stoffen;

Lithiumoxid

- CAS-Nummer :
    12057-24-8
- Handelsnamen :

- Summenformel :
    Li_2O
Funktion
    PE
    Additiv/Elektrolyt
    SE
    (a)Additiv/Festelektrolyt;
    (b)Produktionshilfsmittel/Kathode
Batterietyp
    PE
    (a)Lithium-Thionylchlorid
    (b)Lithium-Kupferoxid
    (c)Lithium-Sulfurylchlorid
    (d)Lithium-Silberchromat
    SE
    (a)Natrium-Schwefel
    (b)Lithium-Mangandioxid
Anwendungsbereich
    PE + SE
    (a):Elektrolytbestandteil
    SE
    (b)Produktion
Eigenschaften :
- toxigologisch/ökotoxikologisch :

- physikalisch/chemisch :
  Brechungsindex : 1,644 (20 °C)
  Dichte : 2013 kg/m3 (25 °C)
  Schmelzpunkt : 1570 °C
  Molmasse : 29,88 g/mol

Löslichkeit :
  Wasser 66,7 g/l (0 °C), 100,2 g/l (100 °C);

Verbleib nach Gebrauch :
  Beseitigung N

Bemerkung :
  Feinverteiltes Pulver oder krustiges Material;
  ätzend; hygroskopisch; Zieht schnell Kohlendioxid und Wasser aus der Luft;

Lithiumperchlorat

- CAS-Nummer :
  7791-03-9
- Handelsnamen :

- Summenformel :
  $LiClO_4$
Funktion
  Leitsalz/Elektrolyt; Produktionshilfsmittel
Batterietyp
  fast alle primären und sekundären Lithiumbatterien
Anwendungsbereich
  Elektrolytbestandteil
  Produktion
Eigenschaften :
- toxigologisch/ökotoxikologisch :
  Schweizer Giftliste : 3
  WGK : 1
  R-Satz : 8
  S Satz : 17
  Sonstiges :
  Kann schädigend wirken bei Einatmung, Verschlucken oder Aufnahme über Haut; verursacht Augen- und
  Hautreizungen; reizt Schleimhäute und Atemwege [187];

Gefahren-Symbol :

- physikalisch/chemisch :
  Siedepunkt : 430 °C (zers.)
  Dichte : 2428 kg/m3 (20 °C)
  Schmelzpunkt : 236 °C
  Molmasse : 106,39 g/mol

Löslichkeit :
  löslich in Wasser; gut löslich in Ethanol, Propanon (Aceton), Diethylether, Ethylacetat;

Verbleib nach Gebrauch :
  Beseitigung N

Bemerkung :
  Weiße Granulate;
  Unverträglich mit starken Reduktionsmitteln;
  Verwendung: als Oxidationsmittel;

Lithiumsulfid

- CAS-Nummer :
  12136-58-2
- Handelsnamen :

- Summenformel :
  Li_2S
Funktion
  (a)Reaktionsprodukt, Additiv/Kathode, Elektrolyt
  (b)Produktionshilfsmittel/Kathode
Batterietyp
  SE
  (a)Lithium-Eisensulfid
  (b)Lithium-Titandisulfid
Anwendungsbereich
  (a)Elektrodenbestandteil, Elektrolytbestandteil
  (b)Produktion
Eigenschaften :
- toxigologisch/ökotoxikologisch :
  Sonstiges :
  Kann schädigend wirken bei Einatmung, Verschlucken oder Aufnahme über Haut; verursacht Augen- und
  Hautreizungen; reizt Schleimhäute und Atemwege [187];

- physikalisch/chemisch :
  Dichte : 1660 kg/m3 (20 °C)
  Schmelzpunkt : 900-975 °C
  Molmasse : 45,94 g/mol

Löslichkeit :
  löslich in Wasser, Ethanol;

Verbleib nach Gebrauch :
  Beseitigung S

Bemerkung :
  Schwach gelbes Pulver;
  Unverträglich mit starken Oxidationsmitteln; Kontakt mit Säuren ist zu vermeiden;

Lithiumtetrafluoroborat

- CAS-Nummer :
  14283-07-9
- Handelsnamen :

- Summenformel :
  $LiBF_4$
Funktion
  Leitsalz/Elektrolyt
Batterietyp
  PE
  (a)Lithium-Vanadiumpentoxid
  (b)Lithium-Polykohlenstoffmonofluorid

SE
(a)Lithium-Mangandioxid
(b)Lithium-Vanadiumoxid
(c)Lithium-Polyanilin
Anwendungsbereich
Elektrolytbestandteil
Eigenschaften :
- toxigologisch/ökotoxikologisch :
R-Satz : 23/24-34
S-Satz : 7-11-24-37
Sonstiges :
Kann schädigend wirken bei Einatmung, Verschlucken oder Aufnahme über Haut; verursacht Augen- und
Hautreizungen; reizt Schleimhäute und Atemwege [187];

Gefahren-Symbol :

- physikalisch/chemisch :
Schmelzpunkt : 5 °C
Molmasse : 93,75 g/mol

Verbleib nach Gebrauch :
Beseitigung O

Bemerkung :
Weißes Pulver; hygroskopisch;
Unverträglich mit starken Oxidationsmitteln und starken Säuren; vor Feuchtigkeit schützen;

Magnesium

- CAS-Nummer :
7439-95-4
Handelsnamen :

- Summenformel :
Mg
Funktion
Aktive Masse/Anode
Batterietyp
Magnesiumbatterie
Anwendungsbereich
Elektrodenbestandteil
Eigenschaften :
- toxigologisch/ökotoxikologisch :
RTECS # OM 2100000;
Schweizer Giftliste : 4
MAK Wert : 6 mg/m3 (MgO)
R-Satz : 15-17
S-Satz : (2)-7/8-43
Sonstiges :
Staub reizt schwach Augen und Atemwege [163];

Gefahren-Symbol :

- **physikalisch/chemisch :**
    Dampfdruck : 1 hPa (621 °C) [163]
    Siedepunkt : 1090 °C
    Dichte : 1741 kg/m3 (20 °C)
    Schmelzpunkt : 648,8 °C
    Flammpunkt : 500 °C
    Molmasse : 24,305 g/mol

Löslichkeit :
    unlöslich in kaltem Wasser, Laugen; löslich in Mineralsäuren, konz. Flußsäure (HF), Ammoniumsalzen;

Verbleib nach Gebrauch :
    Beseitigung R

Bemerkung :
    Glänzendes, silberweißes, sehr leichtes Pulver oder silberweißes Metall in Form von Preßkörpern,
    Drehspänen oder Bändern;
    Häufigkeit in der Erdrinde: 1,94 Ma.-% ;
    brennbar; Zersetzt sich in heißem Wasser zu Magnesiumhydroxid (Mg(OH)(2)); In Staub- oder Pulverform
    reagiert Stoff heftig bei Kontakt mit Chlor, Brom und Iod; Stoff reagiert sehr leicht mit Säuren und
    kaustischen Alkalien unter Bildung von Wasserstoff; bildet explosionsfähige Mischungen mit den meisten
    sauerstoffabgebenden (oxidierend wirkenden) Stoffen, wie z.B. Chloraten, Nitraten, Perchloraten oder
    Permanganaten; reagiert leicht mit Eisenoxid unter Bildung eines Thermiteffektes

Magnesiumchlorid

- **CAS-Nummer :**
    7786-30-3
- **gebräuchliche Namen :**
    Chloromagnesit;
- **Handelsnamen :**
    Magnogene;
- **Summenformel :**
    $MgCl_2$
Funktion
    Additiv/Elektrolyt
Batterietyp
    PE
    Zink-Luft
Anwendungsbereich
    Elektrolytbestandteil
Eigenschaften :
- **toxigologisch/ökotoxikologisch :**
    RTECS # OM 2800000
    Schweizer Giftliste : 5
    R-Satz : 14-34
    S-Satz : 26-28
    Sonstiges :
    Wirkt schädigend bei Verschlucken, Einatmung oder Aufnahme über Haut; verursacht Verbrennungen;
    wirkt extrem zerstörerisch auf das Gewebe der Schleimhäute und Atemwege, Augen und Haut;
    Einatmung kann tödliche Folgen haben [187];
    LD 50 (oral, Ratte): 2800 mg/kg [428];
    LD 50 (intravenös, ICR-Maus): 14,4 mg/kg [199];
    LD 50 (subkutan, Ratte): 500 mg/kg

    Gefahren-Symbol :

- physikalisch/chemisch :
     Siedepunkt : 1412 °C
     Brechungsindex : 1,59
     Dichte : 2320 kg/m3 (20 °C)
     Schmelzpunkt : 712 °C
     Flammpunkt : 714 °C
     Molmasse : 95,22 g/mol

Löslichkeit :
     Wasser 542,5 g/l (20 °C), 727 g/l (100 °C); Ethanol 74,0 g/l (30 °C);

Verbleib nach Gebrauch :
     Beseitigung N

Bemerkung :
     Weißes Pulver;
     Magnesiumchlorid-6-hydrat, CAS-Nr.: 7791-18-6;
     Verwendung: als Imprägnierungsmittel für Hölzer; zur Herstellung von Kältelösungen; als Frostschutz- und
     Feuerlöschmittel; zur Herstellung anderer Magnesiumverbindungen und metallischen -> Magnesiums;

Magnesiumsulfat

- CAS-Nummer :
     7487-88-9
- Handelsnamen :

- Summenformel :
     $MgSO_4$
Funktion
     Produktionshilfsmittel/Anode
Batterietyp
     SE
     Nickel-Cadmium
Anwendungsbereich
     Produktion
Eigenschaften :
- toxigologisch/ökotoxikologisch :
     RTECS # OM 4500000
     Schweizer Giftliste : 4
     R-Satz : 20/21/22
     S-Satz : 36
     Sonstiges :
     Kann schädigend wirken bei Einatmung, Verschlucken oder Aufnahme über Haut; kann Augenreizungen
     verursachen [187];

- physikalisch/chemisch :
     Dichte : 2660 kg/m3 (20 °C)
     Schmelzpunkt : 1124 °C (zers.)
     Molmasse : 120,374 g/mol

Löslichkeit :
     Wasser 300,5 g/l (10 °C), 356 g/l (20 °C); Diethylether 11,6 g/l (18 °C); löslich in Ethanol, Propantriol
     (Glycerin); unlöslich in Propanon (Aceton);

Verbleib nach Gebrauch :
     Beseitigung N

Bemerkung :
     Farblose Kristalle;
     Verwendung: in der Textilindustrie zur Appretur von Geweben; in der Färberei als Beizmittel; Füllstoff für
     Papier und Seifen;

Mangan

- CAS-Nummer :
  7439-96-5
- Handelsnamen :

- Summenformel :
  Mn
Funktion
  Additiv/Elektrodengitter
Batterietyp
  SE
  Nickel-Cadmium
Anwendungsbereich
  Elektrodenbestandteil
Eigenschaften :
- toxigologisch/ökotoxikologisch :
  RTECS # OO 9275000
  Schweizer Giftliste : 4
  MAK Wert : 0,5 mg/m3 (gemessen als Gesamtstaub)
  Sonstiges :
  Spitzenbegrenzung: III [481]; Schwangerschaftsgruppe C [481]; Nerven- und Ätzgift; fast ausschließlich
  chronische Giftwirkung, besonders auf Lunge und Nervensystem [30]; Chronische Intoxikationen von
  Manganstaub führen zu Vergiftungen, die sich in Nieren-, Leber- und Stoffwechselerkrankungen sowie
  schweren Nervenschädigungen (Manganismus) äußern können;
  LD 50 (oral, Ratte): 9 g/kg [187];

- physikalisch/chemisch :
  Siedepunkt : 1962 °C
  Dichte : 721 kg/m3 (20 °C)
  Schmelzpunkt : 1244 ± 3 °C
  Molmasse : 54,938 g/mol

Löslichkeit :
  zers. in Wasser; löslich in verdünnten Säuren;

Verbleib nach Gebrauch :
  Beseitigung R

Bemerkung :
  Silberweißes, sehr hartes und sprödes Metall;
  Existiert in vier Modifikationen; bei normalen Temperaturen ist das alpha-Mangan beständig;
  Pulverförmiges Mangan wird leicht zu Mangan(II,III)-oxid oxidiert und ist pyrophor;
  Verwendung: reines Mangan wird praktisch kaum verwendet; von technischer Bedeutung sind seine
  Legierungen, z.B. Ferromangan, Manganin, Manganbronzen;

Mangandioxid

- CAS-Nummer :
  1313-13-9
- gebräuchliche Namen :
  Braunstein; Manganoxid; Manganschwarz; Manganperoxid; Mangansuperoxid; Mangan(IV)-oxid;
- Handelsnamen :

- Summenformel :
  MnO_2

Funktion
PE
(a)Leitmittel
(b)-(g)Aktive Masse/Kathode
(e)Additiv
SE
(a),(b)Additiv/Kathode
(c)Aktive Masse/Kathode

Batterietyp
PE
(a)Li-Polykohlenstoffmonofluorid
(b)Li-Mangandioxid
(c)Zink-Kohle
(d)Alkali-Mangan
(e)Zink-Silberoxid
(f)Zink-Luft
(g)Zink-Quecksilberoxid
SE
(a)Li-Polyanilin
(b)Li-Vanadiumoxid
(c)Li-Mangandioxid

Anwendungsbereich
Elektrodenbestandteil

Eigenschaften :
- toxigologisch/ökotoxikologisch :
RTECS # OP 0350000
Schweizer Giftliste : 5
R-Satz : 20/22
S-Satz : (2)-25
Sonstiges :
Kann schädigend wirken bei Einatmung, Verschlucken oder Aufnahme über Haut; verursacht Augen- und
Hautreizungen [187];
LD Lo (intravenös, Kaninchen): 45 mg/kg [428];
LD 50 (subcutan, Maus): 422 mg/kg [428];

Gefahren-Symbol :

- physikalisch/chemisch :
Dichte : 5026 kg/m3 (20 °C)
Schmelzpunkt : 535 °C (Zers.)
Molmasse : 86,94 g/mol

Löslichkeit :
unlöslich in Wasser, Salpetersäure, kalter Schwefelsäure, Propanon (Aceton); löslich in Salzsäure;

Verbleib nach Gebrauch :
Beseitigung O

Bemerkung :
Graues körniges Pulver;
Kommt in der Natur als Mineral Pyrolusit vor;
Unverträglich mit starken Säuren, starken Reduktionsmitteln und org. Materialien;
Verwendung: des Mineral als Ausgangsstoff für Mangan und all seine Verbindungen; wurde lange benutzt
zur Herstellung von Manganstahl; als Oxidationsmittel; in Alkali-Batterien (Trockenzellen); um Amethyst-
Glas herzustellen; zum Entfärben von Glas; zum Bemalen von Porzelan, Tonwaren und Majolika;

Mangan(II,III)-oxid

- CAS-Nummer :
  1317-35-7
- gebräuchliche Namen :
  Hausmannit;
- Handelsnamen :
  M-34 Pigment;
- Summenformel :
  Mn_3O_4

Funktion
Reaktionsprodukt

Batterietyp
PE
Zink-Kohle

Eigenschaften :
- toxigologisch/ökotoxikologisch :
  RTECS # OP 0895000
  MAK Wert : 1 mg/m3 (gemessen als Gesamtstaub)
  R-Satz : 22-36/37
  S-Satz : 7-22-26-36
  Sonstiges :
  Spitzenbegrenzung: III [481];
  Gesundheitsgefahren bei Überschreitung des MAK-Wertes:
  Manganoxide können in hohen Konzentrationen zu Schädigungen des Nervensystems und zu
  Lungenentzündungen führen; geringe Reizwirkung [464];

- physikalisch/chemisch :
  Dichte : 4800 kg/m3 (20 °C)
  Schmelzpunkt : 1564 °C
  Molmasse : 228,81 g/mol

Löslichkeit :
  löslich in Salzsäure; unlöslich in Wasser;

Verbleib nach Gebrauch :
  Beseitigung O

Bemerkung :
  Schwarze tetraedrische Kristalle;
  Kommt in der Natur als Mineral Hausmannit vor;

Mangan(II)-chlorid

- CAS-Nummer :
  7773-01-5
- gebräuchliche Namen :
  Mangandichlorid;
- Handelsnamen :

- Summenformel :
  $MnCl_2$

Funktion
  Leitsalz/Elektrolyt; Additiv/Elektrolyt

Batterietyp
  PE
  Zink-Luft

Anwendungsbereich
  Elektroyltbestandteil

Eigenschaften :
- toxigologisch/ökotoxikologisch :
   RTECS # OO 9625000
   Schweizer Giftliste : 2
   R-Satz : 22
   S-Satz : 24
   Sonstiges :
   Kann schädigend wirken bei Einatmung, Verschlucken oder Aufnahme über Haut; verursacht Augen- und
   Hautreizungen [187];
   LD 50 (oral, Maus):1715 mg/kg [428];
   LD 50 (intraperitoneal, Maus): 121 mg/kg [428];
   LD Lo (intravenös, Kaninchen): 64,8 mg/kg [428];

   Gefahren-Symbol :

- physikalisch/chemisch :
   Dampfdruck : 1,89 hPa (726 °C) [187]
   Siedepunkt : 1225 °C
   Dichte : 2980-3069 kg/m3 (20 °C)
   Schmelzpunkt : 650 °C (*)
   Flammpunkt : 20
   Molmasse : 125,84 g/mol

Löslichkeit :
   Pyridin 10,6 g/l (25 °C); löslich in Ethanol, Wasser; un- löslich in Diethylether,

Bemerkung :
   (*): Schmp.: 58° C wird auch angegeben

Verbleib nach Gebrauch :
   Beseitigung L

Bemerkung :
   Hellrosarote Kristalle; feuchtigkeitsempfindlich;
   Unverträglich mit starken Säuren; reagiert kräftig mit Natrium, Kalium und Zink;
   Verwendung; in der Färbung (Manganbister); Desinfizierung;

Mangan(II)-sulfat

- CAS-Nummer :
   7785-87-7
- gebräuchliche Namen :
   Mangansulfat;
- Handelsnamen :

- Summenformel :
   MnO_4S
Funktion
   Ausgangsstoff/Kathode
Batterietyp
   PE
   (a)Lithium-Mangandioxid
   (b)Zink-Kohle
Anwendungsbereich
   Produktion

Eigenschaften :
- toxigologisch/ökotoxikologisch :
  RTECS # OP 0893500 (*)
  Schweizer Giftliste : 4
  R-Satz : 48/20/22
  S-Satz : (2)-22
  Sonstiges :
  Kann schädigend wirken bei Einatmung, Verschlucken oder Aufnahme über Haut; verursacht Augen- und
  Hautreizungen (*) [187];

(*): Angaben für Monohydrat

Gefahren-Symbol :

- physikalisch/chemisch :
  Siedepunkt : 850°C
  Dichte : 2950 kg/m3 (20 °C)
  Schmelzpunkt : 700°C
  Molmasse : 151 g/mol

Löslichkeit :
  Wasser 984,7 g/l (48 °C) (*), 798 g/l (100 °C) (*);

Bemerkung :
  (*): Angaben für Monohydrat

Verbleib nach Gebrauch :
  Beseitigung L

Bemerkung :
  Bildet verschiedene Hydrate; im Handel normalerweise Mischung aus Tetra und Pentahydrat;
  Monohydrat: Blaß rote, schwach effloreszente Kristalle; verliert gesamtes Wasser bei 400 - 450 °C.
  Verwendung: in der Färberei; für rote Glasuren auf Porzelan; Düngemittel für Wein, Tabak; in
  Lebensmitteln;

Methanal

- CAS-Nummer :
  50-00-0
  - UN Nummer :
  1198; 2209;
- gebräuchliche Namen :
  Ameisenaldehyd; Formaldehyd; Formalin; Formylhydrat; Methylaldehyd; Oxomethan; Oxymethylen;
  Ameisensäurealdehyd;
- Handelsnamen :
  BFV; Fannoform; Fyde; Formol; Ivalon; Lysoform; Morbicid; Superlysofam; Veracur; Paraform;
- Summenformel :
  CH_2O
- Strukturformel

Funktion
    PE
    Produktionshilfsmittel/Kathode
    SE
    Produktionshilfsmittel/Anode
Batterietyp
    PE
    Lithium-Mangandioxid
    SE
    Nickel-Cadmium
Anwendungsbereich
    Produktion
Eigenschaften :
- toxigologisch/ökotoxikologisch :
    RTECS # LP 8925000
    Schweizer Giftliste : 3
    WGK : 2
    MAK Wert : 0,5 ml/m3 bzw. 0,6 mg/m3
    R-Satz : 23/24/25-34-40-43
    S-Satz : (1/2)-26-36/37-45-51
    Sonstiges :
    Carc. Cat. 3; IMK I; Schwangerschaftsgruppe C [481];
    (>30 %ige Lösung); Karzinogen [187]; Spitzenbegrenzung: I [481]; Gefahr der Sensibilisierung [481];
    Krebserzeugend III B [481];
    Dämpfe reizen stark die Augen und Atemwege (Bronchopneumonien, Glottisödem); Kontakt mit der
    Flüssigkeit führt zu Verhärtung und Verätzung der Haut sowie Verätzung der Augen; bei Aufnahme durch
    den Mund schwere innere Verätzungen [163]; Gefahr der Sensibilisierung! [148];
    Bei 10-20 ml/m3 wird die Atmung stark erschwert; die Einwirkung von 650 ml/m3 für wenige Minuten
    wirkte tödlich [163];
    Innerlich: 10-50 ml 40 %ige Lösung tödlich [30];
    Tödliche Dosis ab 10 ml (Konzentration liegt zwischen 5 % und 30 %) [39];
    LD Lo (oral, Frau): 108 mg/kg [428];
    LC Lo (inhal., Mensch, 8 h): 820 mg/m3 [10];
    LD 50 (oral, Mann): 42 mg/kg [428];
    LD 50 (oral, Ratte): 800 mg/kg [10], [187];
    LD 50 (Haut, Kaninchen): 270 mg/kg [187];
    LC 50 (inhal., Ratte): 590 mg/m3 [187];
    LC 50 (Fisch, Goldorfe): 50/108 mg/l [33];
    Toxische Grenzkonzentration für Pseudomonas putida 14 mg/l [36], für Scenedesmus quadricauda 2,5
    mg/l [404];
    EC 50 (Daphnia magna): 52 mg/l [180];
    EC 50 (Urease-Test): 10 mg/l [398];
    EC 50 (Leuchtbakterientest): 8,6 mg/l [399];
    LC 50 (Fisch, Goldorfe): 50/108 mg/l [33];
    LC 100 (Fisch, Goldorfe): 76/130 mg/l [33];

    Gefahren-Symbol :

- physikalisch/chemisch :
    Dampfdruck : 1,7 hPa (20 °C) [29] - variiert je nach Konzen. der Lsg.
    Siedepunkt : -21 °C (wasserfreies Methanal)
    Brechungsindex : 1,3765 (20 °C)
    Dichte : 815 kg/m3 (-20 °C) (wasserfreies Methanal)
    Schmelzpunkt : -92 °C (wasserfreies Methanal)
    Flammpunkt : 23-61 °C (variiert je nach Konzentration der Lsg.)
    Molmasse : 30,026 g/mol (wasserfreies Methanal)

Löslichkeit :
leicht löslich in Wasser; löslich in Ethanol, Diethylether; mischbar mit Aceton;

Verbleib nach Gebrauch :
Beseitigung A
Umweltbelastung durch fotografische Prozesse (BRD, 1986): 74 t/a [156];

Bemerkung :
Methanal (wasserfrei): farbloses, stechend riechendes Gas mit starker Reizwirkung:
brennbar; Methanal: farblose, stechend riechende Flüssigkeit mit starker Reizwirkung; brennbar;
Geruchsschwelle: < 1 ml/m3 [163]; 25 mg/m3 Erträglichkeitsgrenze) [484]; Bildet im dampf-/gasförmigen
Zustand mit Luft explosionsfähige Gemische; Explosionsgrenzen: 7-73 Vol.-%; Zündtemp.: 430 °C [29],
420 °C [484];
Verwendung: technisches Lösungsmittel; in der Fotoindustrie als Härtemittel;
Formalin (35-40 %ige wässr. Lösung);
Enthalten in Acticide AZ (3 %), Melflam 131 (1-5 %), Resamin HF 450;

Methanol

- CAS-Nummer :
67-56-1
  - UN Nummer :
  1230
- gebräuchliche Namen :
Carbinol; Karbinol; Holzalkohol; Holzgeist;Holzspiritus; Methol; Methylalkohol;
Methylhydroxid;Methyloxidhydrat; Methynol; Pyroholzether;
- Handelsnamen :

- Summenformel :
CH_4O
- Strukturformel

C H3O H

Funktion
Produktionshilfsmittel/Kathode
Batterietyp
PE/Lithium-Mangandioxid
Anwendungsbereich
Produktion
Eigenschaften :
- toxigologisch/ökotoxikologisch :
RTECS # PC 1400000
Schweizer Giftliste : 3
WGK : 1
MAK Wert : 260 mg/m3 bzw. 200 ml/m3
R-Satz : 11-23/25
S-Satz : (1/2)-7-16-24-25
Sonstiges :
Spitzenbegrenzung: II,1 [481]; Gefahr der Hautresorption [481]; Schwangerschaftsgruppe D [481]; IMK:
III;
Giftig beim Einatmen und Verschlucken. Wirkt entfettend auf die Haut. Kann sensibilisierende Wirkund
haben [Sdb];
Flüssigkeit und Dämpfe verursachen Schädigung des ZNS, insbesondere der Sehnerven, nachfolgend
Erblindung; Hautresorption möglich ! Nieren, Leber, Herz und andere Organe werden geschädigt; Folgen
treten mit Verzögerung auf; die Gefährdung durch Einatmen der Dämpfe ist geringer als bei Aufnahme
durch den Mund [163];
Eingeatmet können Dämpfe zu plötzlicher Bewußtlosigkeit führen; innerlich 10 - 100 g tödlich, 8 - 20 g
dauernde Erblindung [30];
Kurzeinwirkung: 1000 ppm riefen nach einer Stunde Kopfschmerzen, Reizung der Augen und
ermüdungserscheinungen hervor [484];

Beim Eindringen in die Augen schwere Ödembildung an der Bindehaut (Cornea) möglich [Sdb Shell Chemicals];
LD Lo (oral, Mann): 6422 µg/kg [187];
LD Lo (oral, Mensch): 428 mg/kg [187];
LD Lo (oral, Mensch): 143 mg/kg [187];
LD 50 (oral, Ratte): 5628 mg/kg [32], [187], 12900 mg/kg [9];
LC 50 (inhal., Ratte, 4 h): 64000 ml/m3 [9], [187];
LD 50 (intravenös, Ratte): 9,5 g/kg [402];
LD 50 (subcutan, Maus (1 Tag alt)): 4100 ± 1600 mg/kg [332];
LD 50 (subcutan, Maus (30 Tage alt): 9800 ± 537 mg/kg [332];
LD 50 (Haut, Kaninchen): 15800 mg/kg [9], [187];
LD 50 (intravenös, Meerschweinchen): 5,14 g/kg [402];
Toxische Grenzkonzentration für Pseudomonas putida 6600 mg/l, Scenedesmus quadricauda 8000 mg/l [32], Daphnia magna 32 g/l [389];
LC 0 (Fisch, Goldorfe): 7900 mg/l [33];
LC 50 + LC 100 (Fisch, Goldorfe): über 10000 mg/l [33];
EC 50 (Wasserfloh): >100 mg/l [Sdb];
Biologisch abbaubar [32, 262];

Gefahren-Symbol :

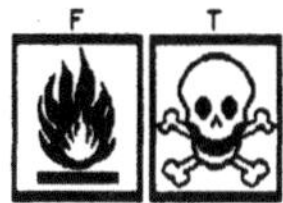

- physikalisch/chemisch :
   Dampfdruck : 128 hPa (20 °C) [32]; [484]; 131 hPa (20 °C), 558 hPa (50 °C) [Sdb];
   Siedepunkt : 64,7 °C
   Log pOW : -0,64, -0,66, -0,68, -0,82 [4], -0,71 [150]; <3 [Sdb];
   Brechungsindex : 1,33057 (15 °C)
   Dichte : 792,3 kg/m3 (20 °C)
   Schmelzpunkt : -97,68 °C
   Flammpunkt : 11 °C
   Verdunstungszahl : 5,9 (BuAc = 1) [9], 7,9 (BuAc = 1) [105], 6,3 (Diethylether = 1) [19]
   Molmasse : 32,043 g/mol
   Verdampfungswärme : 1103,22 kJ/kg

Löslichkeit :
   mischbar mit Wasser, Ethanol, Diethylether;

Verbleib nach Gebrauch :
   Beseitigung D

Bemerkung :
   Farblose charakteristisch (ethanolartig) riechende Flüssigkeit; brennbar;
   Bildet im dampf-/gasförmigen Zustand mit Luft explosionsfähige Gemische;
   Explosionsgrenzen:
   1,4-8 Vol.-%; Zündtemp.: 285 °C [32];
   6,0-36,5 Vol.-%; Zündtemp.: 455 °C [163];
   7,3-36 Vol.-%; Zündtemp.: 385 °C [9];
   5,5-44 Vol.-%; Zündtemp.: 455 °C [484];
   Vorläufig zugelassen in kosmetischen Mitteln;
   Geruchsschwelle: 5 ml/m3 [163];
   Kann heftig reagieren bei Kontakt mit Säuren, Säurehalogeniden, Säureanhydriden, Oxidations- und Reduktionsmitteln, Alkali- und Erdalkalimetallen [484];
   Verwendung: technisches Lösemittel; in der fotografischen Industrie als Polier- und Mattierungsmittel sowie zum schnellen Trocknen von Plattennegativen;
   Enthalten in Disparlon 6900-20X (4,9%), A630-20X (2,5-10%), Mowilith Ct 5 A;

Methansäuremethylester

- **CAS-Nummer :**
  107-31-3
  - **UN Nummer :**
  1243
- **gebräuchliche Namen :**
  Ameisensäuremethylester; Methylformiat;Methoxymethanal; ameisensaures Methyl;
- **Handelsnamen :**

- **Summenformel :**
  $C_2H_4O_2$
- **Strukturformel**

  $$HCOO-CH_3$$

Funktion
  Lösemittel/Elektrolyt
Batterietyp
  PE/Lithium-Vanadiumpentoxid
  SE/Lithium-Vanadiumoxid
Anwendungsbereich
  Elektrolytbestandteil
Eigenschaften :
- **toxigologisch/ökotoxikologisch :**
  RTECS # LQ 8925000;
  Schweizer Giftliste : 4
  WGK : 2
  MAK Wert : 250 mg/m3 bzw. 100 ml/m3
  R-Satz : 12
  S-Satz : (2)-9-16-33
  Sonstiges :
  Spitzenbegrenzung: I [481]; Schwangerschaftsgruppe: D [481];
  Dämpfe bewirken Reizung der Augen und Atemwege; Kontakt mit der Flüs-
    sigkeit verursacht Reizung der Augen und Haut; narkotische Wirkung
    [163];
  LD 50 (oral, Kaninchen): 1622 mg/kg [187];
  Geruchsschwelle: 2000 ml/m3 [163];

  Gefahren-Symbol :

- **physikalisch/chemisch :**
  Dampfdruck : 640 hPa (20 °C) [163]
  Siedepunkt : 31,8 °C
  Brechungsindex : 1,3415 (25 °C)
  Dichte : 974,2 kg/m3 (20 °C)
  Schmelzpunkt : - 99,8 °C
  Flammpunkt : - 32 °C
  Molmasse : 60,052 g/mol
  Verdampfungswärme : 470,60 kJ/kg

Löslichkeit :
  Wasser 212 g/l (20 °C); mischbar mit Ethanol, Diethylether;

Verbleib nach Gebrauch :
  Beseitigung D

Bemerkung :
  Klare, farblose Flüssigkeit mit angenehmen Geruch; brennbar;
  Bildet im dampf-/gasförmigen Zustand mit Luft explosionsfähige Gemische;
  Explosionsgrenzen: 5 - 23 Vol% ; Zündtemp.: 450 °C [163];
  Löst Fette und Öle;
  Verwendung: als technisches Lösemittel;

4-Methyl-1,3-dioxolan-2-on

- CAS-Nummer :
  108-32-7
- gebräuchliche Namen :
  1,2-Propylencarbonat (PC);1,2-Propandiylcarbonat, cycl. Propylenglykolcarbonat; cycl.
  Methylethylcarbonat; Kohlensäurepropylenglykolester;
- Handelsnamen :

- Summenformel :
  $C_4H_6O_3$
- Strukturformel

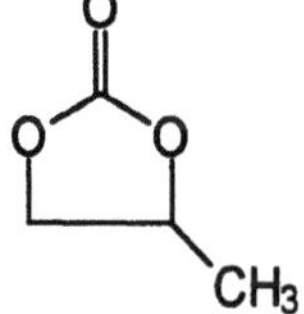

Funktion
  Lösemittel/Elektrolyt; Produktionshilfsmittel
Batterietyp
  die meisten primären und sekundären Lithiumbatterien
Anwendungsbereich
  Elektrolytbestandteil
  Produktion
Eigenschaften :
- toxigologisch/ökotoxikologisch :
  RTECS # FF 9650000
  R-Satz : 36
  S-Satz : (2)
  Sonstiges :
  Kann schädigend wirken bei Einatmung, Verschlucken oder Aufnahme über Haut; verursacht
  Augenreizungen; kann Hautreizungen verursachen [187]
  LD 50 (oral, Ratte): 29 g/kg [428];

Gefahren-Symbol :

- physikalisch/chemisch :
  Siedepunkt : 240 °C
  Brechungsindex : 1,4210 (20 °C)
  Dichte : 1189 kg/m3 (20 °C)
  Schmelzpunkt : -55 °C
  Flammpunkt : 132 °C
  Molmasse : 102,09 g/mol

Verbleib nach Gebrauch :
Beseitigung A

Bemerkung :
Farblose Flüssigkeit;

Methylbenzen

- CAS-Nummer :
108-88-3
- UN Nummer :
1294
- gebräuchliche Namen :
Toluol; Tolylwasserstoff; Tolin; Toluen; Toluin; Methylbenzol; Benzylwasserstoff; Retinnaphtha;
Phenylmethan; Anisen; Benzoen; "Dracyl"; Reintoluol; Reintoluen; Methylbenzol; Phenylmethan;
- Handelsnamen :
Solvent Toluene; Antisal 1 a;
- Summenformel :
C_7H_8
- Strukturformel

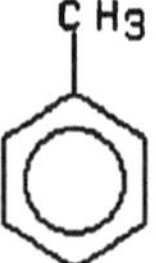

Funktion
PE:Ausgangsstoff/Festelektrolyt
SE:Produktionshilfsmittel/Kathode
Batterietyp
PE/Lithium-Kupfersulfid
SE/Lithium-Polyacetylen
Anwendungsbereich
Produktion
Eigenschaften :
- toxigologisch/ökotoxikologisch :
RTECS # XS 5250000
Schweizer Giftliste : 4
WGK : 2
MAK Wert : 50 ml/m3 bzw. 190 mg/m3; 100 ml/m3
R-Satz : 11-20
S-Satz : (2)-16-25-29-33
Sonstiges :
Spitzenbegrenzung: II,2 [481]; Schwangerschaftsgruppe C [481]; B [484]; IMK: II; Dämpfe wirken in
hohen Konzentrationen narkotisch und reizen Augen sowie Atemwege; Kontakt mit der Flüssigkeit
verursacht Reizung der Augen
und nach anhaltender Einwirkung auch der Haut; Hautresorption! [163];
Nerven- und Blutgift [30];
Beim Verschlucken mit anschließendem Erbrechen kann Aspiration in die Lunge erfolgen, was zur
chemischen Pneumonie oder zur Erstickung führen kann. Führt bei hohen Dampfkonzentrationen zur
Narkose. Gesundheitsschädlich beim Einatmen. Kann zu Dermatitis führen. Beim Verschlucken mit
anschließendem Erbrechen kann Aspiration in die Lunge erfolgen, was zur chemischen Pneumonie oder
zur Erstickung führen kann. Verursacht Retadierung des Zentralnervensystems (Depression of CNS).
Starke Überdosierung kann Sehstörungen, Zittern (Tremor), schnelle flache Atmung, Wahnvorstellungen
(Delirium) und Bewußtlosigkeit verursachen. Symptome: Kopfschmerzen, Übelkeit, Schwindelgefühl,
Narkose.
Bei 0,05 ml/l Luft narkotische Wirkung [30];
600 ml/m3 für 30 Minuten verursachten Müdigkeit, Bewußtseinsstörungen,
Brechreiz, Schwindel und Kopfschmerzen [163];
LD Lo (oral, Mensch): 50 mg/kg [39], [187];

LD 50 (oral, Ratte): 3000 mg/kg [9], 5000 mg/kg [39], [187];
LD/LC 50 (oral, Ratte): 7000 mg/kg (Toluol) [Sdb Shell];
LD 50 (Haut, Kaninchen): 4000 mg/kg [9], 12124 mg/kg [187];
LD/LC 50 (dermal, Kaninchen): 12300 mg/kg (Toluol) [Sdb Shell];
LC 50 (inhal., Ratte, 4 h): 8000 ml/m3 [9];
LD/LC 50 (inhal., Ratte, 4 h): 19 mg/l (Toluol) [Sdb Shell];
LC 50 (inhal., Maus, 8 h): 5320 ml/m3 [187];
Wiederholte Exposition schädigt die Atmungsorgane und verursacht Nervenschäden bei Ratten;
verursacht Leberschäden. Phoetotoxisch bei maternal letaler Dosis   [Sdb Shell];
LC 50 (Fisch; Goldorfe): 422/70 mg/l [33];
LC 100 (Fisch; Goldorfe): 470/88 mg/l [33];
LC 50 (Goldfisch): 58 mg/l/24 Std. [484];
LC 50 (Daphnia magna): 470 mg/l [6];
LC 50 (Fisch): 1-10 mg/l/96 h [Sdb Shell];
EC 50 (Daphnie): 10-100 mg/l/96 h [Sdb Shell];
EC 50 (Algen): >100 mg/l/24 h [Sdb Shell];
EC 50 (Bakterien): >100 mg/l/6 h [Sdb Shell];
Toxische Grenzkonzentration für Pseudomonas putida 29 mg/l, Scenedesmus
quadricauda > 400 mg/l [36];
Schädlichkeitsgrenze für Scenedesmus quadricauda 120 mg/l [32];
Biologisch abbaubar [262]; biologisch leicht abbaubar [Sdb Shell];
Geruchsschwelle 0,2 ml/m3 [484];

Gefahren-Symbol :

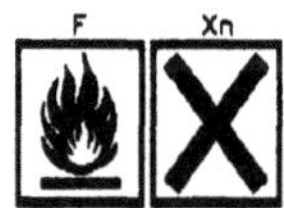

- physikalisch/chemisch :
Dampfdruck : 29 hPa (20 °C) [32]; 70 hPa (38 °C);
Siedepunkt : 110,6 °C; 110,8 °C; 110 °C;
Log pOW : 2,69, 2,73, 2,11, 2,80 [4]
Brechungsindex : 1,49985 (15 °C); 1,4960 (20 °C)
Dichte : 871,6 kg/m3 (15 °C); 865 kg/m3
Schmelzpunkt : -95,3 °C; -93 °C
Flammpunkt : 5 °C; 4 °C;
Verdunstungszahl : 2,1 (BuAc = 1) [9], 2,6 (BuAc = 1) [105], 6,1 (Diethylether = 1) [19];
Molmasse : 92,140 g/mol
Verdampfungswärme : 345,83 kJ/kg

Löslichkeit :
Wasser 0,47 g/l (16 °C), 0,57 g/l (30 °C); mischbar mit Ethanol, Diethylether, Benzen (Benzol); löslich
in Ethansäure, Trichlormethan (Chloroform);

Verbleib nach Gebrauch :
Beseitigung D

Bemerkung :
Klare, farblose, benzolähnlich riechende Flüssigkeit; brennbar; leichtentzündlich;
Bildet im dampf-/gasförmigen Zustand mit Luft explosionsfähige Gemische;
Explosionsgrenzen:
1,2-7 Vol.-%; Zündtemp.: 535 °C [32], [484];
1,2-7,1 Vol.-%; Zündtemp.: 480 °C [9]; 450 °C [Sdb Shell];
Gummi und Toluol lösen sich ineinander und verlieren ihre spezifischen
Eigenschaften; Polyethylen wird angegriffen;
Stoff reagiert heftig bei Kontakt mit sauerstoffreichem Material (star-
ken Oxidationsmitteln), konzentrierter Salpetersäure, Halonen und ge-
schmolzenen Schwefel;
Verwendung: technisches Lösemittel;
Enthalten in Additol XL 121, Disparlon LC 908 (2,5-10%), LC 915 (2,5-10%), LC 955 (10-25%), OX 70
(2,5-10%), OX 77 (15%), OX 66 (10-25%), OX 60 (2,5-10%), OX 720 (10-25%), Fluorad FC-430 (0,1-

1,5%), Hardlen 14 LLB, 163-LR, Intercoat VPP 154 (85,775%), VPE 154 (82,25%), Neo Cryl AP-2650
(75%);

Methylcellulose

- CAS-Nummer :
  9004-67-5
- gebräuchliche Namen :
  Cellulosemethylether; MC; E 461;
- Handelsnamen :
  Glutofix;
- Summenformel :

Funktion
  PE:Geliermittel/Elektrolyt
  SE:Bindemittel/Anode
Batterietyp
  PE/Alkali-Mangan
  SE/Nickel-Zink
Anwendungsbereich
  PE:Elektrolytbestandteil
  SE:Elektrodenbestandteil
Eigenschaften :
- toxigologisch/ökotoxikologisch :
  RTECS # FJ 5959000;
  Sonstiges :
  Kann schädigend wirken bei Einatmung, Verschlucken oder Aufnahme über
  Haut; kann Augen- und Hautreizungen verursachen [187];
  LD 50 (oral, Ratte):
  Biologisch nicht abbaubar [262];

- physikalisch/chemisch :

Löslichkeit :
  löslich in kaltem Wasser;

Verbleib nach Gebrauch :
  Beseitigung A

Bemerkung :
  Weißes Pulver;
  Zugelassen als Lebensmittelzusatzstoff nach LMBG;
  Verwendung: Bindemittel für wäßrige Anstrichfarben; im Zeugdruck; Kleb-
    stoff; Emulgiermittel; in der Lebensmittelindustrie als Emulgator,
    Stabilisator, Verdickungs- und Bindemittel;

Methylenblau

- CAS-Nummer :
  61-73-4
- gebräuchliche Namen :
  Basisches Blau 9 (C.I. 52015); C.I. 52015;Basic Blue 9; 3,7-Bis(dimethylamino)phenothiazin-5-
  iumchlorid;Tetramethylthioninchlorid; Schweizer Blau;
- Handelsnamen :

- Summenformel :
  $C_{16}H_{18}ClN\,S$

- **Strukturformel**

$(CH_3)_2N$ — [phenothiazinium ring system] — $N(CH_3)_2$; $Cl^{\ominus}$

Funktion
Kathodenmaterial
Batterietyp
SE/Lithiumbatterien
Anwendungsbereich
Elektrodenbestandteil
Eigenschaften :
- **toxigologisch/ökotoxikologisch :**
RTECS # SO 5600000;
R-Satz : 20/21/22-36-40
S-Satz : 26-27-36/37/39
Sonstiges :

Kann schädigend wirken bei Einatmung, Verschlucken oder Aufnahme über
Haut; verursacht schwere Augenreizungen; kann Hautreizungen verur-
sachen [187] - Angaben für Methylenblau Trihydrat;
LD 50 (oral, Ratte): 1180 mg/kg [428];
LD Lo (oral, Maus): 150 mg/kg [428];
LD 50 (intravenös, Ratte): 1250 mg/kg [428];
LD 50 (intravenös, Maus): 82,3 mg/kg [428];
LD Lo (intraperitoneal, Ratte): 50 mg/kg [428];

- **physikalisch/chemisch :**
Dichte : 980 kg/m3 (20 °C)
Flammpunkt : -
Molmasse : 319,86 g/mol

Verbleib nach Gebrauch :
Beseitigung W

Bemerkung :
Grünes Pulver;
Unverträglich mit starken Oxidationsmitteln;
Verwendung: Farbstoff in der Bakteriologie; Reagens für verschiedene
Chemikalien; als Oxidations-Reduktions-Indikator;
in der Medizin als Cyanid-Gegenmittel;

2-Methylfuran

- **CAS-Nummer :**
534-22-5
- **UN Nummer :**
2301
- **gebräuchliche Namen :**
Sylvan;
- **Handelsnamen :**

- **Summenformel :**
C_5H_6O

- **Strukturformel**

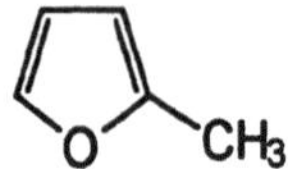

Funktion
Additiv
Batterietyp
SE/Lithium
Anwendungsbereich
Elektrolytbestandteil
Eigenschaften :
- **toxigologisch/ökotoxikologisch :**
RTECS # LU 2625000;
WGK : 1
R-Satz : 12-23/24/25
S-Satz : 9-16-23-24/25-33
Sonstiges :
Dämpfe reizen Augen und Atemwege; Kontakt mit der Flüssigkeit bewirkt
Reizung der Augen; Substanz wird auch über die Haut aufgenommen (Haut-
resorption!); bei Erhitzen bis zur Zersetzung oder bei Brand bilden
sich giftige Dämpfe [163];
LD 50 (oral, Ratte): 167 mg/kg [187];
LC 50 (inhal., Ratte, 4 h): 377 ml/m3 [428];
Toxische Grenzkonzentration für Pseudomonas putida 90 mg/l, Scenedes-
mus quadricauda 40 mg/l [36];

Gefahren-Symbol :

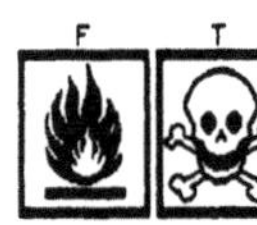

- **physikalisch/chemisch :**
Dampfdruck : 139 hPa (20 °C) [163]; 185,27 hPa (20 °C) [187]; 747,75 hPa (55 °C) [187]
Siedepunkt : 63-66 °C
Brechungsindex : 1,4332 (20 °C)
Dichte : 910 kg/m3 (20 °C)
Schmelzpunkt : - 88,6 °C
Flammpunkt : - 22 °C
Molmasse : 82,1 g/mol

Löslichkeit :
löslich in Ethanol, Diethylether;

Verbleib nach Gebrauch :
Beseitigung D

Bemerkung :
Farblose Flüssigkeit; etherähnlicher Geruch; leichtentzündlich;
Unverträglich mit Oxidationsmitteln, starken Säuren und starken Basen;

2-Methylpropensäure

- **CAS-Nummer :**
79-41-4

- **UN Nummer :**
  2531
- **gebräuchliche Namen :**
  2-Methylpropen-1-säure-3; Methacrylsäure; alpha-Methacrylsäure; Methakrylsäure;
- **Handelsnamen :**

- **Summenformel :**
  $C_4H_6O_2$
- **Strukturformel**

Funktion
  Ausgangsstoff/Separator
Anwendungsbereich
  Produktion
Eigenschaften :
- **toxigologisch/ökotoxikologisch :**
  RTECS # OZ 2975000
  Schweizer Giftliste : 2
  WGK : 1
  R-Satz : 34
  S-Satz : (1/2)-15-26-45
  Sonstiges :
  Dämpfe reizen stark Augen und Atmungsorgane; Lungenödem möglich; Kontakt mit der Flüssigkeit führt
  zu Verätzungen der Augen und Haut; Hautresorption!; Leber- und Nierenschäden möglich; bei Erhitzung
  bis zur Zersetzung und bei Brand bilden sich giftige Verbrennungsprodukte [163];
  LD 50 (oral, Maus): 1600 mg/kg [187];
  LD 50 (Haut, Kaninchen): 500 mg/kg [187];

  Gefahren-Symbol :

- **physikalisch/chemisch :**
  Dampfdruck : 1 hPa (25,5 °C) [163]
  Siedepunkt : 163 °C
  Brechungsindex : 1,43143 (20 °C)
  Dichte : 1015 kg/m3 (20 °C)
  Schmelzpunkt : 16 °C
  Flammpunkt : 76 °C
  Molmasse : 86,090 g/mol

Löslichkeit :
  leicht löslich in heißem Wasser; mischbar mit Ethanol, Diethylether;

Verbleib nach Gebrauch :
  Beseitigung C

Bemerkung :
  Farblose Flüssigkeit oder bei Temperaturen unter 15 °C farblose Kristalle; säureartiger intensiver
  abstoßender Geruch;
  Bei Kontakt oder Mischung mit in Wasser gelösten Persulfaten, Natriumhydrosulfit, Natriumthiosulfat,
  Wasserstoffperoxid, eisenhaltigen Salzen und Peroxid in org. Lösemitteln wirken diese als Katalysatoren
  und können sofort eine heftige Polymerisation herbeiführen; Einwirkung von Licht kann die Polymerisation
  beschleunigen;
  Verwendung: Polymerisation zu -> Polymethacrylate;

2-Methyltetrahydrofuran

- **CAS-Nummer :**
  96-47-9
  - **UN Nummer :**
  2536
- **gebräuchliche Namen :**
  Tetrahydrosilvan; Tetrahydro-2-methylfuran; Tetrahydromethylfuran;
- **Handelsnamen :**

- **Summenformel :**
  $C_5H_{10}O$
- **Strukturformel**

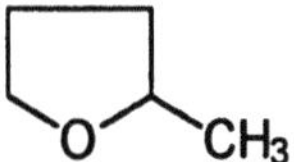

Funktion
  Lösemittel/Elektrolyt
Batterietyp
  SE
  (a)Lithium-Mangandioxid
  (b)Lithium-Titandisulfid
  (c)Lithium-Vanadiumoxid
Anwendungsbereich
  Elektrolytbestandteil
Eigenschaften :
- **toxigologisch/ökotoxikologisch :**
  RTECS # LU 2800000
  MAK Wert : 200 ml/m3 (bezogen auf Tetrahydrofuran)
  R-Satz : 11-12-19-36/37
  S-Satz : 7-16-29-33
  Sonstiges :
  Dämpfe reizen leicht Augen und Atemwege; sie wirken in hohen Konzentrationen narkotisch; Kontakt mit der Flüssigkeit bewirkt Reizung der Augen und Haut [163];

  Gefahren-Symbol :

- **physikalisch/chemisch :**
  Siedepunkt : 78-80 °C
  Brechungsindex : 1,4056 (20 °C)
  Dichte : 860 kg/m3 (20 °C)
  Schmelzpunkt : - 136 °C
  Flammpunkt : - 11 °C
  Molmasse : 86,13 g/mol

Löslichkeit :
  löslich in Ethanol, Diethylether, Propanon (Aceton), Benzen (Benzol), Trichlormethan (Chloroform);

Verbleib nach Gebrauch :
  Beseitigung D

Bemerkung :
  Farblose Flüssigkeit; etherähnlicher Geruch;
  Unverträglich mit Oxidationsmitteln, starken Säuren und starken Basen;
  Methylhydrofuran kann Peroxide bilden, wenn es Licht und Luft ausgesetzt ist;

2-Methylthiophen

- CAS-Nummer :
  544-14-3
- gebräuchliche Namen :
  alpha-Thiophen;
- Handelsnamen :

- Summenformel :
  C_5H_6S
- Strukturformel

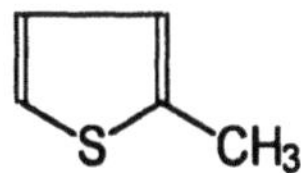

Funktion
  Ausgangsstoff/Kathode
Batterietyp
  SE
  Lithium-Polythiophen
Anwendungsbereich
  Produktion
Eigenschaften :
- **toxigologisch/ökotoxikologisch :**
  RTECS # XM 9625000
  R-Satz : 11-20/21/22
  S-Satz : 16-26-28-36
  Sonstiges :
  Kann schädigend wirken bei Einatmung, Verschlucken oder Aufnahme über Haut; kann Reizungen
  verursachen [187];
  LD 50 (oral, Ratte): 3200 mg/kg [428];
  LD 50 (oral, Maus): 1460 mg/kg [428];
  LD 50 (intraperitoneal, Ratte): 1 g/kg [428];
  LD Lo (intraperitoneal, Maus): 500 mg/kg [428];
  LC 50 (inhal., Maus, 2 h): 11500 mg/m3 [428];

  Gefahren-Symbol :

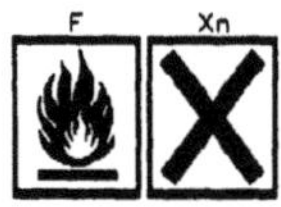

- **physikalisch/chemisch :**
  Siedepunkt : 113 °C
  Brechungsindex : 1,5199 (20 °C)
  Dichte : 1014 kg/m3 (20 °C)
  Schmelzpunkt : - 63 °C
  Flammpunkt : 7 °C
  Molmasse : 98,17 g/mol

Verbleib nach Gebrauch :
  Beseitigung D

Bemerkung :
  Schwach-gelbe Flüssigkeit;
  Unverträglich mit starken Basen und starken Oxidationsmitteln;

Molybdän

- CAS-Nummer :
    7439-98-7
- Handelsnamen :

- Summenformel :
    Mo
Funktion
    (a)Ableiter/Anode
    (b)Anodenmaterial/Wasserstoffspeicherlegierung
    (c)Ausgangsstoff/Kathode
Batterietyp
    SE
    (a)Natrium-Schwefel/(b)Nickel-Hydrid
    (c)Lithium-Kupfermolybdänsulfid/
Anwendungsbereich
    (a)Gehäusebestandteil
    (b)Elektrodenbestandteil
    (c)Produktion
Eigenschaften :
- toxigologisch/ökotoxikologisch :
    RTECS # QA 4680000
    R-Satz : 10
    S-Satz : 16
    Sonstiges :
    Kann schädigend wirken bei Einatmung, Verschlucken oder Aufnahme über Haut; kann Augen- und
    Hautreizungen verursachen [187];

    Gefahren-Symbol :

- physikalisch/chemisch :
    Siedepunkt : 4612 °C
    Dichte : 10200 kg/m3 (20 °C)
    Schmelzpunkt : 2617 °C
    Molmasse : 95,94 g/mol

Löslichkeit :
    unlöslich in Wasser, Fluorwasserstoffsäure, Ammoniak; schwach löslich in Salzsäure; löslich in heißer
    Salpetersäure, heißer Schwefelsäure;

Verbleib nach Gebrauch :
    Beseitigung P

Bemerkung :
    Silbrig-weißes, metallisches oder grau-schwarzes Pulver;
    Reagiert heftig mit starken Oxidationsmitteln;
    Verwendung: als Molybdäneisen zur Herstellung spezieller Stahlarten für Werkzeuge, Kesselblech,
    Gewehrläufe, Propellerschafte; elektrische Kontakte; Röntgenröhren; in der Herstellung von Wolfram; in
    kolloidaler Form als Schmiermittelzusatz;

Molybdän(IV)-sulfid

- CAS-Nummer :
    1317-33-5

- **gebräuchliche Namen :**
    Molybdändisulfid; Molybdänsulfid;
- **Handelsnamen :**
    Mopol M; Mopol S;
- **Summenformel :**
    MoS_2

Funktion
    Aktive Masse/Kathode

Batterietyp
    SE
    Lithium-Molybdänsulfid

Anwendungsbereich
    Elektrodenbestandteil

Eigenschaften :

- **toxigologisch/ökotoxikologisch :**
    RTECS # QA 4697000
    Sonstiges :
    Kann schädigend wirken bei Einatmung, Verschlucken oder Aufnahme über Haut; verursacht Augen- und
    Hautreizungen; reizt Schleimhäute und Atemwege [187];

- **physikalisch/chemisch :**
    Dichte : 5060 kg/m3 (15 / 15 °C)
    Schmelzpunkt : 2375 °C
    Molmasse : 160,07 g/mol

Löslichkeit :
    unlöslich in Wasser, verdünnten Säuren;

Verbleib nach Gebrauch :
    Beseitigung O

Bemerkung :
    Grün-schwarzes Pulver;
    Kommt als das Mineral Molybdänit vor, welches die Hauptquelle für Molybdän ist;
    Unverträglich mit starken Oxidationsmitteln; reagiert heftig mit Wasserstoffperoxid;
    Verwendung: Schmiermittelzusatz; Hydrierungskatalysator;

Molybdän(VI)-oxid

- **CAS-Nummer :**
    1313-27-5
- **gebräuchliche Namen :**
    Molybdäntrioxid; Molybdänsäureanhydrid;
- **Handelsnamen :**

- **Summenformel :**
    MoO_3

Funktion
    Aktive Masse/Kathode

Batterietyp
    SE
    Lithium-Molybdänoxid

Anwendungsbereich
    Elektrodenbestandteil

Eigenschaften :

- **toxigologisch/ökotoxikologisch :**
    RTECS # QA 4725000
    R-Satz : 48/20/22-36/37
    S-Satz : (2)-22-25
    Sonstiges :
    Kann letal wirken bei Einatmung, Verschlucken oder Aufnahme über Haut; verursacht Augen- und
    Hautreizungen; reizt Schleimhäute und Atemwege [187];

LD 50 (oral, Ratte): 125 mg/kg [428];
LD 50 (subcutan, Maus): 94 mg/kg [428];
LD 75 (intraperitoneal, Meerschweinchen): 400 mg/kg [428];

Gefahren-Symbol :

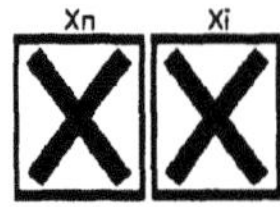

- physikalisch/chemisch :
Siedepunkt : 1155 °C (Subl.)
Dichte : 4696 kg/m3 (26 °C)
Schmelzpunkt : 795 °C
Molmasse : 143,94 g/mol

Löslichkeit :
Wasser 0,49 g/l (28 °C); löslich in konz. Mineralsäuren, Alkali-Hydroxidlösungen, Ammoniak, Natrium-Bitatrat;

Verbleib nach Gebrauch :
Beseitigung O

Bemerkung :
Weißes oder schwach-gelbes bis schwach-bläuliches Puder oder Granulat;
Unverträglich mit starken Säuren;
Verwendung: Reagens in der chem. Analyse;
Bestandteil von Heucophos ZMP;

Natrium

- CAS-Nummer :
7440-23-5
- Handelsnamen :

- Summenformel :
Na
Funktion
Aktive Masse/Anode
Batterietyp
SE
(a)Natrium-Schwefel
(b)Natrium-Nickelchlorid
Anwendungsbereich
Elektrodenbestandteil (*)

(*): Natrium liegt schmelzflüssig vor
Eigenschaften :
- toxigologisch/ökotoxikologisch :
RTECS # VY 0686000
Schweizer Giftliste : 5
R-Satz : 14/15-34
S-Satz : (1/2)-5*-8-43-45
Sonstiges :
Das feste Metall führt zu schweren Verätzungen der Augen und Haut; die Dämpfe von brennendem
Natrium verursa + chen starke Verätzungen der Augen, Atemwege und Lunge (bis hin zum Lungenödem)
sowie der Haut; Kehlkopfödem mit Atemnot möglich; am gefährlichsten sind Spritzer in die Augen, die zur
Erblindung führen können; Aufnahme von wäßrigen Lösungen durch den Mund führt zu ausgedehnten
Zerstörungen im Magen- und Darmkanal [163];

Gefahren-Symbol :

- **physikalisch/chemisch :**
  Dampfdruck : 1,3 hPa (440 °C) [187]
  Siedepunkt : 882,9 °C
  Dichte : 968 kg/m3 (20 °C)
  Schmelzpunkt : 97,8 °C
  Flammpunkt : 97,8 °C
  Molmasse : 22,99 g/mol

Löslichkeit :
  unlöslich in Diethylether, Benzen (Benzol);

Verbleib nach Gebrauch :
  Beseitigung G

Bemerkung :
  Silberweißes, sehr weiches und reaktionsfähiges Metall; färbt sich an Luft grauweiß;
  Unverträglich mit Oxidationsmitteln; luft- und feuchtigkeitsempfindlich; ragiert heftig mit Wasser und
  Säuren;
  Verwendung: Herstellung von Natriumverbindungen, wie z.B. Cyanide, Azide und Peroxide; in der
  Herstellung von Bleitetraethyl; in org. Synthesen; für Fotozellen; in Natriumlampen;

Natriumbromid

- **CAS-Nummer :**
  7647-15-6
- **Handelsnamen :**

- **Summenformel :**
  NaBr
Funktion
  Additiv/Anode
Batterietyp
  SE
  Natrium-Schwefel
Anwendungsbereich
  Elektrodenbestandteil
Eigenschaften :
- **toxigologisch/ökotoxikologisch :**
  RTECS # VZ 3150000;
  Schweizer Giftliste : 3
  WGK : 1
  Sonstiges :
  Kann schädigend wirken bei Einatmung, Verschlucken oder Aufnahme über Haut [187];
  LD 50 (oral, Ratte): 3500 mg/kg [10], [187];
  LD Lo (oral, Ratte, 3 - 20 D preg): 3600 mg/kg [10];
  LD Lo (oral, Ratte, 90 D pre): 338 mg/kg [10];
  Toxische Grenzkonzentration für Daphnia magna 8200 mg/l [390], Scenedesmus quadricauda 2800 mg/l
  [404];
  Weitere Angaben zur Toxikologie siehe -> [225, 226];

Gefahren-Symbol :

- **physikalisch/chemisch :**
  Siedepunkt : 1390 °C
  Dichte : 3210 kg/m3 (20 °C)
  Schmelzpunkt : 747 °C
  Molmasse : 102,899 g/mol

Löslichkeit :
  Wasser 900 g/l (20 °C), 1160 g/l (50 °C), 1210 g/l (100 °C); wenig löslich in Ethanol;

Verbleib nach Gebrauch :
  Beseitigung N

Bemerkung :
  Weißes Pulver; hygroskopisch;

Natriumcarbonat

- **CAS-Nummer :**
  497-19-8
- **gebräuchliche Namen :**
  Soda; kohlensaures Natrium; Dinatriumcarbonat; Natriumasche;
- **Handelsnamen :**
  Na-X;
- **Summenformel :**
  Na_2CO_3
Funktion
  Recyclinghilfsmittel
Batterietyp
  SE
  Bleiakku
Anwendungsbereich
  Recycling/Entsorgung
Eigenschaften :
- **toxigologisch/ökotoxikologisch :**
  RTECS # VZ 4050000
  Schweizer Giftliste : 5
  WGK : 1
  R-Satz : 36
  S-Satz : (2)-22-26
  Sonstiges :
  Kann schädigend wirken bei Einatmung, Verschlucken oder Aufnahme über Haut; verursacht Augen- und
  Hautreizungen; reizt Schleimhäute und Atemwege [187];
  Mensch (per orale Aufnahme): ab 15 g tödlich [129];
  LD 50 (oral, Ratte): 4090 mg/kg [3], [187];
  LC 50 (inhal., Ratte, 2 h): 2300 mg/m3 [187];
  LC 50 (Wurm; Branchiura sowerbyi, 96 h): 480 mg/m3 [386];
  LC 50 (Plankton; Cyclops viridis, 96 h): 153 mg/m3 [386];
  LC 50 (Weichtier; Lymnaea luteola, 96 h): 270 mg/m3 [386];
  Toxische Grenzkonzentration für Daphnia magna < 424 mg/l [390];
  Fäulung oder landwirtschaftliche Verwertung werden erfahrungsgemäß nicht behindert [20];

Gefahren-Symbol :

- **physikalisch/chemisch :**
  Siedepunkt : 1600 °C (Zers.)
  Dichte : 2530 kg/m3 (20 °C)
  Schmelzpunkt : 852 °C; 851 °C
  Molmasse : 105,989 g/mol

Löslichkeit :
  Wasser 71 g/l (0 °C), 212 g/l (20 °C), 455 g/l (100 °C); wenig löslich in abs. Ethanol; unlöslich in Propanon (Aceton);

Verbleib nach Gebrauch :
  Beseitigung N
  Umgesetzte Stoffmenge: ca. 365 t/a (Fotoindustrie) [20];

Bemerkung :
  Farblose, hygroskopische Kristalle;
  Verwendung: in der Fotoindustrie als Entwicklerzusatz (Beschleuniger);

Natriumchlorat

- **CAS-Nummer :**
  7775-09-9
  - **UN Nummer :**
  1496; 2428
- **gebräuchliche Namen :**
  Chlorsäure Natriumsalz;
- **Handelsnamen :**
  Asex; Atlacide; Klorex; Arvest-Aid; Travex; Oxycil; Atratol; Tum bleat;
- **Summenformel :**
  $ClNaO_3$
Funktion
  Produktionshilfsmittel/Kathode
Batterietyp
  PE
  Zink-Kohle
Anwendungsbereich
  Produktion
Eigenschaften :
- **toxigologisch/ökotoxikologisch :**
  RTECS # FO 0525000;
  WGK : 2
  R-Satz : 9-22
  S-Satz : (2)-13-17-46
  Sonstiges :
  Wirkt schädigend bei Einatmung, Verschlucken oder Aufnahme über Haut; wirkt extrem zerstörerisch auf das Gewebe der Schleimhäute und Atemwege, Augen und Haut; Einatmung kann tödliche Folgen haben [187];
  LD 50 (oral, Ratte): 1200 mg/kg [187];
  LD Lo (oral, Kaninchen): 8000 mg/kg [428];

Gefahren-Symbol :

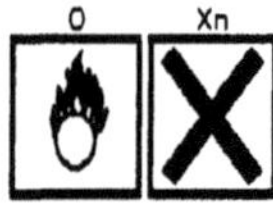

- **physikalisch/chemisch :**
  Dichte : 2490 kg/m3 (20 °C)
  Schmelzpunkt : 248-261 °C
  Molmasse : 106,44 g/mol

Verbleib nach Gebrauch :
  Beseitigung J

Bemerkung :
  Weiße Kristalle; ätzend;
  Unverträglich mit starken Reduktionsmitteln, organischen Substanzen und Alkoholen; Bildet mit
  organischen Stoffen explosive Mischungen;
  Verwendung: als Oxidationsmittel;

Natriumchlorid

- **CAS-Nummer :**
  7647-14-5
- **gebräuchliche Namen :**
  Chlornatrium; Kochsalz; Salz; Tafelsalz; Steinsalz;
- **Handelsnamen :**

- **Summenformel :**
  NaCl

Funktion
  (a)Ausgangsstoff/Kathode, Reaktionsprodukt;
  (b)Produktionshilfsmittel/Elektrode, Recyclinghilfsmittel;
  (c)Ausgangsstoff/Kathode

Batterietyp
  SE
  (a)Natrium-Nickelchlorid
  (b)Nickel-Cadmium
  (c)Natrium-Eisenchlorid

Anwendungsbereich
  (a)Elektrodenbestandteil
  (a),(b),(c)Produktion

Eigenschaften :
- **toxigologisch/ökotoxikologisch :**
  RTECS # VZ4725000
  Sonstiges :
  Kann schädigend wirken bei Einatmung, Verschlucken oder Aufnahme über Haut; verursacht Augen- und
  Hautreizungen; reizt Schleimhäute und Atemwege [187];
  Tödliche Dosis beim Menschen unter 1 g/kg Körpergewicht, bei Säuglingen noch weniger [39];
  LD 50 (oral, Ratte): 3000 mg/kg [187], 3750 mg/kg [122];
  LD 50 (0,1L) (oral, Ratte): 72 g/kg [236] (*);
  Schädlichkeitsgrenze für Fische: 10 g/l [298];
  Toxische Grenzkonzentration für Daphnia magna 6143 mg/l [389],
  < 4200 mg/l [390];

  (*): LD 50 (0,1L): tägliche Dosis, bei der 50 % der Tiere nach Verabreichung über 100 Tage sterben bzw.
  nach 1/10 der normalen Lebensdauer der Tiere;

- **physikalisch/chemisch :**
  Dampfdruck : 1,3 hPa (865 °C) [85]
  Siedepunkt : 1413 °C

Dichte : 2165 kg/m3 (25 °C)
Schmelzpunkt : 801 °C
Molmasse : 58,443 g/mol

Löslichkeit :
Wasser 357 g/l (0 °C), 391,2 g/l (100 °C); wenig löslich in Ethanol, flüssigem Ammoniak; löslich in Propantriol (Glycerin); unlöslich in Salzsäure;

Verbleib nach Gebrauch :
Beseitigung N

Bemerkung :
Weißes kristallines Pulver;

Natriumcyanid

- CAS-Nummer :
143-33-9
- UN Nummer :
1689
- gebräuchliche Namen :
Cyannatrium; blausaures Natrium; Natriumzyanid; blausaures Natron;
- Handelsnamen :

- Summenformel :
CNNa
Funktion
Produktionshilfsmittel/Elektrode
Batterietyp
SE
Nickel-Cadmium
Anwendungsbereich
Produktion
Eigenschaften :
- toxigologisch/ökotoxikologisch :
RTECS # VZ 7525000
Schweizer Giftliste : 1
WGK : 3
MAK Wert : 5 mg/m3
R-Satz : 26/27/28-32
S-Satz : 1/2-7-28-29-45
Sonstiges :
Aufnahme der Substanz oder Lösung durch den Mund ist sehr gefährlich und kann schon in geringen Mengen tödlich wirken; bei Kontakt mit der Haut oder den Augen starke Verätzungen wie bei Natronlauge; bei Kontakt mit Feuchtigkeit, Wasser oder Säuren, aber auch bereits an der Luft wird das sehr giftige -> Blausäure(gas) frei [163];
LD Lo (oral, Mensch): 2857 µg/kg [187], 5,0 mg/kg [140];
LD Lo (oral, Mann): 6557 µg/kg [428];
LD 50 (oral, Ratte): 6,4 mg/kg [140];
Toxische Grenzkonzentration für Daphnia magna < 3,4 mg/l [390];

Gefahren-Symbol :

- physikalisch/chemisch :
Dampfdruck : 1 hPa (817 °C) [163]
Siedepunkt : 1496 °C
Schmelzpunkt : 563,7 °C

Molmasse : 49,0077 g/mol

Löslichkeit :
Wasser 480 g/l (10 °C), 820 g/l (35 °C); löslich in Ammoniak; wenig löslich in Ethanol;

Verbleib nach Gebrauch :
Beseitigung S
Trinkwassergrenzwert: 0,05 mg CN/l [140]

Bemerkung :
Weiße Kristalle in Pulver-, Schuppen-, Gries- oder Eiform; schwacher Geruch nach bitteren Mandeln oder ca 25%ige Lösung in Wasser als farblose Flüssigkeit;
Natriumcyanid ist Ersatz für das bekanntere -> Zyankali;
Verwendung: insbesondere bei der elektrochemischen Oberflächenbehandlung von Metallen (Galvanotechnik); in Härtereien; bei der Erzaufbebereitung (Cyanidlaugerei);

Natriumhydrogensulfat

- CAS-Nummer :
7681-38-1
- UN Nummer :
1821; 2837
- gebräuchliche Namen :
Natriumbisulfat Hydrat; primäres Natriumsulfat;saures schwefelsaures Natrium;
- Handelsnamen :

- Summenformel :
$NaHSO_4$
Funktion
Additiv/Elektrolyt
Batterietyp
SE
Bleiakku
Anwendungsbereich
Elektrolytbestandteil
Eigenschaften :
- toxigologisch/ökotoxikologisch :
RTECS # VZ 1870000
WGK : 1
R-Satz : 34-37
S-Satz : (1/2)-26-36/37/39-45
Sonstiges :
Dämpfe des festen und des breiartigen Stoffes sowie der wäßrigen Lösung führen zu Reizung und Verätzung der Augen, Atemwege, Lunge und Haut; Gefahr der Entstehung eines Glottisödems; Kontakt mit festem Stoff, der breiartigen Masse oder der wäßrigen Lösung bewirkt starke Verätzung der Augen und Haut; bei Erhitzung bis zur Zersetzung bilden sich giftige und ätzende Schwefeloxide, die überwiegend -> Schwefeldioxid und Schwefeltrioxid enthalten [163];
Toxische Grenzkonzentration für Daphnia magna 190 mg/l [390];

Gefahren-Symbol :

- physikalisch/chemisch :
Siedepunkt : Zers.
Dichte : 2435 kg/m3 (13 °C)
Molmasse : 120,06 g/mol

Löslichkeit :
Wasser 286 g/l (25 °C), 1000 g/l (100 °C); wenig löslich in Ethanol; unlöslich in Ammoniak;

Verbleib nach Gebrauch :
Beseitigung N

Bemerkung :
Farblose rhombische Kristalle oder weißer kristalliner Stoff oder Brei; geruchlos;
Stoff reagiert heftig bei Kontakt mit Alkoholen unter Zersetzung und Bildung von -> Natriumsulfat und freier -> Schwefelsäure;
Verwendung: in der Textilindustrie, der Färberei, der Kautschuk-, Papier- und Lederverarbeitung; in verschiedenen fotografischen Bädern als Ersatz für Schwefelsäure;

Natriumhydroxid

- CAS-Nummer :
1310-73-2
- UN Nummer :
1823
- gebräuchliche Namen :
Ätznatron; kaustisches Soda; Seifenstein; Ätzsoda; Natriumhydrat; Natron; Natronhydrat;
- Handelsnamen :

- Summenformel :
NaOH
Funktion
SE
(a),(b) Recyclinghilfsmittel
sonst: Elektrolyt
Batterietyp
PE
(a)Zink-Quecksilberoxid
(b)Zink-Silberoxid/(c)Zink-Luft
/(d)Alkali-Mangan
SE
(a)Nickel-Cadmium
(b)Bleiakku
(c)Nickel-Hydrid
Anwendungsbereich
SE
(a),(b)Recycling/Entsorgung
sonst: Elektrolytbestandteil
Eigenschaften :
- toxigologisch/ökotoxikologisch :
RTECS # WB 4900000
Schweizer Giftliste : 2
WGK : 1
MAK Wert : 2 mg/m3 (gemessen als Gesamtstaub)
R-Satz : 35
S-Satz : (1/2)-26/37/39-45
Sonstiges :
Spitzenbegrenzung: I [481];
Sowohl Kontakt mit festem Natriumhydroxid als auch mit Natronlauge verursacht sehr schwere tiefgreifende Verätzungen der Augen und Haut; Einatmen von Staub, Dämpfen oder Nebeln bewirkt schwere Verätzungen der Atemwege; Aufnahme durch den Mund führt zu ausgedehnten Zerstörungen der Wände des Verdauungskanals; bei Überleben, Ausbildung von narbigen Verengungen [163];
LD 50 (intraperitonal, Maus): 40 mg/kg [428];
LD Lo (oral, Kaninchen): 500 mg/kg [428];
LC 50 (Fisch, 1 N NaOH): 189 mg/l [8];
LC 50 (Wurm; Branchiura sowerbyi, 96 h): 250 mg/m3 [386];
LC 50 (Plankton; Cyclops viridis, 96 h): 160 mg/m3 [386];
LC 50 (Weichtier; Lymnaea luteola, 96 h): 257 mg/m3 [386];

Toxische Grenzkonzentration für Daphnia magna: 240 mg/l [389], 156 mg/l [390];
LC 50 (Fisch, Goldorfe): 189 mg/l [484];
LC 100 (Fisch, Goldorfe): 213 mg/l [484];

Gefahren-Symbol :

- physikalisch/chemisch :
  Dampfdruck : < 24 hPa (20° C) [187]
  Siedepunkt : 1390 °C
  Dichte : 2130 kg/m3 (20 °C)
  Schmelzpunkt : 318,4 °C
  Molmasse : 39,9972 g/mol

Löslichkeit :
  Wasser 420 g/l (0 °C), 1260 g/l (20 °C), 3470 g/l (100 °C) leicht löslich in Ethanol, Propantriol
  (Glycerin); unlöslich in Propanon (Aceton), Diethylether, fl. Ammoniak;

Verbleib nach Gebrauch :
  Beseitigung N

Bemerkung :
  Farblose Pastillen; Weiße harte Körner, Schuppen, Plätzchen, Brocken oder Stangen; hygroskopisch;
  Zugelassen als Lebensmittelzusatzstoff nach LMBG;
  Mit Einschränkungen erlaubt in kosmetischen Mitteln;
  nicht brennbarer fester Stoff; Tierische Produkte wie Leder und Wolle werden zersetzt; Aluminium, Zink,
  Messing, Zinn, Magnesium, und Legierungen werden bei Kontakt mit Natriumhydroxid mit Feuchtigkeit
  oder Wasser heftig angegriffen; dabei entsteht sehr leicht brennbares Wasserstoffgas; bei Kontakt mit
  Ammoniumsalzen bildet sich Ammoniakgas; Stoff reagiert heftig mit Säuren (mit Wärmefreisetzung)
  [484];

  Enthalten in CAB-O-SPERSE S 109 (< 1%), S 3295 (< 1%), II (< 1%);

Natriumnitrat

- CAS-Nummer :
  7631-99-4
  - UN Nummer :
  1498
- gebräuchliche Namen :
  Natronsalpeter; Chilesalpeter; Sodasalpeter; Kubischer Salpeter; Rautensalpeter; Salpeter; Südseesalpeter;
  salpetersaures Natrium; Salpetersaures Natrium; E 251;
- Handelsnamen :

- Summenformel :
  $NaNO_3$
Funktion
  (a),(b)Recyclinghilfsmittel
  (c)Additiv/Kathode
Batterietyp
  SE
  (a)Nickel-Cadmium
  (b)Bleiakku
  (c)Zink-Brom
Anwendungsbereich
  (a),(b)Recycling/Entsorgung
  (c)Elektrodenbestandteil

Eigenschaften :
- toxigologisch/ökotoxikologisch :
   RTECS # WC 5500000
   Schweizer Giftliste : 4
   WGK : 1
   R-Satz : 8
   S-Satz : 16-17-41
   Sonstiges :
   Kann schädigend wirken bei Einatmung, Verschlucken oder Aufnahme über Haut; verursacht Augen- und Hautreizungen; reizt Schleimhäute und Atemwege [187];
   Natriumnitrathaltige Lösungen besitzen im allgemeinen für den Erwachsenen auch bei oraler Aufnahme nur geringe Giftwirkung; bei Brand bilden sich hochgiftige -> Nitrose Gase [163];
   LD Lo (oral, Mann): 114 mg/kg [428];
   LD 50 (oral, Ratte): 1287 mg/kg [428];
   LD 50 (Kaninchen): 2680 mg/kg [428];
   TD Lo (oral, Frau): 14 mg/kg [428];
   TD Lo (oral, Kind): 22,5 mg/kg [428];
   Störungsschwelle für Regenbogenforellen 2500 mg/l, für Spiegelkarpfen 3100 mg/l [160];
   Toxische Grenzkonzentration für Daphnia magna 8500 mg/l [389], 5000 mg/l [390];
   Toxisch für E. Coli-Bakterien ab 0,15 mg/l (für 4-Hydrat) [415];
   Mutagenität: Gefahr der Bildung krebserzeugender Nirosamine [62];

Gefahren-Symbol :

F

O

- physikalisch/chemisch :
   Siedepunkt : 380 °C (Zers.)
   Dichte : 2261 kg/m3 (20 °C)
   Schmelzpunkt : 306,8 °C
   Molmasse : 84,9947 g/mol

Löslichkeit :
   Wasser 921 g/l (25 °C), 1800 g/l (100 °C); löslich in Ethanol; leicht löslich in Ammoniak; unlöslich in Benzonitril, Anilin

Verbleib nach Gebrauch :
   Beseitigung N

Bemerkung :
   Farblose Kristalle von kühlendem schwach bitteren Geschmack; geruchlos;
   Natriumnitrat-4-hydrat, CAS-Nr.: 10022-68-1;
   Zugelassen als Lebensmittelzusatzstoff nach LMBG;
   Bei Eindringen in Grundwasser ist dieses aufgrund des zu hohen Nitratgehaltes nicht mehr als Trinkwasser verwendbar; Unverträglich mit starken Reduktionsmitteln, feinpulverigen Metallen und starken Säuren;
   Verwendung: als Konservierungsmittel (z.B. in Käse);
   Verbrennungsfördernd; Mit festen und flüssigen Stoffen können explosionsgefährliche Gemische gebildet werden;

Natriumoxid

- CAS-Nummer :
   1313-59-3
- gebräuchliche Namen :
   Natriummonoxid;
- Handelsnamen :

- Summenformel :
Na$_2$O
Funktion
Ausgangsstoff/Festelektrolyt
Batterietyp
SE
Natrium-Schwefel
Anwendungsbereich
Produktion
Eigenschaften :
- toxigologisch/ökotoxikologisch :
RTECS # WC 4800000
Sonstiges :
Kontakt mit der festen Masse, Pulver (auch durch Einatmung) oder den zerfließlichen Kristallen führt zu
schwersten tiefgreifenden Verätzungen der Haut und Augen; Aufnahme durch den Mund verusacht
ausgedehnte Zerstörung der Wände des Verdauungskanals; bei Überleben Ausbildung von narbigen
Verengungen [163];

- physikalisch/chemisch :
Siedepunkt : 1275 °C (Subl.)
Dichte : 2270 kg/m3 (20 °C)
Molmasse : 61,98 g/mol

Verbleib nach Gebrauch :
Beseitigung N

Bemerkung :
Weiße, zerfließliche, stark wasseranziehende Kristalle in Puder- oder Pulverform oder feste Masse;
Tierische Produkte wie Leder und Wolle werden zersetzt; bei Anwesenheit von Feuchtigkeit,
Wasserdampf oder Wasser greift Natriumoxid, Aluminium, Zink, Messing, Zinn, Magnesium, und
Verbindungen heftig an; dabei entsteht sehr leicht entzündbares Wasserstoffgas; auch Glas und
Kunststoffe können von hochkonzentrierten Lösungen angegriffen werden; bei Kontakt mit
Ammoniumsalzen bildet sich ätzendes und brennbares Ammoniakgas; Stoff reagiert heftig bei Kontakt
mit Säuren; hierbei wird Wärme freigesetzt;

Natriumpersulfat

- CAS-Nummer :
7775-27-1
- gebräuchliche Namen :
Natriumperoxidisulfat;
- Handelsnamen :

- Summenformel :
Na$_2$O$_8$S$_2$
Funktion
Produktionshilfsmittel/Kathode
Batterietyp
SE
(a)Lithium-Polypyrrol
(b)Lithium-Polythiophen
Anwendungsbereich
Produktion
Eigenschaften :
- toxigologisch/ökotoxikologisch :
RTECS # SE 0525000
Schweizer Giftliste : 4
R-Satz : 8-22-36/38-42/43
S-Satz : 8-17-26-43

Sonstiges :
Staub führt zu starker Reizung der Augen, Atemwege, Atmungsorgane und Haut; Lungenödem möglich
(kann mit einer Verzögerung von bis zu zwei Tagen auftreten); Kontakt mit dem festen Stoff bewirkt sehr
starke Reizung der Augen und Haut; bei sehr starker Erhitzung erfolgt Zersetzung unter Abspaltung von
Sauerstoff und Bildung von hochgiftigem Schwefeldioxid [163];
LD 50 (intraperitoneal, Maus): 226 mg/kg [428];
LD Lo (intravenös, Kaninchen): 178 mg/kg [428];

Gefahren-Symbol :

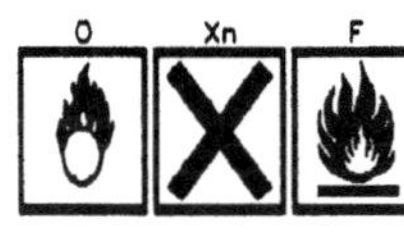

- physikalisch/chemisch :
Dichte : 2400 kg/m3 (20 °C)
Schmelzpunkt : 100 °C (Zers.)
Molmasse : 238,10 g/mol

Löslichkeit :
Wasser 549 g/l (20 °C);

Verbleib nach Gebrauch :
Beseitigung J

Bemerkung :
Weiße Kristalle oder kristallines Pulver; nicht brennbar;
Unverträglich mit starken Reduktionsmitteln, starken Basen, Alkoholen; Vor Feuchtigkeit schützen; Sofern
Staub oder Pulver Kontakt mit brennbaren Substanzen erhält oder sich vermischt entsteht Brand- und
Explosionsgefahr;
Verwendung: chemischer Beschleuniger bei der Emulsionspolymerisation; Bleichmittel; Oxidationsmittel;

Natriumpolysulfid

- CAS-Nummer :
1344-08-7
- Handelsnamen :

- Summenformel :
Na_2S_x
Funktion
(a)Reaktionsprodukt
(b)Ausgangsstoff/Kathode
Batterietyp
SE
(a)Natrium-Schwefel
(b)Lithium-Eisenkobaltpolysufid
Anwendungsbereich
(b)Produktion
Eigenschaften :
- toxigologisch/ökotoxikologisch :
Schweizer Giftliste : 2
WGK : 2
R-Satz : 31-34
S-Satz : (1/2)-26-45

Gefahren-Symbol :

- physikalisch/chemisch :

Bemerkung :
Polysulfide finden meistens in der Form von Lösungen Einsatz bei der Herstellung von Schwefel-Farbstoffen, Flotationsmitteln, Metallfärbungsmitteln, in der Gerberei und in der Kautschukindustrie;

Natriumpyrophosphat

- CAS-Nummer :
7722-88-5
- gebräuchliche Namen :
Natriumdiphosphat; Tetranatriumpyrophosphat; TSPP; Tetranatriumphosphat;
- Handelsnamen :

- Summenformel :
$Na_4P_2O_7$
- Strukturformel

$$NaO-\overset{\overset{O}{\|}}{\underset{\underset{ONa}{|}}{P}}-O-\overset{\overset{O}{\|}}{\underset{\underset{ONa}{|}}{P}}-ONa$$

Funktion
Additiv/Anode
Batterietyp
PE
Zink-Kohle
Anwendungsbereich
Elektrodenbestandteil
(Polaroid-Batterie)
Eigenschaften :
- toxigologisch/ökotoxikologisch :
RTECS # UX 7350000
Schweizer Giftliste : 4
Sonstiges :
Kann schädigend wirken bei Einatmung, Verschlucken oder Aufnahme über Haut; verursacht Augenreizungen; reizt Schleimhäute und Atemwege [187]

- physikalisch/chemisch :
Dichte : 2530 kg/m3 (20 °C)
Schmelzpunkt : 988 °C
Molmasse : 265,94 g/mol

Löslichkeit :
Wasser: 31,6 g/l (0 °C), 67 g/l (25 °C), 402,6 g/l (100 °C);

Verbleib nach Gebrauch :
Beseitigung N

Bemerkung :
Weiße Kristalle; hygroskopisch;
Verwendung: in Reinigungs-Verbindungen; Wasseraufbereitung; Käseemulgierung; als allgemeiner
Komplexbildner; zum Entfernen von Rostflecken; galvanische Metallabscheidung; [EG-Sdb Indulor Chemie
GmbH]:
Fest, weiß; geruchlos;

Natriumsilicat

- CAS-Nummer :
13870-30-9
- gebräuchliche Namen :
Natriumsilikat; Natronwasserglas; Wasserglas;
- Handelsnamen :

- Summenformel :
$Na_2O * x SiO_2$ (x = 3 - 5)
Funktion
Bindemittel/Kohlestab, Kathode
Batterietyp
PE
Zink-Kohle
Anwendungsbereich
Elektrodenbestandteil
Eigenschaften :
- toxigologisch/ökotoxikologisch :
Schweizer Giftliste : 3
R-Satz : 22

- physikalisch/chemisch :
Molmasse : 242,23 g/mol

Löslichkeit :
löslich in Wasser; unlöslich in Ethanol;

Verbleib nach Gebrauch :
Beseitigung N

Bemerkung :
Wäßrige Lösung: CAS-Nr.: 1344-09-8;

Natriumsulfat

- CAS-Nummer :
7757-82-6
- gebräuchliche Namen :
Thenardit;
- Handelsnamen :

- Summenformel :
Na_2SO_4
Funktion
Additiv/Elektrolyt; Recyclingprodukt
Batterietyp
SE
Bleiakku
Anwendungsbereich
Elektrolytbestandteil
Recycling/Entsorgung

Eigenschaften :
- toxigologisch/ökotoxikologisch :
    RTECS # WE 1650000
    Schweizer Giftliste : 5
    WGK : 0
    Sonstiges :
    Kann schädigend wirken bei Einatmung, Verschlucken oder Aufnahme über Haut; verursacht Augen- und Hautreizungen [187];
    LD 50 (oral, Maus): 5989 mg/kg [187];
    LC 50 (Wurm; Branchiura sowerbyi, 96 h): 7700 mg/m3 [386];
    LC 50 (Plankton; Cyclops viridis, 96 h): 1119 mg/m3 [386];
    LC 50 (Weichtier; Lymnaea luteola, 96 h): 4177 mg/m3 [386];
    Toxische Grenzkonzentration für Daphnia magna 7105 mg/l [389], 5960 mg/l [390];
    LC 50 (Daphnia magna, 24 h): 10 g/l [425];
    LC 50 (Daphnia magna, 48 h): 750 mg/l [425];

- physikalisch/chemisch :
    Dichte : 2690 kg/m3 (20 °C)
    Schmelzpunkt : 884 °C
    Molmasse : 142,041 g/mol

Löslichkeit :
    Wasser 420 - 450 g/l (100 °C); unlöslich in Ethanol und den meisten organischen Lösemitteln;

Verbleib nach Gebrauch :
    Beseitigung N

Bemerkung :
    Weißes geruchloses Pulver; hygroskopisch;
    Unverträglich mit starken Säuren, Aluminium und Magnesium;

Natriumsulfid

- CAS-Nummer :
    1313-82-2
- gebräuchliche Namen :
    Dinatriumsulfid; Schwefelnatrium; Natriummonosulfid;
- Handelsnamen :

- Summenformel :
    Na_2S
Funktion
    SE
    Produktionshilfsmittel/Anode
    SE + PE
    Recyclinghilfsmittel
Batterietyp
    PE
    Zink-Silberoxid
    SE
    Nickel-Cadmium
Anwendungsbereich
    SE
    Produktion
    SE + PE
    Recycling/Entsorgung
Eigenschaften :
- toxigologisch/ökotoxikologisch :
    RTECS # WE 2150000
    Schweizer Giftliste : 2
    WGK : 2

R-Satz : 31-34
S-Satz : (1/2)-26-45
Sonstiges :
Schädigt Augen, Haut, Schleimhäute und verursacht Erweichung von Hornsubstanzen (Haare, Haut); nach
Verschlucken Beschwerden im Magen-Darm-Trakt; in Magen freigesetzter -> Schwefelwasserstoff kann
zentralnervöse Störungen und einen veränderten Sauerstoffgehalt des Blutes (Cyanose) hervorrufen
[415];
LC 50 (Wurm; Branchiura sowerbyi, 96 h): 825 mg/m3 [386];
LC 50 (Plankton; Cyclops viridis, 96 h): 37 mg/m3 [386];
LC 50 (Weichtier; Lymnaea luteola, 96 h): 100 mg/m3 [386];
Toxische Grenzkonzentration für Daphnia magna 9,4 mg/l [390], Scenedesmus quadricauda 44 mg/l (für
9-hydrat) [404];
LC 50 (Daphnia magna, 24 h): 2 mg/l [425];
LC 50 (Daphnia magna, 48 h): 0,5 mg/l [425];

Gefahren-Symbol :

- physikalisch/chemisch :
Dichte : 1856 kg/m3 (14 °C)
Schmelzpunkt : 1180 °C
Molmasse : 78,044 g/mol

Löslichkeit :
Wasser 154 g/l (10 °C), 572 g/l (90 °C); wenig löslich in Ethanol; unlöslich in Diethylether;

Verbleib nach Gebrauch :
Beseitigung S

Bemerkung :
Weiße Kristalle;
Geschmolzenes Natriumsulfid greift Glas an;
Verwendung: bei der Herstellung von Schwefelfarbstoffen; in der Gerberei; als Enthaarungsmittel; in der
Kunstseidenindustrie; zur Erzflotation; in der analytischen Chemie als Fällungsmittel;

Natriumsulfit

- CAS-Nummer :
7757-83-7
- gebräuchliche Namen :
schwefligsaures Natrium;
- Handelsnamen :

- Summenformel :
Na_2SO_3
Funktion
Produktionshilfsmittel/Anode
Batterietyp
SE
Nickel-Cadmium
Anwendungsbereich
Produktion
Eigenschaften :
- toxigologisch/ökotoxikologisch :
RTECS # WE 2150000
Schweizer Giftliste : 3
WGK : 1

Sonstiges :
Kann schädigend wirken bei Einatmung, Verschlucken oder Aufnahme über Haut; verursacht Augen- und Hautreizungen [187];
LD 50 (intravenös, Ratte): 115 mg/kg [8];
LD 50 (oral, Maus): 820 mg/kg [187];
LD 50 (Fisch): 100 - 1000 mg/l [8];
Toxische Grenzkonzentration für Daphnia magna 3784 mg/l [389],
440 mg/l [390];
LC 50 (Daphnia magna, 24 h (48 h)): 3500 mg/l (550 mg/l) [425];

Gefahren-Symbol :

- physikalisch/chemisch :
Dichte : 2633 kg/m3 (15,4 °C)
Schmelzpunkt : Zers.
Molmasse : 126,04 g/mol

Löslichkeit :
Wasser 125,4 g/l (0 °C), 283 g/l (80 °C); löslich in Propantriol (Glycerin); wenig löslich in Ethanol; unlöslich in flüssigem Chlor, Ammoniak;

Verbleib nach Gebrauch :
Beseitigung N

Bemerkung :
Weiße Kristalle;
Unverträglich mit starken Säuren; luft- und feuchtigkeitsempfindlich;
Verwendung: in der Fotoindustrie als Oxidationsschutz in fast allen Entwicklern; im Umkehrklärbad; als Reduktionsmittel in der Färberei und im Zeugdruck; als Bleichmittel; in der Gerberei; in der Papierindustrie; im Gärungsgewerbe; zur Herstellung von -> Natriumdithionit;

Natriumtetraborat-10-hydrat

- CAS-Nummer :
1303-96-4
- gebräuchliche Namen :
Borax; Tinkal; Natriumtetraborat; Natriumborat, Decahydrat; IDinatriumtetraborat-10-hydrat;borsaures Natron;
- Handelsnamen :

- Summenformel :
$Na_2B_4O_7$ * $10 H_2O$
Funktion
Recyclinghilfsmittel
Batterietyp
SE
Bleiakku
Anwendungsbereich
Recycling/Entsorgung
Eigenschaften :
- toxigologisch/ökotoxikologisch :
RTECS # VZ 2275000
WGK : 1
Sonstiges :
Kann schädigend wirken bei Einatmung, Verschlucken oder Aufnahme über Haut; verursacht Augen- und Hautreizungen; reizt Schleimhäute und Atemwege [187];
LD Lo (oral, Kleinkind): 1000 mg/kg [187];

LD Lo (oral, Mann): 709 mg/kg [428];
LD 50 (oral, Maus): 2000 g/kg [428];
LD 50 (intraperitonal, Maus): 2711 mg/kg [428];
LD 50 (oral, Ratte): 2660 mg/kg [187];
LC 50 (Fisch; Pimephales promelas): 1900 mg/l [3];
LC 50 (Daphnia magna): > 182 mg/l [3];
Biologischer Einfluß:
nicht adaptiertes System: 50 mg/l bewirken keinen Effekt, 500 mg/l
wirken schwach hemmend, 5000 mg/l wirken hemmend [3];

- **physikalisch/chemisch :**
  Siedepunkt : 320 °C
  Dichte : 1730 kg/m3 (20 °C)
  Schmelzpunkt : 60,6 °C
  Molmasse : 381,373 g/mol

Löslichkeit :
  Wasser 20,1 g/l (0 °C), 49,4 g/l (20 °C), 1700 g/l (100 °C); unlöslich in Säuren; wenig löslich in
  Ethanol; löslich in Propantriol (Glycerin);

Verbleib nach Gebrauch :
  Beseitigung N

Bemerkung :
  Farblose Kristalle, verwittern oberflächlich an trockener Luft;
  Bläht sich beim Erhitzen stark auf und schmilzt zu einem klaren Glas; Unverträglich mit starken
  Oxidationsmitteln; luftempfindlich;
  Verwendung: in der Fotoindustrie als schwaches Alkali für Feinkornentwickler; Bestandteil von
  Härtefixierbädern; zu Glasuren für Steingut und Porzellan; Herstellung von Linsen und
  temperaturbeständigen Gläsern; Wasserenthärtung;
  Natriumtetraborat-5-Hydrat (CAS-Nr. 11130-12-4);

Nickel

- **CAS-Nummer :**
  7440-02-0
  UN Nummer :
  1378
- **gebräuchliche Namen :**
  Raney-Nickel; Nickel-Katalysator (fein verteilt aktiviert, ge- oder verbraucht, mit mind. 40 % Wasser od.
  anderen geeigneten Flüssigkeit langefeuchtet); Nickel, Katalysator nach Raney; Raney-Nickel, aktivierter
  Hydrierkatalysator; Raney-Nickel-Katalysator; Raney-Nickel-Katalysator, gebraucht in Wasser suspendiert;
- **Handelsnamen :**
  Actimet; BASF Katalysator H 1-50;
- **Summenformel :**
  Ni
Funktion
  PE
  (c),(d),(e) Gehäusematerial
  (a),(b),(f) Stützmaterial
  SE
  (a) Ausgangsstoff,Reaktionsprodukt;
  (d),(e) Leitmittel;
  (c) Produktionshilfsmittel/Kathode
  (f) Wasserstoffspeicherlegierung;
  (b) Stützgitter/Kathode
Batterietyp
  PE
  (a)Li-Thionylchlorid
  (b)Zink-Luft/(c)Li-Jodid
  (d)Alkali-Mangan
  (e)Zink-Silberoxid

(f)Li-Poly-Kohlenstoffmonofluorid ·
SE
(a)Natrium-Nickelchlorid
(b)Lithium-Eisensulfid
(c)Lithium-Polypyrrol
(d)Nickel-Cadmium
(e)Nickel-Eisen
(f)Nickel-Hydrid

Anwendungsbereich

PE
Gehäusebestandteil, Elektrodenbestandteil
SE
(d),(e),(f) Elektrodenbestandteil
(a),(c)Produktion

Eigenschaften :

- toxigologisch/ökotoxikologisch :
RTECS # QR 5950000
WGK : 0
MAK Wert : vgl. Abschn. IX; S; III A1
R-Satz : 40-43
S-Satz : (2)-22-36
Sonstiges :
Gefahr der Sensibilisierung [481]; Krebserzeugend III A1 [481]; TRK-Wert: 0,5 mg/m3 [464]; IMK: I;
Carc.Cat.3 [505]; Karzinogen [39];
Gesundheitsgefahren bei Überschreitung des TRK-Wertes: Nickelhaltige Rauche und Stäube können eine
Hautsensibilisierung verursachen; Nickel und fast alle seine Verbindugen gelten als karzinogen [464];
In angefeuchtetem Zustand ist der Stoff weitgehend ungefährlich, wenn er nicht längere Zeit auf die Haut
einwirkt; Reizung der Augen und der Atemwege; wenn angefeuchtetes Nickelpulver durch poröse
Kleidung auf die Haut, sowie in Kopf- und Körperhaare gerät, entzündet es sich nach dem Trocknen
spontan und verursacht Verbrennungen; auch direkt auf die Körperoberfläche gebrachte Substanz
entzündet sicht, sobald sie nicht mehr feucht ist; bei Erhitzen bis zur Zersetzung oder bei Brand entsteht
hochgiftiges Nickeloxid; bei Kontakt mit Kohlenmonoxid oder Stoffen, die Kohlenmonoxid abgeben oder
entwickeln, bildet sich hochgiftiges Nickelcarbonyl [484];

Gefahren-Symbol :

- physikalisch/chemisch :
Siedepunkt : 2732 °C
Dichte : 8900 kg/m3 (20 °C)
Schmelzpunkt : 1453 °C
Molmasse : 58,71 g/mol

Löslichkeit :
unlöslich in Wasser, Ammoniak; löslich in verdünnter Salpetersäure; wenig löslich in Salzsäure,
Schwefelsäure;

Verbleib nach Gebrauch :
Beseitigung R

Bemerkung :
Silberweißes, stark glänzendes, polierbares Metall;
pulverförmig entzündbar; Gehört zu den korrosionsbeständigen Metallen;
Verwendung: zur Erzeugung hochwertiger, zäher und fester Stähle; zum Vernickeln; als Bindemittel in
Hartmetallen;
Konzentration im Rhein (deutsch-niederländische Grenze): 1400 t/a (1973), 530 t/a (1985) [424];
Abwassergrenzwert: 3 mg/l [39];

Nickel(II)-chlorid

- **CAS-Nummer :**
  7718-54-9
- **gebräuchliche Namen :**
  Nickelchlorid;
- **Handelsnamen :**

- **Summenformel :**
  $NiCl_2$

Funktion
  (a)Aktive Masse/Kathode
  (b)Produktionshilfsmittel/Elektrode

Batterietyp
  Sekundärelement
  (a)Natrium-Nickelchlorid
  (b)Nickel-Cadmium

Anwendungsbereich
  (a)Elektrodenbestandteil
  (b)Produktion

Eigenschaften :
- **toxigologisch/ökotoxikologisch :**
  RTECS # QR 6475000
  Schweizer Giftliste : 2
  WGK : 2
  R-Satz : 25
  S-Satz : 44
  Sonstiges :
  TRK-Wert: 0,5 mg/m3 [464];
  Gesundheitsgefahren bei Überschreitung des MAK-Wertes: Nickelhaltige Rauche und Stäube können eine
  Hautsensibilisierung verursachen; Nickel und fast alle seine Verbindungen gelten als karzinogen   [464];

  Gefahren-Symbol :

- **physikalisch/chemisch :**
  Siedepunkt : 973 °C (Subl.)
  Dichte : 3550 kg/m3 (20 °C)
  Schmelzpunkt : 1001 °C
  Molmasse : 129,62 g/mol

Löslichkeit :
  Wasser 642 g/l (20 °C), 876 g/l (100 °C); löslich in Ethanol, Ammoniaklösung; unlöslich in Ammoniak;

Verbleib nach Gebrauch :
  Beseitigung L

Bemerkung :
  Gelbliche Schuppen;
  Verwendung: das anhydr. Salz als Absorber für Ammoniak in Gasmasken;

Nickel(II)-hydroxid

- **CAS-Nummer :**
  12054-48-7
- **gebräuchliche Namen :**
  Nickelhydroxid; grünes Nickeloxid;

- **Handelsnamen :**

- **Summenformel :**
   H_2NiO_2
Funktion
   Aktive Masse/Kathode
   Reaktionsprodukt
   Ausgangsstoff/Kathode
Batterietyp
   SE
   (a)Nickel-Cadmium
   (b)Nickel-Eisen
   (c)Nickel-Hydrid
Anwendungsbereich
   Elektrodenbestandteil
   Produktion
Eigenschaften :
- **toxigologisch/ökotoxikologisch :**
   RTECS # QR 7040000
   R-Satz : 40-20/22-43
   S-Satz : (2)-22-36
   Sonstiges :
   Carc.Cat:3 [505];
   Karzinogen [187];
   Wirkt schädigend bei Einatmung, Verschlucken oder Aufnahme über Haut; wirkt extrem zerstörerisch auf
   das Gewebe der Schleimhäute und Atemwege, Augen und Haut; Einatmung kann tödliche Folgen haben
   [187];
   LD 50 (oral, Ratte): 1500 mg/kg [187];
   LD 50 (subcutan, Maus): 50 mg/kg [428];

   Gefahren-Symbol :

- **physikalisch/chemisch :**
   Schmelzpunkt : 200 °C (Zers.)
   Molmasse : 92,73 g/mol

Löslichkeit :
   unlöslich in Wasser; löIsich in Ammoniak;

Verbleib nach Gebrauch :
   Beseitigung L

Bemerkung :
   Grünes Pulver;
   Unverträglich mit starken Säuren;
   Die "Stahlakkumulatoren" werden nach dem Einbringen von Ni(OH)2 und Cd(OH)2 bzw. Fe(OH)2 geladen:
   2 Ni(OH)2 + Cd(OH)2 <-> Cd + 2 NiOOH + 2 H(2)O
   Erst dann ist der Akkumulator funktionstüchtig; beim Entladen läuft die Reaktion in umgekehrter Richtung
   ab;

Nickel(III)-hydroxid

- **CAS-Nummer :**
   12026-04-9
- **gebräuchliche Namen :**
   Nickeloxidhydroxid;
- **Handelsnamen :**

- **Summenformel :**
  NiO_2H

Funktion
  Aktive Masse/Kathode

Batterietyp
  SE
  (a)Nickel-Cadmium
  (b)Nickel-Hydrid
  (c)Nickel-Zink

Anwendungsbereich
  Elektrodenbestandteil

Eigenschaften :

- **toxigologisch/ökotoxikologisch :**
  RTECS # OK 8420000
  R-Satz : 8-23/24/25-36/37/38-45
  S-Satz : 17-26-36/37/39-53
  Sonstiges :
  TRK-Wert: 0,5 mg/m3;
  Gesundheitsgefahren bei Überschreitung des TRK-Wertes: Nickelhaltige Rauche und Stäube können eine Hautsensibilisierung verursachen; Nickel und fast alle seine Verbindungen gelten als karzinogen [464];

- **physikalisch/chemisch :**
  Molmasse : 92,71 g/mol

Löslichkeit :
  unlöslich in Wasser, org. Lösemitteln;

Verbleib nach Gebrauch :
  Beseitigung J

Octadecansäure

- **CAS-Nummer :**
  57-11-4
- **gebräuchliche Namen :**
  Oktadekansäure; n-Octadecansäure; Stearinsäure; Carbonsäure C-18; Heptadecan-alpha-carbonsäure; 1-Heptadecancarboxylsäure;
- **Handelsnamen :**
  Emersol 120; Emersol 132; Irgawax 330; Loxiol G 20; Naftozin N; Promulsin; Provisol Wax; Century 1220; E 570; Emery 400; Hydrofolsäure 150; Hysterene S-97; Hysterene T-70; Hysterene T-80; Hysterene T-5016; Kam 1000; Kam 2000; Kam 3000; Neo-Fat 18; Stearex Beads; Vanicol; Formula 300; Glycon DP; Glycon S-70; Glycon S-80; Glycon TP; Groco 54;
- **Summenformel :**
  $C_{18}H_{36}O_2$
- **Strukturformel**

$$CH_3-(CH_2)_{16}-COOH$$

Funktion
  Additiv/Anode

Batterietyp
  SE
  Nickel-Cadmium

Anwendungsbereich
  Elektrodenbestandteil

Eigenschaften :

- **toxigologisch/ökotoxikologisch :**
  RTECS # WI 2800000
  Schweizer Giftliste : 1
  WGK : 1
  R-Satz : 36/37/38

S-Satz : 26-36
Sonstiges :
Wirkt schädigend bei Einatmung oder Verschlucken; verursacht Augen- und Hautreizungen; reizt
Schleimhäute und Atemwege [187]; Krebserzeugend im Tierversuch (Mäuse) [355]; Nicht
krebserzeugend im Tierversuch (Mäuse) [346], [365];
LD 50 (oral, Ratte): 23 mg/kg [209];
LD 50 (intravenös, Ratte): 21,5 ± 1,8 mg/kg [209];
LD 50 (intravenös, Maus): 23 ± 0,7 mg/kg [209];
LD Lo (oral, Ratte): 4640 mg/kg [428];
LD 50 (Haut, Kaninchen): >5000 mg/kg [428];

- physikalisch/chemisch :
Siedepunkt : 359-383 °C; 183-184 °C (1,33 hPa)
Brechungsindex : 1,4332 (70 °C)
Dichte : 838,6 kg/m3 (80 °C)
Schmelzpunkt : 69,4 °C; 67-69 °C; 69-70 °C
Molmasse : 284,481 g/mol
Verdampfungswärme : 322,62 kJ/kg

Löslichkeit :
löslich in Acetone, Chloroform, Tetrachlorkohlenstoff [428];
Wasser 0,3 g/l (25 °C); Ethanol (abs.) 72 g/l (25 °C); Ethanol (95 %) 10,4 g/l (18 °C); Diethylether 55
g/l (15 °C); Benzen (Benzol) 220 g/l (23 °C);

Verbleib nach Gebrauch :
Beseitigung A

Bemerkung :
Farb- und geruchlose Blättchen von wachsartiger Beschaffenheit;
Wasserdampfflüchtig;
Zuteilung einer E-Nummer wird von der EG erwogen [411];
Zugelassen als Lebensmittelzusatzstoff nach LMBG (E 570);
Verwendung: Herstellung von Kerzen, Seifen, Netz- und Schaummitteln, kosmetischen und
pharmazeutischen Präparaten; bei der Kautschukverarbeitung; als Gleitmittel bei der
Kunststoffverarbeitung; in der Lebensmittelindustrie als Trennmittel;

ortho-Phosphorsäure

- CAS-Nummer :
7664-38-2
- UN Nummer :
1805
- gebräuchliche Namen :
Orthophosphorsäure; Phosphorsäure;
- Handelsnamen :

- Summenformel :
H_3PO_4
Funktion
PE
Additiv/Kathode
SE
Additiv/Elektrolyt
Batterietyp
PE
Lithium-Mangandioxid
SE
Bleiakku
Anwendungsbereich
PE
Elektrodenbestandteil

SE
Elektrolytbestandteil
Eigenschaften :
- toxigologisch/ökotoxikologisch :
  RTECS # TB 6300000
  Schweizer Giftliste : 2
  WGK : 1
  MAK Wert : 1 mg/m3
  R-Satz : 34
  S-Satz : (1/2)-26-45
  Sonstiges :
  Kontakt mit konzentrierter wäßriger Lösung führt zu lokalen Reiz- und Ätzwirkungen an Haut, Augen und
  Schleimhäuten; Perforationsgefahr! [418]; Die bei starker Erhitzung entstehenden Dämpfe reizen die
  Augen und die Atmungsorgane. Bei Erhitzung bis zur Zersetzung bilden sich Dämpfe von giftigen
  Phophoroxiden [484]; Wirkt schädigend bei Einatmung, Verschlucken oder Aufnahme über Haut;
  wirkt extrem zerstörerisch auf das Gewebe der Schleimhäute und Atemwege, Augen und Haut;
  Einatmung kann tödliche Folgen haben [187]; Keine Veränderung der Harnzusammensetzung oder
  Stoffwechselstörungen bei oraler Gabe von 3900 mg über 14 Tage beobachtet [43];
  LD 50 (oral, Ratte): 1530 mg/kg [187];
  LD 50 (Haut, Kaninchen): 2740 mg/kg [187];
  138 mg/l tödlich für Fische [418];

Gefahren-Symbol :

- physikalisch/chemisch :
  Dampfdruck : 0,04 hPa(20 °C), 6,6 hPa (25 °C) [187]; 2,2 hPa (20 °C) [418]
  Siedepunkt : 213 °C
  Dichte : 1880 kg/m3 (20 °C), 1685 kg/m3 (20 °C) - 85%-ige Lösung
  Schmelzpunkt : 42 °C
  Molmasse : 97,9953 g/mol

Löslichkeit :
  sehr leicht löslich in Wasser; löslich in Ethanol;

Bemerkung :
  Alle Angaben für eine 99 %ige wäßrige Lösung;

Verbleib nach Gebrauch :
  Beseitigung N

Bemerkung :
  Farblose, leicht viskose, fast geruchlose Flüssigkeit (Lösung in Wasser)
  -> meta-Phosphorsäure, CAS-Nr.: 37267-86-0;
  Zum Einfluß von Phosphaten auf die Umwelt siehe [423];
  Enthalten in Phosphorsäure 75%;

Palladium

- CAS-Nummer :
  7440-05-3
- Handelsnamen :

- Summenformel :
  Pd
Funktion
  Katalysator/Kathode

Batterietyp
  PE
  Zink-Luft
Anwendungsbereich
  Elektrodenbestandteil
Eigenschaften :
- toxigologisch/ökotoxikologisch :
  WGK : 0
  MAK Wert : vgl. Abschn. II b
  R-Satz : 10
  S-Satz : 16
  Sonstiges :
  Kann schädigend wirken bei Einatmung, Verschlucken oder Aufnahme über Haut; kann Augen- und
  Hautreizungen verursachen [187];

- physikalisch/chemisch :
  Siedepunkt : 3140 °C
  Dichte : 1202 kg/m3 (19 °C)
  Schmelzpunkt : 1554 °C
  Molmasse : 106,42 g/mol

Verbleib nach Gebrauch :
  Beseitigung P

Bemerkung :
  Silbrig-weißes Metall; Kommt auch als schwarzes Pulver und lockere Masse vor, welche zu einer
  kompakten zusammengepresst werden kann;
  Verwendung; in Form von Gold-, Silber- und Kupferlegierungen in der Zahnheilkunde; für Spiegel in
  astronomischen Instrumenten; als Katalysator in der Herstellung von Schwefelsäure und in anderen
  oxidierenden Prozessen; in Pulverform als Katalysator bei der Hydrierung und Zündung von Wasserstoff
  und Kohlenwasserstoff mit Sauerstoff; die lockere Form wird in Gasanalysen benutzt zum Trennen von
  Wasserstoff und Gemischen von Gasen;

Perchlorsäure

- CAS-Nummer :
  7601-90-3
  - UN Nummer :
  1802
- gebräuchliche Namen :
  Überchlorsäure;
- Handelsnamen :

- Summenformel :
  $HClO_4$
Funktion
  Produktionshilfsmittel/Kathode
Batterietyp
  SE
  Lithium-Polyanilin
Anwendungsbereich
  Produktion
Eigenschaften :
- toxigologisch/ökotoxikologisch :
  RTECS # SC 7500000
  Schweizer Giftliste : 1
  WGK : 1
  R-Satz : 5-8-35
  S-Satz : (1/2)-23-26-36-45
  Sonstiges :
  Dämpfe reizen stark Augen, Atemwege und Haut; Kontakt mit der Flüssigkeit ruft schwere Verätzungen
  der Augen und Haut hervor; bei Erhitzen bis zur Zersetzung bilden sich Chloroxide und Chlorgas, welche

zu starker Reizung der Atemwege und zu Krampf der Kehlkopfmuskulatur (Erstickungsgefahr) und zu Lungenödem führen können [163];
LD 50 (oral, Ratte): 1100 mg/kg [418];
LD 50 (subcutan, Maus): 250 mg/kg [428];

Gefahren-Symbol :

- physikalisch/chemisch :
  Siedepunkt : 198,7 °C (*)
  Brechungsindex : 1,38189 (20 °C)
  Dichte : 1764 kg/m3 (22 °C)
  Schmelzpunkt : - 112 °C(*); 130 °C(**)
  Molmasse : 100,46 g/mol

Löslichkeit :
  mischbar mit Wasser;

Bemerkung :
  (*): Siedepunkt: Angabe für 70-72 %ige wäßrige Lösung;
  (**): Angaben für reine Perchlorsäure

Verbleib nach Gebrauch :
  Beseitigung N

Bemerkung :
  Farblose, stark wasseranziehende Flüssigkeit; raucht an der Luft;
  Perchlorsäure ist eine der stärksten anorganischen Säuren; Obwohl Perchlorsäure und ihre wäßrigen Lösungen selbst nicht brennen, fördern sie die Entzündbarkeit aller anderen brennbaren Stoffe; normale brennbare Stoffe, wie Sägespäne und Kleidung, die mit der Säure getränkt sind, verbrennen bei Entzündung so heftig, daß sie meist nicht mehr gelöscht werden können;
  Verwendung: in der analyt. Chemie wird die Säure als Oxidationsmittel eingesetzt und zur Abspaltung von Kalium von Natrium; die Salze für Sprengstoffe und zum Überziehen von Metallen;

Phosphorige Säure

- CAS-Nummer :
  13598-36-2
- gebräuchliche Namen :
  Phosphorigsäure; Trihydroxyphosphin; o-Phosphorsäure;
- Handelsnamen :

- Summenformel :
  H_3PO_3
Funktion
  Additiv/Kathode
Batterietyp
  PE
  Lithium-Mangandioxid
Anwendungsbereich
  Elektrodenbestandteil
Eigenschaften :
- toxigologisch/ökotoxikologisch :
  RTECS # SZ 6475500
  WGK : 1
  R-Satz : 34
  S-Satz : 26-36

Sonstiges :
Wirkt schädigend bei Einatmung, Verschlucken oder Aufnahme über Haut; wirkt extrem zerstörerisch auf das Gewebe der Schleimhäute und Atemwege, Augen und Haut; Einatmung kann tödliche Folgen haben [187];

Gefahren-Symbol :

- physikalisch/chemisch :
Siedepunkt : 200 °C (Zers.)
Dichte : 1651 kg/m3 (20 °C)
Schmelzpunkt : 73 °C
Molmasse : 82 g/mol

Löslichkeit :
Wasser 3090 g/l (0 °C), 6940 g/l (40 °C); löslich in Laugen;

Verbleib nach Gebrauch :
Beseitigung N

Bemerkung :
Weiße Kristalle und Stückchen; knoblauchähnlicher Geschmack; hygroskopisch; ätzend; Unverträglich mit starken Basen; kann sich an Luft zersetzen;

Phosphorpentoxid

- CAS-Nummer :
1314-56-3
- UN Nummer :
1807
- gebräuchliche Namen :
Diphosphorpentoxid; Phosphor(V)-oxid; Phosphoroxid; Phosphorsäureanhydrid; Tetraphosphordekaoxid;
- Handelsnamen :

- Summenformel :
O_5P_2
Funktion
(a)Ausgangsstoff/Elektrolyt
(b)Additiv/Kathode
Batterietyp
SE
(a)Natrium-Schwefel
(b)Lithium-Vanadiumoxid
Anwendungsbereich
(a)Produktion
(b)Elektrodenbestandteil
Eigenschaften :
- toxigologisch/ökotoxikologisch :
RTECS # TH 3945000
Schweizer Giftliste : 2
WGK : 1
MAK Wert : 1 mg/m3 (gemessen als Gesamtstaub)
R-Satz : 35
S-Satz : (1/2)-22-26-45
Sonstiges :
Schwangerschaftsgruppe C; Spitzenbegrenzung I [481];
Die trockene Substanz löst erst bei Zutritt von Feuchtigkeit, wie sie auf den Schleimhäuten und der Haut gegeben ist, Verätzungen aus; entstehen unter Feuchtigkeitszutritt weiße Nebel, so reizen und verätzen

diese sehr stark Haut, Augen, Atemwege und Lunge bis zum Lungenödem (kann mit einer Verzögerung von bis zu 2 Tagen auftreten); bei Kontakt des Stoffes mit Feuchtigkeit oder Wasser erfolgt sehr heftige Reaktion unter Erhitzen und Bildung von ätzender -> Phosphorsäure [163]; Bei Erhitzen bis zur Zersetzung bilden sich giftige und ätzende Phosphoroxide [163];
LC 50 (inhal., Ratte, 1 h): 1217 mg/m3 [428];
LC 50 (inhal., Maus, 1 h): 271 mg/m3 [428];

Gefahren-Symbol :

- physikalisch/chemisch :
 Dampfdruck : 1,3 hPa (388 °C) [163]; <0,1 hPa (20 °C) [484];
 Siedepunkt : 360 °C (Subl.);
 Dichte : 2390 kg/m3 (20 °C)
 Schmelzpunkt : 562 °C (unter Eigendruck); 580-585 °C
 Flammpunkt : -
 Molmasse : 141,96 g/mol

Löslichkeit :
 löslich in Schwefelsäure, Wasser (Zersetzung zu Phosphorsäure H(3)PO(4)); unlöslich in Propanon (Aceton), Ammoniak;

Verbleib nach Gebrauch :
 Beseitigung N

Bemerkung :
 Weißes, sehr hygroskopisches, geruchloses Pulver oder Kristalle oder schneeartige Masse, welche nach längeren Luftkontakt breiig wird;
 Stoff reagiert heftig bei Kontakt mit einigen Metalloxiden, Metallpulvern, Reduktionsstoffen, starken Basen, Alkoholen und vielen anderen Stoffen;
 Verwendung: als Trockenmittel; als Kondensationsreagens in der org. Synthese;

Phthalocyanin (C.I. 74100)

- CAS-Nummer :
 574-93-6
- gebräuchliche Namen :
 Heliogenblau G; Phthaloblau (metall-frei); 29H,31H-Phthalocyanin; Pigment Blau 16 (C.I. 74100); Pigment Blue 16C.I. 74100;
- Handelsnamen :

- Summenformel :
 $C_{32}H_{18}N_8$

- Strukturformel

Funktion
   Additiv/Elektrolyt
Batterietyp
   PE
   Lithium-Thionylchlorid
Anwendungsbereich
   Elektrolytbestandteil
Eigenschaften :
- toxigologisch/ökotoxikologisch :

- physikalisch/chemisch :
   Dichte : 1390-1460 kg/m3 (20 °C)
   Molmasse : 514,55 g/mol

Verbleib nach Gebrauch :
   Beseitigung A

Poly-(1,2-propandiol)

- **CAS-Nummer :**
   25322-69-4
- **gebräuchliche Namen :**
   Polypropylenglykol; Polypropylenoxid; PPG; Polypropylenglycol; Poly(propan-1,2-diol); alpha-Hydro-w-
   hydroxypoly[oxy(methyl-1,2-ethandiyl)];
- **Handelsnamen :**
   Lubrimet P600; Lubrimet P900; Pluracol P410; Pluracol P1010; Pluracol P2010; Pluracol P4010; Pluriol
   P600; Pluriol P2000; Polyglycol P425; Polyglycol P1200; Polyglycol P2000; Polyglycol P4000:
   Polyglycol P-400 E; Polyglycol P-1200 E;
- **Summenformel :**
   $H(C_3H_6O)_nOH$ n = 3-70
- **Strukturformel**

$$H \left[-O-CH-CH_2- \right]_n OH \quad (CH_3)$$

Funktion
   Festelektrolyt

Batterietyp
  SE
  Lithium-Vanadiumoxid
Anwendungsbereich
  Elektrolytbestandteil
Eigenschaften :
- toxigologisch/ökotoxikologisch :
  RTECS # TR 5600000
  WGK : 0
  MAK Wert : vgl. Abschn. IIb
  R-Satz : 22
  S-Satz : 46
  Sonstiges :
  Kann schädigend wirken bei Einatmung, Verschlucken oder Aufnahme über Haut; kann Augen- und
  Hautreizungen verursachen [187];
  LD 50 (oral, Ratte): 2410 mg/kg [187], 4190 mg/kg [428];
  LD 50 (oral, männliche Ratte): 300-1551 mg/kg [Sdb Dow];
  LD 50 (oral, weibliche Ratte): 500-2101 mg/kg [Sdb Dow];
  LD 50 (Haut, Kaninchen): 20 g/kg [187]; >10000 mg/kg [Sdb Dow]
  Versehentliches Verschlucken kleiner Mengen verursacht üblicherweise keine gesundheitlichen
  Beeinträchtigungen; das Verschlucken darüber hinausgehender Mengen kann jedoch dazu führen.
  Beobachtungen an Tieren zeigten Wirkungen auf das Zentralnervensystem, Zittern, Zuckungen/Krämpfe
  und unregelmäßigen Herzschlag. Hautresorption in gesundheitsschädlichen Mengen ist bei einer
  einmaligen, längeren Exposition unwahrscheinlich. Kann geringfügige, vorübergehende Augenreizung
  verursachen. Eine Hornhautverletzung ist unwahrscheinlich. Dämpfe oder Nebel können Augenreizung
  hervorrufen. Bei Verarbeitung unter hohen Temperaturen können Dampfkonzentrationen entstehen, die
  Reizungen und andere Wirkungen beim Einatmen verursachen können.
  Aufgrund der Beurteilung vorhandener Daten sollten wiederholte Expositionen zu keinen weiteren
  nennenswerten nachteiligen Wirkungen führen.;
  LC 50 (Fettkopfbrasse): >100 mg/l;
  Das Material ist nicht schädlich für Wasserorganismen;
  der biologische Abbaugrad unter aeroben Bedingungen liegt unterhalb der Nachweisbarkeitsgrenze.
  Giftklasse: 5S [Sdb DOW Deutschl. Inc.]

  Gefahren-Symbol :

- physikalisch/chemisch :
  Dampfdruck : < 0,013 hPa (20 °C) [187]; <1 hPa [Sdb DOW]
  Siedepunkt : zersetzt sich vor dem Sieden
  Brechungsindex : 1,447 (20 °C)
  Dichte : ca. 1000 kg/m3 (20 °C)
  Flammpunkt : >100 °C
  Molmasse : 200-4000 (techn. Gemische mit durchschnittlicher Molmasse)

Löslichkeit :
  in (g/100g Wasser, 20°C): PPG 425: unbegrenzt löslich; PPG 1025: 1,5; PPG 2025: 0,15; [480]

Bemerkung :
  Stockpunkt: <0 °C;

Verbleib nach Gebrauch :
  Beseitigung A

Bemerkung :
  Farblose viskose Flüssigkeit;
  Unverträglich mit starken Oxidationsmitteln; Zersetzung beim Erhitzen ab 100°C, in Gegenwart von
  Antioxidantien ab 200°C (Dabei wird kein Propylenoxid gebildet);

Niedermolekulare Form ist mit Wasser mischbar, während die höhermolekularen Polymere kaum löslich sind; Poly-(1,2-propandiol) entsteht durch Polyaddition von Propylenoxid an Wasser bzw. 1,2-Propandiol, demnach ist Substanz ein Glykolether;

Verwendung: Wie andere Polyole zur Herstellung von Polyurethanen sowie nichtionischen Wasch- und Reinigungsmitteln, Kunstharzen, Gefrierschutzmitteln, Flotationsmitteln, als Antischaummittel, Weichmacher, Schmiermittel; in kosm. Präparaten (PPG mit einer Molmasse > 1200); Additiv für Kühlschmierstoffe in der Metallbearbeitung; Hilfsstoff in der Gummi- und Farbenindustrie; Ausgangsstoff für die Synthese von Urethanschäumen und Harzen, oberflächenaktiven Substanzen, Polypropylenethern und -estern;

Bewertung: Insgesamt handelt es sich bei den Polypropylenglykolen um eine Gruppe wenig toxischer Substanzen, deren relative Toxizität von der Molmasse abhängig ist. Das Maximum der Toxizität liegt bei den PPG 600 bzw. PPG 750. Eine inhalative Aufnahme von Polypropylenglykoldämpfen ist aufgrund der geringen Flüchtigkeit der Substanzen unwahrscheinlich, jedoch liegen keine Untersuchungen zur Inhalationstoxizität bei subchronischer oder chronischer Exposition vor. Bei analoger Anwendung des allgemeinen Staubgrenzwertes (6 mg/m3) auf Aerosole ist nicht mit der Aufnahme von Mengen zu rechnen, die im Tierversuch systemisch toxisch gewirkt haben.
Während die untersuchten Polypropylenglykole beim Tier leicht haut- und augenreizend waren, wirkte PPG 2000 beim Menschen weder hautreizend noch sensibilisierend.
PPG 600 ist im Salmonella-Mutagenitäts-Test nicht mutagen. Zu anderen Polypropylenglykolen liegen keine Unterlagen vor.
Ein MAK-Wert kann aufgrund fehlender Daten nicht aufgestellt werden, Polypropylenglykole werden daher in Abschnitt II b der MAK- und BAT-Werte-Liste aufgenommen. [480]
Enthalten in Byk-024 (83%), Drewplus TG-4250 (25-40%);

Poly-(2-vinylpyridin)

- CAS-Nummer :
   25014-15-7
- Handelsnamen :
   Reilline 240; Reilline 2200;
- Summenformel :
   $(C_7H_7N)_n$
Funktion
   Elektrodenbestandteil/Kathode; Festelektrolyt
Batterietyp
   PE
   Lithium-Jodid
Anwendungsbereich
   Elektrodenbestandteil; Elektrolytbestandteil
Eigenschaften :
- toxigologisch/ökotoxikologisch :
   Sonstiges :
   Kann schädigend wirken bei Einatmung, Verschlucken oder Aufnahme über Haut; verursacht Augen- und Hautreizungen; reizt Schleimhäute und Atemwege [187];

- physikalisch/chemisch :
   Molmasse : n * 105,13 g/mol

Verbleib nach Gebrauch :
   Beseitigung A

Bemerkung :
   Weißes Pulver;
   Unverträglich mit starken Oxidationsmitteln;

Polyacrylnitril

- **CAS-Nummer :**
  25014-41-9
- **gebräuchliche Namen :**
  Polyacrylnitril;
- **Handelsnamen :**

- **Summenformel :**
  $(C_3H_3N)_n$
- **Strukturformel**

$$\left[\begin{array}{c} -CH-CH_2- \\ | \\ C\equiv N \end{array} \right]_n$$

Funktion
  PE
  Kathodenmaterial
  SE
  (a)Additiv/Stützgitter
  (b)Aktive Masse/Kathode
Batterietyp
  PE
  Lithium-Jod
  SE
  (a)Bleiakku
  (b)Lithium-Polyacrylnitril
Anwendungsbereich
  Elektrodenbestandteil
Eigenschaften :
- **toxigologisch/ökotoxikologisch :**
  Sonstiges :
  Wirkt schädigend bei Einatmung, Verschlucken oder Aufnahme über Haut; kann Reizungen verursachen
  [187]; Karzinogen [187];

- **physikalisch/chemisch :**
  Schmelzpunkt : 317 °C

Bemerkung :
  Weiße, kalkähnliche Klumpen;
  Unverträglich mit starken Oxidationsmitteln;

Polyanilin

- **CAS-Nummer :**
  25233-30-1
- **Handelsnamen :**

- **Summenformel :**

Funktion
  Aktive Masse/Kathode
Batterietyp
  SE
  Lithium-Polyanilin
Anwendungsbereich
  Elektrodenbestandteil
Eigenschaften :
- **toxigologisch/ökotoxikologisch :**

- physikalisch/chemisch :

Bemerkung :
Anilin läßt sich druch elektrochem. Polymerisation oder durch oxidative Polymerisation leicht in Polyanilin überführen; die resultierenden Polymere haben, abhängig davon, ob sie in oxidierter, protonierter oder nichtprotonierter Form vorliegen, unterschiedliche Strukturen; Die Eigenschften der Polymere sind stark abhängig von den Polymerisationsbedingugnen; eine besondere Eigenschaft von Polymeren ist, daß sie durch entsprechende Maßnahmen (Dotierung) leicht in elektrisch leitfähige Polymere umgewandelt werden können;

Polychlorethen

- CAS-Nummer :
9002-86-2
- gebräuchliche Namen :
Polyvinylchlorid; PVC;
- Handelsnamen :
Corvic; Decelith; Ekadur; Ekalit; Exon; Hostalit; Juvinil; Ongrofol; Sumikon; Trovidur; Vestolit; Vyram;
- Summenformel :

- Strukturformel

$$\left[-CH_2-\underset{\underset{Cl}{|}}{\overset{\overset{H}{|}}{C}}- \right]_n$$

Funktion
PE
Separator
SE
(a)Stützmaterial/Elektrode
(b)Produktionshilfsmittel/Stützgitter
(c)Isolierung
Batterietyp
PE
Alkali-Mangan
SE
(a)Bleiakku
(b)Nickel-Cadmium
(c)Nickel-Hydrid
Anwendungsbereich
SE
(a)Elektrodenbestandteil
(b)Produktion

sonst: Gehäusebestandteil
Eigenschaften :
- toxigologisch/ökotoxikologisch :
RTECS # KV 0350000
MAK Wert : 5 mg/m3 (gemessen als Feinstaub)
R-Satz : 36/37/38
S-Satz : 26-36
Sonstiges :
Karzinogen verdächtig [39], [187];
Wirkt schädigend bei Einatmung, Verschlucken oder Aufnahme über Haut; verursacht Augen- und Hautreizungen; reizt Schleimhäute und Atemwege [187];
(siehe auch -> Chlorethen (Vinylchlorid))

Gefahren-Symbol :

- physikalisch/chemisch :
  Brechungsindex : 1,54 (20 °C)
  Dichte : ca. 1300 kg/m3 (20 °C)
  Schmelzpunkt : 40-60 °C

Löslichkeit :
  löslich in Tetrahydrofuran, Dioxan, Cyclohexanon, o-Dichlorbenzen (o-Dichlorbenzol) (für M = bis 30000
  g/mol); beständig gegen Alkohole, Glykolether, Ester, Benzine, Benzen-Kohlenwasserstoffe (Benzol-
  Kohlenwasserstoffe);

Verbleib nach Gebrauch :
  Beseitigung O

Bemerkung :
  Weißer bis schwach gelblicher synthetischer Thermoplast; geschmack- und geruchlos;
  schwer entflammbar; Zusatz von Stabilisatoren notwendig, um eine Entfärbung hervorgerufen durch Licht
  oder Hitze zu vermeiden;
  Verwendung: Rohrmaterial, Verpackungsmaterial in der Lebensmittelindustrie; Herstellung von
  Schläuchen, Möbelbelägen, Folien, Fußbodenbelägen; Gummiersatz; nicht-entflammbare Polstermöbel; in
  Regenmänteln; Dichtungsringe; Schuhsohlen; Kabelumspinnung;

Polyethansäureethenylester

- CAS-Nummer :
  9003-20-7
- gebräuchliche Namen :
  Polyvinylacetat;
- Handelsnamen :
  Appretan; Gelva; Mowicoll; Mowilith; Resonyl; Vinavil; Vinnapas;
- Summenformel :
  $[-CH_2CH(O_2CCH_3)-]_n$
Funktion
  Produktionshilfsmittel/Kathode
Batterietyp
  SE
  Lithium-Vanadiumoxid
Anwendungsbereich
  Produktion
Eigenschaften :
- toxigologisch/ökotoxikologisch :
  RTECS # AK 0920000
  Sonstiges :
  Kann schädigend wirken bei Einatmung, Verschlucken oder Aufnahme über Haut; kann Augen- und
  Hautreizungen verursachen [187];

- physikalisch/chemisch :
  Dichte : 1160-1180 kg/m3 (20 °C)
  Schmelzpunkt : 40-180 °C
  Molmasse : bis 400000 g/mol

Löslichkeit :
  unlöslich in Wasser, Benzin; leicht löslich in Ethanol, Chlorkohlenwasserstoffen;

Verbleib nach Gebrauch :
  Beseitigung A

Bemerkung :
Glasklarer, spröder, licht- und wärmebeständiger Thermoplast;
Verwendung: Schmelzkleber, Lackrohstoff für Spritz- und Tauchlacke, Emulsionsanstrichfarben;

Polyethin

- CAS-Nummer :
25067-58-7
- gebräuchliche Namen :
Polyacetylen;
- Handelsnamen :

- Summenformel :
$(CH)_n$
Funktion
Aktive Masse/Kathode
Batterietyp
SE
Li-Polyacetylen
Anwendungsbereich
Elektrodenbestandteil
Eigenschaften :
- toxigologisch/ökotoxikologisch :

- physikalisch/chemisch :

Bemerkung :
Polymerisation von Acetylen: Polymerisation bei Temp. < 20 °C führt zunächst zu cis-Polymer, was bei Temp. > 20 °C zu dem thermodynamisch stabileren trans-Polymer irreversibel isomerisiert;

Polyethylen

- CAS-Nummer :
9002-88-4
- gebräuchliche Namen :
PE; PE hart; HDPE; Polyethylenwachs; Polyethylenwachs, modifiziert; Kohlenwasserstoffwachs;
- Handelsnamen :
Alathone; Ameripol; Bexthene; Ecepolen; Eltex; Hostalen; Lupolen ; Manolène; Mirathen; Plastin; Supraflex; Trolen; COATHYLENE; HA 1681; HX 1681; HA 1684; HA 1591; HA 2578; HX 2578; HA 1931; HA 3545; HA 2454; HA 2477; HD 1681; HD 1591; HA 1681-Z; Ceridust 9610 F; Ceridust 3615; Ceridust 3715; Ceridust 3620; Ceridust 9612 A; Ceridust 9615 A; Ceridust 9630 F; Hoechst-Wachs PE 130 Pulver; Hoechst-Wachs PE 520 Pulver; Hoechst-Wachs PE 520 Feinkorn; Ozonschutzwachs 110; Ozonschutzwachs 111; Agerite Gel (25 %); Antilux; Antilux AO; Antilux AOL; Antilux L; Antilux 540; Antilux 600; Antilux 654; Heliozone;
- Summenformel :

- Strukturformel

$$\left[-CH_2-CH_2- \right]_n$$

Funktion
PE
(c)Bindemittel/Kathode + Anode; Ausgangsstoff/Separator
(b)Bindemittel/Kathode; Gehäusematerial
SE
(a)Stützmaterial/Elektrode;

(d)Produktionshilfsmittel/Kathode;
(b),(d),(e)Bindemittel/Kathode;
(f)Additiv/Gehäuse

Batterietyp
PE
(a)Zink-Kohle/(b)Zink-Luft
(c)Lithium-Mangandioxid
SE
(a)Bleiakku
(b)Nickel-Cadmium
(c)Nickel-Zink
(d)Lithium-Vanadiumoxid
(e)Lithium-Titandisulfid
(f)Natrium-Schwefel

Anwendungsbereich
SE
(a)-(e)Elektrodenbestandteil
PE
(c) + SE(d):Produktion

sonst: Gehäusebestandteil

Eigenschaften :
- toxigologisch/ökotoxikologisch :
RTECS # TQ 3325000
Sonstiges :
Wirkt schädigend bei Einatmung oder Verschlucken; kann Augen- und Haut-
reizungen verursachen [187];
Karzinogen verdächtig [187];
Coathylene-Pulver sind physiologisch unbedenklich [546,547];
zu Ceridust und Hoechst-Wachs [546,547]:
LD 50 (oral, Ratte): >15000 mg/kg
WGK: O;

- physikalisch/chemisch :
Dichte : 915 kg/m3
Schmelzpunkt : 130-145 °C;

Löslichkeit :
beständig gegen Alkohole, Glycolether, Benzen (Benzol), Benzin, chlorierte Kohlenwasserstoffe;

Verbleib nach Gebrauch :
Beseitigung A

Bemerkung :
Farbloses Pulver, geruchlos;
Entstehung zündfähiger Staub-Luft-Gemische bei der Verarbeitung durch Staubentwicklung ist möglich
[546,547]; Sauerstoffkonzentration 9 Vol.-%; Zündtemperatur: 410 °C;
Je nach Art des Polymerisationsverfahrens als festes Produkt, hochwertiges Schmieröl oder wachsartiger
Stoff; Reagiert bei Kontakt mit starken Oxidationsmitteln. Bei unvollständiger Verbrennung entsteht
Kohlenmonoxid.
Schmelzbereich: 100-140 °C; Flammpunkt: 350 °C;
Dichte: 900-1000 kg/m3 (20 °C); Thermische Zersetzung am 250 °C; [547]

zu Hoechst-Wachs PE 520 Feinkorn; Hoechst-Wachs PE 520 Pulver:
Flammpunkt: ca. 260 °C;
Dichte: ca. 920-940 kg/m3 (20 °C);

zu Hoechst-Wachs PE 130 Pulver; Ceridust 3620;
Flammpunkt: ca. 260 °C;
Dichte: ca. 950-970 kg/m3 (20 °C);

zu Ceridust 9615 A; Ceridust 9612 A;
Flammpunkt: ca. 260 °C;
Dichte: ca. 970-1000 kg/m3 (20 °C);

zu Ceridust 3615
Flammpunkt: ca. 260 °C;
Dichte: ca. 960-980 kg/m3 (20 °C);

zu Ceridust 3715
Flammpunkt: ca. 220 °C;
Dichte: ca. 960-980 kg/m3 (20 °C);

zu Ceridust 9630 F
Flammpunkt: ca. 280 °C;
Dichte: ca. 1150 kg/m3 (20 °C);

Enthalten in Ultralube W-814 (30-40%), W-814 SF (30-40%), W-815 E (5-15%);

Poly(imino(1-oxo-1,6-hexandiyl))

- CAS-Nummer :
   25038-54-4
- gebräuchliche Namen :
   Poly(iminocarbonylpentamethylen); Poly-(caprolactam); Nylon 6;
- Handelsnamen :
   Caprolan; Enkalon; Kapron; Mirlon; Perlon; Grilon; Phrilon; Amil an;
- Summenformel :
   $(C_6H_{11}NO)_n$
Funktion
   Separator
Batterietyp
   PE
   Alkali-Mangan
Anwendungsbereich
   Gehäusebestandteil
Eigenschaften :
- toxigologisch/ökotoxikologisch :
   RTECS # TQ 9800000
   Sonstiges :
   Kann schädigend wirken bei Einatmung, Verschlucken oder Aufnahme über Haut; kann Augen- und
   Hautreizungen verursachen [187];
   LD 50 (oral, Ratte): 3200 mg/kg [187];
   LC 50 (inhal., Maus, 30 min): 11 g/m3 [187];

- physikalisch/chemisch :
   Brechungsindex : 1,14 (20 °C)
   Dichte : 1084 kg/m3 (20 °C)
   Schmelzpunkt : 223 °C

Löslichkeit :
   löslich in m-Kresol, p-Kresol;

Verbleib nach Gebrauch :
   Beseitigung A

Bemerkung :
   Weiße bis schwach-gelbe Granulate;
   Unverträglich mit starken Oxidationsmitteln und starken Basen; Resistent gegenüber den meisten org.
   Lebensmitteln, wird jedoch aufgelöst von Phenol, Kresol und starken Säuren;
   Verwendung: Angelschnüren; Schleppseile; Schläuche;

Polyisobutylen

- CAS-Nummer :
  9003-27-4
- gebräuchliche Namen :
  Oppanol; Vistanex;
- Handelsnamen :
  Paratac;
- Summenformel :
  $(C_4H_8)_n$

Funktion
  (a)Ausgangsstoff/Festelektrolyt
  (b)Bindemittel/Anode

Batterietyp
  PE
  (a)Lithium-Kupfersulfid
  (b)Alkali-Mangan

Anwendungsbereich
  (a)Produktion
  (b)Elektrodenbestandteil

Eigenschaften :
- toxigologisch/ökotoxikologisch :
  Sonstiges :
  Kann schädigend wirken bei Einatmung, Verschlucken oder Aufnahme über Haut; kann Augen- und
  Hautreizungen verursachen [187];

- physikalisch/chemisch :
  Brechungsindex : 1,5045 (20 °C)
  Dichte : 919 kg/m3 (20 °C)
  Molmasse : 400000 g/mol (im Mittel)

Verbleib nach Gebrauch :
  Beseitigung A

Bemerkung :
  Schwach-gelbe Tafeln;
  Unverträglich mit starken Oxidationsmitteln;

Poly-Kohlenstoffmonofluorid

- CAS-Nummer :
  11113-63-6
- gebräuchliche Namen :
  Graphitfluorid;
- Handelsnamen :

- Summenformel :
  $(CF_x)_n$

Funktion
  Aktive Masse/Kathode

Batterietyp
  PE
  Lithium-Polykohlenstoffmonofluorid

Anwendungsbereich
  Elektrodenbestandteil

Eigenschaften :
- toxigologisch/ökotoxikologisch :

- physikalisch/chemisch :

Bemerkung :
In reinster From durchsichtig weiß ;Nicht vollständig fluoriertes Graphitfluorid ist schwarz; leitet den Strom und wird als Elektrodenmaterial in Knopfzellen eingesetzt;
Verwendung: korrosionsbeständiges Schmiermittel;

Polyphenylethen

- CAS-Nummer :
9003-53-6
- gebräuchliche Namen :
Polystyrol; Polyvinylbenzol; Polyphenylethylen; PS; SB;
- Handelsnamen :
Afcolène; Bextrene; Dyrene; Frigolit; Fostarene; Laqrene; Lustrex; Styrolan; Styropor; Styron; Trycite;
- Summenformel :

- Strukturformel

$$\left[-\underset{C_6H_5}{\overset{|}{C}}H-CH_2-\underset{C_6H_5}{\overset{|}{C}}H-CH_2-\underset{C_6H_5}{\overset{|}{C}}H- \right]_n$$

Funktion
SE
(a)Bindemittel/Kathode + Anode
(b)Stützmaterial/Elektrode
Batterietyp
PE
Lithium-Mangandioxid
SE
(a)Nickel-Zink
(b)Bleiakku
Anwendungsbereich
SE
(a),(b)Elektrodenbestandteil
Eigenschaften :
- toxigologisch/ökotoxikologisch :
RTECS # WL 6475000
Sonstiges :
Kann schädigend wirken beim Einatmen, Verschlucken oder Aufnahme über die Haut; kann Augen- und Hautreizungen verursachen [187];
Im Tierversuch krebserzeugend [40];
(siehe auch -> Phenylethen (Styrol))

- physikalisch/chemisch :
Dichte : 1040-1065 kg/m3 (20 °C)
Schmelzpunkt : 75-100 °C
Molmasse : 200000-800000 g/mol

Löslichkeit :
beständig gegen Säuren, Laugen, polare Lösemittel;

Verbleib nach Gebrauch :
Beseitigung A

Bemerkung :
Farblose, glasklare Thermoplaste;
Schlagfestes Polyphenylethen: Phenylethen-Butadien-Mischpolymerisat;
Weist schlechte Wasserdampf- und Gasbarriere-Eigenschaften auf; Polyphenylethen ist für Lebensmittelverpackungen nicht in allen Fällen geeignet, da geringe Mengen des Monomers (-> Phenylethen) sich nicht vollständig entfernen lassen, wodurch Geschmacksveränderungen hervorgerufen werden können (siehe -> Phenylethen);

Verwendung: Herstellung von Gebrauchsgegenständen, Folien für Kabelumhüllungen, Emulsionen für Innenanstriche, Verpackungsmaterial;

Polypropylen

- CAS-Nummer :
   9003-07-0
- Handelsnamen :

- Summenformel :
   $(C_3H_6)_n$
Funktion
   PE
   (h)Bindemittel/Kathode
   sonst: Separator; Gehäusematerial; Isolierung
Batterietyp
   PE
   (a)Li-Kupfersulfid
   (b)Li-Mangandioxid
   (c)Li-Eisensulfid
   (d)Li-Polykohlenstoffmonofluorid
   (e)Li-Vanadiumpentoxid
   (f)Li-Thionylchlorid
   (g)Li-Schwefeldioxid
   (h)Zn-Luft
   (i)Zn-Kohle
   SE
   (a)Bleiakku
    (b)Li-Mangandioxid
   (c)Li-Polyanilin
   (d)Li-Vanadiumoxid
   (e)Ni-Cd
Anwendungsbereich
   PE
   (h)Elektrodenbestandteil
   sonst: Gehäusebestandteil
Eigenschaften :
- toxigologisch/ökotoxikologisch :
   RTECS # UD 1842000
   Sonstiges :
   Karzinogen-verdächtig;
   Wirkt schädigend beim Einatmen, Verschlucken oder Aufnahme über die Haut; kann Augen- und Hautreizungen verursachen [187];

(alle Angaben für die isotaktische Form)

- physikalisch/chemisch :
   Brechungsindex : 1,4900 (20 °C)
   Dichte : 850 kg/m3 (20 °C)
   Schmelzpunkt : ca. 165 °C
   Molmasse : n * 42,08 g/mol

Löslichkeit :
   praktisch unlöslich in kalten org. Lösemitteln; löslich in heißem Dekalin, heißem Tetralin, kochendem Tetrachlorethan;

Bemerkung :
   alle Angaben für die isotaktische Form

Verbleib nach Gebrauch :
  Beseitigung A

Bemerkung :
  Es sind drei Formen von Polypropylen möglich:
  - isotaktische Form (faserbildend): die Methylgruppen befinden sich alle auf derselben Seite der Zick-Zack-Kohlenstoffkette (CAS-Nr 25085-53-4)
  - syndiotaktische Form (nichtfaserbilden, amorph): die Methylgruppen haben eine alternierende Anordung an den Seiten der Zick-Zack-Kohlenkette;
  - ataktische Form: die Methylgruppen befinden sich in einer zufälligen Anordnung an den Seiten der Zick-Zack-Kohlenstoffkette;
  Verwendung (isotaktische Form): für Angelschnüren, Seile, Kleidung, Teppiche, Decken, Garn, Wäschekörbe, etc.

Polypyrrol

- CAS-Nummer :
  30604-81-0
- Handelsnamen :

- Summenformel :

Funktion
  Aktive Masse/Kathode
Batterietyp
  SE
  Lithium-Polypyrrol
Anwendungsbereich
  Elektrodenbestandteil
Eigenschaften :
- toxigologisch/ökotoxikologisch :

- physikalisch/chemisch :

Polytetrafluorethylen

- CAS-Nummer :
  9002-84-0
- gebräuchliche Namen :
  Teflon; PTFE; Tetrafluorethen Homopolymer;
- Handelsnamen :
  Gore-Tex;
- Summenformel :
  $(C_2F_4)_n$
Funktion
  Bindemittel
  Separator
  Elektroden (Gasdiffusionselektroden, Folienelektroden)
Batterietyp
  Fast alle Typen von Gerätebatterien
Anwendungsbereich
  Elektrodenbestandteil
  Gehäusebestandteil
Eigenschaften :
- toxigologisch/ökotoxikologisch :
  RTECS # KX 4025000
  Sonstiges :
  Karzinogenverdächtig [187];

Wirkt schädigend bei Einatmung, Verschlucken oder Aufnahme über Haut; kann Augen- und Hautreizungen verursachen [187];

- **physikalisch/chemisch :**
  Brechungsindex : 1,35 (20 °C)
  Dichte : 2000 kg/m3 (20 °C)

Verbleib nach Gebrauch :
  Beseitigung A

Bemerkung :
  Weißes Pulver;
  Unverträglich mit starken Oxidationsmitteln;

Polyvinylalkohol

- **CAS-Nummer :**
  9002-89-5
- **gebräuchliche Namen :**
  PVA;
- **Handelsnamen :**
  Elvanol; Mowiol; Polyviol; Resistoflex; Rhodoviol; Vinarol;
- **Summenformel :**
  $(C_2H_4O)_n$
- **Strukturformel**

$$\left[-CH_2-\underset{\underset{OH}{|}}{CH}- \right]_n$$

Funktion
  PE
  (a)Separator
  (b)Bindemittel/Kathode
  SE
  (a)Additiv/Anode
  (c)Bindemittel/Anode
Batterietyp
  PE
  (a)Alkali-Mangan
  (b)Lithium-Mangandioxid
  SE
  (a)Nickel-Eisen
  (b)Nickel-Cadmium
  (c)Nickel-Zink
Anwendungsbereich
  PE
  (a)Gehäusebestandteil
  SE
  (a),(c)Elektrodenbestandteil
Eigenschaften :
- **toxigologisch/ökotoxikologisch :**
  RTECS # TR 8100000
  Sonstiges :
  Kann schädigend wirken bei Einatmung, Verschlucken oder Aufnahme über Haut; kann Augen- und Hautreizungen verursachen [187];
  CSB: 157 mg/g [13];
  In Tierversuchen nicht toxisch;
  Biologisch nicht abbaubar [262]; biologisch abbaubar durch einen Pseudomonas-Stamm [266];

- physikalisch/chemisch :
Dichte : 1250-1350 kg/m3 (20 °C)

Löslichkeit :
löslich in Wasser; unlöslich in Ethanol, Diethylether, Propanon (Aceton), Benzen (Benzol);

Verbleib nach Gebrauch :
Beseitigung A

Bemerkung :
Weißes Pulver; Thermoplast;
Verwendung: wäßrige Lösungen als Stabilisatoren, Klebeflüssigkeiten, Verdickungsmittel; Herstellung von
pharmazeutischen Artikeln; zum Imprägnieren von Papieren, Pappen und Geweben; Herstellung von
Folien, Dichtungen, Schläuchen;

Polyvinylidenfluorid

- CAS-Nummer :
24937-79-9
- gebräuchliche Namen :
PVDF;
- Handelsnamen :

- Summenformel :
$[-CH_2-CF_2-]_n$
- Strukturformel

$$\left[-CH_2-\overset{\textstyle F}{\underset{\textstyle F}{C}}- \right]_n$$

Funktion
(a)Bindemittel/Anode
(b)Festelektrolyt
Batterietyp
SE
(a)Zink-Nickel
(b)Lithium-Polyacetylen
Anwendungsbereich
(a)Elektrodenbestandteil
(b)Elektrolytbestandteil
Eigenschaften :
- toxigologisch/ökotoxikologisch :
Sonstiges :
Kann schädigend wirken bei Einatmung, Verschlucken oder Aufnahme über Haut; kann Augen- und
Hautreizungen verursachen [187];

- physikalisch/chemisch :
Brechungsindex : 1,4200   (20 °C)
Dichte : 1740 kg/m3 (20 °C)
Molmasse : n * 64,07 g/mol

Verbleib nach Gebrauch :
Beseitigung A

Bemerkung :
Weißes Pulver;
Unverträglich mit starken Oxidationsmitteln; In der o.g. Plastikbatterie besteht der ELektrolyt
(Festelektrolyt) aus einem Gemisch aus PVDF, LiClO(4) und PC;

Polyvinylpyrrolidon

- **CAS-Nummer :**
  9003-39-8
- **Handelsnamen :**
  Polyvinylpyrrolidon K 15; Polyvinylpyrrolidon K 30; Kollidon; Pe regal ST; Plasdone; Plasmosan; Subtoson;
  Vinisil;
- **Summenformel :**
  $(C_6H_9NO)_n$
- **Strukturformel**

$$\left[-H_2C-\underset{\underset{\displaystyle O}{N}}{\overset{\overset{\displaystyle H}{|}}{C}}- \right]_n$$

Funktion
  Bindemittel/Anode
Batterietyp
  SE
  Nickel-Cadmium
Anwendungsbereich
  Elektrodenbestandteil
Eigenschaften :
- **toxigologisch/ökotoxikologisch :**
  RTECS # TR 8370000
  Sonstiges :
  Hautreizend; Kann schädigend wirken bei Einatmung, Verschlucken oder Aufnahme über Haut; kann
  Hautreizungen verursachen [187];
  LD 50 (oral, Ratte): 100 g/kg [187];

- **physikalisch/chemisch :**

Löslichkeit :
  praktisch unlöslich in Diethylether; löslich in Wasser, Ethylalkohol, Trichlormethan (Chloroform);

Verbleib nach Gebrauch :
  Beseitigung A

Bemerkung :
  Schwach gelber Feststoff ähnlich Albumin, zeigt jedoch nicht die gleichen Reaktionseigenschaften;
  lichtempfindlich;
  Verwendung: pharmazeutisches Hilfsmittel (Dispergier- und Schwebemittel); geplant als Klärmittel im
  Wein;

Propan

- **CAS-Nummer :**
  74-98-6
  - **UN Nummer :**
  1978
- **gebräuchliche Namen :**
  R 290; n-Propan; Propylwasserstoff; Ethylmethyl; Petroleum Gas; Dimethylmethan;

- **Handelsnamen :**
  Gemisch C;
- **Summenformel :**
  C_3H_8
- **Strukturformel**

$$H_3C-CH_2-CH_3$$

Funktion
Ausgangsstoff/Dünnschichtelektrode
Anwendungsbereich
Produktion
Eigenschaften :
- **toxigologisch/ökotoxikologisch :**
  RTECS # TX 2275000
  WGK : 0
  MAK Wert : 1000 ml/m3 bzw. 1800 mg/m3
  R-Satz : 12
  S-Satz : (2)-9-16-33
  Sonstiges :
  Spitzenbegrenzung IV [481]; Nicht mutagen [267]; Das Gas ist wenig giftig, wirkt aber schwach
  betäubend. Beim schnellen Übergang in den Gaszustand kann die Luft (insbesondere in Räumen)
  verdrängt werden (Erstickungsgefahr!). Kontakt mit der Flüssigkeit verursacht Erfrierungen [484];
  Inhalation von 10000 ml/m3 (ohne Zeitangabe) führte bei Männern zu keinen beobachtbaren Symptomen,
  100000 ml/m3 verursachten keine Reizung der Augen und Atemwege, führten aber zu leichten
  Schwindelanfällen innerhalb weniger Minuten [279];
  Geruchsschwelle: < 20000 ml/m3 [279], 5000-20000 ml/m3 [484];

  Gefahren-Symbol :

- **physikalisch/chemisch :**
  Dampfdruck : 7700 hPa (20 °C) [29]; 8300 hPa (20 °C) [484];
  Siedepunkt : - 42,06 °C
  Log pOW : 2,36 [4]
  Brechungsindex : 1,2957 (20 °C)
  Dichte : 2019,6 kg/m3 (20 °C); 480-520 kg/l (20 °C) als Flüssigkeit
  Schmelzpunkt : -189,9 °C; -186 °C
  Flammpunkt : <-42 °C
  Molmasse : 44,096 g/mol
  Verdampfungswärme : 428 kJ/kg (1 bar)

Löslichkeit :
  Wasser 6,4 cm3 (17,8 °C); Ethanol 783 cm3 (16,6 °C); Diethylether 925 cm3 (16,6 °C);

Bemerkung :
  krit. Temperatur: 96,8 °C [484];

Verbleib nach Gebrauch :
  Beseitigung Y

Bemerkung :
  Farbloses Gas; kein typischer Gasgeruch;
  Bildet im dampf-/gasförmigen Zustand mit Luft explosionsfähige Gemische;
  Explosionsgrenzen:
  2,1 - 9,5 Vol% ; Zündtemp.: 470 °C [29];
  2,1-11 Vol.-%; Zündtemp.: 460 °C [484];
  Achtung, bei Beginn der Geruchswahrnehmung können bereits Gasmengen in gefährlichen
  Konzentrationen vorhanden sein. Reaktionen mit Acetylen, Stickstoffdioxid, Fluor sowie Stickstoffdi-
  bzw. tetroxid sind möglich [484];

Verwendung: als Kältemittel in Kälteanlagen großer Leistung vorwiegend mit Turboverdichter (Temperaturbereich - 60 °C bis - 20 °C); als Treibmittelersatz für FCKW-Treibgase in Kosmetika (z.B. Haarsprays, Rasierschäume);
Gesundheitlich unbedenklich bei Einsatz in Kosmetika [78];

Propan-1,2-diol

- **CAS-Nummer :**
  57-55-6
- **gebräuchliche Namen :**
  1,2-Propandiol; Propylenglycol; Propylenglykol;1,2-Propylenglycol; 1,2-Propylenglykol; 1,2-Dihydroxypropan; Methylethylenglycol; Methylethylenglykol;
- **Handelsnamen :**
  Dow Frost; Sirlene; Propylene Glycol Industrial;
- **Summenformel :**
  $C_3H_8O_2$
- **Strukturformel**

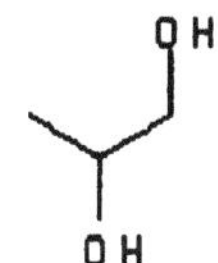

Funktion
  Produktionshilfsmittel
Batterietyp
  SE
  Lithium-Niobiumselenid
Anwendungsbereich
  Produktion
Eigenschaften :
- **toxigologisch/ökotoxikologisch :**
  RTECS # TY 2000000
  WGK : 1
  Sonstiges :
  Kontakt mit unverdünnter Flüssigkeit kann leichte Reizung der Augen und Haut hervorrufen [163]; Versehentliches Verschlucken kleinster Mengen dürfte keine gesundheitliche Schädigung hervorrufen. Hautresorption in gesundheitsschädlichen Mengen ist bei einer einmaligen, längeren Exposition unwahrscheinlich. Gesundheitsschädigende Wirkungen sind bei einmaligem, längerem (stundenlangem) Einatmen unwahrscheinlich. Von einer Dunstbildung gehen keine besonderen Gefahren aus. Auch nach längerem Hautkontakt in der Regel nicht hautreizend. Wiederholte Exposition kann zu Schuppenbildung und Erweichung der Haut führen. Kann geringfügige, vorübergehende Augenreizung verursachen. Eine Hornhautverletzung ist unwahrscheinlich. Wiederholtes, übermäßiges Verschlucken kann Wirkungen auf das Zentralnervensystem hervorrufen.
  Verursachte in Tierversuchen keine Beeinträchtigung der Fortpflanzungsfähigkeit. In vitro (Reagenzglas) durchgeführte Mutagenitätstests zeigten negative Ergebnisse. Ergebnisse der mit Versuchstieren durchgeführten Mutagenitätstests waren negativ.
  War in Langzeit-Tierversuchen nicht krebserzeugend. [Sdb Dow]
  LD 50 (oral, Ratte): 20 g/kg [187], 30 g/kg [9], 25 ml/kg [369], 21000-33700 mg/kg [Sdb Dow];
  LD 50 (intravenös, Ratte): 6,2 ml/kg [369];
  LD 50 (intraperitoneal, Ratte): 13,0 ml/kg [369];
  LD 50 (oral, Maus): 30 ml/kg [369];
  LD 50 (intravenös, Maus): 6,4 ml/kg [369];
  LD 50 (Haut, Kaninchen): 20800 mg/kg [9], [187];
  LD 50 (dermal, Kaninchen): >10000 mg/kg [Sdb Dow];
  LC 50 (Daphnia magna): 4850-34400 mg/l [Sdb Dow];
  Leichte biologische Abbaubarkeit [Sdb Dow];

Gefahren-Symbol :

- **physikalisch/chemisch :**
   Dampfdruck : 0,11 hPa (20 °C) [9]; 0,3 hPa (25 °C) [Sdb];
   Siedepunkt : 187,6 °C
   Brechungsindex : 1,432 (20 °C)
   Dichte : 1040,3 kg/m3 (19 °C)
   Schmelzpunkt : - 59 °C
   Flammpunkt : 107 °C; 103 °C
   Verdunstungszahl : 0,005 (BuAc = 1)
   Molmasse : 76,095 g/mol

Löslichkeit :
   Diethylether 120 g/l (20 °C); mischbar mit Wasser, Ethanol, Propanon (Aceton), Trichlormethan
   (Chloroform); löslich in Benzen (Benzol);

Verbleib nach Gebrauch :
   Entsorgung C

Bemerkung :
   Ölige, farblose, fast geruchlose hygroskopische Flüssigkeit;
   Bildet im dampf-/gasförmigen Zustand mit Luft explosionsfähige Gemische;
   Explosionsgrenzen:
   2,6-12,5 Vol.-%; Zündtemp.: 421 °C [9]; 371 °C [Sdb Dow];
   2,6-12,6 Vol.-%; Zündtemp.: 410 °C [163];
   Zugelassen als Lebensmittelzusatzstoff nach LMBG;
   Unter gewöhnlichen Bedingungen ist Propylenglykol stabil, bei hohen Temperaturen jedoch neigt Stoff zur
   Oxidation;
   Verwendung: technisches Lösemittel (gutes Lösemittel für Kolophonium); als nicht toxisches
   Frostschutzmittel in Brauereien und Molkereien; als Ersatz für Ethylenglykol und Glycerin; bei der
   Herstellung synth. Harze; als Hemmstoff von Gärung und Schimmelbildung; Lebensmittelemulgator;
   Enthalten in Surfynol 104PG-50 Surfactant (50%);

Propan-1,2-epoxid

- **CAS-Nummer :**
   75-56-9
   - **UN Nummer :**
   1280
- **gebräuchliche Namen :**
   1,2-Epoxypropan; Methyloxiran; Propylenoxid;
   Propenoxid; Propylenether; Methylethylenoxid; Allylenoxid; Propylenoxid, stabilisiert; 1,2-Epoxypropan,
   stabilisiert; Methyl Oxiran, stabilisiert; Propylenether, stabilisiert; 1,2-Propylenoxid, stabilisiert;
- **Handelsnamen :**

- **Summenformel :**
   C_3H_6O
- **Strukturformel**

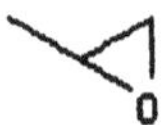

Funktion
   Produktionshilfsmittel/Kathode

Batterietyp
 SE
 Nickel-Cadmium
Anwendungsbereich
 Produktion
Eigenschaften :
- toxigologisch/ökotoxikologisch :
 RTECS # TZ 2975000
 Schweizer Giftliste : 1
 WGK : 3
 MAK Wert : vgl. III A2;
 R-Satz : 45-12-20/21/22-36/37/38
 S-Satz : 53-45
 Sonstiges :
 Krebserzeugend III A2 [481]; Carc.Cat.2 [505]; Dämpfe reizen Augen sowie Atmungsorgane und haben
 narkotische Wirkung; Kontakt mit der Flüssigkeit bewirkt schwere Reizung der Haut und Augen
 (Hornhautschäden) [163]; Karzinogen verdächtig; Gesundheitsschädigung schon vor
 Geruchswahrnehmung möglich;
 Geruchsschwelle: 200 ml/m3 [163];
 LD 50 (oral, Ratte): 1140 mg/kg [9];
 LD 50 (Haut, Kaninchen): 1245 mg/kg [9];
 LC 50 (inhal., Ratte, 7 h): 3600 ml/m3 [9];
 LD 50 (oral, Ratte): 380 mg/kg [9];
 LC 50 (inhal., Maus): 1740 ppm/4h [9];
 LD 50 (intraperitoneal, Ratte): 364 mg/kg [428];
 LD 50 (oral, Meerschwein): 660 mg/kg [428];
 LD 50 (oral, Maus): 630 mg/kg [428];
 LD 50 (oral, Ratte): 520 mg/kg [428];

 Gefahren-Symbol :

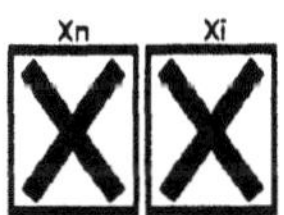

- physikalisch/chemisch :
 Dampfdruck : 588 hPa (20 °C) [163], [484]
 Siedepunkt : 34,3 °C
 Brechungsindex : 1,367 (20 °C)
 Dichte : 829 kg/m3 (20 °C); 859 kg/m3 (0 °C);
 Schmelzpunkt : -112 °C
 Flammpunkt : -37 °C; 44 °C
 Verdunstungszahl : 33,7 (BuAc = 1) [9]
 Molmasse : 58,08 g/mol

Löslichkeit :
 teilweise mischbar mit Wasser: (40 Gew.-% bei 20 °C) [484];
 löslich in Wasser; mischbar mit Ethanol, Diethylether;

Verbleib nach Gebrauch :
 Beseitigung D

Bemerkung :
 Farblose, leicht flüchtige, etherähnlich riechende Flüssigkeit;
 Brennbar; Bildet im dampf-/gasförmigen Zustand mit Luft explosionsfähige Gemische;
 Explosionsgrenzen:
 1,9 - 24 Vol% ; Zündtemp.: 430 °C [163];
 2,1 - 21,5 Vol% ; Zündtemp.: 748 °C [9];
 Polymerisiert heftig bei Kontakt mit Katalysatoren wie Säuren, Alkalien, Aminen und verschiedenen
 Metallsalzen, z.B. Eisen-, Zinn- und Aluminiumchlorid sowie mit Alkalimetallen; reagiert heftig bei Kontakt
 mit Chlor und Ammoniak [484];
 Verwendung: technisches Lösemittel;

Propan-2-ol

- **CAS-Nummer :**
  67-63-0
  - **UN Nummer :**
  1219
- **gebräuchliche Namen :**
  2-Propanol; Isopropanol; i-Propanol; IPA;iso-Propanol; 2-Hydroxypropan; Isopropylalkohol; iso-Propylalkohol; Dimethylcarbinol; sec.-Propylalkohol; sek.-Propylalkohol; Propanol-2;
- **Handelsnamen :**
  Avantine; Isohol; Lutosol; Persprit; Petrohol; Petrosol; IPA; Alcojel; Alcosolve 2; Combi-Schutz; Hartosol; Imsol A; PRO; Propol; Takinocol;
- **Summenformel :**
  C_3H_8O
- **Strukturformel**

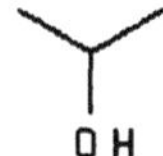

OH

Funktion
  PE
  Produktionshilfsmittel/Kathode
  SE
  Produktionshilfsmittel
Batterietyp
  PE
  (a)Lithium-Thionylchlorid
  (b)Zink-Luft
  SE
  Nickel-Cadmium
Anwendungsbereich
  Produktion
Eigenschaften :
- **toxigologisch/ökotoxikologisch :**
  RTECS # NT 8050000
  Schweizer Giftliste : 0
  WGK : 1
  MAK Wert : 980 mg/m3 bzw. 400 ml/m3
  R-Satz : 11
  S-Satz : (2)-7-16
  Sonstiges :
  Spitzenbegrenzung II,1 [481]; Schwangerschaftsgruppe D [481]; vgl. Abschn. VIII; Kontakt mit Augen, Haut und Schleimhäuten führt zu Reizungen; Dämpfe wirken narkotisch; in hohen Konz. Koma und Atemlähmung möglich;
  Beim Menschen 8600 mg/kg (oral) tödlich [32]; 100 ml (oral) tödlich nach [9];
  LD Lo (oral, Mensch): 3570 mg/kg [39];
  Weitere Angaben zur Humantoxikologie siehe -> [125], [126], [127];
  LD 50 (oral, Ratte): 5850 mg/kg [32];
  LD 50 (Haut, Kaninchen): > 12000 mg/kg [115], 12800 mg/kg [9];
  Toxische Grenzkonzentration für Pseudomonas putida 1050 mg/l, Scenedesmus quadricauda 1800 mg/l [36];
  LC 50 (Fisch; Goldorfe): 9280/8970 mg/l [33];
  LC 100 (Fisch; Golorfe): 9750/10920 mg/l [33]
  EC 50 (Daphnia magna): 9714 mg/l [180];
  Biologisch abbaubar [32];
  Geruchsschwelle: 250 mg/m3 [124]; 100 ml/m3 [484];
  Isopropylalkohol:
  Bei Hautkontakt Entfettung der Haut (Dermatitis) möglich. Beim Verschlucken mit anschließendem Erbrechen kann Aspiration in die Lunge erfolgen, was zur chemischen Pneumonie oder zur Erstickung führen kann. Verursacht Retadierung des Zentralnervensystems. Verschlucken kann Rauschzustand und

Bewußtlosigkeit verursachen. Kontaktexem. Folgende Symptome können auftreten: Kopfschmerzen,
Schwindelgefühl, Übelkeit, Narkose, trockene Haut.   [Sdb Shell Chemicals]

[Sdb Shell Chemicals]
LD/LC 50 (oral, Ratte): >2000 mg/kg
LD/LC 50 (dermal, Kaninchen): >2000 mg/kg
LD/LC 50 (inhal., Ratte): >50 mg/l/4 h
Wiederholte Exposition verursacht Nervenschäden bei Ratten
Biologisch leicht abbaubar;
LC 50 (Fisch) >100 mg/l
EC 50 (Daphnien): >100 mg/l
IC 50 (Algen): >100 mg/l
IC 50 (Bakterien): >100 mg/l
Gefahrenbezeichnung: F; R11; S7-16-26;

IPA:
Dämpfe verursachen Reizung der Augen und Atemwege, Kopfschmerzen, Schwindel und Störungen des
Zentralnervensystems. Haut: geringe Giftwirkung; häufiger oder länger andauernder Hautkontakt kann die
Haut entfetten und austrocken, was zu Hautbeschwerden und Hautentzündungen (Dermatitis) führen
kann. Reizung und Schädigung des Augengewebes, wenn Substanz nicht sofort entfernt wird. Geringste
Mengen, die bei Verschlucken oder nachfolgendem Erbrechen in die Lunge gelangen, können zu einem
Lungenödem oder zu einer Lungenentzündung führen.   [Sdb EXXON]

Gefahren-Symbol :

- **physikalisch/chemisch :**
    Dampfdruck : 42,5 hPa (20 °C) [32], 50,6 hPa (20 °C) [367]; 43 hPa (20 °C) [484];
    Siedepunkt : 82,4 °C
    Log pOW : 0,05 [4]
    Brechungsindex : 1,37757 (20 °C)
    Dichte : 785,4 kg/m3 (20 °C); 786 kg/m3 (15 °C)
    Schmelzpunkt : -88 °C;
    Flammpunkt : 12 °C
    Verdunstungszahl : 2,3 (BuAc = 1) [9], 2,6 (BuAc = 1) [105], 10,5 (Diethylether – 1) [19]
    Molmasse : 60,095 g/mol
    Verdampfungswärme : 665,70 kJ/kg

Löslichkeit :
    mischbar mit Wasser, Ethanol, Diethylether;

Verbleib nach Gebrauch :
    Beseitigung D
    Bei sachgemäßer Anwendung keine Störungen in der Abwasserreinigung zu
    erwarten [32];

Bemerkung :
    Farblose, scharf riechende Flüssigkeit;
    Brennbar; Bildet im dampf-/gasförmigen Zustand mit Luft explosionsfähige Gemische;
    Explosionsgrenzen: 2-12 Vol% ; Zündtemp.: 425 °C [32]; 460 °C [484];
    Die Substanz reagiert mit Laugen, Aminen, Alkanolaminen, Aldehyden, sauerstoffreichem Material
    (starken Oxidationsmitteln) und Chlorverbindungen [484];
    Zugelassen als Lebensmittelzusatzstoff nach LMBG;
    Verwendung: als Lösemittel;
    Anwendungsbereich: in der kosmetischen Industrie zur Herstellung von Haar-, Fuß- und Intimsprays, für
    Raum- und Deosprays; in der pharmazeutischen Industrie als Desinfektionsmittel; zur Herstellung
    vonReinigungsmitteln (u.a. für Glas, Keramik, Fleckenentferner, Bestandteil von Autopflegemitteln); in
    Kraftstoffen als Schutz vor Vergaservereisung; in der Druckfarbenindustrie;

Weitere Angaben zu physikalisch/chemischen Eigenschaften:

.

IPA:
Produkt ist eine komplexe Mischung. Klare farblose Flüssigkeit; Geruch alkoholisch; hygroskopisch;
Schmelzpunkt: -85 °C; Siedepunkt: 82-83 °C; Flammpunkt: 4 °C;
Explosionsgrenzen: 1,8-12,0 Vol.-%; Zündtemp.: >350 °C;
Dampfdruck: 44,14 hPa (20 °C), 127,59 hPa (38 °C), 306 hPa (55 °C);
Dichte: 786 kg/m3 (15 °C); Löslichkeit in Wasser: 100.00 Gew.-% (20 °C);
Molekulargewicht: 60   [Sdb]

Isopropylalkohol:
Leichtentzündlich; klare Flüssigkeit, alkoholartiger Geruch;
Schmelzpunkt: -89,5 °C; Siedepunkt: 82 °C; Flammpunkt: 12 °C;
Explosionsgrenzen: 2-12 Vol.-%; Zündtemperatur: 425 °C;
Dampfdruck: 43 hPa (20 °C), 236 hPa (50 °C); Dichte: 785 kg/m3 (20 °C);
vollständig mischbar mit Wasser; logPow: 0,05;
Verdunstungszahl (nBuAc = 1): 1,5; Molekulargewicht: 60,10   [Sdb]
Enthalten in Ceracol 40 (60%), Heucoflow (40%), Parmetol K 50 (3-8%), Surfinol 104PA Surfactant;

Propanon

- CAS-Nummer :
   67-64-1
   - UN Nummer :
   1090
- gebräuchliche Namen :
   Aceton; Azeton; Dimethylketon; Essiggeist; Ketopropan; Methylacetyl; 2-Propanon; Pyroessigsäure;
   Methylierter Aldehyd; Propan-2-on; beta-Ketopropan; Pyroessigsäureether;
- Handelsnamen :
   Brenzessiggeist; Brenzlicher Essiggeist; Brenzlicher Essigether;
- Summenformel :
   C_3H_6O
- Strukturformel

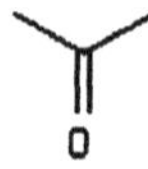

O

Funktion
   PE
   Produktionshilfsmittel/Kathode
   SE
   Produktionshilfsmittel/Kathode
Batterietyp
   PE
   Zink-Luft
   SE
   Lithium-Polypyrrol
Anwendungsbereich
   Produktion
Eigenschaften :
- toxigologisch/ökotoxikologisch :
   RTECS # AL 3150000
   Schweizer Giftliste : 4
   WGK : 0
   MAK Wert : 1200 mg/m3 bzw. 500 ml/m3
   R-Satz : 11
   S-Satz : (2)-9-16-23-33
   Sonstiges :
   Spitzenbegrenzung: Kat. II,2 [481]; IMK: III; Schwangerschaftsgruppe II c [481];

Nervengift; narkotische Wirkung etwa der des Ethanols entsprechend, Kopfschmerz, Unwohlsein; eingeatmet 10 - 20 g täglich erträglich [30]; Flüssigkeit und Dämpfe reizen Augen und Haut; Einatmen der Dämpfe in hohen Konzentrationen oder über einen längeren Zeitraum führt zur Narkose [163]; 10000 ml/m3 erwiesen sich als verträglich; nach 30-60 Min. zeigten sich keine Symptome [163]; Am Auge Gefahr schwerer Hornhautschäden. Längere oder wiederholte Exposition kann Dermatits verursachen. Verursacht Retardierung des Zentralnervensystems (Depression of CNS) [Sdb Shell Chemicals];
LC Lo (inhal., Mensch, 4 h): 12000 ml/m3 [106];
LD 50 (oral, Ratte): 5800 mg/kg [187], 9750 mg/kg [10];
LD 50 (oral, Maus): 3000 mg/kg [Sdb Rhone-Poulenc];
LC 50 (Inhalation, Ratte): 38000 mg/m3/4h [Sdb Rhone-Poulenc];
LD 50 (Haut, Kaninchen): 20000 mg/kg [187];
LD 50 (Daphnia magna): 10 mg/l [139];
LC 50 (Fisch; Goldorfe, 24 h): 5000 mg/l [57]; 11300/7505 mg/l [33];
LC 50 (Fisch; Blauer Sonnenbarsch, 96 h): 8300 mg/l [57];
Toxische Grenzkonzentration für Daphnia magna 9,28 g/l [389], für Pseudomonas putida 1700 mg/l, Scenedesmus quadricauda 7500 mg/l [36];
Geruchsschwelle: 200-450 ml/m3 [163], [484];
Biologisch leicht abbaubar [Sdb Rhone-Poulenc];

Gefahren-Symbol :

- physikalisch/chemisch :
  Dampfdruck : 239,5 hPa (20 °C) [163], 246,6 hPa (20 °C) [132], 533,2 hPa (39,5 °C)
  Siedepunkt : 56,1 °C; 57 °C; 55,8-56,6 °C; 56,2 °C (1013 hPa);
  Log pOW : - 0,24 [4]; 0,58 [57];
  Brechungsindex : 1,35886 (19,4 °C)
  Dichte : 795 kg/m3 (20 °C); 790-792 kg/m3 (20 °C)
  Schmelzpunkt : -95 °C
  Flammpunkt : <-20 °C; -18 °C
  Verdunstungszahl : 11,5 (BuAc = 1) [9], 19,4 (BuAc = 1) [105], 2,1 (Diethylether = 1) [19]
  Molmasse : 58,079 g/mol
  Verdampfungswärme : 504,51 kJ/kg

Löslichkeit :
  mischbar mit Wasser, Ethanol und Diethylether; mischbar mit Dimethylformamid; Chloroform; Ether;

Bemerkung :
  T(krit.): 235 °C; P(krit.): 47000 hPa [Sdb Rhone-Poulenc];

Verbleib nach Gebrauch :
  Beseitigung D
  Sickerwasser Deponie: 2,9 - 4,8 mg/l (Southington, Connecticut, USA, (1982/83) [58]

Bemerkung :
  Klare, farblose Flüssigkeit mit süßem aromatischen Geruch;
  Bildet im dampf-/gasförmigen Zustand mit Luft explosionsfähige Gemische;
  Explosionsgrenzen: 2,5-13 Vol.-% [32]; 2,2-13 Vol.-% [484];
  Zündtemp.: 540 °C [32], [484];
  Greift viele Kunststoffe und Gummi an; bei Kontakt mit Bariumhydroxid, Natriumhydroxid und vielen anderen alkalischen Stoffen kann Kondensation eintreten [484];
  Verwendung: Lösemittel, Fettlösemittel;
  Anwendungsbereich: Bestandteil von Filmklebemitteln; (Farb-)entwicklerzusatz; Lösemitel für Ethin in Druckgasflaschen (Dissous-Gas); Lösemittel für Nitroglycerin zu Transportzwecken;
  Weitere Angaben zur Toxikologie siehe [47];

  T(krit.): 235 °C; P(krit.): 47000 hPa [Sdb Rhone-Poulen);

Propantriol

- **CAS-Nummer :**
  56-81-5
- **gebräuchliche Namen :**
  Glycerin; Glyzerin; Glycerol; Trioxypropan; Trihydroxypropan; 1,2,3-Propantriol; Protol; Glycylalkohol;
- **Handelsnamen :**
  IFP; Ophthalgan; Ölsüß; Glyrol; Glysanin; Osmoglyn;
- **Summenformel :**
  $C_3H_8O_3$
- **Strukturformel**

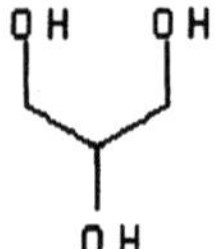

Funktion
  (a)Recyclinghilfsmittel
  (b)Produktionshilfsmittel/Anode
Batterietyp
  SE
  (a)Bleiakku
  (b)Nickel-Zink
Anwendungsbereich
  (a)Recycling/Entsorgung
  (b)Produktion
Eigenschaften :
- **toxigologisch/ökotoxikologisch :**
  RTECS # MA 8050000
  WGK : 0
  MAK Wert : 10 mg/m3 (US-Wert)
  Sonstiges :
  Kontakt mit unverdünnter Flüssigkeit kann zu leichter Reizung der Haut führen; bei Verschlucken größerer
  Mengen Rauschzustand mit Kopfschmerzen, Cyanose (Blausucht), Nierenschmerzen und blutigen
  Durchfällen möglich; bei Brand entsteht Acrolein mit starker Reizwirkung auf Augen und Atmungsorgane
  (Lungenödem möglich) [163];
  LD 50 (oral, Ratte): 12600 mg/kg [187], 27500 mg/kg [9];
  LD 50 (intravenös, Ratte): 4,4 ml/kg [369];
  LD 50 (intraperitoneal, Ratte): 6,9 ml/kg [369]; 4420 mg/kg [428];
  LD 50 (oral, Maus): 30 ml/kg [369];
  LD 50 (intravenös, Maus): 4,9 ml/kg [369];
  LD 50 (intraperitoneal, Maus): 7,1 ml/kg [369];
  Toxische Grenzkonzentration für Pseudomonas putida und Scenedesmus quadricauda > 10 g/l [36];
  Biologisch abbaubar [262];

- **physikalisch/chemisch :**
  Dampfdruck : < 0,0001 hPa (20 °C) [9], 3,99 hPa (20 °C) [187]
  Siedepunkt : 290 °C; 263 °C (533,16 hPa); 240 °C (266,58)
  Brechungsindex : 1,4746 (20 °C); 1,4758 (15 °C); 1,4730 (25 °C)
  Dichte : 1261,3 kg/m3 (20 °C)
  Schmelzpunkt : 17,9 °C ; 18 °C*
  Flammpunkt : 160 °C; ca. 180 °C;
  Verdunstungszahl : < 0,0001 (BuAc = 1) [9];
  Molmasse : 92,094 g/mol
  Verdampfungswärme : 826,89 kJ/kg

Löslichkeit :
  mischbar mit Wasser, Ethanol; unlöslich in Diethylether, Trichlormethan (Chloroform);

Bemerkung :
  * 18 °C, schon eine kleine Menge Wasser oder anderer vergleichbarer Stoffe setzt den Schmelzpunkt
  erheblich herab [484];

Verbleib nach Gebrauch :
  Beseitigung A

Bemerkung :
  Farblose, angenehm riechende Flüssigkeit;
  brennbar; zähflüssiger als Wasser; polymerisiert bei Erhitzung über 149 °C; Bei starker Erhitzung Bildung
  explosionsfähiger Gemische mit Luft;
  Explosionsgrenzen:
  2,1-13 Vol.-%; Zündtemp.: 540 °C [29];
  0,9-? Vol.-%; Zündtemp.: 429 °C [484];
  Zugelassen als Lebensmittelzusatzstoff nach LMBG;
  Verwendung: Als Weichmacher und technisches Lösemittel; zur Herstellung von Sprengstoffen,
  Kosmetika, flüssigen Seifen, Druck- und Kopiertinten, Schmiermitteln; als Frostschutzmittel in
  Automobilen; in der Biotechnologie, bei der Herstellung von Antibiotika; als Zusatz beim Pigmentpapier,
  um es geschmeidig zu halten; Schmeckt ca. 0,6 mal so süß wie Zucker [428];

  *: schon eine kleine Menge Wasser oder anderer vergleichbarer Stoffe setzt den Schmelzpunkt erheblich
  herab [484];

2-Propensäure

- CAS-Nummer :
  79-10-7
  - UN Nummer :
  2218
- gebräuchliche Namen :
  Acrylsäure; Propensäure;
- Handelsnamen :

- Summenformel :
  $C_3H_4O_2$
- Strukturformel

  $H_2C = CH - COOH$

Funktion
  Ausgangsstoff/Separator
Anwendungsbereich
  Produktion
Eigenschaften :
- toxigologisch/ökotoxikologisch :
  RTECS # AS 4375000
  Schweizer Giftliste : 2
  WGK : 1
  R-Satz : 10-34
  S-Satz : (1/2)-26-36-45
  Sonstiges :
  IMK: I;
  Dämpfe verursachen sehr starke Reizung der Augen und Atemwege; Flüssigkeit bewirkt schwere
  Verätzungen der Augen und Haut; bei Erhitzung werden giftige Dämpfe freigesetzt [163];
  LD 50 (oral, Ratte): 340 mg/kg [140], 33500 µg/kg [187];
  LD 50 (oral, Ratte): 0,43 - 259 ml/kg [140];
  LC Lo (inhal., Ratte, 5 h): 6000 ml/m3 [140];
  LC 50 (inhal., Maus, 2 h): 5300 mg/m3 [187];
  LD 50 (Haut, Kaninchen): 280 mg/kg [187];
  Toxische Grenzkonzentration für Pseudomonas putida 41 mg/l, Scenedesmus quadricauda 18 mg/l [36];
  LC Lo (Daphnia magna): 175 mg/l [6];
  LC 50 (Daphnia magna): 270 mg/l [6];
  LC Lo (Fisch; Goldorfe): 210 mg/l [33];
  LC 50 (Fisch; Goldorfe): 315 mg/l [33];
  Biologisch leicht abbaubar;

Gefahren-Symbol :

- physikalisch/chemisch :
  Dampfdruck : 5,33 hPa (20 °C) [187], 10,3 hPa (20 °C) [163];
  Siedepunkt : 141,6 °C
  Brechungsindex : 1,4224 (20 °C)
  Dichte : 1062 kg/m3 (16 °C)
  Schmelzpunkt : 13 °C
  Flammpunkt : 54 °C
  Molmasse : 72,063 g/mol

Löslichkeit :
  mischbar mit Wasser, Ethanol, Diethylether; löslich in Benzen (Benzol), Propanon (Aceton);

Verbleib nach Gebrauch :
  Beseitigung C

Bemerkung :
  Farblose, stechend essigähnlich riechende Flüssigkeit;
  Bildet im dampf-/gasförmigen Zustand mit Luft explosionsfähige Gemische;
  Explosionsgrenzen: 5,3-19,8 Vol.-%; Zündtemp.: 390 °C [163];
  Acrylsäure polymerisiert besonders bei Berührung mit anorganischen und organischen Peroxiden, Laugen
  und tertiären Aminen; Laugen setzen Neutralisationswärme frei und durch die Temperaturerhöhung wird
  der Polymerisationsvorgang beschleunigt, wobei wieder Wärme frei wird; zuletzt platzt das Gebinde;
  Verwendung: Polymerisation zu -> Polyacrylaten;

Pyrrol

- CAS-Nummer :
  109-97-7
- Handelsnamen :

- Summenformel :
  C_4H_5N
- Strukturformel

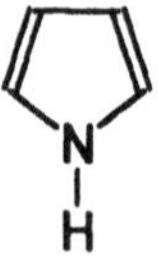

Funktion
  Ausgangsstoff/Kathode
Batterietyp
  SE
  Lithium-Polypyrrol
Anwendungsbereich
  Produktion
Eigenschaften :
- toxigologisch/ökotoxikologisch :
  RTECS # UX 9275000
  WGK : 2
  R-Satz : 10-20/21/22
  S-Satz : 16-24/25

Gefahren-Symbol :

- physikalisch/chemisch :
    Siedepunkt : 130 °C
    Log pOW : 0,75 [4]
    Brechungsindex : 1,50347 (19,1 °C)
    Dichte : 969,1 kg/m3 (20 °C),
    Schmelzpunkt : - 23 °C
    Flammpunkt : 36 °C
    Molmasse : 67,090 g/mol
    Verdampfungswärme : 563,42 kJ/kg

Löslichkeit :
    wenig löslich in Wasser und Benzen (Benzol); leicht löslich in Ethanol, Diethylether;

Verbleib nach Gebrauch :
    Beseitigung D

Bemerkung :
    Brennbare Flüssigkeit; feuchtigkeitsempfindlich;

Quecksilber

- CAS-Nummer :
    7439-97-6
    - UN Nummer :
    2809
- Handelsnamen :

- Summenformel :
    Hg
Funktion
    (a)-(e)Hilfsstoff   (dient zur Unterdrückung von Wasserstoffentwicklung)
    (e)Reaktionsprodukt

Batterietyp
    PE
    (a)Zink-Kohle
    (b)Alkali-Mangan
    (c)Zink-Luft
    (d)Zink-Silberoxid
    (e)Zink-Quecksilberoxid
Anwendungsbereich
    Elektrodenbestandteil
Eigenschaften :
- toxigologisch/ökotoxikologisch :
    RTECS # OV 4550000
    Schweizer Giftliste : 2
    WGK : 3
    MAK Wert : 0,1 mg/m3 bzw. 0,01 ml/m3
    R-Satz : 23-33
    S-Satz : (1/2)-7-45
    Sonstiges :
    Spitzenbegrenzung: III [481]; IMK: I;

Einatmen der Dämpfe führt nach chemischer Einwirkung zur Vergiftung; kurzzeitige Einatmung um so
gefährlicher je höhere Dampfkonzentrationen zustande kommen, z.B. durch starke Erhitzung oder Brand;
Vergiftungs- bild ist durch massive Darmstörungen und nachfolgendem Nierenschaden bis -versagen
gekennzeichnet; gelegentlich herrscht jedoch entzündliche Lungenschädigung vor; Hautresorption [163];
Geruchsschwelle: 13 mg/m3 [163];
Eingeatmet noch 0,1 - 0,02 mg Hg-Dampf je Tag giftig nach Monaten [30];
Wöchentlich aufnehmbare duldbare Höchstmenge an Hg: 0,03 mg/Person, wobei nicht mehr als 0,2 mg -
> Methylquecksilber sein dürfen [140];
TC Lo (inhal., Mensch, 30 Jahre): 169 μg/m3 [140];
Verbreitung: Luft- und Wasserpfad;
Obwohl nur geringer Dampfdruck, hohe Toxizität des Hg-Dampfes ; Alkoholiker und Tbc-Kranke
besonders anfällig für Hg-Vergiftungen;

Gefahren-Symbol :

- physikalisch/chemisch :
Dampfdruck : 0,00163 hPa (20 °C) [163]
Siedepunkt : 356,9 °C
Dichte : 13545 kg/m3 (20 °C)
Schmelzpunkt : - 38,8 °C
Molmasse : 200,59 g/mol

Löslichkeit :
unlöslich in Wasser (0,00006 g/l (25 °C) [140]), verdünnter Salzsäure, kalter Schwefelsäure; löslich in
Salpetersäure;

Verbleib nach Gebrauch :
Beseitigung P

Bemerkung :
Silberweißes, glänzendes, flüssiges Metall;
metallischer Geschmack, geruchlos; giftig, ätzend, nicht brennbar;
Verboten in kosmetischen Mitteln;
Bei Kontakt oder Mischung mit Salpetersäure oder Königswasser löst sich Quecksilber unter Bildung von
nitrosen Gasen und Quecksilbernitrat auf; auch heiße Schwefelsäure löst die Substanz; zahlreiche Metalle
wie Aluminium, Blei, Gold, Kalium, Kupfer, Natrium, Silber, Zink und Zinn werden angegriffen und unter
Bildung von Amalgamen aufgelöst; Stoff reagiert mit Ammoniak, Aminen, Acetylen und Oxalsäure und
bildet dabei Verbindungen, die sehr empfindlich gegen Schock und mech. Reibung sind;
Verwendung: als Spiegelbelag; zur Unkrautbekämpfung, zum Verfilzen von Filzen; für
Schiffsanstrichfarben; für Thermometer und Barometer; als Amalgationsmittel; als Katalysator; als
Elektrodenmaterial bei der Elektrolyse (z.B. Polarographie);
Abwassergrenzwert 0,05 mg/l [140]; Trinkwassergrenzwert: 1 μg/l [140]; Rhein (dt.-niederl. Grenze): 55
t/a (1973), 6 t/a (1985) [424]; Vorkommen umweltrelevanter Quecksilberkonzentrationen siehe [140];

Quecksilber(II)-chlorid

- CAS-Nummer :
7487-94-7
- UN Nummer :
3077
- gebräuchliche Namen :
Sublimat; Mercurichlorid; Quecksilberbichlorid;
- Handelsnamen :
Calochlor; Abavit B; Calochlor; Emisan 6; Fungchex; Sulem; Sublimate;
- Summenformel :
$HgCl_2$

Funktion
  Kathodenmaterial
Batterietyp
  PE
  Zink-Quecksilberoxid
Anwendungsbereich
  Elektrodenbestandteil
Eigenschaften :
- toxigologisch/ökotoxikologisch :
  RTECS # OV 9100000
  Schweizer Giftliste : 2
  WGK : 3
  MAK Wert : 0,01 mg/m3 (als Hg berechnet)
  R-Satz : 28-34-48/24/25
  S-Satz : (1/2)-36/37/39-45
  Sonstiges :
  Zell-, Nerven- und Organgift [30];
  Staub und Dämpfe führen zu starker Reizung und Verätzung der Atemwege, der Lunge und der Haut;
  Lungenschäden bis hin zu Glottis- und Lungenödem möglich; Kontakt mit festem Stoff führt zu sehr
  starker Reizung und Verätzung der Augen und der Haut; schwere Darmstörungen, Nierenschäden bis -
  versagen möglich [163];
  Innerlich 0,1 - 0,2 g giftig, 0,5 g tödlich [30];
  (weiteres siehe -> Quecksilber(II)-chlorid (Fortsetzung))

  LD Lo (oral, Mensch): 29 mg/kg [428];
  TD Lo (oral, Mann): 21 mg/kg [428];
  TD Lo (oral, Frau): 18 mg/kg [428];
  LD Lo (oral, Hund): 10 mg/kg [428];
  LD 50 (oral, Ratte): 1 mg/kg [428];
  LD 50 (subcutan, Ratte): 14 mg/kg [428];
  LD 50 (oral, Maus): 6 mg/kg [428];
  LC Lo (inhal, Maus): 300 mg/m3/10h [428];
  Toxische Grenzkonzentration für Scenedesmus quadricauda 0,07 mg/l [404];
  Minimale letale Dosis für Goldfische 0,82 mg/l (7 Tage), für Garnelen 0,075 mg/l (48 h), für Austern 4,2
  mg/l (48 h) [414];
  LC 50 (Fisch; Elritze, 96 h): 0,19 mg/l [25];
  LC 50 (Fisch; Garnele, 96 h): 0,06 mg/l [25];
  Verbreitung: Luft- und Wasserpfad;

  Gefahren-Symbol :

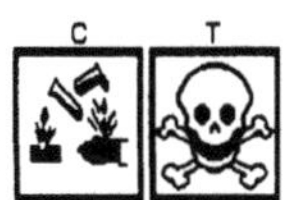

- physikalisch/chemisch :
  Dampfdruck : 0,0001 hPa (20 °C) [163]
  Siedepunkt : 302 °C
  Dichte : 5420 kg/m3 (20 °C)
  Schmelzpunkt : 276 °C
  Molmasse : 271,50 g/mol

Löslichkeit :
  Wasser (*) 69 g/l (20 °C), 480 g/l (100 °C); Ethanol 330 g/l (25 °C); löslich in Ethansäure
  (Essigsäure), Pyridin;

Verbleib nach Gebrauch :
  Beseitigung L

Bemerkung :
  Weiße geruchlose Kristalle;
  Lösungen zersetzen sich am Licht, deshalb Aufbewahrung in braunen Flaschen; Verdampft bei etwa 300
  °C unzersetzt und sublimiert wieder beim Abkühlen

Verwendung: in der fotografischen Industrie als Verstärker und zur Prüfung auf Restthiosulfatgehalt (das metallische Silber reduziert das $HgCl_2$ zu $Hg(I)$chlorid Hg_2Cl_2, wobei sich AgCl bildet; das Negativ bleicht aus und wird mit Ammoniak (NH_3) geschwärzt);

Quecksilber(II)-oxid

- **CAS-Nummer** :
    21908-53-2
    - **UN Nummer** :
    1641
- **gebräuchliche Namen** :
    Quecksilberoxid; rotes Präzipitat; Mercurioxid; gelbes Präzipitat;
- **Handelsnamen** :

- **Summenformel** :
    HgO
Funktion
    PE
    (a)Aktive Masse/Kathode
    (b)Additiv/Kathode
    SE
    (a),(b)Additiv/Anode
Batterietyp
    PE
    (a)Zink-Quecksilberoxid
    (b)Zink-Luft
    SE
    (a)Nickel-Eisen
    (b)Nickel-Zink
Anwendungsbereich
    PE
    Elektrodenbestandteil
    SE
    (a),(b)Elektrodenbestandteil
Eigenschaften :
- **toxigologisch/ökotoxikologisch** :
    RTECS # OW 8750000
    Schweizer Giftliste : 2
    WGK : 3
    MAK Wert : 0,1 mg/m3 (als Hg)
    R-Satz : 26/27/28-33
    S-Satz : 1/2-13-28-45
    Sonstiges :
    IMK: I;
Staub und Dämpfe führen zu starker Reizung der Augen, Atemwege, Lunge und Haut; Lungenödem möglich (kann mit einer Verzögerung von bis zu 2 Tagen auftreten); Kontakt mit dem festen Stoff bewirkt sehr starke Reizung der Augen und Haut; Aufnahme über die Haut möglich (Hautresorption!); schwere Darmstörungen, Nierenschäden bis -versagen, Beteiligung des ZNS; bei Erhitzung bis zur Zersetzung erfolgt Freisetzung Quecksilberdämpfen [163];
(weiteres siehe -> Quecksilber(II)-oxid (Fortsetzung))

LD 50 (oral, Ratte): 18 mg/kg [187];
LD 50 (oral, Maus): 16 mg/kg [428];
LD 50 (Haut, Ratte): 315 mg/kg [187];
LD 50 (intraperitoneal, Maus): 4500 µg/kg [428];

Gefahren-Symbol :

- physikalisch/chemisch :
   Dichte : 1400 kg/m3 (4 °C)
   Schmelzpunkt : 500 °C (Zers.)
   Molmasse : 216,59 g/mol

Löslichkeit :
   Wasser 0,053 g/l (25 °C), 0,395 g/l (100 °C); löslich in Säuren; unlöslich in Laugen, Ethanol,
   Diethylether, Propanon (Aceton), Ammoniak;

Verbleib nach Gebrauch :
   Beseitigung O

Bemerkung :
   Orangefarbenes kristallines Pulver; kommt in zwei Formen, einer roten und einer gelben vor; das gelbe
   besitzt geringere Teilchengröße;
   Lichtempfindlich; dunkelt bei längerer Einwirkung von Licht nach unter langsamer Zersetzung; giftig; nicht
   brennbar; Quecksilberoxid ist ein starkes Oxidationsmittel; bei Kontakt oder Mischung mit
   Reduktionsmitteln kann explosionsartige Reaktion erfolgen; Verfärbt sich bei 400 °C schwarz, wird beim
   Abküheln wieder rot; Mischungen von Quecksilberoxid mit Wasserstoffperoxid in Gegenwart von
   Salpetersäure ergeben das hochexplosive Quecksilberperoxid;
   Verwendung: Reagens und Katalysator in org. Synthesen;

Salpetersäure

- CAS-Nummer :
   7697-37-2
   - UN Nummer :
   2031
- gebräuchliche Namen :
   Salpetergeist; Scheidewasser; Aqua fortis;
- Handelsnamen :

- Summenformel :
   HNO_3
Funktion
   (a)Recyclinghilfsmittel
   (b)Produktionshilfsmittel
Batterietyp
   PE
   (a)Zink-Silberoxid
   (b)Lithium-Mangandioxid
Anwendungsbereich
   (a)Recycling/Entsorgung
   (b)Produktion
Eigenschaften :
- toxigologisch/ökotoxikologisch :
   RTECS # QU 5775000
   Schweizer Giftliste : 2
   WGK : 2
   MAK Wert : 2 ml/m3 bzw. 5 mg/m3
   R-Satz : 8-35
   S-Satz : (1/2)-23-26-36-45
   Sonstiges :
   Schwangerschaftsgruppe IIc; Spitzenbegrenzung: I [481]; Einwirkung der Dämpfe führt akut zu
   Augenreizung (Bindehaut, Hornhaut) und Schädigung der Atemwege (Kehlkopfschwellung, Bronchitis,
   Lungenödem); an Haut und Schleimhäuten wirkt die Flüssigkeit ätzend, wobei es zur Gelbfärbung der
   Ätzschorfe kommt; bei oraler Aufnahme steht die Zerstörung der Schleimhäute von Mund, Speiseröhre
   und Magen im Vordergrund; Gefahr des Magendurchbruchs [418];
   Ätzstoff; 0,03 mg/l Luft 1 h ertragbar, 0,3 - 0,4 mg/l Luft verursachen Ätzung der Schleimhäute, 0,5 - 1
   mg/l Luft tödlich in 0,5 bis 1 h, innerlich 2 g konz. Salpetersäure tödlich [30];
   LD Lo (oral, Mensch): 430 mg/kg [428];

Schädlichkeitsgrenze für Forellen: 100 mg/l [298];
Toxische Grenzkonzentration für Daphnia magna 107 mg/l [389];

Gefahren-Symbol :

- **physikalisch/chemisch :**
  Dampfdruck : 5,6 hPa (20 °C) [163], 56 hPa (20 °C) [418], 9,4 hPa (*) (20 °C) [418];
  Siedepunkt : 83 °C
  Dichte : 1502,7 kg/m3 (25 °C)
  Schmelzpunkt : - 42 °C
  Molmasse : 63,01 g/mol

Löslichkeit :
  mischbar mit Wasser; löslich in Diethylether; zersetzlich in Ethanol;

Bemerkung :
  (*): Dampfdruck für 65 %ige Säure

Verbleib nach Gebrauch :
  Beseitigung N

Bemerkung :
  Klare, bis leicht braune Flüssigkeit; scharfer, stechender Geruch;
  Salpetersäure ist in wäßriger Lösung weitestgehend dissoziiert, gehört dadurch zu den stärksten Säuren;
  Konzentrationen: starke Salpetersäure bzw. rote, rauchende Salpetersäure (98 %ig), konz. Salpetersäure
  (68 %ig), verd. Salpetersäure (25 %ig);
  Verwendung: als Ausgangsprodukt für die Herstellung von Nitraten und Düngemittel (75 %),
  Explosivstoffen (15 %); zum Nitrieren org. Verbindungen (z.B. -> Cellulose zu -> Cellulosenitrat); in der
  Metallbearbeitung zum Beizen und Ätzen;
  Gewinnung: durch katalytische Ammoniak-Verbrennung (Ostwald-Verfahren);

Sauerstoff

- **CAS-Nummer :**
  7782-44-7
- **gebräuchliche Namen :**
  Oxygen;
- **Handelsnamen :**

- **Summenformel :**
  O_2
Funktion
  Aktive Masse/Kathode
Batterietyp
  PE
  (a)Zink-Luft
  (b)Aluminium-Luft (Meerwasserbatterie)
Anwendungsbereich
  Elektrodenbestandteil
Eigenschaften :
- **toxigologisch/ökotoxikologisch :**
  RTECS # RS 2060000
  WGK : 0
  R-Satz : 8-34
  S-Satz : (1/2)-21-45
  Sonstiges :
  Kann schädigend wirken [187];

TC Lo (inhal., Mensch): 100pph/14h [428];

Gefahren-Symbol :

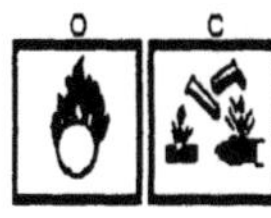

- physikalisch/chemisch :
. **Siedepunkt :** - 183 °C
Dichte : 1,429 g/l (0 °C, Gas); 1,14 g/ml (-183 °C, flüssig);
Schmelzpunkt : - 218 °C
Molmasse : 31,99 g/mol
Verdampfungswärme : 50,9 cal/g ; 6,82 kJ/mol

Löslichkeit :
Wasser 48,9 ml/l (0 °C), 31,6 ml/l (25 °C), 24,6 ml/l (50 °C); 230 ml/l (100 °C); Ethanol 27,8 g/l
(25 °C);

Bemerkung :
P krit: 50,14 atm;
T krit: -118,95 °C

Verbleib nach Gebrauch :
Beseitigung Y

Bemerkung :
Nicht entzündbares farbloses Gas;
Unverträglich mit Diboran, Dibortetrafluorid, Dimethoxymethan, Dimethylketen, Dimethylsulfid,
Calciumphosphid, Alkaliphosphiden, Titantrichlorid; Gepulverte Metalle, Metallhydride und Nicht-
Metallhydride können sich bei Kontakt mit Sauerstoff entzünden oder explodieren;
Zugelassen als Lebensmittelzusatzstoff nach LMBG;
Verwendung: als Oxidationsmittel;

Schwefel

- CAS-Nummer :
7704-34-9
- UN Nummer :
1350
- gebräuchliche Namen :
Sulfur; Fester Schwefel; Kolloidschwefel; Netzschwefel; Schwefelblume; Stangenschwefel; Kumulus;
- Handelsnamen :
Schwefelblüte; Asulfasupra; Bensulfoid; Cosan; Elosal; Hexasul; Kolo 100; Polsulkol Extra; Microthiol;
Micowetsulf; Svovl; Sulkol; Sultaf; Sulfex; Sulfidal; Thiovit; Sulfran; Shreesul; Wettasul;
- Summenformel :
S
Funktion
PE
(a)Reaktionsprodukt;
(b)Additiv/Kathode
SE
(a)Recyclinghilfsmittel
(b)Ausgangsstoff/Kathode
(c)Additiv/Elektrodengitter
(d)Aktive Masse/Kathode
Batterietyp
PE
(a)Lithium-Thionylchlorid
(b)Aluminium-Luft

550

SE
(a)Bleiakku
(b)Lithium-Kupfermolybdänsulfid
(c)Nickel-Cadmium
(d)Natrium-Schwefel
Anwendungsbereich
PE
Elektrodenbestandteil
SE
(a)Recycling/Entsorgung
(b)Produktion
(d)Elektrodenbestandteil (Schwefel liegt bei Betriebstemperatur schmelzflüssig vor)
Eigenschaften :
- toxigologisch/ökotoxikologisch :
RTECS # WS 4250000
Schweizer Giftliste : 5
WGK : 0
R-Satz : 36/37/38
S-Satz : 26-37/39
Sonstiges :
Schwefelstaub kann Augen reizen; bei Brand entwicklen sich giftige, starke Reizwirkung verursachende,
erstickende Gase, die -> Schwefeldioxid enthalten; Schwefeldioxid verursacht schwere Reizung der
Augen und Atemwege (Lungenödem möglich); Geschmolzenes Schwefel kann -> Schwefelwasserstoff
enthalten, der bereits in niedrigen Konzentrationen sehr giftig ist [163];
Schwefelmilch (gefällter Schwefel): tödliche Dosis ab 12 g [39];
Kolloidaler Schwefel (Goldfisch, 3,5 - 5,25 h): 1600 mg/l tödlich [163];

Gefahren-Symbol :

- physikalisch/chemisch :
Siedepunkt : 444,67 °C
Dichte : 2070 kg/m3 (20 °C)
Schmelzpunkt : 112,8 °C; 119 °C
Flammpunkt : 168 °C
Molmasse : 32,064 g/mol

Löslichkeit :
Kohlenstoffdisulfid 230 g/l (0 °C); unlöslich in Wasser; wenig löslich in Ethanol, Diethylether, Benzen
(Benzol), flüssigem Ammoniak; löslich in Tetrachlormethan; Alle Angaben für alpha-Schwefel

Bemerkung :
Zündtemperatur: 235 °C (fest); 260 °C (flüssig) [484];

Verbleib nach Gebrauch :
Beseitigung A

Bemerkung :
Gelbe bis braune, feste Masse oder Kristalle, Brocken, grobes körniges Pulver, feinkorniges Pulver oder
amberfarbene heiße Schmelze; im flüßgen Zustand werden bei Luftzutritt SO(2)-Dämpfe zum Teil auch
H(2)S-Gas abgegeben; Zugelasssen als Lebensmittelzusatzstoff nach LMBG;
Verschiedene Modifikationen, z.B.:
alpha-Schwefel (rhombischer Schwefel): zitronengelb;
ß-Schwefel (monokliner Schwefel): hellgelb;
gamma-Schwefel (perlmuttartiger Schwefel): hellgelb, fast farblos;
alpha-Schwefel ist bei Raumtemperatur die stabilste Modifikation;
Reagiert bei Kontakt mit sauerstoffreichem Material; Kupfer und Kupfer verbindungen werden angegriffen;
in Verbindung mit Feuchtigkeit wird Stahl allmählich angegriffen; Geruch nach Schwefeldioxid;
Die Transporttemperatur des flüssigen (geschmolzenen) Schwefels beträgt ca. 140 °C [484];
Verwendung: Vulkanisierung von Kautschuk; Herstellung von Schwefelverbindungen;

Schwefel(IV)-oxid

- CAS-Nummer :
  7446-09-5
  - UN Nummer :
  1079
- gebräuchliche Namen :
  Schwefeldioxid; Schweflige Säure (wasserfrei); Schwefelgeist; Bisulfit;
- Handelsnamen :

- Summenformel :
  SO_2

Funktion
  PE
  (a),(c)Reaktionsprodukt;
  (a)Additiv/Elektrolyt
  (b)Aktive Masse/Kathode
  SE
  Aktive Masse/Kathode

Batterietyp
  PE
  (a)Lithium-Thionylchlorid
  (b)Lithium-Schwefeldioxid
  (c)Lithium-Sulfurylchlorid
  SE
  Lithium-Schwefeldioxid

Anwendungsbereich
  PE
  (b)Elektrodenbestandteil; Elektrolytbestandteil
  (a),(d)Elektrolytbestandteil
  SE
  Elektrodenbestandteil; Elektrolytbestandteil

Eigenschaften :
- toxigologisch/ökotoxikologisch :
  RTECS # WS 4550000
  Schweizer Giftliste : 3
  WGK : 1
  MAK Wert : 2 ml/m3 bzw. 5 mg/m3
  R-Satz : 23-36/37
  S-Satz : (1/2)-7/9-45
  Sonstiges :
  Spitzenbegrenzung: I [481];
  Gas verursacht extreme Reizung der Augen und Atemwege sowie der Lunge bis hin zu Lungenödem
  (kann mit einer Verzögerung bis zu zwei Tagen auftreten); Stimmritzenkrampf möglich; Kontakt mit der
  Flüssigkeit führt zu Erfrierungen der Haut und schweren Schäden an den Augen [163];
  LC Lo (inhal., Mensch.): 1000 ppm/10 min [187];
  LC Lo (inhal., Mensch): 3000 ppm/5 min [187];
  LC Lo (inhal., Meerschwein): 1039 ppm/24h [187];
  LC 50 (inhal., Ratte): 2520 ppm/1h [187];

  Gefahren-Symbol :

- physikalisch/chemisch :
  Dampfdruck : 3390 hPa (20 °C) [163]
  Siedepunkt : - 10 °C
  Dichte : 2,927 kg/m3 (Gas), 1,434 kg/m3 (Flüssigkeit)

Schmelzpunkt : - 72,7 °C
Flammpunkt : -
Verdunstungszahl : krit.
Molmasse : 64,063 g/mol

Löslichkeit :
Wasser 228,3 g/l (0 °C), 112,7 g/l (20 °C), 5,8 g/l (90 °C); löslich in Ethanol, Ethansäure (Essigsäure), Schwefelsäure;

Verbleib nach Gebrauch :
Beseitigung N

Bemerkung :
Farbloses, stechend riechendes Gas;
Zugelassen als Lebensmittelzusatzstoff nach LMBG;
Geruchsschwelle: 0,3 - 1 ml/m3 [163];
Einatmen von Konzentrationen > 400 ml/m3 über einige Minuten lebensgefährlich [163];

Schwefelsäure

- CAS-Nummer :
7664-93-9
- UN Nummer :
1830
- gebräuchliche Namen :
Monothionsäure; Vitriol; Vitriolöl; Oleum; Kontaktsäure; Dünnsäure; Dihydrosulfat; Waschsäure;
- Handelsnamen :

- Summenformel :
H_2O_4S
Funktion
PE
(a)Produktionshilfsmittel/Kathode
(a),(b)Recyclinghilfsmittel
SE
(a)Produktionshilfsmittel/Elektrode, Recyclinghilfsmittel
(b)Elektrolyt, Recyclinghilfsmittel
Batterietyp
PE
(a)Zink-Kohle
(b)Alkali-Mangan
SE
(a)Nickel-Cadmium
(b)Bleiakku
Anwendungsbereich
PE
(a)Produktion
(a),(b)Recycling/Entsorgung
SE:
a)Produktion
(a),(b)Recycling/Entsorgung
(b)Elektrolytbestandteil
Eigenschaften :
- toxigologisch/ökotoxikologisch :
RTECS # WS 5600000
Schweizer Giftliste : 2
WGK : 1
MAK Wert : 1 mg/m3 (gemessen als Gesamtstaub)
R-Satz : 35
S-Satz : (1/2)-26-30-45
Sonstiges :
Spitzenbegrenzung: I [481];

Nach Hautkontakt treten schwere Verätzungen auf unter Bildung von Ätzschorfen; am Auge kommt es zu Hornhautschäden; beim Einatmen von Aerosolen Schädigung der betroffenen Schleimhäute; nach Verschlucken kann (nach einer Latenzzeit von einigen Wochen) Verengung des Magen-ausgangs (Pylorusstenose) auftreten [418]; Innerlich 4 - 6 g tödlich, 0,5 - 1 %ige Lösung giftig [30]; Die bei starker Erhitzung entstehenden Dämpfe und Flüssigkeit verursachen schwere Verätzungen der Augen, Haut und Atemwege; hohe Dampfkonzentrationen können zu Atem- und Herzstillstand führen [163];
LD 50 (oral, Ratte): 2140 mg/kg (25 %ige Lösung) [41];
LC 50 (inhal., Ratte, 2 h): 510 mg/m3 [187];

Toxische Grenzkonzentration für Daphnia magna 88 mg/l [389];

Gefahren-Symbol :

- physikalisch/chemisch :
   Dampfdruck : 2 hPa (20 °C) [163]; <0,01 hPa (20 °C) [Sdb]
   Siedepunkt : 338 °C (98,3 %) 295-315 °C;
   Dichte : 1841 kg/m3 (96-98 %) (20 °C)
   Schmelzpunkt : 10,36 °C (100 %)
   Molmasse : 98,078 g/mol

Löslichkeit :
   mischbar mit Wasser; zersetzlich in Ethanol;

Verbleib nach Gebrauch :
   Beseitigung N

Bemerkung :
   Farblose, ölige Flüssigkeit; hygroskopisch; meist geruchlos;
   Reagiert bei Kontakt mit Metallen und setzt dabei sehr leicht entzündliches Wasserstoffgas frei; reagiert bei Kontakt mit starken Oxidationsmitteln; Bei Erhitzung oder Feuer entstehen stark giftige Dämpfe; bei Kontakt mit Wasser kann heftige Reaktion unter Freisetzung von viel Hitze eintreten; Organische Stoffe, die mit Schwefelsäure in Berührung kommen, verkohlen durch starken Wasserentzug;
   Verwendung: in der fotografischen Industrie als Ansäuerungsmittel in Härte- und Umkehrbädern sowie in Abschwächern; mit Kaliumdichromat zum Reinigen von Gefäßen; in Autobatterien;

Schwefelwasserstoff

- CAS-Nummer :
   7783-06-4
   - UN Nummer :
   1053
- gebräuchliche Namen :
   Hydrothionsäure; Monosulfan; Wasserstoffsulfid; Schwefelwasserstoffsäure;
- Handelsnamen :

- Summenformel :
   H_2S
Funktion
   PE
   Produktionshilfsmittel/Kathode
   SE
   Ausgangsstoff/Kathode
   Recyclinghilfsmittel
Batterietyp
   PE
   Zink-Silberoxid

SE
Lithium-Titandisulfid

Anwendungsbereich
Produktion
Recycling/Entsorgung

Eigenschaften :
- toxigologisch/ökotoxikologisch :
RTECS # MX 1225000
Schweizer Giftliste : 2
MAK Wert : 10 ml/m3 bzw. 15 mg/m3
R-Satz : 12-26
S-Satz : (1/2)-7/9-16-45
Sonstiges :
Schwangerschaftsgruppe IIc; Reizstoff; Nervengift; Zellgift; Gas übt Reizwirkung auf Schleimhäute
aus und führt zu einer, durch Lähmung der Zellatmung bedingten, Nervenschädigung; in höheren
Konzentrationen Krämpfe und Bewußtlosigkeit, bis schließlich Tod durch Atemlähmung eintritt;
Eingeatmet 1,2 - 2,8 mg/l Luft (= 0,1 %) sofort tödlich, 0,6 mg/l Luft (= 0,05 %) in 0,5 - 1 h tödlich,
0,1 - 0,15 mg/l Luft (= 0,02 %) bei mehrstündiger Einatmung giftig [30];
Geruchsschwelle: 0,01 ml/m3 [29];
Immissionswerte: IW 1 0,0050 mg/m3
                 IW 2 0,010 mg/m3
Bei Eindringen ins Grundwasser (Uferfiltrat) dieses als Trinkwasser unbrauchbar [29];
LC 50 (inhal., Ratte, 1 h): 713 ml/m3 [131];
LC 50 (inhal., Maus, 1 h): 673 ml/m3 [131];

Gefahren-Symbol :

- physikalisch/chemisch :
Dampfdruck : 17700 hPa (20 °C) [29]
Siedepunkt : - 60,7 °C
Dichte : 1,539 kg/m3 (0 °C),   1,5292 kg/m3 (20 °C)
Schmelzpunkt : - 85,5 °C
Molmasse : 34,080 g/mol

Löslichkeit :
Wasser 5,3 g/l (10 °C), 3,98 g/l (20 °C); löslich in Ethanol;

Verbleib nach Gebrauch :
Beseitigung Y

Bemerkung :
Farbloses, selbst in geringen Konzentrationen noch unangenehm nach faulen Eiern riechendes Gas; in
hoher Konzentration geruchlich nicht wahrnehmbar! brennbar;
Bildet mit Luft explosionsfähige Gemische;
Explosionsgrenzen: 4,3 - 45,5 Vol%; Zündtemp.: 270 °C [29];
Verwendung: zur Gewinnung von Schwefel und Schwefeldioxid;

Schweflige Säure

- CAS-Nummer :
7782-99-2
- UN Nummer :
1833
- gebräuchliche Namen :
Schwefelige Säure; Schwefeldioxid Hydrat;
- Handelsnamen :

- **Summenformel :**
  H_2SO_3
- **Strukturformel**

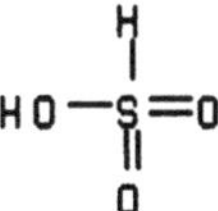

Funktion
  Ausgangsstoff/Kathode
Batterietyp
  PE
  Lithium-Manganoxid
Anwendungsbereich
  Produktion
Eigenschaften :
- **toxigologisch/ökotoxikologisch :**
  RTECS # WT 2775000
  Schweizer Giftliste : 4
  WGK : 1
  R-Satz : 23-36/37/38
  S-Satz : 9-26-37
  Sonstiges :
  Augen- und Hautkontakt verursacht Reizungen; Schleimhautreizungen, Husten und Atemnot nach
  Einatmen; Schleimhautirritationen nach Verschlucken im Mund, Rachen, Speiseröhre und Magen-Darm-
  Trakt [418];

  Gefahren-Symbol :

- **physikalisch/chemisch :**
  Dichte : ca. 1030 kg/m3 (20 °C)
  Molmasse : 82,08 g/mol

Löslichkeit :
  löslich in Wasser, Ethanol, Diethylether, Ethansäure (Essigsäure);

Verbleib nach Gebrauch :
  Beseitigung N

Bemerkung :
  Farblose, stechend riechende Flüssigkeit;
  Nur in wäßriger Lösung beständig; Schweflige Säure des Handels entspricht etwa einer 6 %igen ->
  Schwefeldioxidlösung in Wasser;
  Verwendung: als Konservierungsmittel (z.B. für Weine u. Früchte); zur Eisfabrikation; zum Bleichen; zum
  Desinfizieren;

Selen

- **CAS-Nummer :**
  7782-49-2
- **gebräuchliche Namen :**
  Selenium;
- **Handelsnamen :**

- Summenformel :
  Se
Funktion
  Additiv
Batterietyp
  SE
  Photovoltaische Batterie
Eigenschaften :
- toxigologisch/ökotoxikologisch :
  RTECS # VS 7700000
  Schweizer Giftliste : 1
  MAK Wert : 0,1 mg/m3 (gemessen als Gesamtstaub)
  R-Satz : 23/25-33
  S-Satz : (1/2)-20/21-28-45
  Sonstiges :
  Spitzenbegrenzung: III [481]; IMK: I;
  Grenzkonzentration im Trinkwasser: 0,01 mg/l (WHO); Gesamtaufnahme von bis zu 4 g/Person ohne
  sichtbare, toxische Wirkung [140]; Tägliche Selenaufnahme des Menschen wird auf etwa 70 μg
  geschätzt [140];
  LC Lo (inhal., Ratte, 8 h): 33 mg/kg [140];
  5, 7 und 10 mg/kg Selenid führen bei Ratten nach 3 Monaten zu Leberzirrhose und zum Tod von 43 der
  108 Versuchstiere [140];

  Gefahren-Symbol :

- physikalisch/chemisch :
  Siedepunkt : 688 °C
  Dichte : 4260 kg/m3 (20 °C, amorph)
  Schmelzpunkt : 220 °C
  Molmasse : 78,96 g/l

Löslichkeit :
  unlöslich in Wasser, Ethanol; löslich in Schwefelsäure;

Verbleib nach Gebrauch :
  Beseitigung R

Bemerkung :
  Vorkommen in mehreren Modifikationen; die nichtmetallischen Formen sind in Kohlenstoffdisulfid löslich;
  Verboten in kosmetischen Mitteln;
  Verwendung:
  - rote Modifikation (nichtmetallisch): in der Fotoindustrie für Tonbäder
  - graue Modifikation (metallisch): in Fotoelementen der lichtelektrischen Belichtungsmesser und zur
  Xerographie (fotoelektrisches Trockendruckverfahren);

Silber

- CAS-Nummer :
  7440-22-4
- gebräuchliche Namen :
  C.I. 77820;
- Handelsnamen :

- Summenformel :
  Ag

Funktion
PE
(b)Katalysator/Kathode
SE
(a)Elektrodengitter
SE
(b)Reaktionsprodukt

Batterietyp
PE
(a)Nickel-Zink
(b)Zink-Luft
(c)Zink-Silberoxid
(d)Lithium-Silberchromat
SE
(a)Nickel-Zink
(b)Zink-Silberoxid

Anwendungsbereich
PE
(b)Elektrodenbestandteil
SE
(a)Elektrodenbestandteil

Eigenschaften :
- toxigologisch/ökotoxikologisch :
RTECS # VW 3675000
MAK Wert : 0,01 mg/m3 (gemessen als Gesamtstaub)
Sonstiges :
Spitzenbegrenzung: III [481];
Silber und Silberverbindungen gehören zu den Zellgiften; Graufärbung der Haut und Schleimhäute durch
Silberablage;

- physikalisch/chemisch :
Siedepunkt : 2212 °C
Dichte : 1050 kg/m3 (20 °C)
Schmelzpunkt : 961,93 °C
Molmasse : 107,868 g/mol

Löslichkeit :
unlöslich in Wasser, Laugen; löslich in Salpetersäure, heißer Schwefelsäure, Kaliumcyanid;

Verbleib nach Gebrauch :
Beseitigung R

Bemerkung :
Zugelassen als Lebensmittelzusatzstoff nach LMBG;
Verwendung: u.a. als Lebensmittelfarbstoff (in der Zuckerwarenindustrie zur Dekoration und zur Erzielung
äußerer Effekte, zum Färben von Dragees);

Silberchromat

- CAS-Nummer :
7784-01-2
- Handelsnamen :

- Summenformel :
Ag_2CrO_4
Funktion
Aktive Masse/Kathode
Batterietyp
PE
Lithium-Silberchromat
Anwendungsbereich
Elektrodenbestandteil

Eigenschaften :
- toxigologisch/ökotoxikologisch :
   MAK Wert : IIIA2; S
   R-Satz : 8-20/21-36/37/38-45-46
   S-Satz : 17-23-26-27-36/37/39
   Sonstiges :
   Wirkt schädigend bei Einatmung, Verschlucken oder Aufnahme über Haut; kann Reizungen verursachen
   [187]; Karzinogen [187];

Gefahren-Symbol :

- physikalisch/chemisch :
   Dichte : 5625 kg/m3 (20 °C)
   Molmasse : 331,73 g/mol

Löslichkeit :
   Wasser 0,014 g/l (0 °C), 0,08 g/l (70 °C); löslich in Ammoniaklösung, Kaliumcyanid;

Verbleib nach Gebrauch :
   Beseitigung R

Bemerkung :
   Dunkelbraun-rotes, kristallines Pulver;
   hygroskopisch; Unverträglich mit starken Reduktionsmitteln, Alkoholen, starken Säuren; kann sich bei
   Lichteinfluß zersetzen;
   Verwendung: als Katalysator für die Bildung von Aldol aus Alkohol;

Silber(II)-oxid

- CAS-Nummer :
   1301-96-8
- gebräuchliche Namen :
   . Silberperoxid;
- Handelsnamen :
   Divasil;
- Summenformel :
   AgO
Funktion
   PE
   Aktive Masse/Kathode
Batterietyp
   PE
   Zink-Silberoxid
   SE
   Zink-Silberoxid
Anwendungsbereich
   PE
   Elektrodenbestandteil
Eigenschaften :
- toxigologisch/ökotoxikologisch :
   R-Satz : 8 ·
   S-Satz : 17-26-27-36/37/39
   Sonstiges :
   Wirkt schädigend bei Einatmung, Verschlucken oder Aufnahme über Haut; verursacht schwere Reizungen;
   hohe Konzentrationen wirken extrem zerstörerisch auf das Gewebe der Schleimhäute und Atemwege,
   Augen und Haut [187];

Gefahren-Symbol :

- physikalisch/chemisch :
Dichte : 7483 kg/m3 (25 °C)
Schmelzpunkt : > 100 °C (Zers.)
Molmasse : 123,88 g/mol

Löslichkeit :
Wasser 27 mg/l (25 °C); löslich in Ammoniaklösung, Salpetersäure, Schwefelsäure;

Verbleib nach Gebrauch :
Beseitigung R

Bemerkung :
Grau-schwarze, kubische Kristalle;
Unverträglich mit starken Reduktionsmitteln, fein gepulverten Metallen; kann sich unter Lichteinfluß zersetzen;
Verwendung: Herstellung von Zink-Silberoxid Alkalibatterien; Oxidationsmittel;

Silber(I)-oxid

- CAS-Nummer :
20667-12-3
- gebräuchliche Namen :
Silberoxid;
- Handelsnamen :

- Summenformel :
Ag_2O
Funktion
PE
(a)Aktive Masse/Kathode
(b)Katalysator/Kathode
SE
Aktive Masse/Kathode
Batterietyp
PE
(a)Zink-Silberoxid
(b)Zink-Luft
SE
Zink-Silberoxid
Anwendungsbereich
PE
Elektrodenbestandteil
SE
Elektrodenbestandteil
Eigenschaften :
- toxigologisch/ökotoxikologisch :
RTECS # VW 4900000
Schweizer Giftliste : 4
R-Satz : 36/38-44
S-Satz : 5-17-24-25
Sonstiges :
LD 50 (oral, Ratte): 2820 mg/kg [428];

Gefahren-Symbol :

- **physikalisch/chemisch :**
  Dichte : 7143 kg/m3 (16,6 °C)
  Schmelzpunkt : 230 °C (Zers.)
  Molmasse : 231,74 g/mol

Löslichkeit :
  Wasser 0,013 g/l (20°C), 0,053 g/l (80 °C); löslich in Säuren, Ammoniaklösung, Kaliumcyanid;
  praktisch unlöslich in Ethanol;

Verbleib nach Gebrauch :
  Beseitigung R

Bemerkung :
  Braun-schwarzes, geruchloses Pulver;
  Bei 200 °C beginnt Zersetzung, welche bei 250 - 300 °C schnell ist; Feuchtes Silber(I)-oxid nimmt CO_2
  aus der Luft auf;
  Verwendung: Katalysator; Trinkwasserentkeimung; in der Glasindustrie (Polieren, zur Gelbfärbung);

Silbernitrat

- **CAS-Nummer :**
  7761-88-8
  - **UN Nummer :**
  1493
- **gebräuchliche Namen :**
  Höllenstein; salpetersaures Silber;
- **Handelsnamen :**

- **Summenformel :**
  $AgNO_3$
Funktion
  PE
  Ausgangsstoff/Kathode
  SEAusgangsstoff/Silber-Nickel-Kathode
Batterietyp
  PE
  Zink-Silberoxid
  SE
  Nickel-Cadmium
Anwendungsbereich
  Produktion
Eigenschaften :
- **toxigologisch/ökotoxikologisch :**
  RTECS # VW 4725000
  WGK : 3
  R-Satz : 34
  S-Satz : (1/2)-26-45
  Sonstiges :
  LD (intravenös, Kaninchen): 8,8 mg/kg [54];
  Toxische Grenzkonzentration für Scenedesmus quadricauda 0,0095 mg/l [404];

Gefahren-Symbol :

- physikalisch/chemisch :
    Siedepunkt : 444 °C (Zers.)
    Dichte : 4350 kg/m3 (20 °C)
    Schmelzpunkt : 209 °C
    Molmasse : 169,875 g/mol

Löslichkeit :
    Wasser 1220 g/l (0 °C); löslich in Diethylether, Propantriol (Glycerin);

Verbleib nach Gebrauch :
    Beseitigung R

Bemerkung :
    Farblose Kristalle;
    Verwendung: zur Herstellung fotografischer Emulsionen, zur analytischen Bestimmung von KBr in
    Entwicklern, zur Restthiosulfatbestimmung;

Siliciumcarbid

- CAS-Nummer :
    409-21-2
- gebräuchliche Namen :
    Siliziumkarbid; Carborundum;
- Handelsnamen :

- Summenformel :
    CSi
Funktion
    Produktionshilfsmittel/Kathode
Batterietyp
    SE
    (a)Lithium-Polypyrrol
    (b)Lithium-Polythiophen
Anwendungsbereich
    Produktion
Eigenschaften :
- toxigologisch/ökotoxikologisch :
    RTECS # VW 0450000
    Schweizer Giftliste : -1
    MAK Wert : Faserfrei: vgl. Abschn. Vg 4 mg/m3 (gemessen als Feinstaub); Faserstaub: vgl. A
    Sonstiges :
    IMK: III;
    Kann schädigend wirken bei Einatmung, Verschlucken oder Aufnahme über Haut; verursacht Augen- und
    Hautreizungen; reizt Schleimhäute und Atemwege [187]; Karzinogen verdächtig [39];

- physikalisch/chemisch :
    Dichte : 3217 kg/m3 (20 °C)
    Schmelzpunkt : ca. 2700 °C (Subl., Zers.)
    Molmasse : 40,097 g/mol

Löslichkeit :
    unlöslich in Wasser, Säuren;

Verbleib nach Gebrauch :
    Beseitigung O

Bemerkung :
Außerordentlich harte, grüne bis blau-schwarze, schillernde, scharfe Kristalle;
Verwendung: in Wetzsteinen; Schleifmittel; Schmirgelpapier und Schmirgel- scheibe; Schuhsohle;
Schamottestein; Ofenauskleidung; rutschfeste Boden- beläge; in der Halbleitertechnologie;

Silicium(IV)-oxid

- CAS-Nummer :
14808-60-7
- gebräuchliche Namen :
Siliciumdioxid; Quarzsand; Seesand; Cristobalit; Lechatelierit; Tridymit; Achat; Quarzmehl; Fiberglas;
Quarz, Pulver; Sand; Amethyst;
- Handelsnamen :
Attagel; Pharmasorb Colloidal; Attapulgus 150; Kristall-Quarzsand, feuergetrocknet;
- Summenformel :
SiO_2
Funktion
PE
(a),(b)Additiv/Kathode
SE
(a)Stützmaterial/Kathode; Additiv/Elektrolyt;
(c)Separator
(d)Ausgangsstoff/Elektrolyt;
(a)Recyclinghilfsmittel
Batterietyp
PE
(a)Aluminium-Luft (Meerwasserbatterie)
(b)Lithium-Jodid
SE
(a)Bleiakku
(b)Lithium-Niobiumselenid
(c)Nickel-Hydrid
(d)Natrium-Schwefel
Anwendungsbereich
PE
(a),(b)Elektrodenbestandteil
SE
(a)Elektrodenbestandteil; Elektrolytbestandteil
(c)Gehäusebestandteil
(d)Produktion
(a)Recycling/Entsorgung
Eigenschaften :
- toxigologisch/ökotoxikologisch :
RTECS # VV 7330000
WGK : 0
MAK Wert : 0,15 mg/m3 (gemessen als Quarzfeinstaub); vgl. Abschn. V e) und g)
R-Satz : 20-40-48
S-Satz : 22
Sonstiges :
IMK: II; Schwangerschaftsgruppe C [481];
Bei akuter Einwirkung der Stäube nicht gesundheitsschädlich; Symptome: Husten [484];
LD Lo (intravenös, Hund): 20 mg/kg [428];
LD Lo (intravenös, Maus): 40 mg/kg [428];
LD Lo (intravenös, Ratte): 90 mg/kg [428];

Gefahren-Symbol :

- physikalisch/chemisch :
    Siedepunkt : 2230 °C; 2590 °C
    Dichte : 2190-2320 kg/m3 (20 °C), 2635-2660 kg/m3 (Quarz)
    Schmelzpunkt : 1723 ± 5 °C, 1610 °C (Quarz); 1710 °C;
    Molmasse : 60,08 g/mol

Löslichkeit :
    unlöslich in Wasser; löslich in Flußsäure; sehr wenig löslich in Laugen;

Bemerkung :
    Alle Angaben ohne Bemerkung für Cristobalit;

Verbleib nach Gebrauch :
    Beseitigung O

Bemerkung :
    Farblose Kristalle oder weißes Pulver, geruchlos;
    Der Stoff reagiert bei Kontakt oder Mischung mit Fluorwasserstoff und starken Basen [484];
    Schmuckstein; siehe auch -> Kieselsäure
    Enthalten in Dicalite WB 5 (75%), WF-AB (75%), EFAPUR 1650;

Stärke

- CAS-Nummer :
    9005-84-9
- gebräuchliche Namen :
    Amylum; Amylum solubile;
- Handelsnamen :

- Summenformel :
    $(C_6H_{10}O_5)_n$
Funktion
    Additiv/Elektrolyt
Batterietyp
    PE
    Zink-Kohle
Anwendungsbereich
    Elektrolytbestandteil
Eigenschaften :
- toxigologisch/ökotoxikologisch :
    RTECS # GM 5090000

- physikalisch/chemisch :
    Schmelzpunkt : 256 - 258 °C (Zers.)
    Molmasse : (162,14 g/mol) * n

Löslichkeit :
    unlöslich in Wasser;

Verbleib nach Gebrauch :
    Beseitigung A

Bemerkung :
    Weißes bis gelblichweißes Pulver;
    Bildet beim Aufkochen in Wasser kolloidale Lösungen, die beim Erkalten zu einem Gel erstarren
    (Stärkekleister); Wichtigstes Assimilationsprodukt der Pflanzen; Reis enthält 70 - 80 % , Getreide 50 -
    60 % , Kartoffeln 17 - 24 % Stärke; Menschlicher Bedarf liegt bei 500 g pro Tag;
    Verwendung: zur Gewinnung von Alkohol, Herstellung von Klebstoffen und Textilhilfsmitteln;

Stahl

- CAS-Nummer :
  12597-69-2
- Handelsnamen :

- Summenformel :

Funktion
  Gehäusematerial
Batterietyp
  PE
  (a)Zn-Kohle
  (b)Alkali-Mangan
  (c)Li-Schwefeldioxid
  (d)Li- Thionylchlorid
  (e)Li-Sulfurylchlorid
  (f)Li-Mangandioxid
  (g)Li-Chromoxid
  (h)Li-Poly-Kohlenstoffmonofluorid
  (i)Li-Eisensulfid
  (j)Li-Jodid
  (weiteres siehe -> Stahl(Fortsetung))
Anwendungsbereich
  Gehäusebestandteil
Eigenschaften :
- toxigologisch/ökotoxikologisch :

- physikalisch/chemisch :

Bemerkung :
  Schmiedbares Eisen mit weniger als 2,1 % Kohlenstoffgehalt;
  wichtigste Form des techn. Eisens, in die ca. 90 % des in aller Welt erzeugten Roheisens überführt
  werden; Es werden ca. 1000 Sorten Stahl hergestellt; Stahl ist warm und kalt spanlos und spanend
  formbar;

Sulfurylchlorid

- CAS-Nummer :
  7791-25-5
- Handelsnamen :
  Ritol;
- Summenformel :
  Cl_2O_2S
Funktion
  Aktive Masse/Kathode
  Lösemittel/Elektrolyt
Batterietyp
  PE
  Lithium-Sulfurylchlord
Anwendungsbereich
  Elektrodenbestandteil
  Elektrolytbestandteil
Eigenschaften :
- toxigologisch/ökotoxikologisch :
  RTECS # WT 4870000
  R-Satz : 14-34-37
  S-Satz : (1/2)-26-45

Sonstiges :
Dämpfe reizen stark Augen, Atemwege und Lunge bis hin zum Lungenödem (kann mit einer Verzögerung bis zu 2 Tagen auftreten); Kontakt mit der Flüssigkeit bewirkt Verätzung der Augen (Hornhauttrübung) und Haut; bei Reaktion mit geringen Mengen Wassers oder Feuchtigkeit bildet sich Chlorsulfonsäure, bei Reaktion mit viel Wasser entsteht Schwefelsäure und Salzsäure; bei Erhitzung bis zur Zersetzung bilden sich ätzende und giftige Dämpfe von Chlorwasserstoff und Schwefeltrioxid [163];

LD Lo (oral, Kaninchen): 175 mg/kg [428];
LD Lo (intravenös, Ratte): 8 mg/kg [428];
LD Lo (intravenös, Kaninchen): 5 mg/kg [428];
LD Lo (intraperitoneal, Meerschweinchen): 55 mg/kg [428];

Gefahren-Symbol :

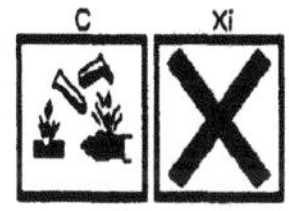

- physikalisch/chemisch :
   Dampfdruck : 139,95 hPa (20 °C) [187]
   Siedepunkt : 68-70 °C
   Brechungsindex : 1,4430 (20 °C)
   Dichte : 1680 kg/m3 (20 °C)
   Schmelzpunkt : - 54 °C
   Molmasse : 134,97 g/mol

Löslichkeit :
   löslich in Benzen (Benzol), Ethansäure, Methylbenzen (Toluol), Diethylether;

Verbleib nach Gebrauch :
   Beseitigung N

Bemerkung :
   Klare, farblose, leicht bewegliche Flüssigkeit; stechender Geruch;
   Aufgrund der Zersetzung in SO(2) und Cl(2) verfärbt sich Stoff mit der Zeit langsam gelblich;
   Unverträglich mit Säuren, Basen, Alkoholen, Peroxiden, Aminen; reagiert heftig mit Wasser; Kontakt mit Metallen vermeiden!
   Verwendung: als Chlorierungs-, Sulfonierungs- oder Chlorsulfonierungsmittel in org. Synthesen, z.B. in der Herstellung von Chlorphenol und Chlorthymol; ist in Kampfgasverbindungen benutzt worden;

Talkum

- CAS-Nummer :
   14807-96-6
- gebräuchliche Namen :
   Talk; Agalmatholith; Bildstein; Federweiß; Lavezstein; Speckstein; Steatit; Topfstein;
- Handelsnamen :
   Agalie; Asbestine; Desertalk 57; Emtal; Fibrene C 400; Glacier 325; ITX; Loomite; Mistron Vapor; Supreme; Steaweiß;
- Summenformel :
   $H_2Mg_3O_{12}Si_4$
- Strukturformel

   M g3H2(S iO3)4

Funktion
   Isolierung/Gehäuse
Batterietyp
   SE
   Natrium-Schwefel

Anwendungsbereich
Gehäusebestandteil
Eigenschaften :
- toxigologisch/ökotoxikologisch :
RTECS # WW 2710000
MAK Wert : Asbestfaserfrei: 2 mg/m3 (gemessen als Feinstaub)
R-Satz : 20
S-Satz : 36
Sonstiges :
Schwangerschaftsgruppe C [481];
Kann schädigend wirken bei Einatmung, Verschlucken oder Aufnahme über Haut; kann Augen- und
Hautreizungen verursachen [187];

- physikalisch/chemisch :
Dichte : 2580-2830 kg/m3 (20 °C)
Schmelzpunkt : > 900 °C
Molmasse : 379,29 g/mol

Löslichkeit :
unlöslich in Wasser;

Verbleib nach Gebrauch :
Beseitigung O

Bemerkung :
Weißes Pulver;
Die Zuteilung einer E-Nummer (E 553 b) wird von der EG erwogen;
Verwendung: in der Lebensmittelindustrie als Freisetzungs-, Überzugs- und Trennmittel; Agalmatholit
bzw. Topfstein zur Herstellung von Töpfen; zum Bau von elektrischen Heizapparaten; Speckstein als
Material für technische Brenner, elektrotechnische Bauelemente; in der Druckindustrie zur Herstellung von
Siebdruckformen;
siehe auch -> Pigment Weiß 26 (C. I. 77718), CAS-Nr. 8005-37-6;
Bestandteil von Heucophos ZBZ;

Tetrabutylammoniumbromid

- CAS-Nummer :
1643-19-2
- gebräuchliche Namen :
Tetra-n-butylammoniumbromid; N,N,N-Tributyl-1-butanaminbromid;
- Handelsnamen :

- Summenformel :
$C_{16}H_{36}NBr$
Funktion
Additiv/Anode
Batterietyp
SE
Batterie mit Zinkanode
Anwendungsbereich
Elektrodenbestandteil
Eigenschaften :
- toxigologisch/ökotoxikologisch :
RTECS # BS 5390000
R-Satz : 20/22-36/37/38
S-Satz : 7/8-24/25-26-36
Sonstiges :
Wirkt schädigend bei Einatmung oder Verschlucken; verusacht Augen- und Hautreizungen; reizt
Schleimhäute und Atemwege [187];

Gefahren-Symbol :

- physikalisch/chemisch :
Schmelzpunkt : 103-104 °C
Molmasse : 322,38 g/mol

Verbleib nach Gebrauch :
Beseitigung A

Bemerkung :
Weißes kristallines Pulver; hygroskopsich;
Unverträglich mit starken Oxidationsmitteln;

1,1,2,2-Tetrachlorethan

- CAS-Nummer :
79-34-5
- UN Nummer :
1702
- gebräuchliche Namen :
Acetylentetrachlorid; TCE;1,1-Dichlor-2,2-dichlorethan; sym.-Tetrachlorethan; Ethylentetrachlorid;
Tetrachlorethan;
- Handelsnamen :
Acetosol; Bonoform; Cellon;
- Summenformel :
$C_2H_2Cl_4$
- Strukturformel

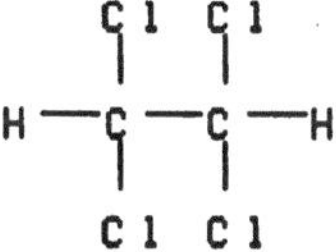

Funktion
Aktive Masse/Kathode
Batterietyp
SE
Lithiumbatterie
Anwendungsbereich
Elektrodenbestandteil
Eigenschaften :
- toxigologisch/ökotoxikologisch :
RTECS # KI 8575000
Schweizer Giftliste : 1
WGK : 3
MAK Wert : 1 ml/m3 bzw. 7 mg/m3; IIIB
R-Satz : 26/27
S-Satz : (1/2)-38-45
Sonstiges :
IMK: I; Schwangerschaftsgruppe IIc [481];
Gefahr der Hautresorption [481]; Krebserzeugend IIIB [481]; Gilt als einer der giftigsten bisher bekannten
halogenierten Kohlenwasserstoffe; Aufnahme (auch über die intakte Haut!) von 3 - 4 ml führen zum Tod;
neben Lähmung des ZNS (Narkose, Koma) Auftreten von schweren Leber- und Nierenschäden mit
Verzögerung; Dämpfe reizen stark Augen, Atemwege, Lunge und Haut [163]; Konakt mit der Flüssigkeit
reizt sehr stark die Augen (Hornhauttrübung!) und die Haut [484];
LD 50 (oral, Ratte): 800 mg/kg [187];

LC 50 (inhal., Maus, 2 h): 4500 mg/m3 [187];
Biologisch nicht abbaubar (statischer Test) [343];

Gefahren-Symbol :

- physikalisch/chemisch :
Dampfdruck : 6,6 hPa (20 °C) [163], 16 hPa (20 °C) [132]; 7 hPa (20 °C) [481];
Siedepunkt : 146,2 °C; 146 °C *;
Brechungsindex : 1, 4940 (20 °C)
Dichte : 1595,3 kg/m3 (20 °C)
Schmelzpunkt : -43,8 °C
Verdunstungszahl : 9 (Diethylether = 1) [132]
Molmasse : 167,85 g/mol
Verdampfungswärme : 230,27 kJ/kg

Löslichkeit :
Wasser 2,85 g/l (25 °C); löslich in Propanon (Aceton), Benzen (Benzol), Trichlormethan (Chloroform); mischbar mit Ethanol, Diethylether;

Bemerkung :
* Stoff siedet bei 93 °C azeotrop mit Wasser, Kondensat enthält 31 % Wasser [484];

Verbleib nach Gebrauch :
Beseitigung A
Trinkwassergrenzwert: 0,2 mg/l (UdSSR) [241];

Bemerkung :
Farblose, bewegliche Flüssigkeit; chloroformähnlicher, erstickender Geruch [484];
Farblose stark lichtbrechende Flüssigkeit; nicht brennbar;
Bei Kontakt mit Alkali-, Erdalkalimetallen, vielen Metallpulvern und Natriumamid können sehr heftige Reaktionen oder Explosionen eintreten. Bei Kontakt mit sauerstoffreichem Material (Oxidationsmitteln) kann Reaktion eintreten. Bei Einwirkung von Feuchtigkeit, Luft und Licht (insbesondere ultraviolette Strahlen) kann Zersetzung unter Bildung von Chlorwasserstoff und Chlor eintreten [484];
Verwendung: als Lösemittel für Fette, fette Öle, Kautschuk, Harze, Schwefel, Phosphor, Celluoloseacetat; zum Entfernen alter Ölfarbenanstriche; als Immersionsflüssigkeit in der Mikroskopie;

Tetracyanethylen

- CAS-Nummer :
670-54-2
- gebräuchliche Namen :
Ethentetracarbonitril; Percyanethylen; TCNE;
- Handelsnamen :

- Summenformel :
C_6N_4
Funktion
Additiv/Kathode
Batterietyp
SE
Natrium-Schwefel
Anwendungsbereich
Elektrodenbestandteil
Eigenschaften :
- toxigologisch/ökotoxikologisch :
RTECS # KM 7300000
R-Satz : 23/24/25-33

S-Satz : 22-26-36/37/39-44
Sonstiges :
Kann letal wirken bei Einatmung, Verschlucken oder Aufnahme über Haut; verursacht schwere Reizungen;
hohe Konzentrationen wirken extrem zerstörerisch auf das Gewebe der Schleimhäute und Atemwege,
Augen und Haut; kann Cyanose verursachen [187];
LD 50 (oral, Maus): 29 mg/kg [187];
LD 50 (intravenös, Maus): mg/kg [428];

Gefahren-Symbol :

- physikalisch/chemisch :
    Siedepunkt : 223 °C
    Brechungsindex : 1,56 (25 °C)
    Dichte : 1348 kg/m3 (25 °C)
    Schmelzpunkt : 197-199 °C
    Molmasse : 128,09 g/mol

Löslichkeit :
    löslich in Propanon (Aceton);

Verbleib nach Gebrauch :
    Beseitigung A

Bemerkung :
    Weißes kristallines Pulver;
    Unverträglich mit starken Säuren, starken Basen, starken Oxidationsmitteln, starken Reduktionsmitteln;
    kann sich in Gegenwart von feuchter Luft oder Wasser zersetzen;
    Verwendung: in der Synthese von Spiro-Verbindungen; in modifizierten Diels-Alder Reaktionen;

Tetrafluorborsäure

- CAS-Nummer :
    16872-11-0
- gebräuchliche Namen :
    Borfluorwasserstoffsäure; Fluorborsäure; Hydrofluorborsäure; Tetrafluoroborsäure;
- Handelsnamen :

- Summenformel :
    HBF_4
Funktion
    PE
    Recyclinghilfsmittel
    SE
    (b)Produktionshilfsmittel/Kathode
    (c)Recyclinghilfsmittel
Batterietyp
    PE
    Zink-Kohle
    SE
    (a)Lithium-Vanadiumoxid
    (b)Lithium-Polyanilin
    (c)Bleiakku
Anwendungsbereich
    PE + SE
    (c):Recycling/Entsorgung
    SE
    (b)Produktion

Eigenschaften :
- toxigologisch/ökotoxikologisch :
RTECS # ED 2685000;
Schweizer Giftliste : 2
MAK Wert : 2,5 mg/m3 (als Fluor berechnet)
R-Satz : 34
S-Satz : (1/2)-26-27-45
Sonstiges :
Dämpfe reizen stark Augen, Atemwege und Lunge bis hin zu Verätzungen; Lungenödem möglich (kann
mit einer Verzögerung von bis zu 2 Tagen auftreten); Kontakt mit der Flüssigkeit führt zu schwerer
Verätzung der Augen und Haut; bei Erhitzen bis zur Zersetzung bilden sich giftige und ätzende Gase von
Fluorwasserstoff und Bortrifluorid [163];

Gefahren-Symbol :

- physikalisch/chemisch :
Dampfdruck : 6,66 hPa (20 °C) [187]
Siedepunkt : 130 m°C (Zers.)
Dichte : 1410 kg/m3 (20 °C)
Molmasse : 87,81 g/mol

Löslichkeit :
mischbar mit Ethanol, Wasser;

Verbleib nach Gebrauch :
Beseitigung N

Bemerkung :
Farblose klare Flüssigkeit;
Unverträglich mit starken Basen;
Verwendung: als Katalysator zum Zubereiten von Acetals, zum Verestern von Zellulose; zum Reinigen
von Metalloberflächen vor dem Schweißen; zum Aufhellen von Aluminium; als gelöster Stoff in
Elektrolyten zum Plattieren von Metallen wie Chrom, Eisen, Nickel, Kupfer, Silber, Zink, Cadmium, Indium,
Zinn und Blei; als Reagens für Natrium in der Gegenwart von Magnesium- und Kaliumionen; zum
Stabilisieren von Diazosalzen;

Tetrahydrofuran

- CAS-Nummer :
109-99-9
- UN Nummer :
2056
- gebräuchliche Namen :
THF; THFA; Diethylenmonoxid; Diethylenoxid; Tetramethylenoxid; Cyclotetramethylenoxid;
Zyklotetramethylenoxid; 1,4-Oxidobutan; Furantetrahydrid;
- Handelsnamen :
Furanidine; Hydrofuran; Oxolane; Oxyl;
- Summenformel :
C_4H_8O
- Strukturformel

Funktion
  Lösemittel/Elektrolyt
Batterietyp
  PE
  (a)Lithium-Kupfersulfid
  (b)Lithium-Vanadium-pentoxid
  (c)Lithium-Poly-Kohlenstoffmonofluorid
  SE
  (a)Lithium-Kupfermolybdänsulfid
  (b)Lithium-Vanadiumoxid
  (c)Lithium-Polyacetylen
  (d)Lithium-Mangandioxid
Anwendungsbereich
  Elektrolytbestandteil
Eigenschaften :
- toxigologisch/ökotoxikologisch :
  RTECS # LU 5950000
  Schweizer Giftliste : 3
  WGK : 1
  MAK Wert : 590 mg/m3 bzw. 200 ml/m3
  R-Satz : 11-19-36/37
  S-Satz : (2)-16-29-33
  Sonstiges :
  Spitzenbegrenzung: II,2 [481]; Schwangerschaftsgruppe C [481];
  Dämpfe reizen Augen und Atemwege; Kontakt mit der Flüssigkeit führt zu Reizung der Augen und Haut
  [163];
  Kurzeinwirkungen von 25000 ml/m3 verursachen meist Betäubung [32];
  Kurzeinwirkung; 500 ml/m3 für 30 Minuten erwiesen sich als ungefährlich [484];
  Symptome: Brennen der Augen, der Nasen- und Rachenschleimhäute, Kopfschmerzen, Schläfrigkeit
  [484];
  Geruchsschwelle: 5 ml/m3 [163];
  LD 50 (oral, Ratte) 3000 mg/kg [9];
  LC 50 (Fisch; Goldorfe): 2930/2820 mg/l [33];
  LC 100 (Fisch; Goldorfe): 4000/3700 mg/l [33];
  Toxische Grenzkonzentration für Pseudomonas putida 580 mg/l, Scenedesmus quadricauda 3700 mg/l
  [36];

  [Sdb Global Technologies GmbH]:
  LD 50 (oral, Ratte): 2816 mg/kg
  LC 50 (inhal., Ratte): 54 mg/l/4 h
  LC 0 (Leuciscus idus): >1000 mg/l/48 h
  EC 10 (Pseudomonas putida): 329 mg/l/16 h
  EC 50 (Daphnia magna): 382 mg/l/24 h
  abbaubar zu 99 %;

  Gefahren-Symbol :

- physikalisch/chemisch :
  Dampfdruck : 200 hPa (20 °C) [32]; 173 hPa (20 °C) [Sdb]
  Siedepunkt : 65,6-65,8 °C; 66 °C (1013 hPa)
  Log pOW : 0,46 [4]
  Brechungsindex : 1,4050 (20 °C)
  Dichte : 889,2 kg/m3 (20 °C)
  Schmelzpunkt : - 108,5 °C
  Flammpunkt : -21 °C (geschl.)
  Verdunstungszahl : 8,0 (BuAc = 1) [9] 2,3 (Diethylether = 1) [19]
  Molmasse : 72,107 g/mol

Löslichkeit :
mischbar mit Wasser; löslich in Ethanol, Diethylether;

Verbleib nach Gebrauch :
Beseitigung D

Bemerkung :
Farblose, etherähnlich riechende Flüssigkeit;
Brennbar; Bildet im dampf-/gasförmigen Zustand mit Luft explosionsfähige Gemische;
Explosionsgrenzen:
2,0 - 12,4 Vol% ; Zündtemp.: 230 °C [32];
1,5-12 Vol.-%; Zündtemp.: 215 °C [484];
Tetrahydrofuran kann explosive Peroxide bilden, wenn es Licht und der Luft ausgesetzt ist; bei hohen Peroxidkonzentrationen kann explosionsartiger Zerfall erfolgen (Stabilisierung durch Inhibitor); Stoff zerstört Gummi und greift viele Kunststoffe an;
Verwendung: als Lösemittel;

Farblos, bei 20 °C flüssig, Geruch nach Aceton; leichtentzündlich;
bei der Verbrennung werden Stickoxide, Kohlenmonoxid und Kohlendioxid gebildet [Sdb ISB Global Technologies GmbH];

Tetramethylammoniumbromid

- CAS-Nummer :
64-20-0
- gebräuchliche Namen :
N,N,N-Trimethyl-methanaminbromid;
- Handelsnamen :

- Summenformel :
$C_4H_{12}BrN$
- Strukturformel

$$H_3C-\overset{\overset{\displaystyle CH_3}{|\oplus}}{\underset{\underset{\displaystyle CH_3}{|}}{N}}-CH_3 \quad Br^{\ominus}$$

Funktion
Additiv/Anode
Batterietyp
SE
Batterie mit Zinkanode
Anwendungsbereich
Elektrodenbestandteil
Eigenschaften :
- toxigologisch/ökotoxikologisch :
RTECS # BS 7600000;
R-Satz : 23/24/25-34
S-Satz : 23-26-27-28-36/37/39-44
Sonstiges :
Wirkt schädigend bei Einatmung, Verschlucken oder Aufnahme über Haut; verursacht Augen- und Hautreizungen; reizt Schleimhäute und Atemwege [187];
LD 50 (intraperitoneal, Ratte): 24600 mg/kg [428];
LD 50 (intravenös, Maus): 1800 mg/kg [428];

Gefahren-Symbol :

- physikalisch/chemisch :
  Schmelzpunkt : > 300 °C
  Molmasse : 154,06 g/mol

Verbleib nach Gebrauch :
  Beseitigung A

Bemerkung :
  Weiße Kristalle;
  Unverträglich mit starken Oxidationsmitteln;

Tetrapropylammoniumbromid

- CAS-Nummer :
  1941-30-6
- gebräuchliche Namen :
  N,N,N-Tripropyl-1-propanammoniumbromid; Tetra-n-propylammoniumbromid;
- Handelsnamen :

- Summenformel :
  $C_{12}H_{28}BrN$
Funktion
  Additiv/Anode
Batterietyp
  SE
  Batterie mit Zinkanode
Anwendungsbereich
  Elektrodenbestandteil
Eigenschaften :
- toxigologisch/ökotoxikologisch :
  RTECS # BS 8390000
  Sonstiges :
  Kann schädigend wirken bei Einatmung, Verschlucken oder Aufnahme über Haut; kann Augen- und
  Hautreizungen verursachen [187];

- physikalisch/chemisch :
  Schmelzpunkt : 270 °C (Zers.)
  Molmasse : 266,26 g/mol

Verbleib nach Gebrauch :
  Beseitigung A

Bemerkung :
  Weiße Kristalle;
  Unverträglich mit starken Oxidationsmitteln;

Thionylchlorid

- CAS-Nummer :
  7719-09-7
- gebräuchliche Namen :
  Chlorthionyl; Schwefligsäurechlorid;

- Handelsnamen :

- Summenformel :
    Cl_2OS
Funktion
    Aktive Masse/Kathode
    Lösemittel/Elektrolyt
Batterietyp
    PE
    Lithium-Thionylchlorid
Anwendungsbereich
    Elektrodenbestandteil
    Elektrolytbestandteil
Eigenschaften :
- toxigologisch/ökotoxikologisch :
    RTECS # XM 5150000
    Schweizer Giftliste : 1
    R-Satz : 14-34-37
    S-Satz : (1/2)-26-45
    Sonstiges :
Dämpfe reizen sehr stark Augen sowie Nasen- und Rachenschleimhäute bis zur Verätzung; Lungenödem
möglich (kann mit einer Verzögerung bis zu 2 Tagen auftreten); bei Kontakt mit Feuchtigkeit oder Wasser
zersetzt sich der Stoff unter heftiger Reaktion zu -> Schwefeldioxid, -> Schwefeldichlorid und ->
Salzsäure; bei Erhitzung bis zur Zersetzung bilden sich -> Schwefeldioxid, -> Schwefeldichlorid und ->
Chlor [163];
LC 50 (inhal., Ratte, 1 h): 500 ml/m3 [187];

Gefahren-Symbol :

- physikalisch/chemisch :
    Dampfdruck : 124 hPa (20 °C) [163]
    Siedepunkt : 76 °C
    Brechungsindex : 1,5140 (20 °C)
    Dichte : 1638 kg/m3 (20 °C)
    Schmelzpunkt : - 104,5 °C
    Flammpunkt : -
    Molmasse : 118,97 g/mol

Verbleib nach Gebrauch :
    Beseitigung N

Bemerkung :
    Klare, farblose bis gelbe oder rote, stark lichtbrechende Flüssigkeit;
    stechender Geruch; raucht an feuchter Luft; nicht brennbar; ätzend;
    Verwendung: zu Chlorierungen und zur Herstellung von Säurechloriden; Ausgangsstoff zu Herstellung von
    -> Senfgas

Thiophen

- CAS-Nummer :
    110-02-1
    - UN Nummer :
    2414
- gebräuchliche Namen :
    Thiofuran;
- Handelsnamen :

- **Summenformel :**
  C₄H₄S

  C_4H_4S
- **Strukturformel**

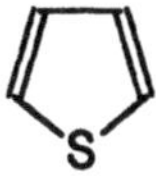

Funktion
  Ausgangsstoff/Kathode
Batterietyp
  SE
  Lithium-Polythiophen
Anwendungsbereich
  Elektrodenbestandteil
  Produktion
Eigenschaften :
- **toxigologisch/ökotoxikologisch :**
  RTECS # XM 7350000
  Schweizer Giftliste : 3
  R-Satz : 11-20/21/22
  S-Satz : 26-28
  Sonstiges :
  Dämpfe führen zu starker Reizung und Schädigung der Augen, Atemwege, Lunge und Haut; Kontakt mit
  der Flüssigkeit bewirkt sehr starke Reizung und Schädigung der Augen und Haut; Substanz kann auch
  über die Haut aufgenommen werden; erregende Wirkung auf das ZNS denkbar; bei Brand oder Erhitzung
  erfolgt Zersetzung unter Bildung von hochgiftigem Schwefeldioxid [163];

  Gefahren-Symbol :

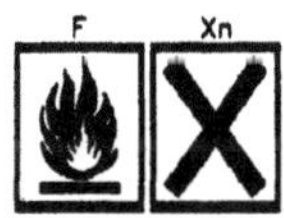

- **physikalisch/chemisch :**
  Dampfdruck : 80 hPa (20 °C) [163]
  Siedepunkt : 84 °C
  Log pOW : 1,81 [4]
  Brechungsindex : 1,528736 (20 °C)
  Dichte : 1070,5 kg/m3 (15 °C)
  Schmelzpunkt : - 40 °C
  Flammpunkt : - 9 °C
  Molmasse : 84,14 g/mol

Löslichkeit :
  unlöslich in Wasser; löslich in Ethanol, Benzen (Benzol);

Verbleib nach Gebrauch :
  Beseitigung D

Bemerkung :
  Farblose Flüssigkeit; charakteristischer, scharfer Geruch; gesundheitsschädlich; brennbar;
  geruchsbelästigend; Bei Kontakt oder Mischung mit sauerstoffreichem Material (starken
  Oxidationsmitteln) und konzentrierter Salpetersäure (insbesondere rauchende Salpetersäure) erfolgt sehr
  heftige bis explosionsartige Reaktion; bei Kontakt mit festem Calciumhypochlorid tritt heftige Reaktion
  mit Entzündung ein; Kontakt mit Kalium führt zur Bildung von Kaliumsulfid;
  Bildet im dampf-/gasförmigen Zustand mit Luft explosionsfähige Gemische;
  Explosionsgrenzen: 1,5 - 12,5 Vol% ; Zündtemp.: 395 °C [163];
  Grenzwert für Trinkwassergewinnung: 2 mg/l [163];

Titan

- CAS-Nummer :
  7440-32-6
- gebräuchliche Namen :
  Titanium;
- Handelsnamen :

- Summenformel :
  Ti

Funktion
  (a),(d),(f)Produktionshilfsmittel/Kathode
  (b),(e)Additiv/Gitter
  (c)Wasserstoffspeicherlegierung
  (d)Ableiter

Batterietyp
  SE/
  a)Lithium-Polypyrrol
  (b)Bleiakku
  (c)Nickel-Hydrid
  (d)Lithium-Mangandioxid
  (e)Nickel-Cadmium
  (f)Lithium-Polyanilin

Anwendungsbereich
  (b),(c)Elektrodenbestandteil
  (d)Gehäusebestandteil
  (a),(d),(f)Produktion

Eigenschaften :
- toxigologisch/ökotoxikologisch :
  RTECS # XR 1700000
  R-Satz : 11

  Gefahren-Symbol :

- physikalisch/chemisch :
  Siedepunkt : 3287 °C
  Dichte : 4510 kg/m3 (20 °C)
  Schmelzpunkt : 1660 °C (± 10 °C) (*)
  Molmasse : 47,90 g/mol

Löslichkeit :
  unlöslich in Wasser; löslich in verdünnten Säuren;

Verbleib nach Gebrauch :
  Beseitigung R

Bemerkung :
  Entzündbarer Feststoff (pulverförmig);

Titandioxid

- CAS-Nummer :
  13463-67-7
- gebräuchliche Namen :
  Titan(IV)-oxid; Titansäureanhydrid; Titanweiß; Rutil; Anatas; Brookit; C.I. 77891; C.I. Pigment Weiß 6;
  Pigment Weiß 6 (C.I. 77891); Pigment White 6; E 171; Titandioxid, Rutil;

- Handelsnamen :
Austiox; Bayertitan; Calcotone White T; Flamenco; Cosmetio White C47-5175; Horse Head R-710; Hombitan; Kronos; Rayox; Runa RH20; Tiofine; Titanox; Zopaque; Tione T.D.; Kromo; Luconyl Weiss 0022; Luconyl G Weiss 0022; Sicoflush P Weiß 0022;

- Summenformel :
O_2Ti

Funktion
(a)Additiv/Kathode
(b)Stromsammler/Kathode

sonst: Additiv/Separator

Batterietyp
SE
(a)Bleiakku
(b)Natrium-Schwefel

Anwendungsbereich
Elektrodenbestandteil

Eigenschaften :

- toxigologisch/ökotoxikologisch :
RTECS # XR 2275000
WGK : 0
MAK Wert : 6 mg/m3 (gemessen als Feinstaub); vgl. Abschn. V f) und g)
R-Satz : 20
S-Satz : 22
Sonstiges :
Schwangerschaftsgruppe C [481];
Kann schädigend wirken bei Einatmung, Verschlucken oder Aufnahme über Haut; kann Reizungen verursachen [187];
Gesundheitsgefahren bei Überschreitung des MAK-Wertes: Verursacht nach bisherigen Erfahrungen keine Reizerscheinungen oder toxischen Störungen [464];
LD 50 (oral, Ratte): > 12,0 g/kg [168];
LD 50 (oral, Ratte): 10 g/kg [484];
Literaturübersicht zur Toxizität siehe [169];

- physikalisch/chemisch :
Siedepunkt : 2500-3000 °C *
Dichte : 4260 kg/m3 (20 °C) *; 3900 kg/m3 (20 °C) **; 4130 (20 °C) ***;
Schmelzpunkt : 1830-1850 °C *
Molmasse : 79,9 g/mol

Löslichkeit :
unlöslich in Wasser, verd. Alkalilauge; löslich in Schwefelsäure, Fluorwasserstoff, Laugen, HF;

Bemerkung :
* Rutil; ** Anatas; *** Brookit;
* Rutil;** Anatas; *** Brookit;

Verbleib nach Gebrauch :
Beseitigung O;

Bemerkung :
Halbleiter, weiße Kristalle;
Rutil stellt die am häufigsten vorkommende Modifikation der drei Titandioxid-Modifikationen dar;
Zugelassen als Lebensmittelzusatzstoff nach LMBG;
Farbstoffkonzentration in Lebensmitteln: ca. 10 g/100 kg [169];
Verwendung: als Weißpigment, u.a. in Lebensmitteln und Druckfarben; als Anstrichfarbe; Herstellung von Glasuren in der Porzellanmalerei; Ersetzt in Druckfarben zunehmend das -> Bleiweiß; Rohstoff zur Gewinnung von Titan;
Bestandteil von Paliocrom Blausilber L 6000;

Titan(IV)-sulfid

- CAS-Nummer :
   12039-13-3
- gebräuchliche Namen :
   Titandisulfid;
- Handelsnamen :

- Summenformel :
   TiS_2
Funktion
   Aktive Masse/Kathode
Batterietyp
   SE
   Lithium-Titandisulfid
Anwendungsbereich
   Elektrodenbestandteil
Eigenschaften :
- toxigologisch/ökotoxikologisch :
   R-Satz : 36/37/38
   S-Satz : 26-37/39

- physikalisch/chemisch :
   Dichte : 3220 kg/m3 (20 °C)
   Molmasse : 112,03 g/mol

Löslichkeit :
   löslich in verd.Salpetersäure, Schwefelsäure;

Verbleib nach Gebrauch :
   Beseitigung O

Bemerkung :
   Gelbliche Nadeln; feuchtigkeitsempfindlich;

Titantetrachlorid

- CAS-Nummer :
   7550-45-0
- gebräuchliche Namen :
   Titan(IV)-chlorid; Salzsaures Titan; Titanchlorid;
- Handelsnamen :

- Summenformel :
   Cl_4Ti
Funktion
   Ausgangsstoff/Kathode
Batterietyp
   SE
   Lithium-Titandisulfid
Anwendungsbereich
   Produktion
Eigenschaften :
- toxigologisch/ökotoxikologisch :
   RTECS # XR 1925000
   Schweizer Giftliste : 2
   WGK : 2
   R-Satz : 14-34-36/37
   S-Satz : (1/2)-7/8-26-45

Sonstiges :
Der Titananteil selbst ist ungiftig, da er sich leicht zu unlöslichem Titandioxid umsetzt; gleichzeitig bildet
sich die stark ätzende -> Salz- säure; Dämpfe reizen sehr stark Augen, Atemwege und Lunge bis zu
Kehlkopf- und Lungenödem (kann mit einer Verzögerung von bis zu 2 Tagen auftreten); Flüssigkeit
bewirkt starke Verätzungen der betroffenen Körperpartien [163];
LC 50 (inhal., Ratte): 400 mg/m3 [187];

Gefahren-Symbol :

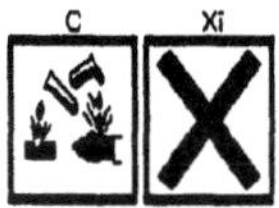

- physikalisch/chemisch :
Dampfdruck : 13 hPa (21,3 °C) [163]
Siedepunkt : 136,8 °C
Brechungsindex : 1,61 (16,5 °C)
Dichte : 1730 kg/m3 (20 °C)
Schmelzpunkt : - 30 °C
Molmasse : 189,70 g/mol

Löslichkeit :
löslich in kaltem Wasser (Zersetzung in heißem Wasser); löslich in Ethanol, Methanol, verdünnter
Salzsäure;

Verbleib nach Gebrauch :
Beseitigung N

Bemerkung :
Farblose bis leicht gelbliche Flüssigkeit; raucht an feuchter Luft;
hygroskopisch; stark ätzend, nicht brennbar; Die als Reaktionsprodukt bei Feuchtigkeit oder
Wasserkontakt entstandene Salzsäure greift viele Metalle an und bildet dabei entzündbares
Wasserstoffgas; in geschlossenen Räumen können explosionsfähige Gemische entstehen; gemahlener
Kalkstein ist geeignet zum Abdecken und Neutralisieren von Pfützen; Titantetrachlorid greift dabei in
Anwesenheit von Feuchtigkeit die meisten Metalle stark an;
Verwendung: als Beize in der Textilindustrie; Färben von Leder; zur Herstellung schillender Gläser;

p-Toluol-sulfonsäureamid

- CAS-Nummer :
  70-55-3
- gebräuchliche Namen :
  p-Toluolsulfonamid;
- Handelsnamen :

- Summenformel :
  $C_7H_9NO_2S$
- Strukturformel

$$H_3C-\text{⟨Ring⟩}-\overset{O}{\underset{O}{S}}-NH_2$$

Funktion
  Produktionshilfsmittel/Elektrode
Batterietyp
  SE
  Nickel-Cadmium

Anwendungsbereich
  Produktion
Eigenschaften :
- toxigologisch/ökotoxikologisch :
  RTECS # XT 5075000
  R-Satz : 20/21/22
  S-Satz : 36
  Sonstiges :
  Kann schädigend wirken bei Einatmung, Verschlucken oder Aufnahme über Haut; kann Reizungen
  verursachen [187];

  Gefahren-Symbol :

- physikalisch/chemisch :
  Siedepunkt : 221 °C (13,33 hPa)
  Schmelzpunkt : 137 - 140 °C
  Flammpunkt : 202 °C
  Molmasse : 171,22 g/mol

Löslichkeit :
  Sehr gut löslich in Wasser; löslich in Ethanol, Aceton, Benzen;

Verbleib nach Gebrauch :
  Beseitigung A

Bemerkung :
  Weißes Pulver;
  Unverträglich mit starken Oxidationsmitteln und starken Basen;

Trichlorethen

- CAS-Nummer :
  79-01-6
  - UN Nummer :
  1710
- gebräuchliche Namen :
  Trichlorethylen; Ethylentrichlorid; Ethinyltrichlorid; TCE; Acetylentrichlorid; Azetylentrichlorid; Chlorylen;
  RK-Trichlorethylen;
- Handelsnamen :
  Alk-tri; Disparit B; Chlorylen; Tri; Trieline; Triol; Triklone; Sirius 1; Solana DWU; Wacker Tri; Vestrosol;
  Nettolin; Algylen; Anamenth; Chlorilen; Densinfluat; Fluate; Germalgene; Narcogen; Narkosoid;
  Threthylene; Trethylene; Trichloran; Trichloren; Triclene; Trilene; Trimar; Westrosol; Benzinol; Blascosoly;
  Cecolin Nr. 1; Cirosolve; Comedol; Dekapier 1; Drawinol; Dynatri; Ex-tri; Hedolin; Hi-tri; Nettolin; Neu-tri;
- Summenformel :
  C_2HCl_3
- Strukturformel

$$CHCl\!\!=\!\!CHCl_2$$

Funktion
  (a)Produktionshilfsmittel/Anode
  (b)Produktionshilfsmittel
Batterietyp
  SE
  (a)Lithium-Schwefeldioxid
  (b)Nickel-Cadmium

Anwendungsbereich
Produktion

Eigenschaften :

- toxigologisch/ökotoxikologisch :
RTECS # KX 4550000
Schweizer Giftliste : 4
WGK : 3
MAK Wert : 270 mg/m3 bzw. 50 ml/m3
R-Satz : 40
S-Satz : (2)-23-36/37
Sonstiges :
Spitzenbegrenzung: II,2 [481]; Krebserzeugend IIIB [481]; Schwangerschaftsgruppe C [481]; Carc. Cat. 3 [505]; Lösungsmittelklasse: IIb (Gefahrstoffverordnung);
Organgift, Nervengift; Dämpfe haben narkotische Wirkung und können Schädigung der Leber und Nieren verursachen; Kontakt mit der Flüssigkeit verursacht Reizung der Augen und bei anhaltender Einwirkung auch der Haut; bleibende Störungen des ZNS als Folge der akuten Vergiftung; bei Brand entstehen giftiges Phosgengas, ätzendes Chlorgas und Chlorkohlenwasserstoffgas [163];
LD 50 (oral, Ratte): 4920 mg/kg [9];
LC 50 (Fisch, Goldorfe): 136-200 mg/l/48 h [29]; 203/136 mg/l [33];
LC 50 (Fisch, Kliesche): 16 mg/l/96 h [29];
EC 50 (Daphnia magna): 17,6 mg/l/24 h [45];
Störungsschwelle für Fische 55 mg/l, 660 mg/l tödlich in 15 Min. [32];
Toxische Grenzkonzentration für Pseudomonas putida 6 mg/l, Scenedesmus quadricauda >1000 mg/l [29];
Geruchsschwelle:50 ml/m3 [163];
Verdacht auf Bioakkumulation! [45];
Weiteres zur Toxizität siehe > [88];

Gefahren-Symbol :

- physikalisch/chemisch :
Dampfdruck : 77 hPa (20 °C) [32]; 80 hPa (20 °C) [484]
Siedepunkt : 87,2 °C
Log pOW : 2,29 [4], 2,98 [45]
Brechungsindex : 1,4777 (20 °C)
Dichte : 1466,0 kg/m3 (18 °C)
Schmelzpunkt : -73 °C; -86 °C
Flammpunkt : schwer brennbar*
Verdunstungszahl : 6,2 (BuAc = 1) [9] 3,8 (Diethylether = 1) [18]
Molmasse : 131,389 g/mol
Verdampfungswärme : 239,90 kJ/kg

Löslichkeit :
sehr geringfügig mischbar mit Wasser (1,0 g/l) [484];

Bemerkung :
Thermische Zersetzung > 110 °C

Verbleib nach Gebrauch :
Beseitigung A

Bemerkung :
Farblose chloroformähnlich riechende Flüssigkeit; wasserdampfflüchtig; unter Normalbedingungen nicht brennbar; in geschlossenen Räumen jedoch gefährliche Entzündung oder Explosion durch Zuführung hoher Energie (Flamme, Funken) möglich;
Explosionsgrenzen: 12,3-55,3 Vol.-%; Zündtemp.: 410 °C [29];
Nichtstabilisierte Flüssigkeit greift Aluminium an; bei Kontakt mit Basen, Reaktion unter Bildung von hochexplosiven Gasen;

Verwendung: als Lösemittel für Fette, fette Öle, Wachse, Harze, Kautschuk, Asphalt; Narkosemittel bei Entbindungen und Zahnbehandlungen; Emulgiermittel in der Textilindustrie;
Bis 13 µg/l im Regen [48];
Weitere Angaben siehe [46];
Thermische Zersetzung: >110 °C;
Bei thermischer Zersetzung Bildung von Chlorwasserstoff, Phosgen (!), Chlor;
*: Trichlorethylen zündet die Dampf/Luftgemische in dem vorgeschriebenen Testgerät nicht. Bei höherer Zündenergie (10 mm statt 2 mm Gasflamme) werden bereits ab 32 °C die über der Flüssigkeit entstehenden Dampf/Luftgemische explosionsfähig und können gezündet werden [484];

Trifluorethanamid

- CAS-Nummer :
354-38-1
- gebräuchliche Namen :
Trifluoracetamid; Trifluoressigsäureamid;
- Handelsnamen :

- Summenformel :
$C_2H_2F_3NO$
- Strukturformel

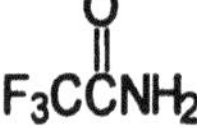

Funktion
(b)Produktionshilfsmittel/Kathode
Batterietyp
SE
(a)Lithium-Vanadiumoxid
(b)Lithium-Polyanilin
Anwendungsbereich
Produktion
Eigenschaften :
- toxigologisch/ökotoxikologisch :
R-Satz : 34-37
S-Satz : 36/39

Gefahren-Symbol :

- physikalisch/chemisch :
Siedepunkt : 162,5 °C
Schmelzpunkt : 74,8 °C
Molmasse : 113,04 g/mol

Löslichkeit :
leicht löslich in Ethanol, Diethylether; wenig löslich in Trichlormethan (Chloroform); sehr wenig löslich in Petrolether;

Verbleib nach Gebrauch :
Beseitigung A

Trifluormethansulfonsäure Lithiumsalz;

- **CAS-Nummer :**
  33454-82-9
- **gebräuchliche Namen :**
  Lithiumtrifluormethansulfonat; Lithiumtriflat;
- **Handelsnamen :**

- **Summenformel :**
  CF_3LiO_3S

Funktion
  (a),(b)Leitsalz/Elektrolyt
  (c)Produktionshilfsmittel/Festelektrolyt

Batterietyp
  SE
  (a)Lithium-Mangandioxid
  (b)Lithium-Vanadiumoxid
  (c)Lithium-Titandisulfid

Anwendungsbereich
  (a),(b)Elektrolytbestandteil
  (c)Produktion

Eigenschaften :
- **toxigologisch/ökotoxikologisch :**
  R-Satz : 20/21/22-36/37/38
  S-Satz : 26-37/39
  Sonstiges :
  Kann schädigend wirken bei Einatmung, Verschlucken oder Aufnahme über Haut; verursacht Augen- und Hautreizungen; reizt Schleimhäute und Atemwege [187];

- **physikalisch/chemisch :**
  Molmasse : 156,01 g/mol

Verbleib nach Gebrauch :
  Beseitigung A

Bemerkung :
  Weißes Pulver; hygroskopisch
  Unverträglich mit starken Oxidationsmitteln und starken Säuren;

Triphenylphosphin

- **CAS-Nummer :**
  603-35-0
- **gebräuchliche Namen :**
  Phosphortriphenyl;
- **Handelsnamen :**

- **Summenformel :**
  $C_{18}H_{15}P$
- **Strukturformel**

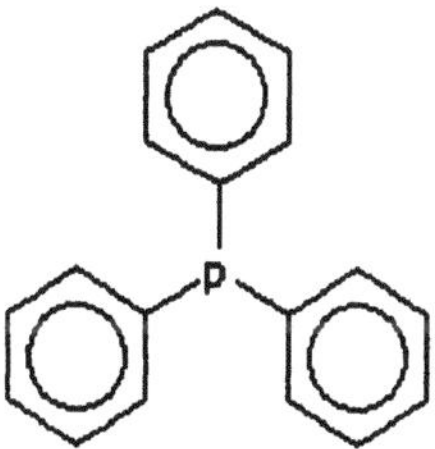

Funktion
Ausgangsstoff/Kathode
Batterietyp
PE
Lithium-Jod
Anwendungsbereich
Elektrodenbestandteil
Produktion
Eigenschaften :
- toxigologisch/ökotoxikologisch :
RTECS # SZ 3500000
Schweizer Giftliste : 4
WGK : 2
R-Satz : 20/21/22-36/37/38-48
S-Satz : 17-24
Sonstiges :
Wirkt schädigend bei Einatmung, Verschlucken oder Aufnahme über Haut; Dämpfe reizen Augen,
Schleimhäute und Atemwege; verursacht Hautreizungen [187];
Aufnahme des Stoffes durch Einatmen oder Verschlucken (auch über Haut?) schädigt das Nervensystem;
bei Erhitzung oder Brand entstehen u.a. hochgiftiger Phosphorwasserstoff sowie Phosphoroxide;
Symptome: Brennen der Augen, der Nasen- und Rachenschleimhäute sowie der Haut; Husten, Schwäche,
Unsicherheit des Ganges [484];
LD 50 (oral, Ratte): 700 mg/kg [187], [428];
LC 50 (inhal., Ratte, 4 h): 1135 ml/m3 [187], [428];

Biol. schwer abbaubar: <20 % BSB, Sapromat OECD 301 C (Hersteller) [484];

- physikalisch/chemisch :
Siedepunkt : 377 °C
Dichte : 1194 kg/m3 (25 °C); 1075 kg/m3 (80 °C) liqu;
Schmelzpunkt : 79-81 °C
Flammpunkt : 181 °C
Molmasse : 262,29 g/mol

Löslichkeit :
löslich in Benzen (Benzol), Trichlormethan (Chloroform); weniger löslich in Ethanol; praktisch unlöslich in
Wasser;

Verbleib nach Gebrauch :
Beseitigung A

Bemerkung :
Weißer, kristalliner fester Stoff oder Schuppen; geruchlos;
reagiert bei Kontakt oder Mischung mit starken Oxidationsmitteln und starken Säuren; bei Erhitzung bis
zur Zersetzung bilden sich giftige Dämpfe von Phosphoroxiden und/oder Phosphin (Phosphorwasserstoff)
[484];

Verwendung: für org. Synthesen, Polymerisationsinitiator;

Vanadium

- CAS-Nummer :
7440-62-2
- gebräuchliche Namen :
Vanadiumpulver;
- Handelsnamen :

- Summenformel :
V
Funktion
Wasserstoffspeicherlegierung

Batterietyp
SE
Nickel-Hydrid
Anwendungsbereich
Elektrodenbestandteil
Eigenschaften :
- toxigologisch/ökotoxikologisch :
RTECS # YW 1355000
Sonstiges :
IMK: III;

Gefahren-Symbol :

- physikalisch/chemisch :
Siedepunkt : 3380 °C
Dichte : 5960 kg/m3 (20 °C)
Schmelzpunkt : 1890 ± 10 °C
Molmasse : 50,9415 g/mol

Löslichkeit :
unlöslich in Wasser; löslich in Königswasser, Salpetersäure, Schwefelsäure, Fluorwasserstoff (Flußsäure);

Verbleib nach Gebrauch :
Beseitigung R

Vanadium(V)-oxid

- CAS-Nummer :
1314-62-1
- UN Nummer :
2862
- gebräuchliche Namen :
Vanadiumpentoxid; Vanadinpentoxid; Divanadiumpentoxid; Vanadiumsäureanhydrid;
Vanadinsäureanhydrid; Vanadinocker;
- Handelsnamen :

- Summenformel :
O_5V_2
Funktion
PE
Aktive Masse/Kathode
SE
(a)Aktive Masse/Kathode, Ausgangsstoff/Kathode
(b)Anodenbestandteil/Wasserstoffspeicherlegierung
Batterietyp
PE
Lithium-Vanadiumpentoxid
SE
(a)Lithium-Vanadiumoxid
(b)Nickel-Hydrid
Anwendungsbereich
PE + SE
Elektrodenbestandteil
SE
(a)Produktion

Eigenschaften :
- toxigologisch/ökotoxikologisch :
   RTECS # YW 2450000
   Schweizer Giftliste : 2
   WGK : 2
   MAK Wert : 0,05 mg/m3 (als Feinstaub), 0,1 mg/m3 (als Rauch)
   R-Satz : 20
   S-Satz : (2)-22
   Sonstiges :
   Spitzenbegrenzung: II,2 [481]; Krebserzeugend IIIB; Schwangerschaft D; Atem- und Zellgift; Ätzmittel;
   Schädigung des Atmungs-, Verdauungs- und Nervensystems;; Staub und Pulver führen zu starker
   Reizung der Augen, Atemwege, Atmungsorgane sowie der Haut; Lungenödem (mit Verzögerung bis zu
   zwei Tagen) möglich;
   LD 50 (oral, Ratte): 10 mg/kg [39];
   LD (Fisch; Elritze, 96 h): 13 mg/l in weichem, 55 mg/l in hartem
     Wasser [185, 186];

   Gefahren-Symbol :

- physikalisch/chemisch :
   Siedepunkt : 1750 °C (Zers.)
   Dichte : 3357 kg/m3 (18 °C)
   Schmelzpunkt : 690 °C
   Molmasse : 181,881 g/mol

Löslichkeit :
   Wasser 8 g/l (20 °C); löslich in Säuren, Laugen; unlöslich in abs. Ethanol;

Verbleib nach Gebrauch :
   Beseitigung O

Bemerkung :
   Gelbes bis orangefarbenes kristallines Pulver; geruch- und geschmacklos;

Wasser

- CAS-Nummer :
   7732-18-5
- gebräuchliche Namen :
   Aqua; Hydrogenoxid;
- Handelsnamen :

- Summenformel :
   H_2O
Funktion
   Lösemittel/Elektrolyt
Batterietyp
   Alle primären und sekundären Batterien mit wäßrigem Elektrolyten
Anwendungsbereich
   Elektrolytbestandteil
Eigenschaften :
- toxigologisch/ökotoxikologisch :
   RTECS # ZC 0110000

- physikalisch/chemisch :
   Dampfdruck : 23,3 hPa (20 °C) [9]
   Siedepunkt : 100 °C

Log pOW : - 1,38 [4]
Dichte : 1000,00 kg/m3 (4 °C), 998,23 kg/m3 (20 °C);
Schmelzpunkt : 0 °C
Verdunstungszahl : 1,8 (BuAc = 1) [9]
Molmasse : 18,015 g/mol
Verdampfungswärme : 2442 kJ/kg (25 °C)

Verbleib nach Gebrauch :
Beseitigung N

Bemerkung :
Farblose Flüssigkeit; nicht brennbar;
Erdoberfläche zu etwa 71 % mit Wasser bedeckt;

Enthalten in CAB-O-SPERSE A 105 (85%), A 205 (88%), A 1695 (83%), S 109 (80%), S 3295 (85%),
II (80%), Fluorad FC-129 (32%), Neo Cryl (35%), Triton Surfactant BG-10; Ultralube W-810 (60-70%),
W-811 (50-60%), W-812 (60-70%), W-813 (60-70%), W-814 (40-50%), W-814 SF (40-50%), W-815
E (50-60%), W-7091 (65-75%);

Wasserstoffperoxid

- CAS-Nummer :
7722-84-1
- UN Nummer :
2015; 2014; 2984
- gebräuchliche Namen :
Hydroperoxid; Perhydrol; Peroxidbleiche; Wasserstoffbioxid; Wasserstoffhyperoxid;
Wasserstoffsuperoxid; Wasserstoffperoxid;
- Handelsnamen :
Perdrogen; Albone DS; Inhibine; Perhydrol; Peroxaan; Superoxol; T-Stuff;
- Summenformel :
H_2O_2
Funktion
PE
Produktionshilfsmittel/Kathode
SE
(a)Recyclinghilfsmittel
(b)Produktionshilfsmittel/Anode, Recyclinghilfsmittel
Batterietyp
PE
Zink-Luft
SE
(a)Bleiakku
(b)Nickel-Cadmium
Anwendungsbereich
Produktion
Recycling/Entsorgung
Eigenschaften :
- toxigologisch/ökotoxikologisch :
RTECS # MX 0899000
WGK : 0
MAK Wert : 1 ml/m3 bzw. 1,4 mg/m3
R-Satz : 8-34
S-Satz : (1/2)-3-28-36/39-45
Sonstiges :
Spitzenbegrenzung: I [481];
Dämpfe reizen Augen, Atemwege und Lunge; Kontakt mit der Flüssigkeit bewirkt Bleichung sowie
Reizung der Haut und verursacht Augenverätzungen [163];
Fischtoxizität: 40 mg/l giftig für Forellen [163];
EC 0 (Daphnia magna): 3,8 mg/l [484];
EC 50 (Daphnia magna): 7,7 mg/l [484];

Gefahren-Symbol :

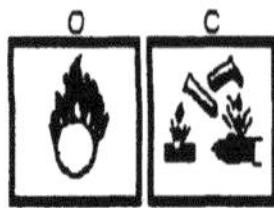

- **physikalisch/chemisch :**
  Dampfdruck : 30,05 hPa (30 °C) [187]
  Siedepunkt : 150,2 °C
  Brechungsindex : 1,414 (22 °C)
  Dichte : 1442,2 kg/m3 (25 °C)
  Schmelzpunkt : - 0,41 °C; -30 °C*
  Molmasse : 34,01 g/mol

Löslichkeit :
  mischbar mit Wasser; löslich in Ethanol, Diethylether; unlöslich in Petrolether;

Verbleib nach Gebrauch :
  Beseitigung J

Bemerkung :
  Farblose, sirupartige Flüssigkeit; nicht brennbar;
  Achtung, bei Kontakt mit katalysierenden Metallen und Metallsalzen (z.B. Eisen, Kupfer, Chrom, Blei,
  Silber, Mangang u.a.) tritt bei Konzentrationen über 35 % in Wasser heftigeZersetzung unter Freigabe von
  viel Hitze ein. Die Gefährlichkeit des Produktes schwankt mit der Konzentration. Bei < 3 % dient es zur
  Munddesinfektion, von 25-35 % wirkt es als Sauerstoffträger sowie entfärbend und schwach ätzend.
  Von 35-70 % ist Wasserstoffperoxid ein energischer Sauerstoffträger, der organische Substanzen
  entzünden kann, und wirkt stark ätzend. Alumium, Kunststoff und Glas sind als Behälter beständig [484];

  *: variiert je nach Konzentration [484];

Wismut(III)-oxid

- **CAS-Nummer :**
  1304-76-3
- **gebräuchliche Namen :**
  Wismuttrioxid; Wismutgelb;
- **Handelsnamen :**

- **Summenformel :**
  Bi_2O_3
Funktion
  PE
  Aktive Masse/Kathode
  SE
  Additiv/Kathode
Batterietyp
  PE
  Lithium-Wismuttrioxid
  SE
  Lithium-Vanadiumoxid
Anwendungsbereich
  Elektrodenbestandteil
Eigenschaften :
- **toxigologisch/ökotoxikologisch :**
  RTECS # EB 2984460
  R-Satz : 20/21
  S-Satz : 23
  Sonstiges :
  Kann schädigend wirken bei Einatmung, Verschlucken oder Aufnahme über Haut; kann Reizungen
  verursachen [187];

Gefahren-Symbol :

- physikalisch/chemisch :
Dichte : 8900 kg/m3 (20 °C)
Schmelzpunkt : 825 °C
Molmasse : 465,96 g/mol

Löslichkeit :
unlöslich in Wasser; leicht löslich in Salzsäure, Salpetersäure;

Verbleib nach Gebrauch :
Beseitigung O

Bemerkung :
Gelbes, geruchloses Pulver oder monokline Kristalle; Kommt in der Natur als das Mineral Bismit vor;
Unverträglich mit starken Oxidationsmitteln;
Verwendung: in Desinfektionsmitteln, Magneten, Glas, Gummivulkanisierung; feuerfeste Papiere und
Polymere; in Katalysatoren; in der Medizin als Adstringens;

Zink

- CAS-Nummer :
7440-66-6
- UN Nummer :
1436
- gebräuchliche Namen :
Pigment Schwarz 16; Zinkasche; Zinkmehl;Pigment Metall 6 (C.I.77945); C.I. 77945; Pigment Metal 6;
Zinkstaub; Zinkpulver; Zinkgrau; Zinkpulver (nicht pyrophor); Zinkpulver-Zinkstaub (stabilisiert);
- Handelsnamen :
HZH-Farbenzinkstaub;
- Summenformel :
Zn
Funktion
PE
Aktive Masse/Anode
PE
(a)Gehäusematerial
SE
(a),(b),(c),(d)Aktive Masse/Anode
Batterietyp
PE
(a)Zink-Kohle
(b)Alkali-Mangan
(c)Zink-Luft
(d)Zink-Silberoxid
(e)Zink-Quecksilberoxid
SE
(a)Nickel-Zink
(b)Zink-Silberoxid
(c)Zink-Chlor
(d)Zink-Brom
Anwendungsbereich
PE
Elektrodenbestandteil
Gehäusebestandteil

SE
(a),(b),(c),(d)Elektrodenbestandteil
Eigenschaften :
- toxigologisch/ökotoxikologisch :
   RTECS # ZG 8600000
   WGK : 0
   MAK Wert : 5 mg/m3 bzw. 6 mg/m3
   R-Satz : 15-17
   S-Satz : (2)-7/8-43
   Sonstiges :
   IMK: II;
   Beim Erhitzen entsteht Zinkoxidstaub (ZnO), der eingeatmet zum Gießerfieber führt; nach Verzögerung
   von mehreren Stunden entwickeln sich die Symptome: Fieber, Schmerzen, Abgeschlagenheit, Husten,
   Schüttelfrost, Temperaturen bis 40 °C, Schweißausbruch [484];
   Zellgift; innerlich 3-10 g tödlich [30];
   In weichem Wasser 0,1-1,0 mg/l tödlich für Fische [29];
   [Sdb Fa. Heubach]:
   Chronische Vergiftungen sind nicht bekannt. Kleine Mengen sind harmlos, in hohen Dosen treten evtl.
   Schleimhautreizungen und Erbrechen auf. Bei Inhalation können Fieber, Muskelschmerzen, Frösteln und
   Übelkeit einstellen. Es handelt sich dabei um Zustände, die meistens nur 24 Stunden anhalten, ohne
   Nachwirkungen zu zeigen (Gießfieber);

   Gefahren-Symbol :

- physikalisch/chemisch :
   Dampfdruck : 1 hPa (487 °C) [29]; 1,33 hPa (20 °C) [Sdb]
   Siedepunkt : 907 °C (fester Stoff)
   Dichte : 7130 kg/m3 (20 °C)
   Schmelzpunkt : 419,58 °C
   Molmasse : 65,38 g/mol

Löslichkeit :
   unlöslich in Wasser; löslich in Säuren, Laugen, Eisessig, wäßriger Ammoniaklösung;

Verbleib nach Gebrauch :
   Beseitigung R
   Abwassergrenzwert: 3 mg/l [39];
   Konzentration im Rhein (deutsch-niederländische Grenze): 12200 t/a
   (1973), 4400 t/a (1985) [424];

Bemerkung :
   Blaugraues Puder, Pulver oder Mehl; entzündbarer Feststoff (in Pulver- oder Staubform);
   Das Handelsprodukt ist meist ein Gemisch von feinverteiltem Zink mit 8-10 % Zinkoxid, das oft noch mit
   anderen Metallen verunreinigt ist;
   Häufigkeit in der Erdrinde: 0,02 Ma.-% ;
   Mensch nimmt etwa 15 mg Zink/Tag auf und scheidet gleiche Menge wieder aus; Zink gehört zu den für
   Menschen wichtigen Spurenelementen; Zinkmangel bewirkt Appetitlosigkeit, gefolgt von Störungen der
   Geschmacks- und Geruchsempfindung; fortschreitend geistige Verwirrung, Ausschlag
   an Beinen und im Mund, Ausbleiben der Wundheilung; dauernde Unterernährung mit Zink bewirkt schwere
   Entwicklungsstörungen, die sich in Zwergwuchs, Leberschäden, Eisenmangelanämie äußern [135];

   Verbrennt beim Erhitzen an der Luft auf etwa 500 °C mit blaugrüner Flamme zu Zinkoxid; Achtung bei
   Mischung oder Kontakt mit sauerstoffreichem Material (starken Oxidationsmitteln) kann Explosion
   eintreten [484];

Zinkchlorid

- CAS-Nummer :
7646-85-7
- UN Nummer :
1840
- gebräuchliche Namen :
Chlorzink; Salzsaures Zink; Zinkbutter; Salzsaures Zinkoxid; Zinkchlorür;
- Handelsnamen :
Claytur 4;
- Summenformel :
Cl_2Zn
Funktion
(a)Leitsalz/Elektrolyt; Reaktionsprodukt
(b)Additiv/Elektrolyt
Batterietyp
PE
(a)Zink-Kohle/(b)Zink-Luft
Anwendungsbereich
Elektrolytbestandteil
Eigenschaften :
- toxigologisch/ökotoxikologisch :
RTECS # ZH 14000000
Schweizer Giftliste : 3
WGK : 1
R-Satz : 34
S-Satz : (1/2)-7/8-28-45
Sonstiges :
Kontakt mit Zinkchlorid und besonders mit seinen wäßrigen Lösungen verursacht starke Verätzung der
Haut, vor allem der Schleimhäute und Augen; von den verätzten Stellen aus erfolgt Resorption mit
allgemeiner Giftwirkung auf Darm, Nieren und Herz (mit Verzögerung) [163];
Symptome: Husten und Reizung der Atemwege, Übelkeit, Erbrechen, blutige Durchfälle, Schock [484];
LD 50 (intravenös, Ratte): 60 - 90 mg/kg [39];
LD 50 (Fisch; Goldorfe): 21 mg/l [33];
LC 50 (Daphnia magna): 12 mg/l [6];
Biologisch nicht abbaubar [8];

Gefahren-Symbol :

- physikalisch/chemisch :
Dampfdruck : « 1 hPa (20 °C) [163]
Siedepunkt : 732 °C
Dichte : 2910 kg/m3 (20 °C)
Schmelzpunkt : 283 °C; 293 °C
Molmasse : 136,28 g/mol

Löslichkeit :
Wasser 4320 g/l (25 °C), 6150 g/l (100 °C); Ethanol 1000 g/l (12,5 °C); leicht löslich in Diethylether;
unlöslich in Ammoniak;

Verbleib nach Gebrauch :
Beseitigung L

Bemerkung :
Farblose Flüssigkeit; nicht brennbar; ätzend;
Zinkchloridlösungen greifen die meisten Metalle schwach an;

Zinkoxid

- **CAS-Nummer :**
  1314-13-2
- **gebräuchliche Namen :**
  Zinkweiß; chinesisches Weiß; Rotzinkerz; Zinkit; C.I. 77947; Pigment White 4; Pigment Weiß 4 C.I.
  77947;
- **Handelsnamen :**
  Zinkweiss Harzsiegel Stand.; Zinkweiss Harzsiegel CF; Zinkweiss Harzsiegel UF; Zinkweiss Harzsiegel F;
  Zinkweiss Harzsiegel GR; Zinkweiss Harzsiegel CF/GR; Actox; Amalox; Azo 11; Azo 55; Azodox; Cadox;
  Adler-Pichler; Emarweiß; Protox; Rot Seal 9; St. Joe; Vandern; Weiß Seal 7; Zinca 20; Zinoid;
- **Summenformel :**
  ZnO

Funktion
  PE
  (a),(b),(c)Füllstoff
  (b),(c),(d)Reaktionsprodukt
  SE
  (a)Additiv/Elektrolyt
  (b)Additiv/Anode

Batterietyp
  PE
  (a)Zink-Kohle
  (b)Zink-Quecksilberoxid
  (c)Zink-Silberoxid
  (d)Alkali-Mangan
  SE
  (a)Zink-Silberoxid
  (b)Zink-Nickel

Anwendungsbereich
  SE
  (a)Elektrolytbestandteil
  (b)Elektrodenbestandteil

Eigenschaften :
- **toxigologisch/ökotoxikologisch :**
  RTECS # ZH 4810000
  WGK : 0
  MAK Wert : 5 mg/m3 bzw. 6 mg/m3 (gemessen als Feinstaub)
  R-Satz : 20
  S-Satz : 22-38-36/37/39
  Sonstiges :

- **physikalisch/chemisch :**
  Dichte : 5470 kg/m3 (20 °C)
  Schmelzpunkt : 1975 °C
  Molmasse : 81,37 g/mol

Löslichkeit :
  Wasser 0,0016 g/l (29 °C); löslich in Säuren, Laugen, Ammoniumchlorid; unlöslich in Ethanol,
  Ammoniak;

Verbleib nach Gebrauch :
  Beseitigung 0

Bemerkung :
  Kann schädigend wirken bei Einatmung, Verschlucken oder Aufnahme über Haut; verursacht Augen- und
  Hautreizungen; reizt Schleimhäute und Atemwege [187];

Literaturverzeichnis zu den Datenblättern

[1]   n.n.
       Code of Federal Regulations Office of the Federal Register National
       Archives and Records Service, US Government Printing Office General
       Services Administration Washington DC 20402 USA 2123 (1981)

[2]   Owens J.E.
       Methods for Preventing Static Damage to Photographic Paper
       Photographic Science and Engineering; 13(5), S. 280 (1969)

[3]   National Association of Photographic Manufactors
       Environmental Effect of the Photoprocessing Chemicals
       NAPM, Volume 1 und 2 (1974)

[4]   Leo A., Hansch C., Elkins D.
       Partition Coefficient and Their Uses
       Chemical Reviews; 71(6), S. 525 - 616 (1971)

[5]   Robinson H.J., Stoerk H.C., Graessle O.E.
       The Toxicologic and Pharmacologic Properties of Thiabendazole
       Toxicol. Appl. Pharmacol.; 7(1), S. 53 - 63 (1965)

[6]   Bringmann G., Kühn R.
       Befunde der Schadwirkung wassergefährdender Stoffe gegen Daphnia
       magna
       Z. f. Wasser- und Abwasser-Forschung; 10(5), S. 161 - 166 (1977)

[7]   Chou J.T., Jurs P.C.
       Computer-Assisted Computation of Partition Coefficients from
       Molecular Structures Using Fragment Constants
       J. Chem. Inf. Comput. Sci.; 19(3), S. 172 - 178 (1979)

[8]   Roth
       Wassergefährdende Stoffe
       4. Erg. Lieferung 1986
       ecomed, Landsberg 1982

[9]   National Printing Ink Research Institute
       NPIRI Raw Materials Data Handbook
       Volume 1: Organic Solvents
       National Printing Ink Research Institute
       Lehigh University, Bethlehem, Pennsylvania 18015/USA 1974

[10] National Inst. of Occupational Safety and Health
       Registry of Toxic Effects of Chemical Substances,
       Quarterly Issue
       Hrsg. Lewis R. J., Tatken, R. L.
       Edition DHHS (NIOSH) Publications, 1980
       NIOSH, (1986)

[11] OECD-Guideline
       OECD-Guideline for Testing Chemicals; Partition Coefficients
       (n-Octanol-Water)
       Umweltbundesamt, Berlin, 5. Januar 1987

[12] Mina R.
       Silver Recovery from Photographic Effluents by Ion-Exchange Methods
       J. Appl. Photogr. Eng.; 6(5), S. 120 - 125 (1980)

[13]   Janicke W.
        Chemische Oxidierbarkeit organischer Wasserinhaltsstoffe
        WaBuLo Berichte; 1, S. 30 - 114 (1983)
        Institut für Wasser-, Boden- und Lufthygiene des Bundesgesundheits-
        amtes
        Dietrich Reimer Verlag, Berlin 1983

[14]   Freier R.K.
        Aqueous Solutions
        Data for Inorganic and Organic Compounds
        Wäßrige Lösungen/Daten für anorg. und org. Verbindungen
        Vol. 1 u. 2
        Walter de Gruyter & Co., Berlin 1976, 1978

[15]   Paulus W.
        Mikrobiozide für Kühlschmierstoffe
        Erdöl, Kohle, Erdgas, Petrochemie; 37(7), S. 303 - 307 (1984)

[16]   Gersich F.M., Mayes M.A.
        Acute Toxicity Tests with Daphnia Magna Straus and Pimephales
        Promelas Rafinesque in Support of National Pollutant Discharge
        Elimination Permit Requirements
        Water Research; 20(7), S. 939 - 941 (1986)

[17]   Holcombe G.W., Phipps G.L., Knuth M.L., Felhaber T.
        The Acute Toxicity of Selected Substituted Phenols, Benzenes and
        Benzoic Acid Esters to Fathead Minnows (Pimephales Promelas)
        Environmental Pollution (Series A); 35(4), S. 367 - 381 (1984)

[18]   Fukuda S., Iida H., Yamagiwa J.
        Toxicological study of DTPA as a drug (II).
        Chronic side effects of orally administered DTPA to rats
        Hoken Butsuri; 19(2), S. 119 - 126 (1984)

[19]   Delcourt A., Deysson G.
        Activité antimitotique de quelques dérivés soufrés étude sur la
        cellule végétale
        Ann. Pharm. Fr.; 34(3-4), S. 81 - 87 (1976)
        (Annales Pharmaceutiques Francaises)

[20]   Beurteilung der Gefährlichkeit von Fotochemikalien gem. WHG 7a
        (Entwurf)
        pers. Mitteilung von Agfa-Gevaert, 1989

[21]   Fa. BASF AG, Ludwigshafen (1989)

[22]   Oil and Hazadous Materials
        Technical Assistance Data System
        US-EPA; File Nr. 7216886, sodium acetat

[23]   Dawson G.W., Jennings A.L., Drozdowski D., Rider E.
        The Acute Toxicity of 47 Industrial Chemicals to Fresh and Salt
        Water Fishes
        J. Hazardous Materials; 1(4), S. 303 - 318 (1977)

[24]   Fa. Agfa-Gevaert AG, Leverkusen (1989)

[25]   Curtis M.W., Ward C.H.
        Acquatic Toxicity of 40 Industrial Chemicals:
        Testing in Support of Hazardous Substance Spill Prevention Regu-
        lation
        J. Hydrol.; 51, S. 359 - 367 (1981)

[26] Verschueren K.
Handbook of Environmental Data on Organic Chemicals
van Nostrand, New York 1977

[27] Fa. Bayer AG, Leverkusen (1989)

[28] Fa. Kodak AG, Rochester, USA (1989)

[29] Hommel G.
Handbuch der gefährlichen Güter
4. Lieferung, Bd. 1 und 2
Springer Verlag, Berlin/Heidelberg/New York 1980
Springer Verlag, (1980)

[30] Kaltofen R., Opitz R., Schumann K., Ziemann J.
Tabellenbuch Chemie
VEB Deutscher Verlag für Grundstoffindustrie; Leipzig
9. Auflage 1982

[31] Gosselin R.E.
Clinical Toxicology of Commercial Products
4th Edition
Williams & Wilkins, Baltimore, USA 1976

[32] Merck E.
Sicherheit im Labor
Lösungsmittel
Merck, Darmstadt 1 (1988)

[33] Juhnke I., Lüdemann D.
Ergebnisse der Untersuchung von 200 chemischen Verbindungen auf
akute Fischtoxizität mit dem Goldorfentest
Z. f. Wasser- und Abwasser-Forschung; 11(5), S. 161 - 164 (1978)

[34] Fa. Kodak

[35] Fa. Fuji, Japan (1989)

[36] Bringmann G., Kühn R.
Grenzwerte der Schadwirkung wassergefährdender Stoffe gegen Bakterien (Pseudomonas putida) und Grünalgen (Scenedesmus quadricauda)
im Zellvermehrungshemmtest
Z. Wasser- und Abwasser-Forschung; 10(3/4), S. 87 - 98 (1977)

[37] Fa. Pennwalt Corp. (1989)

[38] Fa. Deutsche Borax GmbH, Frankfurt (1989)

[39] Roth L., Daunderer M.
Giftliste
Bd. 4 u. 5, Loseblatt-Ausgabe
ecomed-Verlagsgesellschaft mbH, Landsberg/Lech

[40] Lenga R.E. (Ed.)
The Sigma-Aldrich Library of Chemical Safety Data
Sigma-Aldrich Corporation 1985

[41] Smyth H.F., Carpenter C.P., Weil C.S., Pozzani U.C., Striegel J.A.,
Nycum J.S.
Range-finding Toxicity Data
Am. Ind. Hyg. Assoc. J.; 30(5), S. 470 - 478 (1969)

[42] Dollahite J.W., Rowe L.D.
Nitrate and Nitrite Intoxication in Rabbits and Cattle
Southwest Vet.; 27(3), S. 246 - 248 (1974)

[43] Lauersen F.
Über gesundheitliche Bedenken bei der Verwendung von Phosphorsäure
und primären Phosphat in Erfrischungsgetränken
Z. Lebensm. Unters. Forsch.; 96(6), S. 418 - 440 (1953)

[44] Cost
Analysis of Organic Micropollutants in Water
Commission of the European Communities
Fourth Edition 1984

[45] GSF-Bericht 1983
Forschungsberichte 10704006/01 und 02, 1981

[46] Rippen G.
Handbuch Umweltchemikalien
Stoffdaten-Prüfverfahren-Vorschriften
2. Auflage, Bd. 1, S. 51
ecomed Verlagsgesellschaft mbH, Landsberg/Lech 1987

[47] Rippen G.
Handbuch Umweltchemikalien
Stoffdaten-Prüfverfahren-Vorschriften
Band 2 , Ergänzungslieferungen
ecomed Verlagsgesellschaft mbH, Landsberg/Lech 1988

[48] Monographs on the Evaluation of Carcinogenic Risk of Chemicals to
Humans
International Agency for Research on Cancer; Vol. 26, Lyon 1979

[49] Neumayr V.
Verteilungs- und Transportmechanismen von chlorierten Kohlenwasser-
stoffen in der Umwelt
Institut für Wasser-, Boden- u. Lufthygiene d. Bundesgesundheitamtes
WaBoLu-Berichte; 3, S. 24 - 40 (1981)

[50] Paasivirta J., Heinola K., Humppi T., Karjalainen A., Knuutinen J.,
Mäntykoski K., Paukku R., Piilola T., Surma-Aho K., Tarhanen J.
Polychlorinated Phenols
Guaiadols and Catechols in Environment
Chemosphere; 14(5), S. 469 - 491 (1985)

[51] Ervin H.E., McGinnis G.D.
Analysis of pentachlorophenol in waste water using High-Performance
Liquid Chromatography
J. Chromatogr.; 190, S. 203 - 207 (1980)

[52] Gewässergüte Bericht '84
Landesamt für Wasser und Abfall NRW, Düsseldorf 1985

[53] GSF-Bericht 1985
Forschungsberichte 10604011/01 bis 08, 1984

[54] Malle K.-G.
Die Bedeutung der 129 Stoffe der EG-Liste für den Gewässerschutz
Z. Wasser-Abwasser-Forsch.; 17, S. 75 - 81 (1984)

[55] Luckey T.D, Venugopal B., Hutcheson D.
Heavy Metal Toxicity, Safety and Hormology
Georg Thieme Verlag, Stuttgart 1975

[56]   Dalgaard-Mikkelsen S., Poulsen E.
        Toxicology of Herbicides
        Pharmacol. Rev.; 14, S. 225 - 250 (1962)

[57]   Verschueren K.
        Handbook of Environmental Data on Organic Chemicals
        2. Auflage
        van Nostrand, New York 1983

[58]   Sawhney B.L., Kozloski R.P.
        Organic Pollutants in Leachates from Landfill Sites
        J. Environ. Qual.; 13(3), S. 349 - 352 (1984)

[59]   Calamari D., DaGasso R., Galassi S., Provini A., Vighi M.
        Biodegradation and Toxicity of Selected Amines on Acquatic Organisms
        Chemosphere; 9(12), S. 753 - 762 (1980)

[60]   DABAWAS
        Datenbank für wassergefährdende Stoffe
        Dortmund, Stand August 1982

[61]   Korte F. et al.
        Überprüfung der Durchführbarkeit von Prüfungsvorschriften und der
        Aussagekraft der Grundprüfung des E. Chem. G. Berichtes der Gesell-
        schaft für Strahlen- und Umweltforschung GmbH, Neuherberg
        Inst. f. ökolog. Chemie u. Inst. f. Biochem. u. Toxikologie
        Abt. Toxikologie
        Forschungsbericht Nr. 10704006/1

[62]   Neumüller O.-A.
        Römpps Chemie-Lexikon
        8. Auflage, Bd. 1 - 6
        Franckh'sche Verlagshandlung Stuttgart 1972 - 1988

[63]   Sims R.C., Overcash M.R.
        Fate of Polynuclear Aromatic Compounds (PNAs) in Soil-Plant Systems
        Residue Rev.; 88, S. 1 (1983)

[64]   Koopmanns R.E., Rekker R.F.
        HPLC of Alkylbenzenes: Relationship with Lipophilicities as Deter-
        mined from Octanol/Water Partition Coefficients or Calculated from
        Hydrophobic Fragmental Data and Connectivity Indices; Lipophilicity
        J. Chromatogr.; 285, S. 267 (1984)

[65]   Phipps G.L., Harden M.J., Leonard E.N., Roush T.H., Spehar D.L.,
        Stephan G.E., Pickering Q.H., Buickema A.L. Jr.
        Effects of Pollution on Freshwater Organisms
        J. Water Pollut. Control Fed.; 56(6), S. 725 - 758 (1984)

[66]   Harms H.
        Metabolisierung von Benzo(a)pyren in pflanzlichen Zellsuspensions-
        kulturen und Weizenkeimpflanzen
        Landbauforschung Völkenrode; 25, S. 83 (1975)

[67]   May E.W., Wasik S.P., Miller M.M., Tewari Y.B., Brown-Thomas J.M.,
        Goldberg R.N.
        Solution Thermodynamics of Some Slightly Soluble Hydrocarbons in
        Water
        J. Chem. Eng. Data; 28(2), S. 197 - 200 (1983)

[68]   Malle K.-G.
        Water Protection in Europe
        J. Am. Oil. Chem. Soc.; 61(2), S. 302 - 306 (1984)

600

[69]   Rowe V.K., Hymas T.A.
        Summary of Toxicological Information on 2,4-D- and 2,4,5-T-Type
        Herbicides and an Evaluation of the Hazards to Livestock Associated
        with their Use
        Am. J. Vet. Res.; 15, S. 622 - 629 (1954)

[70]   OECD (VCI)
        Production Figures and Use Patterns for Some High Volume Chemicals
        Paris, June 1977

[71]   Osterroth Ch.
        Development of a Method for the Extraction and Determination of Non-
        polar, Dissolved Organic Substances in Sea Water
        J. Chromatogr.; 101, S. 289 - 298 (1974)

[72]   Jan J., Komar M., Milohnoja, M.
        The Content of Polychlorinated Hydrocarbons in Fish in Slovenia
        Biol. Vestn. (Ljubljana); 24(2), S. 109 - 114 (1976)

[73]   Leoni V., Puccetti G., Grella A.
        Preliminary Results on the Use of Tenax for the Extraction of Pesti-
        cides and Polynuclear Aromatic Hydrocarbons from Surface and Drink-
        ing Waters for Analytical Purposes
        J. Chromatogr.; 106, S. 119 - 124 (1975)

[74]   Peterson J. E., Stahl K. M., Meeker D. L.
        Simplified Extraction and Cleanup for Determining Organochlorine
        Pesticides in Small Biological Samples
        Bull. Environ. Contam. Toxicol.; 15(2), S. 135 - 139 (1976)

[75]   Windholz M., Budavari S., Blumetti R.F., Otterbein E.S. (eds.)
        The Merck Index
        An Encyclopedia of Chemicals, Drugs, and Biologicals
        Tenth Edition
        Merck & Co., Inc.
        Rahway, New Jersey USA 1983

[76]   Chiou C.T., Schmedding D.W.
        Partioning of Organic Compounds in Octanol/Water Systems
        Environ. Sci. Technol.; 16(1), S. 4 - 10 (1982)

[77]   Kearny P.C., Kaufman D.D., Hrsg.
        Herbicides
        Chemistry, Degradation and made of Action
        Vol. 1 u. 2, 2nd Edition
        M. Dekker, New York 1975, 1976

[78]   Anonymus
        Final Report of the Safety Assessment of Isobutane, Isopentane,
        n-Butane and Propane
        J. Amer. Col. Toxicol.; 1(4), S. 127 - 142 (1982)

[79]   Sabel G.V., Clark T.P.
        Volatile Organic Compounds as Indicators of Muncipal Solid Waste
        Leachate Contamination
        Waste Mange. Res.; 2(2), S. 119 - 130 (1984)

[80]   Callahan M.A., Slimak M.W., et al.
        Water Related Environmental Fate of 129 Priority Pollutants
        Vol. I and II
        Report EPA-440/4-79-029b (1979)

[81] Janardan S.K., Olson C.S., Schaeffert D.J.
Quantitative Comparisons of Acute Toxicity of Organic Chemicals to
Rat and Fish
Ecotox. Environ. Safety; 8, S. 531 (1984)

[82] LeBlanc G.A.
Acute Toxicity of Priority Pollutants to Water Flea (Daphnia magna)
Bull. Environ. Contam. Toxicol.; 24(5), S. 684 - 691 (1980)

[83] Kobayashi K.
Safety Examination of Existing Chemicals-Selection, Testing,
Evaluation and Regulation in Japan
in: Proc. Workshop Control of Existing Chemicals under the Patronage
of the OECD
S. 141 - 143
Umweltbundesamt Berlin (Hrsg.), 10. - 12. Juni 1981

[84] Dietz F., Traud J.
Zur Spurenanalyse von Phenolen, insbesondere Chlorphenolen, in
Wässern mittels Gaschromatographie-Methoden und Ergebnisse
Vom Wasser; 51, S. 235 - 257 (1978)

[85] Weast R.C., Astle M.J.
CRC Handbook of Chemistry and Physics
59 th Edition 1978 - 1979
CRC Press, Inc.
2255 Palm Beach Lakes Blvd., West Palm Beach, Florida 33409, USA

[86] Hermens J.L.M., Busser F., Leeuwanch P., Musch A.
Quantitative Correlation Studies Between the Acute Lethal Toxicity
of 15 Organoic Halides to the Guppy (Poecilia reticulata) and
Chemical Reactivity Towards 4-Nitrobenzylpyridine
Toxiool. Environ. Chem.; 9(3), S. 219 - 236 (1985)

[87] Lai D.Y.
Halogenated Benzenes, Naphthalenes, Biphenyls and Terphenyls in the
Environment: Their Carcinogenic, Mutaganic and Teratogenic Potential
and Toxic Effects
J. Environ. Sci. Hlth. C2, S. 135 (1984)

[88] Gottschalk C., Markard C., Hellmann H., Krebs F., Hansen P.D.,
Kühn R.
Beitrag zur Beurteilung von 19 gefährlichen Stoffen in oberirdischen
Gewässern
Hrsg.: Umweltbundesamt Berlin, April 1986

[89] Frische R., Hachmann R., Rippen G.
Ermittlung und Bewertung der Umweltbelastung und -verteilung von
Verbrauchschemikalien. Beispiel: p-Dichlorbenzol als Geruchsüber-
töner im Sanitärbereich
Bericht des Battelle-Instituts, Frankfurt am Main, an das Umwelt-
bundesamt, Berlin
Forschungsvorhaben Nr. 105.05019, Dezember 1981

[90] Dive D., Leclerc H., Persoone G.
Pesticide Toxicity on the Cilate Protozoan Colpidium Campylum:
Possible Consequences of the Effect of Pesticides in the Aquatic
Environment
Ecotoxicol. Environ. Saf.; 4(2), S. 129 - 133 (1980)

[91] Eichelberger J.W., Lichtenberg J.J.
Persistence of Pesticides in River Water
Environ Sci. Technol.; 5(6), S. 541 - 544 (1971)

[92] Kenaga E.E., Goring C.A.J.
       Relationship between Water Solubility, Soil Sorption, Octanol Water
       Partitioning and Bioconcentration of Chemicals in Biota
       in: Aquate Toxicology ASTM Publ. STP 707
       Eaton J.C, Parrish P.R., Hendricks A.C. (eds.)
       S. 78 - 115
       Philadelphia 1980

[93] Kenaga E.E.
       Guidelines for Environmental Study of Pesticides.
       Determination of Bioconcentration Potential
       Residue Rev.; 44, S. 73 - 113 (1972)

[94] BP Chemie
       Ethoxypropanol EP
       Technigram EOC1G
       BP Chemicals Limited

[95] Ballschmiter K.
       Polychlorbiphenyle: Chemie, Analytik und Umweltchemie
       Analytiker Taschenbuch, Springer Verlag 1987, Bd. 7, S. 393 - 432

[96] Deutsche Forschungsgemeinschaft
       Polycyclische aromatische Kohlenwasserstoffe, krebserzeugende (PAH)
       MAK-Werte
       Toxikologisch-arbeitsmedizinische Begründungen
       Band III, VP, S. 1 - 10
       Verlag Chemie 1987

[97] BP chemicals
       Ethoxypropylacetat
       Vorausinformationsblatt EOC2G
       BP Chemicals Limited
       Januar 1987

[98] BP chemicals
       Methoxypropanol
       Technigram EOC4 G
       BP Chemicals Limited
       Juni 1987

[99] BP chemicals
       Methoxypropylacetat
       Technigram EOC3 G
       Deutsche BP Chemie GmbH, Düsseldorf

[100] BP chemicals
       Phenoxypropanol (PhP)
       Technigram EOC5G
       Deutsche BP Chemie GmbH, Düsseldorf

[101] BP chemicals
       Methylglykol, Methylglykolacetat
       Technigram GE 3 G
       Deutsche BP Chemie GmbH, Düsseldorf

[102] BP chemicals
       Ethylglykol, Ethylglykolacetat
       Technigram GE 4 G
       Deutsche BP Chemie GmbH, Düsseldorf

[103] BP chemicals
       Butylglykol, Butylglykolacetat
       Technigram GE 5 G
       Deutsche BP Chemie GmbH, Düsseldorf

[104] BP chemicals
       Diglykolether und Diglykolacetat
       Technigram GE 6 G
       Deutsche BP Chemie GmbH, Düsseldorf

[105] BP chemicals
       Mathematisches Modell zur Voraussage der Verdunstungsgeschwindigkeit
       Deutsche BP Chemie GmbH, Düsseldorf

[106] BP Chemie
       Aceton
       Deutsche BP Chemie GmbH, Düsseldorf

[107] BP Chemie
       Diacetonalkohol DAA
       Deutsche BP Chemie GmbH, Düsseldorf

[108] BP Chemie
       Hexylenglykol
       Deutsche BP Chemie GmbH, Düsseldorf

[109] BP Chemie
       Isophoron
       Deutsche BP Chemie GmbH, Düsseldorf

[110] BP Chemie
       BP Solvent ID
       Deutsche BP Chemie GmbH, Düsseldorf

[111] BP Chemie
       Ethylacetat
       Deutsche BP Chemie GmbH, Düsseldorf

[112] Tabellenbuch der Chemie
       Harri Deutsch Verlag, Leipzig, 10. Auflage 1986

[113] BP Chemie
       N-Butylacetat
       Deutsche BP Chemie GmbH, Düsseldorf

[114] BP Chemie
       Isobutylacetat
       Deutsche BP Chemie GmbH, Düsseldorf

[115] BP Chemie
       Isopropanol
       Deutsche BP Chemie GmbH, Düsseldorf

[116] Friberg I., Piscator M., Nordberg G.
       Cadmium in the Environment
       CRC Press, Cleveland, Ohio 1971

[117] Beliles R.P.
       Metals
       in: Toxikology, The Basis Science of Poisons
       Casarett L.J., Doull J. (eds.)
       Macmillan Publishing Co.,Inc., New York 1975, S. 495

604

[118] Norton T.R.
       Metabolism of Toxic Substances
       in: Toxicology, The Basis Science of Poisons
       Casarett L.J., Doull J. (eds.)
       Macmillan Publishing Co.,Inc. New York 1975

[119] Bremer K.E.
       Discussion of Polychlorinated Biphenyls in Waste Streams from Paper
       Recycling
       in: Environmental Aspects of Chemical Use in Printing Operations
       S. 319

[120] Miyao N., Ishiguro S., Kano I., Yasuda N.
       Toxicity of Carbamate Compounds.
       I. Subchronic Toxicity of 3-Methyl-5-isopropylphenyl-N-methylcarba-
       mate
       Kagoshima Daigaku Nogakubu Gakujutsu Hokoku; 22, S. 131 - 144 (1972)
       Zusammenfassung siehe Chemical Abstracts, Vol. 78, 119931 e (1973)

[121] Gaines T.B.
       Acute Toxicity of Pesticides
       Toxicol. Appl. Pharmacol.; 14(3), S. 515 - 534 (1969)

[122] Boyd E.M., Shanas M.N.
       The Acute Oral Toxicity of Sodium Chloride (in Albino Rats)
       Arch. Int. Pharmacolodyn. Ther.; 144(1/2), S. 86 - 96 (1963)

[123] Kutob S.D., Plaa G.L.
       A Procedure for Estimating the Hepatotoxic Potential of Certain
       Industrial Solvents
       Toxicol. Appl. Pharmacol.; 4, S. 354 - 361 (1962)

[124] Ditten D., Klose B., Bienert M., Kiepsch H.-J.
       Untersuchungen zur quantitativen Bestimmung der Exposition gegen-
       über i-Propanol im Offsetdruck mit Alkoholfeuchtung
       Papier und Druck; 37, S. 488 (1988)

[125] Alexander C.B., McBay A.J., Hudson R.P.
       Isopropanol and Isopropanol Deaths-Ten Years Experience
       J. Forens. Sci.; 27, S. 541 (1982)

[126] Daniel D.R., McAnalley B.H., Gariott J.C.
       Isopropylalcohol Metabolism After Acute Intoxication in Humans
       J. Anal. Toxicol.; 5(3), S. 110 - 112 (1981)

[127] Weast R.C., Astle M.J., Beyer W.H.
       CRC Handbook of Chemistry and Physics
       66th Edition 1985 - 1986
       CRC Press, Inc., Boca Raton, Florida/USA

[128] Schröter W., Lautenschläger K.-H., Bibrack H., Schnabel A.
       Chemie
       VEB Fachbuchverlag, Leipzig, 15. Auflage 1984

[129] Kunz W., Klencz P.
       Natrium und Natrium-Legierungen
       4. Auflage, Bd. 17, S. 143 - 177
       Ullmanns Encyclopädie der Technischen Chemie
       Verlag Chemie, Weinheim 1979

[130] Hoppe J.O., Goble F.C.
       The Intravenous Toxicity of Sodium Bisulfite
       J. Pharmacol. Exptl. Therap.; 101, S. 101 - 106 (1951)

[131] Back K.C. et al.
       Reclassification of Materials Listed as Transportation Health
       Hazards
       (TSA-20-72-3; PB 214 - 270)

[132] Born E.
       Lexikon für die graphische Industrie
       2. Auflage
       Polygraph Verlag GmbH Frankfurt am Main, 1972

[133] Frische R., Klöpffer W., Schönborn W.
       Bewertung von organisch-chemischen Stoffen und Produkten in Bezug
       auf ihr Umweltverhalten - chemische, biologische und wirtschaftliche
       Aspekte
       Studie des Battelle-Instituts e.V., Frankfurt am Main,
       für das Umweltbundesamt Berlin; 1. und 2. Teil, Mai 1979

[134] Bringmann G., Kühn R.
       Comparison of the Toxicity Thresholds of Water Pollutants to Bac-
       teria, Algae, and Protozoa in the Cell Multiplication Inhibition
       Test
       Water Res.; 14(3), S. 231 - 241 (1980)

[135] Vahrenkamp H.
       Zink, ein langweiliges Element?
       Chem. unserer Zeit; 22(3), S. 73 - 84 (1988)
       (Korrektur in: Chem. unserer Zeit; 22(6), S. 220 (1988))

[136] Voigt J.L., Edwards L.D., Johnson C.H.
       Acute Toxicity of Arsenate of Lead in Animals
       J. Am. Pharm. Assoc., Sci. Ed.; 37, S. 122 - 123 (1948)

[137] Anderson B.G., Chandler D.C., Andrews T.F., Jahoda W.J.
       The evaluation of aquatic invertebrates asassay organisms for the
       determination of the toxicity of industrial wastes
       Amer. Petroleum Inst. Project Final Report No. 51 (1948)

[138] Bringmann G., Kühn R.
       Vergleichende wassertoxikologische Untersuchungen an Bakterien,
       Algen und Kleinkrebsen
       Gesundh.-Ing.; 80, S. 115 (1959)

[139] Dowden B.F., Bennett H.J.
       Toxicity of selected chemicals to certain animals
       J. Water Pollution Control Federation; 37(9), S. 1308 - 1316 (1965)

[140] Koch R.
       Umweltchemikalien
       Physikalisch-chemische Daten, Toxizitäten, Grenz- und Richtwerte,
       Umweltverhalten
       VCH Verlagsgesellschaft, Weinheim
       VEB Verlag Volk und Gesundheit, Berlin 1989

[141] Du Pont Sicherheitsdatenblatt
       Cyrel Flexosolvent
       Du Pont de Nemours, Bad Homburg

[142] Thumann M.E.
       Über die Wirkung arsenhaltiger Abwässer auf Fische und Krebse
       Angew. Chemie; 54(47/48), S. 500 (1941)

[143] Umweltbelastung durch Asbest und andere faserige Feinstäube
       Bericht 80/7, Hrsg. Umweltbundesamt Berlin 1980

[144]   Kühn R., Birett K.
        Merkblätter Gefährliche Arbeitsstoffe
        Loseblattsammlung, Bd. 1 - 7
        ecomed verlagsgesellschaft mbh, Landsberg/Lech

[145]   Quellmalz E.
        Das neue Chemikaliengesetz
        Handbuch der gefährlichen Arbeitsstoffe
        Bd. 1 - 4, Loseblatt-Ausgabe, 1980 ff.
        WEKA Fachverlage GmbH, Kissing

[146]   Anderson K., Scott R.
        Fundamentals of Industrial Toxicology
        Ann Arbor Science Publishers Inc./The Butterworth Group
        230 Collingwood, P.O. Box 1425, Ann Arbor, Michigan 48106, 1981,
        S. 37

[147]   Karrer W.
        Konstitution und Vorkommen der organischen Pflanzenstoffe (exklusive
        Alkaloide)
        Chemische Reihe Bd. 12 (1976), Bd. 17 (1977), Bd. 25 (1981), Bd. 28
        (1985),
        Birkhäuser Verlag, Basel

[148]   Anonymus
        Die neue MAK-Werte-Liste
        Entsorgungs-Technik; 3, S. 26 (1989)

[149]   Anonymus
        Entsorgung von Ethylenoxid
        Entsorgungs-Technik; 3, S. 23 (1989)

[150]   Fuchs F.
        Gelchromatographische Trennung von organischen Wasserinhaltsstoffen
        Teil III: Untersuchungen zu den Wechselwirkungen zwischen Gelmatrix,
        Probensubstanz und Elutionsmittel
        Vom Wasser; 66, S. 127 - 136 (1986)

[151]   Perkow W.
        Wirksubstanzen der Pflanzenschutz- und Schädlingsbekämpfungsmittel
        Paul Parey Verlag, Berlin-Hamburg 1983

[152]   Drosselmeyer E.
        Grenzwertsetzung für chemische Schadstoffe
        Kernforschungszentrum Karlsruhe Karlsruhe GmbH, Mai 1979

[153]   Chu I., Villeneuve D.C., Viau A., Barnes C.R., Benoit F.M., Qin Y.H.
        Metabolism of 1,2,3,4-, 1,2,3,5- and 1,2,4,5-Tetrachlorobenzene in
        the Rat
        J. Toxicol. Environm. Hlth.; 13(4-6), S. 777 - 786 (1984)

[154]   Franck R.
        Kunststoffe im Lebensmittelverkehr
        Loseblattsammlung, Teile A - E
        Heymanns Verlag, Köln-Berlin-Bonn-München

[155]   Meyer H.J., Kretzschmar R.
        Relation between Molecular Structure and Pharmacological Activity of
        C-6aryl-substituted 4-Methoxy-_-pyrones of the Kava Pyrone Type
        Arzneimittelforschung; 19(4), S. 617 - 623 (1969)

[156]   Grossmann W.
        Abwässer aus photoverarbeitenden Betrieben
        pers. Mitteilung 1987

[157] Tiegs E.
Abwasserschäden
in: Sorauers Handbuch der Pflanzenkrankheiten
Berlin 1934

[158] Fachlexikon ABC-Chemie
Verlag Harri Deutsch, Thun-Frankfurt a. Main 1979, Band 1 und 2

[159] Garrett J.T.
Toxicity considerations in pollution control
Ind. Wastes; 2, S. 17 - 19 (1957)

[160] Denzer H.W.
Merkblatt über die Schädigung der Fischerei durch Abwasser
I. Schwellenwerte für Fische und Fischnährtiere
Landesanstalt für Fischerei Nordrhein Westfalen 1959

[161] McKim J.M., Benoit D.A., Biesinger K.E., Brungs W.A., Siefert R.E.
Effects of pollution on freshwater fish
J. Water Pollution Control Federation; 47(6), S. 1711 - 1768 (1975)

[162] Friege H., Claus F., D'Haese M.
Chemie im Kinderzimmer
1. Auflage
Rowohlt Verlag GmbH, Reinbek bei Hamburg, 1986, S. 23

[163] Hommel G.
Handbuch der gefährlichen Güter
4. Auflage 19
Bd. 1 - 3
Springer Verlag Berlin, Heidelberg, New York

[164] Stöfen D.
Toleranzwerte für Schadstoffe im Trinkwasser
Städtehygiene; 24, S. 109 - 114 (1973)

[165] Chian E.S.K., Dewalle F.B.
Nature and analysis of chemicals species
J. Water Poll. Control Federation; 48, S. 1042 - 1077 (1976)

[166] Braun W., Dönhardt A.
Vergiftungsregister
Haushalts- und Laborchemikalien,
Arzneimittel-Symptomatologie und Therapie
Georg Thieme Verlag, Stuttgart, 3. Auflage 1981

[167] Weissenfels W.D., Beyer M., Klein J.
Degradation of Phenanthrene, Fluorene and Fluoranthene by Pure Bacterial
Cultures
Appl. Microbiol. Biotechnol.; 32(4), S. 479 - 484 (1990)

[168] Brown J.R., Mastromatteo E.
Acute Oral and Parenteral Toxicity of Four Titanate Compounds in the
Rat
Industr. Med. Surg.; 31, S. 302 - 304 (1962)

[169] Deutsche Forschungsgemeinschaft
Farbstoffe für Lebensmittel
Harald Boldt Verlag, Boppard 1978

[170] Eichenhofer K.-W., Roos E.
Hydrazin
Ullmanns Encyklopädie der Technischen Chemie
4. Auflage, Bd. 13, S. 95 - 107
Verlag Chemie, Weinheim 1977

[171] Audrieth L.H., Ogg, B.A.
The chemistry of Hydrazine
Wiley, New York 1951

[172] Andon R.J.L., Biddiscombe D.P., Cox J.D., Handley R., Harrop D.,
Herington E.F.G., Martin J.F.
Thermodynamic Properties of Organic Oxygen Compounds. Part I.
J. Chem. Soc.; 1960(4), S. 5246 - 5254

[173] Forster A., Kromer H., Trawinski H.F.
Kaolin
Ullmanns Encyklopädie der Technischen Chemie
4. Auflage, Bd. 13, S. 509 - 516
Verlag Chemie, Weinheim 1977

[174] Lockey S.D.
Reactions to Hidden Agents in Foods, Beverages and Drugs
Ann. Allergy; 29, S. 461 - 466 (1971)

[175] Juhlin L., Michaëlsson, G., Zetterström, Ö.
J. Allergy Clin. Immunol.; 50(2), S. 92 (1972)

[176] Joint Food and Agriculture Organization of the United Nations (FAO)/
WHO Expert Committee an Food Additives
FAO Nutrition Meetings Report Series No. 55, Rom 1975

[177] Katalyse Umweltgruppe (Hrsg.)
Was wir alles schlucken müssen
Zusatzstoffe in Lebensmitteln
Rowohlt Verlag 1986

[178] Food and Agriculture Organization of the United Nations (FAO)
FAO Nutrition Meeting Report Series No. 53 A, Rom 1974, S. 127

[179] Fiege H.
Kresole und Xylenole
Ullmanns Encyklopädie der Technischen Chemie
4. Auflage, Bd. 15, S. 61 - 77
Verlag Chemie, Weinheim 1978

[180] Bringmann G., Kühn R.
Ergebnisse der Schadwirkung wassergefährdender Stoffe gegen Daphnia
magna in einem weiterentwickelten standardisiertem Testverfahren
Z. f. Wasser- und Abwasser-Forschung; 15, S. 1 - 6 (1982)

[181] Wellens H.
Vergleich der Empfindlichkeit von Brachydanio rerio und Leucisus
idus bei der Untersuchung der Fischtoxizität von chemischen Verbindungen und Abwässern
Z. Wasser- Abwasser-Forsch.; 15(2), S. 49 - 52 (1982)

[182] Hoechst
Ethylacetat
DIN-Sicherheitsdatenblatt
Hoechst AG, Frankfurt, November 1987

[183] Trénel J., Kühn R.
Bewertung wassergefährdender Stoffe im Hinblick auf Lagerung, Umschlag und
Transport und Untersuchung zur Abklärung substanz- u. bewertungsmethodenspe-
zifischer Grenzfälle bei der Bewertung wassergefährdender Stoffe
Umweltforschungsplan des Bundesministers des Innern, Forschungsbericht;
Institut für Wasser-, Boden- und Lufthygiene des Bundesgesundheitsamtes,
Berlin 1982

[184] Clemens H.P., Sneed K.E.
Lethal doses of several commercial chemicals for fingerling channel
catfish
Special Scientific Report Fisheries No. 316, U.S. Dept. Interior
1959

[185] McKee J.E., Wolf H.W.
Water quality criteria
Sacramento; Resources Agency, California;
State Water Quality Control Board, USA 1967

[186] Department of Transportation United States Coast Guard
CHRIS Hazardous Chemical Data
File 1 A-D, File 2 E-Z
Commandant Instruction M 16465, U.S. Coast Guard, Washington,
D.C. 20593, 12 October 1978

[187] Lenga R.E. (Ed.)
The Sigma-Aldrich Library of Chemical Safety Data
Sigma-Aldrich Corporation, Vol. 1 u. 2 Edition II 1988

[188] Ambient Water Quality Criteria for Halomethanes
US EPA, PB 81 - 117 (1980)

[189] Persoone G., van Haecke P.
Evaluation of the Impact of Benzene, Chloroform and Carbon Tetra-
chloride on the Aquatic Environment
Bericht an die Kommission der EG, 1982

[190] Ambient Water Quality Criteria: Carbon Tetrachloride
US EPA, PB-292-424 (1978)

[191] Domino E.F., Unna K.R., Kerwin J.
Pharmacological Properties of Benzazoles.
I. Relationship between Structure and Paralyzing Action
J. Pharmacol. Exptl. Therap.; 105, S. 486 - 497 (1952)

[192] Buckingham J. (Ed.)
Dictionary of Organic Compounds
Fifth Edition, Second Supplement
Chapman and Hall, New York 1984, S. 75

[193] Smyth H.F., Carpenter C.P., Weil C.S.
Range-Finding Toxicity Data: List IV
Arch. Ind. Hyg. Occupational. Med. 4, S. 119 - 122 (1951)

[194] Jenner P.M., Hagan E.C., Taylor J.M., Cook E.L., Fitzhugh O.G.
Food Flavorings and Compounds of Related Structure
I. Acute Oral Toxicity
Food Cosmet. Toxicol.; 2(3), S. 327 - 343 (1964)

[195] Smyth H.F.Jr., Carpenter C.P.
Further Expierience with the Range Finding Test in the Industrial
Toxicology Laboratory
J. Ind. Hyg. Toxicol.; 30(1), S. 63 - 68 (1948)

[196]   Webb J.M., Hansen W.H.
        Metabolism of Rhodamine B
        Toxicol. Appl. Pharmacol.; 3, S. 86 - 95 (1961)

[197]   Woodard, G., Hagan E. C., Radomski J. L.
        Toxicity of Hydroquinone for Laboratory Animals
        Fed. Proc.; 8, S. 348 (1949)

[198]   Smyth H.F., Carpenter C.P., Weil C.S.
        Range-Finding Toxicity Data
        Arch. Ind. Hyg. Occupational. Med.; 10, S. 61 - 68 (1954)

[199]   Syed I.B., Hosain F.
        Determination of LD 50 of Barium chloride and Allied Agents
        Toxicol. Appl. Pharmacol.; 22(1), S. 150 - 152 (1972)

[200]   Smyth H.F., Seaton J., Fischer L.
        The Single Dose Toxicity of some Glycols and Derivatives
        J. Ind. Hyg. Toxicol.; 23(6), S. 259 - 268 (1941)

[201]   Budavari S., Maryadele J., Smith A., Heckelman P.E. (Editors)
        The Merck Index
        An Encyclopedia of Chemicals, Drugs, and Biologicals
        Eleventh Edition
        Merck & Co,. Inc.
        Rahway, New Jersey USA 1989

[202]   Howard P.H.
        Handbook of Environmental Fate and Exposure Data for Organic
        Chemicals
        Vol. I: Large Production and Priority Pollutants
        Lewis Publishers, Inc.
        Chelsea, Michigan USA 1989

[203]   Taylor B.F., Curry R.W., Corcoran E.F.
        Potential for Biodegradation of Phthalic Acid Esters in Marine Re-
        gions
        Appl. Environ. Microbiol.; 42(4), S. 590 - 595 (1981)

[204]   Williams G.R., Dale R.
        The Biodeterioration of the Plasticizer Dioctyl Phthalate
        Int. Biodterior. Bull.; 19(1), S. 37 - 38 (1983)

[205]   Howard P.H., Banerjee S., Robillard K.H.
        Measurement of Water Solubilities, Octanol/Water Partition
        Coefficients and Vapor Pressures of Commercial Phthalate Esters
        Environ. Toxicol. Chem.; 4(5), S. 653 - 661 (1985)

[206]   Sugatt R.H., O'Grady D.P., Banerjee S., Howard P.H., Gledhill W.E.
        Shake Flask Biodegradation of 14 Commercial Phthalate Esters
        Appl. Environ. Microbiol.; 47(4), S. 601 - 606 (1984)

[207]   Robinson H.J., Graessle O.E.
        Toxicity of Tannic Acid
        J. Pharmacol. Exp. Ther.; 77, S. 63 - 69 (1943)

[208]   Brown J.R., Mastromatteo E.
        Acute Toxicity of Three Episulfide Compounds in Experimental Animals
        Am. Ind. Hyg. Assoc. J.; 25(6), S. 560 - 563 (1964)

[209]   Orö L., Wretlind A.
        Pharmacological Effects of Fatty Acids, Triolein, and Cotton-seed
        Oil
        Acta Pharmacol. Toxicol.; 18, S. 141 - 152 (1961)

[210] Daniher F.A.
The Toxicology of tris-(2,3-Dibromopropyl)-phosphate
Proc. Symp. Text. Flammability; 4, S. 126 - 143 (1976)

[211] Brown J.R., Mastromatteo E., Harwood J.
Zirconium Lactate and Barium Circonate.
Acute Toxicity and Inhalation Effects in Experimental Animals
Am. Ind. Hyg. Assoc. J.; 4(2), S. 131 - 143 (1963)

[212] Cliemie I.J.G., Hutson D.H., Stoydin G.
Metabolism of the Epoxy Resin Component 2,2-Bis-4-(2,3-epoxypropoxy)
-phenylpropan,the Diglycidyl Ether of Bisphenol A (DGEBPA) in the
Mouse. Part I
Xenobiotica; 11(6), S. 391-399 (1981)

[213] Cliemie I.J.G., Hutson D.H., Stoydin G.
Metabolism of the Epoxy Resin Component 2,2-Bis-4-(2,3-epoxypropoxy)
-phenylpropan, the Diglycidyl Ether of Bisphenol A (DGEBPA) in the
Mouse. Part II
Xenobiotica; 11(6), S. 401-424 (1981)

[214] National Toxicology Program
Carcinogenesis Bioassay of Bisphenol A in F344 Rats and B6C3F1 Mice
(Feed Study)
Research Triangle Parc, NC USA
Report NIH/PUB-82-1771, NTP-80-35 (1982)
Order No. PB 82-184060 (117 Seiten)

[215] Bentley P., Biery F., Kuster H., Muakkassah-Kelly S., Sagelsdorff P.
Staeubli W., Waechter F.
Hydrolysis of Bisphenol A Diglycidyl Ether by Epoxide Hydrolases in
Cytosolic and Microsomal Fractions of Liver and Skin: Inhibition by
Bis-(epoxycyclopentyl)-ether
Carcinogenesis; 10(2), S. 321 - 327 (1981)

[216] Peristianis G.C., Doak S.M.A., Cole P.N., Hend R.W.
Two Year Carcinogenicity Study on three Aromatic Epoxy Resins
Applied Cutaneously to CF1 Mice
Food Chem. Toxicol.; 26(7), S. 611 - 624 (1988)

[217] Roth L.
Umgang mit der neuen Gefahrstoffverordnung
Chem. unserer Zeit; 21(1), S. 27 - 33 (1987)

[218] Griepentrog F.
Pathologisch-anatomische Befunde zur karzinogenen Wirkung von Cuma-
rin im Tierversuch
Toxicology; 1, S. 93 - 102 (1973)

[219] Die Toxikologie von Atrazin
1. Mitteilung
J.R. Geigy AG, Abt. Pharmakologie, Basel 1967

[220] Palnmer J.S., Radeleff, R.D.
Toxicologic effects of certain fungicides and herbicides on sheep
and cattle
Ann. N.Y. Acad. Sci.; 111(2), S. 729 - 736 (1964)

[221] Radeleff R. D.
Veterinary Toxicology
Lea and Febiger Publication, Philadelphia 1964

612

[222]   Bashmurin A.F.
         Toxicity of Atrazine for Animals
         Sb. Rab., Leningr. Vet. Inst.; 36, S. 5 - 7 (1974)
         Zusammenfassung siehe: Chemical Abstracts Vol. 82, 119795 (1975)

[223]   Bathe R., Ullmann R., Sachsse K., Hess R.
         Relationship between Toxicity to Fish and to Mammals:
         A Comparitive Study under Defined Laboratory Conditions
         Proceed. European. Soc. Toxicol.; Vol. XVII, Montpellier, June 1975
         S. 351 - 355

[224]   Bathe R., Sachsse K., Ullmann L., Hörmann W.D., Zak F., Hess R.
         The Evaluation of Fish Toxicity in the Laboratory
         Proceed. European Soc. Toxicol., Calrsbad; 26, S. 113 - 124 (1974)

[225]   van Logten M.J., Wolthuis M., Rauws A.G., Kroes R.
         Short-Term Toxicity Study on Sodium Bromide in Rats
         Toxicology; 1, S. 321 - 327 (1973)

[226]   van Logten M.J., Wolthuis M., Rauws A.G., Kroes R., Berkvens H.,
         den Tonkelaar E.M., van Esch G.J.
         Semichronic Toxicity Study of Sodium Bromide in Rats
         Toxicology; 2, S. 257 - 267 (1974)

[227]   Goßler K., Miess R.
         Verhalten von linearen Alkylbenzolsulfonaten aus Haushaltswaschmit-
         teln bei der Abwasserbehandlung - Literaturstudie
         Landesgewerbeanstalt Bayern
         Veröffentlichungen des Bereichs Materialprüfung - Materialprüfungs-
         amt, Heft 5, Nürnberg 1987

[228]   Verschuuren H.G., Kroes R., den Tonkelaar E.M.
         Short-Term Oral and Dermal Toxicity of MCPA and MCPP
         Toxicology; 3, S. 349 - 359 (1975)

[229]   Palmer J.S., Radeleff R.D.
         The Toxicity of some Organic Herbicides to Cattle, Sheep, and
         Chickens
         Report No. 106, US Dept. of Agriculture, Washington D.C. 1969

[230]   Cabral J.R.P., Raitano F., Mollner T., Bronzyk S., Shubik P.
         Acute Toxicity of Pesticides in Hamsters
         Toxicol. Appl. Pharmacol.; 48, S. A192 (1979)

[231]   Huber L.
         Stand der Kenntnisse über das ökologische Verhalten von Tensiden
         Münchner Beitr. Abwass.-, Fischerei-, Flußbiol.; 39, S. 189 (1985)

[232]   Schöberl P., Bock K.J.
         Tensidabbau und dessen Metabolite
         Tenside Detergents; 17(5), S. 262 - 266 (1980)

[233]   Steber J.
         Untersuchungen zum biologischen Abbau von (14)C-ring-markiertem
         linearen Alkylbenzolsulfonat in Oberflächenwasser- und Kläranlagen-
         modellen
         Tenside Deterg.; 16(3), S. 140 - 145 (1979)

[234]   Huddleston R.L., Nielsen A.M.
         LAS Biodegradation: The Fate of the Aromatic Ring
         Soap, Cosmetics, Chem. Spec.; 55(3), S. 34, 36 - 38, 44 (1979)
         Household Pers. Prod. Ind.; 16(3), S. 72 - 74, 82 (1979)

[235]   Boyd E.M., Abel M.M.
        The Acute Toxicity of Barium Sulfate Administered Intragastrically
        Can. Med. Assoc. J.; 94(16), S. 849 - 853 (1966)

[236]   Boyd E.M., Abel M.M., Knight L.M.
        The Chronic Oral Toxicity of Sodium Chloride at the Range of the
        LD 50 (0,1L)
        Can. J. Physiol. Pharmacol.; 44(1), S. 157 - 172 (1966)

[237]   Auglair M., Hameau N.
        Toxicology and Pharmacology of the Organic Solvents Dimethylacet-
        amide and Dimethylformamide
        Compt. Rend. Soc. Biol.; 158, S. 245 - 248 (1964)

[238]   Kulagina N.K., Kochetkova T.A.
        Toxicity of Triethylamine
        Toksikol. Novykh Prom. Khim. Veshchesto No. 7, S. 56 - 76 (1965)
        Zusammenfassung siehe Chemical Abstracts, Vol. 63, 7548 d (1965)

[239]   Boyd E.M., Godi I., Abel M.
        Acute Oral Toxicity of Sucrose
        Toxicol. Appl. Pharmacol.; 7(4), S. 609 - 618 (1965)

[240]   Boyd E.M., Godi I., Krijnen C.J.
        The Acute Oral Toxicity of a Vasicin Derivative
        J. New Drugs; 6(5), S. 269 - 277 (1966)

[241]   Stöfen D.
        The Maximum Permissible Concentrations in the U.S.S.R. for Harmful
        Substances in Drinking Water
        Toxicology; 1, S. 187 - 195 (1973)

[242]   Boyd E.M., Shanas M.N.
        The Acute oral Toxicity of Potassium Chloride
        Arch. Intern. Pharmacodynamic; 313, S. 275 - 283 (1961)

[243]   Hefner R.E., Leong B.K.J., Kociba R.J., Gehring P.J.
        Repeated Inhalation of Diphenyl Oxide in Experimental Animals
        Toxicol. Appl. Pharmacol.; 33(1), S. 78 - 86 (1975)

[244]   Hoppe J.O., Marcelli G.M.A., Tainter M.L.
        The Toxicity of Ferrous Gluconate
        Am. J. Med. Sci.; 230, S. 491 - 497 (1955)

[245]   Noel P.R.B., Barnett K.C., Davies R.E., Jolly D.W., Leahy J.S.,
        Mawdesley L.E., Shillam K.W.G., Squires P.F., Street A.E.
        The Toxicity of Dimethyl Sulphoxide (DMSO) for the Dog, Pig, Rat and
        Rabbit
        Toxicology; 3, S. 143 - 169 (1975)

[246]   Büchel K.H.
        Pflanzenschutz und Schädlingsbekämpfung
        Georg Thieme Verlag, Stuttgart 1977

[247]   Knudsen I., Verschuuren H.G., den Tonkelaar E.M., Kroes R.,
        Helleman P.F.W.
        Short-term Toxicity of Pentachlorphenol in Rats
        Toxicology; 2, S. 141 - 152 (1974)

[248]   Singh A.R., Lawrence W.H., Autian J.
        Teratogenicity of Phthalate Esters in Rats
        J. Pharm. Sci.; 61(1), S. 51 - 55 (1972)

614

[249]   Singh A.R., Lawrence W.H., Autian J.
Embryonic-fetal Toxicity and Teratogenic Effects of Adipic Esters in Rats
J. Pharm. Sci.; 62(10), S. 1596 - 1600 (1973)

[250]   Verschuuren H.G., Kroes R., van Esch G.J.
Toxicity Studies on Tetrasul
I. Acute, Long-term and Reproduction Studies
Toxicology; 1, S. 63 - 78 (1973)

[251]   Lomonova G.V., Preobrazhenskaya A.A.
Toxic Properties of Caprolactam
Tr. Gor'kovsk. Nauchn.-Issled. Inst. Gigieny Truda i Prof. Boleznei,
Sb.; 1961(9), S. 34 - 40 (Publ. 1962)
Zusammenfassung siehe Chemical Abstracts, Vol. 59, 15841 a (1963)

[252]   Sommer S., Tauberger G.
Toxicologic Investigations of Dimethylsulfoxide
Arzneimittel-Forsch.; 14(9), S. 1050 - 1053 (1964)

[253]   Brown V.K., Robinson J., Stevenson D.E.
A Note on the Toxicity and Solvent Properties of Dimethyl Sulfoxide
J. Pharm. Pharmacol.; 15(10), S. 688 - 692 (1963)

[254]   Willson J.E., Brown D.E., Timmens E.K.
A Toxicologic Study of Dimethyl Sulfoxide
Toxicol. Appl. Pharmacol.; 7(1), S. 104 - 112 (1965)

[255]   McGavack T.H., Boyd L.J., Piccione F.V., Terranova R.
Acute and Chronic Intoxications with Sodium Pentachlorophenate in Rabbits
J. Ind. Hyg. Toxicol.; 23, S. 239 - 251 (1941)

[256]   Horn H.J., Holland E.G., Hazleton L.W.
Safety of Adipic Acid as Compared with Citric and Tartaric Acids
J. Agr. Food Chem.; 5, S. 759 - 762 (1957)

[257]   Gurd M.R., Harmer G.L.M., Lessel B.
Food Cosmet. Toxicol.; 3, S. 883 (1965)

[258]   Decad G.M., Snyder C.D., Mitoma C.
Fate of Water-insoluble and Water-soluble Dichlorobenzidine- based Pigments in Fischer 344 Rats
J. Toxicol. Environ. Health; 11(3), S. 455 - 465 (1983)

[259]   Andersen J.J., Burrell A.D., Decad G.M., Dabney B.J.
Evaluation of Office Materials for Genotoxic Effects
Carcinog. Mutagens Environ.; 4, S. 177 - 186 (1985)

[260]   Parkhie M.R., Webb M., Norcross M.A.
Dimethoxyethylphthalate: Embryopathy, Teratogenicity, Fetal Metabolism and the Role of Zinc in the Rat
EHP, Environ. Health Perspect.; 45, S. 89 - 97 (1982)

[261]   Hesbert A., Bottin M.C., De Ceaurriz J., Protois J.C., Cavlier C.
Testing Natural Indigo for Genotoxicity
Toxicol. Lett.; 21(1), S. 119 - 125 (1984)

[262]   Matsui S., Okawa Y., Ota R.
Experience of 16 Years'Operation and Maintenannce of the Fukashiba Industrial Wastewater Treatment Plant of the Kashima Petrochemical Complex - II. Biodegradability of 37 Organic Substances ...
Wat. Sci. Tech.; 20(10), S. 201 - 210 (1988)

[263] Smyth H.F., Carpenter C.P., Shaffer C.B.
        The Toxicity of High Molecular Weight Polyethylene Glycols; Chronic
        Oral and Parenteral Administration
        Journal of the American Pharmaceutical Association, Scientific
        Edition; 36(6), S. 157 - 160 (1947)

[264] Ivey F.J., Shaver K.
        Enzymic Hydrolysis of Polyphosphate in the Gastrointestinal Tract
        J. Agric. Food Chem.; 25(1), S. 128 - 130 (1977)

[265] Kanuh S., Hori Y.
        Studies on the Fetal Toxicity of Insecticides and Food Additives in
        Pregnant Rats. 3. Fetal Toxicity of Food Red No. 105
        Oyo Yakuri 24(3), S. 391 - 397 (1982)
        Zusammenfassung: CA., Vol. 97, 19699y (1982)

[266] Hashimoto S., Fujita M.
        Isolation of a Bacterium requiring 3 Amino Acids for Polyvinyl
        Alcohol Degradation
        J. Ferment. Tech.; 63(5), S. 471 - 474 (1985)

[267] Anonymus
        In Vitro Microbiological Mutagenicity Studies of Phillips Petroleum
        Company Hydrocarbon Propellants and Aerosols
        Stanford Research Institute, Menlo Parc, CA, May 13, 1977

[268] Stoughton R.W., Lamson P.D.
        The relative Anesthestic Activity of the Butanes and Pentanes
        J. Pharmacol. Exp. Ther.; 58, S. 74 - 77 (1936)

[269] Aviado D.M., Zakheri S., Watanabe T.
        Non-Flourinated Propellants and Solvents for Aerosols
        CRC Press, Cleveland, OH (1977)

[270] Shugaev B.B.
        Concentrations of Hydrocarbons in Tissues as a Measure of Toxicity
        Arch. Environ. Health; 18(6), S. 878 - 882 (1969)

[271] Matsui S., Murakami T., Sasaki T., Hirose Y., Iguma Y.
        Activated Sludge Degradability of Organic Substances in the Waste-
        water of the Kashima Petroelum and Petrochemical Industrial Complex
        in Japan
        Prog. Wat. Tech.; 7(3/4), S. 645 - 659 (1975)

[272] Roth L.
        Krebs erzeugende Stoffe
        1. Auflage 1983
        Carl Roth GmbH, Karlsruhe
        Wissenschaftliche Verlagsgesellschaft mbH, Stuttgart 1983

[273] Castegnaro M., Sansone E.B.
        Chemical Carcinogens
        Springer Verlag, Berlin 1986

[274] Gerarde H.W., Gerarde D.F.
        Industrial Expierience with 3,3'-Dichlorobenzidine
        Epidemiological Study of a Chemical Manufacturing Plant
        J. Occup. Med.; 16(5), S. 322 - 334 (1974)

[275] Anderson J.A., Styles Br.
        J. Cancer; 37, S. 924 - 930 (1978)

[276] Garner R.C., Walpole A.L., Rose F.L.
Testing of some Benzidine Analogues for Microsomal Activation to
Bacterial Mutagens
Canc. Lett.; 1, S. 39 - 42 (1975)

[277] Lazear E.J., Louie S.C.
Mutagenicity of some Congeners of Benzidine in the Salmonella Typhimurium
Assay System
Canc. Lett.; 4, S. 21 - 25 (1977)

[278] McIntyre I.
J. Occup. Med.; 17, S. 23 - 26 (1975)

[279] Herman
Kirk-Othmer Encyclopedia of Chemical Toxicology
2nd Ed., Vol. II
John Wiley and Sons, Interscience Publication, New York 1966

[280] National Cancer Institute
Bioassay of Hydrazobenzene for possible Carcinogenicity
National Cancer Institute (Carcinog. Test. Program, Bethesda, Md.)
Report 1978, DHEW/BUB/NIH-78-1342, NC-CG-TR-92, Order No. PB-285791
Bezug über Gov. Rep. Announce Index (U.S.) 1978, 78(26),82 (114 S.)

[281] Rochat J., Demenge P., Rerat J.C.
Toxicological Study of a Fluorescent Tracer: Rhodamine B
Toxicol. Eur. Res.; 1(1), S. 23 - 26 (1978)

[282] Gruch W., Steiner P.
Zur Toxikologie der Insektizide
Mitt. Biol. Bundesanstalt Land- Forstwirtschaft
Berlin-Dahlem; 102, S. 3 - 55 (1960)

[283] Anonymus
Some bad News about Toxaphene
Science; 188, S. 343 (1975)

[284] Hooper N.K., Ames B.N.
Toxaphene, a Complex Mixture of Polychloroterpenes and a Major
Insecticide, is Mutagenic
Science; 205, S. 591 - 593 (1979)

[285] Green T., Odum J., Nash J.A., Foster J.R.
Perchlorethylene-Induced Rat Kidney Tumors: An Investigation of the
Mechanisms Involved and their Relevance to Humans
Toxicol. Appl. Pharmacol.; 103, S. 77 - 89 (1990)

[286] Asakawa Y., Ishida T., Toyota M., Takemoto T.
Terpenoid Biotransformation in Mammals IV. Biotransformation of
(+)-Longifolene, (-)-Caryophyllene, (-)-Caryophyllene Oxide,
(-)-Cyclocolorenone, (+)-Nootkatone, (-)-Elemol, (-)-Abietic Acid
Xenobiotica; 16(8), S. 753 - 767 (1986)

[287] Rubbo S.D.
The Influence of Chemical Constitution on Toxicity
I. A General Survey of the Acridine Series
Brit. J. Exptl. Pathol.; 28, S. 1 - 11 (1947)

[288] Browning E.
Toxicity of Industrial Metals
2nd Edition
Appleton-Century-Crofts, New York 1969, S. 3 - 22

[289] Jacobson K.H.
       Acute Oral Toxicity of Mono- and Dialkyl Ring-Substituted Deriva-
       tives of Aniline
       Toxicol. Appl. Pharmacol.; 22(1), S. 153 - 154 (1972)

[290] Haley T.J., Stolarsky F.
       A Study of the Acute and Chronic Toxicity of Toluidine Blue and Re-
       lated Phenazine and Thiazine Dyes
       Stanford Med. Bull.; 9, S. 96 - 100 (1951)

[291] Koelzer P.P., Giesen J.
       Untersuchungen zur Toxizität der p-Aminosalicylsäure und ihrer Deri-
       vate
       Z. Naturforschg.; 6b, 183 - 190 (1951)

[292] Cheever K.L., Richards D.E., Plotnick H.B.
       The Acute Oral Toxicity of Isomeric Monobutylamines in the Adult
       Male and Female Rat
       Toxicol. Appl. Pharmacol.; 63(1), S. 150 - 152 (1982)

[293] Gosselin R.E. et al.
       Clinical Toxicology of Commercial Products
       5th Edition
       Williams & Wilkins, Baltimore, USA 1984

[294] Philips F.S., Thiersch J.B., Bendich A.
       Adenine Intoxication in Relation to In Vivo Formation and Deposition
       of 2,8-Dioxyadenine in Renal Tubules
       J. Pharmacol. Exp. Ther.; 104, S. 20 - 30 (1952)

[295] Deichmann W.B. et al.
       The Physiological Response of Experimental Animals Following Absorp-
       tion of 2-Aminothiazole
       J. Ind. Hyg. Toxicol.; 30, S. 71 - 78 (1948)

[296] Woker H.
       Die Temperaturabhängigkeit der Giftwirkung von Ammoniak auf Fische
       Intern. Assoc. Theoret. Appl. Limnol.; 10, 575 - 579 (1949)
       (Intern. Ver. Theoret. Angew. Limnol.)

[297] Steinmann P., Surbeck G.
       Die Wirkung organischer Verunreinigungen auf die Fauna schweizer-
       ischer fließender Gewässer
       Preisschreiben der Schweiz. Zool. Ges. Bern 1918

[298] Helfer H.
       Giftwirkungen auf Fische; ihre Ermittlung durch Versuche und die Be-
       wertung der Ergebnisse
       Kleine Mitteilungen (für die Mitglieder) des Vereins für Wasser-,
       Boden- und Lufthygiene; 12, S. 32 - 62 (1936)

[299] Gordon J.J., Leadbeater L.
       The Prophylactic Use of 1-Methyl-2-hydroxyiminomethylpyridinium Me-
       thanesulfonate (P2S) in the Treatment of Organophosphate Poisoning
       Toxicol. Appl. Pharmacol.; 40(1), S. 109 - 114 (1977)

[300] Holmstedt B.
       Pharmacology of Organophosphorus Cholinesterase Inhibitors
       Pharmacol. Rev.; 11, S. 567 - 688 (1959)

[301] Sidell F.R., Groff W.A.
       Reactivatibility of Cholinesterase Inhibited by VX [S-(2-diisoprop-
       ylaminoethyl) O-ethylmethylphosphonothiolate]   and Sarin in Man
       Toxicol. Appl. Pharmacol.; 27(2), S. 241 - 252 (1974)

618

[302] Craig F.N., Cummings E.G., Sim V.M.
       Environmental Temperature and the Percutaneous Absorption of a
       Cholinesterase Inhibitor, VX
       J. Invest. Dermatol.; 68(6), S. 357 - 361 (1977)

[303] Anonymus
       Nerve Gases Unveiled
       Chem. & Eng. News; 31(45), S. 4676 - 4678 (1953)

[304] Propker M., Pongracz M.J.B., Szabo J.L.J.
       Pharmacological and Toxicological Studies with 1-Benzyl-3-(2,3-di-
       hydroxypropoxy)indazole
       Arzneim.-Forsch.; 26(7), S. 1393 - 1397 (1976)

[305] Werner A.C.
       Vapor Pressures of Phthalate Esters
       Industrial and Engineering Chemistry; 44(11), S. 2736 - 2740 (1952)

[306] Curtis M.W., Copeland T.L., Ward C.H.
       Acute Toxicity of 12 Industrial Chemicals to Freshwater and Salt-
       water Organisms
       Water Research; 13, S. 137 - 141 (1979)

[307] Foucar F.H., Gordon B.
       Death Following Ingestion of Ferrous Sulfate
       Am. J. Clin. Path.; 18, S. 971 - 973 (1948)

[308] Hoppe J.O., Marcelli G.M.A., Tainter M.L.
       A Review of the Toxicity of Iron Compounds
       Am. J. Med. Sciences; 230, S. 558 - 571 (1955)

[309] BASF
       Paliotol Gelb D 1819
       DIN-Sicherheitsdatenblatt (8/90)
       BASF Aktiengesellschaft
       6700 Ludwigshafen

[310] Singh A.R., Lawrence W.H., Autian J.
       Mutagenic and Antifertility Sensitivities of Mice to Di-2-ethyl-
       hexyl Phthalate (DEHP) and Dimethoxyethyl Phthalate (DMEP)
       Toxicol. Appl. Pharmacol.; 29, S. 35 - 46 (1974)

[311] Marcel Y.L., Noel S.P.
       Contamination of Blood stored in Plastic Packs
       The Lancet; 1, S. 35 - 36 (1970)

[312] Kashyap S.K., Nigam S.K., Karnik A.B., Gupton R.C., Chatterjee S.K.
       Carcinogenicity of DDT (Dichlorodiphenyltrichloroethane) in Pure In-
       bred Swiss Mice
       Int. J. Cancer; 19(5), S. 725 - 729 (1977)

[313] Leyder F., Boulenger P.
       Ultraviolet Adsorption, Aqueous Solubility, and Octanol-Water Par-
       tition for several Phthalates
       Bull. Environ. Contam. Toxicol.; 30, S. 152 - 157 (1983)

[314] BASF
       Neozapon Schwarz X 51
       DIN-Sicherheitsdatenblatt (10/88)
       BASF-Aktiengesellschaft
       6700 Ludwigshafen

[315] BASF
       Neozapon Gelb 081
       DIN-Sicherheitsdatenblatt (2/89)
       BASF-Aktiengesellschaft
       6700 Ludwigshafen

[316] BASF
       Neozapon Rot 346
       DIN-Sicherheitsdatenblatt (5/89)
       BASF-Aktiengesellschaft
       6700 Ludwigshafen

[317] BASF
       Neozapon Gelb 157
       DIN-Sicherheitsdatenblatt (8/88)
       BASF-Aktiengesellschaft
       6700 Ludwigshafen

[318] BASF
       Neozapon Gelb 141
       DIN-Sicherheitsdatenblatt (5/89)
       BASF-Aktiengesellschaft
       6700 Ludwigshafen

[319] BASF
       Neozapon Orange 245
       DIN-Sicherheitsdatenblatt (3/89)
       BASF-Aktiengesellschaft
       6700 Ludwigshafen

[320] BASF
       Neozapon Rot 335
       DIN-Sicherheitsdatenblatt (3/89)
       BASF-Aktiengesellschaft
       6700 Ludwigshafen

[321] BASF
       Neozapon Rot 355
       DIN-Sicherheitsdatenblatt (5/89)
       BASF-Aktiengesellschaft
       6700 Ludwigshafen

[322] BASF
       Neozapon Rot 365
       DIN-Sicherheitsdatenblatt (5/89)
       BASF-Aktiengesellschaft
       6700 Ludwigshafen

[323] BASF
       Neozapon Blau 807
       DIN-Sicherheitsdatenblatt (9/88)
       BASF-Aktiengesellschaft
       6700 Ludwigshafen

[324] Ueberberg H., Bauer M., Eckenfels A., Lehmann H., Pappritz G.,
       Serbedija R.
       Tierexperimentelle Untersuchungen zu Verträglichkeit von NAB 365
       (Clenbuterol)
       Arzneim. Forsch.; 26(7a), S. 1420 - 1427 (1976)

[325] Zimmer A., Bücheler A.
       Einmalapplikation, Mehrfachapplikation und Metabolitenmuster von
       Clenbuterol beim Menschen
       Arzneim. Forsch.; 26(7a), S. 1446 - 1450

620

[326] Yankell S.L., Loux J.J.
       Acute Toxicity Testing of Erythrosine and Sodium Fluoresceine in
       Mice and Rats
       J. Periodontol.; 48(4), S. 228 - 231 (1977)

[327] Spector W.S. (Ed.)
       Handbook of Toxicology
       Vol. 1
       Saunders, Philadelphia 1956; S. 176 - 177, 182 - 183

[328] Engelhardt G.
       Pharmakologisches Wirkungsprofil von NAB 365 (Clenbuterol), einem
       neuen Broncholytikum mit einer selektiven Wirkung auf die adrenergen
       ß(2)-Rezeptoren
       Arzneim.-Forsch.; 26(7a), S. 1404 - 1420 (1976)

[329] Lehmann H.
       Reproduktionstoxikologische Untersuchungen mit Clenbuterol (NAB 365)
       Arzneim.-Forsch.; 26(7a), S. 1427 - 1430 (1976)

[330] Pfaender F.K., Alexander M.
       Extensive Microbial Degradation of DDT in vitro and DDT Metabolism
       by Natural Communities
       J. Agr. Food Chem.; 20(4), S. 842 - 846 (1972)

[331] Christensen H.E. (Ed.)
       Toxic Substances List 1983
       S. 381 ff.

[332] Bavin E.M., Rees R.J.W., Robson J.M., Seiler M., Seymour D.E.,
       Suddaby D.
       Tuberculostatic Activity of some Thiosemicarbazones
       J. Pharm. and Pharmacol.; 2, S. 764 - 772 (1950)

[333] Cahen R.L., Tvede K.M.
       Homatropine methylbromide; a Pharmacological Reevaluation
       J. Pharmacol. Exptl. Therap.; 105, S. 166 - 177 (1952)

[334] Harrison J.W.E., Packmann E.W., Abbott D.D.
       Acute Oral Toxicity and Chemical and Physical Properties of Arsenic
       Trioxides
       Arch. Ind. Health; 17, S. 118 - 123 (1958)

[335] Bradley W.R., Fredrick W.G.
       The Toxicity of Antimony - Animal Studies
       Ind. Med. 10, Ind. Hyg. Sect. 2, S. 15 - 22 (1941)

[336] North W.C., Urbach K.F.
       Effect of Alteration of Size of the Aromatic Dicarboxylic Acid Nuc-
       leus on Local Anethic Activity
       J. Am. Pharm. Assoc. Sci. Ed.; 45, S. 382 - 385 (1956)

[337] Goldenthal E.I.
       Compilation of LD 50 Values in Newborn and Adult Animals
       Toxicol. Appl. Pharmacol.; 18(1), S. 185 - 207 (1971)

[338] National Printing Ink Research Institute
       NPIRI Raw Materials Data Handbook
       Volume 2: Plasticizers
       National Printing Ink Research Institute
       Lehigh University, Bethlehem, Pennsylvania 18015/USA 1974

[339]   Goebel F., Giesen J., Koelzer P.
        Therapeut. Umschau (Bern); 7(10), S.   (1951)

[340]   Jaeger R.J., Rubin R.J.
        Migration of a Phthalate Ester Plasticizer from Polyvinyl Chloride
        Blood Bags into Stored Human Blood and its Localization in Human
        Tissues
        N. Engl. J. Med.; 287(22), S. 1114 - 1118 (1972)

[341]   Gormley I.P., Brown G.M., Cowie H., Wright A., Davis J.M.G.
        The Effects of Fiber Length on the In Vitro Cytotoxicity of Asbestos
        Samples in Three Different Assay Systems
        NATO ASI Series, Vol. G3
        In Vitro Effects of Mineral Dusts (Ed. by E.G. Beck and J. Bignon)
        Springer Verlag, Berlin 1984, S. 397 - 404

[342]   Davis J.M.G., Bolton R.E., Cowie H., Donaldson K., Gormley I.P.,
        Jones A.D., Wright A.
        Comparisons of the Biological Effects of Mineral Fibre Samples Using
        In Vitro and In Vivo Assay Systems
        NATO ASI Series, Vol. G3
        In Vitro Effects of Mineral Dusts (Ed. by E.G. Beck and J. Bignon)
        Springer Verlag, Berlin 1984, S. 404 - 411

[343]   Tabak H.H., Quave S.A., Mashni C.I., Barth E.F.
        Biodegradability Studies with Organic Priority Pollutant Compounds
        J. Water Control Fed.; 53(10), S. 1503 - 1518 (1981)

[344]   Sota K., Nota K., Maruyama H., Fujihira E., Nakazawa M.
        Antiinflammatory Activities of Compounds Related to Anthranilic Acid
        I. N-Phenylanthranilic acid Derivatives
        Yakugaku Zasshi; 89(10), S. 1392 - 1400 (1969)
        (J. Pharm. Soc. Japan)

[345]   FDA
        Updates Food Additives Status List to Feb. 15, 1979
        FDA Inspection Operations Manual, March 26 (1979)

[346]   Federation of American Societies for Experimental Biology (FASEB)
        Select Committee on GRAS Substances
        Evaluation on the Health Aspects of Tallow, Hydrogenated Tallow,
        Stearic Acid, and Calcium Stearate as Food Ingredients
        FDA Contract 233-75-2004, Bethesda, MD, USA 1975

[347]   Federation of American Societies for Experimental Biology (FASEB)
        Select Committee on GRAS Substances
        Evaluation of the Health Aspects of Magnesium Salts as Food Ingre-
        dients
        FDA Contract 223-75-2004, Bethesda, MD, USA 1976

[348]   AVON Products
        Submission of Data by Cosmetic, Toiletry and Fragrance Association
        (CTFA)
        Unpublished Safety Data on the Lithium Stearate Group. Oral Toxicity
        Avon Products, Jan. 16, 1973

[349]   AVON Products
        Submission of Data by Cosmetic, Toiletry and Fragrance Association
        (CTFA)
        Unpublished Safety Data on the Lithium Stearate Group. Biological
        Evaluation Summary Report. Zinc Stearate
        Avon Products, Dec. 22, 1976

622

[350] AVON Products
Submission of Data by Cosmetic, Toiletry and Fragrance Association
(CTFA)
Unpublished Safety Data on the Lithium Stearate Group. Biological
Evaluation Summary Report. Aluminium Stearate
AVON Products, June 16, 1978

[351] Penick S.B. et al.
Submission of Data by CTFA
Unpublished Safety Data on the Lithium Stearate Group. Bio-Toxicolo-
gy Laboratories. Acute oral LD 50 Toxicity Study. Lithium Stearate
Aug. 3, 1976

[352] Penick S.B. et al.
Submission of Data by CTFA
Unpublished Data on the Lithium Stearate Group. Consumer Product
Testing Co., Inc. Final Report. Magnesium Stearate
Feb. 9, 1977

[353] Hagan E.C.
Acute Toxicity. Appraisal of the safety of Chemicals in Foods,
Drugs, and Cosmetics
Association of Food and Drug Officials of the U.S., as compiled by
the staff of the Div. of Pharmacology, Food and Drug Administration,
Dept. of Health, Education and Welfare, Austin, TX, 1959 S. 17 - 25

[354] Litchfield J.R., Wilcoxon F.
A Simplified Method of Evaluating Dose-effected Experiments
J. Pharmacol. Exptl. Therap.; 96, S. 99 - 113 (1949)

[355] Boyland E., Busby E.R., Dukes C.E., Grover P.L., Manson D.
Further Experiments on Implantation of Materials into the Urinary
Bladder of Mice
Brit. J. Cancer; 18(3), S. 575 - 581 (1964)

[356] Schafer E.W., Bowles W.A., Hurlbut J.
The Acute Oral Toxicity, Repellency, and Hazard Potential of 998
Chemicals to One or More Species of Wild and Domestic Birds
Arch. Environm. Contam. Toxicol.; 12, S. 355 - 382 (1983)

[357] AVON Products
Submission of Data by Cosmetic, Toiletry and Fragrance Association
(CTFA)
Unpublished Safety Data on the Lithium Stearate Group. Biological
Evaluation Summary Report. Ammonium Stearate
AVON Products, March 27, 1975

[358] Penick S.B. et al.
Submission of Data by CTFA
Unpublished Safety Data on the Lithium Stearate Group
Consumer Product Testing Co., Inc. Final Report. Zinc Stearate
Feb. 9, 1977

[359] Draize J.H., Woodard G., Calvery H.O.
Methods for the Study of Irritation and Toxicity of Substances, Ap-
plied Topically to the Skin and Mocous Membranes
J. Pharmacol.; 82, S. 377 - 390 (1944)

[360] AVON Products
Submission of Data by Cosmetic, Toiletry and Fragrance Association
(CTFA)
Unpublished Safety Data on the Lithium Stearate Group. Skin Irri-
tation
AVON Products, Jan. 4, 1973

[361] Draize J.H.
Dermal Toxicity. Appraisal of the Safety of Chemicals in Foods,
Drugs, and Cosmetics
Association of Food and Drug Officials in the U.S., compiled by the
staff of the Div. of Pharmacology, Food and Drug Administration,
Dept. of Health, Education and Welfare, Austin, TX, 1959, S. 46 - 59

[362] AVON Products
Submission of Data by Cosmetic, Toiletry and Fragrance Association
(CTFA)
Unpublished Safety Data on the Lithium Stearate Group: Draize Eye
Test
AVON Products, Jan. 8, 1973

[363] Gottschewski G.H.M.
Can Carriers of Active Ingredients in Coated Tablets have Terato-
genic Effects?
Arzneim. Forschung; 17, S. 1100 - 1103 (1967)

[364] Litton Bionetics
Mutagenic Evaluation of Compound FDA 75-33, Magnesium Stearate.
Report prepared under DHEW Contract No. FDA 223-74-2104,
Kensington, MD, USA (1976)

[365] van Duuren B.L., Katz C., Shimkin M.B., Swern D., Wieder R.
Replication of Low-Level Carcinogenic Activity Bioassays
Cancer Res.; 32, S. 880 - 881 (1972)

[366] Szakall A., Schulz K.H.
Die Permeation von Fettalkohol-Sulfaten und Natriumseifen definier-
ter Kettenlänge (C8 - C18) in die intakte menschliche Haut, ihr Zusammenhang mit den Reizwirkungen
Fette Seifen Anstrichm.; 62(3), S. 170 - 175 (1960)

[367] Luckins J.
Control of Solvent Emissions Printing Processes, Part 1
Professional Printer; 99(1), S. 14 - 19 (1975)

[368] Vernot E.H., MacEwen J.D., Haun C.C., Kinkead E.R.
Acute Toxicity and Skin Corrosion Data for some Organic and Inor-
ganic Compounds and Aqueous Solutions
Toxicol. Appl. Pharmacol.; 42(2), S. 417 - 423 (1977)

[369] Bartsch W., Sponer G., Dietmann K., Fuchs G.
Acute Toxicity of various Solvents in the Mouse and Rat. LD 50 of
Ethanol, Diethylacetamid, Dimethylformamid, Dimethylsulfoxid, Gly-
cerine, N-Methylpyrrolidone, polyethylene Glycol 400, 1,2-Propane-
diol and Tween 20
Arzneim. Forsch.; 26(8), S. 1581 - 1583 (1976)

[370] Cullen W.R., Reimer K.J.
Arsenic Speciation in the Environment
Chem. Rev.; 89(4), S. 713 - 764 (1989)

[371] Archer J.R.
Explosion warning in print
Chem. Ind. News; 26, S. 205 (1948)

[372] Burgoyne F.H., Heston W.E., Hartwell J.L., Stewart H.L.
Cutaneous Melanin production in the Mouse by 5,9,10-Trimethyl,1,2-
benzanthracene
Fed. Proc.; 8, S. 351 (1949)

[373] Smyth H.F., Carpenter C.P., Weil C.S., Pozzani U.C., Streigel J.A.
Range-finding Toxicity Data; List VI
Am. Ind. Hyg. Assoc. J.; 23(2), S. 95 - 108 (1962)

[374] Smyth H.F.
Toxicology of Industrial Chemicals
Arch. Environ. Health; 8(3), S. 384 - 392 (1964)

[375] Loomis T.A., Salafsky B.
Antidotal Action of Pyridinium Oximes in Anticholinesterase Poisoning; Comparative Effects of Soman, Sarin, and Neostigmine on Neuro-
muscular Function
Toxicol. Appl. Pharmacol.; 5(6), 685 - 701 (1963)

[376] Deichmann W.B., Withrup S.
Phenol Studies VI. Acute and Comparative Toxicity of Phenol and
o-, m-, and p-Cresols for Experimental Animals
J. Pharmacol.; 80, S. 233 - 240 (1940)

[377] Anonymus
Hydrazobenzene
Dangerous Properties of Industrial Materials Report; 6(1),
S. 61 - 68 (1986)

[378] Reichle A., Tengler H.
Methoden zur Bestimmung des Weichmacherübergangs aus Kunststoffen
in Lebensmitteln
DLR; 64(5), S. 142 - 145 (1968)

[379] Pliss G.B.
On some Regular Relationships between Carcinogenicity of Aminodi-
phenyl Derivatives and the Structure of Substance
Acta Unio Internationalis Contra Cancrum; 19, S. 499 - 501 (1963)
(International Union against Cancer: Acta)

[380] Deichmann W.B.
The Toxicity of Chlorophenols for Rats
Fed. Proc.; 2, S. 76 - 77 (1943)

[381] Veith G.D., Macek K.J., Petrocelli S.R., Carroll J.
An Evaluation of Using Partition Coefficients and Water Solubility
to Estimate Bioconcentration Factors for Organic Chemicals in Fish
in: Aquatic Toxicology
Eaton J.G. (Ed.)
U.S. Environmental Protection Agency
ASTM Special Technical Publication 707, US EPA 04-707000-16 (1980)

[382] Shiu W.Y., Mackay D.
A Critical Review of Aqueous Solubilities, Vapor Pressures, Henry's
Law Constants, and Octanol-Water Partition Coefficients of the Poly-
chlorinated Biphenyls
J. Phys. Chem. Ref. Data; 15(2), S. 911 - 929 (1986)

[383] Niemitz W., Trenel J. (Hrsg.)
Results of Ecotoxicological Testing of about 200 Selected Compounds
OECD Environment Committee/Chemicals Group
OECD Chemicals Testing Programme Ecotoxicology Group
Institut für Wasser-, Boden-, Lufthygiene des Bundesgesundheitsamtes
1000 Berlin 33

[384] Landesanstalt für Wasser und Abfall Nordrhein-Westfalen
Checkliste zu Beurteilung der Wassergefährlichkeit von Stoffen
KfW-Mitteilungen
Kuratorium für Wasserwirtschaft, Bonn-Bad Godesberg (Hrsg.), 3/1977

[385] Ellis M.M.
Detection and Measurement of Stream Pollution
U.S. Bur. Fisheries, Bull.; 22, S. 365 - 437 (1937)

[386] Ghosh T.K., Konar S.K.
Toxicity of Chemicals and Wastewaters of Paper and Pulp Mills to
Worms, Plankton and Molluscs
Indian J. Environ. Hlth.; 22(4), S. 278 - 285 (1980)

[387] Fischer G.W., Riemer F., Grüttner S.
Reaktivität und Toxizität homologer Brom- und Dibromalkane
J. prakt. Chem.; 320(1), S. 133 - 139 (1978)

[388] Silvestrini B., Barcellona P.S., Garau A., Catanese B.
Toxicology of benzydamine
Toxicol. Appl. Pharmacol.; 10, S. 148 - 159 (1967)

[389] Anderson B.G.
The Toxicity Thresholds of Various Substances Found in Industrial
Wastes as Determined by the Use of Daphnia Magna
Sewage Works J.; 16(6), S. 1156 - 1165 (1944)

[390] Anderson B.G.
Industrial Wastes
The Toxicity Thresholds of Various Sodium Salts Determined by the
Use of Daphnia Magna
Sewage Works J.; 18(1), S. 82 - 87 (1946)

[391] Ames B.N., Durston W.E., Yamasaki E., Lee F.D.
Carcinogens are Mutagenes: A Simple Test System Combining Liver
Homogenates for Activation and Bacteria Detection
Proc. Nat. Acad. Sci. USA; 70(8), S. 2281 - 2285 (1973)

[392] McCann J., Choi E., Yamasaki E., Ames B.N.
Detection of Carcinogens as Mutagens in the Salmonella/microsome
Test: Assay of 300 chemicals
Proc. Nat. Acad. Sci. USA; 72(12), S. 5135 - 5139 (1975)

[393] Levinskas G.J., Ribbelin W.E., Shaffer B.C.
Acute and Chronic Toxicity of Pimaricin
Toxicol. Appl. Pharmacol.; 8(1), S. 97 - 109 (1966)

[394] Kosenko H.M.
Parameters of Acute Toxicity of some Alkylbromides
Toksikol. Gig. Prod. Neftekhim. Neftekhim. Proizvod., Vses Konf.,
(Dokl.), 2 nd 1971 (publ. 1972), S. 104 - 108
Zusammenfassung siehe Chemical Abstracts 80, 91722 (1974)

[395] Fischer G.W., Jentzsch R., Kasanzewa V.
Reaktivität und Toxizität cyclischer Schwefelsäureester
J. prakt. Chem.; 317(6), S. 943 - 952 (1975)

[396] Druckrey H., Kruse H., Preussmann R., Ivankovic S., Landschütz Ch.
Cancerogene alkylierende Substanzen
III. Alkyl-halogenide, -sulfate, -sulfonate und ringgespannte
Heterocyclen
Z. Krebsforsch.; 74, S. 241 - 270 (1970)

[397] Benoit D.A.
Toxic Effects of Hexavalent Chromium on Brook Trout (Salvelinus fon-
tinal and Rainbow Trout (Salmo gairdneri)
Duluth, MN: Environmental Research Laboratory, EPA 1976

[398] Obst U., Resch K., Feuerstein T.
Einfacher Toxizitätstest für Wasser und Abwasser auf biochemischer Basis
Vom Wasser; 65, S. 199 - 202 (1985)

[399] Krebs F.
Toxizitätstest mit gefriegetrockneten Leuchtbakterien
Gewässerschutz, Wasser, Abwasser; 63, S. 523 - 532 (1979)

[400] MacGregor D.C., Schönbaum E., Bigelow W.G.
Acute Toxicity Studies on Ethanol, Propanol, and Butanol
Can. J. Pysiol. Pharmacol.; 42(6), S. 689 - 696 (1964)

[401] Starling E.H.
The physiological action of alcohol
Practitioner; 113(4), S. 226 - 235 (1924)

[402] Vogel G., Lehmann H.
On the Acute Toxicity of Methanol
Med. Exptl.; 3, S. 268 - 271 (1960)

[403] Regierungspräsidium Stuttgart
Regierungspräsidium Stuttgart
Wasserbehörde, in Zusammenarbeit mit dem Umweltministerium
Interne Mitteilung 1988

[404] Bringmann G., Kühn R.
Grenzwerte der Schadwirkung wassergefährdender Stoffe gegen Blaual-
gen (Microcystis aeruginosa) und Grünalgen (Scenedesmus quadricauda)
im Zellvermehrungshemmtest
Vom Wasser; 50, S. 45 - 60 (1978)

[405] Seinfeld J.H.
Atmospheric Chemistry and Physics of Air Pollution
John Wiley & Sons, New York 1985, S. 60 - 75

[406] Singh H.B., Salas L., Shigeishi H., Crawford A.
Urban-Nonurban Relationships of Halocarbons, SF(6), N(2)O and other
Atmospheric Trace Constituents
Atmos. Environ.; 11, S. 819 - 828 (1977)

[407] Dilling W.L., Bredeweg C.J., Tefertiller N.B.
Organic Photochemistry: Simulated Atmospheric Photodecomposition
Rates of Methylene Chloride, 1,1,1-Trichloroethane, Trichloro-
ethylene, Tetrachloroethylene, and Other Compounds
Environ. Sci. Technol.; 10, S. 351 - 356 (1976)

[408] Lunde G., Bjorseth A.
Polycyclic Aromatic Hydrocarbons in Long-Range Transported Aerosols
Nature; 268, S. 518 - 519 (1977)

[409] Gay B.W., Hanst P.L., Bufalini J.J., Noonan R.C.
Atmospheric Oxidation of Chlorinated Ethylenes
Environ. Sci. Technol.; 10, S. 58 - 67 (1976)

[410] Blau L., Guesten H.
Quantum yields of the Photodecomposition of Polynuclear Aromatic
Hydrocarbons Adsorbed on Silica Gel
in: Polynuclear Aromatic Hydrocarbons: Physical and Biochemical
Chemistry, S. 133 - 144
Cooke M., Dennis A.J., Fischer G.L. (eds.)
Batelle Press, Columbus (Ohio) and Springer Verlag New York 1982

[411]   Hanssen M.
        E = eßbar?
        Die E-Nummernliste der Lebensmittelzusatzstoffe
        Hörnemann Verlag, Bonn 1985

[412]   Hirzy J.W.
        Carcinogenicity of General-Purpose Phthalates: Structure-Activity
        Relationships
        Drug Metabolism Reviews; 21(1), S. 55 - 63 (1989)

[413]   Toxicological Profile for Di(2-ethylhexyl)phthalate
        Agency for Toxic Substances and Disease Registry, Atlanta, GA/U.S.
        Environmental Protection Agency, Washington DC, December 1987

[414]   Department of Transportation United States Coast Guard
        CHRIS Hazardous Chemical Data, File 1 A-D, File 2 E-Z
        Commandant Instruction M 16465
        U.S. Coast Guard, Washington D.C. 20593, 12. October 1978

[415]   Merck E.
        Sicherheit im Labor
        Salze, Laugen, Ätzalkalien
        Merck, Darmstadt 1, Deutschland (1990)

[416]   Schafer E.W., Bowles W.A.
        Acute Oral Toxicity and Repellency of 933 Chemicals to House and
        Deer Mice
        Arch. Environm. Contam. Toxicol.; 14, S. 111 - 129 (1985)

[417]   Karpe H.J., Schoppe U., Storp J.
        Schwermetallbelastung von Fischen der unteren Ruhr
        Bericht 1/84
        Institut für Umweltschutz (INFU)
        Universität Dortmund, 4600 Dortmund 50 (1984)

[418]   Merck E.
        Sicherheit im Labor
        Säuren
        Merck, Darmstadt 1, Deutschland (1990)

[419]   Thiericke R., Zeeck A.
        Biosynthesis of manumycin: origin of the polyene chains - incorporation of
        (13C)acetate into manumycin, and determination of biosynthetic source of
        13C side chain in Streptomyces parvullus
        J. Antibiotics; 41(5), S. 694 - 696 (1988)

[420]   Zähner H.
        Einige Aspekte der Antibiotica-Forschung
        Angew. Chemie; 89(10), S. 696 - 703 (1977)

[421]   Buzzetti F., Gäumann E., Hütter R., Keller-Schierlein W., Neipp L.,
        Prelog V., Zähner H.
        Stoffwechselprodukte von Mikroorganismen: Manumycin
        Pharm. Acta Helv.; 38, S. 871 - 874 (1963)

[422]   Grindley J.
        Toxicity to rainbow trout and minnows to some substances known to be
        present in waste water discharged to rivers
        Ann. Appl. Biol.; 33, S. 103 - 112 (1946)

[423]   Gleisberg D.
        Phosphate und Umwelt
        Chem. unserer Zeit; 22(6), S. 201 - 207 (1988)

628

[424] Malle K.-G.
       Wie schmutzig ist die Nordsee?
       Chem. unserer Zeit; 21(1), S. 9 - 16 (1988)

[425] Couillard D.
       Évaluation de la Pollution et des Répercussions des Rejets des Industries
       des Pâtes et Papiers sur la Vie Aquatique
       Sci. Total Environ.; 14(2), S. 167 - 184 (1980)

[426] Christensen H. E. (Ed)
       Toxic Substances List (1974)
       S. 765

[427] Hodge H. C., Maynard E. A., Blanchet H. J. Jr., Spencer H.C., Rowe V. K.
       Toxicological Studies of o-Phenylphenol (Dowicide 1)
       J. Pharmacol. Exp. Ther.; 104, S. 202 - 210 (1952)

[428] Doris V. Sweet
       Registry of Toxic Effects of Chemical Substances
       Microfiche edition (January 1987)
       National Inst. of Occupational Safety and Health
       Cincinnati, Ohio 45226 (1987)

[429] Cikryt P.
       Die Gefährdung des Menschen durch Dioxin und verwandte Verbindungen
       Nachr. Chem. Tech. Lab.; 39(6), S. 648 - 656 (1991)

[430] Bridié A.L., Wolff C.J.M., Winter M.
       The acute Toxicity of some Petrochemicals to Goldfish
       Water Research; Vol. 13, S. 623 - 626 (1979)

[431] Clayton G. D., Clayton F. E.
       Patty's Industrial Hygiene and Toxicology
       3rd. Ed., Vol. 2A
       Wiley-Interscience, New York 1981; S. 2326

[432] Isomaa B., Bjondahl K.
       Toxicity and Pharmacological Properties of surface-active Alkyltrimethyl-
       ammonium Bromides in the Rat
       Acta Pharmacol. Toxicol.; 47(1), S. 17 - 23 (1980)

[433] Cochran J. D., Mazur M., DuBois K. P.
       Acute Toxicity of Zirconium, Columbium, Strontium, Lanthanium, Cesium, Tan-
       talum, and Yttrium
       Arch. Ind. Hyg. Occup. Med. 1; S. 637 - 650 (1950)

[434] Smyth H. F. Jr., Carpenter C. P.
       The Place of the Range-finding Test in the industrial Toxicology Laboratory
       J. Ind. Hyg. Toxicol. 26; S. 269 - 273 (1944)

[435] Ambrose A. M.
       Studies of the Physiological Effects of Sulfamic Acid and Ammonium Sulfamate
       J. Ind. Hyg. Toxicol. 25; S. 26 - 28 (1943)

[436] Nishie K., Waiss A. C. Jr., Keyl A. C.
       Toxicity of Methylimidazoles
       Toxicol. Appl. Pharmacol. 14(2); S. 301 - 307 (1969)

[437] Druckrey H., Kruse H., Preussmann R., Ivankovic S. und Landschütz Ch.
       Cancerogene alkylierende Substanzen
       III. Alkyl-halogenide,- sulfate, -sulfonate und ringgespannte Heterocyclen
       Z. Krebsforsch. 74(3); S. 241 - 270 (1970)

[438] n. n.
Verätzungen, Allergien und Krebs durch Polyesterharze in der Kunststoff-
industrie
Arbeit & Ökologie-Briefe Nr. 11, S. 13 - 15 (1990);
Verlag der ökologischen Briefe;

[439] n. n.
ADEMA, D.M.M. Tests und desk studies carried out by MT-TNO during 1980-1981
Für ANNEX II of Marpol 1973 .DELFT, TNO 1982.
(REP.NO. CL82/14)

[440] n.n.
Maximale Arbeitsplatzkonzentrationen und Biologische Arbeitsstofftoleranz-
werte 1991;
Mitteilung XXVII der Senatskommission zur Prüfung gesundheitsschädlicher
Arbeitsstoffe;
DFG Deutsche Forschungsgemeinschaft
VCH Verlagsgesellschaft mbH, Weinheim, 1991

[441] n. n.
CAGAAK Canada Gazette Part II Ottawa Ontario Canada
1987 * 121 2304 1987

[442] Plunkett, E. R.
Handbook of industrial toxicology. Chemical Publishing CO., INC.,
New York 1976.

[443] n. n.
Code of Federal Regulations office of the Federal Register National Archives
and Records Service , US Government Printing Office General Services
Administration Washington DC 20402 USA 21114, 1981.

[444] Ministerstvo Zdravooljrawenia
Orientirovochnye bezopanye urovni vozdeistvia (obuv)
zagrazniai shchikh veshchestu v atmosfernom vozdukhe nasekennykh mest
(tentative safe exposur limits (Tsel) of contaminants in ambien air of
residential areas)
Ministerstvo Zdravooljrawenia SSSR Moscow USSR 2947 -83 1983.

[445] Dreisbach RH.
Handbook of poisoning
Los Altos, Lange Medical Publications, 1983.

[446] NIOSH
Occupational diseases : A guide to their recognition U.S. Department of
health, education and welfare. NIOSH June, 1977.

[447] n. n.
Official Journal of the European Communities Commission of the European
Comminities Luxembourg L56 20 1987

[448]
[449] Ministerstva Zdravotnictvi
Hygienicke Predpisy Ministerstva Zdravotnictvi CSR (Hygienic regulations of
ministry of health of CSR)
Avicenum Malostranske Nam. 28 Praha 1 CS - 118 02 Czechoslovakia 42 1987.

[450] International labour office
Encyclopedia of occupational health and safety ILO
Geneva, 1983.

[451] World Health Organization Geneva Switzerland
Who food additives series
World Health Organization Geneva Switzerland 5 8, 1974.

630

[452]   n. n.
        PATTY'S industrial hygiene and toxicology : Theory andrationale of
        industrial hygiene practice.
        Wiley - Interscience Publication,   1979.

[453]   NIOSH/OSHA
        Occupational health guidelines for chemical hazards U.S. Departmentof labor
        DHHS (NIOSH) Publication N. 81 - 123,   January 1981.

[454]   Tayor. et al
        Aquat. Toxicol., 7, 135-144, 1985.

[455]   Ariyoshi T. et al
        Bull. Envir. Contam. Toxicol. 44, 643-649   1990.

[456]   B. C. J. Zoetemann et al
        Persistant organic pollutants in river water and groundwater of the
        Netherlands
        Chemosphere, 9, 231, (1980).

[457]   Reeves Al. Barium . In: Friberg L, Nordberg GF, Vouk V.
        Handbook on the toxicology of metals
        Amsterdam, Elsevier Science Publishers, 1986,
        Vol II, PP 84-94.

[458]   Ministerstvo Zdravookhraneniya SSSR
        Predelno dopustimye kontsentratsii zagryaznyayushchikh ves chestv v
        atmosfernom vozdukhe naselennykh mest (Maximum allowable concentrations(MAC)
        of contaminants in the ambient air of residential areas)
        Ministerstvo Zdravookhraneniya   SSSR Moscow USSR   3086-84
        1984.

[459]   MUNDA, I. M.
        Commission intenationale pour l'exploration scienifique de la mer
        Mediterrannee. P. 727-731 Monaco C.I.E.S.M., 1985.

[460]   International Agency for research on cancer
        IARC Monographs on the evaluation of carcinogenic risks to humans: Overall
        evaluations of carcinogenicity
        An updating of IARC Monographs Vol. 1 to 42 WHO-IARC. LYON, 1987.

[461]   Martin, M. et al.
        Mar. Pollut. Bull., 12, 305-308, 1981.

[462]   n. n.
        American Conference of Government Industrial Hygienists Cincinnati Pob 1937
        Ohio 45201 USA 1987 - 88 11.

[463]   Institut Hygieny a Epidemiologie Srobarova
        Acta hygienica, epidemologica et microbiologica
        Institut Hygieny a Epidemiologie Srobarova 48 Praha 10 Czechoslovakia
        Suppl. 6 1975.

[464]   n.n.
        Arbeitsschutz beim Plasmaspritzen
        Deutscher Verband für Schweisstechnik E.V., Merkblatt DVS 2307 Teil 4 (Mai
        1987); Deutscher Verlag für Schweißtechnik (DVS), Düsseldorf

[465]   Directoraat - Genaral van der Arbeid. Ministry of social affairs
        Natinale MAC-Ljist (National MAC-List) Arbeidsinspectie, Directoraat-
        General van der Arbeid. 2270 MA Voorburgp. O . Box 69 The Netherlands 1986.

[466] Swedmark, M. et al.
Mar. Biol . 9, 183 - 201, 1971.

[467] Bariaud A. and Mestre J-C.
NVIRON Contam. toxicol. 32 597-601 1984.

[468] Palawski, D. et al.
Trans. AM. Fish. SOC., 114, 748-753, 1985.

[469] W. E. Coleman Et Al.
Identification of organic compounds in a mutagenic extract of a surface
drinking water by a computerized gas chromatography/Mass spectrometry
system
(GC/MS/COM). ENVIR. SCI. TECH., 14, 576, (1980).

[470] Denton, G. R. W. et al.
Chemy ecol., 1, 131   1982.

[471] n. n.
Official Journal of the European Communities Commission of the European
Communities Luxembourg 149 38 1986.

[472] Eisler et al.
Water Res. 6, 1009-1027, 1972.

[473] Woelke C. E.
Tech. Rep. Wash. St. Dep. Fish. No. 9 1972.

[474] Erickson, S. J. et al.
J. Wat. Pollut. Control Fed., 42, 329- 335, 1970.

[475] Wong P. T. S. et al
Can. J. Fish. Aquat. Sci. 39, 483-488 1982: R34/37; S7/8/26.

[476] Saigbl Sangyo Igaku
Japanese Journal of Industrial Health. Japan Association of Industrial
Health Bldg. 78, Shinjuku 1 - 29-8 Shinjuku-Ku Tokyo 160 Japan
29 397-433 1987.

[477] Commissariat general a la promotion du travail (Ministry of labour)
Threshold limit values
(Valeurs limites tolerables)
Rue Belliard 53 Bruxelles B- 1040 Belgium 1984.

[478] Italian Assoc. Ind. Hygienists Italy
Valori limite ponderati
Data are extracted from Ilo occupational safety and health seriesnr. 37.
Italy 1978.

[479] n. n.
Code of Federal Regulations Office of the Federal Register National
Archives and Records Service, US Government Printing Office General
Services Administration Washington DC 20402 USA 2123   1981.

[480] Henschler, D. (Ed.)
Gesundheitsschädliche Arbeitsstoffe
Toxikologisch-arbeitsmedizinische Begründung von MAK-Werten
Band 5 und Band 6
VCH Verlagsgesellschaft, Weinheim, 1992, 1 - 18. Lieferung

[481]   n.n.
        MAK- und BAT-Werte-Liste
        Maximale Arbeitsplatzkonzentrationen und biologische Arbeitsstofftoleranz-
        werte
        Deutsche Forschungsgemeinschaft - Senatskommission zur Prüfung gesundheits-
        schädlicher Arbeitsstoffe, Mitteilung 31
        VCH, Weinheim, 1995

[482]   n.n.
        Material Safety Data Sheet
        4-(N-ethyl-N-2-hydroxyethyl)-2-methylphenylenediamine sulfate
        Eastman Kodak Company, Rochester, New York 14650, S. 1 - 8
        200000752/F/USA-F-0048.000I
        Approval Date: 03/17/1993, Print Date: 03/20/1993

[483]   n.n.
        Material Safety Data Sheet
        4-(N-ethyl-N-2-methanesulfonylaminoethyl)-2-methylphenylenediaminesesqui-
        sulfate monohydrate
        Eastman Kodak Company, Rochester, New York 14650, S. 1 - 8
        200000751/F/USA-F-0047.000G
        Approval Date: 10/28/1992, Print Date: 10/31/1992

[484]   Hommel G.
        Handbuch der gefährlichen Güter
        6.Auflage 1994
        Bd. 1 - 4
        Springer Verlag Berlin, Heidelberg, New York

[485]   Jones, J.R.E.
        Fish and river pollution, Chapter 7 of "Aspects of river pollution"
        Chapter 7 of "Aspects of river pollution" edited by L. Klein
        London: Butterworth Scientific Publ. 1957

[486]   n.n.
        Katalog wassergefährdender Stoffe
        Bekanntmachung des Bundesministers des Innern vom 1. März 1985 (GMBHI.S.175)

[487]   Bernhardt, A.M. et al.
        Aquat.Toxicol.,7,1-13,1985

[488]   Canton, J.H.; Adema, D.M.M.;
        Hydrobiologia, 59, 135-140 (1978)

[489]   Sloof, W.;
        Aquat.Toxicol. 4, 73-82 (1983)

[490]   Call, D.J. et al
        J. Environ. Qual. 13,493-498 (1984)

[491]   Castritsi-Catharios, J. et al
        Revue Trav. Inst. Pech. Marit., 44, 355-364 (1980)

[492]   Adema,D.M.M.
        Tests and desk studies carried out during 1982 by MT-TNO for ANN II of
        Marpol 1973
        Delft, TNO, 1983; Rep.No. R 83/15

[493]   Rao,K.R.; Conklin, P.J.
        Biology of benthic marine organisms: Techniques and Methodes as applied to
        the indian ocean;
        eds. Thompson, M.-F.; Sariojini, R.; Nagabhushanoam,R.;
        p.523-534; Rotterdam,A.A. Balkema (1986);

[494]   Bengtsson, B.-E.; Tarkpea, M.;
        Mar.Pollut.Bull., 14, 213-214 (1983);

[495]   Hashimoto, Y.; Nishiuchi, Y;
        Pesticide Chemistry: Human Welfare and the Environmental Proceedings of the
        5th int. Congress of Pesticide Chemistry; Kyoto, Japan 1982;
        Volume 2; p.355-358; ed. Miyamoto, j. et al.;
        Published in 1983 by IUPAC;

[496]   Christensen, H.E.
        Toxic Substance List (1972), S. 129

[497]   Rosenfeld; Wallace;
        Arch. Ind. Hyg. Occup. Med. 8 (1953), S. 466

[498]   C.F. Morra et al.;
        Organic Chemicals measured during 1978 in the River Rhine in the Netherlands
        R.I.D. Mendeling 3 (1979);

[499]   U.S. Department of Commerce
        Niosh Manual of Analytical Methods Vol.3, Page S264-1 (Apr.1977)

[500]   T.M. Hellmann; F.H. Small
        J.Air Pollut.Control Assoc. Vol.24

[501]   Walsh, G.E. et al.
        Chemosphere 14; 383-392 (1985)

[502]   Niosh; Osha
        Occupational Health Guidelines for Chemical Hazards
        National Institute for Occupational Health and Safety
        Center for Disease Control; USA (1978)

[503]   International Labour Office
        Encyclopedia of Occupational Health and Safety
        ILO., Geneva (1989)

[504]   Weast, R.C.; Astle, M.J; Beyer W.H.;
        CRC Handbook of Chemistry and Physics
        68th Edition 1987-1988
        CRC Press, Inc., Boca Raton, Florida, USA

[505]   Bundesanstalt für Arbeitsschutz (BAU)
        Bekanntmachung der Liste der gefährlichen Stoffe und Zubereitungen nach
        §4A der Gefahrstoffverordnung
        Wissenschaftsverlag NW, Verlag für neue Wissenschaft GmbH
        Schriftenreihe der Bundesanstalt für Arbeitsschutz (1994)

[506]   Shell Chemicals
        Isopropylalkohol
        EG-Sicherheitsdatenblatt 4/95,
        Deutsche Shell Chemie GmbH, Eschborn

[507]   World Health Organization
        The WHO recommended classification of pesticides by hazard guidelines
        classification
        Pesticide development and safe use unit division of vector biology and
        control, WHO, Geneva
        (1986-1987)

[508]   Parmeggiani, L.;
        ECDIN Toxicological Data Projekt
        Study Contract N. 1490-85-03-ED-ISP-CH
        Occupational Health Institute, University of Geneva (1985)

634

[509]   n.n.
        Organismen- und Stoffliste 3.1
        Landesanstalt für Immissionsschutz NRW, Wallneyer Str. 6, 45133 Essen (LIS)
        (7/1993)

[510]   LEMRO Chemieprodukte
        DBE-4 Dicarbonsäureester
        LEMRO Chemieprodukte Michael Mrozyk KG, Grevenbroich
        Sicherheitsdatenblatt 1/95

[511]   Hoechst
        Dimethylacrylsäure
        Hoechst AG Frankfurt
        Sicherheitsdatenblatt 5/93

[512]   THOR Chemie GMBH
        Algon P-Pulver
        THOR Chemie Gmbh, Speyer
        EG-Sicherheitsdatenblatt 1/94

[513]   Bergvik Kemi
        Bevitack 210
        Sicherheitsdatenblatt Bevitack 210 8/94,
        Bergvick Kemi, Sandarne, Schweden

[514]   Ciba Additive
        Uvitex OB
        Sicherheitsdatenblatt 4/94,
        Ciba Additive Gmbh, Frankfurt/M.

[515]   Angus
        AMPD
        Sicherheitsdatenblatt 4/93,
        Angus Chemie GmbH, Ibbenbüren

[516]   Angus
        Comsol 101-X
        Sicherheitsdatenblatt 2/95
        Angus Chemie GmbH, Ibbenbüren

[517]   Neste Chemicals
        n-Butyraldehyd
        Sicherheitsdatenblatt 12/94,
        NESTE OXO AB, Stenungsund, Schweden

[518]   Neste Chemikals
        n-Butanol
        Sicherheitsdatenblatt 8/94,
        NESTE OXO AB, Stenungsund, Schweden

[519]   Neste Chemicals
        2-Ethylhexanol (2-EH)
        Sicherheitsdatenblatt 8/94,
        NESTE OXO AB, Stenungsund, Schweden

[520]   Neste Chemicals
        Isobutyraldehyd
        Sicherheitdatenblatt 12/94,
        NESTE OXO AB, Stenungsund, Schweden

[521]   Neste Chemicals
        Isobutanol
        Sicherheitsdatenblatt 8/94,
        NESTE OXO AB, Stenungsund, Schweden

[522]   Hoechst
        Chloracetamid
        EG-Sicherheitsdatenblatt 3/93,
        Hoechst AG, Frankfurt/M.

[523]   Dow Deutschland Inc.
        Ethylenglycol
        EG-Sicherheitsdatenblatt 5/95,
        Dow Deutschland Inc., Rheinmünster

[524]   Air Products
        Surfynol 61 Surfactant
        Sicherheitsdatenblatt 8/94,
        Air Products, Utrecht, Nederland

[525]   Dow Deutschland
        Propylen Glycol Industrial
        EG-Sicherheitsdatenblatt 5/95,
        Dow Deuschland Inc., Schwalbach

[526]   Shell Chemicals
        Shell Solvent 2831
        EG-Sicherheitsdatenblatt 2/95,
        Deutsche Shell Chemie GmbH, Eschborn

[527]   Shell Chemicals
        Diacetonalkohol
        EG-Sicherheitsdatenblatt 1/95,
        Deutsche Shell Chemie GmbH, Eschborn

[528]   Shell Chemicals
        Butyldiglycol
        EG-Sicherheitsdatenblatt 4/94,
        Deutsche Shell GmbH, Eschborn

[529]   Shell Chemicals
        Toluol
        EG-Sicherheitsdatenblatt 4/95,
        Deutsche Shell GmbH, Eschborn

[530]   Shell Chemicals
        Methylisobutylcarbinol
        EG-Sicherheitsdatenblatt 1/95,
        Deutsche Shell GmbH, Eschborn

[531]   Shell Chemicals
        Hexylenglykol
        EG-Sicherheitsdatenblatt 1/95,
        Deutsche Shell GmbH, Eschborn

[532]   EXXON
        Solvesso 200
        Sicherheitsdatenblatt 5/95,
        Deutsche Exxon Chemical GmbH, Köln

[533]   SKW
        Dyhard UR 300
        SKW Trostberg AG, Trostberg,
        Sicherheitsdatenblatt 1/94

[534]   SKW
        Dyhard MI
        Sicherheitsdatenblatt 1/94,
        SKW Trostberg AG, Trostberg

[535]   Rhone-Poulenc
        Ethylacetat
        EG-Sicherheitsdatenblatt 8/94,
        Rhone-Poulenc GmbH, Frankfurt/M.

[536]   Rhone-Poulenc GmbH
        Butylacetat
        EG-Sicherheitsdatenblatt 5/94
        Rhone-Poulenc GmbH, Frankfurt/M.

[537]   Monsanto
        Santiciser 261
        Sicherheitsdatenblatt
        Monsanto, Düsseldorf

[538]   BASF
        Ultramarinblau L 6398
        DIN-Sicherheitsdatenblatt 6/88
        BASF AG, Ludwigshafen

[540]   Heubach
        Heudocur-Gelb 251,252,254,255,256,259,262
        Sicherheitsdatenblatt 10/94
        Heubach GmbH, Langelsheim

[541]   Hüls
        Witamol 207
        DIN-Sicherheitsdatenblatt 2/95
        Hüls AG, Marl

[542]   ISP
        Surfadone LP-100
        EG-Sicherheitsdatenblatt 3/94
        ISP Global Technologies GmbH, Frechen

[543]   ISP
        HEP
        DIN-Sicherheitsdatenblatt 7/92
        ISP Global Technologies GmbH, Frechen

[545]   Hoechst
        Depanol I
        EG-Sicherheitsdatenblatt 10/94
        Hoechst AG, Frankfurt/M.

[546]   Herberts Polymer Powders
        Coatylene
        EG-Sicherheitsdatenblatt 6/94
        Herberts Polymer Powders, Bulle,Schweitz

[548]   Cabot
        CAB-O-SIL TS-720
        Sicherheitsdatenblatt 8/93
        Cabot GmbH, Hanau

[549] ciba
Tinuvin 144
Sicherheitsdatenblatt 1/95
ciba Additive GmbH, Bensheim

[550] EXXON
Jayflex 911-Z
Sicherheitsdatenblatt 11/94
Deutsche EXXON Chemical GmbH, Köln

[551] Heubach und Lindgens
Lindstab HLC 1 B Bleicarbonat
Sicherheitsdatenblatt 3/94
Heubach & Lindgens, Köln

[552] HEUCO Blau 501510
Sicherheitsdatenblatt 3/95
Dr. Hans Heubach GmbH & Co. KG, Langelsheim

[559] Ceridust
EG-Sicherheitsdatenblatt 94
Hoechst AG, Frankfurt/M.

[560] Sichler
Pottasche
EG-Sicherheitsdatenblatt 11/93
Sichler Chemiekalien, Braunschweig

W. Baumann, B. Herberg-Liedtke

Papierchemikalien

Daten und Fakten zum Umweltschutz

1. Aufl. 1993. Nachdruck 1994. XII, 1270 S. 55 Abb. Geb.
DM 218,-; öS 1591,40; sFr 190,-
ISBN 3-540-57593-6

Das Buch gibt erstmals einen Überblick über die in der Papierindustrie eingesetzten Chemikalien. Anwendungsbereiche, Funktionen und alle stoffspezifischen, ökologisch relevanten Informationen werden übersichtlich in Datenblättern dargestellt. Dabei wurden alle wichtigen Papierprodukte, wie Druck-, Presse-, Büro-, Administrations-, Hygiene- und Verpackungspapiere berücksichtigt. Dem umfangreichen Datenteil ist eine Darstellung der Papierherstellung und der damait verknüpften Prozesse vorangestellt. Das Buch wird in der Papierindustrie, bei Behörden und vor allem dort sehr hilfreich sein, wo Richt- und Grenzwerte vorgegeben werden sollen oder wo der Papierhersteller oder -anwender mehr über Inhaltsstoffe und deren Umweltwirkungen wissen soll.

Springer-Verlag, Postfach 31 13 40, D-10643 Berlin, Fax 0 30 / 827 87 - 3 01 / 4 48 e-mail: orders@springer.de   rb.BA.21581.SF